KARL KRAUS

PHOTOGRAMMETRIE

Band 2: Verfeinerte Methoden und Anwendungen

PHOTOGRAMMETRIE

Band 2

Verfeinerte Methoden und Anwendungen

von
Prof. Dr.-Ing. KARL KRAUS
mit Beiträgen von
Dr. Josef JANSA und Dr. Helmut KAGER

Institut für Photogrammetrie
und Fernerkundung
der Technischen Universität Wien

Dritte, völlig neue und erweiterte Auflage.
Mit 260 Abbildungen.
Dümmlerbuch 7865

FERD. DÜMMLER^s VERLAG · BONN

Zur Auflagenzählung dieses Werkes:
Die erste Auflage erschien 1984 und wurde 1987 unverändert nachgedruckt, aber versehentlich nicht als zweite Auflage gekennzeichnet. Richtigerweise ist die hiermit vorgelegte völlige Neubearbeitung die dritte Auflage dieses bewährten Lehrbuches.

ISBN 3-427-78653-6

Printed in Germany by WB-Druck, 87669 Rieden

Vorwort zur dritten Auflage des Bandes 2

Die erste Auflage dieses Buches erschien 1984, die zweite 1987. Seit etwa zwei Jahren ist die zweite Auflage vergriffen. Es wurde daher höchste Zeit für das Erscheinen der dritten Auflage.

Diese dritte Auflage wurde gegenüber der zweiten Auflage sehr stark umgearbeitet und ausgeweitet. Die intensive Weiterentwicklung der Photogrammetrie in den vergangenen Jahren und die steigende Nachfrage nach photogrammetrischen Daten für geographische Informationssysteme haben zur Folge, das ursprünglich zwei-bändige Lehrbuch "Photogrammetrie" auf drei Bände mit folgenden Untertiteln zu erweitern:

Band 1: Grundlagen und Standardverfahren (4. Auflage (englisch) 1993, 5. Auflage (deutsch) 1994).

Band 2: Verfeinerte Methoden und Anwendungen (dieser deutschsprachigen Ausgabe folgt 1997 die englische Ausgabe).

Band 3: Topographische Informationssysteme (voraussichtlich 1998).

Der nun vorliegende Band 2 ist in die Hauptkapitel

- photogrammetrische Orientierungsverfahren und photogrammetrische Punktbestimmung,
- photogrammetrische Oberflächenbestimmung und Oberflächenvisualisierung,
- photogrammetrische Erfassung und Visualisierung dynamischer Phänomene,
- Kalibrierung der photogrammetrischen Systeme

gegliedert.

Der Hinweis im Vorwort von Band 1, daß die Auswahl des Stoffes von den Forschungs- und Entwicklungsarbeiten des Institutes für Photogrammetrie und Fernerkundung (I.P.F.) der TU Wien geprägt ist, trifft für Band 2 in erhöhtem Maße zu. Der Inhalt kann aber doch eine gewisse Allgemeingültigkeit in Anspruch nehmen, da mehrere Forschungsinstitutionen eine ähnliche Linie verfolgen.

Gegenüber der zweiten Auflage sind folgende neue Sachgebiete hinzugekommen:

- Erweiterung des mathematischen Basismodelles auf allgemeine Kurven und Flächen im Objektraum als Gestaltinformation,
- alternative mathematische Modelle wie die direkte lineare Transformation (DLT),
- Festlegung des Datums photogrammetrischer Blöcke und freie Netzausgleichung,
- Einbeziehung von Positionierungssatelliten (GPS) in die photogrammetrische Punktbestimmung,
- photogrammetrische Punktbestimmung mit digitalen Bildern und die Herstellung digitaler Orthophotos,
- dreidimensionale digitale Photomodelle und ihre Visualisierung,
- Oberflächenbestimmung mit maschinellem Sehen,

- Auswertung und Erzeugung von Bildfolgen einschließlich Animation,
- Kalibrierung photogrammetrischer Systeme.

Band 2 wendet sich - wie Band 1 - in erster Linie an Studierende und Praktiker des Fachgebietes Photogrammetrie. Das Manuskript soll aber auch auf technisch orientierte Nachbardisziplinen ausstrahlen. Der Schwierigkeitsgrad von Band 2 ist etwas höher als der von Band 1. Der bereits in Band 1 eingeschlagene Weg, die theroretischen Grundlagen mit Zahlenbeispielen zu veranschaulichen, kommt erfahrungsgemäß dem Gros der Leser sehr entgegen; er wurde daher in Band 2 beibehalten. Außerdem bieten die zahlreich eingestreuten Aufgaben die Möglichkeit einer Selbstkontrolle.

Das vorliegende umfangreiche Manuskript mit den vielen Beispielen, die fast ausschließlich am I.P.F. bearbeitet wurden, ist das Werk von vielen Personen. Große Teile des Manuskriptes sind in einer intensiven Zusammenarbeit mit Herrn Dr. H. Kager entstanden. Ich habe meistens die Initialzündung gegeben und auch detaillierte Texte mit der Betonung einer guten didaktischen Aufbereitung des schwierigen Stoffes ausgearbeitet. Er hat mit seinem umfassenden mathematischen Wissen die wissenschaftliche Strenge insbesondere in das Formelsystem eingebracht. In mehreren Rückkoppelungen entstand auf diese Weise ein großer Teil des Manuskriptes. In den Abschnitten B 3., B 4.1, B 4.4, B 4.5.1 und B 4.7.1 war sein Anteil so hoch, daß sie als Kager'scher Beitrag anzusprechen sind. Der Beitrag von Herrn Dozent Dr. J. Jansa ist sehr genau abgegrenzt; er hat - seinen Forschungsaktivitäten in den letzten Jahren entsprechend - die Kapitel C 2. und D 1. verfaßt. Weitere Mitarbeiter des Institutes - hier sind vor allem Prof. Dr. P. Waldhäusl, Dr. R. Ecker, DIng. L. Dorffner und DIng. F. Rottensteiner zu nennen - haben wertvolle Anregungen gegeben und einige Zahlenbeispiele gerechnet. Mehrere Studierende haben Zeichnungen angefertigt und Beispiele bearbeitet. Stellvertretend sei Herr C. Ressl genannt. Das Schreiben des Manuskriptes lag wiederum in den bewährten Händen von Frau H. Emersberger. Für die EDV-technische Umgebung war Herr Ing. H. Thüminger verantwortlich.

Allen genannten Personen danke ich für die gute Zusammenarbeit und für die aufgebrachte Geduld. In diesen Dank schließe ich auch die 20 Mitglieder des Ausschusses für die Vorbereitung des 18. Kongresses der Internationalen Gesellschaft für Photogrammetrie und Fernerkundung in Wien zwischen dem 9. und 19. Juli dieses Jahres ein. Sie haben so engagiert und selbständig gearbeitet, daß ich als Direktor dieses Kongresses mit etwa 2500 Teilnehmern sozusagen "nebenbei" noch dieses Manuskript erstellen und wenige Wochen nach dem Kongreß an den Dümmler Verlag abgeben konnte.

Wien, im August 1996 — Karl Kraus

KOMPRIMIERTES INHALTSVERZEICHNIS VON BAND 1, 5. AUFLAGE

INHALTSVERZEICHNIS VON BAND 2, 3. AUFLAGE

Seite

Hinweise für den Leser:

Die weitzeiligen Passagen des Textes behandeln das Grundsätzliche des Stoffes; Detailinformationen sind dagegen engzeilig geschrieben. Einzelne Stichworte und wichtige Aussagen sind mit fetter Schrift herausgehoben. Die wichtigen (End-)Formeln sind mit einem Raster hinterlegt.

Band 1 besteht nur aus dem Hauptkapitel A. Die Hauptkapitel B, C, D und E bilden den vorliegenden Band 2. Der Band 3 wird mit dem Hauptkapitel F fortsetzen.

Eine Hauptkapitelnummer setzt sich aus dem Buchstaben des jeweiligen Hauptkapitels und den Ziffern einer Dezimalklassifikation des Unterkapitels zusammen (z.B. C 1.5.2). Die Formeln wurden innerhalb eines Kapitels mit den ersten beiden Ziffern der Dezimalklassifikation fortlaufend numeriert (z. B. die Formel B (4.2-16) ist die 16. Formel im Kapitel B 4.2 ...)
Die Figuren, Bilder und Tabellen wurden in eine eigene (zweite) Nummernfolge zusammengefaßt und auf die gleiche Weise numeriert. Die Nummern der Aufgaben bilden eine dritte Nummernfolge; sie sind auf die gleiche Weise fortlaufend numeriert (die Aufgabe D 5.1-8 bedeutet z.B. die achte Aufgabe im Kapitel D 5.1 ...).

Bei der eigentlichen Numerierung der Formeln, Figuren, Bilder, Tabellen und Aufgaben wurde der Buchstabe des Hauptkapitels weggelassen. Bei Verweisen auf Kapitel, Formeln, Figuren etc. **innerhalb** eines Hauptkapitels wurde der Buchstabe des Hauptkapitels häufig ebenfalls nicht angegeben. Bei Hinweisen, die auf andere Hauptkapitel zielen, wurde dagegen immer der Buchstabe des jeweiligen Hauptkapitels vorangestellt. Darunter befindet sich auch die Buchstabenfolge FE. Sie bezieht die beiden Fernerkundungsbücher, die ebenfalls beim Dümmler Verlag erschienen sind, in die Referenzen ein (z.B. bedeutet "Formel FE (6.4-15)" die 15. Formel im Kapitel 6.4 im Band 2, Fernerkundung; der Band 1, Fernerkundung, enthält die Kapitel 1. - 4., der Band 2 die Kapitel 5. und 6.). Es handelt sich um die erste Auflage der beiden Fernerkundungsbücher, beim Band 1 (Hauptkapitel A) um die fünfte Auflage.

Die Literaturhinweise in den Fußnoten sind sehr knapp gehalten. Vor dem Sachregister wurde deshalb eine Vervollständigung der Literaturhinweise eingeschoben.

B PHOTOGRAMMETRISCHE ORIENTIERUNGSVERFAHREN UND PHOTOGRAMMETRISCHE PUNKTBESTIMMUNG

Die photogrammetrische Punktbestimmung hat die Aufgabe, aus Abbildungen - meistens analoge oder digitale Photographien - die Positionen von Objektpunkten im dreidimensionalen Raum zu ermitteln. Diese Positionen werden durch drei Koordinaten festgelegt. Die photogrammetrische Punktbestimmung kann - unter Beachtung einiger Randbedingungen - für sehr genaue Vermessungen eingesetzt werden. Sie steht bei solchen Aufgabenstellungen in Konkurrenz zu anderen vermessungstechnischen Verfahren. Darüber hinaus gibt es Aufgabenstellungen, die nur mit der Photogrammetrie zweckmäßig gelöst werden können.

Mit der photogrammetrischen Punktbestimmung ist die Orientierung der Abbildungen gekoppelt. Die Orientierung, die einen wesentlichen Teil dieses Kapitels B einnimmt, ist aber auch die Vorstufe für die photogrammetrische Oberflächenbestimmung (Abschnitt C) und für die Erfassung von Bewegungsabläufen (Abschnitt D).

1. ZWECK DER PUNKTBESTIMMUNG

Einige der wichtigsten Anwendungen der photogrammetrischen Punktbestimmung seien stichwortartig aufgezählt:

- Bestimmung von Paßpunkten für die analoge und digitale Auswertung der Topographie.
- Bestimmung von Paßpunkten für die Herstellung von analogen und digitalen Orthophotokarten,
- Verdichtung des trigonometrischen Festpunktfeldes,
- Einmessung der Grenzpunkte, vor allem in großräumigen Gebieten,
- Lösung vermessungstechnischer Aufgaben im Hoch- und Tiefbau sowie bei Bauüberwachung, Bauschadensdokumentationen und Materialprüfung,
- Ausmessung von technischen und künstlerischen Modellbauten,
- punkt- und linienweise Rekonstruktion von Objekten aus Amateuraufnahmen,
- Erfassung großer Punktmengen für die Oberflächenrekonstruktion von dreidimensionalen Objekten (als Vorstufe zum Abschnitt C),
- Erfassung der jeweils gleichen Punktmenge zu verschiedenen Zeitpunkten (als Vorstufe zum Abschnitt D).

Im Abschnitt 9. werden Anwendungsbeispiele zur photogrammetrischen Punktbestimmung diskutiert.

2. AUSWAHL, FESTLEGUNG UND MESSUNG DER PUNKTE

Die Punkte, deren Positionen gesucht sind, sind häufig a priori am Objekt vorhanden. Wir sprechen dann von **natürlichen** Punkten (Kapitel 2.1). In manchen Fällen werden am Objekt auch Punkte auf verschiedene Weise **signalisiert** (Kapitel 2.2). Die dritte Punktart sind **künstliche Punkte** (Kapitel 2.3); sie werden in den Abbildungen markiert. Anstelle einer solchen Markierung kann auch die **Festlegung der Punkte nur mit Koordinaten** treten (Kapitel 2.4).

2.1 Natürliche Punkte

Natürliche Punkte sind Punkte, die a priori am Objekt vorhanden sind und in den Bildern eindeutig identifiziert werden können. In kleinmaßstäbigen Luftaufnahmen können dies zum Beispiel Gebäude- oder Feldecken, die Mitten einzelstehender Bäume oder Sträucher usw. sein; in großmaßstäbigen Luftbildern mögen es kleine Steine in Feldern oder ähnliche Details sein, die sich kontrastreich von ihrer Umgebung abheben.

Die **Auswahl** natürlicher Punkte sollte möglichst **unter einem Spiegelstereoskop** erfolgen, damit man sich von einer guten (stereoskopischen) Messung, die häufig im Anschluß an die Punktauswahl in photogrammetrischen Zweibildauswertegeräten erfolgt, überzeugen kann. So kann z.B. ein Gebäudeeck in dem einen Luftbild gut sichtbar sein, aber im benachbarten Luftbild, mit dem gemeinsam die stereoskopische Messung erfolgen soll, unsichtbar sein. Für die Höheneinstellung sind auch Hausdächer ungünstig, falls der Dachfirst etwa parallel zur Aufnahmebasis liegt. Ungeeignet sind weiterhin: Kreuze auf Kirchtürmen; mit unscharfen Konturen definierte Punkte; Schnittpunkte, deren Linien unter sehr spitzen Winkeln zusammenlaufen; Punkte in steilen Hängen und Böschungen; Punkte an Waldrändern und an Uferlinien von Gewässern; generell: natürliche Punkte in schattigen Bereichen.

Bei Aerotriangulationen werden zur **Verknüpfung der Streifen** gerne natürliche Punkte benutzt. Zur Auswahl dieser Punkte legt man die Diapositive von zwei benachbarten Streifen auf einen (großen) Leuchttisch und sucht mit einer Lupe, die etwa der Vergrößerung des photogrammetrischen Auswertegerätes entspricht, mit dem anschließend die Messung der Bildkoordinaten durchgeführt werden soll, gemeinsame Punkte im Überlappungsbereich der beiden Streifen aus. Innerhalb der Streifen ist zusätzlich - nach Möglichkeit mit einem Spiegelstereoskop - auf eine gute stereoskopische Messung zu achten.

Sofern man auch für Paßpunkte natürliche Punkte verwendet, führt in vielen Fällen eine **Trennung in Lage- und Höhenpunkte** zum Ziel: Zum Beispiel kann ein Punkt "Kreuzung von Feldwegen" zwar lagemäßig schlecht, höhenmäßig aber sehr genau eingestellt werden.

Die endgültig ausgewählten Punkte werden im allgemeinen auf Kontaktkopien markiert und mit Nummern versehen. Für die ausgewählten natürlichen Punkte werden häufig auch Punktskizzen (Figur 2.1-1) angefertigt.

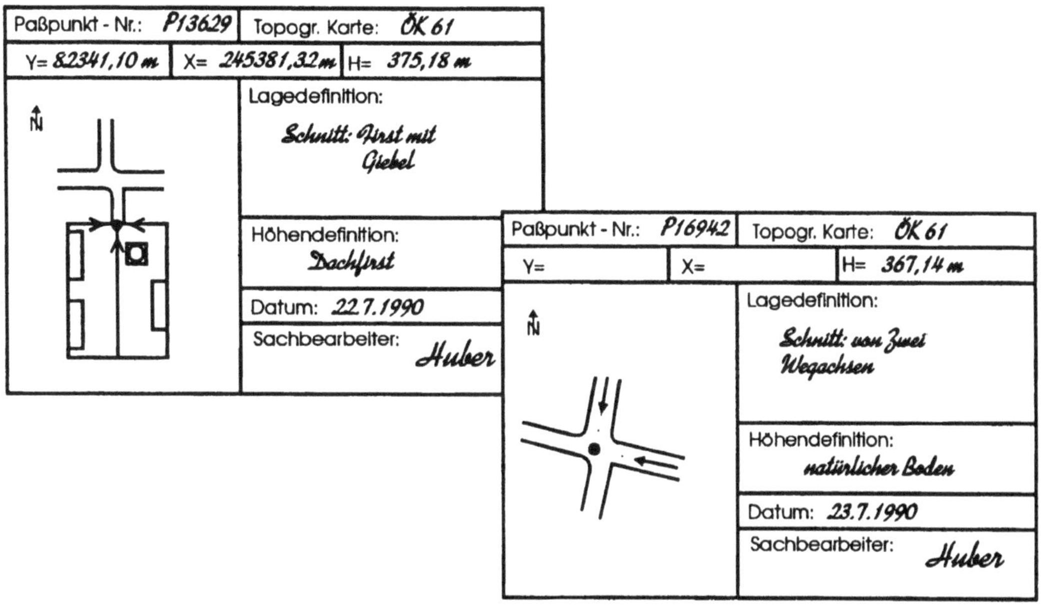

Figur 2.1-1: Paßpunktskizzen, links: Vollpaßpunkt, rechts: Höhenpaßpunkt

2.2 Signalisierte Punkte

Strebt man höchste Genauigkeit der photogrammetrischen Punktbestimmung an oder ist zu befürchten, daß die zu koordinierenden Punkte in den Aufnahmen nicht sichtbar sind (z.B. natürliche Punkte in schattigen Bereichen), werden vor der photogrammetrischen Aufnahme Objektpunkte signalisiert.

Die Faustformel für den Durchmesser d der Signale in Abhängigkeit von der Bildmaßstabszahl m_b lautet:

$$d[cm] = \frac{m_b}{300 \ bis \ 600} \qquad (2.2\text{-}1)$$

Die Variationsbreite im Nenner zwischen 300 und 600 bringt zum Ausdruck, daß der Durchmesser d der Signale in Abhängigkeit vom Kontrast gewählt werden sollte.

BEISPIELE:

a) kleinmaßstäbiger Bildflug 1:30000

$d = 50$ bis 100 cm

b) Bildflug 1:4000 für Katasterphotogrammetrie

$d = 7$ bis 13 cm

Diese Signalgröße hat den Vorteil, daß im allgemeinen moderne Kunststoffmarken oder an der **Deckfläche** weiß gestrichene Grenzsteine direkt angemessen werden können.

Wenn der Aufwand in vertretbaren Grenzen bleibt, sollten die Signale möglichst groß gewählt werden. Große Signale können in der Regel in den photogrammetrischen Auswertegeräten vom Operateur rascher erkannt und genauer eingestellt werden als (sehr) kleine Signale. Diese Aussage gilt erst recht für die automationsgestützte Messung in digitalen Bildern (Abschnitte A 7.3 und 7.4).

Infolge der **Überstrahlung** wird das jeweilige Signal im Bild - abhängig vom Kontrast - etwa mit einem 1.5- bis 3-fachen Durchmesser abgebildet. Wünschenswert wäre eine Steuerung der Signalgröße in Abhängigkeit vom Kontrast, damit alle Signale im Bild eine Größe von etwa 50 μm besäßen. Das bedeutet bei niedrigem Kontrast (z.B. Signal im schattigen Bereich oder bei Befliegungen unter der Wolkendecke) laut Beziehung (2.2-1) eine Signalgröße $d = m_b/300$, die bei 1.5-facher Überstrahlung die gewünschte Signalgröße von 50 μm ergibt; bei hohem Kontrast (3-fache Überstrahlung) ergibt die Signalgröße $d = m_b/600$ die gewünschten 50 μm im Bild.

Die Signale müssen im Bild deutlich größer als die punktförmige **Meßmarke** des Auswertegerätes erscheinen. Die Meßmarken der Auswertegeräte haben in der Regel Durchmesser zwischen 20 und 25 μm. Für sehr kleine Signale gibt es ringförmige Meßmarken mit Durchmessern von 40 μm und mehr. (Vorsicht: Der Ring muß deutlich größer als das (unscharf) abgebildete Signal sein.)

Für eine gute stereoskopische Messung ist es noch wichtig, daß die Signale etwa die **gleiche Höhe** wie die Umgebung besitzen. Bei monokularer Messung spielt dieser Gesichtspunkt hingegen eine untergeordnete Rolle. Bei signalisierten Punkten unterscheiden sich monokulare und stereoskopische Meßgenauigkeit nicht nennenswert.

Die Signale dürfen nicht spiegeln (d.h. das Sonnenlicht nicht gerichtet reflektieren), sondern sie müssen als "**Sekundärstrahler**" eine nahezu richtungsunabhängige (= diffuse) Strahlung erzeugen. Als **Signalfarbe** eignet sich für **Schwarzweißfilm** insbesondere Weiß, aber auch Gelb. Eine kontrastreiche Umgebung dazu ist vor allem grüne Vegetation; weniger kontrastreich sind gepflügte und ausgetrocknete Ackerflächen; einige Straßenbeläge sind besonders wenig kontrastreich. Bei solchen Straßenbelägen muß in der Umgebung des Signals eine matte Kontrastfarbe (Schwarz, eventuell auch Blau oder Grün) aufgebracht werden. Für **Farbinfrarotfilm** eignet sich die Signalfarbe Weiß etwas weniger gut; mit Rosa und Rot hat man bessere Resultate erzielt. Für **Farbfilm** sind die Signalfarben Rot, aber auch Gelb und Weiß geeignet. Die geometrische Genauigkeit ist inzwischen für Schwarzweiß-, Farb- und Farbinfrarotfilm etwa gleich gut. Das unterschiedliche **Auflösungsvermögen** der Filme (siehe Tab. A 3.2-20) hat auf die geometrische Genauigkeit keinen Einfluß; es beeinflußt aber die Zuverlässigkeit der Punktansprache. Die Zuverlässigkeit der Punktansprache ist - gleiches photographisches Auflösungsvermögen vorausgesetzt - bei Farbfilmen im allgemeinen besser als bei Schwarzweißfilmen. Die **optimale Belichtung**, eine Voraussetzung für eine zuverlässige Punktansprache, gelingt bei Farbfilmen hin und wieder nicht[1].

Um das Aufsuchen der signalisierten Punkte im Auswertegerät zu beschleunigen, wird die ungefähre Lage der signalisierten Punkte in Signalisierungsübersichten, in die auch die Punktnummern eingetragen werden, festgehalten. Vereinzelte, also nicht in Gruppen liegende Punkte werden entweder durch **Identifizierungsstreifen** (Fall a bis c der Figur 2.2-1) oder durch Hilfspunkte (Fall d und e der Figur 2.2-1) ergänzt. Die Verwendung der **Hilfspunkte** hat neben der Identifizierungshilfe zusätzlich den Vorteil, daß die Sperrmaße zu den Hilfspunkten bzw. die Information über die Ausrichtung der drei Punkte in einer Geraden usw.

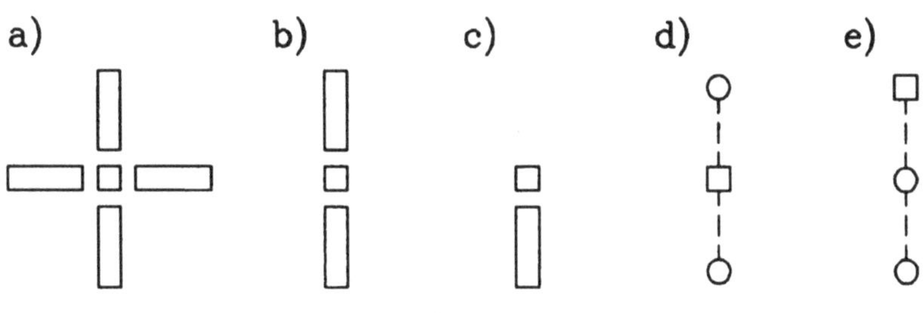

Figur 2.2-1: Identifizierstreifen und Hilfspunkte

[1] Literatur zu diesem Absatz: O'Connor, D.: ITC-J A 14/15,3 -57, 1961/62, Schwidefsky, K., Kellner, H.: BuL 37, 97-106, 1969, Brindöpke, W., Jaakkola, M., Noukka, P., Kölbl, O.: BuL 53, 23-32, 1985

in der Ausgleichung zur Ermittlung der endgültigen Koordinaten der signalisierten Punkte berücksichtigt werden können (Abschnitte B 3.5.3 und B 9.5.1).

In sichttoten oder sehr schattigen Bereichen kann man durch die Signalisierung von Hilfspunkten etwa nach dem Fall e der Figur 2.2-1 und Messung der Sperrmaße rechnerisch die Koordinaten des **nichtluftsichtbaren Punktes** ermitteln. Diese **indirekte photogrammetrische Punktbestimmung** über viele Hilfspunkte kann in Stadt- und Waldgebieten sehr aufwendig werden. In solchen Fällen empfiehlt es sich, zu einer partnerschaftlichen Kombination von Photogrammetrie und terrestrischer Messung überzugehen, wie sie im Abschnitt B 9.5.1 näher erläutert wird.

Für **terrestrische Aufnahmen** z.B. im Maßstab 1:250 würde die Beziehung (2.2-1) zu Signalgrößen zwischen 4 und 8 mm führen. Als Signale bieten sich daher für Holz Reißnägel mit weißen Plastikköpfen oder für Beton sehr kleine Farbpunkte an. Nach Möglichkeit sollte man aber anstelle dieser herkömmlichen Signale sogenannte **retroreflektierende Signale** benutzen. Sie können wesentlich kleiner als die mit der Faustformel (2.2-1) erhaltenen Maße gewählt werden. Durch eine sehr kurze Belichtung, die mit einem um das Objektiv angeordneten Ringblitz erfolgt, werden die Signale kontrastreich auf dunklem Hintergrund abgebildet (Bild 2.2-2). Solche hervorstechenden Signale erleichtern das manuelle Bildkoordinatenmes-

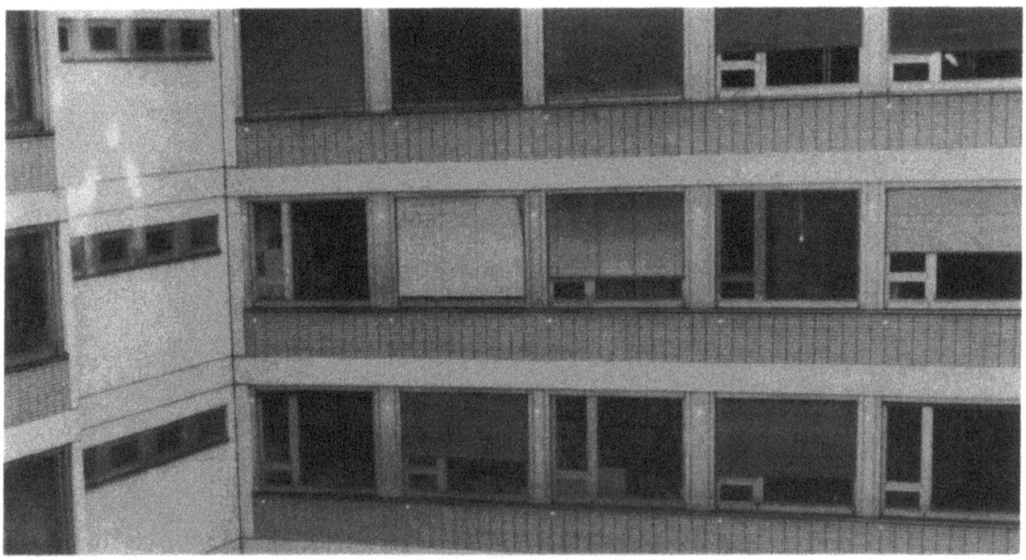

Bild 2.2-2: Retroreflektierende Signale (Ausschnitt des Testfeldes des Inst. für Photogr. und Fernerk. (I.P.F.) der TU Wien)

sen sehr; sie bieten aber auch ausgezeichnete Voraussetzungen für die automatische Messung der Signale (Abschnitt A 7.3 bis 7.4), die wesentlich genauer als die manuelle Messung erfolgen kann.

Am Ende des Kapitels über die Signalisierung soll noch erwähnt werden, daß im **Nahbereich** zur Vermessung vor allem **glatter Flächen**, die **keine Textur** aufweisen, eine "Signalisierung" in der Weise erfolgen kann, daß mit einem Projektor ein **geometrisches Muster** auf die Objektoberfläche **projiziert** wird. Details zu dieser Methode werden im Abschnitt C 2.3 angegeben.

2.3 Künstliche Punkte

Künstliche Punkte werden mit Punktmarkierungsgeräten in die Emulsion der Filmnegative oder Diapositive eingebracht. Zu diesem Zweck legt man die beiden einander teilweise überdeckenden Bilder in ein Punktmarkierungsgerät ein, und sucht sich stereoskopisch Bildstellen aus, die texturreich sind und möglichst ein horizontales Gelände bzw. eine möglichst ebene Objektstelle beschreiben. In ein solches Ensemble mit mehr oder weniger gut definierten natürlichen Punkten wird dann der künstliche Punkt "hineingesetzt", indem **die beiden homologen Bildpunkte markiert werden**.

Falls nach der Punktmarkierung die photogrammetrische Messung in Zweibildauswertegeräten erfolgt, sind die künstlichen Punkte prinzipiell nur in einem der beiden Bilder zu markieren. Bei künstlichen Punkten, die drei Bilder miteinander verknüpfen, erfolgt die Markierung nur im mittleren Bild. Wird dagegen monokular gemessen, ist eine Markierung der künstlichen Punkte paarweise in allen Bildern notwendig. Bei der Auswahl eines künstlichen Punktes im Überlappungsbereich zweier benachbarter Streifen werden die beiden (Mittel-)Bilder, die sich z.B. zu 20% überlappen, im Punktmarkierungsgerät stereoskopisch betrachtet und korrespondierende Punkte in **beiden** Bildern markiert. Nach Möglichkeit sollen diese Streifenverknüpfungspunkte auch die Verknüpfungspunkte für die Bilder innerhalb der Streifen sein.

Folgende **Punktmarkierungsgeräte** stehen zur Verfügung:

- Punktübertragungsgerät TRANSMARK der Fa. Zeiss, Jena (Laserstrahl verdampft punktförmig die Emulsion),
- Punktübertragungsgerät PMG2 sowie gemeinsamer Komparator und Punktmarkierer CPM1 (Bild A 4.3-16) der ehem. Fa. Kern, Schweiz (mechanische Markierung durch Drehen eines Stichels),
- Punktmarkierungsgerät Wild PUG5 der Fa. Leica, Schweiz (mit einer Ultraschallnadel),

- Punktübertragungsgerät PM1 der Fa. Zeiss, Oberkochen (Markierung mit beheizter Nadel).
- Punktübertragungsgerät PT-2 der Fa. APY photogrammetric systems, Schweiz (Einbringen einer kontrastreichen Substanz).

Die Genauigkeit der Punktbestimmung mittels künstlicher Punkte - wenn sie sorgfältig ausgewählt werden - entspricht fast der Genauigkeit einer Punktbestimmung mittels signalisierter Punkte.[1]

2.4 Nur mit Bildkoordinaten fixierte Punkte

Die Markierung eines künstlichen Punktes, der an einer texturreichen Bildstelle ausgewählt wurde, kann auch durch die Registrierung seiner Bildkoordinaten ersetzt werden. Die Festlegung der Bildpunkte mit ihren Bildkoordinaten wird auch bei (kleinen) natürlichen Punkten angewandt; man spart sich dadurch die Anfertigung von Skizzen etc. Ein einmal mit Bildkoordinaten registrierter Punkt kann - mit Hilfe der Rahmenmarken - in einem analytischen oder digitalen System jederzeit wieder aufgefunden und mittels der Meßmarke angezeigt werden. Seine Punktnummer bzw. Punktbezeichnung dient als Identifikator, um ihn im Datenbestand zu finden.

Wie im Abschnitt A 5.2.4 bereits erwähnt, verzichtet man in analytischen Auswertegeräten auf eine künstliche Markierung der Punkte. Nach der stereoskopischen Einstellung werden die beiden Punkte mit ihren Bildkoordinaten festgehalten. **Die Auswahl der Punkte und Messung der Bildkoordinaten erfolgt also in einem Arbeitsgang**. Innerhalb des Stereomodelles ist diese Vorgangsweise selbstverständlich. Innerhalb des jeweiligen Streifens ist in den Überlappungszonen der Stereomodelle die ausschließliche Fixierung der korrespondierenden Bildpunkte mit ihren Bildkoordinaten in den meisten analytischen Auswertegeräten ebenfalls verwirklicht (siehe Abschnitt A 5.2.4).

In den Überlappungszonen benachbarter Bildstreifen, in denen zur Versteifung des Bildverbandes unbedingt Verknüpfungspunkte auszuwählen und zu messen sind, kann man sich in der Weise behelfen, daß man ein Bild etwa um 90° gedreht auf einen Bildträger und das etwa 20% überlappende Bild des benachbarten Streifens auf den anderen Bildträger legt und so ein "Stereomodell" mit 20% Überdeckung bildet. Anschließend mißt man in beiden Bildern die Rahmenmarken; dann wählt man stereoskopisch Punkte aus und mißt ihre Bildkoordinaten. Auf diese Weise wird die Verknüpfung der Streifen von anderen Punkten getragen als die Verknüpfung der Bilder innerhalb der Streifen. Für die geometrische

---

[1] Sigle, M.: BuL 50, 91-100, 1982

Stabilität des Bildverbandes sind allerdings Punkte wünschenswert, die sowohl die Bilder innerhalb des Streifens als auch zwischen den Streifen miteinander verknüpfen. Man kann diese Forderung - zumindest für einige Verknüpfungspunkte - dadurch erreichen, daß man sich die innerhalb des jeweiligen Streifens ausgewählten und digital fixierten Verknüpfungspunkte vom analytischen Auswertegerät im jeweiligen Bild des Nachbarstreifens anfahren läßt und dann stereoskopisch überprüft, ob der eine oder andere dieser Punkte auch für die Verknüpfung der Streifen in Frage kommt. Diese Festlegung der Verknüpfungspunkte ausschließlich mit Bildkoordinaten kann umso effizienter durchgeführt werden, je mehr Bilder gleichzeitig auf die Bildträger gelegt werden können. In der **digitalen Photogrammetrie** läuft diese Forderung darauf hinaus, daß gleichzeitig der Zugriff auf möglichst viele digitale Bilder möglich sein muß. Auf weitere Besonderheiten, die für digitale Bilder typisch sind, wird im Abschnitt B 6. eingegangen.

3. MATHEMATISCHES BASISMODELL

Bevor ein mathematisches Modell für die photogrammetrische Punktbestimmung angegeben werden kann, sind die Anforderungen an ein solches Modell zu formulieren. Bei der photogrammetrischen Punktbestimmung sind aus Beobachtungen die Positionen der Objektpunkte in einem dreidimensionalen übergeordneten Koordinatensystem abzuleiten. Dieses übergeordnete Koordinatensystem benennen wir **globales Koordinatensystem**.

3.1 Kategorien von Beobachtungen

Die Beobachtungen haben **stochastische Eigenschaften**. Das bedeutet, daß sie mit zufälligen - und eventuell auch mit groben - Fehlern behaftet sind. Wir beschränken uns zunächst auf Beobachtungen **ohne** grobe Fehler. Die zufälligen Fehler werden mit der sogenannten Standardabweichung bzw. dem mittleren Fehler quantifiziert.

Die größte Gruppe von Beobachtungen sind bei einer photogrammetrischen Punktbestimmung die **in Bildern gemessenen Koordinaten**; aber auch die **Koordinaten in photogrammetrischen Stereomodellen**, die noch nicht absolut orientiert sind, können Beobachtungen für eine photogrammetrische Punktbestimmung sein. In einem solchen **dreidimensionalen lokalen Koordinatensystem** können aber auch Koordinaten für ein beliebiges Objektmodell, das auf einem **nichtphotogrammetrischen Weg** ermittelt worden sein kann, gegeben sein. Solche dreidimensionale Koordinaten können z.B. aus den Konstruktionsplänen eines Fahrzeuges entnommen werden.

Im Rahmen einer **hybriden Punktbestimmung** sind Beobachtungen verschiedener Herkunft gemeinsam zu verwerten. So können z.B. mit einem Tachymeter **Polarpunkte** oder mit einem Theodoliten die **räumlichen Richtungen** registriert worden sein oder mit einem Entfernungsmeßgerät **räumliche Strecken** zwischen jeweils zwei Punkten gemessen worden sein.

Eine weitere Gruppe von Beobachtungen betrifft die sogenannten **Gestalten**. Sie werden - in der Regel - mit keinem Instrument beobachtet, sondern allein mit den menschlichen Sinnen und angesammeltem Wissen wahrgenommen. Typische Gestaltinformationen sind (siehe Figur 3.1-1):

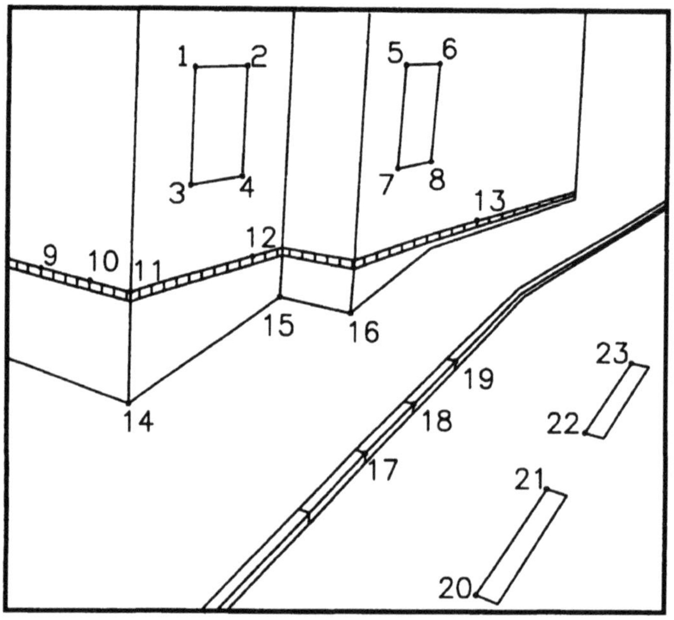

Figur 3.1-1: Gestaltinformationen

Zwei und mehr Punkte

- in einer Horizontalebene (z.B. P_1P_2 oder $P_9P_{11}P_{13}$),
- entlang einer Vertikalen (z.B. $P_{11}P_{14}$ oder P_1P_3),

drei und mehr Punkte

- entlang einer beliebigen Geraden (z.B. Gehsteigkante einer geneigten Straße mit $P_{17}P_{18}P_{19}$),
- in einer Vertikalebene (z.B. $P_9P_{11}P_{14}$ oder $P_1P_2P_3P_4$),
- in zwei orthogonalen Vertikalebenen mit einem der drei Punkte auf der Kante (z.B. $P_9P_{11}P_1$),

vier und mehr Punkte

- in einer beliebigen Ebene (z.B. geneigte Straßenebene mit $P_{14}P_{17}P_{15}P_{19}$),
- auf parallelen Geraden (z.B. mit $P_{17}P_{19}$ auf der einen Geraden und $P_{20}P_{23}$ auf der dazu parallelen Geraden),
- in parallelen Vertikalebenen (z.B. versetzte Fassadenebenen mit $P_1P_2P_3P_4$ in der einen Ebene und $P_5P_6P_7P_8$ in der dazu parallelen Ebene),
- als Endpunkte von zwei gleichlangen Strecken (z.B. gestrichelte Fahrbahnmarkierung mit $P_{20}P_{21}$ als erste Strecke und $P_{22}P_{23}$ als zweite Strecke),

fünf und mehr Punkte

- in parallelen Ebenen (z.B. mit $P_{14}P_{15}P_{17}$ in der einen Ebene und $P_{20}P_{23}$ in der dazu parallelen Ebene, usw.

Eine Verfeinerung besteht darin, anstelle von Geraden **räumliche Kurven** und anstelle von Ebenen **räumliche Flächen** zu verwenden. Mit solchen räumlichen Kurven und Flächen können sehr allgemeine Beziehungen zwischen (Objekt-)Punkten berücksichtigt werden. Die Beobachtungen, die zu einer Gestalt führen, werden wir als **fiktive Beobachtungen** bezeichnen.

Die im Band 1 - insbesondere im Abschnitt A 5.3 - besprochene photogrammetrische Punktbestimmung ging von bekannten Elementen der inneren Orientierung und der Kenntnis der Objektkoordinaten einiger Paßpunkte aus. Eine genauere Betrachtung führt aber zur Erkenntnis, daß diese üblicherweise als **Konstante** betrachteten Größen **nicht fehlerfrei**, sondern mit einer gewissen Unsicherheit behaftet sind, d.h. auch die Elemente der inneren Orientierung und die Paßpunktkoordinaten haben stochastische Eigenschaften; sie sind als Beobachtungen im Sinne einer Ausgleichung nach vermittelnden Beobachtungen (Anhang A 4.2-1) zu behandeln.

Die im Band 1 - insbesondere im Abschnitt A 5.3 - besprochene photogrammetrische Punktbestimmung ging von unbekannten Elementen der äußeren Orientierung aus. Bei manchen Anwendungen können diese **unbekannten Größen** aber **beobachtet** werden, d.h. zu manchen üblicherweise als Unbekannte betrachteten Größen gibt es Beobachtungen. Man denke in der terrestrischen Photogrammetrie nur an die Einmessung der Aufnahmestandpunkte und/oder der Neigung der Kamera (Horizontierung mit Libellen). In der Aerotriangulation erlangt gegenwärtig die Beobachtung der Aufnahmestandpunkte mittels des Global Positioning Systems (GPS) große Bedeutung. Kreiselstabilisierte Plattformen liefern außerdem Informationen über die Stellung der Bilder im globalen Koordinatensystem, wenn schon nicht die absolute Stellung mit ausreichender Genauigkeit, so doch die Differenzen der Winkelwerte zwischen benachbarten Bildern mit verhältnismäßig hoher Genauigkeit.

Die obigen Überlegungen führen zu einer Verallgemeinerung des Begriffes der Beobachtung, indem man auch Beobachtungen mit einer Standardabweichung von Null und von Unendlich zuläßt. Eine Beobachtung mit der Standardabweichung Null ist eine Konstante (z.B. die Elemente der inneren Orientierung im Sinne des Abschnittes A 5.3); eine Beobachtung mit der Standardabweichung Unendlich ist eine Unbekannte (z.B. die unbekannten Elemente der äußeren Orientierung). Wir werden diese Verallgemeinerung - insbesondere aus numerischen Gründen - nicht vornehmen und statt dessen verschiedene Typen von Parametern einführen.

3.2 Kategorien von Parametern

Wir unterteilen die Parameter in zwei Kategorien:

- Freie Parameter, m.a.W. gesuchte Unbekannte,
- feste Parameter., m.a.W. vorgegebene Konstante.

Die freien und festen Parameter sind im allgemeinen nicht beobachtet bzw. nicht beobachtbar (auf beobachtete "freie" und "feste" Parameter und Funktionen davon wird insbesondere in den Abschnitten 3.5.7 und 3.5.8 eingegangen.). Die **freien Parameter** sind vor allem die gesuchten Koordinaten der Objektpunkte in einem dreidimensionalen globalen Koordinatensystem, aber auch die Elemente der inneren Orientierung bei Amateuraufnahmen.

Die **festen Parameter** sind Konstante, die sich durch die Ausgleichung nicht verändern dürfen. Abgesehen von mathematischen Konstanten, wie z.B. die Zahl π, gibt es streng genommen keine festen Parameter. Solche festen Parameter müßten - wie bereits ausgeführt - eine Standardabweichung Null besitzen. In der praktischen Handhabung der photogrammetrischen Punktbestimmung brauchen wir trotzdem feste Parameter, u.a. zur Spezialisierung von allgemeinen mathematischen Ansätzen mit zu vielen freien Parametern sowie zur Stabilisierung der numerischen Lösungen und insbesondere zur (vorübergehenden) Zerlegung der Gesamtausgleichung in mehrere Schritte.

Alle im Abschnitt 3.1 aufgezählten Beobachtungen erhalten im Rahmen einer Ausgleichung nach vermittelnden Beobachtungen (Anhang A 4.2-1) Verbesserungen. Es wird jede einzelne Beobachtung - einschließlich ihrer Verbesserung - in Zusammenhang mit den freien und festen Parametern gebracht:

$$\textbf{Beobachtung} + \textbf{Verbesserung} = \textbf{f (freie + feste Parameter)} \qquad (3.2\text{-}1)$$

3.3 Koordinatensysteme und Transformationen

Die Punkte des zu rekonstruierenden Objektes definieren wir in einem dreidimensionalen cartesischen Koordinatensystem[1]. Dieses XYZ-System bezeichnen wir als **globales Koordinatensystem**. Man findet auch Bezeichnungen wie Referenzkoordinatensystem oder übergeordnetes Objektkoordinatensystem oder Landeskoordinatensystem oder Weltkoordinatensystem.

Ein Koordinatensystem, in dem wir Beobachtungen durchführen, bezeichnen wir als **lokales Koordinatensystem**. Es sei ebenfalls ein dreidimensionales cartesisches Koordinatensystem. Ein solches xyz-System kann für alle im Abschnitt 3.1 aufgezählten Beobachtungstypen herangezogen werden. Punkte in einem Photo werden zum Beispiel in der xy-Ebene beobachtet; ihre z-Koordinate ist somit Null.

Die Punkte P im XYZ-System müssen wir mit den Koordinaten der Punkte p im xyz-System mit einer **Transformationsgleichung** in Beziehung setzen. Da wir auf eine Ausgleichung nach vermittelnden Beobachtungen (Anhang A 4.2-1) zusteuern, müssen wir jede individuelle Beobachtung in Abhängigkeit von festen und freien Parametern als Funktion darstellen.

Um die Beobachtungen in Abhängigkeit von festen und freien Parametern zu bekommen, transformieren wir die Objektpunkte P mit ihren XYZ-Koordinaten in das lokale xyz-System (Figur 3.3-1):

$$\begin{pmatrix} x \\ y \\ z \end{pmatrix} = T \begin{pmatrix} X \\ Y \\ Z \end{pmatrix} \quad \text{bzw.} \quad \boldsymbol{x} = T(\boldsymbol{X}) \tag{3.3-1}$$

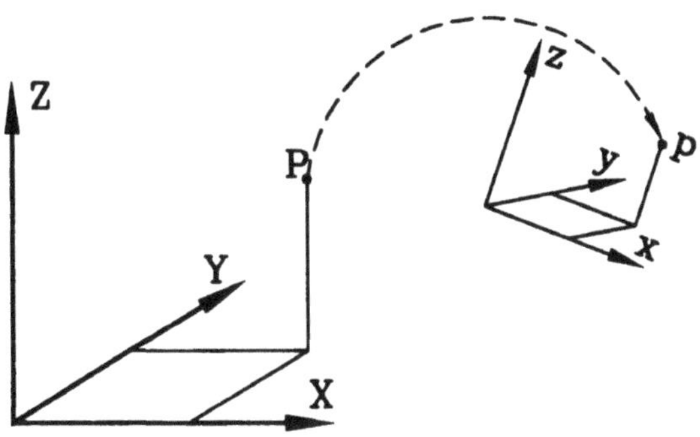

Figur 3.3-1: Transformation der Punkte vom globalen Koordinatensystem in das lokale Koordinatensystem

[1] Auf die Berücksichtigung der Erdkrümmung und der Verzerrungen der Landeskoordinatensysteme wird im Abschnitt B 5.4 eingegangen.

Für die Transformationsbeziehung (3.3-1) ist die Bezeichnung **Abbildungsgleichung** angebracht. Sie bildet nämlich das reale Objekt in ein Bild ab. Man kann auch sagen, daß mit der Beziehung (3.3-1) der physikalische Vorgang des Photographierens - oder der einer anderen Abbildung - mathematisch modelliert wird.

Die zentrale Abbildungsgleichung für die photogrammetrische Punktbestimmung ist interessanterweise nicht die Kollinearitätsbeziehung (Abschnitt A 5.3.1), sondern die räumliche Ähnlichkeitstransformation. Wir beginnen daher mit dieser Transformation und leiten daraus im Abschnitt 3.5 die anderen Abbildungsgleichungen ab.

3.4 Räumliche Ähnlichkeitstransformation

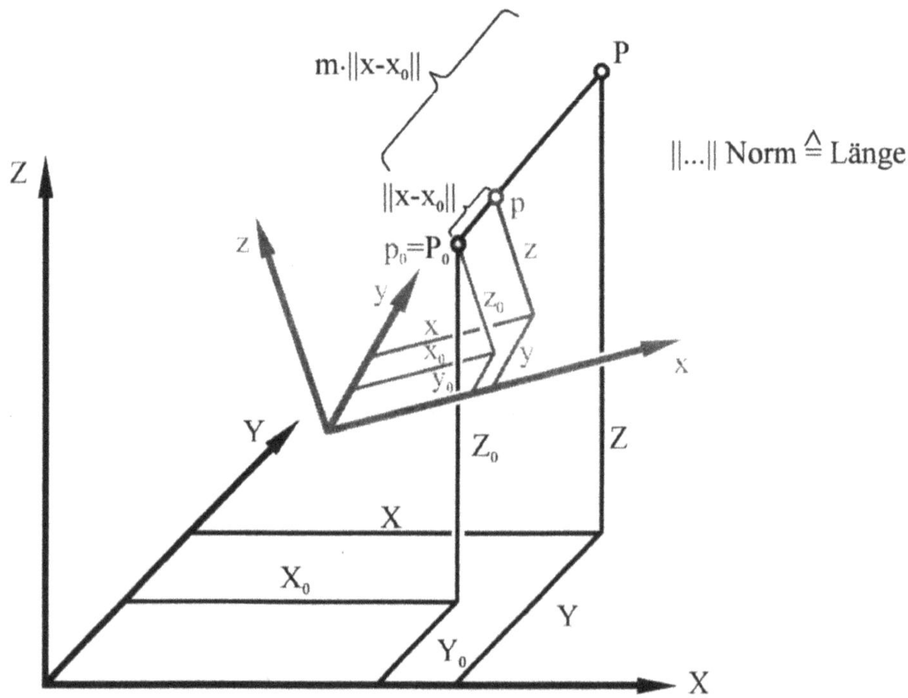

Figur 3.4-1: Räumliche Ähnlichkeitstransformation

In der Figur 3.4-1 ist der Zusammenhang der allgemeinen räumlichen Ähnlichkeitstransformation skizziert: In beiden Koordinatensystemen existiere ein und derselbe Bezugspunkt P_0 bzw. p_0, sodaß zunächst **reduzierte Koordinaten** gebildet werden können:

$$\begin{pmatrix} x - x_0 \\ y - y_0 \\ z - z_0 \end{pmatrix} = T \begin{pmatrix} X - X_0 \\ Y - Y_0 \\ Z - Z_0 \end{pmatrix} \quad \text{bzw.} \quad (\boldsymbol{x} - \boldsymbol{x}_0) = T(\boldsymbol{X} - \boldsymbol{X}_0) \tag{3.4-1}$$

Wenn man mit **R** die räumliche Drehmatrix bezeichnet, die die gedrehten Koordinaten $(\mathbf{x} - \mathbf{x}_0)$ in die Koordinaten $(\mathbf{X} - \mathbf{X}_0)$ überführt (Gleichung A (2.2-2) und Figur A 2.2-1), und beachtet, daß die inverse Transformation, also die Transformation der Koordinaten $(\mathbf{X} - \mathbf{X}_0)$ in die Koordinaten $(\mathbf{x} - \mathbf{x}_0)$, durch die transponierte Drehmatrix $\mathbf{R}^T$ erfolgt (Gleichung A (2.1-7), dann ist das Symbol T in der Gleichung (3.4-1) durch $\mathbf{R}^T$ zu ersetzen. Eine solche räumliche Drehung darf aber nur dann angesetzt werden, wenn sich beide Koordinatensysteme nicht maßstäblich unterscheiden. Die in unserem Fall vorhandene Maßstabszahl m, die die Länge $\|\mathbf{x} - \mathbf{x}_0\|$ in die Länge $\|\mathbf{X} - \mathbf{X}_0\|$ überführt (Figur 3.4-1), ist deshalb zusätzlich zu beachten:

$$(\boldsymbol{x} - \boldsymbol{x}_0) = \frac{1}{m} \cdot \boldsymbol{R}^T (\boldsymbol{X} - \boldsymbol{X}_0) \tag{3.4-2}$$

Die räumliche Drehmatrix **R** verdient noch eine genauere Betrachtung. Zu den neun Elementen der Drehmatrix **R** braucht man hin und wieder die dazugehörigen Winkel - zum Beispiel ω, ϕ und κ. Wie bereits im Anhang A 2.2-1 angedeutet wurde, können dabei Probleme auftreten. Wir werden diese Probleme zunächst (Abschnitt 3.4.1) mit einer Drehmatrix, die aus den Winkeln ω, ϕ und κ aufgebaut ist, zeigen und dann (Abschnitt 3.4.2) eine zusätzliche Drehmatrix einführen.

3.4.1 Drehmatrix mit den Winkeln ω, ϕ und κ

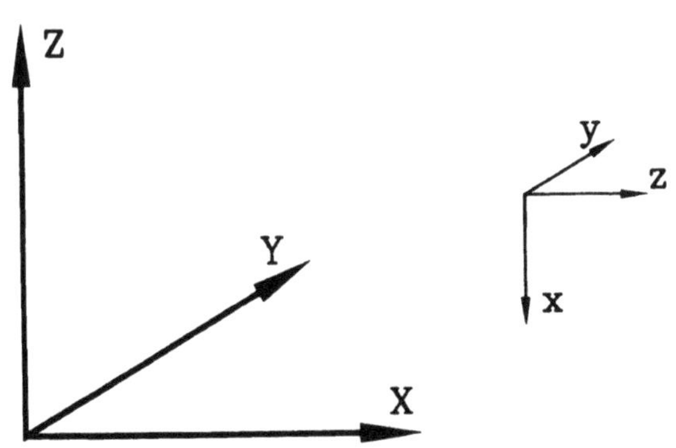

Figur 3.4-2: Drehmatrix mit $\omega \approx \kappa \approx 0$ und $\phi \approx 100$ gon

In der Figur 3.4-2 ist eine Konstellation skizziert, die $\omega \approx 0$ (primär), $\phi \approx 100$ gon (sekundär) und $\kappa \approx 0$ (tertiär) entspricht. Da für $\phi = 100$ gon der Cosinus verschwindet, versagt die Umwandlung der Drehmatrix $\mathbf{R}_{\omega\phi\kappa}$ in die Winkel ω, ϕ und κ (siehe Anhang A 2.2-1).

AUFGABE 3.4-1: Wie können in diesem Fall die numerischen Probleme bei der Umwandlung der Drehmatrix **R** in die drei Winkel ω, ϕ und κ umgangen werden? Lösung: Man nimmt nicht die Drehmatrix $\mathbf{R}_{\omega\phi\kappa}$ (A (2.2-1-6)) sondern die Drehmatrix $\mathbf{R}_{\phi\omega\kappa}$ (A (2.2-1-7)) mit der Achshierarchie ϕ (primär), ω (sekundär) und κ (tertiär). Die Drehmatrix $\mathbf{R}_{\phi\omega\kappa}$ versagt übrigens, wenn $\omega \approx 100$ gon, $\phi \approx 0$ und $\kappa \approx 0$ entspricht. Man skizziere diese Konstellation.

Eine Alternative zur Umgehung der numerischen Probleme mit einer (nahezu) horizontalen z-Achse (siehe Figur 3.4-2), die bei photogrammetrischen Bildern der Aufnahmerichtung (genauer: der Blickrichtung auf ein Photo in Positivstellung bzw. der Gegen-Blickrichtung zur z-Achse) entspricht, ist die Konstruktion einer Drehmatrix mit den Winkeln α, ν und κ.

3.4.2 Drehmatrix mit den Winkeln α, ν und κ

Wir erläutern den Aufbau dieser Drehmatrix mit den in der terrestrischen Photogrammetrie gebräuchlichen Bezeichnungen. Das Vorzeichen der Drehungen erfolgt - wie bereits im Anhang A 2.2-1 definiert - gegen den Uhrzeigersinn, wenn man von der Spitze der Koordinatenachse zum Ursprung des Koordinatensystems blickt (Figur 3.4-3).

Man denke sich zunächst die Kamera nach unten in Gegenblickrichtung zur Z-Achse ausgerichtet. In dieser Stellung sollen zunächst die x- und y-Achse des Photos (in Positivstellung) mit der X- und Y-Achse des globalen Koordinatensystems übereinstimmen; anschließend ist das Photo gedanklich so um den Winkel α zu drehen, daß die y_α-Achse in den Grundriß der tatsächlichen - etwa horizontalen - **Aufnahmerichtung** in der XY-Ebene

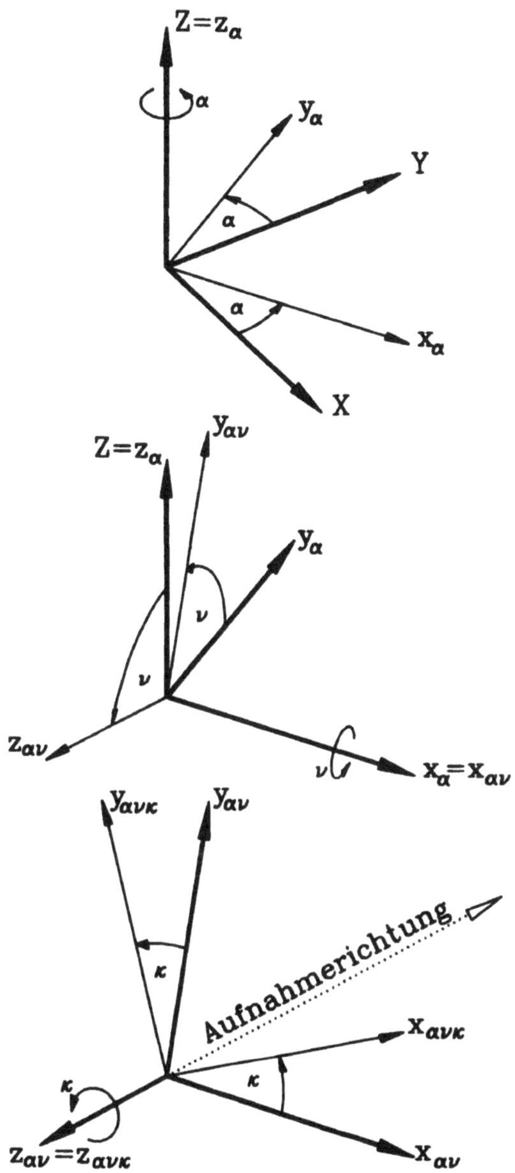

Figur 3.4-3: Sequenz von drei aufeinanderfolgenden Drehungen

zeigt. Punkte im $x_\alpha y_\alpha z_\alpha$-System können mit folgender Drehmatrix (**Primärdrehung**) in das XYZ-System transformiert werden (Details siehe Anhang A 2.2-1):

$$\boldsymbol{R}_\alpha = \begin{pmatrix} \cos\alpha & -\sin\alpha & 0 \\ \sin\alpha & \cos\alpha & 0 \\ 0 & 0 & 1 \end{pmatrix} \qquad (3.4\text{-}3)$$

Die **Sekundärdrehung** ν erfolgt um die (horizontale) x_α-Achse. Der Winkel ν ist die **Nadirdistanz** der Aufnahmerichtung. Seine Zählung beginnt in der negativen Z-Achse. Die Nadirdistanz beträgt bei Horizontalaufnahmen 100 gon. Zur Nadirdistanz ν gehört folgende Drehmatrix:

$$\boldsymbol{R}_\nu = \begin{pmatrix} 1 & 0 & 0 \\ 0 & \cos\nu & -\sin\nu \\ 0 & \sin\nu & \cos\nu \end{pmatrix} \qquad (3.4\text{-}4)$$

Zur **Tertiärdrehung** κ um die $z_{\alpha\nu}$ -Achse (κ ist die **Verkantung** des Bildes) gehört folgende Drehmatrix:

$$\boldsymbol{R}_\kappa = \begin{pmatrix} \cos\kappa & -\sin\kappa & 0 \\ \sin\kappa & \cos\kappa & 0 \\ 0 & 0 & 1 \end{pmatrix} \qquad (3.4\text{-}5)$$

Die Multiplikation der Matrizen für die drei Elementardrehungen ergibt schließlich die gesuchte Matrix für die Gesamtdrehung:

$$\boldsymbol{R}_{\alpha\nu\kappa} = \boldsymbol{R}_\alpha \boldsymbol{R}_\nu \boldsymbol{R}_\kappa = \begin{pmatrix} \cos\alpha\cos\kappa - \sin\alpha\cos\nu\sin\kappa & -\cos\alpha\sin\kappa - \sin\alpha\cos\nu\cos\kappa & \sin\alpha\sin\nu \\ \sin\alpha\cos\kappa + \cos\alpha\cos\nu\sin\kappa & -\sin\alpha\sin\kappa + \cos\alpha\cos\nu\cos\kappa & -\cos\alpha\sin\nu \\ \sin\nu\sin\kappa & \sin\nu\cos\kappa & \cos\nu \end{pmatrix} \qquad (3.4\text{-}6)$$

Die räumliche Drehmatrix (3.4-6) ist nach dem sogenannten **Eulerschen Prinzip** aufgebaut: Die erste und dritte Drehung erfolgen um die gleiche Koordinatenachse, die dazwischen allerdings um einen Winkel - in unserem Fall um den Winkel ν - verdreht wurde. Auch mit der Drehmatrix $\mathbf{R}_{\alpha\nu\kappa}$ ergeben sich - wie im Anhang A 2.2-1 mit der Drehmatrix $\mathbf{R}_{\alpha\phi\kappa}$ bereits im Detail angegeben - zwei Winkelsätze:

$\cos\nu = r_{33}$ ergibt zwei Lösungen ν_1 und ν_2

$$\left.\begin{aligned} \sin\alpha &= \frac{r_{13}}{\sin\nu} \\ \cos\alpha &= -\frac{r_{23}}{\sin\nu} \end{aligned}\right\} \quad \text{ergibt die Lösungen } \alpha_1 \text{ für } \nu_1 \text{ und } \alpha_2 \text{ für } \nu_2 \tag{3.4-7}$$

$$\left.\begin{aligned} \sin\kappa &= \frac{r_{31}}{\sin\nu} \\ \cos\kappa &= \frac{r_{32}}{\sin\nu} \end{aligned}\right\} \quad \text{ergibt die Lösungen } \kappa_1 \text{ für } \nu_1 \text{ und } \kappa_2 \text{ für } \nu_2$$

Numerische Probleme mit den Gleichungen (3.4-7) treten auf, wenn der Sinus von ν verschwindet bzw. nahezu verschwindet, d.h. der Winkel ν Null bzw. nahezu Null ist. In diesem Fall würde - wie aus der Figur 3.4-3 ersichtlich - die Primär- und die Tertiärdrehung um die gleiche bzw. nahezu gleiche Achse erfolgen; eine Ermittlung von zwei Teildrehungen α und κ ist deshalb unmöglich.

Damit ergibt sich folgende Regel - wieder formuliert anhand photogrammetrischer Aufnahmen: **Für die Auswertung von Luftbildern (nahezu Senkrechtaufnahmen) nehme man die $\mathbf{R}_{\omega\phi\kappa}$- oder die $\mathbf{R}_{\phi\omega\kappa}$-Matrix; für die Auswertung von terrestrischen Bildern (nahezu Horizontalaufnahmen) nehme man die $\mathbf{R}_{\alpha\nu\kappa}$-Matrix**.

AUFGABE 3.4-2: Welche Winkel einer $\mathbf{R}_{\alpha\nu\kappa}$-Matrix liegen der Konstellation zugrunde, die in der Figur 3.4-2 skizziert ist? Lösung: $\alpha \approx \nu \approx 100$ gon, $\kappa = 300$ gon oder $\alpha \approx \nu \approx 300$ gon, $\kappa \approx 100$ gon.
Zusatzaufgabe: Man wandle die Figur 3.4-2 so ab, daß sie einerseits den Winkeln $\alpha \approx \kappa \approx 0$, $\nu \approx 100$ gon und andererseits den Winkeln $\alpha \approx 0$, $\nu \approx \kappa \approx 100$ gon genügt.

AUFGABE 3.4-3: Die Sekundärdrehung ν hätte man anstelle um die x_α-Achse auch um die y_α-Achse vornehmen können. Wie sieht dann die Drehmatrix $\mathbf{R}_{\alpha\nu\kappa}$ aus?

AUFGABE 3.4-4: Man ermittle aus der Drehmatrix

$$\begin{pmatrix} 0.707107 & -0.500000 & 0.500000 \\ 0.707107 & 0.500000 & -0.500000 \\ 0.000000 & 0.707107 & 0.707107 \end{pmatrix}$$

die Drehwinkel α, ν und κ einserseits für die Drehmatrix (3.4-6) und andererseits für die in der Aufgabe 3.4-3 ermittelte Drehmatrix $\mathbf{R}_{\alpha\nu\kappa}$.

Literatur für (zusätzliche) Drehmatrizen: Dermanis, A.: ISPRS-J 49, 25-39, 1994.

3.5 Verbesserungsgleichungen für die einzelnen Kategorien von Beobachtungen

3.5.1 Beobachtete Bildpunkte

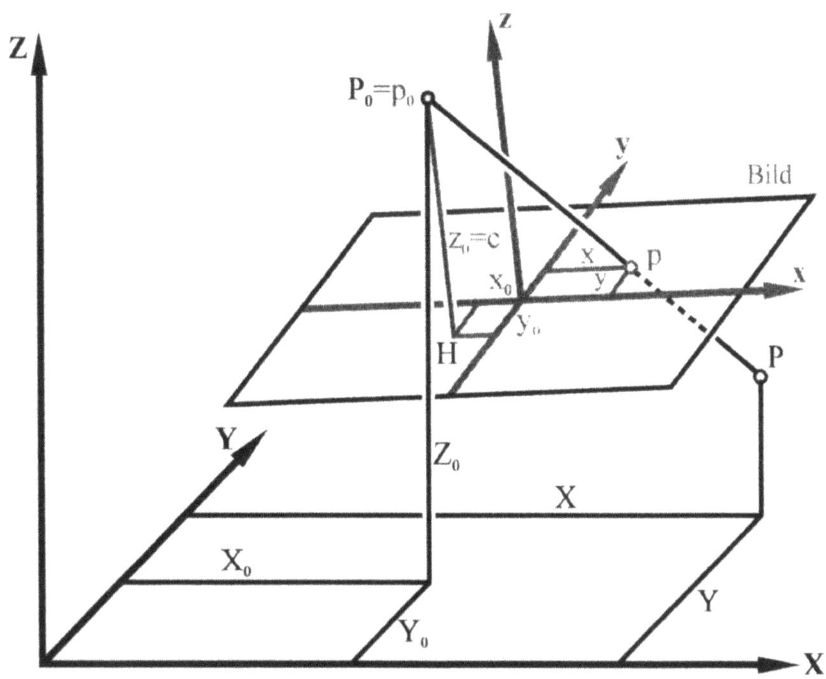

Figur 3.5-1: Zentralprojektion

Figur 3.5-1 zeigt die perspektivische Abbildung, die den Zusammenhang zwischen den Bildkoordinaten x und y[1] eines Punktes p und den globalen Koordinaten X, Y und Z eines

---

[1] Im Band 1 wurden für die Bildkoordinaten, um den Vortrag zu erleichtern, die Bezeichnungen ξ und η verwendet.

Punktes P herstellt. Die "Bildkoordinate" z ist für alle Bildpunkte Null. Der identische Bezugspunkt in beiden Koordinatensystemen ist das Projektionszentrum bzw. der Aufnahmestandpunkt. Im globalen XYZ-System hat der Aufnahmestandpunkt P_0 die Koordinaten X_0, Y_0 und Z_0; im lokalen Bildkoordinatensystem hat das Projektionszentrum p_0 die Koordinaten x_0, y_0 und z_0 (= c). Die Drehmatrix **R** definiert die Stellung des Bildes im globalen XYZ-System. Damit sind beinahe alle Größen, die in der Grundgleichung (3.4-2) vorkommen, angesprochen; es fehlt nur noch die Maßstabszahl m. Sie ist der Faktor, mit dem die Strecke $\|\mathbf{x} - \mathbf{x}_0\|$, also die Länge des Abbildungsstrahles vom Projektionszentrum p_0 bis zum Bildpunkt p, zu multiplizieren ist, um die Strecke $\|\mathbf{X} - \mathbf{X}_0\|$, also die Länge des Abbildungsstrahles vom Projektionszentrum P_0 bis zum Objektpunkt P, zu erhalten. **Diese Maßstabszahl variiert bei der Zentralprojektion von Bildpunkt zu Bildpunkt.**

Dieser variierende Maßstabsfaktor kann aber, wie nun gezeigt wird, eliminiert werden. Für einen Bildpunkt lautet die Gleichung (3.4-2):

$$\begin{pmatrix} x - x_0 \\ y - y_0 \\ -c \end{pmatrix} = \frac{1}{m} \begin{pmatrix} r_{11}(X-X_0) + r_{21}(Y-Y_0) + r_{31}(Z-Z_0) \\ r_{12}(X-X_0) + r_{22}(Y-Y_0) + r_{32}(Z-Z_0) \\ r_{13}(X-X_0) + r_{23}(Y-Y_0) + r_{33}(Z-Z_0) \end{pmatrix} \tag{3.5-1}$$

Nach Division der ersten und der zweiten Zeile jeweils durch die dritte Zeile und nach kleineren Umformungen erhalten wir die bekannten Beziehungen A(5.3-4), die die beobachteten Bildkoordinaten $\bar{x}$ und $\bar{y}$ gemeinsam mit ihren Verbesserungen v_x und v_y in Abhängigkeit von festen und freien Parametern ausdrücken:

$$\begin{aligned} x &= \bar{x}+v_x = x_0 - c\,\frac{r_{11}(X-X_0)+r_{21}(Y-Y_0)+r_{31}(Z-Z_0)}{r_{13}(X-X_0)+r_{23}(Y-Y_0)+r_{33}(Z-Z_0)} = x_0 - c\,\frac{Z_x}{N} \\ y &= \bar{y}+v_y = y_0 - c\,\frac{r_{12}(X-X_0)+r_{22}(Y-Y_0)+r_{32}(Z-Z_0)}{r_{13}(X-X_0)+r_{23}(Y-Y_0)+r_{33}(Z-Z_0)} = y_0 - c\,\frac{Z_y}{N} \end{aligned} \tag{3.5-2}$$

Die für die Ausgleichung nach vermittelnden Beobachtungen (Anhang A 4.2-1) erforderliche Linearisierung dieser Gleichung wird gemeinsam mit der Linearisierung der noch folgenden, verwandten Gleichungen im Abschnitt 3.5.9 behandelt.

3.5.2 Beobachtete Punkte in lokalen dreidimensionalen cartesischen Koordinatensystemen

Für diese Kategorie von Beobachtungen stellt Figur 3.4-1 bereits den Sachverhalt dar; die Gleichung (3.4-2) beschreibt den mathematischen Zusammenhang zwischen den lokalen Koordinaten x, y und z sowie den festen und freien Parametern. Als Bezugspunkt p_0 benutzt man häufig den Ursprung des lokalen Koordinatensystems. Die Beziehungen für die beobachteten lokalen Koordinaten $\bar{x}$, $\bar{y}$ und $\bar{z}$ gemeinsam mit ihren Verbesserungen v_x, v_y und v_z lauten daher für $x_0 = 0$:

$$\begin{aligned}
x = \bar{x} + v_x &= \frac{1}{m}\,(r_{11}(X - X_0) + r_{21}(Y - Y_0) + r_{31}(Z - Z_0)) \\
y = \bar{y} + v_y &= \frac{1}{m}\,(r_{12}(X - X_0) + r_{22}(Y - Y_0) + r_{32}(Z - Z_0)) \\
z = \bar{z} + v_z &= \frac{1}{m}\,(r_{13}(X - X_0) + r_{23}(Y - Y_0) + r_{33}(Z - Z_0))
\end{aligned} \qquad (3.5\text{-}3)$$

In manchen Fällen ist die Maßstabszahl eine Konstante, z.B. $m = 1$ für ein aus Konstruktionsmaßen digital aufgebautes Fahrzeugmodell.

AUFGABE 3.5-1: Wie lauten die Gleichungen für die beobachteten lokalen Koordinaten $\bar{x}$, $\bar{y}$ und $\bar{z}$ gemeinsam mit ihren Verbesserungen v_x, v_y und v_z, wenn im lokalen Koordinatensystem ein Bezugspunkt p_0 angenommen wird, der nicht im Koordinatenursprung liegt?

3.5.3 Beobachtete Polarpunkte

Mit einem Tachymeter seien in einem Standpunkt die Polarkoordinaten α, ζ und s für viele Punkte gemessen. In der Figur 3.5-2 sind diese Beobachtungen für den Punkt p eingetragen. Entlang des Richtungsstrahles ist noch der zu p gehörende Punkt P im globalen XYZ-Koordinatensystems angegeben. Damit wurde angedeutet, daß die Maßstabszahl m nicht unbedingt Eins gesetzt werden muß, sondern auch eine Maßstabskorrektur der Entfernungsmeßeinrichtung im Rahmen der Ausgleichung ermittelt werden kann. Der Standpunkt wird zweckmäßigerweise als Bezugspunkt P_0 bzw. p_0 gewählt. Es braucht kein bekannter Punkt im globalen Koordinatensystem sein; dadurch wird die "**freie Stationierung**" verwirklicht.

Aus den Polarkoordinaten α, ζ und s können mit folgenden Beziehungen cartesische Koordinaten x, y und z, wie aus der Figur 3.5-2 ablesbar, ermittelt werden:

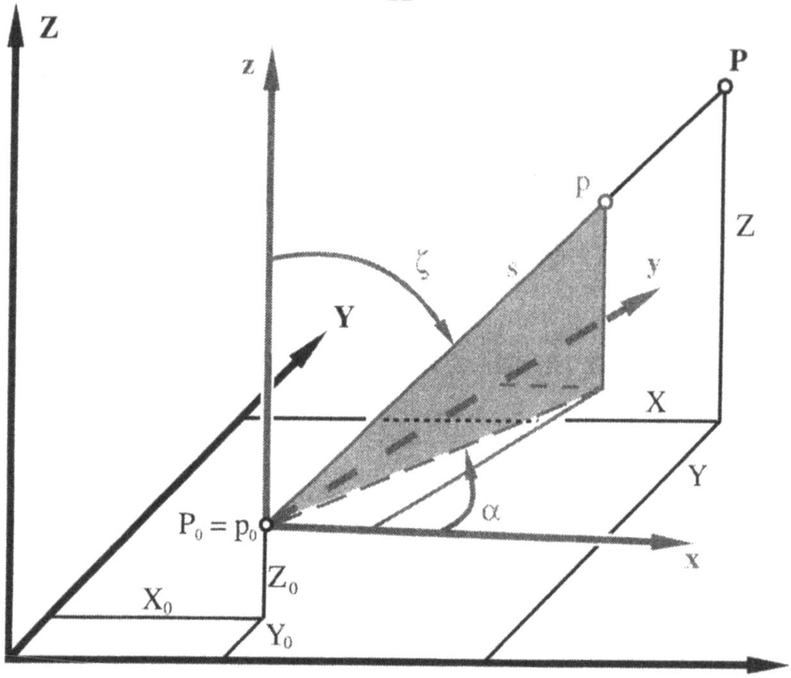

Figur 3.5-2: Polarpunkte

$$\begin{pmatrix} x \\ y \\ z \end{pmatrix} = s \begin{pmatrix} \sin\zeta \ \cos\alpha \\ \sin\zeta \ \sin\alpha \\ \cos\zeta \end{pmatrix} \qquad (3.5\text{-}4)$$

Diese cartesischen Koordinaten könnte man als beobachtete Koordinaten in einem dreidimensionalen lokalen Koordinatensystem auffassen und in der im vorhergehenden Abschnitt 3.5.2 beschriebenen Weise in die Ausgleichung einführen. Die in der Drehmatrix **R** enthaltenen drei Winkel sind in der Verarbeitung von Tachymeterdaten ungewohnt. Infolge der Horizontierung sind zwei Winkel Null; nur der dritte Winkel ist als **Orientierungsunbekannte** geläufig. Trotzdem kann man den mathematischen Zusammenhang mit der räumlichen Ähnlichkeitstransformation (3.4-2) beschreiben, indem man die beiden Winkel - zum Beispiel ω und ϕ bei einer Drehmatrix $\mathbf{R}_{\omega\phi\kappa}$ - als feste Parameter mit dem Wert Null vorgibt. Die im Gleichungssystem (3.4-2) auftretende Maßstabszahl m wurde bereits besprochen.

Die Möglichkeit, daß man die aus den Polarkoordinaten mittels der Gleichung (3.5-4) berechneten cartesischen Koordinaten direkt als unabhängige Beobachtungen für eine Ausgleichung nach vermittelnden Beobachtungen benutzt, ist durchaus gangbar, aber theoretisch nicht fundiert. Für eine verfeinerte Vorgangsweise gibt es zwei Möglichkeiten:

- Erstens: Man **verfeinert das stochastische Modell**, indem man für die **ursprünglichen Beobachtungen** α, ζ und s Standardabweichungen σ_α, σ_ζ und σ_s vorgibt und durch

Anwendung des allgemeinen Fehlerfortpflanzungsgesetzes auf das Gleichungssystem (3.5-4) die Standardabweichungen für die cartesischen Koordinaten x, y und z und vor allem die Kovarianzen zwischen diesen Koordinaten berechnet. In der Fortsetzung der Ausgleichung nach vermittelnden Beobachtungen mit den cartesischen Koordinaten sind dann diese Varianz-Kovarianz-Matrizen zu berücksichtigen.

- Zweitens: Man **verfeinert das funktionale Modell**, indem man die räumliche Ähnlichkeitstransformation (3.4-2) so abwandelt, bis die ursprünglichen Beobachtungen $\bar{\alpha}$, $\bar{\zeta}$, und $\bar{s}$ - genauer ihre Verbesserungen v_α, v_ζ und v_s - in Abhängigkeit von festen und freien Parametern gefunden sind.

In der Folge schlagen wir den zweiten Weg ein. Die aus den ursprünglichen Beobachtungen $\bar{\alpha}$, $\bar{\zeta}$ und $\bar{s}$ mittels der Beziehung (3.5-4) gefundenen cartesischen Koordinaten bezeichnen wir mit $\bar{x}$, $\bar{y}$ und $\bar{z}$, ihre Verbesserungen mit v_x, v_y und v_z. Damit lautet die Beziehung (3.5-4):

$$\begin{pmatrix}\bar{x}\\ \bar{y}\\ \bar{z}\end{pmatrix} + \begin{pmatrix}v_x\\ v_y\\ v_z\end{pmatrix} = (\bar{s} + v_s)\begin{pmatrix}\sin(\bar{\zeta} + v_\zeta)\ \cos(\bar{\alpha} + v_\alpha)\\ \sin(\bar{\zeta} + v_\zeta)\ \sin(\bar{\alpha} + v_\alpha)\\ \cos(\bar{\zeta} + v_\zeta)\end{pmatrix} \tag{3.5-5}$$

Eine Umordnung und die Beschränkung auf Glieder erster Ordnung bei den Verbesserungen ergeben:

$$\begin{pmatrix}\bar{x}\\ \bar{y}\\ \bar{z}\end{pmatrix} + \begin{pmatrix}v_x\\ v_y\\ v_z\end{pmatrix} = \bar{s}\begin{pmatrix}\sin\bar{\zeta}\cos\bar{\alpha}\\ \sin\bar{\zeta}\sin\bar{\alpha}\\ \cos\bar{\alpha}\end{pmatrix} + \bar{s}\begin{pmatrix}-\sin\bar{\zeta}\sin\bar{\alpha}\\ \sin\bar{\zeta}\cos\bar{\alpha}\\ 0\end{pmatrix}v_\alpha + \bar{s}\begin{pmatrix}\cos\bar{\zeta}\cos\bar{\alpha}\\ \cos\bar{\zeta}\sin\bar{\alpha}\\ -\sin\bar{\zeta}\end{pmatrix}v_\zeta + \begin{pmatrix}\sin\bar{\zeta}\cos\bar{\alpha}\\ \sin\bar{\zeta}\sin\bar{\alpha}\\ \cos\bar{\zeta}\end{pmatrix}v_s$$

Der Zusammenhang zwischen den Verbesserungen v_x, v_y und v_z mit den Verbesserungen v_α, v_ζ und v_s kann noch wie folgt angeschrieben werden:

$$\begin{pmatrix}v_x\\ v_y\\ v_z\end{pmatrix} = \begin{pmatrix}\sin\bar{\alpha} & \cos\bar{\zeta}\cos\bar{\alpha} & \sin\bar{\zeta}\cos\bar{\alpha}\\ -\cos\bar{\alpha} & \cos\bar{\zeta}\sin\bar{\alpha} & \sin\bar{\zeta}\sin\bar{\alpha}\\ 0 & -\sin\bar{\zeta} & \cos\bar{\zeta}\end{pmatrix}\begin{pmatrix}-(\sin\bar{\zeta})\bar{s}\cdot v_\alpha\\ \bar{s}\cdot v_\zeta\\ v_s\end{pmatrix} = \boldsymbol{D}_{\bar{\zeta}\bar{\alpha}}\begin{pmatrix}-\bar{s}\cdot\sin\bar{\zeta} & & \\ & \bar{s} & \\ & & 1\end{pmatrix}\begin{pmatrix}v_\alpha\\ v_\zeta\\ v_s\end{pmatrix} \tag{3.5-6}$$

Die letzte Umformung hat ergeben, daß der Zusammenhang zwischen den Verbesserungen v_x, v_y und v_z der cartesischen Koordinaten und den Verbesserungen der Polarkoordinaten im wesentlichen über eine Drehmatrix $\mathbf{D}_{\bar{\zeta}\bar{\alpha}}$ hergestellt ist. Diese Drehmatrix bewirkt übrigens eine räumliche Drehung in ein Koordinatensystem, dessen dritte Achse mit der Richtung von

p_0 nach p zusammenfällt (Figur 3.5-2). Nach diesen Vorbereitungen kann in die Grundgleichung (3.4-2) eingesetzt werden, wobei wir für die Maßstabszahl m gleich Eins und für die Translation x_0 gleich Null wählen:

$$\bar{s}\begin{pmatrix}\sin\bar{\zeta}\cos\bar{\alpha}\\ \sin\bar{\zeta}\sin\bar{\alpha}\\ \cos\bar{\zeta}\end{pmatrix} + D_{\bar{\zeta}\bar{\alpha}}\begin{pmatrix}-\bar{s}\cdot\sin\bar{\zeta} & & \\ & \bar{s} & \\ & & 1\end{pmatrix}\begin{pmatrix}v_\alpha\\ v_\zeta\\ v_s\end{pmatrix} = R^T(X - X_0) \qquad (3.5\text{-}7)$$

Eine Multiplikation von links mit der Matrix $D^T_{\bar{\zeta}\bar{\alpha}}$ ergibt:

$$\begin{pmatrix}\bar{0}\\ \bar{0}\\ \bar{s}\end{pmatrix} + \begin{pmatrix}-\bar{s}\cdot\sin\bar{\zeta} & & \\ & \bar{s} & \\ & & 1\end{pmatrix}\begin{pmatrix}v_\alpha\\ v_\zeta\\ v_s\end{pmatrix} = D^T_{\bar{\zeta}\bar{\alpha}}R^T(X - X_0) \qquad (3.5\text{-}8)$$

Eine geringe Umstellung führt schließlich zu den gesuchten Beziehungen:

$$\begin{pmatrix}\bar{0} + v_\alpha\\ \bar{0} + v_\zeta\\ \bar{s} + v_s\end{pmatrix} = \begin{pmatrix}\frac{-1}{\bar{s}\cdot\sin\bar{\zeta}} & & \\ & \frac{1}{\bar{s}} & \\ & & 1\end{pmatrix} D^T_{\bar{\zeta}\bar{\alpha}}\, R^T(X - X_0) \qquad (3.5\text{-}9)$$

Jeder der vollständig beobachteten Polarpunkte liefert ein solches Gleichungssystem, das aus drei Gleichungen besteht. Freie Parameter sind in der Regel seine Koordinaten **X** im globalen Koordinatensystem und der Winkel κ (= Orientierungsunbekannte) in der Drehmatrix **R**; ω und ϕ sind feste Parameter mit dem Wert Null. Die drei Koordinaten X_0 des Bezugspunktes können ebenfalls freie Parameter für alle Messungen dieses Polarstandpunktes sein; nachdem wir x_0 gleich Null gewählt haben, sind X_0 die globalen Koordinaten des Polarstandpunktes. Die übrigen im Gleichungssystem (3.5-9) vorkommenden Größen, insbesondere die Elemente der Drehmatrix $D_{\bar{\zeta}\bar{\alpha}}$, ergeben sich aus den Beobachtungen $\bar{\alpha}$, $\bar{\zeta}$ und $\bar{s}$.

Hat man im Standpunkt p_0 **nur Richtungen und keine Strecken** $\bar{s}$ gemessen, so benutzt man nur die beiden ersten Gleichungen vom Gleichungssystem (3.5-9). Für die Strecke zwischen dem Standpunkt P_0 und dem Punkt P ist dann jene aus Näherungskoordinaten berechnete zu verwenden.

Hat man nur **eine einzelne räumliche Strecke** $\bar{s}$ gemessen und keine Winkel, so benutzt man nur die letzte Gleichung vom Gleichungssystem (3.5-9). In diesem Fall wählt man für $\bar{\alpha}$ den Wert Null; der außerdem erforderliche Winkel $\bar{\zeta}$ ist aus Näherungswerten zu ermitteln.

AUFGABE 3.5-2: Man adaptiere die dritte Gleichung im Gleichungssystem (3.5-9) für eine **horizontale Strecke**. Ergebnis: Für $\bar{s}$ kann die horizontale Strecke eingeführt werden, wenn man die Elemente d_{13}, d_{23} und d_{33} in der Matrix $\mathbf{D}_{\bar{\zeta}\,\bar{\alpha}}$ jeweils mit $\sin\zeta$ multipliziert. Der Zenitwinkel ζ kann in diesem Spezialfall nur aus Näherungswerten ermittelt werden. Die Matrix **D** ist nach dieser Adaption keine orthogonale Matrix mehr.

AUFGABE 3.5-3: Für eine gemessene räumliche Strecke $\bar{s}$ zwischen zwei Punkten P und Q wird üblicherweise folgende Beobachtungsgleichung gewählt:

$\bar{s} + v_s = \sqrt{(X_p - X_q)^2 + (Y_p - Y_q)^2 + (Z_p - Z_q)^2}$. Man linearisiere diese Gleichung und stelle die Identität mit der Gleichung her, die durch Linearisierung der dritten Gleichung des Gleichungssystems (3.5-9) hervorgeht.

3.5.4 Beobachtete Paßpunkte

Die XYZ-Koordinaten der Paßpunkte wird man bei einer verfeinerten Ausgleichung nicht als feste Parameter einführen. Sie sind auch aus Beobachtungen entstanden; sie haben deshalb nur eine begrenzte Genauigkeit, die in der Regel mit einer Standardabweichung quantifiziert werden kann.

Die Beziehungen für die beobachteten Paßpunktkoordinaten können unmittelbar aus der Figur 3.5-3 abgelesen werden. Man erhält diese Beziehungen auch aus der Grundgleichung (3.4-2), indem man den Maßstabsfaktor m gleich Eins setzt, über die Bezugspunkte mit $\mathbf{X}_0 = \mathbf{x}_0 = 0$ verfügt und als Drehmatrix **R** die Einheitsmatrix annimmt:

$$\begin{aligned} x &= \bar{x} + v_x = X \\ y &= \bar{y} + v_y = Y \\ z &= \bar{z} + v_z = Z \end{aligned} \qquad (3.5\text{-}10)$$

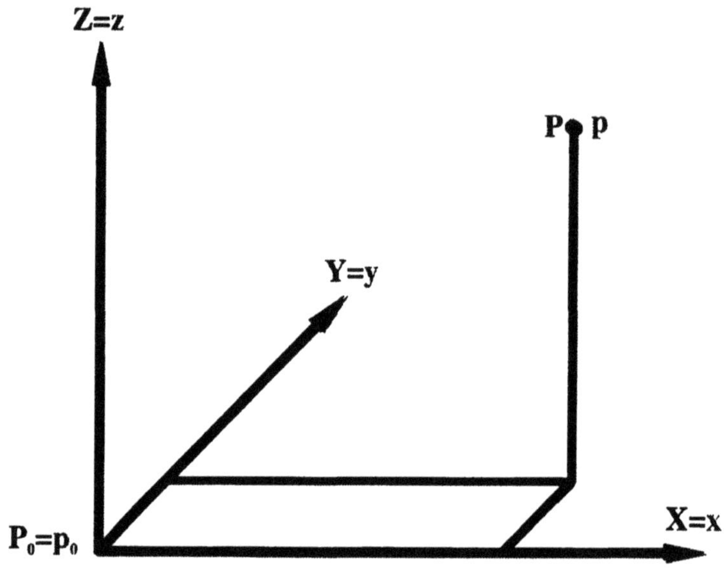

Figur 3.5-3: Beobachtete Paßpunkte

Die Größen $\bar{x}$, $\bar{y}$ und $\bar{z}$ sind die gegebenen Paßpunktkoordinaten, die Größen X, Y und Z die (unbekannten) verbesserten Paßpunktkoordinaten **nach** der Ausgleichung. Die XYZ-Koordinaten repräsentieren **nach** der Ausgleichung die wahrscheinlichsten Werte.

Die Bezugspunkte P_0 und p_0 müssen nicht im Koordinatenursprung liegen. Auf diese Weise kann man zum Beispiel die **Reduktion der (großen) Landeskoordinaten** auf einen Punkt im Bereich des Interessensgebietes erreichen. Auch den Maßstabsfaktor wird man nicht Eins setzen, wenn die lokalen Koordinaten zum Beispiel im metrischen System und die globalen Koordinaten im **Fuß-System** gegeben sind.

3.5.5 Beobachtete Gestalten

Die beobachteten Gestalten unterteilen wir in "Ebenen", "Geraden" sowie "räumliche Flächen und Kurven".

3.5.5.1 Beobachtete Punkte in Ebenen

Wir beginnen mit einem Spezialfall, der in der Figur 3.5-4 skizziert ist. Wir gehen zunächst von vier Punkten P_1, P_2, P_3 und P_4 im globalen Koordinatensystem aus, die in einer schrägen Ebene liegen sollen. In der schrägen Ebene nehmen wir die xy-Ebene des lokalen Koordinatensystems an. Die Beobachtungen sind die z-Koordinaten in den vier Punkten. Die Werte dieser fiktiven Beobachtungen $\bar{z}$ sind Null, allerdings erweitert um die dazugehörigen Verbesserungen v_z: $z = \bar{z} + v_z = \bar{0} + v_z$.

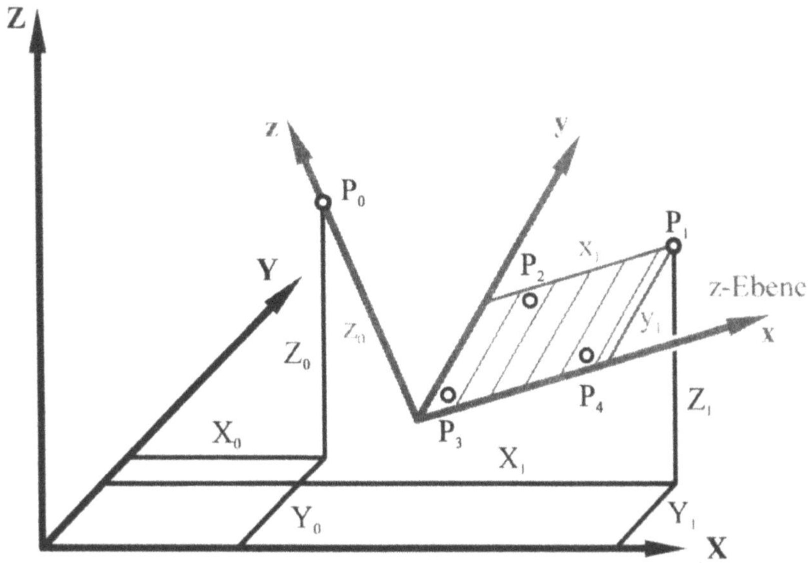

Figur 3.5-4: Gestalt in der xy-Ebene

Der Bezugspunkt P_0 (siehe Figur 3.5-4) wird - in der Nähe der Ebenenpunkte - willkürlich gewählt. Seine Koordinaten X_0, Y_0 und Z_0 können im globalen Koordinatensystem beliebig vorgegeben werden. Die z-Achse des lokalen Koordinatensystems verläuft durch den Bezugspunkt p_0. Im lokalen Koordinatensystem ist nur z_0 des Bezugspunktes p_0 unbekannt, während x_0 und y_0 gleich Null gewählt werden. Den Maßstabsfaktor zwischen beiden Koordinatensystemen nimmt man in der Regel mit Eins an. Von der Drehmatrix **R** ist die κ-Drehung um die z-Achse frei wählbar; sie wird zum Beispiel mit Null vorgegeben. Die für den Spezialfall "Punkte in einer Ebene" überzähligen Parameter, die durch Vorgabe von festen Parametern kompensiert werden, mögen im Moment befremdlich erscheinen. Wie wir aber noch sehen werden, kann dadurch der mathematische Ansatz unter anderem elegant verfeinert werden.

Bevor wir die Gleichungen für die fiktiven Beobachtungen einer ebenen Gestalt aus der Ähnlichkeitstransformation ableiten, ist eine **Bilanz über die Anzahl der Beobachtungen, der freien und festen Parameter** für das in der Figur 3.5-4 skizzierte Beispiel angebracht. Um den Beitrag dieser ebenen Gestalt zur Redundanz zu ermitteln, wollen wir voraussetzen, daß die vier Punkte P_i durch andere Beobachtungen gerade (d.h. ohne Redundanz) bestimmt seien - der Einfachheit halber als beobachtete Paßpunkte im Sinne des Abschnittes 3.5.4:

	Beobachtungen	Unbekannte	Konstante
z-Koordinate (= 0) der 4 Punkte p_i	4		
z_0-Koordinate des Bezugspunktes p_0		1	
x_0y_0-Koordinaten (= 0) des Bezugspunktes p_0			2
XYZ-Koordinaten der 4 Punkte P_i		12	
$\bar{X}\bar{Y}\bar{Z}$-Koordinaten der 4 Paßpunkte P_i	12		
$X_0Y_0Z_0$-Koordinaten des Bezugspunktes P_0			3
Maßstabszahl m			1
Drehmatrix **R**		2	1
Summe	16	15	7

Den 16 Beobachtungen stehen 15 Unbekannte gegenüber, d.h. wir haben die erwartete Redundanz von Eins, wenn man durch vier Punkte eine geneigte Ebene legt.

Die 12 Beobachtungsgleichungen für die vier Paßpunkte P_i haben wir bereits kennengelernt (Gleichung (3.5-10) im Abschnitt 3.5.4). Die Gleichungen für die fiktiv beobachteten $\bar{z}$-Koordinaten gehen aus der dritten Gleichung des Gleichungssystems (3.4-2) hervor:

$$z = \bar{0} + v_z = z_0 + r_{13}(X - X_0) + r_{23}(Y - Y_0) + r_{33}(Z - Z_0) \qquad (3.5\text{-}11)$$

Ist eine zur ersten Ebene **parallele Ebene** zu berücksichtigen, wählt man eine mit der ersten Ebene identische Drehmatrix **R**. Soll ein **bekannter Abstand Δz_0 zwischen den beiden Ebenen** eingehalten werden, so werden die z_0^1-Koordinate der ersten Ebene und die z_0^2-Koordinate der zweiten Ebene in folgende (zusätzliche) Beobachtungsgleichung einbezogen:

$$\Delta z_0 = \Delta\bar{z}_0 + v_{\Delta_{z0}} = z_0^1 - z_0^2 \qquad (3.5\text{-}12)$$

Wenn der vorgegebene Abstand $\Delta\bar{z}_0$ sehr genau bekannt sein sollte, wird man das Gewicht für diese Beobachtungsgleichung sehr groß wählen. Dadurch wird die Verbesserung $v_{\Delta zo}$ sehr klein.

AUFGABE 3.5-4: Man schreibe die vier Gleichungen für die fiktiv beobachteten $\bar{z}$-Koordinaten an. Zusätzlich sind die Gleichungen für fünf Punkte anzugeben, die in einer parallelen Ebene in einem Abstand von 2 m zur ersten Ebene liegen. Das Gleichungssystem ist schließlich noch um eine dritte Ebene zu erweitern, in der nur zwei Punkte liegen und die von der ersten Ebene einen Abstand von 5 m aufweist.

AUFGABE 3.5-5: Die Voraussetzungen für die ebene Gestalt sind so zu ändern, daß der Bezugspunkt P_0 bzw. p_0 in der auszugleichenden Ebene zu liegen kommt. Man stelle die Bilanz im Sinne der obigen Tabelle auf.

3.5.5.2 Beobachtete Punkte auf Geraden

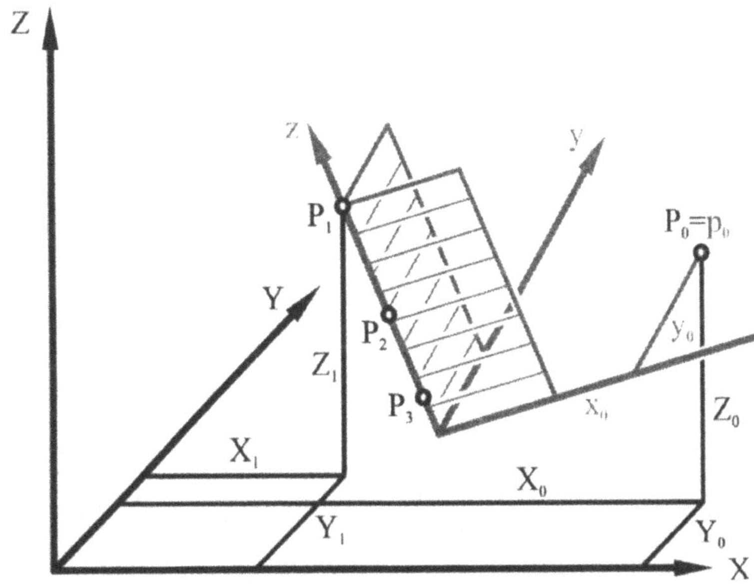

Figur 3.5-5: Geradlinige Gestalt entlang der z-Achse

Wir gehen zunächst von drei Punkten P_1, P_2 und P_3 im globalen Koordinatensystem aus, die entlang einer Geraden angeordnet sein sollen (Figur 3.5-5). Die z-Achse des lokalen Koordinatensystems legen wir in die auszugleichende Gerade durch die drei Punkte. Der beliebig gewählte Bezugspunkt P_0 bzw. p_0 definiert die xy-Ebene des lokalen Koordinatensystems, indem seine z-Koordinate Null gesetzt wird. Von der Drehmatrix **R** ist die κ-Drehung um die z-Achse unbestimmt; sie kann beliebig gewählt werden.

Die ausgleichende Gerade ergibt sich als Schnittlinie der xz-Ebene mit der yz-Ebene. Jeder dieser drei Punkte kann sowohl in der xz-Ebene als auch in der yz-Ebene mit der fiktiven Beobachtung Null - entsprechend dem Abschnitt 3.5.5.1 - angeschrieben werden:

$$\begin{aligned} xz\text{-Ebene: } y &= \bar{0} + v_y = y_0 + r_{12}(X - X_0) + r_{22}(Y - Y_0) + r_{32}(Z - Z_0) \\ yz\text{-Ebene: } x &= \bar{0} + v_x = x_0 + r_{11}(X - X_0) + r_{21}(Y - Y_0) + r_{31}(Z - Z_0) \end{aligned} \qquad (3.5\text{-}13)$$

Dabei wurde der Maßstabsfaktor zwischen beiden Koordinatensystemen Eins gewählt. Eine **Bilanz über die Anzahl der Beobachtungen, der freien und festen Parameter** für die in der Figur 3.5-5 skizzierte Gestalt soll dieses Kapitel abschließen. Dabei nehmen wir der Einfachheit halber wieder an, daß die drei Punkte P_i durch beobachtete Paßpunkte im Sinne des Abschnittes 3.5.4 bestimmt sind:

	Beobachtungen	Unbekannte	Konstante
$\bar{y}$- und $\bar{x}$-Koordinaten (= 0) der 3 Punkte p_i in beiden Ebenen	6		
x_0y_0-Koordinaten des Bezugspunktes p_0		2	
z_0-Koordinate (= 0) des Bezugspunktes p_0			1
XYZ-Koordinaten der 3 Punkte P_i		9	
$\bar{X}\bar{Y}\bar{Z}$-Koordinaten der 3 Paßpunkte P_i	9		
$X_0Y_0Z_0$-Koordinaten des Bezugspunktes P_0			3
Maßstabszahl m			1
Drehmatrix **R**		2	1
Summe	15	13	6

Den 15 Beobachtungen stehen 13 Unbekannte gegenüber, d.h. die Redundanz beträgt Zwei, obwohl der Leser eventuell nur eine Redundanz von Eins erwartet hat.

So wie die z-Achse als Gerade eingeführt wurde, kann selbstverständlich auch die x- und y-Achse benutzt werden. Damit können sehr komplexe Gestalten formuliert werden.

AUFGABE 3.5-6: Gegeben sind acht (Paß-)Punkte im globalen Koordinatensystem. Man gebe die Gleichungen für einen auszugleichenden Würfel mit den acht (Paß-)Punkten in den Würfelecken an. Zusatzaufgabe: Wie sind diese Gleichungen abzuwandeln, wenn die Seiten des Würfels 2 m betragen?

3.5.5.3 Beobachtete Punkte auf räumlichen Flächen und Kurven

Anstelle von Ebenen und Geraden wünscht man sich in vielen Fällen räumliche Flächen und räumliche Kurven. Auch sie können auf dem Konzept der räumlichen Ähnlichkeitstransformation aufgebaut werden, wenn man geringfügige Erweiterungen vornimmt. Wir betrachten zunächst **polynomiale Flächen**. Eine solche ist in der Figur 3.5-6 skizziert.

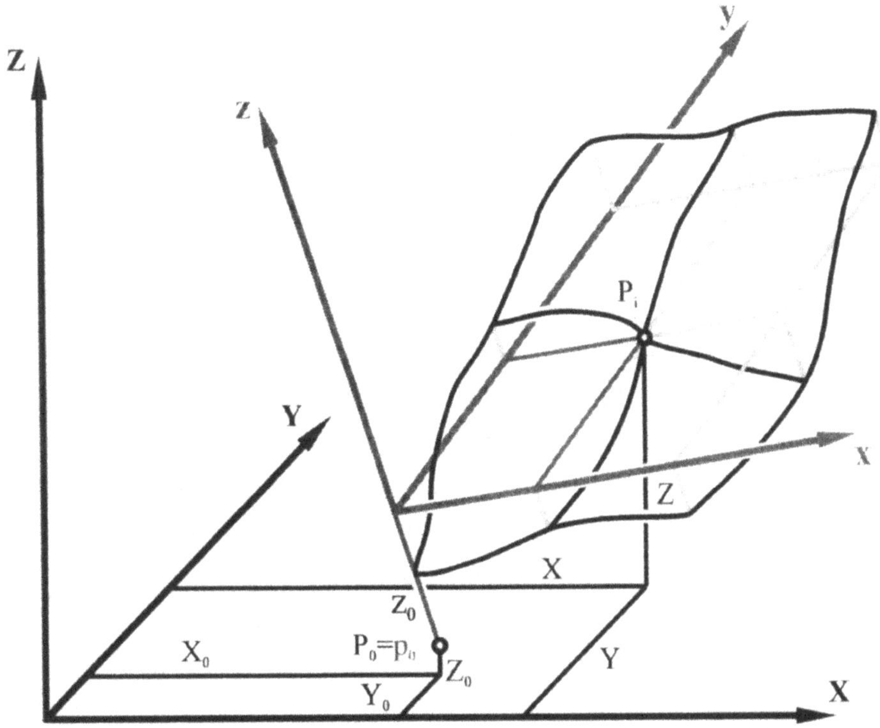

Figur 3.5-6: Polynomiale Fläche als Gestalt

Es gebe mehrere Punkte P im globalen Koordinatensystem, die mehr oder weniger gut eine Polynomfläche aufspannen. Die Punkte P sind oft Punkte, die aus beobachteten Bildkoordinaten oder anderen Beobachtungen bereits ermittelt werden können. Der Einfachheit halber werden wir in der Erklärung wieder davon ausgehen, daß es beobachtete Paßpunkte (Abschnitt 3.5.4) sind.

An dieser Stelle soll aber betont werden, daß die **Hauptanwendung einer solchen polynomial gestalteten Fläche in der Vervollständigung der photogrammetrischen Punktbestimmung zu sehen ist**: Zum Beispiel sollen zehn Punkte in einer solchen Polynomfläche liegen, die aus den beobachteten Bildkoordinaten von zwei und mehr Bildern bestimmbar sind; ein elfter Punkt dieser Polynomfläche kann nur im ersten Bild und keinem weiteren Bild beobachtet werden. Durch die Einbeziehung eines Polynomes in den Ausgleichungsprozeß sind auch die XYZ-Koordinaten des elften Punktes bestimmbar, und zwar als Schnittpunkt des Abbildungsstrahles des elften Punktes in der ersten Aufnahme mit der aus den zehn anderen Punkten festgelegten Polynomfläche.

Nach dem kurzen Ausflug in die Anwendung setzen wir mit der mathematischen Formulierung fort. Die Polynomfläche definieren wir in einem lokalen xyz-System. Der Ursprung der xy-Koordinaten des lokalen Systems liege in dem beliebig wählbaren Bezugspunkt P_0 bzw. p_0 ($x_0 = y_0 = 0$). Der Ursprung der z-Koordinate variiert von Flächenpunkt zu Flächenpunkt in der Weise, daß die xy-Ebene immer den jeweiligen Flächenpunkt P enthält. Dadurch bekommen die fiktiv beobachteten $\bar{z}$-Werte - abgesehen von ihren Verbesserungen v_z - wieder den Wert Null ($z = \bar{z} + v_z = \bar{0} + v_z$) und der z_0-Wert variiert in Abhängigkeit von der polynomialen Gestalt. Eine Polynomfläche n-ten Grades lautet daher:

$$z_0 = \sum_{i=0}^{n} \sum_{j=0}^{n} c_{ij} \cdot x^i \cdot y^j \qquad (3.5\text{-}14)$$

Die Größen c_{ij} sind die unbekannten Polynomkoeffizienten. Weitere unbekannte Parameter sind die drei Winkel der räumlichen Drehmatrix (wegen der gekrümmten Gestalt ist auch der Drehwinkel κ um die z-Achse im Rahmen der Ausgleichung - zumindest theoretisch - bestimmbar). Den Maßstabsfaktor setzt man wieder Eins. Die Beobachtungsgleichung für die fiktiv beobachtete $\bar{z}$-Koordinate ergibt sich wieder aus der dritten Beziehung des Gleichungssystems (3.4-2) unter Beachtung der Gleichung (3.5-14) oder aus der Gleichung (3.5-11), wobei z_0 durch die Beziehung (3.5-14) "interpretiert" wird:

$$z = \bar{0} + v_z = \sum_{i=0}^{n} \sum_{j=0}^{n} c_{ij} \cdot x^i \cdot y^j + r_{13}(X - X_0) + r_{23}(Y - Y_0) + r_{33}(Z - Z_0) \qquad (3.5\text{-}15)$$

Die lokalen Koordinaten x und y für die einzelnen Punkte P sind am Beginn des Ausgleichungsprozesses unbekannt. Man benötigt sie - sofern die Größen c_{ij} klein bleiben - nur näherungsweise: sie werden mit den Näherungswerten für die XYZ-Koordinaten der Objektpunkte und mit den genähert bekannten Parametern der räumlichen Ähnlichkeitstransformation berechnet.

So, wie mit der Gleichung (3.5-14) eine sogenannte **polynomiale z-Gestalt** formuliert wurde, lassen sich auch **polynomiale x- und y-Gestalten** formulieren.

In ähnlicher Weise, wie im Abschnitt 3.5.5.2 aus zwei Koordinatenebenen im lokalen Koordinatensystem die räumliche Gerade als Gestalt gefunden werden konnte, kann man auch **eine räumliche Kurve als Gestalt** modellieren.

AUFGABE 3.5-7: Man versuche die Formulierung einer Raumkurve, die etwa in Richtung der z-Achse verläuft. Als Vorbereitung für die Lösung dieser Aufgabe formuliere man zunächst eine Gerade (die Achse des Schiefen Turms von Pisa), die ungefähr in Richtung der z-Achse verläuft.

Zum Abschluß soll noch erwähnt werden, daß polynomiale Kurven zwar sehr viele Anforderungen der Praxis befriedigen. Bei langen Kurven sind sie aber nicht anpassungsfähig genug. Einen Ausweg bietet der Übergang von polynomialen Kurven zu Kurven, die aus **Polynomstücken** zusammengesetzt werden. Am bekanntesten sind die **Spline-Funktionen**, das sind Polynomstücke dritten Grades, an deren Nahtstellen sowohl die Tangente als auch die Krümmung stetig sind. Zusammengesetzte Polynome werden im Band 3 ausführlich behandelt. Wie solche zusammengesetzte Polynome als Gestaltinformation innerhalb der photogrammetrischen Punktbestimmung genutzt werden können, hat G. Forkert[1] gezeigt.

3.5.5.4 Spezielle Kurven und Flächen

Der Vorteil der konsequenten Beachtung eines lokalen und eines globalen Koordinatensystems zeigt sich besonders bei der Modellierung spezieller Gestalten. Wir erläutern eine solche Modellierung für ein Ellipsoid E, das im lokalen Koordinatensystem mittels der folgenden **impliziten Funktion** formuliert werden kann:

$$\boldsymbol{E} = 0 = \frac{x^2}{a^2} + \frac{y^2}{b^2} + \frac{z^2}{c^2} - 1 \qquad (3.5\text{-}16)$$

Die Größen a,b,c sind die - in der Regel gesuchten - Parameter eines Ellipsoides, dessen Koordinatenursprung im Ellipsoidmittelpunkt liegt. Eine Menge von Punkten P soll **möglichst gut** auf diesem Ellipsoid liegen. Diese Wunschvorstellung kann mit folgender Beobachtungsgleichung formuliert werden:

$$\bar{0} + v = c_{200}x^2 + c_{020}y^2 + c_{002}z^2 - 1 \qquad (3.5\text{-}17)$$

Der Zusammenhang der neuen Größen c_{ijk} mit den Ellipsoidhalbachsen a,b,c der Gleichung (3.5-16) ist offensichtlich. Die Größen x,y,z sind die Koordinaten der ausgeglichenen Punkte P, allerdings nach einer räumlichen Ähnlichkeitstransformation vom globalen Koordinatensystem in das lokale Koordinatensystem. Diese Transformation lautet mit $\mathbf{x}_0 = \mathbf{0}$ und m = 1:

$$\boldsymbol{x} = \boldsymbol{R}^T(\boldsymbol{X} - \boldsymbol{X}_0) \qquad (3.5\text{-}18)$$

---

[1] In Grün/Kahmen: Optical 3-D Measurement Techniques II, Wichmann Verlag, Karlsruhe, pp. 221-228, 1993.

In der Beobachtungsgleichung (3.5-17) sind die Größen x,y,z mittels der Beziehung (3.5-18) durch die Größen $\mathbf{X},\mathbf{X}_0,\mathbf{R}$ zu ersetzen. Auf die vollständige Formulierung dieser Substitution wird verzichtet. Es wird aber noch angedeutet, wie man zu den Koeffizienten der (linearisierten) Verbesserungsgleichung kommt:

$$\frac{\partial E}{\partial c_{200}} = x^2; \; \dots \; ; \frac{\partial E}{\partial X} = 2c_{200}\, x \frac{\partial x}{\partial X} + 2c_{020}\, y \frac{\partial y}{\partial X} + 2c_{002}\, z \frac{\partial z}{\partial X}; \quad \text{etc.}$$

Die auftretenden Größen bedürfen eines Kommentars:

- Die Ellipsoidgrößen c_{ijk} sind in der Regel freie Parameter in der Ausgleichung. Sie treten auch als Koeffizienten zu Unbekannten in den Verbesserungsgleichungen auf. Dafür reichen (grobe) Näherungswerte aus.
- Die partiellen Differentialquotienten $\partial x/\partial X$, $\partial x/\partial Y$, etc. treten auch bei der Linearisierung der Beobachtungsgleichungen für die räumliche Ähnlichkeitstransformation (Abschnitt 3.5.2) auf. Die Differentialkoeffizienten für einen Punkt in einem lokalen dreidimensionalen Koordinatensystem können sozusagen an einen Punkt auf einem Ellipsoid "vererbt" werden.
- Die Winkel in der Drehmatrix **R** sind - je nach Aufgabenstellung - freie oder feste Parameter. Die Drehmatrix **R** beschreibt die Stellung des Ellipsoides im globalen Koordinatensystem.
- Die drei Koordinaten $\mathbf{X}_0$ definieren den Bezugspunkt P_0, das ist der Mittelpunkt des Ellipsoides im globalen Koordinatensystem. Bei einer unbekannten Lagerung des Ellipsoides sind die drei Koordinaten $\mathbf{X}_0$ freie Parameter, bei einer bekannten Lagerung feste Parameter.
- Die drei Koordinaten **X** definieren einen einzelnen Punkt P im globalen Koordinatensystem. Die Koordinatentripel **X** liegen nach der Ausgleichung - abgesehen von kleinen Verbesserungen - auf dem Ellipsoid. Die Koordinatentripel **X** sind - von Ausnahmen abgesehen - freie Parameter.
- Die drei Koordinaten **x** definieren einen einzelnen Punkt P im lokalen Koordinatensystem. Die Koordinatentripel **x** liegen nach der Ausgleichung - abgesehen von kleinen Verbesserungen - auf dem Ellipsoid. Funktionen der Koordinaten **x** treten einerseits als Koeffizienten zu den unbekannten Parametern und andererseits im Absolutglied - aber nicht als freie Parameter - auf. Man erhält die Koordinatentripel **x**, indem man sie - **vor der jeweiligen Iteration einer Ausgleichung** - aus den genäherten Koordinatentripeln $\mathbf{X}^0$ mit den genäherten Parametern $\mathbf{R}^0$ und $\mathbf{X}_0^0$ der räumlichen Ähnlichkeitsfunktion (3.5-18) berechnet. Nachdem sich die Koordinatentripel $\mathbf{X}^0$ und die Transformationsparameter von Iterationsschritt zu Iterationsschritt verbessern, genügen am Ende des Ausgleichungs-

prozesses die Koordinatentripel **x** und die anderen Parameter den Funktionen (3.5-17) und (3.5-18).

Der Mechanismus einer Ausgleichung, die die Beobachtungsgleichungen (3.5-17) einbezieht, kann mit folgendem **Spezialfall** veranschaulicht werden.

- $\mathbf{X}_0 = \mathbf{0}$, das heißt die beiden Koordinatensysteme gehen vom gleichen Ursprung aus.
- $\mathbf{R} = \mathbf{E}$, das heißt die beiden Koordinatensysteme fallen zusammen.
- Es gibt nur Festpunkte, das heißt die Koordinatentripel **X** sind feste Parameter, sodaß sich die Gleichung (3.5-18) auf die Identität $\mathbf{x} = \mathbf{X}$ reduziert.
- Die Gestalt ist eine Kugel, von der der Radius r gesucht ist.

Der Nachweis kann dem Leser überlassen werden, daß sich in diesem Spezialfall das **Quadrat des gesuchten Kugelradius als arithmetisches Mittel aus den Quadraten der Raumstrecken** ergibt, die aus den gegebenen Koordinaten der Fixpunkte berechnet werden können. Das arithmetische Mittel der Raumstrecken, wie es als Ergebnis erwartet wird, kann durch eine kleine Ergänzung erreicht werden. Die Verbesserungsgleichung (3.5-17) lautet für unseren Spezialfall:

$$\bar{0} + v = r^2 - (X^2 + Y^2 + Z^2)$$

Dividiert man die rechte Seite dieser Gleichung durch einen genäherten Kugelradius r^0, so bekommen die Verbesserungen v die gewünschte Dimension einer Länge. Das Ausgleichungsergebnis konvergiert zum **arithmetischen Mittel aus den Raumstrecken**.

Die Universalität des Ansatzes (3.5-17) und (3.5-18) soll noch dadurch hervorgehoben werden, daß durch eine zusätzliche ebene x- oder y- oder z-Gestalt, wie sie im Abschnitt 3.5.5.1 behandelt wurde, auch **geschlossene Kurven im dreidimensionalen Raum als Gestalten** im Ausgleichungsprozeß berücksichtigt werden können.

AUFGABE 3.5-8: Im Rahmen der photogrammetrischen Vermessung eines Globus werden die Objektkoordinaten für flächenhaft verteilte Punkte, für Punkte entlang des Äquators und für Punkte entlang des Nullmeridianes anfallen. Man überlege sich die Wahl der festen und freien Parameter im Beobachtungsgleichungssystem (3.5-17) und (3.5-18), wenn folgende Fragen von Interesse sind:

- Wie groß ist ein repräsentativer Radius des Globus?
- Welcher Winkel besteht zwischen der Äquatorebene und der Nullmeridianebene?
- Wie groß ist die Abweichung des Mittelpunktes des Nullmeridians vom Mittelpunkt des Globus?

Hinweis: Solche und ähnliche Analysen wurden mit dem Behaim-Globus durchgeführt und veröffentlicht (Kager, Kraus, Steinnocher: ZPF 60, S.142-148, 1992).

AUFGABE 3.5-9: Wie sind die Gleichungen (3.5-17) und (3.5-18) abzuwandeln, wenn ein Kreiszylinder oder ein elliptischer Zylinder oder ein einschaliges Hyperboloid oder ein hyperbolisches Paraboloid als Gestalt zu berücksichtigen ist?

3.5.5.5 Abhängigkeiten zwischen freien Parametern

Freie (Form-)Parameter einer Gestalt und die freien Parameter ihrer räumlichen Ähnlichkeitstransformation, die in der Ausgleichung gemeinsam als Unbekannte fungieren, können voneinander abhängig sein; dadurch würde das Normalgleichungssystem singulär. Eine solche "**Überparametrisierung**" ist zu vermeiden.

Das Problem und seine Vermeidung können anhand der polynomialen z-Gestalt (siehe Gleichung (3.5-15)) gut erläutert werden. In der Gleichung (3.5-15) können als freie Parameter die Polynomkoeffizienten c_{ij}, die die z-Gestalt definieren, und die Transformationsparameter, das sind die Winkel der Drehmatrix und drei Translationen, auftreten. Wenn man, wie in der Gleichung (3.5-15) angegeben, die Indizes für i und j bei Null beginnen läßt, enthält der polynomiale Term ebenfalls eine Translation (c_{00}) und zwei Neigungen (c_{01}, c_{10}), die zwei Winkeln entsprechen. In diesem Fall kann die Überparametrisierung dadurch behoben werden, daß man die Indizes für i und j erst bei Eins beginnen läßt.

Im Abschnitt 3.5.7 werden wir noch eine andere Möglichkeit kennenlernen, wie wir diese Abhängigkeiten zwischen freien Parametern beherrschen können, auch wenn sie alle in das Gleichungssystem aufgenommen werden.

Eine gute **Literaturübersicht** zum Kapitel 3.5.5 findet man bei G. Strunz, DGK, Reihe C, Heft Nr. 408, 1993.

3.5.6 Einführung von zusätzlichen Parametern

Die verschiedenen Abbildungsgleichungen, die wir inzwischen kennengelernt haben und die den Zusammenhang zwischen den Punkten im lokalen und im globalen Koordinatensystem herstellen, sind in vielen Fällen zu grobe mathematische Modelle. Physikalische Abbildungen, deren Modellierung mit diesen Abbildungsgleichungen versucht wird, weichen mehr oder weniger von diesen mathematischen Fiktionen ab. Wir trachten daher danach, die bisher vorgestellten Methoden noch zu verfeinern.

Wir wollen zunächst die Einführung von solchen **zusätzlichen Parametern in die Abbildungsgleichungen der Zentralprojektion diskutieren**. Bisher haben wir die Beobachtungsgleichungen für die Bildkoordinaten in Form des Gleichungssystems (3.5-2) benutzt. Es ist die bekannte Kollinearitätsbeziehung, die - abgesehen von Verbesserungen v_x und v_y - die geradlinige Verbindung zwischen Bildpunkt, Projektionszentrum und Objektpunkt herstellt.

Im Rahmen der sogenannten Bildkoordinatenbereinigung (Abschnitt A 4.3.5) haben wir bereits erste Zugeständnisse gemacht, die die **strenge Kollinearität aufheben**. Im Rahmen der Bildkoordinatenbereinigung werden an den gemessenen Bildkoordinaten Korrekturen infolge Objektivverzeichnung, Filmverzug, Refraktion und eventuell auch Erdkrümmung angebracht. Trotz dieser Korrekturen besteht noch das Bedürfnis nach einer weiteren Verfeinerung, denn

- die angebrachte Objektivverzeichnung stammt häufig aus einem nicht mehr aktuellen Kalibrierungsprotokoll,
- die Koordinaten der Sollrahmenmarken, die die Korrektur des Filmverzuges erlauben, wurden in der Regel bei einer anderen Temperatur festgestellt als jener Temperatur, bei der die Luftbilder aufgenommen wurden, und
- die Schichtung der Atmosphäre im Zeitpunkt der Luftaufnahmen weicht häufig von den Annahmen der Normatmosphäre ab, die der Refraktionskorrektur zugrunde liegt.

Bei **Meßaufnahmen** sollen die freien zusätzlichen Parameter also nur die **Rest-Verzeichnung**, den **Rest-Filmverzug** und die **Rest-Refraktion** erfassen, bei **Amateuraufnahmen** dagegen die **gesamte Verzeichnung des Objektives** etc.

Die angeschnittene Problematik ist noch aus der Sicht der sogenannten systematischen und zufälligen Fehler zu beleuchten. Die in den Verbesserungsgleichungen vorkommenden Größen v_x **und** v_y **sind den zufälligen Meßfehlern** zuzuordnen. Die **zusätzlich einzuführenden freien Parameter** verbessern das funktionale Modell, mit anderen Worten das System; sie **kompensieren die systematischen Fehler**.

Zusätzliche freie Parameter, die die gesuchte Kompensation der systematischen Fehler bewirken, führt man im allgemeinen in Form von Polynomkoeffizienten ein. Wir wollen für die x-Koordinaten und für die y-Koordinaten jeweils ein eigenes Polynom vorsehen. Zu diesem Zweck ersetzt man in den Gleichungen (3.5-2) die Terme der Hauptpunktkoordinaten x_0 und y_0 formal durch folgende Polynome:

$$x_0 := \sum_{i=0}^{n} \sum_{j=0}^{n} f_{ij}\, x^i\, y^j \qquad y_0 := \sum_{i=0}^{n} \sum_{j=0}^{n} g_{ij}\, x^i\, y^j \tag{3.5-19}$$

Die beiden ersten Terme (i=0, j=0) sind Translationen, die den altbekannten Hauptpunktkoordinaten $f_{00} = x_0$ und $g_{00} = y_0$ entsprechen. Die weiteren Koeffizienten bewirken lineare, quadratische, hyperparabolische etc. Korrekturen. Die **Koeffizienten** f_{ij} **und** g_{ij} **werden im Rahmen der Gesamtausgleichung bestimmt**; **sie passen sich daher optimal**

an das jeweilige Datenmaterial an.

Auf etwaige Abhängigkeiten freier zusätzlicher Parameter von bereits vorhandenen freien Parametern - z.B. den Elementen der äußeren Orientierung - ist zu achten (siehe Abschnitt 3.5.5.5). Außerdem darf man den Polynomgrad nicht allzu hoch wählen, um das unkontrollierte Verhalten der Polynome höheren Grades zu vermeiden (siehe Abschnitt 3.5.7). Es gibt statistische Methoden, die eine Beurteilung erlauben, inwieweit einzelne Terme solcher Polynome einen nennenswerten Beitrag zur Modellierung liefern (**Signifikanztests**, die im Abschnitt 5.2.4.3 behandelt werden.)

Zusätzliche Parameter kann man **bei allen Abbildungsgleichungen**, die wir in den Abschnitten 3.5.1 bis 3.5.5 kennengelernt haben, einführen: Es sind jeweils die $\mathbf{x_0}$- , $\mathbf{y_0}$- **und** $\mathbf{z_0}$**-Koordinaten formal durch entsprechende Polynome zu ersetzen**. Ohne es zu wissen, haben wir zum Beispiel aus der ebenen z-Gestalt (Gleichung (3.5-11)) durch Einfügen von freien zusätzlichen Parametern eine polynomiale z-Gestalt (Gleichung (3.5-15)) erhalten: Die ebene z-Gestalt war uns für manche Anwendungen zu steif; sie wurde mit freien zusätzlichen Parametern anpassungsfähiger an entsprechende Daten gemacht.

3.5.7 Beobachtungen zu "Unbekannten"

Manche (ursprünglich) freie Parameter, also Unbekannte, werden in Aufgabenstellungen für die photogrammetrische Punktbestimmung hin und wieder beobachtet. Zu einer gesuchten Unbekannten kann also auch eine mit zufälligen Fehlern behaftete Beobachtung existieren. Typische Beispiele dafür haben wir im vorletzten Abschnitt des Kapitels 3.1 bereits aufgezählt. Die formelmäßige Behandlung wird im folgenden gebracht.

Wir wählen dafür zunächst ein Beispiel aus der terrestrischen Photogrammetrie: **Eine terrestrische Meßkamera sei mit Libellen horizontiert**. Von den drei Unbekannten in der Drehmatrix $\mathbf{R}_{\alpha\nu\kappa}$ (Abschnitt 3.4.2) werden durch diesen Vorgang die beiden Winkel ν und κ mit der von der Empfindlichkeit der Libelle abhängigen Genauigkeit beobachtet. Trotzdem belassen wir in den Beobachtungsgleichungen (3.5-2) die beiden Winkel ν und κ als Unbekannte. Wir fügen aber dem Gleichungssystem folgende zwei Beobachtungsgleichungen hinzu:

$$\begin{aligned} \bar{\nu} + v_\nu &= \nu \\ \bar{\kappa} + v_\kappa &= \kappa \end{aligned} \qquad (3.5\text{-}20)$$

Die Größen $\bar{\nu}$ und $\bar{\kappa}$ sind die beobachteten Winkel, zum Beispiel $\bar{\nu} = 100$ gon und $\bar{\kappa} = 0$. Die Größen ν **und** κ **sind die durch die Ausgleichung verbesserten Orientierungswinkel**, die geringfügig von 100 gon bzw. 0 gon verschieden sein werden.

In manchen Fällen werden die "Unbekannten" nicht direkt beobachtet, sondern Funktionen dieser Unbekannten. In Zukunft werden zum Beispiel **kreiselstabilisierte Plattformen für Luftaufnahmen** (Abschnitt A 3.7.2) eine immer größere Rolle spielen. Solche Stabilisierungen bewirken, daß benachbarte Aufnahmen innerhalb eines Flugstreifens mit sehr hoher Genauigkeit die gleichen Neigungen ω und ϕ aufweisen; über längere Entfernungen gibt es aber systematische Abweichungen. Diese Information kann man in der Ausgleichung nach vermittelnden Beobachtungen dadurch berücksichtigen, daß man für die benachbarten Aufnahmen folgende Gleichungen dem Beobachtungsgleichungssystem hinzufügt:

$$\begin{aligned} \bar{0} + v_{\Delta\phi} &= \phi_{i+1} - \phi_i \\ \bar{0} + v_{\Delta\omega} &= \omega_{i+1} - \omega_i \end{aligned} \qquad (3.5\text{-}21)$$

Falls die beobachtete Differenz nicht Null ist, zum Beispiel bei einer speziellen Aufnahmeanordnung in der terrestrischen Photogrammetrie, ist zu beachten, daß die Summen von einzelnen Winkeln nicht die Gesamtdrehung ergeben (Abschnitt A 2.2).

Mit der Zuordnung von Beobachtungen zu ursprünglich freien Parametern kann auch das unkontrollierte Ausschwingen der **Polynome**, die wir im Abschnitt 3.5.6 für die **Kompensation systematischer Fehler** eingeführt haben, vermieden werden. Zu diesem Zweck ordnen wir den unbekannten Polynomkoeffizienten f_{ij} und g_{ij} der Gleichung (3.5-19) auch Beobachtungen $\bar{f}_{ij}$ und $\bar{g}_{ij}$ mit dem Wert Null zu. Solche Beobachtungen werden auch als **fingierte Beobachtungen** bezeichnet.

Das ursprüngliche Beobachtungsgleichungssystem ist um die folgenden Gleichungen für die fingierten Beobachtungen zu erweitern:

$$\begin{aligned} \bar{0} + v_{f_{ij}} &= f_{ij} \\ \bar{0} + v_{g_{ij}} &= g_{ij} \end{aligned} \qquad i,j = 1(1)n \qquad (3.5\text{-}22)$$

Durch geeignete Wahl der dazugehörigen Gewichte p_{fij} und p_{gij} läßt sich erreichen, daß das Polynom möglichst kleine Werte annimmt und daß es möglichst nicht ausschwingt. Ohne die Gleichungen (3.5-22) können - vor allem bei einer geringen Redundanz - unkontrollierte Ausschwingungen auftreten, was im folgenden kleinen Polynomausgleich demonstriert werden soll.

Gegeben seien von 5 Punkten die y-Koordinaten und die Differenzen Δy, womit die Koeffizienten des Polynoms

$$\Delta y = a_0 + y a_1 + y^2 a_2$$

ermittelt werden sollen.

Pkt	1	2	3	4	5	
y	-10	-8	-5	+6	+10	cm
Δy	1	2	6	8	6	μm

Der **Polynomausgleich (Anhang A 4.2-1) ohne die Gleichungen (3.5-22)** liefert:

$$A = \begin{pmatrix} 1 & -10 & 100 \\ 1 & -8 & 64 \\ 1 & -5 & 25 \\ 1 & +6 & 36 \\ 1 & +10 & 100 \end{pmatrix} \qquad l = \begin{pmatrix} 1 \\ 2 \\ 6 \\ 8 \\ 6 \end{pmatrix}$$

$$\mathbf{A}^T\mathbf{A}\,\mathbf{x} = \mathbf{A}^T\mathbf{l} \rightarrow \mathbf{x}^T = (8.147;\ 0.2724;\ -0.04870)$$

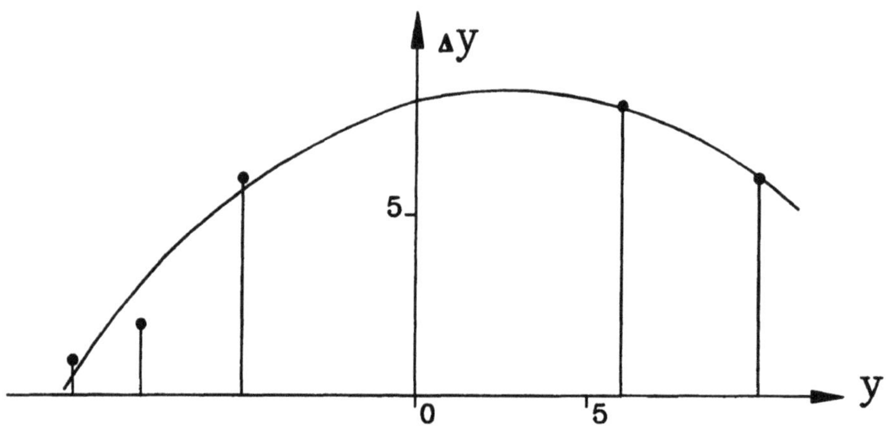

Man erkennt aus der graphischen Darstellung, daß das Polynom teilweise größere Werte annimmt als die gegebenen Δy-Werte. Bei der Kompensation der systematischen Fehler mit Polynomen möchte man aber im allgemeinen einen Polynomverlauf, der sich möglichst wenig von der y-Achse entfernt. Dieses Verhalten erreichen wir durch einen **Polynomausgleich mit den zusätzlichen Beobachtungsgleichungen (3.5-22)** und einer entsprechenden Gewichtsfestsetzung:

$$\boldsymbol{A} = \begin{pmatrix} 1 & -10 & 100 \\ 1 & -8 & 64 \\ 1 & -5 & 25 \\ 1 & +6 & 36 \\ 1 & +10 & 100 \\ 1 & & \\ & 1 & \\ & & 1 \end{pmatrix} \quad \boldsymbol{l} = \begin{pmatrix} 1 \\ 2 \\ 6 \\ 8 \\ 6 \\ 0 \\ 0 \\ 0 \end{pmatrix} \quad \boldsymbol{P} = \begin{pmatrix} 1 &&&&&&& \\ & 1 &&&&&& \\ && 1 &&&&& \\ &&& 1 &&&& \\ &&&& 1 &&& \\ &&&&& 1 && \\ &&&&&& 100 & \\ &&&&&&& 10000 \end{pmatrix}$$

$$\mathbf{A^TPAx} = \mathbf{A^TPl} \rightarrow \mathbf{x}^T = (3.970;\ 0.1893;\ 0.00153)$$

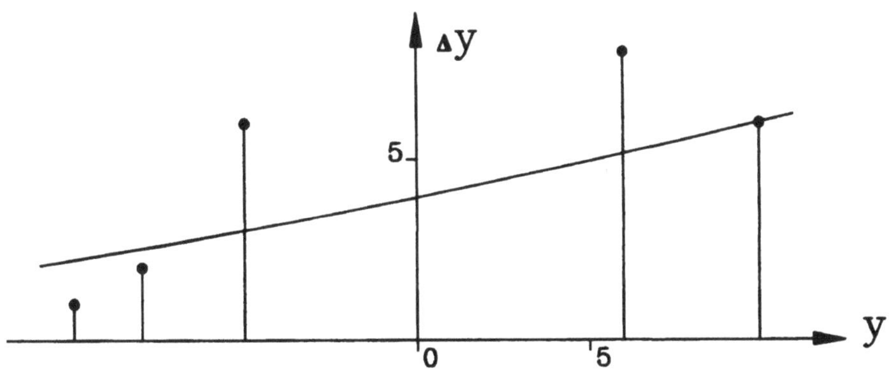

Das neue Polynom paßt sich zwar nicht mehr so gut den gegebenen Ausgangsdaten an; es ist aber in den stützpunktarmen Bereichen weniger "gefährlich" als das zuerst bestimmte Polynom. Die erkennbare **Tendenz gegen Null ist für die Kompensation der systematischen Fehler** bei der Bündelblockausgleichung mit Meßaufnahmen äußerst wichtig. Die Kameras werden nämlich so kalibriert und die Bildkoordinaten vor der Ausgleichung so korrigiert, daß die übrigbleibenden systematischen Fehlereinflüsse möglichst klein erwartet werden.

Am Ende dieses Abschnittes soll noch erwähnt werden, daß etwaige **Abhängigkeiten zwischen freien Parametern**, wie sie zum Beispiel im Abschnitt 3.5.5.5 aufgezeigt wurden, mit zusätzlichen Beobachtungsgleichungen vom Typ (3.5-22) aufgehoben werden können (im Abschnitt 5.2.4 wird das angeschnittene Problem nochmals aufgegriffen). Auf die heikle Frage der dazu erforderlichen Gewichtswahl wird erst im Abschnitt 3.5.10 eingegangen.

AUFGABE 3.5-10: Im Abschnitt 3.5.3 wurden beobachtete Polarpunkte behandelt. Die Größen $m = 1$ und $\omega = \phi = 0$ haben wir als konstante Parameter deklariert. Es ist interessanter, sie als unbekannte Parameter zu belassen und zusätzliche Beobachtungsgleichungen anzugeben. Man überlege sich diese zusätzlichen Beobachtungsgleichungen. Man interpretiere aus geodätischer Sicht die Wirkungsweise dieser zusätzlichen Beobachtungsgleichungen.

3.5.8 "Konstante" mit stochastischen Eigenschaften

Eine andere Erweiterung des klassischen Beobachtungsrepertoires der Ausgleichungsrechnung nach vermittelnden Beobachtungen besteht in folgender Vorgangsweise: Obwohl zum Beispiel die **innere Orientierung einer Meßkamera** bekannt ist, sollte man trotzdem die Größen x_0, y_0 und c in den Beobachtungsgleichungen (3.5-2) als Unbekannte belassen und zur Kompensation die folgenden Beobachtungsgleichungen hinzufügen (die Redundanz wird dadurch nicht verändert):

$$\begin{aligned} \overline{x_0} + v_{x_0} &= x_0 \\ \overline{y_0} + v_{x_0} &= y_0 \\ \overline{c} + v_c &= c \end{aligned} \qquad (3.5\text{-}23)$$

Dabei sind $\overline{x}_0$, $\overline{y}_0$ und $\overline{c}$ die (beobachteten) Orientierungselemente aus dem Kalibrierungsprotokoll. Mit den Gewichten p_{x0}, p_{y0}, und p_c kann den tatsächlichen Verhältnissen der Kalibrierung Rechnung getragen werden:

- Unendlich große Gewichte würden eine fehlerfreie Kalibrierung bedeuten, was in der Praxis aber unmöglich ist; die Elemente der inneren Orientierung würden als feste Parameter (Konstante) an der Ausgleichung teilnehmen (Abschnitt A 5.3.3).
- Die zusätzlichen Gleichungen (3.5-23) mit Gewichten, die umgekehrt proportional zum Quadrat der mittleren Fehler der Kalibrierung zu wählen sind, verarbeiten die Kalibrierungsdaten in der korrekten Weise.
- Verschwindend kleine Gewichte sind bei Amateuraufnahmen zu wählen, d.h. die Gleichungen (3.5-23) sind wegzulassen.

Die **vorgegebenen Paßpunktkoordinaten** können im Rahmen der Ausgleichung auch nicht als "fehlerfreie" Werte, also als Konstante, angesehen werden. Man betrachtet deshalb in den Beobachtungsgleichungen (3.5-2) die Objektkoordinaten X, Y und Z der Paßpunkte - wie die der Neupunkte - als Unbekannte. Zusätzlich sind aber Gleichungen dem Beobachtungsgleichungssystem hinzuzufügen, die wir im Abschnitt 3.5.4 bereits kennengelernt haben. Mit den dazugehörigen Gewichten berücksichtigt man die Genauigkeit der vorgegebenen Paßpunktkoordinaten. Auf diese Weise bleiben die Paßpunkte keine Festpunkte. **Nach jeder Ausgleichung, an der sie beteiligt sind, erhält man andere, genauere Koordinaten**. Es kommt zu einer "**Dynamisierung**" der Paßpunktkoordinaten, die informationstheoretisch zu begrüßen ist, in der Katasterpraxis aber gewisse Probleme aufwirft (siehe Abschnitt B 9.5.1.3).

3.5.9 Linearisierung

Eine Ausgleichung nach vermittelnden Beobachtungen (Anhang A 4.2-1) setzt lineare bzw. linearisierte Beobachtungsgleichungen voraus. Die meisten der in den Abschnitten 3.5.1 bis 3.5.5 eingeführten Beobachtungsgleichungen sind aber nicht linear. Für die Linearisierung benötigt man hinreichend gute Näherungswerte. Auf die rationelle Ermittlung von solchen Näherungswerten wird erst in den Abschnitten 4.1 und 5.2.1 eingegangen.

Eine Linearisierung der verhältnismäßig komplexen Beobachtungsgleichungen (3.5-2) für die beobachteten Bildkoordinaten haben wir in den Abschnitten A 5.3.2 und A 5.3.3 bereits vorgenommen.[1] Es soll daher darauf verzichtet werden, für alle nichtlinearen Beobachtungsgleichungen der verschiedenen Kategorien von Beobachtungen eine solche Linearisierung vorzunehmen. Diese Arbeit sei vielmehr dem Leser überlassen:

AUFGABE 3.5-11: Man linearisiere die Beobachtungsgleichungen (3.5-3), (3.5-9), (3.5-11), (3.5-13) und (3.5-15).

Obwohl die Beobachtungsgleichungen (3.5-10), (3.5-12), (3.5-20), (3.5-21), (3.5-23) bereits linear sind, müssen sie doch "linearisiert" werden. Die dort vorkommenden Unbekannten sind nämlich in anderen, nichtlinearen Beobachtungsgleichungen ebenfalls enthalten; in linearisierten Beobachtungsgleichungen sind die Unbekannten nur Zuschläge zu Näherungswerten. Diese Inkonsistenz kann nur dadurch beseitigt werden, daß man zum Beispiel die Gleichungen (3.5-20) ebenfalls "linearisiert":

$$\begin{aligned} v_\nu &= d\nu \qquad - (\bar{\nu} - \nu^0) \\ v_\kappa &= \qquad d\kappa - (\bar{\kappa} - \kappa^0) \end{aligned} \qquad (3.5\text{-}24)$$

Für den Winkel κ der **horizontierten Meßkamera**, für den die zweite Gleichung (3.5-24) benutzt wird, ist die Bedeutung der einzelnen Größen besonders interessant: Der beobachtete Winkel $\bar{\kappa}$ ist Null; man wird ihn auch als Näherungswert für κ^0 benutzen, d.h. das Absolutglied ist Null. Die Ausgleichung - genauer ihre erste Iteration - liefert einen Zuschlag zum (ersten) Näherungswert. Für die zweite Iteration wird der verbesserte Näherungswert benutzt, d.h. der Näherungswert κ^0 für die zweite Iteration entspricht dem Ergebnis $d\kappa$ aus der ersten Iteration usw.

---

[1] Wenn man anstelle der trigonometrischen räumlichen Drehmatrix eine Drehmatrix mit rationalen Parametern verwendet, kann die Linearisierung eleganter vorgenommen werden (z.B. Zhang, S.: ZfV 119, S.203-210, 1994 und Dermanis, A.: ISPRS-J 49, 25-39, 1994).

3.5.10 Wahl der Gewichte und Homogenisierung der Verbesserungsgleichungen

In hybriden Ausgleichungsaufgaben, wie sie bei einer hybriden Punktbestimmung häufig vorkommen, werden

- Beobachtungen von Strecken mit verschiedenen Längeneinheiten und
- beobachtete Winkel und beobachtete Längen

in einem Beobachtungsgleichungssystem vereinigt. Wie können diese Inhomogenitäten zwischen den verschiedenen Typen von Beobachtungsgleichungen beseitigt werden?

Wir erläutern die notwendige Homogenisierung an folgendem Beispiel:

- Gemessen seien Bildkoordinaten mit einer Genauigkeit von $\sigma_{xy} = \pm 4\ \mu m$ (Beobachtungssgleichungen 3.5-2).
- Gegeben seien Paßpunktkoordinaten mit einer Genauigkeit von $\sigma_{XYZ} = \pm 2$ cm (Beobachtungssgleichungen 3.5-10).
- Die Horizontierung einer Meßkamera sei mit einer Genauigkeit von $\sigma_{\nu\kappa} = \pm 5$ mgon (Beobachtungsgleichungen 3.5-20) geschehen.

Man gibt nun im vorhinein (a priori) einen sogenannten **Gewichtseinheitsfehler** vor. Dafür wählen wir z.B. $\sigma_0 = \pm 10$, und zwar ohne irgendeine Einheit. Damit erhalten wir für die drei angegebenen Beobachtungsgruppen folgende Gewichte:

$$p_{xy} = \left(\frac{10}{4}\right)^2 = 6.25\ [\mu m^{-2}]$$

$$p_{XYZ} = \left(\frac{10}{2}\right)^2 = 25\ [cm^{-2}]$$

$$p_{\nu\kappa} = \left(\frac{10}{5}\right)^2 = 4\ [mgon^{-2}]$$

Anschließend werden die einzelnen Beobachtungsgleichungen mit der Wurzel aus dem jeweiligen Gewicht multipliziert. Wir deuten diese Multiplikation folgendermaßen an:

$$\begin{array}{ll} v_x = a_x^T \cdot \hat{x} - l_x & | \cdot \sqrt{p_{xy}} \\ \cdot \quad \cdot \quad \cdot & \\ v_X = a_X^T \cdot \hat{x} - l_X & | \cdot \sqrt{p_{XYZ}} \\ \cdot \quad \cdot \quad \cdot & \\ v_\nu = a_\nu^T \cdot \hat{x} - l_\nu & | \cdot \sqrt{p_{\nu\kappa}} \end{array} \qquad (3.5\text{-}25)$$

Die mit der Wurzel aus den jeweiligen Gewichten multiplizierten Beobachtungsgleichungen sind nun dimensionslos. Sie haben alle a priori die gleiche Genauigkeit, und zwar den mittleren Gewichtseinheitsfehler $\sigma_0 = \pm 10$. Das durch eine Ausgleichung (Anhang A 4.2-1) mit den homogenisierten Verbesserungen $\bar{\mathbf{v}}$ herbeigeführte Minimum liefert letztlich doch das gewünschte Minimum mit den ursprünglichen Verbesserungen $\mathbf{v}$ und den dazugehörigen Gewichten $\mathbf{P}_{ll}$:

$$\bar{\mathbf{v}}^T\bar{\mathbf{v}} = \mathbf{v}^T\mathbf{P}_{ll}\mathbf{v} = \text{Minimum} \tag{3.5-26}$$

Das im vorhinein (*a-priori*) richtige Schätzen der Genauigkeiten für die einzelnen Beobachtungsgruppen ist manchmal eine sehr schwierige Aufgabe. Dafür wurden eigene statistische Methoden entwickelt, die unter der Bezeichnung "**Varianzkomponenten-Schätzung**" in die Literatur[1] eingegangen sind. Andererseits soll aber darauf hingewiesen werden, daß die Genauigkeit des Endergebnisses einer Ausgleichung nur in zweiter Ordnung von der Fehleinschätzung der *a-priori* Genauigkeiten beeinflußt wird[2]. **Man kann also mit dem Schätzen der Genauigkeiten für die einzelnen Beobachtungsgruppen in der Praxis verhältnismäßig großzügig sein.**

AUFGABE 3.5-12: Man überlege sich die Doppelbildeinschaltung für zwei terrestrische Aufnahmen einer Fassade. Wegen der Schwierigkeit der genauen Bestimmung des objektseitigen Projektionszentrums (Abschnitt A 3.1.1) wurde auf die Einmessung der Aufnahmeorte verzichtet, und statt dessen wurden Paßpunkte an der Fassade bestimmt. Mit Libellen wurde aber die Kamera horizontiert, d.h. mit einer Genauigkeit von ±5 mgon steht die Bildebene vertikal und beträgt die Verkantung Null. Die Genauigkeit der Bildkoordinaten beträgt ±4 μm.

AUFGABE 3.5-13: Der mathematische Ansatz eines räumlichen Rückwärtsschnittes soll dahingehend erweitert werden, daß ein vermutlich vorhandener linearer Filmverzug, und zwar in den Richtungen der beiden Bildkoordinatenachsen getrennt, berücksichtigt wird. Der Ansatz ist für einen Rückwärtsschnitt mit unbekannter innerer Orientierung und mit bekannter innerer Orientierung zu überlegen.
ZUSATZAUFGABE: Man wiederhole die Aufgabe mit der Verfeinerung, daß der Filmverzug mit einem Polynom zweiten Grades erfaßt werden soll und die dafür verwendeten zusätzlichen Parameter eine gewisse "Dämpfung" erfahren sollen.

AUFGABE 3.5-14: Im Abschnitt A 5.3.3 wurde der Ansatz für eine Bündelblockausgleichung anhand eines kleinen Beispieles unter der Annahme demonstriert, daß die innere Orientierung bekannt sei und die Koordinaten der vier Paßpunkte fehlerfrei seien. In der Praxis

---

1 Kubik, K.: Bulletin Géodesique, pp. 21-40, 1970. Ebner, H.: Geow. Mitt. der TU Wien, Heft 13, 73-84, 1978.

2 Gotthardt, E.: ZfV 87, 65 ff., 1962.

treffen diese Annahmen streng genommen nicht zu. Man berücksichtige daher in dem Beobachtungsgleichungssystem A(5.3-6), daß die drei Elemente der inneren Orientierung laut Kalibrierungsprotokoll nur mit ± 6 μm bekannt sind und die Genauigkeit der Paßpunktkoordinaten nur ± 3 cm beträgt. Die Genauigkeit der Bildkoordinaten kann mit ± 4 μm angenommen werden.

AUFGABE 3.5-15: Die mit einer Stereomeßkamera aufgenommenen beiden Bilder sollen mittels der Bündelmethode ausgewertet werden. Dabei soll berücksichtigt werden, daß der Normalfall in der Stereomeßkamera nur mit einer Genauigkeit von ± 0.01 gon verwirklicht ist. Die Genauigkeit der Bildkoordinaten beträgt ± 4 μm. Für die numerische Bearbeitung dieser Aufgabe verwende man die Zahlenwerte der Aufgabe A 5.3-6.
ZUSATZAUFGABE: Man gebe die Genauigkeiten der berechneten Objektkoordinaten an, und man vergleiche diese Genauigkeiten mit den Genauigkeiten, die zu den Ergebnissen der Aufgabe A 5.3-6 gehören.
Kommentar: Obwohl bei der Aufgabe 3.5-15 die Unsicherheit der Normalfallkonstruktion bei der Stereomeßkamera berücksichtigt wird, werden die berechneten Genauigkeitswerte der Objektkoordinaten bei der qualifizierteren Berechnung ungenauer. Warum?

4. AUSWERTEVERFAHREN FÜR DIE KLEINRÄUMIGE PUNKTBESTIMMUNG

Die Verfahren der photogrammetrischen Auswertung hängen in hohem Maße davon ab, ob die Bilder schematisch wie bei einer Flugzeugmission angeordnet sind, oder ob eine Aufnahmeanordnung vorliegt, wie sie für die kleinräumige Punktbestimmung im sogenannten Nahbereich typisch ist. Wir beginnen mit dem allgemeineren Fall, der Nahbereichsphotogrammetrie. Im Abschnitt 5. werden die Besonderheiten der großräumigen Punktbestimmung besprochen. Im Abschnitt 6. kommen jene Ergänzungen hinzu, die bei der Auswertung digitaler Bilder zu beachten sind.

Die punktweise Auswertung der Photographien im Nahbereich geschieht in der Praxis hauptsächlich mittels einer Bündeltriangulation. Aber auch dreidimensionale Modelle, Polarstandpunkte und Gestalten kommen hinzu. Ein zentrales Problem für alle genannten Beobachtungstypen ist die Beschaffung von Näherungswerten. Wir widmen der Beschaffung von Näherungswerten für die Bündeltriangulation ein eigenes Kapitel (4.1); bei den anderen Beobachtungstypen konzentrieren wir uns auf das gemeinsame Problem, nämlich die Beschaffung von Näherungswerten für die räumliche Ähnlichkeitstransformation (Abschnitt 4.2).

4.1 Näherungswerte für die Bündeltriangulation

Wir stellen zwei Methoden vor: Näherungswerte für die Aufnahmeorte und Neupunkte bei vorgegebenen Drehmatrizen (Abschnitt 4.1.1) sowie Näherungswerte durch Rück- und Vorwärtsschnitte im Wechsel (Abschnitt 4.1.2).

4.1.1 Näherungswerte für die Aufnahmeorte und Neupunkte bei vorgegebenen Drehmatrizen

Die Stellung des jeweiligen Bildes kann man - ohne großen Aufwand - während des Photographierens notieren; sie kann in manchen Fällen auch aus dem Bildinhalt grob geschätzt werden.

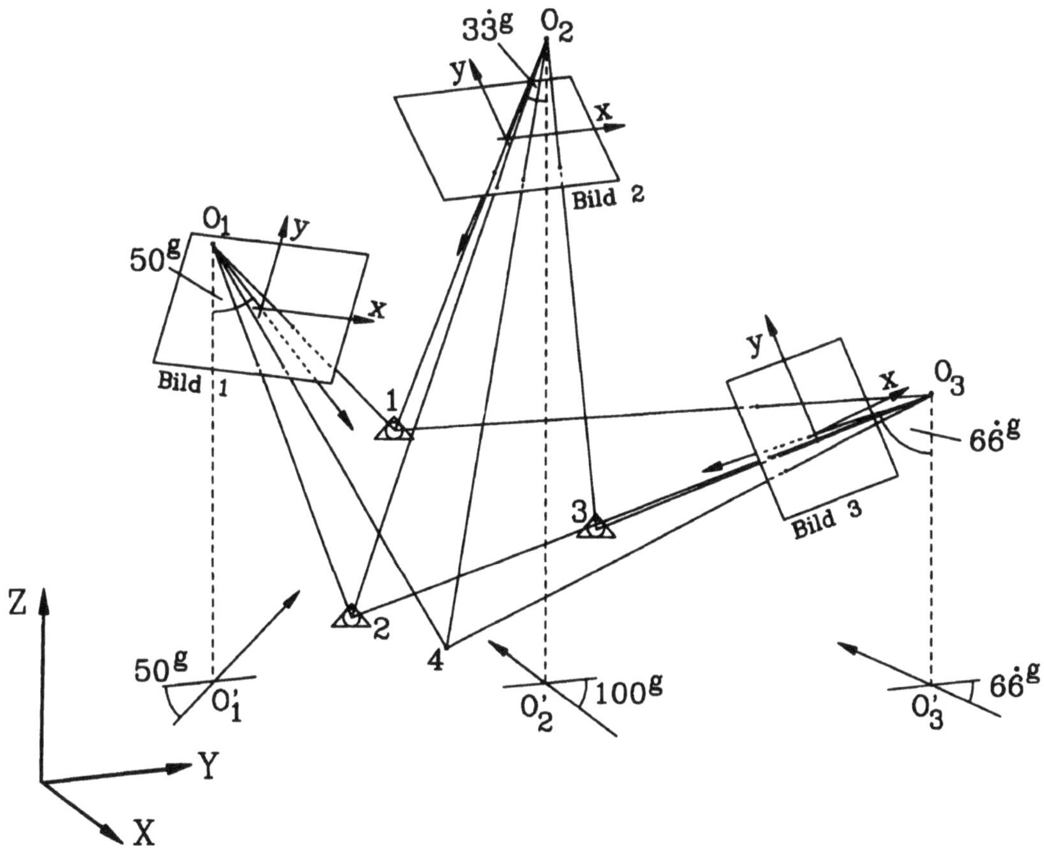

Figur 4.1-1: Drei Aufnahmen von drei Paßpunkten und einem Neupunkt

Die Figur 4.1-1 zeigt drei Aufnahmen mit Winkelangaben, die die Stellung der Bilder im globalen Koordinatensystem festlegen. Für diese drei Bilder wollen wir nun die Drehmatrizen angeben. Dabei ist zu bedenken, daß die Elemente der Drehmatrix nichts anderes als die Komponenten von Einheitsvektoren, die in der x-, y- und z-Achse liegen, sind (siehe Abschnitte A 2.1 und A 2.2). Diese Komponenten sind im XYZ-System auszudrücken. Dabei ist zu beachten, daß die x-, y- und z-Achse im Sinne eines Rechtssystems[1] zu wählen sind, denn das XYZ-Objektkoordinatensystem geben wir als Rechtssystem vor.

Für das Bild 1 sind in der Figur 4.1-1 die Achsen des Bildkoordinatensystems eingezeichnet. Der Einheitsvektor **i** in der x-Achse liegt horizontal; der Winkel mit der X- und Y-Achse beträgt 50 gon, sodaß der Vektor **i** folgende Komponenten besitzt:

$$\boldsymbol{i} = \begin{pmatrix} 0.707107 \\ 0.707107 \\ 0.000000 \end{pmatrix}$$

Der Einheitsvektor **j** in der y-Achse und der Einheitsvektor **k** in der z-Achse haben - wie aus der Figur 4.1-1 abgelesen werden kann - folgende Komponenten:

$$\boldsymbol{j} = \begin{pmatrix} -0.500000 \\ 0.500000 \\ 0.707107 \end{pmatrix} \qquad \boldsymbol{k} = \begin{pmatrix} 0.500000 \\ -0.500000 \\ 0.707107 \end{pmatrix}$$

Damit lautet die Drehmatrix $\mathbf{R}_1$ für das Bild 1:

$$\boldsymbol{R}_1 = \begin{pmatrix} 0.707107 & -0.500000 & 0.500000 \\ 0.707107 & 0.500000 & -0.500000 \\ 0.000000 & 0.707107 & 0.707107 \end{pmatrix}$$

Die Drehmatrizen für die beiden anderen Bilder können auf die gleiche Weise gefunden werden:

$$\boldsymbol{R}_2 = \begin{pmatrix} 0.000000 & -0.866025 & 0.500000 \\ 1.000000 & 0.000000 & 0.000000 \\ 0.000000 & 0.500000 & 0.866025 \end{pmatrix} \qquad \boldsymbol{R}_3 = \begin{pmatrix} -0.500000 & -0.433013 & 0.750000 \\ 0.866025 & -0.250000 & 0.433013 \\ 0.00000 & 0.866025 & 0.500000 \end{pmatrix}$$

Mit den (näherungsweise) bekannten Drehmatrizen können Näherungskoordinaten der Aufnahmeorte und Näherungskoordinaten der Neupunkte aus einem linearen Gleichungs-

---

[1] **Rechtssystem**: Dreht man die x-Achse um die z-Achse über **einen** Quadranten in die y-Achse und verschiebt man dabei die x-Achse in Richtung der z-Achse, so beschreibt die Koordinatenspitze der x-Achse eine **rechtsgängige Schraubenlinie**.

system gewonnen werden. Jeder gemessene Bildpunkt liefert zwei Gleichungen zu diesem Gleichungssystem. Wir erhalten diese beiden linearen Gleichungen aus den Kollinearitätsbeziehungen (3.5-2) durch entsprechende Umordnung, wobei der Bildkoordinatenursprung und der Bildhauptpunkt zusammenfallen sollen ($x_0 = y_0 = 0$):

$$(cr_{11}+xr_{13})X_0+(cr_{21}+xr_{23})Y_0+(cr_{31}+xr_{33})Z_0-(cr_{11}+xr_{13})X-(cr_{21}+xr_{23})Y-(cr_{31}+xr_{33})Z = 0$$
$$(cr_{12}+yr_{13})X_0+(cr_{22}+yr_{23})Y_0+(cr_{32}+yr_{33})Z_0-(cr_{12}+yr_{13})X-(cr_{22}+yr_{23})Y-(cr_{32}+yr_{33})Z = 0 \quad (4.1-1)$$

In diesen Gleichungen sind die Koordinaten X_0, Y_0 und Z_0 des Aufnahmeortes und die Koordinaten X, Y und Z eines Neupunktes die Unbekannten. Gehört ein Bildpunkt zu einem Paßpunkt, so erhält man ebenfalls zwei Gleichungen der Bauart (4.1-1); allerdings bilden dann die letzten drei Terme gemeinsam das jeweilige Absolutglied. Bei einem Bildverband wird man in der Regel mehr Gleichungen als Unbekannte bekommen. In diesem Fall benutzen wir die Gleichungen (4.1-1) als lineare Beobachtungsgleichungen, wobei auf eine Interpretation der dazugehörigen Verbesserungen verzichtet werden kann.

Für das eingeführte Zahlenbeispiel (Figur 4.1-1) sollen nun mit den oben ermittelten drei Drehmatrizen die folgenden linearen Beobachtungsgleichungen aufgestellt werden. Die Kamerakonstante c beträgt 100 mm. Die gemessenen Bildkoordinaten (in mm) und die bekannten Koordinaten (in m) der drei Paßpunkte sind in den folgenden Tabellen zusammengestellt.

Bild 1

Pkt	x	y
1	-5.986	26.975
2	7.843	-22.355
4	11.920	-7.282

Bild 2

Pkt	x	y
1	13.714	33.320
2	-7.377	-2.367
3	30.707	4.316
4	9.775	2.465

Bild 3

Pkt	x	y
1	0.455	31.365
2	-49.346	8.032
3	-5.814	7.103
4	-19.597	-1.782

Paßpunkte

Pkt	X	Y	Z
1	15.00	100.00	61.00
2	65.00	70.00	44.00
3	60.00	120.00	53.00

Beobachtungsgleichungssystem:

	X_{01}	Y_{01}	Z_{01}	X_{02}	Y_{02}	Z_{02}	X_{03}	Y_{03}	Z_{03}	X_4	Y_4	Z_4	l	
v_{x1}^1	67.72	73.70	-4.23										8127.94	Bild 1
v_{y1}^1	-36.51	36.51	89.78										8580.44	
	entsprechend für Punkt 2													
v_{x4}^1	76.67	64.75	8.43							-76.67	-64.75	-8.43	0	
v_{y4}^1	-53.64	53.64	65.56							53.64	-53.64	-65.56	0	
v_{x1}^2				6.86	100.00	11.88							10827.33	Bild 2
v_{y1}^2				-69.94	0.00	78.86							3761.08	
	entsprechend für Punkt 2 und 3													
v_{x4}^2				4.89	100.00	8.47				-4.89	-100.00	-8.47	0	
v_{y4}^2				-85.37	0.00	52.13				85.37	0.00	-52.13	0	
v_{x1}^3							-49.66	86.80	0.23				7948.95	Bild 3
v_{y1}^3							-19.78	-11.42	102.29				4800.87	
	entsprechend für Punkt 2 und 3													
v_{x4}^3							-64.70	78.12	-9.80	64.70	-78.12	9.80	0	
v_{y4}^3							-44.64	-25.77	85.71	44.64	25.77	-85.71	0	
Ergebnis	95.0	30.0	122.0	130.0	80.0	163.0	120.0	160.0	88.0	50.0	95.0	32.0		

hochgestellter Index ... Bildnummer
tiefgestellter Index ... Punktnummer

Das Bilden der Normalgleichungen aus den 22 Verbesserungsgleichungen und das Auflösen dieser Normalgleichungen ergibt das dort in der letzten Zeile angegebene Ergebnis.

AUFGABE 4.1-1: Man vervollständige das Beobachtungsgleichungssystem mit den entsprechenden Zahlenwerten.

AUFGABE 4.1-2: Nachdem nun für alle Unbekannten des Bündelausgleiches (Figur 4.1-1) Näherungswerte vorliegen, kann die Bündelausgleichung durchgeführt werden. Man stelle zumindest einige Beobachtungsgleichungen auf.

Literatur: Gründig, L., Bühler, W.: Zur Näherungswertbestimmung und Bündelausgleichung von Konvergentaufnahmen. BuL 53, 199-207, 1985.

4.1.2 Rück- und Vorwärtsschnitte im Wechsel

Wenn man die Elemente der äußeren Orientierung von zwei oder mehr Aufnahmen kennt, kann der **räumliche Vorwärtsschnitt** mit genügender Genauigkeit auf lineare Weise gelöst werden. Für zwei Aufnahmen haben wir im Abschnitt A 4.1.1 bereits eine lineare Methode kennengelernt. Für drei und mehr Aufnahmen ist ein linearer räumlicher Vorwärtsschnitt in den Gleichungen (4.1-1) enthalten. Zu diesem Zweck sind die Terme mit X_0, Y_0 und Z_0 auf die rechte Seite als Absolutglieder zu bringen; die Unbekannten sind die Koordinaten X, Y und Z.[1]

AUFGABE 4.1-3: Für die drei Aufnahmen, die in der Figur 4.1-1 skizziert sind, kennen wir die Elemente der äußeren Orientierung. Mit ihrer Hilfe und den gemessenen Bildkoordinaten sind die Koordinaten des Neupunktes 4 mittels eines räumlichen Vorwärtsschnittes, der die Gleichungen (4.1-1) benutzt, zu ermitteln.

Für den **räumlichen Rückwärtsschnitt** haben wir dagegen noch keine Methode mit einem linearen Ansatz kennengelernt. In der Literatur gibt es dafür mehrere Vorschläge. Wir beschränken uns auf die Präsentation einer Methode.

4.1.2.1 Räumlicher Rückwärtsschnitt nach Müller/Killian[2]

Dabei werden **vier** Vollpaßpunkte unterstellt, also ein Paßpunkt mehr als für den räumlichen

---

[1] Eine strenge Lösung - im Sinne der Ausgleichung nach der Methode der kleinsten Quadrate - ohne Näherungswerte hat W. Grafarend (ZfV 115, 414-419, 1990) angegeben.

[2] Müller, F.: AVN 37, 249-255, 1925, Killian, K.: ÖZ 43, 97-104, 171-179, 1955.

Rückwärtsschnitt mit einer Meßaufnahme notwendig ist.[1] Überschüssige Informationen können nicht nur zur Genauigkeitssteigerung und zur Fehlerkontrolle verwendet werden, sondern auch zur Linearisierung eines ursprünglich nichtlinearen Problemes.[2]

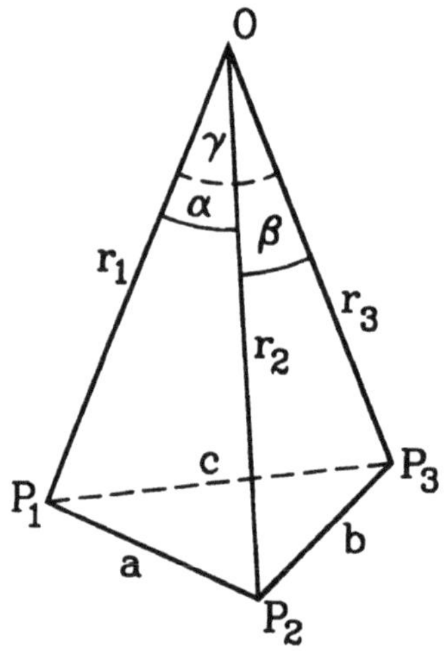

Figur 4.1-2: Räumlicher Rückwärtsschnitt

Die Problemstellung des räumlichen Rückwärtsschnittes ist in der Figur 4.1-2 skizziert. Man kennt die XYZ-Koordinaten der drei Punkte P_1, P_2 und P_3. Gesucht sind die Koordinaten X_0, Y_0, Z_0 des Aufnahmestandpunktes O. Aus den gemessenen Bildkoordinaten und den Elementen der inneren Orientierung können die Winkel α, β und γ berechnet werden.

Zunächst wollen wir die Kanten r_1, r_2 und r_3 des Tetraeders bestimmen. Mit ihrer Hilfe ergeben sich die Koordinaten X_0, Y_0, Z_0 als Schnittpunkt der drei Kugeln um die Mittelpunkte P_1, P_2 und P_3 mit den Kugelradien r_1, r_2 und r_3. Für die drei unbekannten Tetraederkanten r_1, r_2 und r_3 können die folgenden drei Gleichungen angegeben werden, wobei wir die drei räumlichen Strecken zwischen den drei Punkten P_1, P_2 und P_3 mit a, b und c bezeichnen:

$$\begin{aligned} r_1^2 + r_2^2 - 2r_1r_2\cos\alpha &= a^2 \\ r_2^2 + r_3^2 - 2r_2r_3\cos\beta &= b^2 \\ r_3^2 + r_1^2 - 2r_3r_1\cos\gamma &= c^2 \end{aligned} \qquad (4.1\text{-}2)$$

Durch raffinierte Umformungen (siehe Originalveröffentlichung) bekommt man aus diesen drei Gleichungen folgende Gleichung 4. Grades für die (neue) Unbekannte $v = r_2/r_1$:

---

[1] Eine Lösung mit **drei** Vollpaßpunkten ohne Linearisierung haben Grafarend, E., Lohse, P., Schaffrin, B. in der ZfV 114, 61 ff., 1989, angegeben. Die Skizzierung dieser anspruchsvollen Lösung würde den Rahmen dieses Manuskriptes sprengen. Diese Veröffentlichung enthält auch Literaturhinweise auf andere interessante Lösungsansätze, die noch um Zeng, Z., Wang, X.: PE&RS 58, pp. 327-338, 1992, zu ergänzen sind.

[2] Killian, K., Meissl, P.: ÖZ 64, 81-86, 1977.

$$
\begin{aligned}
&[1 - 2A + B + 4C\sin^2\beta]\, v^4 \\
&+ 4\left[-\cos\beta\cos\gamma + A(\cos\beta\cos\gamma + \cos\alpha) - B\cos\alpha - 2C\sin^2\beta\cos\alpha\right] v^3 \\
&+ 2\left[1 + 2(\cos^2\beta - \sin^2\gamma) - 2A(1 + 2\cos\beta\cos\alpha\cos\gamma) + B(1 + 2\cos^2\alpha) + \frac{2}{a^2}(b^2\sin^2\gamma + c^2\sin^2\beta)\right] v^2 \\
&+ 4\left[-\cos\beta\cos\gamma + A(\cos\beta\cos\gamma + \cos\alpha) - B\cos\alpha - 2D\sin^2\gamma\cos\alpha\right] v \\
&+ [1 - 2A + B + 4D\sin^2\gamma] = 0
\end{aligned}
\tag{4.1-3}
$$

Dabei wurden noch folgende Abkürzungen eingeführt:

$$A = \frac{b^2 + c^2}{a^2}, \quad B = \left(\frac{b^2 - c^2}{a^2}\right)^2, \quad C = \frac{c^2}{a^2}, \quad D = \frac{b^2}{a^2} \tag{4.1-4}$$

Zur Lösung der Gleichung 4. Grades (4.1-3) gibt es viele Vorschläge. Die eleganteste Lösung hat Killian angegeben. Sie wird dadurch erkauft, daß noch ein vierter Festpunkt P_4 in den Lösungsprozeß einbezogen wird. Mit den Festpunkten P_1, P_2 und P_4 kann eine zweite Gleichung 4. Grades für dieselbe Unbekannte v angegeben werden. Wendet man auf diese beiden Gleichungen 4. Grades ein Eliminationsverfahren an, kommt man schließlich zu einer linearen Gleichung für die Unbekannte v. Wir wollen dieses Eliminationsverfahren unmittelbar an Hand eines praktischen Beispieles zeigen.

Gegeben sind die Objekt- und Bildkoordinaten von vier Festpunkten P_1, P_2, P_3, P_4 (wir wählen das Bild 3 von Figur 4.1-1):

Pkt.	Objektkoordinaten [m]			Bildkoordinaten [mm]	
	X	Y	Z	x	y
1	15.00	100.00	61.00	0.455	31.365
2	65.00	70.00	44.00	-49.346	8.032
3	60.00	120.00	53.00	-5.814	7.103
4	50.00	95.00	32.00	-19.597	-1.782

Mit der Kamerakonstanten 100 mm können aus den Bildkoordinaten die Winkel α,β,γ und aus den Objektkoordinaten die räumlichen Strecken a,b,c sowie die daraus abgeleiteten Größen A,B,C entsprechend Gleichung (4.1-4) berechnet werden. Die Ergebnisse sind - für die beiden Tetraeder getrennt - in der folgenden Tabelle zusammengefaßt:

	Tetraeder P_1-P_2P_30	Tetraeder P_1-P_2P_40
α[gon]	32.4311	32.4311
β[gon]	25.4200	17.7861
γ[gon]	15.3477	23.9376
a[m]	60.737	60.737
b[m]	51.049	31.528
c[m]	49.890	45.727
A	1.38113320	0.83627009
B	0.00100590	0.08842930
C	0.67470855	0.56682038
D	0.70642453	0.26944974

Nach diesen Vorarbeiten können für die beiden Tetraeder die Gleichungen 4. Grades (4.1-3) für die gemeinsame Unbekannte v angegeben werden (1. und 2. Gleichung in der folgenden Tabelle). In einem ersten Schritt eliminiert man nun den Term mit v^4, indem man die 1. Gleichung durch -1.35... und die 2. Gleichung durch -0.41... dividiert und die so erhaltenen Gleichungen voneinander subtrahiert. Das Ergebnis ist die 3. Gleichung in der folgenden Tabelle. Die 4. Gleichung erhält man dadurch, daß man die 1. Gleichung durch -1.60... und die 2. Gleichung durch -0.43... dividiert und die so erhaltenen Gleichungen voneinander subtrahiert. Das Ergebnis dieser Division ist eine Gleichung 4. Grades, aber ohne ein Absolutglied, d.h. man kann - da v nicht Null werden kann - durch die Unbekannte v dividieren und erhält auf diese Weise eine zweite Gleichung 3. Grades. In Analogie der Elimination des Termes v^4 läßt sich auch der Term v^3 aus der 3. und 4. Gleichung eliminieren. Das Ergebnis sind zwei quadratische Gleichungen (die 5. und 6. Gleichung in der folgenden Tabelle). Die entsprechende Fortsetzung führt auf zwei lineare Gleichungen, woraus - zur Kontrolle - die Unbekannte v zweimal berechnet werden kann. Hinweis: Die Berechnungen sind mit hoher Stellenzahl durchzuführen. In der folgenden Tabelle geben wir nur eine beschränkte Stellenzahl wieder.

	v^4	v^3	v^2	v	
1.	-1.353352	5.471298	-8.413332	5.902286	-1.600189
2.	-0.411695	1.724942	-2.646420	1.772225	-0.438775
3.		0.147079	-0.211445	-0.056532	0.116612
4.		-0.092538	0.512110	-0.773669	0.350535
5.			4.096452	-8.744959	4.580884
6.			1.525255	-3.274170	1.722323
7.				0.011873	-0.010947
8.				0.008669	-0.007992

7. Gleichung: v = 0.921995, 8. Gleichung: v = 0.921906, Mittel: v = 0.921950.

Dividieren wir nun die 1. Gleichung des Gleichungssystems (4.1-2) durch r_1^2 und ordnen wir etwas um, so erhalten wir:

$$r_1^2 = \frac{a^2}{1 + v^2 - 2v\cos\alpha} \tag{4.1-5}$$

Die anderen Kantenlängen ergeben sich aus $r_2 = v \cdot r_1$ und aus der zweiten oder dritten Gleichung des Gleichungssystems (4.1-2). Die Ergebnisse für beide Tetraeder sind in der folgenden Tabelle zusammengestellt:

	Tetraeder P_1 P_2 P_3 O	Tetraeder P_1 P_2 P_4 O
r_1 [m]	123.92	123.92
r_2 [m]	114.25	114.25
r_3 bzw. r_4	80.28	110.81

Die Koordinaten X_0, Y_0, Z_0 des Aufnahmeortes O kann man - wie bereits angedeutet - als Schnittpunkt von drei Kugeln mit den Mittelpunkten P_1, P_2 und P_3 sowie den Kugelradien r_1, r_2 und r_3 ermitteln (**räumlicher Bogenschnitt**). Der Schnittpunkt von drei Kugeln führt allerdings auf eine Gleichung vierten Grades. Die folgende Lösung, die in der Figur 4.1-3 skizziert ist, umgeht diese unangenehme Gleichung. Wir formulieren zunächst eine Ebene, die orthogonal zum Vektor $\mathbf{p}_2$ steht und den Aufnahmeort O enthält, wobei wir die XYZ-Koordinaten auf den Punkt P_1 reduzieren:

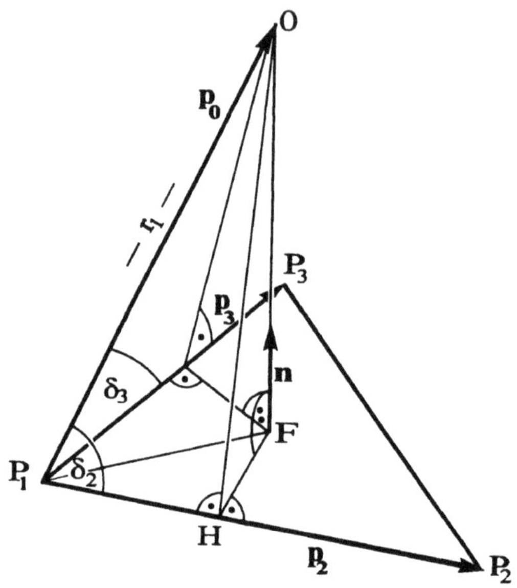

Figur 4.1-3: Räumlicher Bogenschnitt

$$p_2^T \cdot p_0 \colon \ \Delta X_2 \cdot \Delta X_0 + \Delta Y_2 \cdot \Delta Y_0 + \Delta Z_2 \cdot \Delta Z_0 = \overline{P_1P_2} \cdot r_1 \cdot \cos\delta_2 \qquad (4.1\text{-}6)$$

In dieser Ebene liegt auch der Fußpunkt F; daher gilt auch folgende Gleichung:

$$\Delta X_2 \cdot \Delta X_F + \Delta Y_2 \cdot \Delta Y_F + \Delta Z_2 \cdot \Delta Z_F = \overline{P_1P_2} \cdot r_1 \cdot \cos\delta_2 \qquad (4.1\text{-}7)$$

Für eine Ebene, die orthogonal zum Vektor $\mathbf{p}_3$ steht und ebenfalls den Fußpunkt F enthält, gibt es eine entsprechende Gleichung:

$$\Delta X_3 \cdot \Delta X_F + \Delta Y_3 \cdot \Delta Y_F + \Delta Z_3 \cdot \Delta Z_F = \overline{P_1P_3} \cdot r_1 \cdot \cos\delta_3 \qquad (4.1\text{-}8)$$

Der Fußpunkt F liegt außerdem in der Ebene P_1,P_2,P_3; daher gilt:

$$n_x \cdot \Delta X_F + n_y \cdot \Delta Y_F + n_z \cdot \Delta Z_F = 0 \qquad (4.1\text{-}9)$$

Die Größen n_x,n_y,n_z sind nichts anderes als die Komponenten des äußeren Produktes mit den Vektoren $\mathbf{p}_2$ und $\mathbf{p}_3$:

$$\mathbf{n} = \mathbf{p}_2 \times \mathbf{p}_3 \qquad (4.1\text{-}10)$$

Die Lösung der drei linearen Gleichungen (4.1-7), (4.1-8) und (4.1-9) liefert die Koordinatendifferenzen ΔX_F, ΔY_F und ΔZ_F; damit kennt man auch die Koordinaten X_F, Y_F, Z_F.

Jetzt braucht man noch die Länge des Lotes $\overline{FO}$ (Figur 4.1-3). Nachdem im Dreieck P_1, P_2, O die drei Seiten bekannt sind, kann man die Dreieckshöhe $\overline{HO}$ berechnen. Im Dreieck P_1, P_2, F erhält man die Dreieckshöhe $\overline{HF}$. Damit ergibt sich aus der Beziehung $\overline{FO} = \sqrt{r_1^2 - \overline{P_1F}^2}$ die gesuchte Länge des Lotes. Mit ihr bekommt man schließlich die Koordinaten des Aufnahmeortes O aus folgender Gleichung:

$$\begin{pmatrix} X_0 \\ Y_0 \\ Z_0 \end{pmatrix} = \begin{pmatrix} X_F \\ Y_F \\ Z_F \end{pmatrix} + \overline{FO} \, \frac{\boldsymbol{n}}{|\boldsymbol{n}|} \qquad (4.1\text{-}11)$$

Für die Entscheidung, wie drei beliebige Punkte im Objektraum für die Anwendung dieser Formeln zu numerieren sind, zieht man die Anordnung dieser Punkte im Bild heran.

Fortsetzung des Zahlenbeispieles:

$\delta_2 = 73.93$ gon $\qquad \delta_3 = 25.13$ gon

Normalvektor (4.1-10): $\boldsymbol{n} = \begin{pmatrix} 50 \\ -30 \\ -17 \end{pmatrix} \times \begin{pmatrix} 45 \\ 20 \\ -8 \end{pmatrix} = \begin{pmatrix} 580 \\ -365 \\ 2350 \end{pmatrix} \sim \begin{pmatrix} 116 \\ -73 \\ 470 \end{pmatrix}$

Drei lineare Gleichungen:

$$\begin{aligned}
&(4.1\text{-}7)\text{:} && 50\cdot\Delta X_F - 30\cdot\Delta Y_F - 17\cdot\Delta Z_F = 2996.31 \\
&(4.1\text{-}8)\text{:} && 45\cdot\Delta X_F + 20\cdot\Delta Y_F - 8\cdot\Delta Z_F = 5706.83 \\
&(4.1\text{-}9)\text{:} && 116\cdot\Delta X_F - 73\cdot\Delta Y_F + 470\cdot\Delta Z_F = 0
\end{aligned}$$

Lösung: $\Delta X_F = 95.09 \quad \Delta Y_F = 66.10 \quad \Delta Z_F = -13.20$

Koordinaten des Fußpunktes F: $X_F = 110.09 \quad Y_F = 166.10 \quad Z_F = 47.80$

$\overline{P_1F} = 116.56$ m $\qquad$ Länge des Lotes $\overline{FO} = 42.08$ m

Koordinaten des Aufnahmeortes O:

$$(4.1\text{-}11)\text{:} \quad \begin{pmatrix} X_0 \\ Y_0 \\ Z_0 \end{pmatrix} = \begin{pmatrix} 110.09 \\ 166.10 \\ 47.80 \end{pmatrix} + \frac{42.08}{489.58} \begin{pmatrix} 116 \\ -73 \\ 470 \end{pmatrix} = \begin{pmatrix} 120.06 \\ 159.82 \\ 88.19 \end{pmatrix}$$

Beim **räumlichen Rückwärtsschnitt mit bekannter innerer Orientierung und drei Festpunkten**, d.h. nur die 6 Elemente der äußeren Orientierung sind aus 6 (linearisierten) Gleichungen zu ermitteln, kann es zu einem singulären bzw. schlecht konditionierten

Gleichungssystem kommen. Diese gefährliche geometrische Konstellation ist ein Kreiszylinder, auf dem sowohl die drei Festpunkte als auch der Aufnahmeort liegen. Dieser Zylinder enthält den Umkreis des Festpunktdreieckes, und seine Mantellinien verlaufen senkrecht zur Ebene des Festpunktdreieckes. Bei **vier und mehr Festpunkten** gibt es zwar nicht mehr den gefährlichen Zylinder, aber eine andere gefährliche geometrische Konstellation. Sie liegt dann vor, wenn alle **Festpunkte gemeinsam mit dem Aufnahmeort auf einer auf einem Kreiszylinder liegenden Raumkurve 3. Ordnung, der sogenannten Horopter-Kurve,** angeordnet sind. Für Praktiker sei dieses Kapitel mit dem Hinweis abgeschlossen, daß diese geometrische Konstellation äußerst selten auftritt. Für Theoretiker sei auf die neueste Literatur[1] verwiesen, in der auch die Vorgängerpublikationen zitiert sind.

AUFGABE 4.1-4: Man berechne den räumlichen Bogenschnitt mit den Punkten P_1, P_2 und P_4.

AUFGABE 4.1-5: Nachdem vier Punkte im Objektraum bekannt sind, kann man drei lineare Gleichungen vom Typ (4.1-6) anschreiben, die direkt die Koordinatendifferenzen ΔX_0, ΔY_0 und ΔZ_0 bezüglich des Punktes P_1 als Unbekannte enthalten:

$$\begin{aligned}
50 \cdot \Delta X_0 - 30 \cdot \Delta Y_0 - 17 \cdot \Delta Z_0 &= 2996.31 \\
45 \cdot \Delta X_0 + 20 \cdot \Delta Y_0 - 8 \cdot \Delta Z_0 &= 5706.83 \\
35 \cdot \Delta X_0 - 5 \cdot \Delta Y_0 - 29 \cdot \Delta Z_0 &= 2584.50
\end{aligned}$$

Lösung: $\Delta X_0 = 105.1$ m $\Delta Y_0 = 59.8$ m $\Delta Z_0 = 27.4$ m
Koordinaten des Aufnahmeortes O: $X_0 = 120.1$ m $Y_0 = 159.8$ m $Z_0 = 88.4$ m
Diese elegante Lösung des räumlichen Bogenschnitts versagt allerdings, wenn die vier Objektpunkte in einer Ebene liegen. Warum?

4.1.2.2 Drehmatrix zum Strahlenbündel

Die meisten Ansätze für die Berechnung des räumlichen Rückwärtsschnittes liefern so wie der Ansatz von Müller/Killian als ersten Schritt zunächst die Koordinaten X_0, Y_0 und Z_0 des Aufnahmestandpunktes. Damit ist das Strahlenbündel im Objektkoordinatensystem definiert. In einem zweiten Schritt ist dann zu diesem so definierten Strahlenbündel die Drehmatrix zu ermitteln, die die Stellung des Strahlenbündels, das im Bildkoordinatensystem definiert ist, im Objektkoordinatensystem festlegt. Wenn wir die Drehmatrix **R** gefunden haben, die die Bildkoordinaten x,y,z in das globale Koordinatensystem X,Y,Z überführt, ist unser Problem gelöst, d.h.

$$\boldsymbol{X} = \boldsymbol{R} \cdot \boldsymbol{x} \tag{4.1-12}$$

Translationen und Maßstabsfaktoren können dabei unberücksichtigt bleiben.

[1] Killian, K.: ÖZ 78, 1-12, 1990.

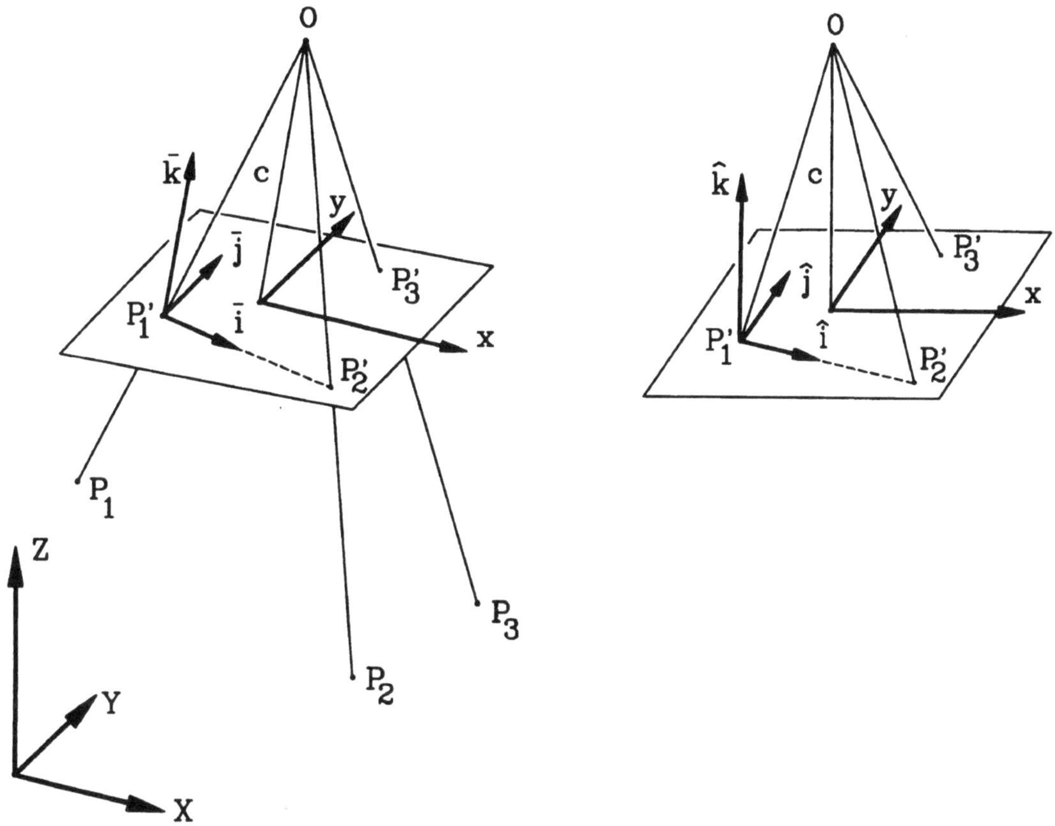

Figur 4.1-4: Dreibein im globalen Objektkoordinatensystem und im Bildkoordinatensystem

Da wir in beiden Koordinatensystemen identische Punkte brauchen, berechnen wir zunächst die **Objektkoordinaten der Bildpunkte P_1', P_2' und P_3'**. Dafür benötigen wir die Entfernungen $\overline{OP}_i'$, die aber aus den Bildkoordinaten berechnet werden können:

$$\overline{OP_i'} = \sqrt{x_i^2 + y_i^2 + c^2} \qquad i = 1(1)3 \tag{4.1-13}$$

Nun ermitteln wir in beiden Koordinatensystemen ein orthogonales Dreibein; aus den Bildkoordinaten x, y und z (= 0) ermitteln wir das Dreibein $\hat{\mathbf{i}}$, $\hat{\mathbf{j}}$, $\hat{\mathbf{k}}$ und aus den globalen Objektkoordinaten X, Y und Z das Dreibein $\bar{\mathbf{i}}$, $\bar{\mathbf{j}}$, $\bar{\mathbf{k}}$:

$$\bar{i} = \frac{\overline{P_1' \, P_2'}}{\| P_1' \, P_2' \|} \tag{4.1-14}$$

Der Vektor $\bar{\text{k}}$ ergibt sich als äußeres Produkt mit entsprechender Normierung:

$$\bar{k} = \frac{\overline{P_1'P_2'} \times \overline{P_1'P_3'}}{\|\overline{P_1'P_2'} \times \overline{P_1'P_3'}\|} \qquad (4.1\text{-}15)$$

Der noch fehlende Einheitsvektor $\bar{\text{j}}$ ergibt sich schließlich aus folgendem äußeren Produkt (siehe auch Abschnitt A 2.2):

$$\bar{j} = \bar{k} \times \bar{i} \qquad (4.1\text{-}16)$$

Auf die gleiche Weise erhalten wir im Bildkoordinatensystem das Dreibein $\hat{\text{i}}$, $\hat{\text{j}}$, $\hat{\text{k}}$. Jedes der beiden Dreibeine definiert eine räumliche Drehmatrix:

$$\bar{R} = (\bar{i}, \bar{j}, \bar{k}) \qquad \hat{R} = (\hat{i}, \hat{j}, \hat{k}) \qquad (4.1\text{-}17)$$

Mit der Drehmatrix $\hat{\text{R}}$ geschieht folgende Drehung, die übrigens nur eine ebene Drehung ist:

$$x = \hat{R}\, x' \qquad (4.1\text{-}18)$$

Mit der Drehmatrix $\bar{\text{R}}$ geschieht folgende Drehung:

$$X = \bar{R}\, x' \qquad (4.1\text{-}19)$$

Die beiden letzten Gleichungen ineinander eingesetzt führen schließlich zur Gesamtdrehung mit der gesuchten Drehmatrix **R**:

$$X = \bar{R}\, \hat{R}^T x = R\, x \qquad (4.1\text{-}20)$$

ZAHLENBEISPIEL mit Bild 3 der Figur 4.1-1. Wir benutzen die Bildkoordinaten der drei Paßpunkte P_1, P_2, P_3 und ihre globalen Objektkoordinaten. Diese Zahlenwerte sind am Ende des Abschnittes 4.1.1 angegeben. Die globalen Koordinaten des Aufnahmeortes übernehmen wir - mit etwas größerer Stellenzahl - vom Müller/Killian'schen Rückwärtsschnitt (Abschnitt 4.1.2.1): X_0 = 120.064 m, Y_0 = 159.823 m, Z_0 = 88.189 m.

Längen $\overline{OP}_i'$ aus den Bildkoordinaten mittels Gleichung (4.1-8):

$\overline{OP}_1'$	$\overline{OP}_2'$	$\overline{OP}_3'$
104.804 mm	111.801 mm	100.420 mm

Objektkoordinaten der Bildpunkte P'_i mittels Strahlensatzes, wobei wir die erforderliche Stellenzahl etwas kürzen:

	P_1'	P_2'	P_3'
X	119.975 m	120.010 m	119.989 m
Y	159.772 m	159.735 m	159.773 m
Z	88.166 m	88.146 m	88.145 m

$$\hat{R} = \begin{pmatrix} -0.905537 & 0.424267 & 0 \\ -0.424267 & -0.905537 & 0 \\ 0 & 0 & 1 \end{pmatrix} \qquad \overline{R} = \begin{pmatrix} 0.644226 & 0.167441 & 0.746282 \\ -0.667049 & 0.600381 & 0.441123 \\ -0.374191 & -0.781990 & 0.498472 \end{pmatrix}$$

$$R = \overline{R} \cdot \hat{R}^T = \begin{pmatrix} -0.512331 & -0.424948 & 0.746282 \\ 0.858759 & -0.260660 & 0.441123 \\ 0.007120 & 0.866878 & 0.498472 \end{pmatrix}$$

Daraus erhalten wir - mit Hilfe des Abschnittes 3.4-2 - die gesuchten Winkel: α = 133.9 gon, ν = 66.7 gon, κ = 0.5 gon

4.1.2.3 Wechselspiel zwischen Rück- und Vorwärtsschnitten

Ein solches Wechselspiel zur Bestimmung der Näherungswerte für eine Bündeltriangulation im Nahbereich kann folgendermaßen ablaufen:

a) Eindeutige Numerierung aller Bilder.
b) Eindeutige Numerierung aller Punkte im gesamten Bildverband.
c) Messung der Bildkoordinaten aller Punkte in allen Bildern.
d) Einspeicherung der Objektkoordinaten der Paßpunkte.
e) Übernahme der Paßpunkte als Objektpunkte in ein Referenzsystem.
f) Durch Vergleich der Punktnummern der Bild- und Objektpunkte werden jene Bilder herausgefunden, in denen mindestens vier (Paß-)Punkte bekannt sind.
g) Räumliche Rückwärtsschnitte von diesen Bildern (mit den Verfahren der Abschnitte 4.1.2.1 und 4.1.2.2).
h) Räumliche Vorwärtsschnitte für alle Neupunkte, die in mindestens zwei Bildern, von denen räumliche Rückwärtsschnitte bereits rechenbar waren, enthalten sind.
i) Aufnahme dieser Neupunkte in das Referenzsystem.
j) Fortsetzung mit dem Arbeitsschritt f.

Der Vollständigkeit halber soll noch ergänzt werden, daß in das Wechselspiel zwischen Rück- und Vorwärtsschnitten in manchen EDV-Programmen auch relative Orientierungen eingeschoben werden können. Dafür ist ein relatives Orientierungsverfahren erforderlich, das für beliebig angeordnete Bilder funktioniert und ohne die Kenntnis von Näherungswerten auskommt. In der Literatur[1] werden solche Methoden angeboten. Für diese und für andere Modelle in einem dreidimensionalen lokalen Koordinatensystem braucht man ebenfalls Methoden zur Bestimmung von Näherungswerten, die im kommenden Abschnitt behandelt werden.

4.2 Näherungswerte für die räumliche Ähnlichkeitstransformation

Insbesondere im Nahbereich kombiniert man in einer Gesamtausgleichung gerne photogrammetrische Bündel mit Modellen, die in dreidimensionalen lokalen Koordinatensystemen gegeben sind. Solche dreidimensionale Modelle in einem lokalen Koordinatensystem können

- relativ orientierte photogrammetrische Modelle,
- digitale Objektmodelle (z.B. Fahrzeugmodelle),
- Tachymetermodelle, wobei aus den Polarkoordinaten zunächst mit den Gleichungen (3.5-4) lokale cartesische Koordinaten berechnet werden,
- Gestalten, die in einem lokalen dreidimensionalen Koordinatensystem formuliert werden (Abschnitt 3.5.5),
- die mit GPS-Messungen sehr genau bestimmten Projektionszentren innerhalb eines Flugstreifens (Abschnitt 5.3.5.2.1)

sein.

Eine Methode zur Bestimmung von Näherungswerten für die räumliche Ähnlichkeitstransformation haben wir im Abschnitt 4.1.2.2 bereits behandelt. Sie löst das schwierigste Problem, nämlich die Ermittlung der Elemente der räumlichen Drehmatrix aus **drei** homologen Punkten, die sowohl im lokalen als auch im globalen Koordinatensystem bekannt sind. K. Bretterbauer[2] hat vor kurzem eine Methode veröffentlicht, die ebenfalls aus drei Punkten, die sowohl im lokalen als auch im globalen Koordinatensystem bekannt sind, die gesuchte Drehmatrix liefert. Als Zwischenergebnisse fallen dabei der Vektor der Drehachse und der Gesamtdrehwinkel an.

Ein anderes Verfahren, das allerdings mindestens **vier homologe Punkte** in beiden Koor-

---

[1] Rinner, K.: Sonderheft 23 der ÖZ, Wien, 1963. Hofmann-Wellenhof: Dissertation der TU Graz, 1978. Norbech: Publikation der Universität Trondheim, Institut für Geodäsie und Photogrammetrie, 1982. Hadem, I.: IAPR 25, pp. 372-381, Rio de Janeiro, 1984.

[2] Mitteilungen des Institutes für Geodäsie der Uni Innsbruck, Heft 16, S. 15-33, 1995.

dinatensystemen voraussetzt, soll noch angefügt werden. Es bietet sich insbesondere dann an, wenn "unvollständige" Paßpunkte - z.B. Lage- oder Höhenpaßpunkte - vorliegen.

Die räumliche Ähnlichkeitstransformation hat bekanntlich sieben Transformationsparameter (drei Translationen, einen Maßstabsfaktor und drei Winkel). Wenn wir nun stattdessen **12** unbekannte Parameter für eine Transformation vom lokalen in das globale Koordinatensystem erlauben, dann haben wir unmittelbar eine lineare Transformation (**12-Parametertransformation**):

$$\boldsymbol{X} = \boldsymbol{X}_0 + \begin{pmatrix} a_{11} & a_{12} & a_{13} \\ a_{21} & a_{22} & a_{23} \\ a_{31} & a_{32} & a_{33} \end{pmatrix} \boldsymbol{x} \quad \text{bzw.} \quad \boldsymbol{X} = \boldsymbol{X}_0 + \boldsymbol{A}\,\boldsymbol{x} \tag{4.2-1}$$

Die 12 Unbekannten sind: drei Translationen $\mathbf{X}_0$ und neun unabhängige Koeffizienten a_{ik}. Jeder homologe Punkt liefert drei lineare Gleichungen, d.h. mit zum Beispiel vier (Vollpaß-)Punkten sind die 12 Unbekannten bestimmbar. Bei mehr als 12 Gleichungen (4.2-1) kann eine Ausgleichung nach vermittelnden Beobachtungen durchgeführt werden.

Damit ist nur noch die Frage offen, wie man aus den neun Koeffizienten a_{ik} die Maßstabszahl m und die Winkel ω, ϕ und κ erhält. Die Elemente a_{ik} der Matrix **A** (4.2-1) unterscheiden sich von den Elementen r_{ik} der Drehmatrix **R** (A(4.2-4)) im wesentlichen nur um den Maßstabsfaktor m. Aus der Bedingung

$$\sqrt{a_{11}^2 + a_{21}^2 + \ldots + a_{33}^2} = 3\,m \tag{4.2-2}$$

ergibt sich deshalb ein Näherungswert für die Maßstabszahl m. Anschließend können alle Elemente a_{ik} durch die Maßstabszahl m dividiert werden, sodaß dann mittels der Beziehungen des Anhanges A 2.2-1 auch die Winkel ω, ϕ und κ gefunden werden können[1].

Hinweise: Falls ein Datenfehler - z.B. die Koordinate eines der vier Punkte sei grob falsch - vorliegt, liefert diese Methode ein Ergebnis, dessen Unbrauchbarkeit zunächst nicht erkannt wird. Eine nachträgliche Kontrolle bietet sich aber in der Weise an, daß nach der Division durch die Maßstabszahl mit den 9 Elementen der Matrix alle sechs Orthogonalitätsbedingungen überprüft werden. Sie dürfen nur um den Einfluß von zufälligen Fehlern abweichen; grobe Abweichungen sind ein zuverlässiger Hinweis auf grobe Datenfehler. Außerdem ist noch darauf hinzuweisen, daß das Verfahren versagt, wenn die vier Punkte in einer Ebene liegen.

AUFGABE 4.2-1: Man beweise diese Aussage.

---

[1] Weiterführende Literatur: Schmid, H.H., Heggli, S.: Mitt. des Inst. für Geod. und Photogr. an der ETH Zürich, Nr. 23, 1978

ZAHLENBEISPIEL: Im Band 1, Kapitel A 4.2.3.7, ist die Frage der Beschaffung von Näherungswerten für die rechnerische absolute Orientierung offen geblieben. Daher wird dieses (Luftbild-)Beispiel hier aufgegriffen. Gegeben sind von vier Paßpunkten die Modell- und Landeskoordinaten:

Modellkoordinaten

	23	24	50	51
x	0.303532	0.192638	0.303848	0.204120 m
y	0.595068	0.602834	0.403493	0.434574 m
z	0.034298	0.034116	0.026903	0.036672 m

Landeskoordinaten

X	3321.65	3402.84	1776.75	2043.11 m
Y	1167.56	2061.10	1196.79	1196.72 m
Z	579.48	576.80	493.19	574.62 m

Das Aufstellen und Lösen der 12 linearen Gleichungen ergibt:

$$\boldsymbol{X}_0 = \begin{pmatrix} -1425.04 \\ 3715.14 \\ 213.37 \end{pmatrix} \quad \boldsymbol{A} = \begin{pmatrix} -166.95 & 8068.09 & -107.88 \\ -8069.40 & -167.42 & 39.82 \\ 20.49 & 137.51 & 8107.24 \end{pmatrix} \quad \boldsymbol{R}^0 = \begin{pmatrix} -0.020685 & 0.999639 & -0.013366 \\ -0.999802 & -0.020743 & 0.004934 \\ 0.002539 & 0.017037 & 1.004490 \end{pmatrix}$$

Mittels Gleichung (4.2-2) erhält man: $m^0 = 8071$. Die Elemente der genäherten Drehmatrix sind wie folgt entstanden: $\mathbf{R}^0 = \mathbf{A}/m^0$. Mit Hilfe der Beziehungen A(2.2-1-8) bekommt man die Näherungswerte für die Drehwinkel. Interessant ist noch der Vergleich mit der Drehmatrix $\mathbf{R}^{(4)}$ des Abschnittes 5.1.1.3.

AUFGABE 4.2-2: Das im Abschnitt 4.1.2.2 behandelte Problem, nämlich die **Ermittlung der Drehmatrix zum Strahlenbündel,** kann übrigens auch mit dem in diesem Abschnitt behandelten Verfahren gelöst werden. Es stehen ja vier homologe Punkte im Bildkoordinatensystem und im Objektkoordinatensystem zur Verfügung, wenn wir auch das Projektionszentrum O (Figur 4.1-4) einbeziehen. Man führe für das Zahlenbeispiel des Abschnittes 4.1.2.2 eine Ermittlung der Drehmatrix mit jenem Verfahren durch, das von der Gleichung (4.2-1) ausgeht. Hinweis: Der Maßstabsfaktor muß sich mit Eins ergeben.

4.3 Verknüpfungs- und Paßlinien

Die bisherigen Ausführungen waren weitgehend von der Vorstellung geprägt, daß es im dreidimensionalen Objektraum **Punkte** gibt, von denen homologe Punkte in den (zweidimensionalen) Abbildungen existieren. Von diesem Grundmuster der photogrammetrischen Punktbestimmung muß man in manchen Fällen abrücken. Die Figur 4.3-1 zeigt ein einschlägiges Beispiel.

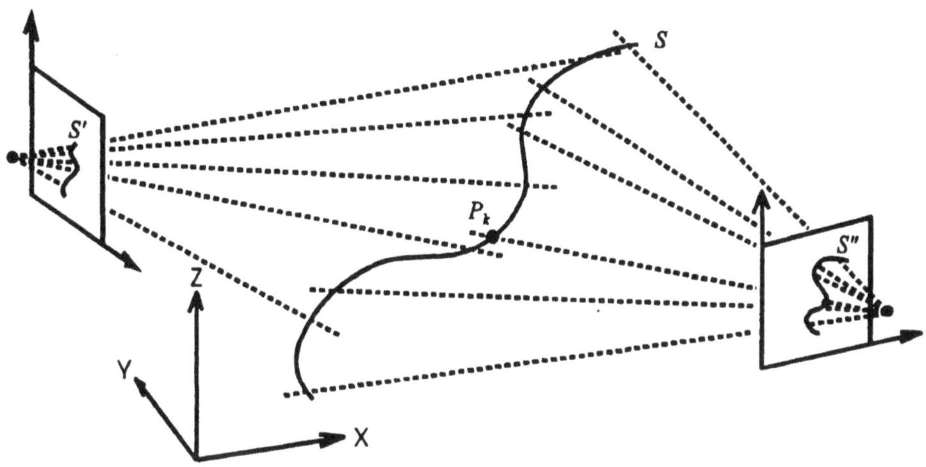

Figur 4.3-1: Verknüpfende Linie in zwei Bildern

Entlang der dreidimensionalen Objektkurve S soll es keine identifizierbaren Punkte geben. Infolge Mangels an Textur in der Umgebung dieser Linie oder infolge stark konvergenter Aufnahmerichtungen soll auch keine stereoskopische Zuordnung der beiden Bildkurven S′ und S″ möglich sein. Entlang der beiden Kurven S′ und S″ können aber voneinander unabhängig die Bildkoordinaten von Punktfolgen gemessen werden.

Obwohl keine homologen Punkte existieren, können die Punktfolgen der beiden Kurven S′ und S″ zur Verknüpfung der beiden Bilder innerhalb einer Bündeltriangulation beitragen. Die Aufgabe kann auch so gestellt sein, daß die Rekonstruktion der Raumkurve S aus den Punktfolgen der beiden Kurven S′ und S″ gesucht ist.

Bevor die Lösungen der gestellten Aufgaben gegeben werden, ist noch auf die zukünftige Bedeutung einer **Photogrammetrie, die** weniger auf Punkte sondern mehr **auf Linien aufbaut**, hinzuweisen. An natürlichen und künstlichen Objekten gibt es nämlich viel mehr Linien als Punkte. Außerdem erfordert auch der Vormarsch der digitalen Photogrammetrie ein Abgehen vom Primat der Punkte zugunsten dem der Linien; in der **digitalen Bildverarbeitung** können nämlich Linien in den einzelnen Bildern mehr oder weniger automatisch extrahiert werden. In Verbindung mit der digitalen Bildverarbeitung ist daher eine Photogrammetrie gefragt, die den Linien eine höhere Priorität einräumt.

Linien können als verknüpfende Elemente für Bilder (Abschnitt 4.3.1) und als Einpaßelemente (Abschnitt 4.3.2) auftreten.

4.3.1 Verknüpfungslinien

Wir wollen den Lösungsansatz auf Kurven einschränken, die mit Polynomen höheren Grades approximiert werden können. Allgemeinere Kurven - zum Beispiel Spline-Funktionen - werden erst im Band 3 näher erläutert (siehe auch Schlußbemerkung des Abschnittes 3.5.5.3).

Die Lösung soll für die in der Figur 4.3-1 skizzierte Problemstellung angegeben werden. Die Elemente der inneren und äußeren Orientierung der beiden Bilder seien bekannt. Im linken Bild sollen entlang der Kurve S' fünf Punkte gemessen sein, im rechten Bild entlang der Kurve S" sechs Punkte. Die dreidimensionale Kurve S soll als Schnitt der folgenden polynomialen Flächen (z-Gestalt und y-Gestalt) in einem lokalen xyz-System beschreibbar sein (Gleichung (3.5-14)):

$$\begin{aligned} z &= c_{11} \cdot x \cdot y \\ y &= b_{30} \cdot x^3 + b_{40} \cdot x^4 + b_{21} \cdot x^2 \cdot z \end{aligned} \qquad (4.3\text{-}1)$$

Zur Lösung des gestellten Problems benötigt man zwei Kategorien von Beobachtungsgleichungen. Einerseits die Beobachtungsgleichungen (3.5-2) für die gemessenen Bildkoordinaten und andererseits die Beobachtungsgleichungen (3.5-15) für die räumliche Kurve.

Es gibt

- vom linken Bild $5 \cdot 2 = 10$ Beobachtungsgleichungen (3.5-2) und
- vom rechten Bild $6 \cdot 2 = 12$ Beobachtungsgleichungen (3.5-2).

Die Unbekannten in diesen insgesamt 22 Beobachtungsgleichungen sind die jeweils drei XYZ-Koordinaten der 11 Punkte P_k. Es gibt demnach 33 Unbekannte, aber nur 22 Beobachtungsgleichungen. Das Problem ist - ohne Einbeziehung der Kurve als Gestalt - nicht lösbar!

Für jeden der 11 Punkte P_k können folgende zwei Beobachtungsgleichungen der Form (3.5-15) hinzugefügt werden:

$$\begin{aligned} \bar{0}+v_z &= c_{11}\cdot x_k\cdot y_k && +r_{13}(X_k-X_0)+r_{23}(Y_k-Y_0)+r_{33}(Z_k-Z_0) \\ \bar{0}+v_y &= b_{30}\cdot x_k^3+b_{40}\cdot x_k^4+b_{21}\cdot x_k^2\cdot z_k && +r_{12}(X_k-X_0)+r_{22}(Y_k-Y_0)+r_{32}(Z_k-Z_0) \end{aligned} \quad (4.3\text{-}2)$$

Zu den einzelnen Größen ist noch zu bemerken:

x_k,y_k,z_k	...	Koordinaten der 11 Punkte P_k im lokalen xyz-System. Für die Ausgleichung genügen - sofern $c_{11},b_{30},b_{40},b_{21}$ klein bleiben - Näherungswerte x_k^0, die aus Näherungswerten für $\mathbf{X}_k^0$, $\mathbf{X}_0^0$ und $\mathbf{R}^0$ berechnet werden können (Gleichung (3.4-2)): $\mathbf{x}_k^0 = \mathbf{R}^{0T}(\mathbf{X}_k^0 - \mathbf{X}_0^0)$.
$c_{11},b_{30},b_{40},b_{21}$	..	4 unbekannte Koeffizienten der beiden polynomialen Gestalten.
X_k,Y_k,Z_k	...	33 unbekannte Koordinaten im globalen XYZ-System, die in den oben erwähnten 22 Beobachtungsgleichungen der Kategorie (3.5-2) bereits enthalten sind.
X_0,Y_0,Z_0	...	Unbekannte globale Koordinaten des Ursprungs des lokalen Koordinatensystems.
r_{ik}	...	Elemente der Drehmatrix **R**, die die Stellung des lokalen xyz-Systems im globalen XYZ-System angibt. Es sind drei Unbekannte.

Für die gesamte Ausgleichungsaufgabe stehen demnach 44 Beobachtungsgleichungen für 43 Unbekannte zur Verfügung. Die Redundanz ist äußerst gering. Es wäre eine Reduktion der Anzahl der Unbekannten - entweder einer der Winkel in der räumlichen Drehmatrix **R** oder einer der Koeffizienten der Gleichungen (4.3-1) - empfehlenswert. Solche Entscheidungen können mit Hilfe der Kriterien getroffen werden, die wir im Abschnitt 5.2.4 kennenlernen werden.

Die große Bedeutung von verknüpfenden Linien bei der Auswertung von Amateuraufnahmen soll anhand der folgenden beiden Bilder illustriert werden. Im linken und rechten Bild sieht man im Vordergrund die gleiche Leitlinienmarkierung; man findet der Leitlinie entlang aber keine homologen Punkte. Trotzdem kann diese Leitlinie für die Verknüpfung der beiden Bilder einen wertvollen Beitrag leisten. Zu diesem Zweck ist eine geradlinige Gestalt einzuführen. In jedem der beiden Bilder sind für den ausgewählten Markierungsrand mindestens zwei Punkte anzumessen. Im vorliegenden Beispiel wurden im linken Bild drei Punkte und im rechten Bild zwei Punkte ausgewählt und deren Bildkoordinaten gemessen.

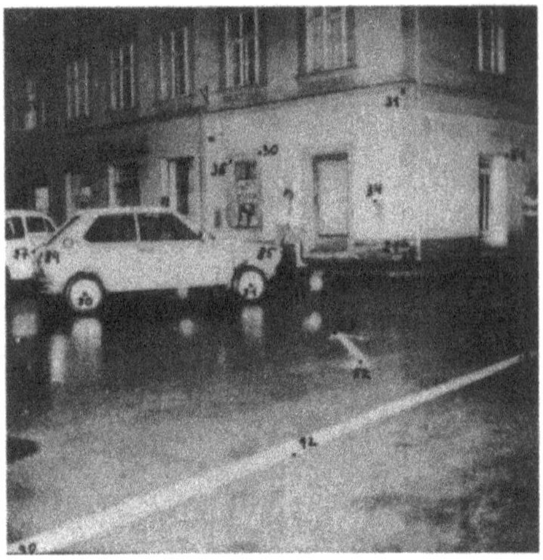 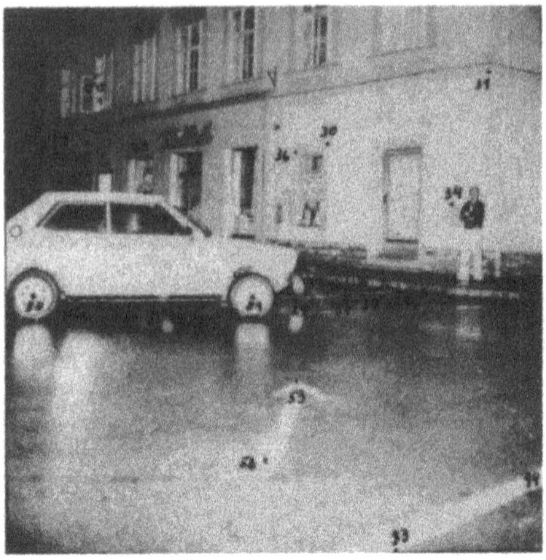

Bild 4.3-2: Zwei Amateuraufnahmen mit gemeinsamer Leitlinienmarkierung im Vordergrund

AUFGABE 4.3-1: Man überlege sich die Beobachtungsgleichungen, die diese beiden Bilder mit unbekannter innerer und äußerer Orientierung über die gemeinsame Gerade verknüpfen und die zur Festlegung der Geraden im globalen Koordinatensystem führen.

Verknüpfende Linien können selbstverständlich auch in den anderen Beobachtungskategorien auftreten. So kann in einem photogrammetrischen Stereomodell (Abschnitt 3.5.2) eine Punktfolge entlang einer Kurve S′ gemessen sein, in einem überlappenden Stereomodell eine andere Punktfolge entlang der entsprechenden Kurve S″. **Die beiden Kurven S′ und S″ verknüpfen die beiden Modelle über die Objektkurve S**. Unter Einbeziehung von weiteren Verknüpfungselementen und insbesondere von Paßpunkten ergibt eine Blockausgleichung auch die Parameter der dreidimensionalen Kurve S im globalen Koordinatensystem.

AUFGABE 4.3-2: Man überlege sich die Beobachtungsgleichungen, die zwei photogrammetrische Stereomodelle mit unbekannter absoluter Orientierung über eine gemeinsame Kurve verknüpfen und die zur Festlegung der Kurve S im globalen Koordinatensystem führen.

4.3.2 Paßlinien

So, wie die Verknüpfung von Bildern, Modellen etc. mit Linien untereinander erfolgen kann, kann selbstverständlich auch die "Verknüpfung" lokaler Koordinatensysteme mit dem globalen Koordinatensystem über Linien erfolgen. Zu diesem Zweck muß eine solche Paßkurve im globalen Koordinatensystem bekannt sein. Eine Paßkurve kann entweder in Form einer Punktfolge oder in Form der Kurvenparameter festgelegt sein.

Im folgenden Beispiel wählen wir ein einfaches Einpaßelement für einen räumlichen Rückwärtsschnitt. Das rechte Bild 4.3-2 enthält eine Leitlinienmarkierung, deren Anfang und Ende im Photo nicht abgebildet sind. Die globalen Koordinaten des Anfangspunktes P_1 und Endpunktes P_2 dieser Leitlinienmarkierung wurden im Gelände ermittelt.

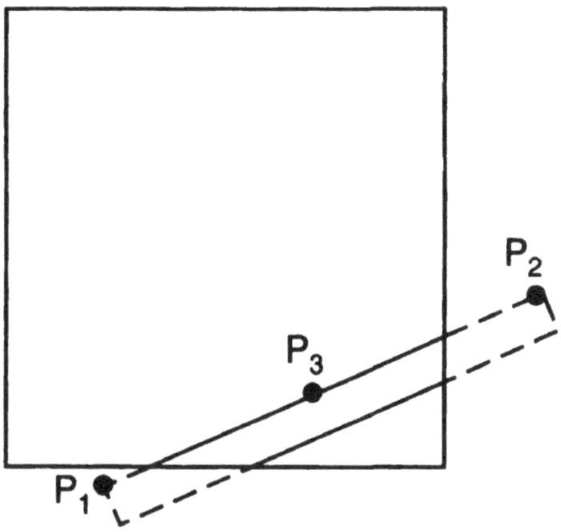

Figur 4.3-3: Leitlinienmarkierung, die teilweise außerhalb des Bildes liegt

Vom Punkt P_3, der auf der räumlichen Geraden P_1P_2 liegt, wurden die Bildkoordinaten gemessen (Figur 4.3-3).

Für die geradlinige Gestalt können sechs Beobachtungsgleichung (3.5-13) angegeben werden, wobei die z-Achse in die Gerade gelegt wird:

$$\bar{0} + v_{y_1} = y_0 + r_{12}(X_1 - X_0) + r_{22}(Y_1 - Y_0) + r_{32}(Z_1 - Z_0)$$
$$\bar{0} + v_{x_1} = x_0 + r_{11}(X_1 - X_0) + r_{21}(Y_1 - Y_0) + r_{31}(Z_1 - Z_0)$$
$$\bar{0} + v_{y_2} = y_0 + r_{12}(X_2 - X_0) + r_{22}(Y_2 - Y_0) + r_{32}(Z_2 - Z_0)$$
$$\bar{0} + v_{x_2} = x_0 + r_{11}(X_2 - X_0) + r_{21}(Y_2 - Y_0) + r_{31}(Z_2 - Z_0)$$
$$\bar{0} + v_{y_3} = y_0 + r_{12}(X_3 - X_0) + r_{22}(Y_3 - Y_0) + r_{32}(Z_3 - Z_0)$$
$$\bar{0} + v_{x_3} = x_0 + r_{11}(X_3 - X_0) + r_{21}(Y_3 - Y_0) + r_{31}(Z_3 - Z_0)$$

Dabei bedeuten:

x_0, y_0 ... Unbekannte lokale Koordinaten des Bezugspunktes P_0.

X_0, Y_0, Z_0 ... Beliebig vorgegebene globale Koordinaten des Bezugspunktes P_0.

r_{ik} ... Elemente der räumlichen Drehmatrix $\mathbf{R}_{\alpha\nu\kappa}$, wobei für die κ-Drehung ein beliebiger Wert vorgegeben wird; die Drehungen um die beiden anderen Koordinatenachsen sind freie Parameter.

$X_1, Y_1, Z_1, X_2, Y_2, Z_2$ ..Bekannte globale Koordinaten.

X_3, Y_3, Z_3 ... Unbekannte globale Koordinaten.

Für den Bildpunkt P_3' existieren zwei Bildkoordinaten $\bar{x}_3$ und $\bar{y}_3$. Sie liefern die folgenden Beobachtungsgleichungen (3.5-2):

$$\bar{x}_3 + v_{x_3} = x_0 - c\,\frac{r_{11}(X_3-X_0)+r_{21}(Y_3-Y_0)+r_{31}(Z_3-Z_0)}{r_{13}(X_3-X_0)+r_{23}(Y_3-Y_0)+r_{33}(Z_3-Z_0)}$$

$$\bar{y}_3 + v_{y_3} = y_0 - c\,\frac{r_{12}(X_3-X_0)+r_{22}(Y_3-Y_0)+r_{32}(Z_3-Z_0)}{r_{13}(X_3-X_0)+r_{23}(Y_3-Y_0)+r_{33}(Z_3-Z_0)} \qquad (4.3\text{-}3)$$

Dabei bedeuten:

x_0, y_0, c ... Innere Orientierung des Bildes.

X_0, Y_0, Z_0 ... Globale Koordinaten des Aufnahmeortes O.

r_{ik} ... Elemente derjenigen räumlichen Drehmatrix $\mathbf{R}_{\omega\phi\kappa}$, die die Stellung des Bildes definiert.

Die geradlinige Gestalt mit dem beobachteten Bildpunkt P_3' liefert zur Redundanz der obigen Ausgleichung nur einen Beitrag von Eins, wie durch Abzählen der Anzahl der Unbekannten und der Anzahl der Beobachtungsgleichungen leicht verifiziert werden kann. Demgegenüber liefert ein Paßpunkt einen Beitrag von Zwei zur Redundanz einer Ausgleichung. **Daher sind grundsätzlich Paßpunkte den Paßlinien vorzuziehen**. Aber manche photogrammetrische Aufgaben können erst mit der Einbeziehung von Paßlinien gelöst werden. Auch der Vormarsch der **digitalen Photogrammetrie**, die mit Hilfe der digitalen Bildverarbeitung aus den Bildern leichter Linien als Punkte extrahieren kann, wird - wie bereits erwähnt - die **Einbeziehung von Paßlinien forcieren**.

AUFGABE 4.3-3: Entlang der Geraden P_1P_2 soll es noch einen (Neu-)Punkt P_4 geben, dessen Bildkoordinaten $\bar{x}_4$ und $\bar{y}_4$ ebenfalls gemessen werden konnten. Man erweitere die in diesem Abschnitt angegebenen Beobachtungsgleichungen um diese Information. Welchen Beitrag leistet dieser Punkt P_4 zur Redundanz der Ausgleichung?
ZUSATZAUFGABE: Man bewerte diesen Redundanzgewinn. Hinweis: Dabei spielt der Abstand der Punkte P_3' und P_4' im Bild eine große Rolle!

AUFGABE 4.3-4: Wie müssen zwei unbekannte geradlinige Gestalten angeordnet sein, damit sie einen Paßpunkt ersetzen können?

Mit der Einbeziehung von Paßlinien in die Blockausgleichung kann der Aufwand für die Messung der Einpaßelemente erheblich reduziert werden. Figur 4.3-4 zeigt (sehr wenige)

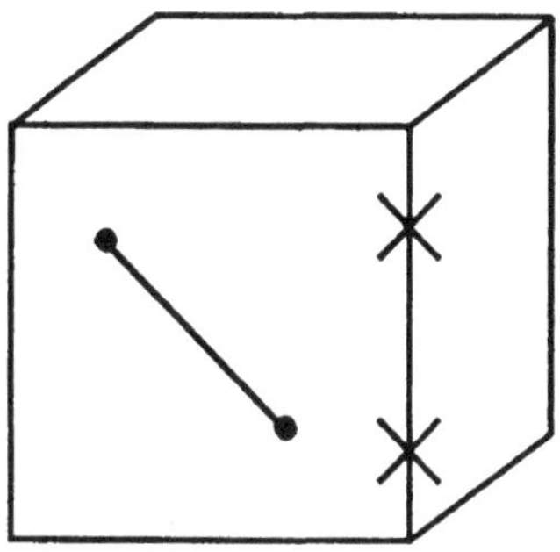

Einpaßelemente für eine lokale photogrammetrische Vermessung eines Gebäudes. In mindestens zwei Bildern sind

- zwei Punkte einer Lotlinie, wobei es im ersten Bild zwei andere Punkte als im zweiten Bild sein können, und
- der Anfangs- und Endpunkt einer bekannten räumlichen Strecke

anzumessen.

Figur 4.3-4: Einpaßelemente
x Zwei Punkte entlang einer Lotlinie
• Anfangs- und Endpunkt einer räumlichen Strecke

Ausgehend von diesen Einpaßelementen können die Parameter des Datums, m.a.W. die Elemente einer räumlichen Ähnlichkeitstransformation zwischen lokalem und "globalem" Koordinatensystem, wie folgt festgelegt werden:

- Mit einer lotrechten geradlinigen Gestalt bekommt man eine "Horizontierung" des auszuwertenden Objektes. Der dritte Winkel, zum Beispiel die κ-Drehung und die z-Achse, ist unbedeutend, er kann beliebig vorgegeben werden.
- Mit Hilfe der räumlichen Strecke bekommt man den Maßstab für die Objektrekonstruktion.
- Die drei Translationen können beliebig vorgegeben werden.

AUFGABE 4.3-5: Man überlege sich die Beobachtungsgleichungen für diese minimale Einpaßkonfiguration.

Abhängig vom Kameratyp (metrische Kamera oder Amateurkamera) und von der Objektgestalt sowie der Aufnahmedisposition haben P. Waldhäusl und J. Peipe[1] die minimale Einpaßkonfiguration angegeben.

---

[1] XIIIth International Symposium of CIPA, Cracow, 1990. (Proceedings pp.288-301, Cracow, 1992). Weitere Literatur: G. Strunz, IAPR XXIX/B3, S.113-118, Washington, 1992.

4.4 Normalgleichungen und ihre Auflösung

Aus den linearisierten Beobachtungsgleichungen (Abschnitt 3.5.9), die wir als Verbesserungsgleichungen bezeichnen, sind die Normalgleichungen zu bilden und aufzulösen. Die bisher eingeschlagene Strategie, dafür Normalgleichungssysteme mit diagonalen Submatrizen (Abschnitt A 5.2.1) bzw. hyperdiagonalen Submatrizen (Abschnitt A 5.3.4) aufzubauen und einen Teil der Unbekannten vor der eigentlichen Reduktion zu eliminieren (Gleichung A(5.2-8), A(5.2-10), A(5.3-10)), ist für die typischen Verbesserungs- und Normalgleichungen der kleinräumigen Punktbestimmung oft nicht gangbar. In kleinräumigen Punktbestimmungen gibt es nämlich selten eine schematische Anordnung der Bilder, Modelle, Polarstandpunkte etc., sodaß die Nicht-Null-Elemente in den Matrizen der Verbesserungs- und Normalgleichungen mehr oder weniger unregelmäßig verteilt sind.

Solche Matrizen nennt man ***Sparse*-Matrizen, weil sie mit Nicht-Null-Elementen sehr spärlich** (und unregelmäßig) **besetzt sind**. Der Speicher- und Rechenaufwand für die Lösung eines Normalgleichungssystems mit einer *Sparse*-Matrix hängt entscheidend davon ab, inwieweit bei der Reduktion das Auffüllen mit Nicht-Null-Elementen in engen Grenzen gehalten werden kann und inwieweit die Null-Elemente vom numerischen Prozeß ferngehalten werden können. Bevor darauf eingegangen werden kann, ist der Cholesky-Algorithmus, der für die Reduktion verwendet werden soll, in Erinnerung zu rufen.

4.4.1 Cholesky-Algorithmus

Der Cholesky-Algorithmus zerlegt die Normalgleichungsmatrix $\mathbf{N} = \mathbf{A}^T\mathbf{A}$ in das Produkt einer oberen Dreiecksmatrix $\mathbf{C}$ mit der unteren Dreiecksmatrix $\mathbf{C}^T$, wobei wir von homogenisierten Verbesserungsgleichungen $\mathbf{Ax} = \mathbf{l}$ (Abschnitt 3.5.10) ausgehen:

$$N = C^T C \qquad (4.4\text{-}1)$$

Die Elemente c_{ij} der Dreiecksmatrix $\mathbf{C}$ ergeben sich aus den Elementen n_{ij} der Normalgleichungsmatrix $\mathbf{N}$ auf folgende Weise:

$$\left.\begin{aligned} c_{ii}^2 &= n_{ii} - \sum_{k=1}^{i-1} c_{ki}^2 && i=j \\ c_{ij} &= (n_{ij} - \sum_{k=1}^{i-1} c_{ki} \cdot c_{kj})/c_{ii} && i<j \\ c_{ij} &= 0 && i>j \end{aligned}\right\} i = 1(1)n \qquad (4.4\text{-}2)$$

Die Lösung des Normalgleichungssystems

$$Nx = A^T l \quad \text{bzw.} \quad C^T C x = A^T l, \qquad (4.4\text{-}3)$$

das durch das Cholesky-Verfahren in die Beziehung

$$Cx = (C^T)^{-1} A^T l = g \qquad (4.4\text{-}4)$$

reduziert werden kann, ergibt sich deshalb durch "Rückwärtseinsetzen" in folgendes "dreieckiges" Gleichungssystem:

$$C\,x = g \qquad (4.4\text{-}5)$$

Rückwärtseinsetzen heißt:

n-te Unbekannte:	$x_n = g_n/c_{nn}$
(n-1)-te Unbekannte:	$x_{n-1} = (g_{n-1} - c_{n-1,n} \cdot x_n)/c_{n-1,n-1}$
(n-2)-te Unbekannte:	$x_{n-2} = (g_{n-2} - c_{n-2,n-1} \cdot x_{n-1} - c_{n-2,n} \cdot x_n)/c_{n-2,n-2}$

$$\textbf{allgemein: } x_i = (g_i - \sum_{k=i+1}^{n} c_{ik} \cdot x_k)/c_{ii} \qquad i = n(-1)1 \qquad (4.4\text{-}6)$$

ZAHLENBEISPIEL:[1]

$$N = \begin{pmatrix} 26 & 18 & -4 \\ & 22 & 8 \\ \textit{symm.} & & 42 \end{pmatrix} \qquad A^T l = \begin{pmatrix} 20 \\ -5 \\ -30 \end{pmatrix}$$

Ergebnis der Cholesky-Reduktion (4.4-2), in die auch die Absolutspalte $\mathbf{A}^T\mathbf{l}$ einzubeziehen ist:

[1] Entnommen aus Großmann, W.: Grundzüge der Ausgleichungsrechnung. Springer Verlag, 1953.

$c_{11} = 5.10 \quad c_{12} = 18/5.10 = 3.53 \quad c_{13} = -4/5.10 = -0.78 \quad g_1 = 20/5.10 = 3.92$

$c_{22} = \sqrt{22 - 3.53^2} = 3.09 \quad c_{23} = (8 + 3.53 \cdot 0.78)/3.09 = 3.49 \quad g_2 = (-5 - 3.53 \cdot 3.92)/3.09 = -6.10$

$c_{33} = \sqrt{42 - (0.78^2 + 3.49^2)} = 5.41 \quad g_3 = (-30 + 0.78 \cdot 3.92 + 3.49 \cdot 6.10)/5.41 = -1.04$

In Matrixform:

$$\begin{pmatrix} 5.10 & 3.53 & -0.78 \\ 0 & 3.09 & 3.49 \\ 0 & 0 & 5.41 \end{pmatrix} \boldsymbol{x} = \begin{pmatrix} 3.92 \\ -6.10 \\ -1.04 \end{pmatrix}$$

Das Rückwärtseinsetzen (4.4-6) ergibt:

$$x_3 = -0.19 \quad x_2 = -1.75 \quad x_3 = 1.96$$

4.4.2 *Fill-in*-Anteil

Wir wenden uns nun dem Problem zu, inwieweit die ursprünglich in der Normalgleichungsmatrix **N** vorhandenen zahlreichen Null-Elemente bei der Reduktion erhalten werden können. Die Zunahme der Nicht-Null-Elemente während der Reduktion wird als ***Fill-in*** bezeichnet. Der *Fill-in*-Anteil hängt entscheidend von der Anordnung der Nicht-Null-Elemente in der Normalgleichungsmatrix **N** ab, wie folgendes Beispiel (Figur 4.4-1) zeigt.

Beim linken Beispiel steigen die Nicht-Null-Elemente während der Reduktion von ursprünglich 3 831 Elementen auf 10 887 Elemente an. Das ist ein *Fill-in*-Faktor von 2.8. Wenn man die gleiche Anzahl von Unbekannten - im Beispiel der Figur 4.4-1 sind es 273 - in einer anderen Reihenfolge anordnet, sind es in der Normalgleichungsmatrix nach wie vor 3 831 Nicht-Null-Elemente; in der oberen Dreiecksmatrix gibt es dann aber nur 8 103 Nicht-Null-Elemente. Der *Fill-in*-Faktor verbessert sich allein durch eine andere Anordnung der Unbekannten von 2.8 auf 2.1.

Es gibt Algorithmen[1], die die Unbekannten vor der Gleichungslösung so umordnen, daß ein möglichst kleiner *Fill-in*-Anteil auftritt. Aber auch dieses Umordnen kann sehr rechen- und speicheraufwendig sein. Es ist oft zweckmäßiger, die Reihenfolge der Unbekannten aufgrund der Problemstellung vorzugeben und auf eine etwaige Umordnung zu verzichten. Für die typischen Normalgleichungen der kleinräumigen Punktbestimmung hat sich folgende Reihen-

---

1 George, A., Lui, J.: Computer Solution of large sparse positive definite systems. Prentice-Hall, Inc. Englewood Cliffs, New Jersey, 1981.

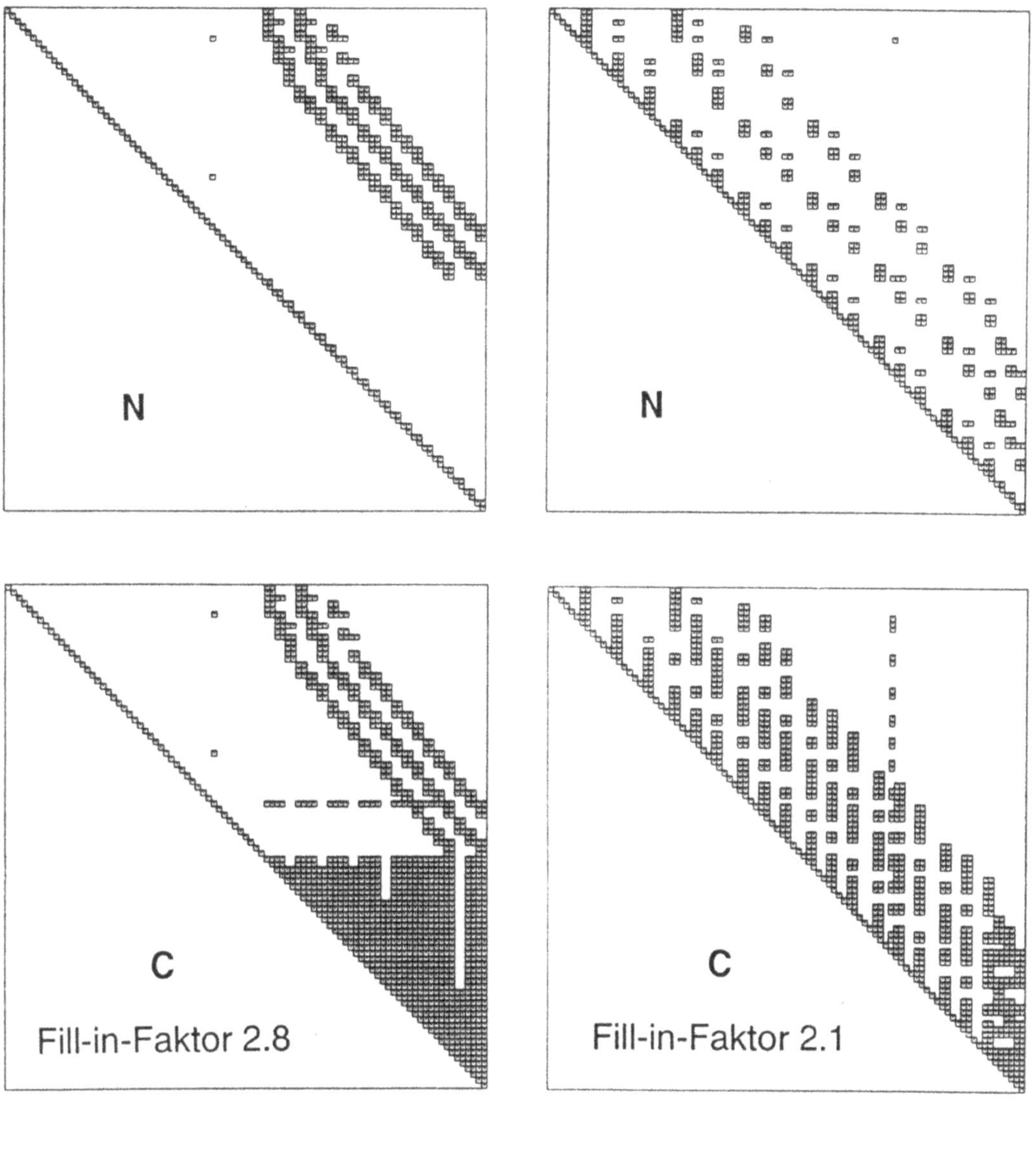

Figur 4.4-1: Normalgleichungsmatrix N und obere Dreiecksmatrix C für zwei unterschiedliche Anordnungen der Nicht-Null-Elemente in den Normalgleichungsmatrizen.[1]

[1] Entnommen aus Kruck, E.: Wiss. Arb. Geod. u. Photogr. TH Hannover, Nr. 128, 1983.

folge bewährt[1]:

- XYZ-Koordinaten der Objektpunkte, die nicht von Strecken betroffen sind,
- $X_0Y_0Z_0$-Koordinaten der Projektionszentren bzw. Koordinatenbezugspunkte,
- die weiteren Transformationsparameter,
- Elemente der (unbekannten) inneren Orientierung.

Nun gehen wir der Frage nach, inwieweit es gelingt, den Rechenprozeß durch die zahlreichen Null-Elemente nicht zu belasten. Es sollen zwei verschiedene Lösungen angedeutet werden (Abschnitte 4.4.3 und 4.4.4). Vergleichende Untersuchungen zur *Sparse*-Technologie findet man u.a. bei F. Steidler[2].

4.4.3 *Envelope*-Technik

Aus der Figur 4.4-1 und dem Algorithmus (4.4-5) sieht man, daß während der Reduktion Nicht-Null-Elemente in der oberen Dreiecksmatrix **C** nur unterhalb des obersten Nicht-Null-Elementes jeder Spalte in der Normalgleichungsmatrix **N** auftreten können. Daraus ist die Idee für die *Envelope*-Technik entstanden: Man hält in jeder Spalte der Normalgleichungsmatrix **N** den Platz unterhalb des ersten Nicht-Null-Elementes bis zur Hauptdiagonalen vor, in der Vorsorge, daß sich dieser Platz mit Nicht-Null-Elementen während der Reduktion auffüllen könnte. Der zu reservierende Speicherplatz ergibt sich somit als spaltenweise Einhüllende (*envelope*) der Nicht-Null-Elemente der Normalgleichungsmatrix. Figur 4.4-2 zeigt diese Einhüllende für ein typisches Beispiel. Der zu reservierende Speicherplatz beträgt in diesem Fall ca. 28% vom Speicherplatz einer vollbesetzten Matrix.

Abgesehen von einer günstigen Speicherplatzbelegung erlaubt die *Envelope*-Technik auch, einen großen Anteil der Null-Elemente vom Rechenprozeß fernzuhalten. Zu diesem Zweck ist die Einhüllende in Form von Spaltenindizes festzuhalten und bei den Laufvariablen im Algorithmus (4.4-5) entsprechend zu berücksichtigen.

---

[1] Hell, G.: Terrestrische Bildtriangulation mit Berücksichtigung zusätzlicher Beobachtungen. DGK, Reihe C, Heft Nr. 252, München, 1979.

[2] Steidler, F.: DGK, Reihe C, Nr. 261, 1980.

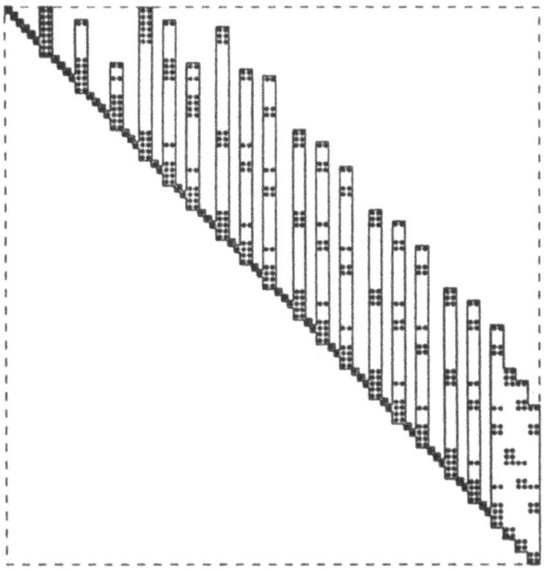

Figur 4.4-2: Einhüllende in der Normalgleichungsmatrix, die den erforderlichen Speicherplatz für die Reduktion vorgibt.[1]

Hinweis: Die *Envelope*-Technik paßt sich auch ausgezeichnet den bekannten Spezialfällen an. Hat man zum Beispiel eine **Normalgleichungsmatrix mit einem Band entlang der Hauptdiagonalen**, so sagt die *Envelope*-Technik, daß die Reduktion sich nur innerhalb dieses Bandes abspielt. Der andere Spezialfall ist eine Normalgleichungsmatrix mit einem Band entlang der Hauptdiagonalen und **zusätzlich einige Nicht-Null-Elemente am rechten Rand**. In diesem Fall besagt die *Envelope*-Technik, daß sich die Reduktion nur innerhalb des Bandes und der Submatrix am rechten Rand abspielt (auf die effiziente Reduktion der Bandmatrizen, die vor allem in der großräumigen Punktbestimmung auftreten, wird im Abschnitt 5.2.2 näher eingegangen).

AUFGABE 4.4-1: Man zeichne in den Normalgleichungsmatrizen der Figur 4.4-1 den erforderlichen Speicherplatz für ihre Auflösung nach der *Envelope*-Technik ein.

AUFGABE 4.4-2: Man markiere für das Beispiel der Figur 4.1-1 in der Normalgleichungsmatrix **N** die Nicht-Null-Elemente. Außerdem überlege man sich eine optimale Anordnung der Unbekannten, um die *Envelope*-Technik vorteilhaft einsetzen zu können.

Zusätzliche **Literatur** zu Abschnitt 4.4.3: Hinsken, L.: ZfV 110, 416-424, 1985. Larsson, R.: IAPRS XXV, Part A3a, pp. 590-600, Commission III, Rio de Janeiro, 1984.

---

[1] Entnommen aus Kruck, E.: BuL 50, 218-223, 1982.

4.4.4 Technik mit beliebig angeordneten Submatrizen

Diese Technik, die von H. Kager entwickelt wurde, kann für nahezu beliebig große Normalgleichungssysteme eingesetzt werden. Für die Nicht-Null-Elemente und die zusätzlichen Verwaltungsinformationen benutzt man nicht nur den Arbeitsspeicher; sie werden vielmehr blockweise auf den Sekundärspeicher mit Direktzugriff ausgelagert. Dieses Wechselspiel (*paging*) zwischen Arbeitsspeicher und Sekundärspeicher, das Betriebssysteme mit virtueller Speicherverwaltung allgemein gelöst haben, wird bei dieser Technik für die hybride Punktbestimmung optimiert.

Die Prozedur beginnt damit, daß im Verbesserungsgleichungssystem die Nicht-Null-Elemente zu Submatrizen zusammengefaßt werden. Zum Beispiel ein Punkt in einem Photo (Abschnitt 3.5.1) führt zu zwei Verbesserungsgleichungen, in denen die drei Koordinaten des Objektpunktes, die drei Koordinaten des Projektionszentrums und die drei Winkel der räumlichen Drehmatrix unbekannt sein können. In diesem Fall führt ein Punkt in einem Photo zu drei Submatrizen mit jeweils zwei Zeilen und drei Spalten, die mit Nicht-Null-Elementen besetzt sind. Ein Punkt in einem lokalen dreidimensionalen Modell (Abschnitt 3.5.2) führt zu Submatrizen mit drei Zeilen, ein Punkt in einer ebenen Gestalt (Abschnitt 3.5.5.1) zu Submatrizen mit einer Zeile etc.

Die mit Nicht-Null-Elementen besetzten Submatrizen in der Matrix **A** der Verbesserungsgleichungen werden als verkettete Listen gespeichert. Insbesondere für das *Paging* werden diese Submatrizen noch zu Partitionen zusammengefaßt, die aus mehreren Submatrizen, aber zusätzlich auch aus Null-Elementen bestehen können. Figur 4.4-3 zeigt eine Matrix **A**, die in 5 (Zeilen) mal 4 (Spalten) Partitionen zerlegt ist. In den Spalten 2 und 4 sind auch die Submatrizen mit Nicht-Null-Elementen schwarz hervorgehoben. Die Struktur der Submatrizen und Partitionen der Verbesserungsgleichungsmatrix **A** bildet sich auch in der Matrix **N** der Normalgleichungen ab, wie man anhand der Figur 4.4-3 für die Partition (2,4) gut nachvollziehen kann.

Das Aufstellen der Normalgleichungen aus den Verbesserungsgleichungen und ihre Reduktion mittels Cholesky's Algorithmus läuft in folgenden Schritten ab:

- Aufstellen der **N**-Partition (1,1) aus den fünf **A**-Partitionen (1-5,1).
- Reduktion der **N**-Partition (1,1), wobei im Reduktionsalgorithmus (4.4-5) die Submatrizen an die Stelle der (skalaren) Elemente treten können.
- Aufstellen der **N**-Partition (1,2) aus den zehn **A**-Partitionen (1-5,1) und (1-5,2).
- Reduktion der **N**-Partition (1,2), wofür auch die **C**-Partition (1,1) einen Beitrag leisten kann. Falls die **N**-Partition (1,2) nur Nicht-Null-Submatrizen enthält, erübrigt sich die

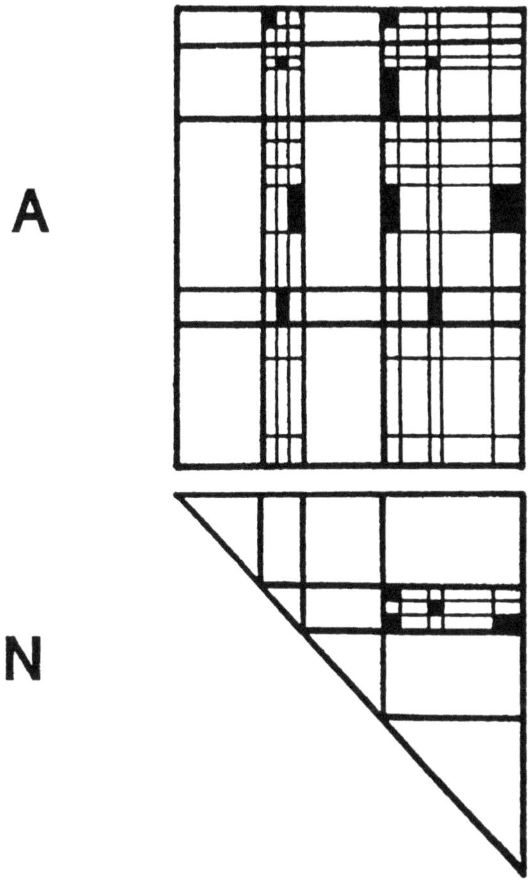

*Figur 4.4-3: Matrix **A** der Verbesserungsgleichungen und Matrix **N** der Normalgleichungen mit ihren Partitionen und Submatrizen*

Durchrechnung dieser Reduktion.

- Fortsetzung mit der **N**-Partition (1,3) in der entsprechenden Weise etc.

Durch das Ineinandergreifen von Aufstellen und Lösen der Normalgleichungen findet man auch elegant die **C**-Partitionen - in einem Niveau tiefer auch die **C**-Submatrizen -, die in der entsprechenden **N**-Partition mit Null-Submatrizen besetzt waren, aber im Laufe der Reduktion einen *Fill-in* bekommen. Wenn zum Beispiel die **N**-Partition (2,3) aus Nicht-Null-Submatrizen bestünde und die darüberliegende **C**-Partition (1,3) Nicht-Null-Submatrizen enthielte, würde die **C**-Partition (2,3) in der Regel Nicht-Null-Submatrizen enthalten; die **C**-Partition (3,3) würde auf jeden Fall Nicht-Null-Submatrizen bekommen. Weitere Details entnehme man der Originalliteratur.[1]

AUFGABE 4.4-3: Man markiere für das Beispiel der Figur 4.1-1 in der Verbesserungsgleichungsmatrix **A** die Nicht-Null-Elemente. Man fasse diese Nicht-Null-Elemente zu Submatrizen zusammen. Wie bilden sich diese Nicht-Null-Submatrizen der Matrix **A** in Nicht-Null-Submatrizen der Matrix **N** ab?

4.4.5 Abbruch der Iteration

Die verschiedenen Kategorien von Beobachtungsgleichungen werden vor der eigentlichen Ausgleichung mit bekannten Näherungswerten linearisiert (Abschnitt 3.5.9). Mit den Näherungswerten $x_1^0, x_2^0 \ldots, x_u^0$ sind die nichtlinearen Funktionen $f(x_1, x_2 \ldots, x_u)$ auszuwerten und daraus die "Beobachtungen" l_i wie folgt zu ermitteln (Anhang A 4.2-1):

$$l_i = \bar{l}_i - f(x_1^0, x_2^0 \ldots, x_u^0) = \bar{l}_i - l_i^0 , \qquad (4.4\text{-}7)$$

wobei $\bar{l}_i$ die tatsächlichen Beobachtungen - zum Beispiel die Bildkoordinaten $\bar{x}$ und $\bar{y}$ - sind.

Die Beobachtungen l_i sind nach jedem Iterationsschritt mit den verbesserten Näherungswerten für die Unbekannten neu zu berechnen. Wenn man nur sehr ungenaue Startwerte für die Unbekannten zur Verfügung hatte, sind auch die Differentialquotienten $(\partial f / \partial x_j)^0$ jeweils mit den verbesserten Näherungswerten von Iterationsschritt zu Iterationsschritt neu auszuwerten. Man spricht in diesem Zusammenhang von einer **Relinearisierung**. Die Iteration ist abzubrechen, wenn die Korrekturen dx_i - mit genügender Genauigkeit - Null geworden sind. In diesem Fall entsprechen - wie man sich anhand der Ausgleichung nach vermittelnden Beobachtungen (Anhang A 4.2-1) leicht klar machen kann - die Verbesserungen **v** den Beobachtungen **l**. Als Abbruchkriterium bietet sich deshalb an:

$$\mathbf{l}^T\mathbf{l} - \mathbf{v}^T\mathbf{v} < \epsilon \qquad (4.4\text{-}8)$$

Da die Dimensionierung der Beobachtungen **l** sehr unterschiedlich sein kann (Meter, Millimeter etc.) ist es besser, auf ein relatives Abbruchkriterium überzugehen:

$$\mathbf{l}^T\mathbf{l} - \mathbf{v}^T\mathbf{v} < \epsilon\, \mathbf{l}^T\mathbf{l} \qquad (4.4\text{-}9)$$

Für ϵ wählt man zum Beispiel 0.0001.

[1] Gsandtner, M., Kager, H.: ÖZ 77, 180-189, 1989, und IAPRS 27, Part B8, 52-59, Kyoto, 1988.

4.5 Genauigkeiten und ihr Zusammenhang mit der Projektplanung

Insbesondere bei der kleinräumigen Punktbestimmung mit beliebigen, ja zufälligen Aufnahmedispositionen und der starken Mischung von unterschiedlichen Beobachtungskategorien ist es notwendig, daß mit Hilfe der **Normalgleichungsinversion immer die Genauigkeiten für die ausgeglichenen Unbekannten** angegeben werden. Dieser Problemstellung wenden wir uns im Abschnitt 4.5.1 zu. Im Abschnitt 4.5.2 werden **Faustformeln** zur Abschätzung der Genauigkeit der photogrammetrischen Punktbestimmung für die **Projektplanung** angegeben.

4.5.1 Genauigkeitsmaße mittels invertierter Normalgleichungsmatrix

Wenn man von homogenisierten Verbesserungsgleichungen (Abschnitt 3.5.10) ausgeht, ergibt sich die invertierte Normalgleichungsmatrix $\mathbf{Q}_{xx}$ aus der Beziehung

$$\boldsymbol{Q}_{xx} = \boldsymbol{N}^{-1} = (\boldsymbol{A}^T\boldsymbol{A})^{-1} \qquad (4.5\text{-}1)$$

Die Zerlegung der Normalgleichungsmatrix **N** in das Produkt der beiden Dreiecksmatrizen **C** und $\mathbf{C}^T$ (Gleichung (4.4-1)) bietet die Möglichkeit, die $\mathbf{Q}_{xx}$-Matrix mit diesen beiden Dreiecksmatrizen zu formulieren:

$$\boldsymbol{Q}_{xx} = \boldsymbol{C}^{-1}(\boldsymbol{C}^T)^{-1} \quad \text{bzw.} \quad \boldsymbol{Q}_{xx} = \boldsymbol{C}^{-1}(\boldsymbol{C}^{-1})^T \qquad (4.5\text{-}2)$$

Die obere Dreiecksmatrix **C** ist das Ergebnis der Reduktion (4.4-2). Damit bleibt noch die Frage offen, wie man die Matrix $(\mathbf{C}^T)^{-1} = (\mathbf{C}^{-1})^T$ bekommt. Man erhält $(\mathbf{C}^{-1})^T$, indem man in diese Reduktion (4.4-2) auch die Spalten der Einheitsmatrix **E** einbezieht.

Für das Zahlenbeispiel des Abschnittes 4.4.1 sieht diese Reduktion - unter Beachtung der im Abschnitt 4.4.1 bereits angegebenen Zwischenergebnisse - folgendermaßen aus:

$$(\boldsymbol{C}^{-1})^T = \left(\begin{array}{l|l|l} 1/5.10 = 0.20 & & \\ -3.53\cdot 0.20/3.09 = -0.22 & 1/3.09 = 0.32 & \\ (0.78\cdot 0.20 + 3.49\cdot 0.22)/5.41 = 0.17 & -3.49\cdot 0.32/5.41 = -0.21 & 1/5.41 = 0.18 \end{array}\right)$$

Die Q_{xx}-Matrix (4.5-2) lautet:

$$Q_{xx} = \begin{pmatrix} 0.20 & -0.22 & 0.17 \\ 0 & 0.32 & -0.21 \\ 0 & 0 & 0.18 \end{pmatrix} \begin{pmatrix} 0.20 & 0 & 0 \\ -0.22 & 0.32 & 0 \\ -0.17 & -0.21 & 0.18 \end{pmatrix} = \begin{pmatrix} 0.12 & -0.11 & 0.03 \\ & 0.15 & -0.04 \\ \mathit{symm.} & & 0.03 \end{pmatrix}$$

Falls nur von einzelnen Unbekannten, zum Beispiel nur von den Koordinaten X, Y und Z eines einzigen Punktes die Genauigkeitsangaben gefragt sind, sind in die Reduktion (4.4-2) nur die betroffenen Spalten der Einheitsmatrix E - in unserem Fall drei Spalten - aufzunehmen. Damit bekommt man nur einzelne Zeilen der C^{-1}-Matrix. Die Quadrate der Elemente einer Zeile liefern das jeweilige Diagonalelement der Q_{xx}-Matrix und damit die Genauigkeit einer Unbekannten. Das innere Produkt von zwei Zeilen, das man zum Beispiel zur Ermittlung der Fehlerellipsen braucht, liefert das entsprechende Element außerhalb der Hauptdiagonalen; ein solches Element bringt die Kovarianz zwischen zwei Unbekannten zum Ausdruck. Wie aus den entsprechenden Elementen der Q_{xx}-Matrix die Fehlerellipsen und Fehlerellipsoide berechnet werden können, ist in Lehrbüchern der Ausgleichungsrechnung zu finden (Abschnitt B 9.6.4 enthält ein Beispiel mit Fehlerellipsen).

AUFGABE 4.5-1: Man gebe zu dem Zahlenbeispiel die Fehlerellipsen an, wobei die erste Unbekannte die X-Koordinate und die zweite Unbekannte die Y-Koordinate sein soll.

Die *Envelope*-Technik (Abschnitt 4.4.3) und das Verfahren mit den beliebig angeordneten Submatrizen (Abschnitt 4.4.4) kann auch bei der Ermittlung der $(C^{-1})^T$-Matrix Rechenaufwand und Speicherplatz sparen. Die Details entnehme man der in den Abschnitten 4.4.3 und 4.4.4 angegebenen Originalliteratur.

4.5.2 Faustformeln für die Projektplanung

F. Schlögelhofer[1] hat eine große Menge von Simulationen durchgeführt und dabei die Objektform, die Einpaßelement-Anordnung, die Aufnahmeanordnung und den Kameratyp variiert, um - ähnlich zur Aerotriangulation - Genauigkeitsvorhersagen einfach tätigen zu können. Das Ziel dieser Simulationen war, Faustformeln für Genauigkeitsabschätzungen zu finden. Die Genauigkeitsanalyse bei diesen Simulationen wurde mittels der aus den Normalgleichungsmatrizen ermittelten Gewichtskoeffizienten (Abschnitt 4.5.1) durchgeführt. Für den repräsentativen **räumlichen Punktlagefehler**

$\sigma_P = \sqrt{\sigma_X^2 + \sigma_Y^2 + \sigma_Z^2}$ benutzt er folgende Faustformel:

[1] Geow. Mitt. der TU Wien, Heft 32, 1989.

$$\sigma_P = m_B \cdot \sigma_B \, (o + v \cdot p) \qquad (4.5\text{-}3)$$

Es bedeuten:

m_B ... **Mittlere Bildmaßstabszahl** aus allen Bildern des Projektes.

σ_B ... **Standardabweichung einer gemessenen Bildkoordinate**; sie variiert zwischen ± 3 μm (signalisierte Punkte) und ± 0.1 mm (Punkte mit hoher Definitionsunsicherheit in sehr großmaßstäbigen Bildern). In der **digitalen Photogrammetrie** wird man ein Viertel bis ein Drittel der Pixelgröße abhängig von der Definitionsgenauigkeit der Objektpunkte nehmen. Die Standardabweichungen σ_B wird man für jedes bearbeitete Projekt archivieren; aus diesem Wissen schätzt man ein repräsentatives σ_B für das zu planende Projekt.

o ... **Schnittqualitätsfaktor**; er hängt von den Schnittwinkeln des Strahlenbündels in den einzelnen Objektpunkten und von der Anzahl der dort zusammentreffenden Strahlen ab.

v ... **Verformungsfaktor**; er gibt an, inwieweit der Verband der Strahlenbündel anfällig für Ausschwingen und Verwindung in paßpunktlosen Bereichen ist.

p ... **Paßelementefaktor**; das Produkt $v \cdot p$ gibt an, inwieweit die Anzahl der Paßpunkte (auf andere Einpaßelemente wird im folgenden nicht eingegangen) und ihre Anordnung die Genauigkeit der Neupunkte beeinflußt.

Die Simulationen mit unterschiedlicher Genauigkeit der Paßpunkte haben ergeben, daß ihre Ungenauigkeiten keinen Einfluß auf das mit der Faustformel (4.5-3) geschätzte Ergebnis haben, wenn sie einen mittleren räumlichen Punktlagefehler besitzen, der nicht größer als $m_B \cdot \sigma_B \cdot o$ ist. Im anderen Fall ist auch ein **Lagerungsgenauigkeitsfaktor** in die Formel (4.5-3) aufzunehmen (siehe Schlögelhofer'sche Originalveröffentlichung).

Im folgenden werden insbesondere die Faktoren o, v und p für Standardfälle bekanntgegeben. Von der großen Variationsbreite von Standardfällen, die F. Schlögelhofer bearbeitet hat, wird nur ein Teil mit typischen Eigenschaften herausgegriffen. Neben den Faktoren o, v und p werden noch folgende Kenngrößen wiedergegeben:

- Die **innere Zuverlässigkeit** IZ, die die Kontrollierbarkeit der Beobachtungen angibt (Abschnitt 7.2.1.3). Im günstigsten Fall ist IZ = 4, im ungünstigsten Fall IZ = ∞.
- Zur Charakterisierung der **Aufnahmedisposition** wird die mittlere Bildmaßstabszahl aus allen Bildern des Projektes, die Anzahl der Aufnahmen und die Anzahl der beobachteten Bildpunkte angegeben. Als Kamera dient die **Wild P31** in der WW-Version und manchmal auch in der ÜWW-Version (Abschnitt A 3.4.3.2.1). Die Verallgemeinerung auf andere Kameras geschieht in Zahlenbeispielen.
- Zur Abschätzung des Aufwandes für die photogrammetrische Punktbestimmung (ohne

Paßpunktmessung und Signalisierung) werden die sogenannten **Arbeitseinheiten** angegeben. Multipliziert man die Arbeitseinheiten mit einem Stundensatz, so erhält man die Gesamtkosten - bestehend aus Personal- und Gerätekosten - für das jeweilige photogrammetrische Projekt.

a) **Das Objekt LANGE WAND**

Es wird ein Verhältnis Länge/Höhe = 20/1 unterstellt. Im konkreten Fall wird eine 300 m lange und eine 15 m hohe Wand als Testobjekt mit insgesamt 366 Objektpunkten, die in einem Raster von 5 m x 3 m angeordnet sind, angenommen.

Der **Paßelementefaktor** p ergibt sich aus der Figur 4.5-1. Die Größe f sei die Anzahl der Frontalaufnahmen (ohne Überlappung), die zur Überbrückung der Paßpunkte erforderlich ist.

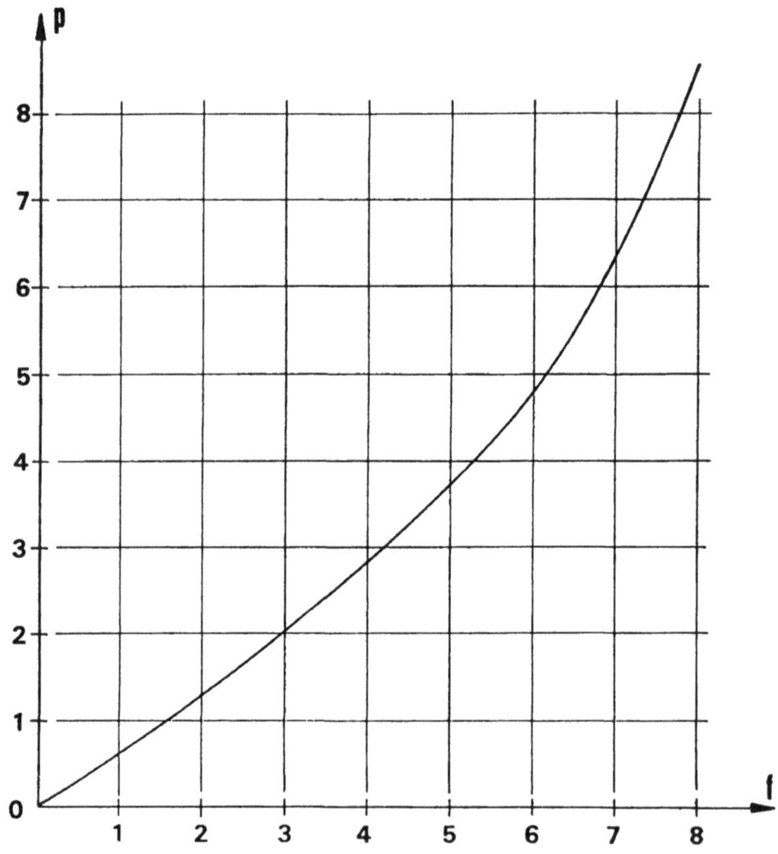

Figur 4.5-1: Paßelementefaktor p

Für die 1. Variante mit 6 Paßpunkten (Figur 4.5-2) beträgt f = 150/30 = 5, da wir einen Bildmaßstab 1:250 bzw. eine Bildseite einer Frontalaufnahme von 30 m unterstellen. Aus der Figur 4.5-1 erhält man dafür einen p-Faktor von 3.7. Für die 2. Variante (10 Paßpunkte) beträgt der p-Faktor 1.6.

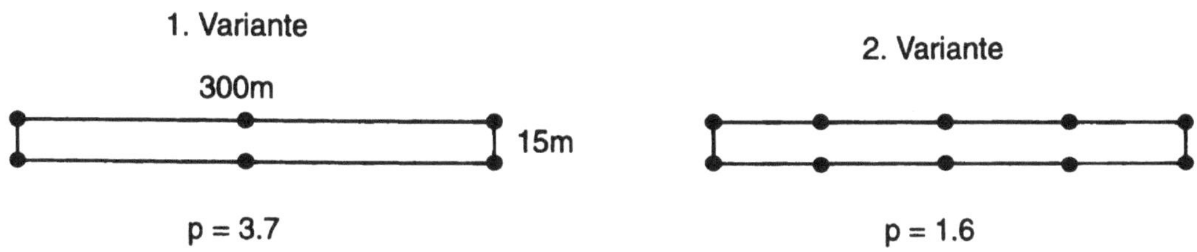

Figur 4.5-2: Paßpunktanordnungen für die LANGE WAND

Für die **Anordnung der Strahlenbündel** greifen wir zwei Versionen heraus. Die Version A hat 31 WW-Aufnahmen mit 60% Längsüberdeckung; sie entspricht dem "Luftbildfall". Die Version B mit 12 Frontalaufnahmen und 24 Schrägaufnahmen verbessert die Genauigkeit erheblich (Figur 4.5-3); allerdings ist keine stereoskopische Auswertung, sondern nur eine monokulare Auswertung möglich, ein Umstand, der bei signalisierten oder bei gut definierten natürlichen Punkten keine nennenswerte Rolle spielt.

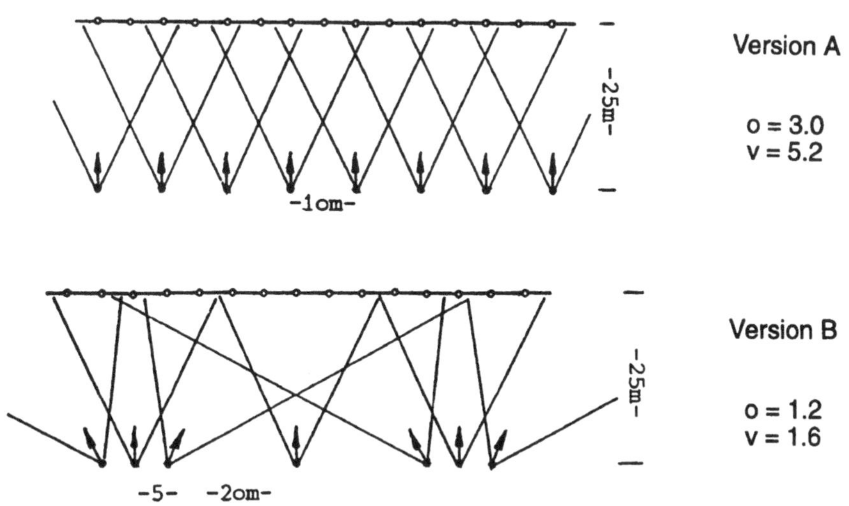

Figur 4.5-3: Aufnahmeanordnungen für die LANGE WAND

Wie aus den weiteren Kenngrößen, die in der Tab. 4.5-15 zusammengestellt sind, hervorgeht, ist bei der Version B nicht nur die Genauigkeit wesentlich besser, sondern auch die innere Zuverlässigkeit recht gut; der Arbeitsaufwand ist nur um 20% höher.

ZAHLENBEISPIEL: Mit der 1. Variante für die Paßpunktanordnung und der Version B für die Bündelanordnung soll eine Wand mit den Ausmaßen 11 m x 200 m bearbeitet werden. Die Bildkoordinatenmeßgenauigkeit sei ±3 μm. Wie groß ist die zu erwartende Genauigkeit der Objektpunkte ?

Standardwand 15 m x 300 m: $\sigma_P = 250 \cdot 3 \cdot 10^{-3}\,(1.2+1.6 \cdot 3.7) = \pm 5.3$ mm.

Für die tatsächliche Wand mit 11 m x 200 m ändern sich - mit Ausnahme der Bildmaßstabszahl - die Kenngrößen nicht. Man kann daher die Umrechnung mit dem Verhältnis der (langen!) Objektstrecken der Standardwand und der Projektwand vornehmen:

$\sigma_P = 5.3 \cdot 200/300 = \pm 3.5$ mm.

AUFGABE 4.5-2: Eine Wand 18 m x 350 m soll mit einem mittleren räumlichen Punktlagefehler besser als ±5 mm bearbeitet werden. Man gebe dafür eine adäquate Paßpunkt- und Aufnahmeordnung an, wenn man eine Bildkoordinatengenauigkeit von ±3 μm unterstellen kann.

b) **Das Objekt ENGE GASSE**

Es wird ein Verhältnis Länge/Höhe/Breite = 35/5/1 angenommen. Im konkreten Fall unterstellen wir eine Länge des Testobjektes von 100 m. Solche Objekte treten häufig bei Fassadenvermessungen in Altstädten auf.

Der **Paßelementefaktor** p ergibt sich für dieses langgestreckte Testobjekt ebenfalls aus der Figur 4.5-1. Wenn man z.B. am Anfang und am Ende der 100 m langen Gasse jeweils vier Paßpunkte (je zwei Paßpunkte oben und unten, siehe Figur 4.5-4) anordnet, dann beträgt - auch hier wird wie bei a) (LANGE WAND) eine Bildseite von 30 m benutzt - die Größe f = 100/30 = 3.3. Der dazugehörige p-Faktor aus der Figur 4.5-1 lautet p = 2.3. Stellt man in der Mitte der engen Gasse noch zusätzlich vier Paßpunkte zur Verfügung, so reduziert sich f auf 1.65 und der p-Faktor auf 1.1.

Für die **Anordnung der Aufnahmen** hat sich in der Praxis bewährt, die Kamera ohne Stativ direkt auf den Straßenboden zu legen. In engen Gassen wird vorzugsweise mit einer ÜWW-Kamera gearbeitet. Dadurch kann der nicht erfaßte Bereich (unterhalb der gestrichelten Linie in der Figur 4.5-4) verhältnismäßig klein gehalten werden.

Bei einem Abstand von 5 m zwischen den Aufnahmen ergibt sich - vor allem infolge der vielen Strahlen zu den oben liegenden Objektpunkten - der sehr günstige Schnittqualitätsfaktor o = 0.9. Der Verformungsfaktor v beträgt 2.5. Die weiteren Kenngrößen sind in der Tabelle 4.5-15 eingetragen.

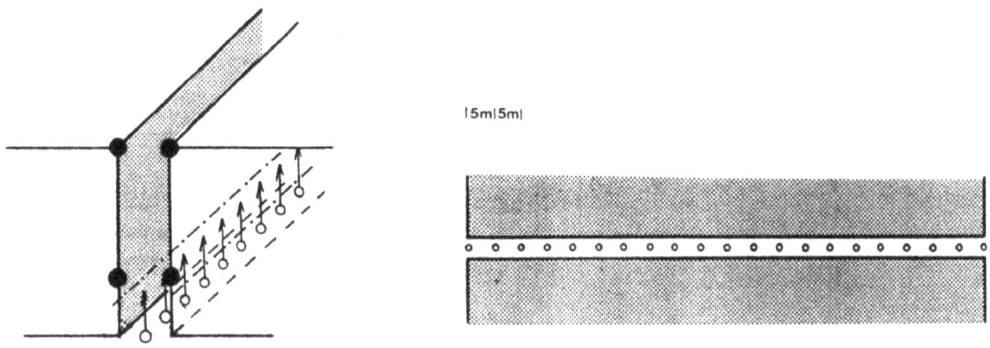

Figur 4.5-4: Aufnahmeanordnung für die ENGE GASSE und Paßpunktanordnung am Anfang der Gasse

ZAHLENBEISPIEL: Eine Gasse von 150 m Länge, 15 m Höhe und 3 m Breite ist photogrammetrisch zu bearbeiten. Im Abstand von 75 m sind jeweils vier Paßpunkte vorgesehen. Die Aufnahmeanordnung entspricht der Figur 4.5-4; $\sigma_B = \pm 10\ \mu m$ (natürliche Punkte!).

f = 75/30 = 2.5 Figur 4.5-1: p = 1.6
Gleichung (4.5-3) und Tab. 4.5-15: $\sigma_P = 244 \cdot 0.01(0.9 + 2.5 \cdot 1.6) = \pm 12$ mm

AUFGABE 4.5-3: Wie würde sich in dem Zahlenbeispiel die Genauigkeit verschlechtern, wenn man auf die vier Paßpunkte in der Mitte der Gasse verzichtete ?

c) **Das Objekt WÜRFEL**

Dabei handelt es sich um eine Drahtkonstruktion mit 15 m x 15 m x 15 m Ausdehnung mit 4 x 4 x 4 = 64 Objektpunkten.

Der **Paßelementefaktor** p beträgt für 4 Paßpunkte in einer Ebene 1.5. Ordnet man die 4 Paßpunkte abwechselnd oben und unten in den Ecken an, so verbessert sich die Einpassung auf p = 1.0. Beachtet man die generelle Empfehlung, daß die Paßpunkte ein Objekt **in allen drei Dimensionen umschließen** sollten, so benötigt man 8 Paßpunkte; der p-Faktor beträgt dann 0.55 (Figur 4.5-5).

Für die **Anordnung der Strahlenbündel** werden drei Versionen präsentiert. Die Version A entspricht dem klassischen Fall der Stereophotogrammetrie. Sie besitzt sehr schlechte Genauigkeitswerte und keine Kontrolle für die Beobachtungen (Figur 4.5-6 und Tabelle 4.5-15). Die Werte verbessern sich erheblich bei der Version B mit drei Aufnahmen. Die besten Werte besitzt die Version C mit vier Aufnahmen. Die **Signalisierung** müßte bei der Version C mit **Kugeln** erfolgen, um die Objektpunkte von den vier Richtungen erfassen zu können.

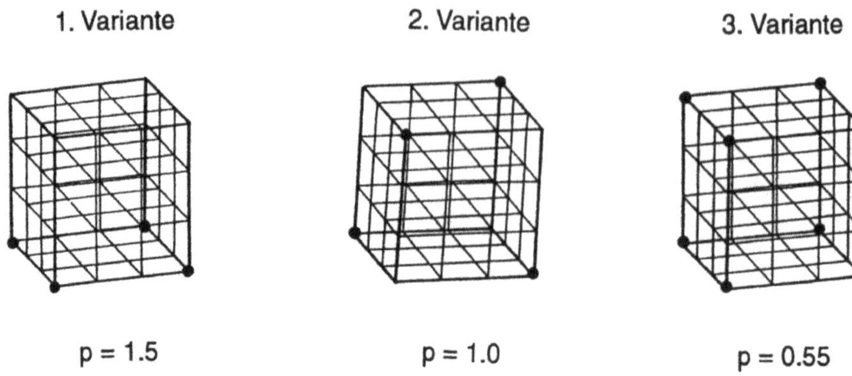

Figur 4.5-5: Paßpunktanordnungen für den WÜRFEL

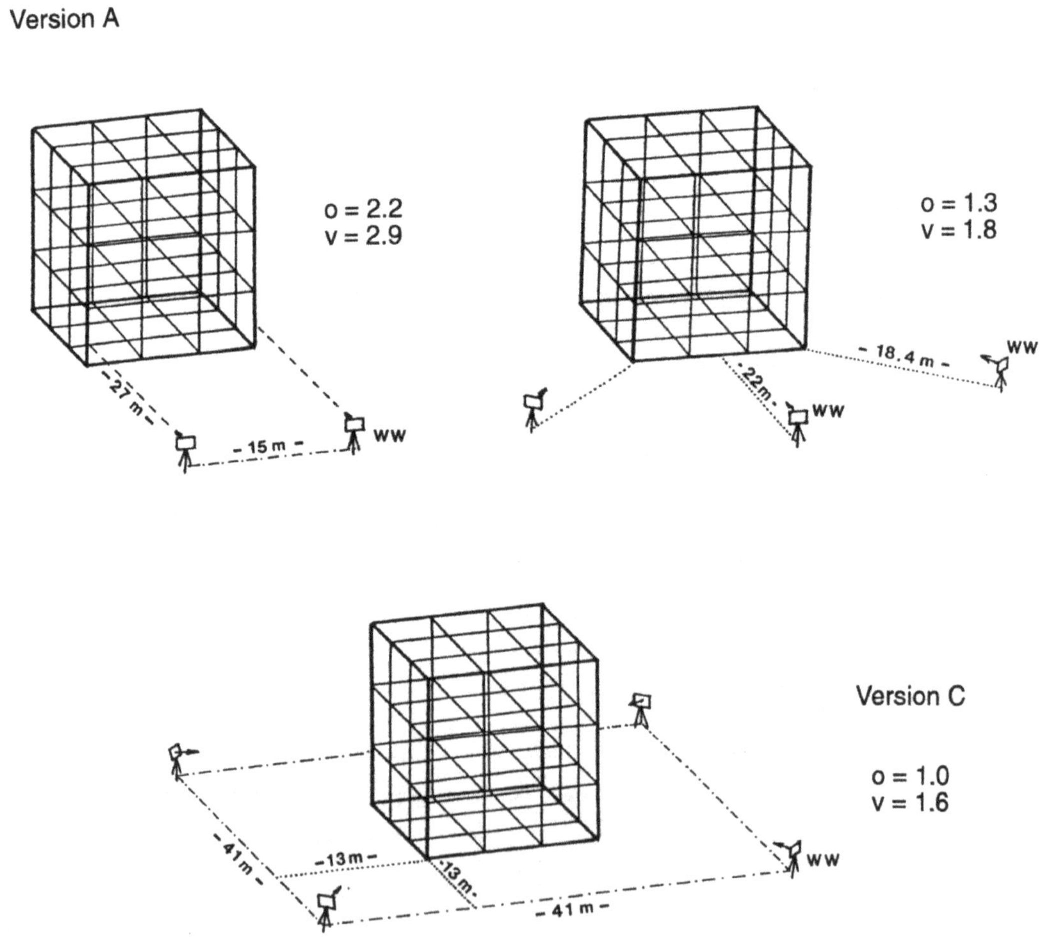

Figur 4.5-6: Aufnahmeanordnungen für den WÜRFEL

ZAHLENBEISPIEL: Ein aus Draht konstruierter Würfel mit einer Seitenlänge von 30 m ist photogrammetrisch zu bearbeiten. Wir wählen die 3. Variante für die Paßpunktanordnung und die Version C für die Aufnahmeanordnung. $\sigma_B = \pm 5\ \mu m$.

- Überlegungen mit dem Standardwürfel:
  Gleichung (4.5-3) und Tab. 4.5-15: $\sigma_P = 295 \cdot 5 \cdot 10^{-3}(1.0 + 1.6 \cdot 0.55) = \pm 2.8$ mm
  Mittlere Koordinatengenauigkeit $\sigma_{X,Y,Z}$ unter der Annahme, daß alle drei Koordinaten gleich genau sind: $\sigma_{X,Y,Z} = 2.8/\sqrt{3} = \pm 1.6$ mm
  Mittlerer Fehler σ_S von "ebenen" Strecken, die z.B. aus XY-Koordinaten berechnet werden (siehe Gleichung A(4.4-3)): $\sigma_S = 1.6 \cdot \sqrt{2} = \pm 2.3$ mm
  Mittlerer Fehler σ_S von räumlichen Strecken: $\sigma_S = \sigma_P = \pm 2.8$ mm
- Anpassung an den 30-m-Würfel: $\sigma_P = 2.8 \cdot 30/15 = \pm 5.6$ mm
  Mittlere Bildmaßstabszahl beim 30-m-Würfel: $m_B = 295 \cdot 30/15 = 590$
  Kosten bei einem Stundensatz von 700,-- öS (Tab. 4.5-15): $14 \cdot 700 = 9800$,-- öS.

AUFGABE 4.5-4: Man überlege sich für dieses Zahlenbeispiel (Würfel mit 30-m-Seiten) die adäquate Paßpunktanordnung und Anordnung der Aufnahmen, wenn man sich mit einem räumlichen Punktlagefehler von ± 1 cm zufriedengeben kann.

d) **Das Objekt QUADER**

Als Standardobjekt dient ein liegender Quader, der - im Gegensatz zum Würfel - undurchsichtig ist, mit den Maßen Länge = 30 m, Breite = Höhe = 15 m. Die 72 zu vermessenden Objektpunkte liegen nur in den vertikalen Wänden.

Für die **Anordnung der Paßpunkte** werden die beim Würfel angenommenen Varianten gewählt (Figur 4.5-7). Vergleicht man die p-Faktoren von Quader und Würfel, so sieht man, daß das Seitenverhältnis nur einen geringen Einfluß auf den p-Faktor hat. Deshalb können wir diesbezüglich in der praktischen Umsetzung verhältnismäßig großzügig sein.

Für die Anordnung der P31-WW-Aufnahmen werden drei Versionen für einen sogenannten **Rundum-Bündelblock** ausgesucht. Die Ergebnisse (siehe Figur 4.5-8 und Tab. 4.5-15) sprechen für sich. Bei der Version C sind auch Frontalaufnahmen einbezogen, die sich besonders gut für Entzerrungen eignen. Solche Orthophotos sind in Architekturanwendungen - zusätzlich zu den Koordinaten der Objektpunkte - sehr gefragt.

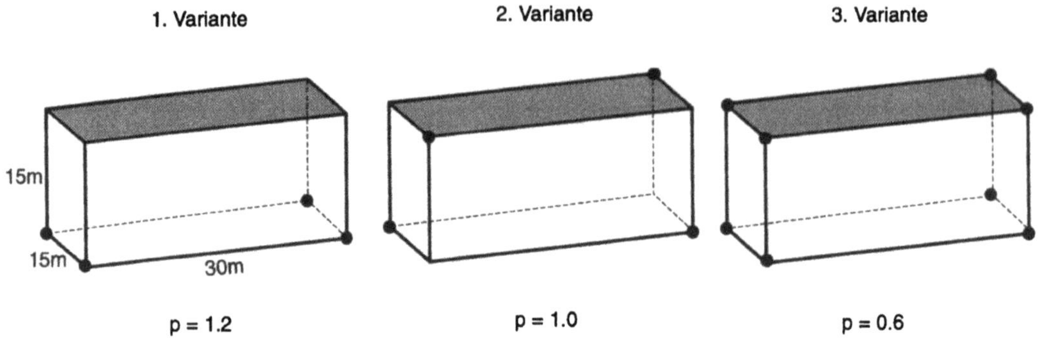

Figur 4.5-7: Paßpunktanordnungen für den QUADER

ZAHLENBEISPIEL: Signalisierte Punkte ($\sigma_B = \pm 3\ \mu m$) eines Maschinenbauelementes mit den Maßen 3 m x 3 m x 4 m, das auf einer Platte, auf der vier Paßpunkte in den Ecken bekannt sind, liegt, sind photogrammetrisch zu vermessen. Welche Genauigkeit ist mit der Aufnahmeanordnung B erzielbar ?

> Gleichung (4.5-3) und Tab. 4.5-15: $\sigma_P = 315 \cdot 3 \cdot 10^{-3}(1.0+0.8 \cdot 1.2) = \pm 1.9$ mm.
> Umrechnung auf das reale Objekt: $\sigma_P = 1.9 \cdot 3/15 = \pm 0.38$ mm.
> Um auf der sicheren Seite zu sein, wurde dafür das Verhältnis 3/15 und nicht das Verhältnis 4/30 gewählt.

Übergang von den P31-WW-Aufnahmen (12 cm-Format) auf WW-Aufnahmen einer Mittelformatkamera 6 cm x 6 cm, mit der der Quader ebenfalls formatfüllend aufgenommen wird: $\sigma_P = 0.38 \cdot 12/6 = \pm 0.76$ mm.

Durch den Übergang von der P31-Kamera auf eine Kamera mit kleinerem Format, aber gleichem Typ, vergrößert sich also nur die Bildmaßstabszahl; die Meßgenauigkeit σ_B im Bild, die Aufnahmeentfernungen sowie die Faktoren o, v und p bleiben dagegen unverändert.

AUFGABE 4.5-5: Man wiederhole das Zahlenbeispiel mit der Aufnahmeversion A. Man diskutiere den Vergleich der Versionen A und B.

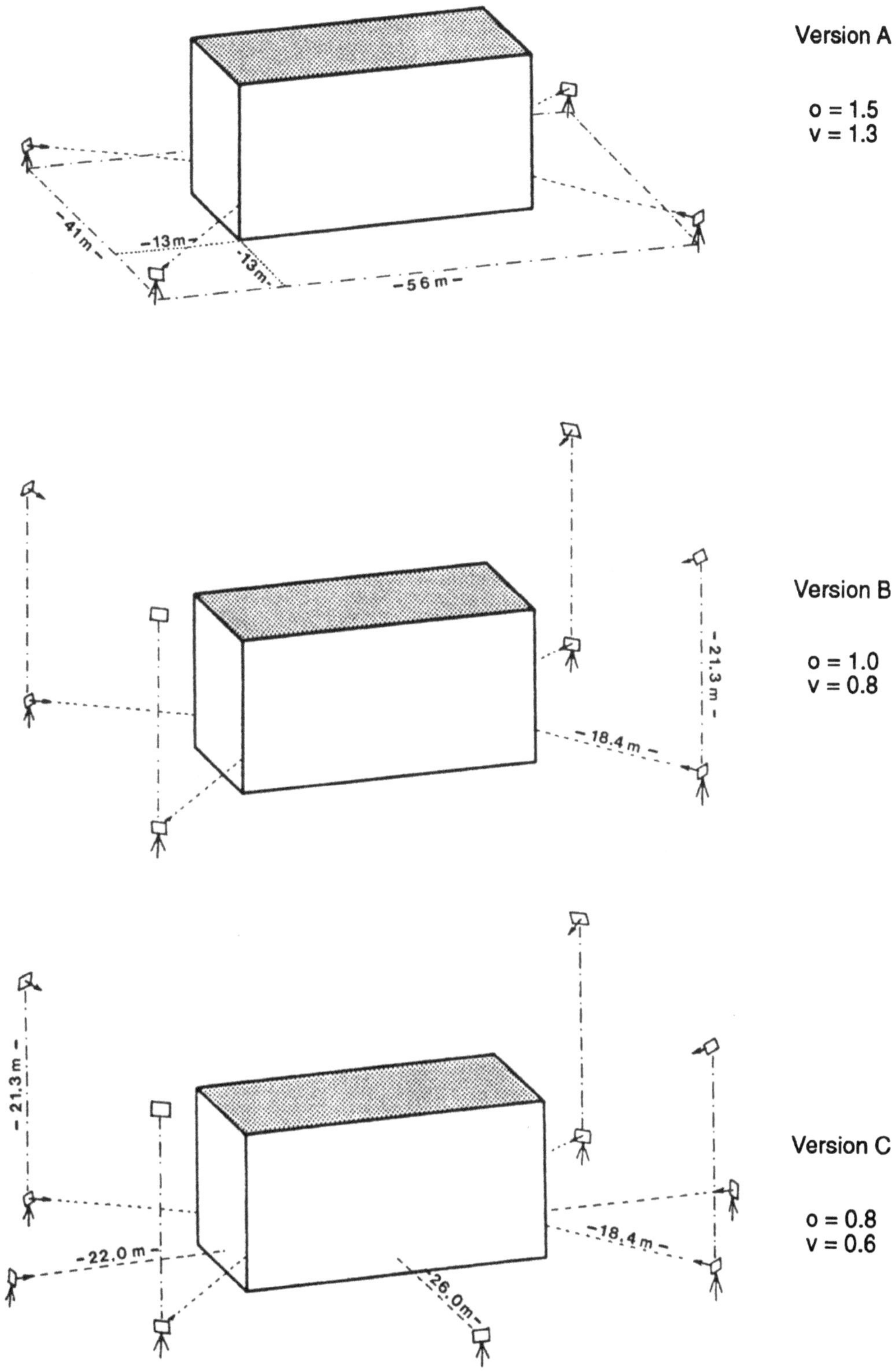

Figur 4.5-8: Aufnahmeanordnungen für den QUADER

e) Das Objekt INNENHOF

Beim Objekt INNENHOF werden die gleichen Dimensionen wie beim Würfel (Abschnitt c) gewählt. Die p-Faktoren entsprechen den p-Faktoren des Würfels (Figur 4.5-5).

Infolge der Beengtheit werden Strahlenbündel mit **ÜWW-Aufnahmen** benutzt. Es werden vier Versionen präsentiert (Figur 4.5-9 und Tab. 4.5-15). Die Schrägaufnahmen weisen eine Zenitdistanz von 50^g auf. Bei den Versionen A und D beträgt die Basis der Normalfallaufnahmen 9 m.

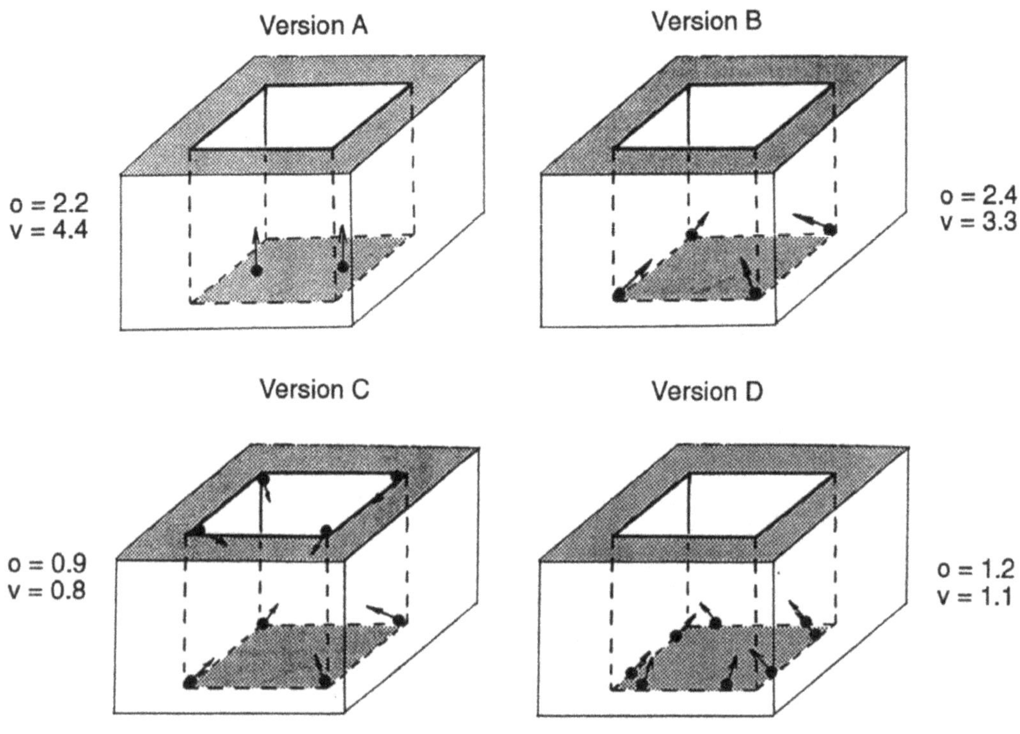

Figur 4.5-9: Aufnahmeanordnungen für den INNENHOF

AUFGABE 4.5-6: Man gebe für 8 Paßpunkte in den Ecken und für die Aufnahmeversion C die Genauigkeit für den Standard-INNENHOF an. $\sigma_B = \pm 10\ \mu m$ (natürliche Punkte!). Welche Kosten fallen für diese photogrammetrische Punktbestimmung an, wenn für eine Arbeitsstunde 700,-- öS eingesetzt werden?

f) **Das Objekt TURM**

Dem Standardobjekt TURM werden die Maße Länge = Breite = 15 m und Höhe = 45 m unterstellt. Es seien insgesamt 120 gleichmäßig verteilte Objektpunkte in den vertikalen Wänden zu bestimmen.

Die Figur 4.5-10 enthält die p-Faktoren für drei typische **Anordnungen von Paßpunkten**. Im Vergleich zum Würfel (Figur 4.5-5) und zum Quader (Figur 4.5-7) sind - infolge der schlankeren Form - die p-Faktoren deutlich schlechter, insbesondere wenn nur 4 Paßpunkte am Fuß des Turmes angeordnet werden.

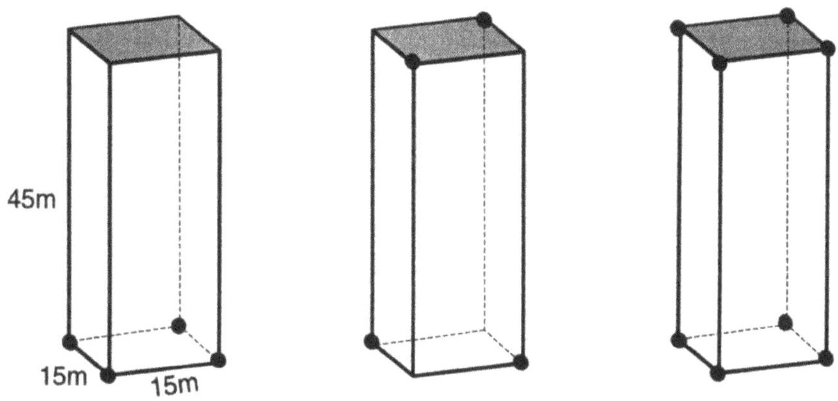

Figur 4.5-10: Paßpunktanordnungen für den TURM

Die Figur 4.5-11 enthält die o- und v-Faktoren für zwei unterschiedliche **Aufnahmeanordnungen**. Es wird die P31-WW-Kamera im Hochformat (Abschnitt A 3.4.3.2.1) eingesetzt. Die Version B setzt einen Kran oder eine Hubkanzel voraus.

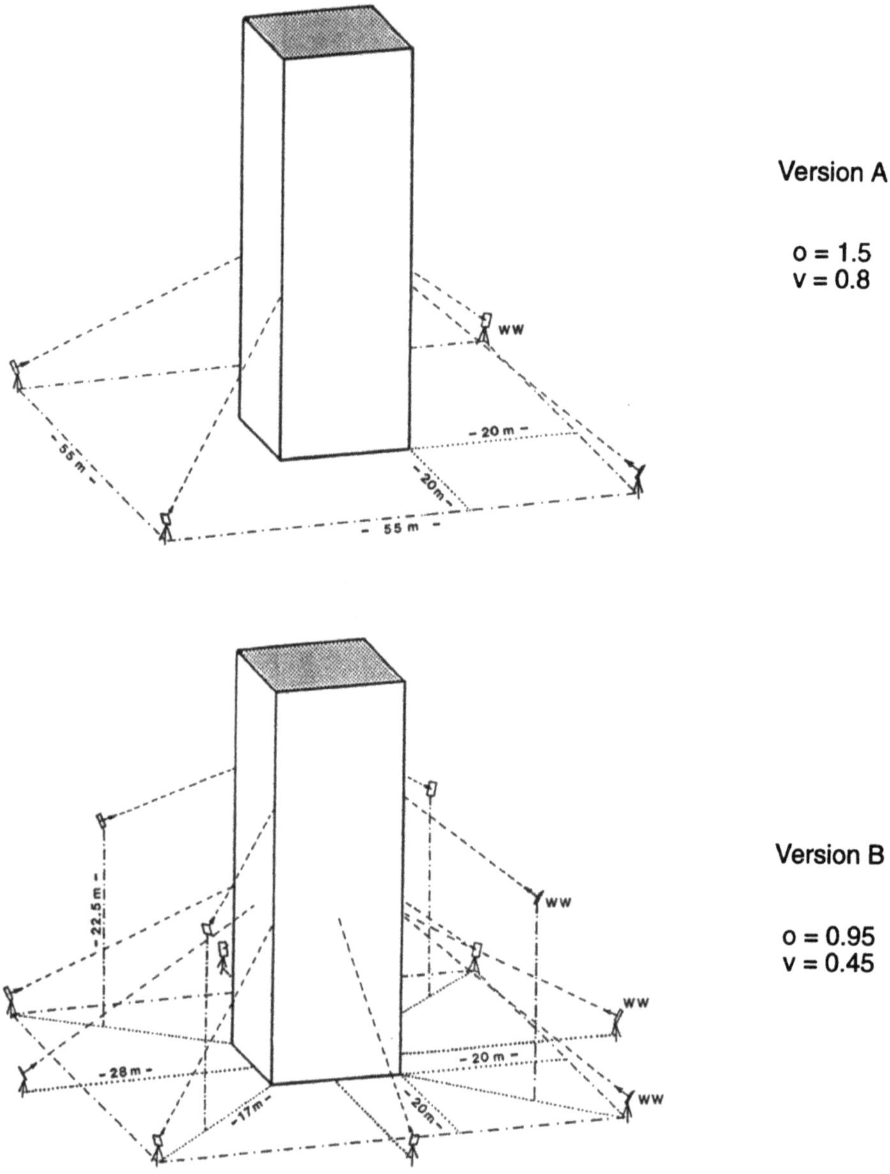

Figur 4.5-11: Aufnahmeanordnungen für den TURM

g) Das Objekt AUSSENKUPPEL

Es wird eine Kuppel mit einem Radius von 20 m unterstellt, auf der 101 Objektpunkte zu bestimmen sind. Eine Kuppel ist in sich eine stabile geometrische Form. Die kleinen **p-Faktoren** (Figur 4.5-12) sind daher keine Überraschung.

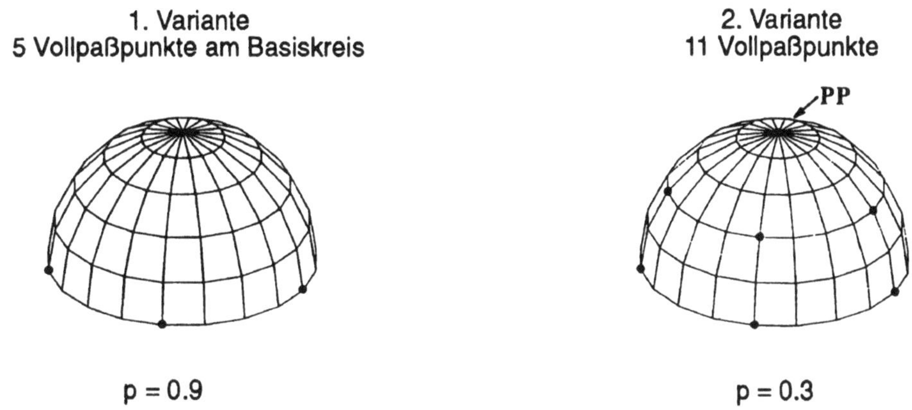

Figur 4.5-12: Paßpunktanordnungen für die AUSSENKUPPEL

Für die **Anordnungen der WW-Aufnahmen** wurden zwei Versionen angegeben. Die Aufnahmeentfernung beträgt 30 m. Beide Versionen haben etwa die gleiche Genauigkeit; Version B bietet aber auch die erforderliche Kontrolle (Figur 4.5-13 und Tab. 4.5-15).

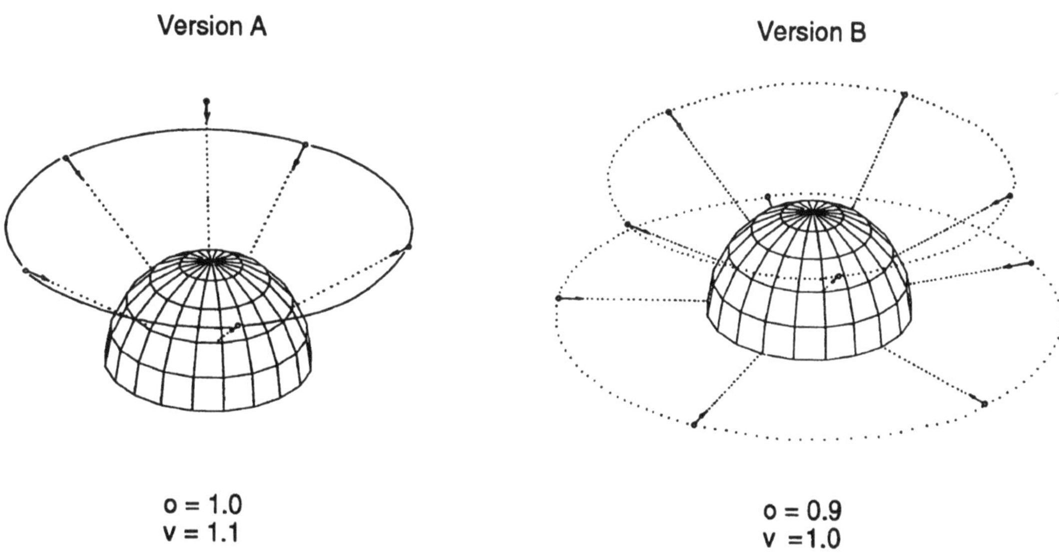

Figur 4.5-13: Aufnahmeanordnungen für die AUSSENKUPPEL

ZAHLENBEISPIEL: Mit einer **digitalen WW-Kamera**, die eine Kamerakonstante von 5 cm und Bildelemente von 15 μm besitzt, ist die Standardkuppel zu bearbeiten (1. Variante und Version B). Für σ_B wird der bei einer digitalen Korrelation leicht erreichbare Wert von einem Drittel eines Pixels, das sind 5 μm angenommen. Unter Beachtung, daß sich die zur P31-WW-Kamera (c = 10 cm) gehörende Bildmaßstabszahl 400 für die 5-cm-Kamera auf 800 erhöht, erhält man:

Gleichung (4.5-3) und Tab. 4.5-15: $\sigma_P = 800 \cdot 5 \cdot 10^{-3}(0.9 + 1.0 \cdot 0.9) = \pm 7.2$ mm

AUFGABE 4.5-7: Man wiederhole das Zahlenbeispiel unter der Annahme, daß die digitale Kamera - unter sonst gleichen Angaben - eine Normalwinkelkamera (NW) ist. Mit ihr werden ebenfalls formatfüllende Aufnahmen hergestellt. (Hinweis: Dafür ist der Schnittqualitätsfaktor o im Verhältnis der Kamerakonstanten zu vergrößern).

h) Das Objekt INNENKUPPEL

Es werden dieselben Kuppel-Dimensionen und die gleiche Anzahl von Objektpunkten wie bei der AUSSENKUPPEL (Abschnitt g) benutzt. Die p-Faktoren für die Paßpunktanordnungen der Innenkuppel entsprechen den p-Faktoren der Außenkuppel (Figur 4.5-12).

Für die **Aufnahmeanordnungen** werden drei sehr unterschiedliche Versionen präsentiert. Es kommen ÜWW- und WW-Aufnahmen zum Einsatz. Falls neben der punktweisen Auswertung eine stereoskopische Linienauswertung - wie in der Architekturphotogrammetrie häufig praktiziert - gefragt ist, kann auch die Version A mit der Version B oder der Version C kombiniert werden. Die Projektparameter sind in der Figur 4.5-14 und der Tab. 4.5-15 zusammengefaßt.

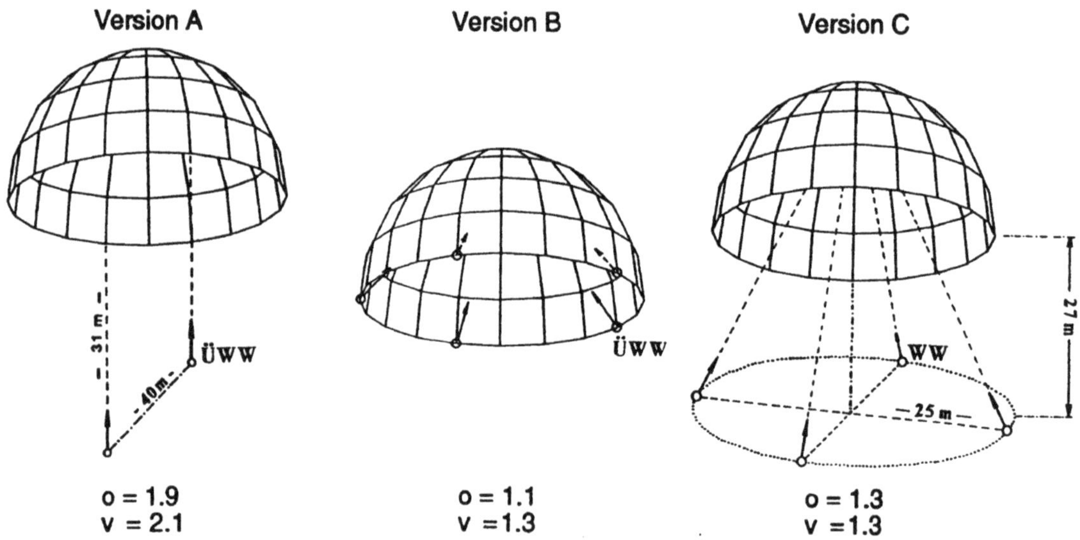

Figur 4.5-14: Aufnahmeanordnungen für die INNENKUPPEL

Den Abschluß des Kapitels 4.5.2 bildet einerseits die Tabelle 4.5-15 mit den Kenngrößen der verschiedenen Aufnahmeanordnungen für die behandelten Standardobjekte und andererseits der Hinweis, daß die mit den Faustformeln erhaltenen Ergebnisse nur grobe Abschätzungen sein können. Je mehr die Form der wirklichen Objekte sowie die tatsächliche Anordnung der Aufnahmen und der Paßpunkte von den Standardfällen abweichen, umso unsicherer wird die Genauigkeitsabschätzung. Es müssen daher für **individuelle Projekte**

Genauigkeitssimulationen durchgeführt werden. Man gibt die grobe Form des individuellen Objektes in das Simulationsprogramm ein und variiert mit der Aufnahmedisposition und der Paßpunktanordnung bis die gewünschte Genauigkeit erreicht ist.

	m_B	o	v	IZ	$\sum n_{Pho}$	$\sum n_{B\text{-}Pkt}$	AE
LANGE WAND							
Version A	250	3.0	5.2	∞	31	906	64
Version B	249	1.2	1.6	5.9	26	1324	77
ENGE GASSE	244	0.9	2.5	5.3	21	1718	58
WÜRFEL							
Version A	345	2.2	2.9	∞	2	128	9
Version B	295	1.3	1.8	6.3	3	192	11
Version C	295	1.0	1.6	5.4	4	256	14
QUADER							
Version A	285	1.5	1.3	∞	4	160	13
Version B	315	1.0	0.8	5.0	8	372	22
Version C	306	0.8	0.6	4.9	12	460	29
INNENHOF							
Version A	273	2.2	4.4	∞	2	44	8
Version B	323	2.4	3.3	∞	4	92	12
Version C	323	0.9	0.8	5.3	8	184	20
Version D	307	1.2	1.1	5.2	8	232	19
TURM							
Version A	406	1.5	0.8	∞	4	280	14
Version B	358	0.95	0.45	5.3	12	568	31
AUSSENKUPPEL							
Version A	382	1.0	1.1	∞	6	391	20
Version B	400	0.9	1.0	5.0	10	505	27
INNENKUPPEL							
Version A	927	1.9	2.1	∞	2	202	11
Version B	531	1.1	1.3	∞	5	430	17
Version C	463	1.3	1.3	5.5	4	368	16

m_B ... mittlere Bildmaßstabszahl
o ... Schnittqualitätsfaktor
v ... Verformungsfaktor
IZ ... innere Zuverlässigkeit
$\sum n_{Pho}$ ... Anzahl der Bilder
$\sum n_{B\text{-}Pkt}$ ... Anzahl der beobachteten Bildpunkte
AE ... Arbeitseinheiten

Tab. 4.5-15: Kenngrößen der verschiedenen Aufnahmeanordnungen für mehrere Standardobjekte

Zusätzliche **Literatur**: Zinndorf, S.: DGK, Reihe C, Heft 323, 1986. Fraser, C.: PE&RS 53, pp.487-493, 1987, and in Karara, H.: Non-Topographic Photogrammetry, pp. 95-106, ASPRS, 1989.

4.6 Festlegung des Datums und freie Netzausgleichung

Mit der Datumsfestlegung wird ein Netz bestehend aus Strahlenbündeln - um nur die wichtigste Beobachtungskategorie zu nennen - im dreidimensionalen Koordinatensystem gelagert. Eine solche Lagerung ist zum Beispiel mit Paßpunkten möglich. Dabei kann zwischen einer harten und weichen Lagerung unterschieden werden (Abschnitt 4.6.1). Die Lagerung eines Netzes kann aber auch mit fingierten Einpaßelementen erfolgen (Abschnitt 4.6.2). Eine sehr universelle Lösung des Datumsproblemes - ohne Paßpunkte und ohne Einpaßelemente - bietet die sogenannte freie Netzausgleichung (Abschnitt 4.6.3).

4.6.1 Harte und weiche Lagerung mit Paßpunkten

Wir beschränken uns auf Paßpunkte, obwohl Paßlinien in gleicher Weise benutzt werden könnten. Für die Datumsfestlegung mit Paßpunkten gibt es die bereits erwähnte harte und weiche Lagerung.

a) **Die harte Lagerung**. In diesem Fall sind die Koordinaten der Paßpunkte feste Parameter in der Kleinste-Quadrate-Ausgleichung. Sofern im Paßpunktnetz Spannungen existieren und eine größere Anzahl von Paßpunkten (diese Anzahl wird noch genauer definiert) in die Ausgleichung einbezogen wird, deformieren diese Spannungen das aus den Strahlenbündeln gebildete Netz. Bei der harten Lagerung treten die Koordinaten der Paßpunkte nicht als Unbekannte im Verbesserungsgleichungssystem auf.

b) **Die weiche Lagerung**. In diesem Fall werden die Koordinaten der Paßpunkte als Beobachtungen aufgefaßt; sie erhalten Verbesserungen. Etwaige Spannungen im Paßpunktnetz werden dabei - abhängig von den Gewichten dieser Beobachtungskategorie (3.5-10) - nur teilweise auf das aus den Strahlenbündeln gebildete Netz übertragen. Im Gegensatz zur harten Lagerung treten bei der weichen Lagerung im Verbesserungsgleichungssystem die Koordinaten der Paßpunkte als Unbekannte auf; zusätzlich gibt es die Verbesserungsgleichungen (3.5-10). (Eine interessante weiche Lagerung enthält Abschnitt B 9.9)

Bei der freien Netzausgleichung hingegen gibt es keine Paßpunkte, weder für eine harte noch für eine weiche Lagerung. Bevor die universelle freie Netzausgleichung behandelt wird, wird - sozusagen als Vorstufe - eine Methode zur Datumsfestlegung besprochen, die mit fingierten Einpaßelementen das angeschnittene Problem löst.

4.6.2 Lagerung mit fingierten Einpaßelementen

Bei der Datumsfestlegung für eine dreidimensionale Punktbestimmung geht es um die Festlegung des räumlichen cartesischen Bezugskoordinatensystems. Dahinter verbergen sich drei Translationen sowie drei Drehwinkel und eventuell auch der Maßstab (**räumliche Ähnlichkeitstransformation**). Für die Datumsfestlegung kann man zum Beispiel irgend einen Neupunkt herausgreifen und ihm fingierte globale Koordinaten geben. Damit ist der Ursprung des globalen Koordinatensystems (≙ drei Translationen) festgelegt, wenn zum Beispiel $X_1 = Y_1 = Z_1 = 0$ gewählt wird. Mit fingierten globalen Koordinaten für einen zweiten Neupunkt legt man eine der drei Koordinatenachsen (≙ zwei Drehwinkeln) fest, mit $Y_2 = Z_2 = 0$ zum Beispiel die X-Achse. Mit einem dritten Punkt kann man eine der drei Koordinatenebenen (≙ einem Drehwinkel) festlegen, mit $Z_3 = 0$ zum Beispiel die XY-Ebene. Damit sind auch die anderen Koordinatenachsen bzw. Koordinatenebenen des globalen Koordinatensystems fixiert.

Sind in den Beobachtungen auch **Längen** enthalten (z.B. Strecken zwischen zwei Punkten oder Polarkoordinaten) ergibt sich daraus der Maßstab; er ist dann bei der Datumsfestlegung nicht zu beachten. Hat man keine einzige beobachtete Länge, ist der Maßstab unbestimmt. In der Datumsfestlegung ist dann eine (willkürliche) Annahme mit - um mit unserem Beispiel fortzufahren - $X_2 = 100$ m vorzunehmen.

Die Beobachtungsgleichungen, die für das eingeführte Beispiel das globale Koordinatensystem lagern und den Maßstab festlegen, lauten in Anlehnung an die Gleichungen (3.5-10) und (3.5-24):

$$
\begin{aligned}
v_{X_1} &= dX_1 & &-(\bar{0}-X_1^0)\\
v_{Y_1} &= \quad dY_1 & &-(\bar{0}-Y_1^0)\\
v_{Z_1} &= \quad\quad dZ_1 & &-(\bar{0}-Z_1^0)\\
v_{X_2} &= \quad\quad\quad dX_2 & &-(\overline{100}-X_2^0)\\
v_{Y_2} &= \quad\quad\quad\quad dY_2 & &-(\bar{0}-Y_2^0)\\
v_{Z_2} &= \quad\quad\quad\quad\quad dZ_2 & &-(\bar{0}-Z_2^0)\\
v_{Z_3} &= \quad\quad\quad\quad\quad\quad dZ_3 & &-(\bar{0}-Z_3^0)
\end{aligned} \qquad (4.6\text{-}1)
$$

Die Absolutglieder dieser Beobachtungsgleichungen sind dann Null, wenn die Näherungswerte $X_1^0 = Y_1^0 = Z_1^0 = Y_2^0 = Z_2^0 = Z_3^0 = 0$ bzw. $X_2^0 = 100$ verwendet werden. Da von den anderen Beobachtungen kein Einfluß auf dX_1, dY_1 etc. ausgeübt wird, bleiben diese "Unbekannten" dX_1, dY_1 etc. auf Null und damit auch die Verbesserungen v_{X1}, v_{Y1} etc. auf Null. Die Näherungswerte sind auch das Endergebnis.

Die Datumsfestlegung mit drei fingierten (Teil-)Paßpunkten (genauer: 7 Beobachtungsgleichungen vom Typ (4.6-1)) ist sehr willkürlich. Das mit Strahlenbündeln gebildete Netz wird in seiner Form von dieser Datumsfestlegung nicht beeinflußt; mit anderen Worten: dieser Netzverband wird zwar frei - ohne Zwang - ausgeglichen; die ermittelten Genauigkeitsmaße (Abschnitt 4.5.1) hängen aber ganz entscheidend von der Lage der fingierten Paßpunkte ab, die das Datum festlegen. Umschließen diese "Datumspunkte" nicht das zu vermessende Objekt, was in der Regel der Fall ist, werden die Genauigkeitsmaße außerhalb der Datumspunkte sehr groß; es kommt quasi zu Extrapolationen.

AUFGABE 4.6-1: Man überlege sich die Datumsfestlegung mit fingierten (Teil-)Paßpunkten, wenn im Beobachtungsmaterial nur eine sehr kurze Strecke enthalten ist.

AUFGABE 4.6-2: Man überlege sich die Datumsfestlegung mit fingierten Paßpunkten für ein zweidimensionales Koordinatensystem.

4.6.3 Lagerung mittels freier Netzausgleichung

Eine universelle Lösung des Datumsproblems bietet die freie Netzausgleichung. Die Normalgleichungsmatrix - ohne Paßpunkte - hat einen Rangdefekt von 6 oder 7 in Abhängigkeit davon, ob der Maßstab im Netzwerk der Beobachtungen mit Längen (z.B. Strecken) festgelegt ist oder nicht. Die verbleibenden sechs Freiheitsgrade sind dann drei Translationen und drei Drehungen.

Die Lagerung des dreidimensionalen Koordinatensystems mittels freier Netzausgleichung **geschieht über die Näherungskoordinaten der Neupunkte**. Da Näherungskoordinaten willkürlich angenommen werden können, ist diese Lagerung ebenfalls willkürlich; sie hat aber die Vorteile, daß

- alle Neupunkte, auch die Projektionszentren bzw. sonstige Bezugspunkte, einbezogen und
- die günstigsten Genauigkeitsmaße, die sogenannte **innere Genauigkeit**, für die Neupunkte ermittelt werden können.

Um den erwähnten Rangdefekt der Normalgleichungsmatrix zu beseitigen, müssen 6 bzw. 7 zusätzliche Gleichungen gefunden werden. Mit dem Gleichungssystem (4.6-1) wurde in dieser Hinsicht bereits ein Anfang gemacht. Dort wurden 6 bzw. 7 Koordinatenzuschläge zu den entsprechenden Näherungskoordinaten zu Null gemacht. Eine gleichrangige Einbeziehung aller Neupunkte - eventuell einschließlich Projektionszentren - leisten die drei folgenden Gleichungen:

$$\begin{aligned} dX_1 \quad + dX_2 \quad + \ldots &= 0 \\ dY_1 \quad + dY_2 \quad \ldots &= 0 \\ dZ_1 \quad + dZ_2 \quad \ldots &= 0 \end{aligned} \qquad (4.6\text{-}2)$$

Diese Gleichungen besagen, daß die Summe der Koordinatenzuschläge zu ihren Näherungskoordinaten Null wird; mit anderen Worten: der **Schwerpunkt aus den Näherungskoordinaten entspricht dem Schwerpunkt der ausgeglichenen Koordinaten**. Wenn man die drei Gleichungen (4.6-2) als Verbesserungsgleichungen für eine Ausgleichung nach vermittelnden Beobachtungen auffassen würde, worauf noch näher eingegangen wird, würden die dazugehörigen Verbesserungen Null werden, da die Summe der Koordinatenzuschläge - ohne Zwang - zum Verschwinden gebracht werden kann.

Weitere Gleichungen, die für die Drehungen - um den obigen Schwerpunkt - und für den Maßstabsfaktor verantwortlich sind, findet man aus der räumlichen Ähnlichkeitstransformation (Abschnitt A 4.2.3.7, 6. Auflage). Der Maßstab und die Drehung sind dann zwischen den ausgeglichenen Punkten und den mit Näherungskoordinaten X_i^0, Y_i^0 und Z_i^0 (bezogen auf den Schwerpunkt) festgelegten Punkten ausbalanciert, wenn die rechten Seiten der Gleichungen A (4.2-20) (6. Auflage) Null werden. Es müssen also folgende Gleichungen erfüllt werden:

Drehungen (Neupunkte und eventuell auch Projektionszentren):

$$
\begin{array}{llllllll}
 & -Z_1^0 dY_1 & +Y_1^0 dZ_1 & & -Z_2^0 dY_2 & +Y_2^0 dZ_2 & \ldots & =0 \\
Z_1^0 dX_1 & & -X_1^0 dZ_1 & +Z_2^0 dX_2 & & -X_2^0 dZ_2 & + \ldots & =0 \\
-Y_1^0 dX_1 & +X_1^0 dY_1 & & -Y_2^0 dX_2 & +X_2^0 dY_2 & & - \ldots & =0
\end{array} \qquad (4.6\text{-}3)
$$

Maßstab (Neupunkte und eventuell Projektionszentren):

$$
X_1^0 dX_1 + Y_1^0 dY_1 + Z_1^0 dZ_1 + X_2^0 dX_2 + Y_2^0 dY_2 + Z_2^0 dZ_2 + \ldots = 0 \qquad (4.6\text{-}4)
$$

Die Gleichungen (4.6-2), (4.6-3) und (4.6-4) können auf verschiedene Weise in einer Kleinste-Quadrate-Ausgleichung berücksichtigt werden. Wir beschränken uns auf zwei Möglichkeiten (Abschnitt 4.6.3.1 und 4.6.3.2). Zunächst fassen wir die Koeffizienten der Gleichungen (4.6-2), (4.6-3) und (4.6-4) zu einer Matrix **B**, die sieben Zeilen und eine von der Anzahl der Neupunkte abhängigen Spaltenanzahl besitzt, zusammen:

$$
\boldsymbol{B} = \begin{pmatrix}
1 & 0 & 0 & 1 & 0 & 0 & \ldots \\
0 & 1 & 0 & 0 & 1 & 0 & \ldots \\
0 & 0 & 1 & 0 & 0 & 1 & \ldots \\
0 & -Z_1^0 & Y_1^0 & 0 & -Z_2^0 & Y_2^0 & \ldots \\
Z_1^0 & 0 & -X_1^0 & Z_2^0 & 0 & -X_2^0 & \ldots \\
-Y_1^0 & X_1^0 & 0 & -Y_2^0 & X_2^0 & 0 & \ldots \\
X_1^0 & Y_1^0 & Z_1^0 & X_2^0 & Y_2^0 & Z_2^0 & \ldots
\end{pmatrix} \qquad (4.6\text{-}5)
$$

4.6.3.1 Mit einer Ausgleichung nach vermittelnden Beobachtungen

In diesem Fall werden die Verbesserungsgleichungen **Ax = l**, die die Beobachtungen des aus Strahlenbündeln bestehenden Netzes umfassen, um die "Verbesserungsgleichungen" **Bx = 0** erweitert. Für die zweite Gruppe der Verbesserungsgleichungen ergeben sich automatisch die "Verbesserungen" zu Null, wie bereits erläutert wurde. Die Normalgleichungen lauten:

$$
(\boldsymbol{A}^T\boldsymbol{A} + \boldsymbol{B}^T\boldsymbol{B})\boldsymbol{x} = \boldsymbol{A}^T\boldsymbol{l} \quad \text{bzw.} \quad \bar{\boldsymbol{N}}\boldsymbol{x} = \boldsymbol{A}^T\boldsymbol{l} \qquad (4.6\text{-}6)
$$

Die Normalgleichungsmatrix $\mathbf{N} = \mathbf{A}^T\mathbf{A}$ war eine Sparse-Matrix und konnte mit den Algorithmen der Abschnitte 4.4.3 und 4.4.4 sehr effizient aufgelöst werden. Die Normalgleichungsmatrix $\bar{\mathbf{N}}$ ist dagegen sehr stark mit Nicht-Null-Elementen besetzt. Ihre Auflösung ist daher wesentlich beschwerlicher.

4.6.3.2 Mit einer vermittelnden Ausgleichung mit Bedingungsgleichungen

In diesem Fall ergibt sich folgendes erweitertes Normalgleichungssystem:

$$\begin{pmatrix} A^T A & B^T \\ B & 0 \end{pmatrix} \begin{pmatrix} x \\ k \end{pmatrix} = \begin{pmatrix} A^T l \\ 0 \end{pmatrix} , \qquad (4.6\text{-}7)$$

wobei **k** sieben Lagrange'sche Multiplikatoren sind. Bei diesem Normalgleichungssystem bleibt im (großen) Bereich $\mathbf{A}^T\mathbf{A}$ die Sparsestruktur erhalten; zusätzlich tritt ein (schmales) Band (*border*) $\mathbf{B}^T$ im rechten Teil der Normalgleichungsmatrix auf. Die bewährten Sparsetechnologien zum Auflösen des Normalgleichungssystems können daher benutzt werden; allerdings ist vom Cholesky-Algorithmus, der eine positiv definite Matrix voraussetzt (das heißt: auf der Hauptdiagonalen der oberen Dreiecksmatrix **C** keine Nullen bzw. negativen Elemente verträgt), auf den allgemeineren Gauß'schen Eliminations-Algorithmus - mit Privotsuche - überzugehen.

Die Genauigkeiten der Unbekannten **x** ergeben sich aus der mit einer Sparse-Technologie invertierten bzw. teilinvertieren Normalgleichungsmatrix:

$$\begin{pmatrix} A^T A & B^T \\ B & O \end{pmatrix}^{-1} = \begin{pmatrix} Q_{xx} & U^T \\ U & O \end{pmatrix} \qquad (4.6\text{-}8)$$

Bei der Schätzung der Standardabweichung σ für eine Beobachtung müssen die Datumsunbekannten beachtet werden:

$$\sigma = \sqrt{\frac{v^T v}{n - (u - d)}} \qquad (4.6\text{-}9)$$

n ... Anzahl der Verbesserungsgleichungen in der Matrix **A**

u ... Anzahl der Unbekannten in der Matrix **A** bzw. **B**

d ... Anzahl der Unbekannten zur Datumsfestlegung, entweder 6 oder 7.

4.6.3.3 Ergänzungen zur freien Netzausgleichung

Das vorgestellte Konzept der freien Netzausgleichung ist sehr flexibel. So kann man in der Matrix **B** (4.6-5) festlegen, welche Punkte zur Lagerung beitragen und welche nicht. In der photogrammetrischen Punktbestimmung wird man in der Regel alle Objektpunkte benutzen und keine Projektionszentren oder andere Bezugspunkte. Bei den Punkten, die nicht zur Lagerung beitragen sollen, werden in der Matrix **B** die entsprechenden Spalten mit Nullen belegt.

In der Matrix **B** werden manchmal auch Zeilen eliminiert. Gibt es zum Beispiel gemessene Strecken im Beobachtungsmaterial, so ist die letzte Zeile zu eliminieren. Ein anderes Beispiel sind **horizontierte Polarstandpunkte**; in diesem Fall sind die 4. und 5. Zeile zu streichen.

Bisher wurde nur über unbekannte Koordinaten gesprochen. In unseren Beobachtungskategorien gibt es aber auch andere Unbekannte, zum Beispiel die Winkel der Drehmatrizen. Auch deren Näherungswerte können zur Datumsfestlegung beitragen. In diesem Fall treten in der Matrix **B** andere Koeffizienten auf, die der weiter unten angegebenen Literatur entnommen werden können.

Zum Schluß sollen noch zwei Eigenschaften der freien Netzausgleichung angegeben werden:

- Wenn man alle Unbekannten der Ausgleichung in die Matrix **B** mit Nicht-Null-Elementen aufnimmt, erhält man die günstigsten Genauigkeitswerte $\mathbf{Q}_{xx}$ (4.6-8); das heißt: die Spur der $\mathbf{Q}_{xx}$-Matrix wird minimiert. Man spricht deshalb von der **inneren Genauigkeit** des ausschließlich aus den Beobachtungen gebildeten Netzes.
- Die Quadratsumme der Unbekannten der freien Netzausgleichung - soweit sie in die **B**-Matrix aufgenommen werden - wird minimiert. Wenn man sich auf die Koordinaten der Objektpunkte beschränkt, kann man sagen, daß die ausgeglichenen Koordinaten und die mit Näherungskoordinaten festgelegten Punkte bei einer freien Netzausgleichung über eine überbestimmte räumliche Ähnlichkeitstransformation (Abschnitt A 4.2.3.7) zusammenhängen.

Literatur zum Abschnitt 4.6.3: Dermanis, A.: ISPRS-J 49 (1), pp. 25-39, 1994, ist eine umfassende Veröffentlichung mit sehr vielen Literaturhinweisen. Zusätzlich sollen noch Zinndorf, S.: ZPF 53 (6), S. 198, 1985, erwähnt werden.

4.7 Alternative und ergänzende Methoden

Die Abbildung durch die Optik einer Kamera wurde bisher mit der Zentralprojektion - entsprechend den Gleichungen (3.5-2) - mathematisch modelliert. Ein anderes mathematisches Modell, das inzwischen auch in der Photogrammetrie zum Einsatz kommt, folgt der sogenannten **projektiven Geometrie**. Die in der Photogrammetrie bekannteste Methode, deren Ursprung auf die projektive Geometrie zurückgeführt werden kann, ist die sogenannte **direkte lineare Transformation** (DLT). Sie wird im Abschnitt 4.7.1 behandelt. Im Abschnitt 4.7.2 werden weitere Speziallösungen angesprochen.

4.7.1 Direkte lineare Transformation (DLT)

Die direkte lineare Transformation (DLT) kann man in das universelle mathematische Gebäude der projektiven Geometrie hineinstellen, wie es z.B. H. Fuchs[1] getan hat. Man kommt zu den Formeln der DLT aber auch durch Umformungen der Grundgleichungen für die Zentralprojektion. Diesen Weg schlagen wir im folgenden ein.

Man geht von den beiden Gleichungen (3.5-2)

$$x = \bar{x}+v_x = x_0 - c\,\frac{r_{11}(X-X_0)+r_{21}(Y-Y_0)+r_{31}(Z-Z_0)}{r_{13}(X-X_0)+r_{23}(Y-Y_0)+r_{33}(Z-Z_0)} = x_0 - c\,\frac{\boldsymbol{i}^T(\boldsymbol{X}-\boldsymbol{X}_0)}{\boldsymbol{k}^T(\boldsymbol{X}-\boldsymbol{X}_0)}$$

$$y = \bar{y}+v_y = y_0 - c\,\frac{r_{12}(X-X_0)+r_{22}(Y-Y_0)+r_{32}(Z-Z_0)}{r_{13}(X-X_0)+r_{23}(Y-Y_0)+r_{33}(Z-Z_0)} = y_0 - c\,\frac{\boldsymbol{j}^T(\boldsymbol{X}-\boldsymbol{X}_0)}{\boldsymbol{k}^T(\boldsymbol{X}-\boldsymbol{X}_0)} \qquad (4.7\text{-}1)$$

aus und bezieht auch die Hauptpunktkoordinaten x_0,y_0 in die Brüche mit dem Nenner $k^T(X-X_0)$ ein. Anschließend substituiert man neue Parameter $\bar{a}_i$, $\bar{b}_i$ und $\bar{c}_i$:

[1] Projektive Geometrie - Anwendungen in Photogrammetrie und Robotik, Mitt. der TU Graz, Folge 63, 1988.

$$x = \frac{\bar{a}_1 X + \bar{a}_2 Y + \bar{a}_3 Z + \bar{a}_4}{\bar{c}_1 X + \bar{c}_2 Y + \bar{c}_3 Z + \bar{c}_4}$$

$$y = \frac{\bar{b}_1 X + \bar{b}_2 Y + \bar{b}_3 Z + \bar{b}_4}{\bar{c}_1 X + \bar{c}_2 Y + \bar{c}_3 Z + \bar{c}_4} \qquad (4.7\text{-}2)$$

Die neuen Parameter $\bar{a}_i, \bar{b}_i, \bar{c}_i$ $(i=1(1)4)$ können in Abhängigkeit von den ursprünglichen Parametern angegeben werden:

$$\begin{aligned} \bar{a}_1 &= x_0 r_{13} - c r_{11} \\ \bar{a}_2 &= x_0 r_{23} - c r_{21} \\ &\text{usw.} \end{aligned} \qquad (4.7\text{-}3)$$

Nach dem Kürzen der Brüche in beiden Gleichungen (4.7-2) mit $\bar{c}_4$ finden wir einfache Beziehungen zwischen den Bildkoordinaten x,y und den Objektkoordinaten X,Y,Z:

$$x = \frac{a_1 X + a_2 Y + a_3 Z + a_4}{c_1 X + c_2 Y + c_3 Z + 1} = \frac{\mathbf{a}^T \mathbf{X} + a_4}{\mathbf{c}^T \mathbf{X} + 1}$$

$$y = \frac{b_1 X + b_2 Y + b_3 Z + b_4}{c_1 X + c_2 Y + c_3 Z + 1} = \frac{\mathbf{b}^T \mathbf{X} + b_4}{\mathbf{c}^T \mathbf{X} + 1} \qquad (4.7\text{-}4)$$

Die insgesamt elf Koeffizienten a_i, b_i, c_i ergeben sich - wie mit den Gleichungen (4.7-3) angedeutet - aus den neun Elementen der inneren und äußeren Orientierung einer Zentralprojektion. Die Substitution der neun Elemente der inneren und äußeren Orientierung durch elf neue (unabhängige) Koeffizienten a_i, b_i, c_i ist aber nicht erlaubt: Bei einer Substitution muß die Anzahl der ursprünglichen und neuen Parameter gleich sein.[1]

Diese Ungereimtheit kann man beheben, indem man in die Gleichungen (4.7-1) der Zentralprojektion zwei zusätzliche Parameter aufnimmt. Dafür bietet sich **einerseits ein unterschiedlicher Maßstab in einer der beiden Achsen** der x- und y-Koordinaten und **andererseits eine Scherung (≙ Orthogonalitätsfehler)** der x- und y-Achse an. Man kann dies so interpretieren, daß die (neuen) Bildkoordinaten zunächst einer **Affintransformation** (A(4.3-13)) unterzogen werden, bevor sie in die (bisherigen) Gleichungen (4.7-1) der Zentralprojektion eingehen. Wenn man

[1] Bei einer im Abschnitt A 2.4 vorgenommenen ähnlichen Umformung ist der umgekehrte Fall eingetreten: Die ursprünglichen neun Elemente der inneren und äußeren Orientierung wurden in acht Parameter a_i, b_i, c_i überführt.

- diese Maßstabskorrektur an der y-Koordinate mit dem Faktor m, der nahezu Eins ist, vornimmt und
- die Nicht-Orthogonalität ebenfalls an der y-Koordinate mit dem Korrekturglied $d(x - x_0)$ berücksichtigt, wobei d nahezu Null ist,

so lauten die Gleichungen für die **erweiterte Zentralprojektion mit elf Parametern**:

$$x = x_0 - c\frac{\boldsymbol{i}^T(\boldsymbol{X} - \boldsymbol{X}_0)}{\boldsymbol{k}^T(\boldsymbol{X} - \boldsymbol{X}_0)}$$

$$y = y_0 - d\cdot c\frac{\boldsymbol{i}^T(\boldsymbol{X} - \boldsymbol{X}_0)}{\boldsymbol{k}^T(\boldsymbol{X} - \boldsymbol{X}_0)} - m\cdot c\frac{\boldsymbol{j}^T(\boldsymbol{X} - \boldsymbol{X}_0)}{\boldsymbol{k}^T(\boldsymbol{X} - \boldsymbol{X}_0)} \tag{4.7-5}$$

Ausgehend von den Gleichungen (4.7-5), die die drei Elemente der inneren Orientierung und die sechs Elemente der äußeren Orientierung sowie die beiden Parameter d und m enthalten, kann man ebenfalls die Gleichungen (4.7-4) bekommen, die die elf neuen Parameter a_i, b_i, c_i enthalten. Im Rahmen dieser (erlaubten) Substitution fallen auch die Zusammenhänge zwischen den beiden Parametersätzen an (A. Dermanis[1] mit einer Ergänzung von H. Kager/C. Ressl):

a) **DLT-Parameter ausgedrückt mit Parametern der erweiterten Zentralprojektion**:

$$\boldsymbol{a} = \frac{c\cdot\boldsymbol{i} - x_0\cdot\boldsymbol{k}}{\boldsymbol{k}^T\boldsymbol{X}_0} \qquad \boldsymbol{b} = \frac{d\cdot c\cdot\boldsymbol{i} + m\cdot c\cdot\boldsymbol{j} - y_0\boldsymbol{k}}{\boldsymbol{k}^T\boldsymbol{X}_0} \qquad \boldsymbol{c} = -\frac{\boldsymbol{k}}{\boldsymbol{k}^T\boldsymbol{X}_0}$$

$$a_4 = x_0 - c\,\frac{\boldsymbol{i}^T\boldsymbol{X}_0}{\boldsymbol{k}^T\boldsymbol{X}_0} \qquad b_4 = y_0 - c\,\frac{(d\cdot\boldsymbol{i} + m\cdot\boldsymbol{j})^T\boldsymbol{X}_0}{\boldsymbol{k}^T\boldsymbol{X}_0} \tag{4.7-6}$$

b) **Parameter der erweiterten Zentralprojektion ausgedrückt mit DLT-Parametern**

$$x_0 = \frac{\boldsymbol{a}^T\boldsymbol{c}}{\boldsymbol{c}^T\boldsymbol{c}} \qquad y_0 = \frac{\boldsymbol{b}^T\boldsymbol{c}}{\boldsymbol{c}^T\boldsymbol{c}} \qquad c^2 = \frac{\boldsymbol{a}^T\boldsymbol{a}}{\boldsymbol{c}^T\boldsymbol{c}} - \left(\frac{\boldsymbol{a}^T\boldsymbol{c}}{\boldsymbol{c}^T\boldsymbol{c}}\right)^2 \qquad p = \sqrt{\boldsymbol{c}^T\boldsymbol{c}}$$

$$d = \frac{(\boldsymbol{a}^T\boldsymbol{b})(\boldsymbol{c}^T\boldsymbol{c}) - (\boldsymbol{a}^T\boldsymbol{c})(\boldsymbol{b}^T\boldsymbol{c})}{(\boldsymbol{a}^T\boldsymbol{a})(\boldsymbol{c}^T\boldsymbol{c}) - (\boldsymbol{a}^T\boldsymbol{c})^2} \qquad m = -\frac{\det[\boldsymbol{a}\,\boldsymbol{b}\,\boldsymbol{c}]}{p^3c^2} \tag{4.7-7}$$

$$\boldsymbol{R} = \frac{1}{p\cdot m\cdot c}\begin{pmatrix} m & 0 & -mx_0 \\ -d & 1 & x_0d - my_0 \\ 0 & 0 & -mc \end{pmatrix}(\boldsymbol{a}\,\boldsymbol{b}\,\boldsymbol{c})^T \qquad \boldsymbol{X}_0 = (\boldsymbol{a}\,\boldsymbol{b}\,\boldsymbol{c})^{-T}\begin{pmatrix} -a_4 \\ -b_4 \\ -1 \end{pmatrix}$$

[1] ISPRS-J 49(2), pp. 2-12, 1994.

Der große **Vorteil der DLT** (4.7-4) gegenüber der Zentralprojektion (4.7-1) besteht darin, daß - wie noch ausgeführt wird - ein **linearer Zusammenhang** zwischen Bild- und Objektkoordinaten gefunden wurde. Dabei kann das Ausgangsbildmaterial wie folgt charakterisiert werden:

- Bildkoordinaten dürfen sich auf nicht-orthogonale Koordinatenachsen unterschiedlichen Maßstabes beziehen.
- Die Lage des Bildkoordinatensystems kann beliebig sein; es sind also keine Rahmenmarken oder Ersatz-Rahmenmarken am Bildrand (Figur A 3.6-1) zu messen oder meßbar.
- Die Kamerakonstante kann unbekannt sein und von Bild zu Bild variieren.

Diese Ausgangssituation klingt verlockend für den Einsatz der DLT für das maschinelle Sehen (*computer vision*) mit CCD- und Video-Kameras (Abschnitt A 7.2.2) sowie für die Auswertung von Bildern, die mit Nicht-Meßkameras oder Teil-Meßkameras aufgenommen wurden.

Dem großen Vorteil der Linearität der DLT stehen aber auch beachtliche Nachteile gegenüber, die erst im Abschnitt 4.7.1.2 aufgezeigt werden. Zunächst ist die photogrammetrische Auswertung auf der Grundlage der DLT zu behandeln. Mit der DLT können alle Auswerteverfahren, die wir bisher anhand der Zentralprojektion kennengelernt haben, ebenfalls durchgeführt werden. Als ein typisches Beispiel für die Anwendung der DLT geben wir das Wechselspiel zwischen Rück- und Vorwärtsschnitten an, das im Abschnitt 4.1.2.3 auf der Grundlage der Zentralprojektion bereits behandelt wurde.

4.7.1.1 Wechselspiel zwischen Rück- und Vorwärtsschnitten mit DLT

Für den **räumlichen Rückwärtsschnitt** - d.h. die 11 Parameter der DLT sind mit Hilfe von Paßpunkten zu bestimmen - erhält man lineare Gleichungen, die durch Umformung der Gleichungen (4.7-4) entstehen:[1]

---

[1] Wenn man allerdings - was streng wäre - vor der Multiplikation mit dem Nenner $(\mathbf{c}^T\mathbf{X} + 1)$ die Koordinaten x durch $\bar{x} + v_x$ und y durch $\bar{y} + v_y$ - entsprechend Gleichung (4.7-1) - ersetzen würde, träten auch Glieder $v_x X c_1$, $v_x Y c_2$ etc. auf. Sie könnte man berücksichtigen, indem man mehrere Iterationen vornehmen würde. Die Ausgleichung mit den Verbesserungsgleichungen (4.7-8) ist sozusagen die erste Iteration. Wenn die "Iteration" bereits nach dieser ersten Ausgleichung abgebrochen wird, bekommt man die Verbesserungen $\tilde{v}_x$ und $\tilde{v}_y$. Sie sind - nach der Ausgleichung - mit $(\mathbf{c}^T\mathbf{X} + 1)$ zu multiplizieren, damit sie als Verbesserungen zu den gemessenen Bildkoordinaten aufgefaßt werden können.

$$\begin{aligned}\bar{x} + \tilde{v}_x &= Xa_1 + Ya_2 + Za_3 + a_4 - xXc_1 - xYc_2 - xZc_3\\ \bar{y} + \tilde{v}_y &= Xb_1 + Yb_2 + Zb_3 + b_4 - yXc_1 - yYc_2 - yZc_3\end{aligned} \qquad (4.7\text{-}8)$$

Für einen räumlichen Rückwärtsschnitt benötigt man bei 11 unbekannten Parametern mindestens sechs Paßpunkte. Zur Modellierung der Objektivverzeichnung oder anderer systematischer Fehler kann man noch zusätzliche Parameter - wie in den Abschnitten 3.5.6 und 5.2.4 beschrieben - in die Gleichungen (4.7-8) aufnehmen. Man braucht dann noch weitere Paßpunkte. Im folgenden verzichten wir auf eine solche Erweiterung. Für den **Rückwärtsschnitt** mit n Paßpunkten (i = 1(1)n) lautet das Verbesserungsgleichungssystem für eine Ausgleichung nach vermittelnden Beobachtungen:

$$\begin{pmatrix}\tilde{v}_{x_1}\\ \tilde{v}_{y_1}\\ \cdot\\ \tilde{v}_{x_i}\\ \tilde{v}_{y_i}\\ \cdot\\ \tilde{v}_{x_n}\\ \tilde{v}_{y_n}\end{pmatrix} = \begin{pmatrix} X_1 & Y_1 & Z_1 & 1 & 0 & 0 & 0 & 0 & -x_1X_1 & -x_1Y_1 & -x_1Z_1\\ 0 & 0 & 0 & 0 & X_1 & Y_1 & Z_1 & 1 & -y_1X_1 & -y_1Y_1 & -y_1Z_1\\ \cdot & \cdot & \cdot & \cdot & \cdot & \cdot & \cdot & \cdot & \cdot & \cdot & \cdot\\ X_i & Y_i & Z_i & 1 & 0 & 0 & 0 & 0 & -x_iX_i & -x_iY_i & -x_iZ_i\\ 0 & 0 & 0 & 0 & X_i & Y_i & Z_i & 1 & -y_iX_i & -y_iY_i & -y_iZ_i\\ \cdot & \cdot & \cdot & \cdot & \cdot & \cdot & \cdot & \cdot & \cdot & \cdot & \cdot\\ X_n & Y_n & Z_n & 1 & 0 & 0 & 0 & 0 & -x_nX_n & -x_nY_n & -x_nZ_n\\ 0 & 0 & 0 & 0 & X_n & Y_n & Z_n & 1 & -y_nX_n & -y_nY_n & -y_nZ_n \end{pmatrix} \begin{pmatrix}a_1\\ a_2\\ a_3\\ a_4\\ b_1\\ b_2\\ b_3\\ b_4\\ c_1\\ c_2\\ c_3\end{pmatrix} - \begin{pmatrix}\bar{x}_1\\ \bar{y}_1\\ \cdot\\ \bar{x}_i\\ \bar{y}_i\\ \cdot\\ \bar{x}_n\\ \bar{y}_n\end{pmatrix} \qquad (4.7\text{-}9)$$

Nach den einzelnen Rückwärtsschnitten für die m Bilder können die räumlichen **Vorwärtsschnitte** - für jeden einzelnen Neupunkt selbst überbestimmt - mit DLT auf einfache Weise formuliert werden. Die gesuchten Koordinaten eines Neupunktes bezeichnen wir mit X,Y,Z, die jeweiligen Bilder (k = 1(1)m) mit einem hochgestellten Index:

$$\begin{pmatrix} \tilde{v}_x^1 \\ \tilde{v}_y^1 \\ \cdot \\ \tilde{v}_x^k \\ \tilde{v}_y^k \\ \cdot \\ \tilde{v}_x^m \\ \tilde{v}_y^m \end{pmatrix} = \begin{pmatrix} (a_1^1 - x^1c_1^1) & (a_2^1 - x^1c_2^1) & (a_3^1 - x^1c_3^1) \\ (b_1^1 - y^1c_1^1) & (b_2^1 - y^1c_2^1) & (b_3^1 - y^1c_3^1) \\ \cdot & \cdot & \cdot \\ (a_1^k - x^kc_1^k) & (a_2^k - x^kc_2^k) & (a_3^k - x^kc_3^k) \\ (b_1^k - y^kc_1^k) & (b_2^k - y^kc_2^k) & (b_3^k - y^kc_3^k) \\ \cdot & \cdot & \cdot \\ (a_1^m - x^mc_1^m) & (a_2^m - x^mc_2^m) & (a_3^m - x^mc_3^m) \\ (b_1^m - y^mc_1^m) & (b_2^m - y^mc_2^m) & (b_3^m - y^mc_3^m) \end{pmatrix} \begin{pmatrix} X \\ Y \\ Z \end{pmatrix} - \begin{pmatrix} \bar{x}^1 - a_4^1 \\ \bar{y}^1 - b_4^1 \\ \cdot \\ \bar{x}^k - a_4^k \\ \bar{y}^k - b_4^k \\ \cdot \\ \bar{x}^m - a_4^m \\ \bar{y}^m - b_4^m \end{pmatrix} \qquad (4.7\text{-}10)$$

Die Rück- und Vorwärtsschnitte sowie andere Ausgleichungen mittels DLT können auch für cartesische Bildkoordinaten, also mit Maßstabsfaktor m = 1 und Scherung d = 0, verwendet werden. Allerdings sind dann jeweils zwei Bedingungsgleichungen je Bild hinzuzufügen, die H. Bopp und H. Krauss angegeben haben[1]. Dadurch geht aber die Linearität für die Parameter a_i, b_i, c_i verloren. Man muß dann in der üblichen Weise - ausgehend von Näherungswerten - iterieren.

4.7.1.2 Bewertung der direkten linearen Transformation (DLT)

Die Vorteile der DLT gegenüber der Zentralprojektion wurden bereits erwähnt. Nun kommen wir zu den Nachteilen:

a) Die in vielen Fällen vorhandene **Überparametrisierung** - sei es, daß die Achsmaßstäbe gleich sind und keine Scherung vorhanden ist, sei es, daß die Elemente der inneren Orientierung bekannt sind - erfordert **mehr Paßpunkte** als eine Lösung mit der Zentralprojektion. Die Überparametrisierung bringt in diesen Fällen auch eine **Genauigkeitseinbuße** mit sich.

b) Falls man die Elemente der **inneren Orientierung kennt** und keinen Maßstabsfaktor m sowie keine Scherung d wünscht, können diese Informationen in der DLT zwar berücksichtigt werden, aber dann **verliert man** den Vorteil der **Linearität** in den Parametern a_i, b_i, c_i. In diesem Fall sind die Formeln (4.7-6) und (4.7-7) von Iterationsschritt zu Iterationsschritt auszuwerten. Dabei kommt es bei den Formeln (4.7-6) zu **numerischen Problemen**, wenn das Skalarprodukt $\mathbf{k}^T \cdot \mathbf{X}_0$ gleich oder nahezu Null wird.

---

[1] Ph. Eng. 44, pp. 1191-1196, 1978.

In der Figur 4.7-1 ist diese Konstellation skizziert. Diese Konstellation kann bei der kleinräumigen Punktbestimmung häufig vorkommen, denn eine **parallele Ebene zur Bildebene durch das Projektionszentrum O (= Verschwindungsebene) kann durchaus den Ursprung des Objektkoordinatensystems enthalten oder nahezu enthalten.**

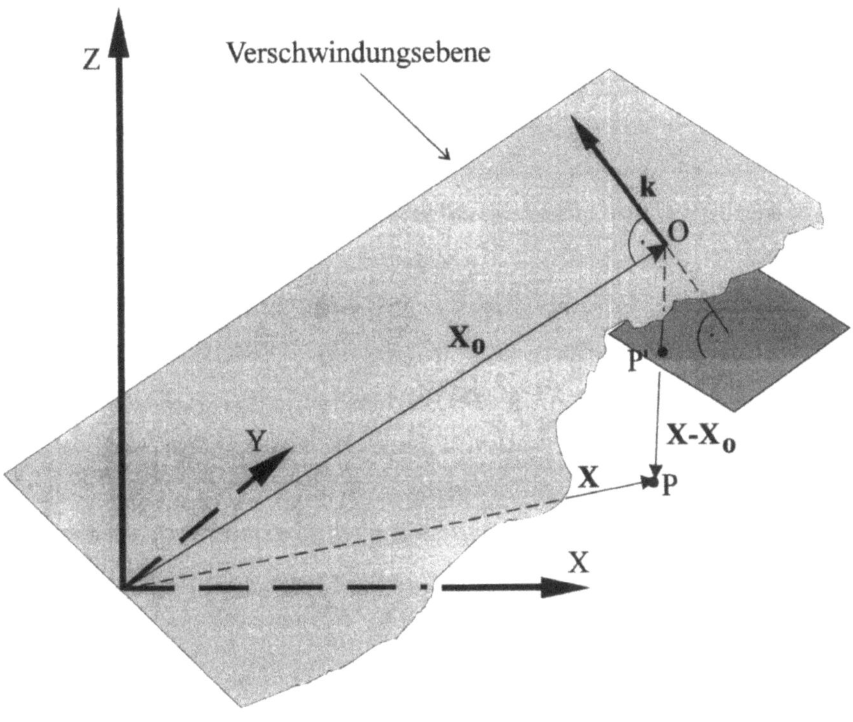

Figur 4.7-1: Verschwindungsebene

c) Häufig sind auch die **Grundgleichungen (4.7-4) der DLT auszuwerten**. Wenn dabei der Nenner Null oder nahezu Null wird, kommt es ebenfalls zu numerischen Problemen. Unter Beachtung der Beziehungen (4.7-6) lautet die Bedingung für kritische Konstellationen:

$$\boldsymbol{c}^T \cdot \boldsymbol{X} + 1 = 0 \quad \underset{\Rightarrow}{(4.7\text{-}6)} \quad -\frac{\boldsymbol{k}^T \cdot \boldsymbol{X}}{\boldsymbol{k}^T \cdot \boldsymbol{X}_0} + 1 = 0 \Rightarrow \boldsymbol{k}^T\boldsymbol{X} = \boldsymbol{k}^T\boldsymbol{X}_0 \qquad (4.7\text{-}11)$$

Diese Bedingung ist erfüllt, wenn (siehe Figur 4.7-1)

- der Vektor **X** und der Vektor $\mathbf{X}_0$ gleich oder nahezu gleich sind, was bei einem Ursprung des Objektkoordinatensystems weit außerhalb des Objektes auftreten kann, oder

- der Objektpunkt P in der Verschwindungsebene $\mathbf{k}^T(\mathbf{X}-\mathbf{X}_0) = 0$ liegt, was in der Praxis nicht vorkommen kann. (Diese in der Praxis nicht mögliche kritische Situation ist übrigens die einzige Möglichkeit, in der auch die Zentralprojektion versagen kann, wie man anhand der Gleichungen (4.7-1) erkennt.)

d) Ein mit der **DLT zu lösender Rückwärtsschnitt versagt, wenn alle Paßpunkte in einer Ebene liegen**, eine Konstellation, die in der Praxis verhältnismäßig häufig vorkommt. Bei dieser Konstellation sind nämlich die 11 Unbekannten der DLT nicht mehr voneinander unabhängig; das Gleichungssystem wird singulär, wenn die Paßpunkte exakt in einer Ebene liegen, oder es wird numerisch unsicher, wenn die Paßpunkte nahezu in einer Ebene liegen. Für den Spezialfall einer Bildebene parallel zur Objektebene haben wir die gegenseitige Abhängigkeit von Kamerakonstanten und Aufnahmeentfernung bereits aufgezeigt (Abschnitt A 2.4). Bei der DLT sind diese beiden Unbekannten auch implizit enthalten, sodaß es bei der DLT ebenfalls diese Abhängigkeiten geben muß, falls alle Paßpunkte in einer Ebene liegen.

Zusammenfassend ist zu sagen, daß mit der DLT sehr exotische Bilder elegant ausgewertet werden können. Solche Bilder können zum Beispiel wie folgt charakterisiert werden:

- Man kennt von ihnen keine Kamerakonstante.
- Der Bezug der Bildränder zum Format der Kamera ging verloren (beliebige Bildausschnitte).
- Sie weisen unbekannte unterschiedliche Maßstäbe in zwei Richtungen auf.
- Sie wurden mehrmals mit Umbildegeräten umphotographiert.

Voraussetzung für die DLT-Auswertung ist eine sehr hohe Anzahl von Paßpunkten bzw. Paßelementen. Ihre Anwendung ist bisweilen gefährlich, denn es gibt mehrere Konstellationen, die zu numerischen Problemen führen.

ZAHLENBEISPIEL: Gegeben sind von neun Paßpunkten die Bildträgerkoordinaten und die dreidimensionalen Objektkoordinaten. Gesucht sind die DLT-Parameter dieses Bildes. Da anschließend dieses Bild - gemeinsam mit mehreren anderen Bildern - mit den zentralperspektivischen Methoden weiterverarbeitet werden soll, sind für dieses Bild auch die Parameter der Zentralprojektion gefragt. Mit der **DLT kann man also auch Näherungswerte für eine konventionelle Bündeltriangulation bekommen**.

Punkte	Bildträgerkoordinaten (mm)		Paßpunktkoordinaten (m)		
	$\bar{x}$	$\bar{y}$	X	Y	Z
1	111.483	128.514	100.00	100.00	100.00
2	110.628	159.213	100.00	100.00	105.00
3	141.051	158.559	100.00	105.00	105.00
4	139.704	128.917	100.00	105.00	100.00
5	119.090	134.519	102.50	101.25	101.25
6	118.944	154.232	102.50	101.25	103.75
7	138.244	153.927	102.50	103.75	103.75
8	137.500	134.648	102.50	103.75	101.25
9	133.273	145.681	105.00	102.50	102.50

Mit den **18 (linearen) Verbesserungsgleichungen (4.7-8)** erhält man:

$a_1 = -0.97312 \pm 0.0010$ $\quad b_1 = -1.16571 \pm 0.0011$ $\quad c_1 = -0.008311 \pm 0.000008$
$a_2 = 0.61954 \pm 0.0013$ $\quad b_2 = 0.08971 \pm 0.0010$ $\quad c_2 = 0.000637 \pm 0.000007$
$a_3 = -0.16943 \pm 0.0007$ $\quad b_3 = 0.35620 \pm 0.0012$ $\quad c_3 = -0.001387 \pm 0.000006$
$a_4 = 62.7775 \pm 0.079$ $\quad b_4 = 84.0579 \pm 0.072$

Daraus kann man mittels der Gleichung (4.7-7) die **(Näherungs-)Werte für die Parameter der erweiterten Zentralprojektion** berechnen; auch die Angabe ihrer Genauigkeiten, die mittels des Fortpflanzungsgesetzes von Varianzen und Kovarianzen ermittelt wird, ist interessant:

$X_0 = 111.05 \pm 0.011$ m $\quad \alpha = 395.13 \pm 0.05$ gon $\quad x_0 = 122.09 \pm 0.05$ mm
$Y_0 = 100.99 \pm 0.004$ m $\quad \nu = 89.51 \pm 0.05$ gon $\quad y_0 = 129.57 \pm 0.06$ mm
$Z_0 = 102.00 \pm 0.004$ m $\quad \kappa = 99.98 \pm 0.01$ gon $\quad c = 64.30 \pm 0.07$ mm
$m = 0.99984 \pm 0.0003$
$d = 0.00027 \pm 0.0003$

Die **weiteren Iterationen** (siehe Fußnote zur Formel (4.7-8)) ergeben die folgenden DLT-Parameter:

$a_1 = -0.97302$ $\quad b_1 = -1.16564$ $\quad c_1 = -0.008311$
$a_2 = 0.61930$ $\quad b_2 = 0.08949$ $\quad c_2 = 0.000636$
$a_3 = -0.16928$ $\quad b_3 = 0.35630$ $\quad c_3 = -0.001385$
$a_4 = 62.7757$ $\quad b_4 = 84.0627$

Außerdem ergibt sich für die Genauigkeit einer gemessenen Bildkoordinate ein Wert von $\pm 7.2\ \mu m$; die Verbesserungen der 18 Koordinaten lauten:

$v_{1x} = -4.1\ \mu m$ $\quad v_{4x} = -1.8\ \mu m$ $\quad v_{7x} = 9.3\ \mu m$
$v_{1y} = 1.6\ \mu m$ $\quad v_{4y} = -2.5\ \mu m$ $\quad v_{7y} = 4.9\ \mu m$
$v_{2x} = -1.4\ \mu m$ $\quad v_{5x} = 9.1\ \mu m$ $\quad v_{8x} = -0.1\ \mu m$
$v_{2y} = -4.2\ \mu m$ $\quad v_{5y} = -1.4\ \mu m$ $\quad v_{8y} = 2.8\ \mu m$
$v_{3x} = -4.2\ \mu m$ $\quad v_{6x} = -0.4\ \mu m$ $\quad v_{9x} = -6.3\ \mu m$
$v_{3y} = -2.5\ \mu m$ $\quad v_{6y} = 5.7\ \mu m$ $\quad v_{9y} = -4.3\ \mu m$

In Anbetracht der zu erwartenden Koordinatenmeßgenauigkeit von $\pm 4\ \mu m$ wird eine **Objektivverzeichnung** vermutet. Wir erweitern deshalb den Ansatz (4.7-8) um ein Verzeichnungspolynom. Wir beschränken uns auf ein Polynom fünften Grades (Gleichung (5.2-10), wobei r_0 mit Null angenommen wird):

$$\begin{aligned} (\bar{x} - x_0) + v_x &= g_{14}(\bar{x} - x_0)((\bar{x} - x_0)^2 + (\bar{y} - y_0)^2)^2 + Xa_1 \ldots (\bar{x} - x_0)Xc_1 \ldots \\ (\bar{y} - y_0) + v_y &= g_{14}(\bar{y} - y_0)((\bar{x} - x_0)^2 + (\bar{y} - y_0)^2)^2 + Xb_1 \ldots (\bar{y} - y_0)Xc_1 \ldots \end{aligned} \qquad (4.7\text{-}12)$$

Diese Gleichungen vermischen die DLT-Parameter mit den beiden Parametern x_0 und y_0 der inneren Orientierung. Für die Verzeichnungskorrektur braucht man die Hauptpunktskoordinaten x_0 und y_0 aber nur sehr ungenau. Wir benutzen dafür die gemessenen Werte x_0 = 122 mm und y_0 = 130 mm, die sich auf die Bildmitte beziehen. Damit haben die Beobachtungsgleichungen (4.7-12) wieder eine lineare Form; die Unbekannten sind die 11 Parameter der DLT und der Verzeichnungskoeffizient g_{14}.

Mit den 18 (linearen) Verbesserungsgleichungen (4.7-12) für die 12 Unbekannten erhält man:

$$\begin{array}{llllll} a_1 = -0.98091 & & b_1 = -1.17438 & & c_1 = -0.008374 \\ a_2 = 0.62386 & & b_2 = 0.09251 & & c_2 = 0.000654 \\ a_3 = -0.16406 & & b_3 = 0.36373 & & c_3 = -0.001342 \\ a_4 = 62.6157 & & b_4 = 83.9246 & & g_{14} = 2.4 \cdot 10^{-9} \pm 7.7 \cdot 10^{-10} \end{array}$$

Die **weiteren Iterationen** (siehe Fußnote zur Formel (4.7-8)) bringen nur kleine Veränderungen in den DLT-Parametern, aber beachtliche Veränderungen in den Verbesserungen. Die Bandbreite der Verbesserungen reduziert sich von -6.3 - 9.3 auf -3.6 - 6.4. Die Genauigkeit einer gemessenen Bildkoordinate verbessert sich von $\pm 7.2\ \mu m$ auf $\pm 4.7\ \mu m$.

Zur projektiven Geometrie und insbesondere zur DLT gibt es sehr viel **Literatur**. Wir geben nur eine sehr kleine Auswahl an: Abdel-Aziz, Y., Karara, H.: ASP Symp. Close-Range Photogrammetry, University of Illinois, Urbana, pp. 1-18, 1971. Brandstätter, G.: ZPF 63, 189-199, 1995, und IAPR 29, part B3, pp. 701-706, Washington, 1992. Hådem, I.: In A. Grün, E. Baltsavias (Eds.), Proc. SPIE 1395, pp. 1016-1027, 1990. McGlone, J.: In Non-Topographic Photogrammetry, pp. 37-57, ASPRS, 1989. Naftel, A., Boot, J.: PE&RS 57, pp. 913-919, 1991. Niini, I.: Report of the Helsinki University of Technology, Inst. of Ph. and RS, 1994. Shih, T., Faig, W.: ASPRS Tech. Pap., ASPRS-ACSM Fall Convention, Reno, Nevada, pp. 385-394, 1987. Wrobel, B.: Tutorial Proceedings, Washington Congress of ISPRS, 1992.

4.7.2 Die Ermittlung der inneren und der relativen Orientierung mit Orthogonalitäts- und Ebenenbedingungen

Im Abschnitt 4.7.2.1 werden wir uns mit Amateuraufnahmen, deren innere Orientierung unbekannt ist, befassen. Die innere Orientierung kann - wie wir im Abschnitt 3.5.8 kennengelernt haben - im Rahmen eines Bündelblockausgleiches ermittelt werden. Dort ist allerdings das Hauptproblem, daß vorher Näherungswerte zu beschaffen sind. Im folgenden wird eine Methode vorgestellt, die **ohne Näherungswerte** und sogar ohne Paßpunkte auskommt. Sie nutzt Orthogonalitätsbedingungen am photographierten Objekt aus.

Im Abschnitt 4.7.2.2 wird ein Verfahren der relativen Orientierung angesprochen, das ebenfalls keine Näherungswerte braucht. Bei dieser Methode kann die innere Orientierung bekannt sein (Meßbilder) oder aus der Methode des Abschnittes 4.7.2.1 stammen (Amateurbilder).

4.7.2.1 Ermittlung der inneren Orientierung aus Orthogonalitätsbedingungen

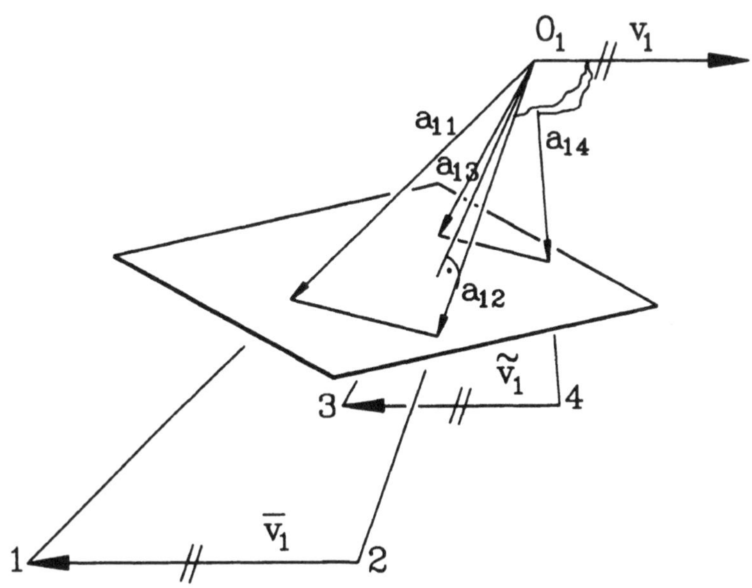

Figur 4.7-2: Ein Paar von parallelen Vektoren im Objektraum und dem dazu gegenparallelen Vektor durch das Projektionszentrum

Es wird zunächst **ein Paar von parallelen Strecken** - zum Beispiel vertikale oder horizontale Gebäudekanten - unterstellt (Figur 4.7-2). Die Bildkoordinaten der Endpunkte beider Strecken $\bar{v}_1$ und $\tilde{v}_1$ seien gemessen. Mit diesen Bildkoordinaten und den unbekannten Elementen der inneren Orientierung können die Komponenten der folgenden vier Verbindungsvektoren $\mathbf{a}_{1k}$ zwischen Projektionszentrum und den einzelnen Bildpunkten angegeben werden:

$$\boldsymbol{a}_{1k} = \begin{pmatrix} x_{1k} - x_0 \\ y_{1k} - y_0 \\ -c \end{pmatrix} \qquad k = 1(1)4 \qquad (4.7\text{-}13)$$

Sowohl die Vektoren $\mathbf{a}_{11},\mathbf{a}_{12},\bar{\mathbf{v}}_1$ als auch die Vektoren $\mathbf{a}_{13},\mathbf{a}_{14},\tilde{\mathbf{v}}_1$ liegen jeweils in einer Ebene. Diese Ebenen schneiden einander in einer Geraden durch das Projektionszentrum O. Diese Schnittgerade ist parallel zu den Vektoren $\bar{\mathbf{v}}_1$ und $\tilde{\mathbf{v}}_1$ (Figur 4.7-2). Den in dieser Schnittgeraden liegenden Vektor $\bar{\mathbf{v}}_1$ erhält man über die Normalvektoren der Ebene (0,1,2) und der Ebene (0,3,4):

$$\boldsymbol{v}_1 = (\boldsymbol{a}_{11} \times \boldsymbol{a}_{12}) \times (\boldsymbol{a}_{14} \times \boldsymbol{a}_{13}) \qquad (4.7\text{-}14)$$

Ist **im selben Bild ein zweites Vektorenpaar** $\bar{\mathbf{v}}_2,\tilde{\mathbf{v}}_2$, das orthogonal zum ersten Vektorenpaar $\bar{\mathbf{v}}_1,\tilde{\mathbf{v}}_2$ steht, abgebildet, so kann in analoger Weise mit den dazugehörigen vier Verbindungsvektoren $\mathbf{a}_{2k}$

$$\boldsymbol{a}_{2k} = \begin{pmatrix} x_{2k} - x_0 \\ y_{2k} - y_0 \\ -c \end{pmatrix} \qquad k = 1(1)4 \qquad (4.7\text{-}15)$$

ein Vektor

$$\boldsymbol{v}_2 = (\boldsymbol{a}_{21} \times \boldsymbol{a}_{22}) \times (\boldsymbol{a}_{24} \times \boldsymbol{a}_{23}) \qquad (4.7\text{-}16)$$

angegeben werden, der orthogonal zum Vektor $\mathbf{v}_1$ steht. Das skalare Produkt dieser beiden Vektoren beträgt Null:

$$\boldsymbol{v}_1 \cdot \boldsymbol{v}_2 = 0 \qquad (4.7\text{-}17)$$

Durch Einsetzen entlang der Folge (4.7-13),(4.7-14),(4.7-17) und entlang der Folge (4.7-15),(4.7-16),(4.7-17) findet man nach längeren Umformungen[1] folgende **lineare**

---

[1] Sie sind in der Veröffentlichung von Novak, K.: Geow. Mitt. der TU Wien, Heft 28, 1986, zu finden. Auch das noch folgende Beispiel entstammt dieser Veröffentlichung.

Gleichung für die beiden Hauptpunktskoordinaten x_0 und y_0 sowie für die Ersatzunbekannte $(x_0^2 + y_0^2 + c^2)$:

$$(l_{21}l_{12}+l_{11}l_{22})x_0+(l_{21}l_{13}+l_{11}l_{23})y_0+l_{11}l_{21}(x_0^2+y_0^2+c^2)+(l_{12}l_{22}+l_{13}l_{23}) = 0 \quad (4.7\text{-}18)$$

Die Größen l_{ik} hängen mit den Bildkoordinaten der insgesamt acht Punkte, wobei zwei Punkte identisch sein können, wie folgt zusammen:

$$\begin{aligned} l_{i1} &= (x_{i2}-x_{i1})(y_{i3}-y_{i4}) - (x_{i3}-x_{i4})(y_{i2}-y_{i1}) && i = 1(1)2 \\ l_{i2} &= (x_{i2}-x_{i1})(x_{i4}y_{i3}-x_{i3}y_{i4}) - (x_{i3}-x_{i4})(x_{i1}y_{i2}-x_{i2}y_{i1}) && i = 1(1)2 \quad (4.7\text{-}19) \\ l_{i3} &= (y_{i4}-y_{i3})(x_{i1}y_{i2}-x_{i2}y_{i1}) - (y_{i1}-y_{i2})(x_{i4}y_{i3}-x_{i3}y_{i4}) && i = 1(1)2 \end{aligned}$$

Zwei orthogonale Vektorenpaare liefern eine Gleichung (4.7-18). Ist zum Beispiel der Bildhauptpunkt bekannt (der Bildhauptpunkt liege im Mittelpunkt des Bildrahmenrechteckes), so erhält man mittels dieser Gleichung zunächst die Ersatzunbekannte $(x_0^2 + y_0^2 + c^2)$ und anschließend die unbekannte Kamerakonstante c. Sind alle drei Elemente der inneren Orientierung unbekannt, so braucht man drei Gleichungen (4.7-18). Die **insgesamt erforderlichen sechs Vektorenpaare**, wobei jeweils zwei Vektorenpaare im Raum orthogonal zueinander sein müssen, brauchen nicht alle im gleichen Bild vorzukommen: Wenn gewährleistet ist, daß zwischen den Aufnahmen die Fokussierung nicht verstellt wurde und daß sich die Bildkoordinaten immer auf den gleichen Bildrahmen beziehen, können **die jeweiligen zwei orthogonalen Vektorenpaare auf mehrere Bilder verteilt** sein.

BEISPIEL: Gegeben ist eine Photographie, die mit einer Hasselblad EL aufgenommen wurde. Man kennt von dieser Kamera die innere Orientierung nicht; außerdem existiert kein einziger Paßpunkt. Trotzdem können - zunächst - die Elemente der inneren und - wie wir weiter unten sehen werden - spezielle Elemente der äußeren Orientierung ermittelt werden. Das Charakteristische der Methoden ist, daß sie keine Näherungswerte für die Elemente der inneren und äußeren Orientierung benötigen. Die Methode zur Bestimmung der inneren Orientierung stützt sich auf die Information von sechs orthogonal im Objektraum stehenden Vektorenpaaren. Dafür wurden in dem Bild 4.7-3 folgende Kombinationen ausgewählt:

Die ersten beiden orthogonal stehenden Vektorenpaare:	9,10 und 12,11 stehen senkrecht auf 9,12 und 10,11
Weitere zwei orthogonal stehende Vektorenpaare:	1,2 und 14,13 stehen senkrecht auf 1,14 und 2,13
Weitere zwei orthogonal stehende Vektorenpaare:	1,14 und 2,13 stehen senkrecht auf 9,10 und 12,11

(4.7-20)

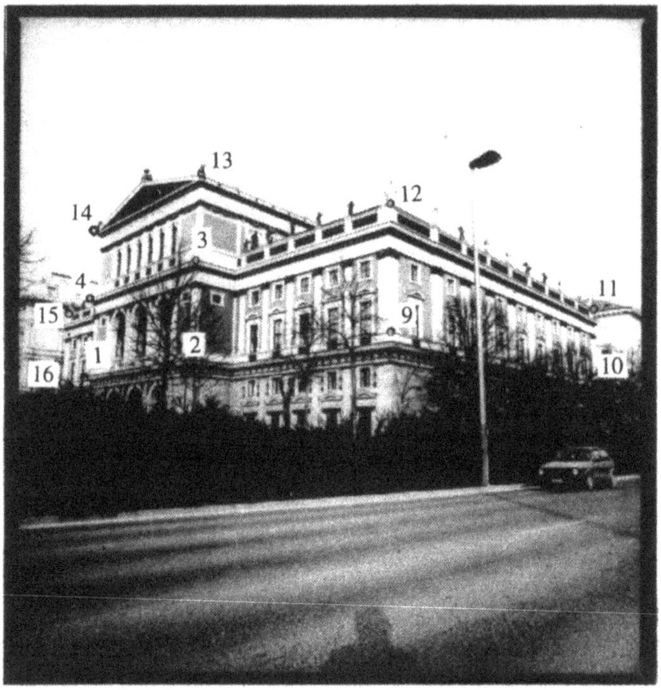

Bild 4.7-3: Hasselblad-Aufnahme des Musikvereinsgebäudes in Wien

Aus den orthogonal stehenden Vektorenpaaren (4.7-20) wurden drei Gleichungen (4.7-18) für die beiden Unbekannten x_0 und y_0 sowie für die Ersatzunbekannte $(x_0^2 + y_0^2 + c^2)$ aufgestellt. Die Koeffizienten l_{ik} ergeben sich laut Beziehungen (4.7-19) aus den gemessenen Bildkoordinaten der Punkte 1,2,9,10,11,12,13,14. Mit Hilfe der gemessenen Punkte auf dem Bildrahmen (Figur A 3.6-1) wurden die Achsen des Bildkoordinatensystems parallel zum Bildrand und der Bildkoordinatenursprung in die Bildmitte gelegt. Das Auflösen der drei Gleichungen (4.7-18) ergab:

$x_0 = 0.53$ mm $\quad y_0 = -0.36$ mm $\quad c = 50.57$ mm

Für die Genauigkeit der Methode ist ausschlaggebend, daß einerseits die Vektoren sehr lang sind und daß andererseits die einzelnen Vektorenpaare stark konvergent abgebildet sind. Man muß also darauf achten, daß keine Objektkante parallel zur Bildebene liegt. Die Aufnahme 4.7-3 ist verhältnismäßig ungünstig; die vertikalen Gebäudekanten sind im Bild nicht stark konvergent. Man hätte die Aufnahme stärker neigen müssen. Eine detaillierte Betrachtung zu den gefährlichen Aufnahmeanordnungen und zur Genauigkeit der Methode findet man in der zur Gleichung (4.7-18) angegebenen Literatur.

VARIANTE DES BEISPIELS: Es soll noch demonstriert werden, daß man **nur die vier Eckpunkte eines (Objekt-)Rechteckes braucht, wenn sie in drei unterschiedlichen Bildern** abgebildet sind. Bild 4.7-4 zeigt die zweite Aufnahme. Auf die Wiedergabe der dritten Aufnahme wird verzichtet. Es wurde nur das (eigentlich zu kleine) Rechteck mit den Ecken

1,2,3,4 verwendet. Mit diesem Rechteck wurden zwei Paare paralleler Vektoren, die aufeinander orthogonal stehen, formuliert. Mit ihren jeweils acht Bildkoordinaten in den drei Bildern wurden für jede der drei Aufnahmen eine Gleichung (4.7-18) aufgestellt.

Das Ergebnis war: x_0 = -0.19 mm, y_0 = -0.69 mm, c = 51,81 mm.

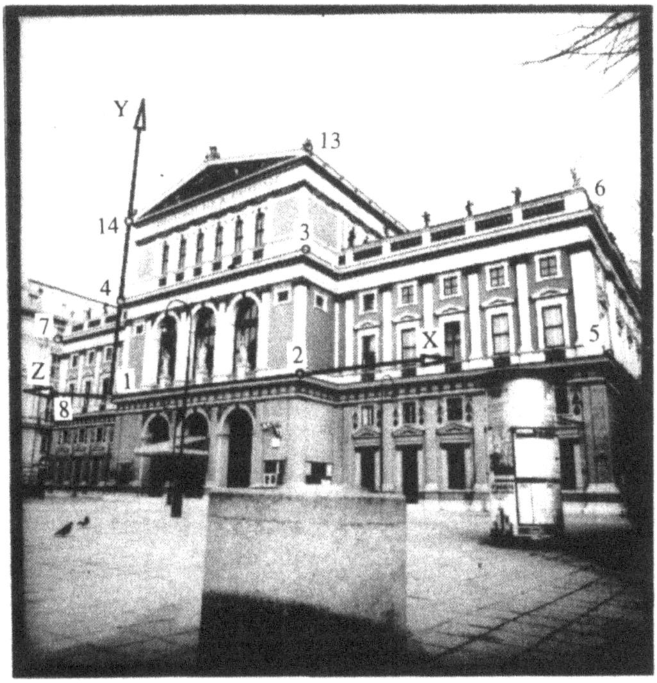

Bild 4.7-4: Zweite Hasselblad-Aufnahme mit der gleichen Fokussierung wie Bild 4.7-3

Zusätzliche Literatur zum Abschnitt 4.7.2.1: Ethrog, U.: Phia 39/1, pp. 13, 1984.

4.7.2.2 Relative Orientierung und Modellbildung

Wenn mindestens zwei Aufnahmen zur Bestimmung der inneren Orientierung (Abschnitt 4.7.2.1) beteiligt waren, ist man noch an der relativen Orientierung eines solchen Bildpaares und an der Modellbildung interessiert. Für die relative Orientierung benötigt man bekanntlich fünf Paare homologer Punkte. Wenn man allerdings unterstellt, daß es **vier Punkte** im Modellraum gibt, die **in einer Ebene** liegen, **genügen** - bei bekannter innerer Orientierung - diese vier Punkte für die relative Orientierung. Die von W. Wunderlich[1] gefundene Lösung hat noch zusätzlich den Vorteil, daß sie **ohne Näherungswerte** auskommt. Die beiden Bilder dürfen auch stark vom Normalfall abweichen.

---

[1] Mitt. der TU Graz, Folge 40, S. 365-377, 1982.

Wenn man zwei Aufnahmen in den Lösungsprozeß zur Bestimmung der inneren Orientierung entsprechend Abschnitt 4.7.2.1 einbezogen hat, gibt es mehrere Vektorenpaare, deren vier Punkte jeweils in einer Ebene liegen. Bei dem Beispiel am Ende des Abschnittes 4.7.2.1 mit den Bildern 4.7-3 und 4.7-4 bieten sich die vier Punkte 1,2,13,14 an. Das dreidimensionale Modellkoordinatensystem ist im Bild 4.7-4 eingezeichnet. In bezug zu diesem Modellkoordinatensystem ergaben sich folgende Orientierungselemente, wobei die Strecke $\overline{12}$ mit 22.85 m für die Maßstabsbestimmung des Modelles eingeführt wurde:

	X_0 [m]	Y_0 [m]	Z_0 [m]	ω [gon]	ϕ [gon]	κ [gon]
Bild 4.7-3	68.6	-7.9	30.5	14.0	46.0	-9.0
Bild 4.7-4	47.9	-8.2	31.8	19.2	37.0	-9.3

Der Algorithmus für diese interessante Methode, auf den wir im Abschnitt A 6.2.2 im Zusammenhang mit der Entzerrung von Schrägaufnahmen bereits gestoßen sind, ist in der am Ende dieses Abschnittes angegebenen Literatur zu finden. In diesem Algorithmus ist auch die Modellbildung, die selbstverständlich auch auf Punkte außerhalb der Ebene 1,2,13,14 ausgedehnt werden kann, enthalten. Ein Vergleich mit einer strengen Bündelblockausgleichung ergab für dieses Beispiel eine Genauigkeit für die Modellkoordinaten von ± 2 cm, obwohl die Orientierungselemente verhältnismäßig ungenau herausgekommen sind.

Zusätzliche Literatur zum Abschnitt 4.7.2.2: Kager, H., Kraus, K., Novak, K.: BuL 53, S. 43-53, 1985.

Zusammenfassend ist zum Abschnitt 4.7.2 zu sagen, daß mit diesen Methoden

- die Photogrammetrie - wie beim Bündelblock mit freier Netzausgleichung (Abschnitt B 4.6.3) - unabhängig von Paßpunkten wird (es ist lediglich eine Strecke zur Maßstabsbestimmung am Objekt zu messen),
- die Freihandphotographie mit Amateurkameras (mit drei unbekannten Elementen der inneren Orientierung) und mit Teilmeßkameras (mit einer unbekannten Kamerakonstanten) aufgewertet wird,
- photogrammetrisch nicht geschultes Personal für die Aufnahme eingesetzt werden kann (im allgemeinen ist es nämlich leichter, mehrere Aufnahmen zu machen als Paßpunkte einzumessen),
- die Näherungswerte für die an sich genauere und zuverlässigere Bündelblockausgleichung gefunden werden können,
- die Orientierungsdaten für Photomontagen, d.h. die Zusammenführung einer realistischen Photographie mit einem geplanten Objekt für eine Visualisierung (Abschnitt C 1.7.4), gefunden werden können.

5. AUSWERTEVERFAHREN FÜR DIE GROSSRÄUMIGE PUNKTBESTIMMUNG

Eine großräumige Punktbestimmung beginnt im allgemeinen mit einer Bildflugmission. Dabei werden die Luftbilder schematisch angeordnet, in der Regel mit etwa 60% Längsüberdeckung und etwa 25% Querüberdeckung (Abschnitte A 3.7 und A 3.8). Die Auswertung eines solchen schematischen Bildverbandes kann entweder mittels einer Blockausgleichung mit unabhängigen Modellen (Abschnitt 5.1) oder mittels einer Bündelblockausgleichung (Abschnitt 5.2) erfolgen. Im Abschnitt 5.3 werden photogrammetrische Bildverbände behandelt, die mit Positionierungssatelliten gestützt werden. Bei einer großräumigen Punktbestimmung müssen - im Gegensatz zur kleinräumigen Punktbestimmung - die Erdkrümmung und die Verzerrungen der Landeskoordinatensysteme beachtet werden. Auf diese Problemstellung wird im Abschnitt 5.4 eingegangen.

5.1 Blockausgleichung mit unabhängigen Modellen

Die **Eingabedaten** für die Blockausgleichung mit unabhängigen Modellen sind die Modellkoordinaten der relativ orientierten Modelle und die Landeskoordinaten der Paßpunkte. Die relativen Orientierungen werden in der Regel mit gemessenen Bildkoordinaten durchgeführt (Abschnitt A 4.2.3.1). Zu jedem relativ orientierten Modell gehören auch die beiden Projektionszentren (Abschnitt A 5.2.2).

Die gesamte Blockausgleichung soll - ausgehend von den Eingabedaten - automatisch ablaufen. Zunächst (Abschnitt 5.1.1) wird eine Lösung dieses Problemes angegeben, die abwechselnd Lage- und Höhenblockausgleichungen vornimmt. Es ist eine Näherungslösung, aber sehr automationsfreundlich. Im Abschnitt 5.1.2 wird auf die strenge räumliche Blockausgleichung mit unabhängigen Modellen eingegangen.

5.1.1 Wechselweise Lage- und Höhenblockausgleichungen

Sofern die xy-Ebene der einzelnen Modellkoordinatensysteme und die XY-Ebene des Landeskoordinatensystems etwa parallel sind ($\omega = d\omega$, $\phi = d\phi$) - wie bei der Luftbildphotogrammetrie üblich - lautet die räumliche Drehmatrix **R** (A(2.2-1-6) oder A(2.2-1-7)) für die Transformation der **Modell**koordinaten in die Landeskoordinaten:

$$\boldsymbol{R} = \begin{pmatrix} \cos\kappa & -\sin\kappa & d\phi \\ \sin\kappa & \cos\kappa & -d\omega \\ d\omega\sin\kappa - d\phi\cos\kappa & d\phi\sin\kappa + d\omega\cos\kappa & 1 \end{pmatrix} \qquad (5.1\text{-}1)$$

5.1.1.1 Lageblockausgleichung

Die Beobachtungsgleichungen für die Lageblockausgleichung erhält man aus der räumlichen Ähnlichkeitstransformation (3.4-2) dadurch, daß man

- den Bezugspunkt p_0 im jeweiligen lokalen Koordinatensystem, d.h. im jeweiligen Modellkoordinatensystem, in den Koordinatenursprung verlegt ($\mathbf{x}_0 = \mathbf{0}$, $\mathbf{X}_0$ sind die Landeskoordinaten des Ursprunges des jeweiligen Modellkoordinatensystems),
- die Gleichung (3.4-2) von links mit der Drehmatrix **R** multipliziert,
- die Gleichung (3.4-2) mit der Maßstabszahl m multipliziert,
- als Drehmatrix **R** die Spezialform (5.1-1) verwendet,
- in der Drehmatrix (5.1-1) $d\omega$ und $d\phi$ vernachlässigt und
- sich auf die ersten beiden Gleichungen einer räumlichen Ähnlichkeitstransformation beschränkt.

Insbesondere wegen den zuletzt angesprochenen Vernachlässigungen wird eine Lageblockausgleichung mit etwas geneigten Modellen verfälschte Ergebnisse liefern. Wir bezeichnen daher die Unbekannten einer Lageblockausgleichung mit einem hochgestellten Nullindex. Die Beobachtungsgleichungen für einen **Paßpunkt** lauten daher mit dessen bekannten Landeskoordinaten $\overline{\mathrm{X}}$ und $\overline{\mathrm{Y}}$, die bei der Lageblockausgleichung als Beobachtungen fungieren:

$$\begin{aligned} \overline{X} + v_X &= \underline{X_0^0} + x\cdot\underline{m^0}\cdot\cos\underline{\kappa^0} - y\cdot\underline{m^0}\cdot\sin\underline{\kappa^0} \\ \overline{Y} + v_Y &= \underline{Y_0^0} + x\cdot\underline{m^0}\cdot\sin\underline{\kappa^0} + y\cdot\underline{m^0}\cdot\cos\underline{\kappa^0} \end{aligned} \qquad (5.1\text{-}2)$$

Diese nichtlinearen Beobachtungsgleichungen kann man - wie bereits im Abschnitt A 5.2.1 ausgeführt - durch die Substitutionen

$$\begin{aligned} m^0\cdot\cos\kappa^0 &= a^0 \\ m^0\cdot\sin\kappa^0 &= b^0 \end{aligned} \qquad (5.1\text{-}3)$$

in eine lineare Form bringen:

$$\begin{aligned} \bar{X} + v_X &= \underline{X_0^0} \quad + x\cdot\underline{a^0} - y\cdot\underline{b^0} \\ \bar{Y} + v_Y &= \quad \underline{Y_0^0} + y\cdot\underline{a^0} + x\cdot\underline{b^0} \end{aligned} \tag{5.1-4}$$

Die Beobachtungsgleichungen für einen **Neu**- bzw. **Verknüpfungspunkt** lauten (es sind zwei Beobachtungsgleichungen, die ihre Wurzel in der impliziten Form der Ähnlichkeitstransformation $\mathbf{0} = \mathrm{m}\cdot\mathbf{R}\cdot\mathbf{x} + \mathbf{X}_0 - \mathbf{X}$ haben):

$$\begin{aligned} \bar{0} + v_X &= \underline{X_0^0} \quad + x\cdot\underline{a^0} - y\cdot\underline{b^0} - \underline{X^0} \\ \bar{0} + v_Y &= \quad \underline{Y_0^0} + y\cdot\underline{a^0} + x\cdot\underline{b^0} \quad - \underline{Y^0} \end{aligned} \tag{5.1-5}$$

In den Beobachtungsgleichungen (5.1-4) und (5.1-5), die eine **verkettete ebene Ähnlichkeitstransformation** definieren, wurden die Unbekannten der Ausgleichung nach vermittelnden Beobachtungen unterstrichen. Die Beobachtungsgleichungen (5.1-4) und (5.1-5) sind linear. Eine Lageblockausgleichung kann daher ohne Kenntnis von Startwerten für die Unbekannten durchgeführt werden. Die Lageblockausgleichung liefert (Näherungs-)Koordinaten X^0 und Y^0 für alle Neupunkte im Blockverband sowie (Näherungs-)Werte für die Parameter a^0 und b^0 aller Modelle, die mittels der Beziehungen (5.1-3) in (Näherungs-)Werte für die Maßstabszahlen m^0 und Verkantungen κ^0 umgerechnet werden können.

Weitere Details zur Lageblockausgleichung wurden im Abschnitt A 5.2.1 bereits angegeben. Dort findet man auch ein Beispiel sowie Hinweise zum rationellen Aufstellen und Lösen der Normalgleichungen.

5.1.1.2 Höhenblockausgleichung

Die Beobachtungsgleichungen für die Höhenblockausgleichung erhält man aus der räumlichen Ähnlichkeitstransformation dadurch, daß man nur die dritte Gleichung benutzt und die am Beginn des Abschnittes 5.1.1 angegebenen Umformungen beziehungsweise Spezialisierungen entsprechend interpretiert. Die Beobachtungsgleichung für einen **Paßpunkt** mit seiner bekannten Höhe $\bar{Z}$, die bei der Höhenblockausgleichung als Beobachtung fungiert, lautet:

$$\begin{aligned} \bar{Z} + v_Z = \underline{Z_0^0} &+ m^0(x\cdot\sin\kappa^0 + y\cdot\cos\kappa^0)\underline{d\omega} \\ &- m^0(x\cdot\cos\kappa^0 - y\cdot\sin\kappa^0)\underline{d\phi} + m^0\cdot z \end{aligned} \tag{5.1-6}$$

Die Größen m^0 und κ^0 sind aus der Lageblockausgleichung mit genügender Genauigkeit für jedes Modell bekannt. Die Lageblockausgleichung liefert auch Näherungskoordinaten X_0^0 und Y_0^0 für den Ursprung des jeweiligen Modellkoordinatensystems und Näherungskoordinaten X^0 und Y^0 für die (Höhen-)Paßpunkte. Unter Beachtung der Gleichungen (5.1-3) und (5.1-5) kann daher die Beobachtungsgleichung (5.1-6) wie folgt angeschrieben werden:

$$\bar{Z} + v_Z = \underline{Z_0^0} + (Y^0 - Y_0^0)\underline{d\omega} - (X^0 - X_0^0)\underline{d\phi} + m^0 \cdot z \qquad (5.1\text{-}7)$$

Die Beobachtungsgleichung für einen **Neu-** bzw. **Verknüpfungspunkt** lautet (in Anlehnung an die Gleichungen (5.1-5)):

$$\bar{0} + v_Z = \underline{Z_0^0} + (Y^0 - Y_0^0)\underline{d\omega} - (X^0 - X_0^0)\underline{d\phi} - \underline{Z^0} + m^0 \cdot z \qquad (5.1\text{-}8)$$

In den Beobachtungsgleichungen (5.1-7) und (5.1-8) wurden die Unbekannten der Ausgleichung nach vermittelnden Beobachtungen unterstrichen. In den Beobachtungsgleichungen treten die linearisierten Unbekannten $d\omega$ und $d\phi$ auf. Bei größeren Neigungen der Modelle liefert daher eine Ausgleichung mit den Beobachtungsgleichungen (5.1-7) und (5.1-8) nur Näherungswerte für die Neigungen ω und ϕ der Modelle. Es sind daher mehrere Iterationen erforderlich, die zwischen einer Lage- und einer Höhenblockausgleichung abwechseln. Ein Zahlenbeispiel für solche wechselweise Lage- und Höhenblockausgleichungen würde den Umfang eines Vorlesungsmanuskriptes sprengen. Wir beschränken uns daher im folgenden Kapitel auf ein Zahlenbeispiel für wechselweise Lage- und Höheneinpassungen eines Einzelmodelles. Daraus werden auch die wichtigsten Prinzipien für wechselweise Lage- und Höhenblockausgleichungen ersichtlich.

Vor diesem Zahlenbeispiel ist noch die Sonderstellung der **Projektionszentren** bei wechselweisen Lage- und Höhenblockausgleichungen zu erörtern. Sie wird aus dem Sachverhalt verständlich, daß die Projektionszentren ja nur zur Stabilisierung der Höhe einen nennenswerten Beitrag leisten können. In der Auswahl der Beobachtungsgleichungen drückt sich das dadurch aus, daß bei der Lageblockausgleichung **keine** Beobachtungsgleichungen für die Projektionszentren angesetzt werden. Bei den Höhenblockausgleichungen werden für jedes Projektionszentrum in jedem Modell zusätzlich zur Beobachtungsgleichung (5.1-8) noch die beiden Beobachtungsgleichungen (5.1-5) hinzugefügt, die eine Verknüpfung der Projektionszentren in den XY-Koordinaten besorgen.

Literatur zu den Abschnitten 5.1.1.1 und 5.1.1.2: Ackermann, F., Ebner, H., Klein, H.: BuL 38, 218-224, 1970, Ph.Eng.39, p.967, 1973. Juliá, J.: BuL 53, 55-62, 1985.

5.1.1.3 Wechselweise Lage- und Höheneinpassungen eines Einzelmodelles

Wechselweise Lage- und Höheneinpassungen lösen auch die Aufgabe der rechnerischen absoluten Orientierung. Für die rechnerische absolute Orientierung wurde im Abschnitt A 4.2.3.7 bereits eine Lösung angegeben, die aber von Näherungswerten startet und deshalb nicht sehr automationsfreundlich ist. Wir greifen das Zahlenbeispiel des Abschnittes A 4.2.3.7 nochmals auf.

ZAHLENBEISPIEL: Gegeben sind die Modellkoordinaten von vier Vollpaßpunkten und von einem der vielen Neupunkte:

	23	24	50	51	45
x	0.303532	0.192638	0.303848	0.204120	0.246931 m
y	0.595068	0.602834	0.403493	0.434574	0.594227 m
z	0.034298	0.034116	0.026903	0.036672	0.034676 m

Gegeben sind auch die Landeskoordinaten der vier Vollpaßpunkte:

	23	24	50	51
X	3321.65	3402.84	1776.75	2043.11 m
Y	1167.56	2061.10	1196.79	1996.72 m
Z	579.48	576.80	493.19	574.62 m

Gesucht sind:

- die Parameter der absoluten Orientierung,
- Genauigkeitsmaße für die Lage- und Höheneinpassung und
- die endgültigen Landeskoordinaten des Neupunktes 45.

1. Lageeinpassung (1. Iteration)

(5.1-4):

$$
\begin{aligned}
v_{X23} &= X_0^{(1)} + 0.303532a^{(1)} - 0.595068b^{(1)} - 3321.65\\
v_{Y23} &= Y_0^{(1)} + 0.595068a^{(1)} + 0.303532b^{(1)} - 1167.56\\
v_{X24} &= X_0^{(1)} + 0.192638a^{(1)} - 0.602834b^{(1)} - 3402.84\\
v_{Y24} &= Y_0^{(1)} + 0.602834a^{(1)} + 0.192638b^{(1)} - 2061.10\\
v_{X50} &= X_0^{(1)} + 0.303848a^{(1)} - 0.403493b^{(1)} - 1776.75\\
v_{Y50} &= Y_0^{(1)} + 0.403493a^{(1)} + 0.303848b^{(1)} - 1196.79\\
v_{X51} &= X_0^{(1)} + 0.204120a^{(1)} - 0.434574b^{(1)} - 2043.11\\
v_{Y51} &= Y_0^{(1)} + 0.434574a^{(1)} + 0.204120b^{(1)} - 1996.72
\end{aligned}
$$

Nach Einführung von reduzierten Koordinaten $\bar{x},\bar{y},\bar{X},\bar{Y}$, die sich auf die Schwerpunkte x_s, y_s, X_s, Y_s beziehen, ergeben sich die Unbekannten direkt aus den bekannten Formeln der **Helmerttransformation**:

$$
a^{(1)} = \frac{[\bar{X}\bar{x} + \bar{Y}\bar{y}]}{[\bar{x}^2 + \bar{y}^2]}, \quad b^{(1)} = \frac{[\bar{Y}\bar{x} - \bar{X}\bar{y}]}{[\bar{x}^2 + \bar{y}^2]}, \quad X_0^{(1)} = X_s - a^{(1)}x_s + b^{(1)}y_s, \quad Y_0^{(1)} = Y_s - a^{(1)}y_s - b^{(1)}x_s
$$

Ergebnis der Helmerttransformation:

$$a^{(1)} = -165.481 \qquad \tan\kappa^{(1)} = \frac{b}{a} \rightarrow \kappa^{(1)} = 298.6943\ gon$$

$$b^{(1)} = -8067.398 \quad \rightarrow \quad m^{(1)} = \sqrt{a^2 + b^2} = 8069.095$$

$$X_0^{(1)} = -1428.611\ m, \qquad Y_0^{(1)} = 3714.971\ m$$

Genäherte Landeskoordinaten $\mathbf{X}^{(1)}$ der vier Vollpaßpunkte:

$$\boldsymbol{X}^{(1)} = \boldsymbol{X}_0^{(1)} + m^{(1)}\boldsymbol{R}^{(1)}\boldsymbol{x}$$

mit $Z_0^{(1)} = \omega^{(1)} = \phi^{(1)} = 0$

$$\boldsymbol{R}^{(1)} = \begin{pmatrix} -0.020508 & 0.999790 & 0 \\ -0.999790 & -0.020508 & 0 \\ 0 & 0 & 1 \end{pmatrix}$$

	23	24	50	51
$X^{(1)}$	3321.812	3402.814	1776.248	2043.494 m
$Y^{(1)}$	1167.784	2061.126	1196.937	1996.339 m

1. Höheneinpassung (2. Iteration)

(5.1-7): $$v_Z = Z_0^{(2)} + (Y^{(1)} - Y_0^{(1)})\, d\omega^{(2)} - (X^{(1)} - X_0^{(1)})d\phi^{(2)} - (\bar{Z} - m^{(1)}z)$$

$$v_{Z23} = Z_0^{(2)} - 2547.187\ d\omega^{(2)} - 4750.423\ d\phi^{(2)} - 302.726$$

$$v_{Z24} = Z_0^{(2)} - 1653.845\ d\omega^{(2)} - 4831.425\ d\phi^{(2)} - 301.515$$

$$v_{Z50} = Z_0^{(2)} - 2518.034\ d\omega^{(2)} - 3204.859\ d\phi^{(2)} - 276.107$$

$$v_{Z51} = Z_0^{(2)} - 1718.632\ d\omega^{(2)} - 3472.105\ d\phi^{(2)} - 278.710$$

Ergebnis: $Z_0^{(2)} = 214.750\ m, \quad d\omega^{(2)} = -0.1714\ gon, \quad d\phi^{(2)} = -1.0859\ gon$

Genäherte Landeskoordinaten $\mathbf{X}^{(2)}$ der vier Paßpunkte:

$$\boldsymbol{X}^{(2)} = \boldsymbol{X}_0^{(2)} + m^{(2)}\boldsymbol{R}^{(2)}\boldsymbol{x}$$

mit $X_0^{(2)} = X_0^{(1)}, \quad Y_0^{(2)} = Y_0^{(1)}, \quad m^{(2)} = m^{(1)}$

$$R^{(2)} = dR_{\omega^{(2)}\phi^{(2)}} \cdot R^{(1)} = \begin{pmatrix} 0.999855 & 0.000000 & -0.017057 \\ 0.000046 & 0.999996 & 0.002692 \\ 0.017057 & -0.002692 & 0.999851 \end{pmatrix} R^{(1)} = \begin{pmatrix} -0.020505 & 0.999644 & -0.017057 \\ -0.999787 & -0.020462 & 0.002692 \\ 0.002342 & 0.017109 & 0.999851 \end{pmatrix}$$

Hinweis: Obwohl es sich um kleine Winkel handelt, wird die Drehmatrix $dR_{\omega^{(2)}\phi^{(2)}}$ - um den Punkthaufen nicht zu deformieren und um auch größere Drehungen "er-iterieren" zu können - mittels des strengen Bildungsgesetzes A(2.2-1-6) für Drehmatrizen aufgestellt.

	23	24	50	51
$X^{(2)}$	3316.398	3397.413	1772.077	2037.939 m
$Y^{(2)}$	1168.758	2062.095	1197.679	1997.302 m
$Z^{(2)}$	579.350	576.858	493.246	574.468 m

2. Lageeinpassung (3. Iteration)

(5.1-4):

$$\begin{aligned}
v_{X23} &= dX_0^{(3)} + 3316.398a^{(3)} - 1168.758b^{(3)} - 3321.65 \\
v_{Y23} &= dY_0^{(3)} + 1168.758a^{(3)} + 3316.398b^{(3)} - 1167.56 \\
v_{X24} &= dX_0^{(3)} + 3397.413a^{(3)} - 2062.095b^{(3)} - 3402.84 \\
v_{Y24} &= dY_0^{(3)} + 2062.095a^{(3)} + 3397.413b^{(3)} - 2061.10 \\
v_{X50} &= dX_0^{(3)} + 1772.077a^{(3)} - 1197.679b^{(3)} - 1776.75 \\
v_{Y50} &= dY_0^{(3)} + 1197.679a^{(3)} + 1772.077b^{(3)} - 1196.79 \\
v_{X51} &= dX_0^{(3)} + 2037.939a^{(3)} - 1997.302b^{(3)} - 2043.11 \\
v_{Y51} &= dY_0^{(3)} + 1997.302a^{(3)} + 2037.939b^{(3)} - 1996.72
\end{aligned}$$

Ergebnis der Helmerttransformation:

$a^{(3)} = 1.000309 \qquad d\kappa^{(3)} = -0.0169\ gon$

$b^{(3)} = -0.000265 \qquad (1+dm^{(3)}) = 1.000309 \rightarrow m^{(3)} = m^{(1)}(1+dm^{(3)}) = 8071.588$

Genäherte Landeskoordinaten $X^{(3)}$ der vier Paßpunkte:

$$X^{(3)} = X_0^{(3)} + m^{(3)}R^{(3)}x$$

mit

$$R^{(3)} = dR_{\kappa^{(3)}} \cdot R^{(2)} = \begin{pmatrix} 1.000000 & 0.000265 & 0 \\ -0.000265 & 1.000000 & 0 \\ 0 & 0 & 1 \end{pmatrix} R^{(2)} = \begin{pmatrix} -0.020770 & 0.999639 & -0.017057 \\ -0.999782 & -0.020727 & 0.002697 \\ 0.002342 & 0.017109 & 0.999851 \end{pmatrix}$$

$$X_0^{(3)} = X_s - m^{(3)}R^{(3)}x_s$$

$$X_0^{(3)} = -1424.177, \qquad Y_0^{(3)} = 3715.784\ m, \qquad Z_0^{(3)} = 214.686\ m$$

	23	24	50	51
$X^{(3)}$	3321.625	3402.902	1776.833	2042.990 m
$Y^{(3)}$	1167.525	2061.117	1196.864	1996.665 m
$Z^{(3)}$	579.399	576.906	493.269	574.515 m

2. Höheneinpassung (4. Iteration)

(5.1-7):
$$v_z = dZ_0^{(4)} + (Y^{(3)} - Y_0^{(3)})\, d\omega^{(4)} - (X^{(3)} - X_0^{(3)}) d\phi^{(4)} - (Z - Z^{(3)})$$
$$v_{Z23} = dZ_0^{(4)} - 2548.259\ d\omega^{(4)} - 4745.802\ d\phi^{(4)} - 0.081$$
$$v_{Z24} = dZ_0^{(4)} - 1654.667\ d\omega^{(4)} - 4827.079\ d\phi^{(4)} + 0.106$$
$$v_{Z50} = dZ_0^{(4)} - 2518.920\ d\omega^{(4)} - 3201.010\ d\phi^{(4)} + 0.079$$
$$v_{Z51} = dZ_0^{(4)} - 1719.119\ d\omega^{(4)} - 3467.167\ d\phi^{(4)} - 0.105$$

Ergebnis: $d\omega^{(4)} = -0.0016\ gon, \qquad d\phi^{(4)} = 0.0012\ gon$

Genäherte Landeskoordinaten $\mathbf{X}^{(4)}$ der vier Paßpunkte und - da hier die Iteration abgebrochen wird - auch des Neupunktes 45:

$$\mathbf{X}^{(4)} = \mathbf{X}_0^{(4)} + m^{(4)} \mathbf{R}^{(4)} \mathbf{x}$$

mit $m^{(4)} = m^{(3)}$

$$\mathbf{R}^{(4)} = d\mathbf{R}_{\omega^{(4)}\phi^{(4)}} \cdot \mathbf{R}^{(3)} = \begin{pmatrix} 1.000000 & 0.000000 & 0.000008 \\ 0.000000 & 1.000000 & 0.000013 \\ -0.000008 & -0.000013 & 1.000000 \end{pmatrix} \mathbf{R}^{(3)} = \begin{pmatrix} -0.020770 & 0.999639 & -0.017049 \\ -0.999782 & -0.020727 & 0.002710 \\ 0.002355 & 0.017101 & 0.999851 \end{pmatrix}$$

$$\mathbf{X}_0^{(4)} = \mathbf{X}_s - m^{(4)} \mathbf{R}^{(4)} \mathbf{x}_s$$

$$X_0^{(4)} = -1424.177, \qquad Y_0^{(4)} = 3715.785\ m, \qquad Z_0^{(4)} = 214.695\ m$$

	23	24	50	51	45
$X^{(4)}$	3321.63	3402.90	1776.84	2042.99	3324.28 m
$Y^{(4)}$	1167.53	2061.12	1196.87	1996.67	1624.43 m
$Z^{(4)}$	579.40	576.90	493.28	574.52	581.26 m

Die Gegenüberstellung der Koordinaten $\mathbf{X}^{(4)}$ und $\mathbf{X}$ ergibt folgende Restklaffungen an den vier Vollpaßpunkten:

	23	24	50	51
v_X	2	-6	-9	12 cm
v_Y	3	-2	-8	5 cm
v_Z	8	-10	-9	10 cm

Diese Restklaffungen entsprechen den in den Gleichungen (5.1-4) und (5.1-7) enthaltenen Verbesserungen v_X, v_Y und v_Z. Diese Verbesserungen - wie übrigens auch die Verbesserungen in den Gleichungen (5.1-5) und (5.1-8) - sind zwar im Landeskoordinatensystem ausgedrückt; sie rühren aber in der Regel von den fehlerhaften Modellkoordinaten her. Aus diesen Verbesserungen bekommt man also eine Schätzung für die Genauigkeit der Modellkoordinaten - zunächst ausgedrückt im Landeskoordinatensystem. Da es sich um zwei unabhängige Ausgleichungen handelt, fällt einerseits die Genauigkeit der xy-Modellkoordinaten und andererseits die Genauigkeit der z-Modellkoordinate an:

Mittlerer Fehler einer beobachteten x- bzw. y-Modellkoordinate:

$$\hat{\sigma}_{0,XY} = \sqrt{\frac{v_X^T v_X + v_Y^T v_Y}{8-4}} = \begin{array}{ll} \pm 9.6\ \text{cm} & \text{ausgedrückt im Landeskoordinatensystem} \\ \pm 0.012\ \text{mm} & \text{ausgedrückt im Modellkoordinatensystem} \\ \pm 10\ \mu\text{m} & \text{ausgedrückt im Bild } (m_b = 10\,000) \end{array}$$

Mittlerer Fehler einer beobachteten z-Modellkoordinate:

$$\hat{\sigma}_{0,Z} = \sqrt{\frac{v_Z^T v_Z}{4-3}} = \begin{array}{ll} \pm 18.6\ \text{cm} & \text{ausgedrückt im Landeskoordinatensystem} \\ \pm 0.023\ \text{mm} & \text{ausgedrückt im Modellkoordinatensystem} \\ \pm 19\ \mu\text{m} & \text{ausgedrückt im Bild } (m_b = 10\,000) \end{array}$$

Die kleinen Differenzen in den Endresultaten zwischen diesem Zahlenbeispiel und dem Zahlenbeispiel des Abschnittes A 4.2.3.7 rühren daher, daß der Punkt 51 im ersten Zahlenbeispiel nur als Höhenpaßpunkt und im zweiten Zahlenbeispiel als Vollpaßpunkt benutzt wurde. Auch abgesehen von dieser unterschiedlichen Behandlung des Punktes 51 können die Ergebnisse der beiden Berechnungen nicht identisch sein: **Bei wechselweisen Lage- und Höheneinpassungen** liefern nämlich die beobachteten z-Koordinaten keinen Beitrag zur Maßstabsbestimmung, im Gegensatz zur **Einpassung mit einer 7-Parametertransformation**[1], wie man die Lösung des Abschnittes A 4.2.3.7 gerne bezeichnet. Auch die wechselweise **Lage- und Höhenblockausgleichung** ist - aus den gleichen Gründen - keine strenge Lösung. Auf die strenge räumliche Blockausgleichung mit unabhängigen Modellen wird deshalb im folgenden Abschnitt eingegangen.

---

[1] Die Einzelmodelleinpassung mittels linearisierter 7-Parametertransformation reduziert sich auf die Auflösung eines Gleichungssystems mit drei Unbekannten (Details siehe Abschnitt B 3.6 der beiden älteren Auflagen dieses Lehrbuches).

AUFGABE 5.1-1: Man wiederhole das Zahlenbeispiel in diesem Abschnitt unter der Annahme, daß vom Punkt 51 nur die Z-Koordinate (Höhenpaßpunkt) bekannt sei.

5.1.2 Räumliche Blockausgleichung mit unabhängigen Modellen

Die verkettete 7-Parameter-Transformation, d.h. drei Translationen und drei Parameter für die räumliche Drehmatrix sowie ein Maßstabsfaktor für jedes einzelne lokale Koordinatensystem, ist in dem bereits erläuterten mathematischen Basismodell enthalten (Abschnitt 3.5.2). Offen ist nur die Frage geblieben, wie man für einen Verband relativ orientierter Modelle zweckmäßigerweise die **Näherungswerte** für die Unbekannten erhält.

Luftbilder werden in der Regel genähert senkrecht aufgenommen, sodaß $\omega^0 = \phi^0 = 0$ gesetzt werden kann. Die Verkantung für alle Modelle eines Flugstreifens - manchmal sogar eines gesamten Modellblockverbandes - ist genähert gleich. Dieser Winkel κ^0 kann den Unterlagen für die Flugplanung entnommen werden.

Die genäherte **Modellmaßstabszahl** m^0 kann der Bildmaßstabszahl m_b, die aus der genäherten Flughöhe und der Kamerakonstanten berechnet werden kann, gleichgesetzt werden. Voraussetzung dafür ist allerdings, daß man bei der rechnerischen Modellbildung mit den Bildkoordinaten für die Modellbasis die Bildbasis - in der Regel 10 cm - wählt. (Weitere Details siehe am Ende des Abschnittes A 4.2.3.1).

Jetzt fehlen nur noch **Näherungswerte für die Landeskoordinaten der Nullpunkte der einzelnen Modellkoordinatensysteme.** Wenn man bei der rechnerischen Modellbildung den Ursprung des Modellkoordinatensystems in den Aufnahmeort eines der beiden Bilder legt, entsprechen die $X_0^0Y_0^0Z_0^0$-Koordinaten der Modellkoordinatennullpunkte den $X_0Y_0Z_0$-Koordinaten der Aufnahmeorte der Luftbilder. Die $X_0^0Y_0^0$-Koordinaten können deshalb den Unterlagen der Flugplanung bzw. der nach dem Flug angefertigten Flugübersicht entnommen werden; die Z_0^0-Koordinate entspricht der absoluten Flughöhe.

Automationsfreundlichere Ermittlungen der Näherungswerte für die räumliche Blockausgleichung mit unabhängigen Modellen sind:

- Direkte Übernahme genäherter äußerer Orientierungselemente der Lufbilder vom GPS (Global Positioning System) und/oder vom Trägheitsnavigationssystem (INS) (Abschnitt A 3.7).
- Übernahme der Ergebnisse von wechselweisen Lage- und Höhenblockausgleichungen (Abschnitt 5.1.1), die bekanntlich ohne Näherungswerte als Startwerte auskommen.
- Übernahme der Ergebnisse einer verketteten 12-Parameter-Transformation, die von der

linearen Transformation (4.2-1) ausgeht und die ebenfalls keine Näherungswerte als Startwerte benötigt.

AUFGABE 5.1-2: Man überlege sich das Beobachtungsgleichungssystem für eine verkettete 12-Parameter-Transformation.

5.2 Bündelblockausgleichung

Die Bündelblockausgleichung wurde im Abschnitt A 5.3 bereits behandelt. Offen geblieben ist das Problem der rationellen Beschaffung von Näherungswerten für die Unbekannten. Außerdem ist es angebracht, auf eine effiziente Auflösung der großen Gleichungssysteme näher einzugehen. Ein Kapitel über Genauigkeiten (5.2.3) und ein Kapitel über die Wahl der zusätzlichen Parameter (5.2.4) runden das gesamte Thema "Bündelblockausgleichung" ab.

5.2.1 Beschaffung von Näherungswerten

Bei Luftaufnahmen mit etwa lotrechter Aufnahmerichtung kann man als Näherungswerte für die Neigungen $\omega^0 = \phi^0 = 0$ wählen. Der Näherungswert κ^0, der für alle Bilder paralleler Flugstreifen gleich angenommen werden kann, kann den Unterlagen der Flugplanung bzw. der nach dem Bildflug angefertigten Flugübersicht entnommen werden. Die genäherte Drehmatrix für die Stellung eines Bildes lautet daher:

$$\boldsymbol{R} = \begin{pmatrix} \cos\kappa^0 & -\sin\kappa^0 & 0 \\ \sin\kappa^0 & \cos\kappa^0 & 0 \\ 0 & 0 & 1 \end{pmatrix} \tag{5.2-1}$$

Mit dieser Drehmatrix kann man die noch fehlenden Näherungskoordinaten X_0^0, Y_0^0, Z_0^0 für die Projektionszentren und die noch fehlenden Näherungskoordinaten X^0, Y^0, Z^0 für die Neupunkte mittels der Methode bestimmen, die im Abschnitt 4.1.1 angegeben wurde. Die Gleichung (4.1-1) vereinfacht sich für einen **Verband von Luftbildern** mit der Drehmatrix (5.2-1) auf folgende Weise:

$$\begin{aligned} c\cdot\cos\kappa^0\cdot\underline{X_0^0} + c\cdot\sin\kappa^0\cdot\underline{Y_0^0} + x\cdot\underline{Z_0^0} - c\cdot\cos\kappa^0\cdot\underline{X^0} - c\cdot\sin\kappa^0\cdot\underline{Y^0} - x\cdot\underline{Z^0} &= 0 \\ -c\cdot\sin\kappa^0\cdot\underline{X_0^0} + c\cdot\cos\kappa^0\cdot\underline{Y_0^0} + y\cdot\underline{Z_0^0} + c\cdot\sin\kappa^0\cdot\underline{X^0} - c\cdot\cos^0\cdot\underline{Y^0} - y\cdot\underline{Z^0} &= 0 \end{aligned} \tag{5.2-2}$$

Jeder gemessene Bildpunkt liefert zwei von diesen Gleichungen. Die Unbekannten wurden in den Gleichungen (5.2-2) unterstrichen. Gehört ein Bildpunkt zu einem Festpunkt, so erhält man ebenfalls zwei Gleichungen von der Bauart (5.2-2); allerdings bilden dann die letzten drei Terme gemeinsam das jeweilige Absolutglied. Bei einem Verband von Luftbildern bekommt man mehr Gleichungen als Unbekannte, sodaß eine Kleinste-Quadrate-Ausgleichung mit den Gleichungen (5.2-2), die in diesem Fall als lineare Verbesserungsgleichungen dienen, vorgenommen werden kann. Ein Zahlenbeispiel, das die Kleinste-Quadrate-Ausgleichung demonstriert, findet man im Abschnitt 4.1.1.

AUFGABE 5.2-1: Man vereinfache die Gleichungen (5.2-2) für einen West-Ost-Flug, d.h. $\kappa^0 = 0$ und für einen Ost-West-Flug, d.h. $\kappa^0 = 200$ gon. Die daraus erhaltenen Beziehungen sind auch geometrisch zu interpretieren.

Eine **zweite Möglichkeit** zur Beschaffung von Näherungswerten für die Bündelblockausgleichung besteht darin, daß man **wechselweise Lage- und Höhenblockausgleichungen** mit unabhängigen Modellen (Abschnitt 5.1.1) vornimmt.

Eine **dritte Möglichkeit** ist die sogenannte DLT (**direkte lineare Transformation**), die im Abschnitt 4.7.1 behandelt wurde.

5.2.2 Auflösen der Normalgleichungen

Eine Bündelblockausgleichung liefert ein Normalgleichungssystem mit folgender Struktur (Abschnitt A 5.3.2, A 5.3.3 und A 5.3.4):

$$\begin{pmatrix} N_{11} & N_{12} \\ N_{12}^T & N_{22} \end{pmatrix} \begin{pmatrix} x_1 \\ x_2 \end{pmatrix} = \begin{pmatrix} n_1 \\ n_2 \end{pmatrix} \tag{5.2-3}$$

Darin sind $\mathbf{x}_1$ die unbekannten Elemente der äußeren Orientierung der Bilder und $\mathbf{x}_2$ die unbekannten Koordinaten der Neupunkte. Die linke obere Matrix $\mathbf{N}_{11}$ ist eine **Hyperdiagonalmatrix mit Submatrizen von jeweils 6 x 6 Elementen**, entsprechend den sechs Elementen der unbekannten äußeren Orientierung eines jeden Bildes. Die rechte untere Matrix $\mathbf{N}_{22}$ ist ebenfalls eine **Hyperdiagonalmatrix mit Submatrizen von jeweils 3 x 3 Elementen**, entsprechend den drei unbekannten Koordinaten eines jeden Neupunktes.

Die Inversion einer Hyperdiagonalmatrix ist besonders einfach: Jede Submatrix kann getrennt für sich invertiert werden. Man erhält deshalb ohne nennenswerten Rechenaufwand ein Normalgleichungssystem, das **um die Neupunktskoordinaten $\mathbf{x}_2$ reduziert** ist:

$$(N_{11} - N_{12}N_{22}^{-1}N_{12}^T)x_1 = n_1 - N_{12}N_{22}^{-1}n_2 \tag{5.2-4}$$

Die Auflösung dieses reduzierten Normalgleichungssystems kann bei sehr großen Bildverbänden nur mit sehr hohem Rechen- und Speicheraufwand bewältigt werden. Im folgenden geben wir zwei Methoden an, die das erheblich entschärfen. Diese beiden Methoden sind bei **Bildverbänden mit parallelen Flugstreifen** optimal anwendbar. Liegt diese Voraussetzung nicht vor, muß die im Abschnitt 4.4 angegebene **Sparse-Technologie** eingesetzt werden. Die Sparse-Technologie ist bei der Anwendung auf Bildverbände mit parallelen Flugstreifen in der Regel aufwendiger als die folgenden beiden Verfahren.

5.2.2.1 Mit Bandmatrix

In diesem Fall muß man die Null-Elemente im reduzierten Normalgleichungssystem (5.2-4) so anordnen, daß sie bei der Speicherung und Gleichungsauflösung unberücksichtigt bleiben können. Die von Null verschiedenen Elemente bilden eine Bandmatrix, die sich bei der Gleichungsauflösung nicht vergrößert (Abschnitt 4.4.3). Bei einem Bildverband von 2 x 8 = 16 Bildern bekommt man für die Normalgleichungsmatrix (5.2-4) eine Bandbreite von 36 Unbekannten (= 6 Bilder x 6 Elemente der äußeren Orientierung je Bild), wenn man bei 60% Längs- und 25% Querüberdeckung die Bilder quer zur Flugrichtung fortlaufend numeriert (Figur 5.2-1, rechts). Würde man dagegen die fortlaufende Numerierung längs der Flugstreifen vornehmen, bekäme man eine Bandbreite von 66 Unbekannten (Figur 5.2-1, links).

Der **Rechenaufwand** für die Auflösung des Systems (5.2-4) ist bei Nichtberücksichtigung der Bandstruktur proportional zu

$$(\text{Unbekannte})^3 = (16 \times 6)^3 = 96^3 = 884\,736$$

und bei Berücksichtigung der Bandstruktur (Figur 5.2-1, rechts) zu

$$(\text{Bandbreite})^2 \times \text{Unbekannte} = 36^2 \times 96 = 124\,416.$$

Bereits bei diesem kleinen Bildverband macht sich also die Berücksichtigung der Bandstruktur bezahlt.

AUFGABE 5.2-2: Man überlege sich die Bandbreite für einen rechteckigen Block von 5 x 20 = 100 Bildern und man schätze ab, inwieweit sich die Ausnutzung der Bandstruktur beim Lösen des um die Neupunktskoordinaten reduzierten Normalgleichungssystems auswirkt.

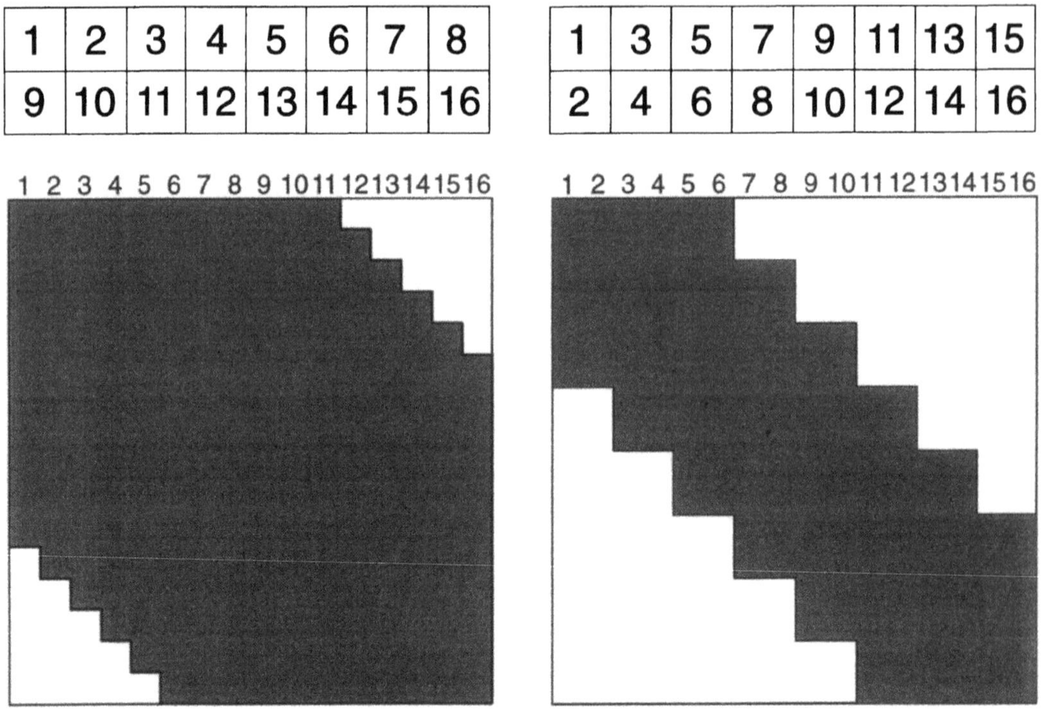

Figur 5.2-1: Bildverband und Bandmatrix
links: Numerierung längs der Flugstreifen
rechts: Numerierung quer zu den Flugstreifen

5.2.2.2 Mit geränderter Hyperdiagonalmatrix

Bei diesem Verfahren[1] versucht man, die Unbekannten so anzuordnen, daß auch im reduzierten Normalgleichungssystem (5.2-4) Submatrizen einer Hyperdiagonalmatrix entstehen. Eine Anordnung nur mit einer Hyperdiagonalmatrix gelingt allerdings nicht; es verbleibt zusätzlich ein ziemlich stark besetzter Zeilen- und Spaltenrand. Die Methode mit geränderter Hyperdiagonalmatrix, so heißt die Methode mit **Hyperdiagonalmatrix und Zeilen- sowie Spaltenrand**, ist bei quadratischen Bildverbänden günstiger als die im vorhergehenden Abschnitt erläuterte Methode mit einer reinen Bandmatrix.

---

[1] Meissl, P.: A priori prediction of roundoff error accumulation during the direct solution of a superlarge geodetic normal equation system. NOAA-Professional Paper, 1978.

Die Methode mit geränderter Hyperdiagonalmatrix wird an dem kleinen Beispiel des Abschnittes 5.2.2.1 mit zwei Flugstreifen erläutert. Die unbekannten äußeren Orientierungselemente der Bilder 1 bis 6 werden am Beginn des reduzierten Normalgleichungssystems (5.2-4) angeordnet; daran schließen die unbekannten äußeren Orientierungselemente jener Bilder an, die mit den Bildern 5 und 6 keine gemeinsamen Punkte haben, in unserem Fall die Bilder 11 bis 16. Die unbekannten äußeren Orientierungselemente der dazwischenliegenden Bilder - also die Bilder 7 bis 10 - werden an den Rand des reduzierten Normalgleichungssystems (5.2-4) gebracht. Die Figur 5.2-2 demonstriert in anschaulicher Weise die Anordnung der geränderten Hyperdiagonalmatrix.

1	3	5	7	9	11	13	15
2	4	6	8	10	12	14	16

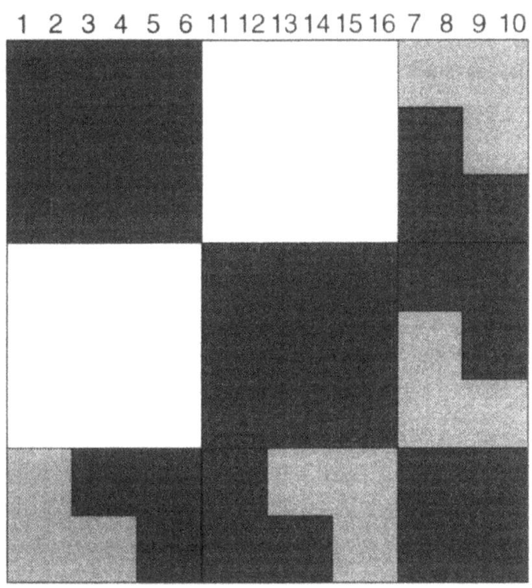

Figur 5.2-2: Bildverband und geränderte Hyperdiagonalmatrix

Die Reduktion dieser geränderten Hyperdiagonalmatrix beschränkt sich auf die beiden Submatrizen auf der Hauptdiagonalen und auf den Spalten-Rand.

5.2.3 Bemerkungen zur Genauigkeit

Im Abschnitt A 5.3.6 haben wir bereits festgestellt, daß die Genauigkeit der Bündelblockausgleichung und die der Ausgleichung mit unabhängigen Modellen den gleichen Gesetzen gehorchen. Diese Genauigkeitsgesetze wurden im Abschnitt A 5.2.3 ausführlich genug dargestellt. Sie stützen sich auf die Genauigkeit im "Einzelmodell". Für die Blockausgleichung mit unabhängigen Modellen ist die Genauigkeit des Einzelmodelles im Abschnitt A 4.4.1.1 wiedergegeben. Für die Bündelblockausgleichung wurden - ohne Begründung - ebenfalls bereits Werte für **signalisierte Punkte** im "Einzelmodell" angegeben (Abschnitt A 5.3.6):

Lage:	$\sigma_{X,Y}$	**= ±3 μm x Bildmaßstabszahl** m_B	
Höhe:	σ_Z	**= ±0.03 ‰ der Aufnahmeentfernung (SW - WW)**	(5.2-5)[1]
		= ±0.04 ‰ der Aufnahmeentfernung (ÜWW)	

In diesem Abschnitt soll eine Begründung für die etwa um den Faktor zwei bessere Genauigkeit der Bündelblockausgleichung gegenüber der Blockausgleichung mit unabhängigen Modellen - bei gleicher Paßpunktanordnung - nachgeholt werden.

Genauigkeiten können theoretisch mittels des allgemeinen Fehlerfortpflanzungsgesetzes **oder empirisch ermittelt werden.** Empirisch ermittelte Genauigkeitsmaße entstehen aus dem Vergleich der Koordinaten einer praktisch durchgeführten photogrammetrischen Punktbestimmung (Istwerte) mit den Koordinaten aus einer wesentlich genaueren Kontrollmessung (Sollwerte). Die empirischen Genauigkeitsergebnisse enthalten **alle** Fehlereinflüsse. Sie werden deshalb vom Praktiker besonders geschätzt. Empirische Genauigkeitsuntersuchungen haben aber den Nachteil, daß jedem einzelnen Versuch (= Experiment) zufällige Einflüsse anhaften. Theoretische Genauigkeitsangaben haben auf der anderen Seite den Nachteil, daß sie die Realität in der Regel nicht genügend erfassen. In Abhängigkeit von der Problemstellung sind deshalb empirische oder theoretische Genauigkeiten oder eine Mischung von beiden anzugeben. Im folgenden werden die Ergebnisse einer repräsentativen empirischen Genauigkeitsuntersuchung[2] bekanntgegeben.

---

[1] Für künstliche Punkte (Abschnitt 2.3) und für Punkte, die nur mit Bildkoordinaten fixiert sind (Abschnitt 2.4) kann bei sehr sorgfältiger Arbeit diese Genauigkeit ebenfalls erreicht werden. Für minder gut definierte natürliche Punkte ist ein entsprechender Zuschlag für die Definitionsunsicherheit vorzunehmen (Abschnitt A 4.4.1.1).

[2] E. Stark: in "Numerische Photogrammetrie" von F. Ackermann, Sammlung Wichmann, Neue Folge Band 5, 201-224, 1973

In einem **Testgebiet** mit signalisierten Punkten wurden 47 Modelle in einem Bildmaßstab 1:10 500 mit einer Zeiss RMK 15/23 erflogen. Die Koordinaten der signalisierten Punkte im übergeordneten Koordinatensystem waren mit einer Genauigkeit von ± 1 cm bekannt. Die Bildkoordinaten wurden in einem Präzisionskomparator gemessen; die übliche Bildkoordinatenbereinigung wurde durchgeführt.

5.2.3.1 Empirische Genauigkeiten im relativ und absolut orientierten Modell

Zunächst werden aus der eben erwähnten, umfangreichen empirischen Untersuchung **repräsentative Genauigkeiten für ein Einzelmodell nach einer rechnerischen relativen und rechnerischen absoluten Orientierung mit vier Vollpaßpunkten** in den Modellecken angegeben. Diese Genauigkeitsangaben sind repräsentativ für das Einzelmodell, auf die sich die Genauigkeitsgesetze für die Blockausgleichung mit unabhängigen Modellen beziehen ($\sigma_{X,Y}$ und σ_Z im Abschnitt A 4.4.1 bzw. $\sigma_{M,L}$ und $\sigma_{M,Z}$ im Abschnitt A 5.2.3). Aus einer großen Anzahl von Differenzen zwischen den Soll- und Istwerten ergaben sich folgende **mittlere Koordinatenfehler eines relativ und absolut orientierten Modelles**:

$$\begin{aligned} \hat{\sigma}_X &= \pm 5.1\ \mu\text{m x Bildmaßstabszahl } m_B \\ \hat{\sigma}_Y &= \pm 7.7\ \mu\text{m x Bildmaßstabszahl } m_B \\ \hat{\sigma}_Z &= \pm 0.061\ \text{‰ der Flughöhe bzw. der Kamerakonstanten c} \end{aligned} \quad (5.2\text{-}6)$$

Daraus und aus anderen empirischen Genauigkeitsuntersuchungen können folgende Schlüsse gezogen werden:

- **Die Y-Koordinaten sind ungenauer als die X-Koordinaten.** Da die Lagefehler vorzugsweise etwa radial von der Modellmitte aus verlaufen und die Y-Ausdehnung größer ist als die X-Ausdehnung, sind die Y-Koordinaten stärker verfälscht.
- Für **grobe Abschätzungen** des mittleren Fehlers einer X- bzw. Y-Koordinate im Einzelmodell gilt $\boldsymbol{\sigma_{X,Y} = \pm 6\ \mu m}$ mal Bildmaßstabszahl m_B (wie in der Beziehung A (4.4-1) bereits vorweggenommen).
- Für **grobe Abschätzungen** des mittleren Höhenfehlers im Einzelmodell gilt $\boldsymbol{\sigma_Z = \pm 0.06‰}$ der Flughöhe (wie in der Beziehung A(4.4-1) bereits vorweggenommen).

Interessant ist die **Verteilung der Genauigkeit innerhalb des Einzelmodelles**. Sie ist in der Figur 5.2-3 wiedergegeben. Infolge der Symmetrie der Genauigkeitsstruktur zu den beiden Mittellinien des Modelles wurden die Genauigkeitsangaben auf ein Viertel des Modelles bezogen. Innerhalb des Modellviertels wurden sechs repräsentative Punkte ausgewählt.

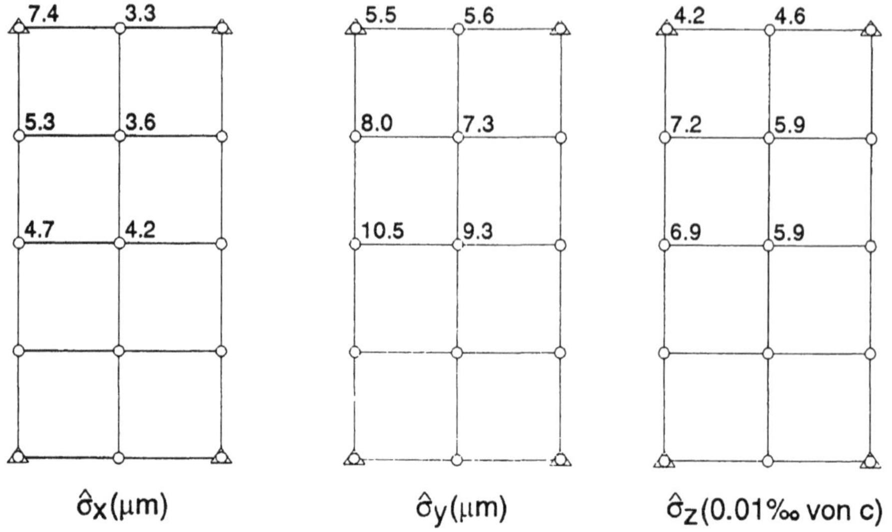

Figur 5.2-3: Empirische mittlere Koordinatenfehler nach einer relativen und absoluten Orientierung (in μm bezogen auf das Bild)

Die Genauigkeitsunterschiede im Einzelmodell erreichen den Faktor zwei, das entspricht einem Faktor vier für die Gewichtsunterschiede. Die Genauigkeitsunterschiede kann man - unter anderem - aus zwei einander widerstrebenden Prinzipien erklären: Einerseits kann die Photogrammetrie als Interpolationsmethode der Neupunkte mit Hilfe der Paßpunkte als Stützpunkte aufgefaßt werden; nach diesem Prinzip muß die Ungenauigkeit der Neupunkte mit der Entfernung von den Paßpunkten zunehmen. Andererseits nimmt die Ungenauigkeit der Photogrammetrie infolge abnehmender photographischer Auflösung etc. vom Bildmittelpunkt zum Bildrand hin ab; nach diesem Prinzip muß die Ungenauigkeit am Modellrand am größten sein.

5.2.3.2 Empirische Genauigkeitsangaben einer Doppelbildeinschaltung mit und ohne zusätzliche Parameter

In diesem Kapitel werden repräsentative Genauigkeiten für ein Einzelmodell angegeben, das durch Doppelbildeinschaltung (Abschnitt A 5.3.7.2) mit vier Vollpaßpunkten entstanden ist. Ein Vergleich mit den Genauigkeiten eines relativ und absolut orientierten Modelles (Abschnitt 5.2.3.1) gibt zunächst darüber Aufschluß, welcher Genauigkeitsverlust durch die zweistufige Lösung (Abschnitt A 4.2.3) im Vergleich zur Ausgleichung in einem Guß (Abschnitt A 4.2.2) entsteht.

Aus den zahlreichen Differenzen zwischen Soll- und Istwerten ergaben sich folgende **mittlere Koordinatenfehler** für die **Doppelbildeinschaltung**:

$$\hat{\sigma}_X = \pm 4.7\ \mu m \text{ x Bildmaßstabszahl } m_B$$
$$\hat{\sigma}_Y = \pm 5.8\ \mu m \text{ x Bildmaßstabszahl } m_B \qquad (5.2\text{-}7)$$
$$\hat{\sigma}_Z = \pm 0.070\ ‰ \text{ der Flughöhe bzw. der Kamerakonstanten c}$$

Die Doppelbildeinschaltung, also die Umwandlung der Bildkoordinaten in Objektkoordinaten in einem Guß, bringt gegenüber der zweistufigen Orientierung für die X-Koordinaten eine Genauigkeitssteigerung von etwa 10% und - was besonders wichtig ist - für die Y-Koordinaten von etwa 25%. Die Genauigkeitsverschlechterung in der Höhe ist wohl auf die zwangsläufigen Unzulänglichkeiten einer empirischen Genauigkeitsuntersuchung zurückzuführen.

Eine Analyse der Koordinatenfehler mittels der im Band 3 angegebenen Methode erlaubt eine Aufspaltung des Gesamtfehlers in seinen systematischen Anteil σ_s und seinen unregelmäßigen Anteil σ_r nach der Formel

$$\sigma = \sqrt{\sigma_s^2 + \sigma_r^2} \qquad (5.2\text{-}8)$$

Diese Analyse ergab folgende Werte:

	X(μm)	Y(μm)	Z(‰ von c)
σ	±4.7	±5.8	±0.070
σ_s	±4.1	±5.0	±0.063
σ_r	±2.4	±2.8	±0.029

Tab. 5.2-4: Empirische mittlere Koordinatenfehler der Doppelbildeinschaltung und ihre systematischen (σ_s) und ihre unregelmäßigen (σ_r) Anteile.

Die Koordinatenfehler enthalten einen sehr hohen systematischen Anteil; diese systematischen Fehler bewirken Korrelationskoeffizienten bis etwa 0.8. Solange in einem Endergebnis größere systematische Anteile enthalten sind, ist das "System", m.a.W. das mathematische Modell, zu verbessern. Die Doppelbildeinschaltung baut auf den Kollinearitätsgleichungen auf. Die physikalische Wirklichkeit, die bei der Entstehung eines Meßbildes vorliegt, kann - wie bereits im Abschnitt 3.5.6 ausgeführt - offensichtlich nur unzulänglich mit einer Zentralprojektion und der standardmäßigen Bildkoordinatenbereinigung (Abschnitt A 4.3.5) erfaßt werden.

Die Rest-Verzeichnung, der Rest-Filmverzug und die Rest-Refraktion sind mit zusätzlichen Parametern, worauf im Abschnitt 3.5.6 bereits grundsätzlich eingegangen wurde und wozu im Abschnitt 5.2.4 noch spezielle Hinweise gegeben werden, zu modellieren. Die zusätzlichen Parameter sorgen dafür, daß die systematischen Fehleranteile verschwinden und nur noch die unregelmäßigen Fehleranteile übrig bleiben. Die unregelmäßigen Fehleranteile sind sozusagen die **Schallmauer** der photogrammetrischen Punktbestimmung mit den gegenwärtigen photographischen Meßbildern.

In die Genauigkeitsgesetze für die Bündelblockausgleichung können wir deshalb die Zahlenwerte der letzten Zeile der Tab. 5.2-4, die wir in gerundeter Form mit den Beziehungen (5.2-5) im voraus angegeben haben, als "Einzelmodellgenauigkeit" einführen.

ZAHLENBEISPIEL: Gegeben ist ein quadratischer Block mit 24 Streifen und 48 Modellen innerhalb der einzelnen Streifen. Bildmaßstab 1:5000. Gesucht ist die Lagegenauigkeit signalisierter Punkte des Bündelblockes mit
a) 4 Paßpunkten in den Blockecken und
b) 16 gleichmäßig am Blockrand verteilten Paßpunkten.

Einzelmodellgenauigkeit (5.2-5): $\sigma_{X,Y} = 0.003 \cdot 5000 = \pm 1.5$ cm
Blockgenauigkeit für den Fall a)
(4. Gleichung A(5.2-12)): $\sigma_{B,X,Y} = (0.47 + 0.25 \cdot 24) \cdot 1.5 = \pm 9.7$ cm
Blockgenauigkeit für den Fall b)
(2. Gleichung A(5.2-12): $\sigma_{B,X,Y} = (0.83 + 0.02 \cdot 24) \cdot 1.5 = \pm 2.0$ cm

5.2.3.3 Empirische Genauigkeit des Einzelmodelles in Abhängigkeit vom Bildmaßstab und vom Kameratyp

Nach Bekanntgabe dieser empirischen Ergebnisse liegt die Frage auf der Hand, inwieweit sich die **Genauigkeitsangaben in Abhängigkeit vom Bildmaßstab** ändern. In zahlreichen empirischen Genauigkeitsuntersuchungen[1] mit unterschiedlichen Bildmaßstäben konnte nachgewiesen werden, daß die **Genauigkeit bezogen auf das Bild etwa konstant bleibt**, d.h. durch Vergrößerung des Bildmaßstabes kann die Genauigkeit der photogrammetrischen Punktbestimmung beliebig gesteigert werden. Diese Aussage gilt nicht nur für die in der Luftbildmessung üblichen Bildmaßstäbe, sondern auch in den extrem großen Bildmaßstäben der terrestrischen Photogrammetrie. Dieses Genauigkeitsgesetz, das durch Veränderung der Aufnahmeentfernung eine dem jeweiligen Problem angepaßte Genauigkeit erlaubt, wird nur bei der Luftbildvermessung mit Bildmaßstäben größer als 1:5000 durch die aufkommende **Bewegungsunschärfe** etwas beeinträchtigt. Die heutzutage (fast) selbstverständliche Bewegungskompensation (Abschnitt A 3.3.5) beseitigt diese Einschränkung mehr oder weniger.

---

[1] u.a. Förstner W. und Gönnenwein H.: AVN 79, 271-281, 1972.

Die nächste anstehende Frage betrifft den **optimalen Bildwinkel**, d.h. wie verändert sich die Genauigkeit - bei **gleichem Bildmaßstab** - unter Verwendung verschiedener Kameratypen (NW, WW, ÜWW). Aus den zum Teil widersprüchlichen empirischen Genauigkeitsuntersuchungen[1] kann abgelesen werden:

- Die **Lagegenauigkeit** wird **vom Kameratyp nicht nennenswert beeinflußt**. (ÜWW-Aufnahmen sind etwas ungenauer als schmalwinkelige Aufnahmen.)
- Die **Höhengenauigkeit - ausgedrückt in ‰ der Flughöhe - ist nahezu konstant**, d.h. die Genauigkeitssteigerung der Z-Koordinate von NW zu WW und ÜWW entspricht - bei gleicher Flughöhe - etwa dem Verhältnis 1:2:3.6. Lediglich die enorme theoretische Genauigkeitssteigerung bei den ÜWW-Aufnahmen konnte empirisch bisher nicht bestätigt werden. Man erreichte nur den Faktor 2.5 im Verhältnis zu NW-Aufnahmen. Aus diesem Grund wurde in den Beziehungen A(4.4-1), A(5.3-11) und (5.2-5) für ÜWW-Aufnahmen eine eigene Angabe mit etwas ungünstigeren Werten gemacht.

Alle in den vorangegangenen Abschnitten angegebenen Genauigkeiten sind als **Faustformeln** verwendbar. Sie erlauben für die Aerotriangulation aber verhältnismäßig zuverlässige Abschätzungen. Ist man insbesondere an detaillierten Genauigkeitsangaben, die für den jeweils zu bearbeitenden Block repräsentativ sind, interessiert, so ist im Rahmen des konkreten Bündelblockausgleiches ein Gewichtseinheitsfehler zu schätzen, und über die Inversion der Normalgleichungsmatrix sind die mittleren Fehler der Neupunktskoordinaten zu ermitteln. Bei kleinräumigen Punktbestimmungen mit beliebig angeordneten Aufnahmen (Abschnitt 4.) ist diese Vorgangsweise "obligatorisch"; mehrere EDV-Programme, die für Aerotriangulationen eingesetzt werden, bieten diese Kontrolle (noch) nicht.

5.2.4 Wahl der zusätzlichen Parameter

Im mathematischen Basismodell (Abschnitt 3.5.6) haben wir bereits zusätzliche Parameter mit den Koeffizienten f_{ij} und g_{ij} eingeführt. Kriterien zur Auswahl der zusätzlichen Parameter wurden aber nicht angegeben.

Zur Kompensation der systematischen Fehler in der Aerotriangulation haben mehrere Autoren[2] verschiedene zusätzliche Parameter vorgeschlagen. Wir geben zunächst einen Satz

---

[1] Stark, E.: BuL 44, 5-14, 1976, und die dort angegebenen Veröffentlichungen.

[2] Z.B. Ebner, H.: BuL 44, 128-139, 1976. Grün, A.: Na.Ka.Verm. 36, Series II, 113-140, 1978. Jacobsen, K.: BuL 50, 213-217, 1982.

von 12 zusätzlichen Parametern an, die H. Ebner veröffentlicht hat. Diese zusätzlichen Parameter sind untereinander und zu den Parametern der äußeren Orientierung der Bilder weitgehend **orthogonal**, d.h. es treten in der Gewichtskoeffizientenmatrix nur geringe Korrelationen auf (siehe Abschnitt 5.2.4.1). Konstante Zuschläge zu den herkömmlichen Elementen x_0, y_0, c der inneren Orientierung, die die wichtigsten Kandidaten für die zusätzlichen Parameter sind, wurden in die folgende Übersicht nicht aufgenommen. Da für die x- und y-Kandidaten manchmal der gleiche Koeffizient benutzt wird, bezeichnen wir - im Gegensatz zum Abschnitt 3.5.6 - die Koeffizienten für beide Koordinatenrichtungen mit dem Symbol g_i. Die Größe b, die in manchen Formeln auftritt, steht für die Basis im Bild:

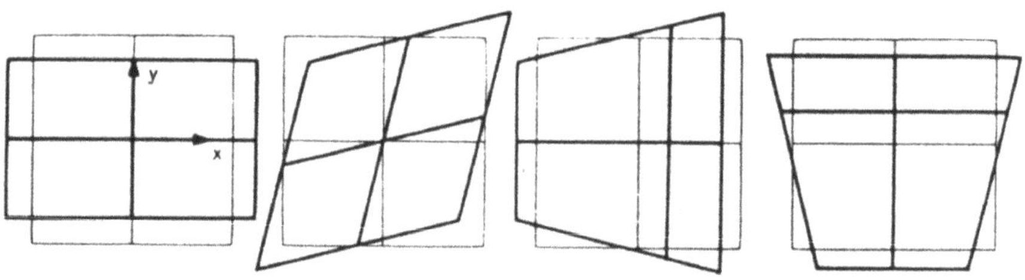

$x_0 := \; + g_1 x \qquad + g_2 y \qquad - g_3(2x^2 - 4b^2/3) \qquad + g_4 xy$

$y_0 := \; - g_1 y \qquad + g_2 x \qquad + g_3 xy \qquad - g_4(2y^2 - 4b^2/3)$

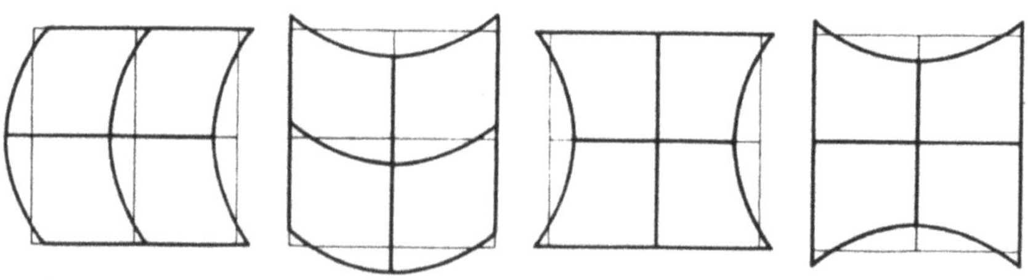

$x_0 := \; + g_5 (y^2-2b^2/3) \quad + 0 \qquad + g_7 x (y^2-2b^2/3) \qquad + 0$

$y_0 := \; + 0 \qquad + g_6(x^2-2b^2/3) \qquad + 0 \qquad + g_8 y (x^2-2b^2/3)$

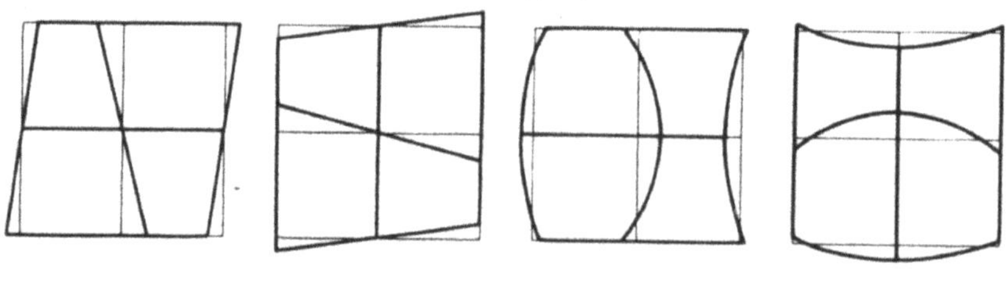

$x_0 := \; + g_9 y(x^2-2b^2/3) \quad + 0 \qquad + g_{11}(x^2-2b^2/3)(y^2-2b^2/3) \quad + 0$

$y_0 := \; + 0 \qquad + g_{10} x(y^2-2b^2/3) \qquad + 0 \qquad + b_{12}(x^2-2b^2/3)(y^2-2b^2/3)$

Figur 5.2-5: Zusätzliche Parameter und ihre Auswirkung im Bild

Ein solcher Satz von zusätzlichen Parametern, der im allgemeinen aus den Parametern der Figur 5.2-5 ausgewählt wird, wird für größere Gruppen von Luftbildern gleich angenommen. Die Bilder einer Gruppe sind zum Beispiel Bilder, die

- mit der gleichen Kamera und mit gleicher Filmkassette und bei gleichen atmosphärischen Bedingungen aufgenommen,
- in gleicher Weise photographisch entwickelt, kopiert und gelagert, sowie
- mit dem gleichen Bildkoordinatenmeßgerät ausgewertet, wobei allerdings die Ausrichtung der Bilder im Koordinatenmeßgerät zu beachten ist (siehe Aufgabe 5.2-3),

wurden.

Eine **Gruppenbildung** kann auch **mit unterschiedlichen Vorzeichen** für die Koeffizienten vorgenommen werden. Will man zum Beispiel einen unsymmetrischen Refraktionseinfluß eliminieren, der von einer seitlich der Längsachse des Flugzeugrumpfes angeordneten Kameraluke herrühren kann und der mit dem Koeffizienten g_4 (Figur 5.2-5) modelliert werden kann, so lauten die zusätzlichen Parameter für die Bilder der "Hin-Streifen" und für die der "Zurück-Streifen" folgendermaßen:

hin
$$x_0 := +g_4xy \qquad y_0 := -g_4(2y^2 - 4b^2/3)$$

zurück:
$$x_0 := -g_4xy \qquad y_0 := +g_4(2y^2 - 4b^2/3)$$

Um die gewünschte Kompensation der (Rest-)Refraktion zu erzielen, müssen allerdings die Bilder bei der Messung immer die gleiche Stellung in bezug zum Kamerakoordinatensystem und nicht etwa in bezug zum Landeskoordinatensystem haben.

Die zusätzlichen Parameter der Figur 5.2-5 sind nicht besonders für eine Modellierung der (Rest-)Objektivverzeichnung und schon gar nicht für die Modellierung der gesamten Objektivverzeichnung geeignet. Die **Objektivverzeichnung ist in erster Linie radial**; dafür eignen sich besonders die folgenden zusätzlichen Parameter[1] ($r^2 = x^2 + y^2$):

$$x_0 := g_{13}x(r^2 - r_0^2) \qquad y_0 := g_{13}y(r^2 - r_0^2) \tag{5.2-9}$$

$$x_0 := g_{14}x(r^4 - r_0^4) \qquad y_0 := g_{14}y(r^4 - r_0^4) \tag{5.2-10}$$

r_0 ... Radius, wo die radiale Verzeichnung verschwindet

[1] Torlegard, K.: In: Karara (Ed.): Non-Topographic Photogrammetry, pp. 81-93, ASPRS, 1989.

Bildet man $\sqrt{x_0^2 + y_0^2}$, so bekommt man aus den Beziehungen (5.2-9) ein (Verzeichnungs-)Polynom 3. Grades mit dem Radius r als Variable; hinter den Beziehungen (5.2-10) steckt ein (Verzeichnungs-)Polynom 5. Grades. Schließlich sind noch die folgenden zusätzlichen Parameter[1] zur Modellierung einer **tangentialen bzw. asymmetrischen (Rest-)Verzeichnung** wünschenswert:

$$x_0 := g_{15}(r^2 + 2x^2) \qquad y_0 := g_{15}2xy \qquad (5.2\text{-}11)$$

$$x_0 := g_{16}2xy \qquad y_0 := g_{16}(r^2 + 2y^2) \qquad (5.2\text{-}12)$$

Bei der Berücksichtigung von zusätzlichen Parametern in einer Bündelblockausgleichung geht man so vor, daß man mit verhältnismäßig vielen zusätzlichen Parametern beginnt und Schritt für Schritt den einen oder anderen Parameter - eventuell auch einen Satz von Parametern - mit Hilfe eines statistischen Tests eliminiert. Dafür bieten sich mehrere statistische Tests an, die teilweise voneinander abhängig sind.

AUFGABE 5.2-3: Ein in Ost-West- und West-Ost-Richtung alternierend geflogener Bildverband wird in einem Koordinatenmeßgerät für eine Aerotriangulation ausgewertet. Die dort gemessenen Bildträgerkoordinaten werden mit Hilfe der Rahmenmarken und einer ebenen Ähnlichkeitstransformation in das Kamerakoordinatensystem überführt. Diese transformierten Bildkoordinaten sollen im Rahmen der Bündelblockausgleichung mit dem zusätzlichen Parameter g_2 (Figur 5.2-5) korrigiert werden, da man eine kleine Scherung im Bildkoordinatenmeßgerät vermutet. Wie ist das Vorzeichen für den Parameter g_2 für die Bilder der Ost-West- und der West-Ost-Bildstreifen zu wählen, wenn

a) alle Bilder beim Messen nach Norden ausgerichtet wurden,
b) die Bilder in das Koordinatenmeßgerät so eingelegt wurden, daß die Richtung der Achsen der Bildträgerkoordinaten etwa den Richtungen der Koordinatenachsen der Kamera entsprechen.

(Ergebnis: Da die zum Parameter g_2 gehörende Deformationsfigur (Figur 5.2-5) von einer Drehung um 180° unabhängig ist, sind für alle Bilder - unabhängig von der Meßanordnung a) oder b) - die Vorzeichen für g_2 in beiden Koordinatenrichtungen gleich zu wählen.)
Zusatzaufgabe: Man wiederhole die Überlegungen unter der Annahme, daß anstatt des zusätzlichen Parameters g_2 der zusätzliche Parameter g_5 (Figur 5.2-5) benutzt werden soll.

[1] Torlegard, K.: In: Karara (Ed.): Non-Topographic Photogrammetry, pp. 81-93, ASPRS, 1989.

5.2.4.1 Analyse der Korrelationen zwischen den freien Parametern

Die zusätzlichen Parameter können - insbesondere bei einer schematischen Anordnung der Punkte in den Bildern[1] - untereinander stark korreliert sein; aber auch mit den unbekannten Orientierungsparametern der Bündelblockausgleichung können große Korrelationen auftreten. Ein zusätzlicher Parameter g_i, der mit einem anderen zusätzlichen Parameter g_j oder einem anderen freien Parameter eine sehr starke Korrelation - z.B. einen Korrelationskoeffizienten r_{ij} größer als 0.9 - aufweist, ist (wahrscheinlich) zu eliminieren. Der Korrelationskoeffizient r_{ij} kann aus den entsprechenden Elementen der Gewichtskoeffizientenmatrix $\mathbf{Q}_{xx}$, das ist die invertierte Normalgleichungsmatrix, berechnet werden:

$$r_{ij} = \frac{q_{ij}}{\sqrt{q_{ii} \cdot q_{jj}}} \qquad (5.2\text{-}13)$$

Die Aussage, daß zwei stark korrelierte Unbekannte durch eine einzige Unbekannte ersetzt werden können, trifft nicht immer zu. Obwohl zum Beispiel die Verkantungen κ_1 und κ_2 der rechnerischen relativen Orientierung sehr stark miteinander korreliert sind (siehe die Matrix **Q** im Zahlenbeispiel des Abschnittes A 4.2.3.1), haben beide ihre uneingeschränkte Berechtigung in dieser Kleinste-Quadrate-Ausgleichung.

5.2.4.2 Analyse der Bestimmbarkeit

Zusätzliche Parameter verschlechtern die Kondition des Normalgleichungssystems. Eine Überparametrisierung führt sogar zu einem singulären Normalgleichungssystem. Ein Maß für die Bestimmbarkeit gibt folgende Beziehung an:[2]

$$\boldsymbol{B} = \boldsymbol{E} - [(\mathrm{diag}\boldsymbol{N}) \cdot (\mathrm{diag}(\boldsymbol{N}^{-1}))]^{-1} \qquad (5.2\text{-}14)$$

B .... Diagonalmatrix mit den "Maßen" für die Bestimmbarkeit
E .... Einheitsmatrix
diagN .... Diagonale der Normalgleichungsmatrix

Zur Illustration dieses Maßes für die Bestimmbarkeit soll folgendes kleines Beispiel dienen: Eine Normalgleichungsmatrix **N** für zwei Unbekannte und ihre davon abgeleitete invertierte Matrix $\mathbf{N}^{-1}$ haben folgendes Aussehen:

---

[1] Z.B. Gotthardt, E.: BuL 43, 218-221, 1975, und Fußnote zur Gleichung (5.2-9). Kilpelä, E., Heikkilä, J., Inkilä, K.: Phia 37, 1-13, 1981; Ziemann, H., El-Hakim, S.: Can. Surv. 37, 135-143, 1983.

[2] Jacobsen, K.: BuL 50, 213-217, 1982.

$$N = \begin{pmatrix} 4 & 0 \\ 0 & 2 \end{pmatrix} \qquad N^{-1} = \begin{pmatrix} 0.25 & 0 \\ 0 & 0.5 \end{pmatrix}$$

Daraus ergibt sich folgendes Maß für die Bestimmbarkeit:

$$B = \begin{pmatrix} 1 & \\ & 1 \end{pmatrix} - \left[\begin{pmatrix} 4 & \\ & 2 \end{pmatrix}\begin{pmatrix} 0.25 & \\ & 0.5 \end{pmatrix}\right]^{-1} = \begin{pmatrix} 0 & \\ & 0 \end{pmatrix}$$

Hat eine Normalgleichungsmatrix bzw. die invertierte Matrix aber das Aussehen

$$N = \begin{pmatrix} 4 & 2.8 \\ 2.8 & 2 \end{pmatrix} \qquad N^{-1} = \begin{pmatrix} 12.5 & -17.5 \\ -17.5 & 25 \end{pmatrix} ,$$

dann verschlechtert sich die Bestimmbarkeit wie folgt:

$$B = \begin{pmatrix} 1 & \\ & 1 \end{pmatrix} - \left[\begin{pmatrix} 4 & \\ & 2 \end{pmatrix}\begin{pmatrix} 12.5 & \\ & 25 \end{pmatrix}\right]^{-1} = \begin{pmatrix} 0.98 & \\ & 0.98 \end{pmatrix}$$

Das Maß B_{ii} für die Bestimmbarkeit schwankt zwischen Null (diagonale Normalgleichungsmatrix) und Eins (singuläre Normalgleichungsmatrix). Für die zusätzlichen Parameter sollte es nicht größer als 0.85 sein.

Inwieweit einzelne Unbekannte sehr schlecht bestimmt oder überhaupt nicht bestimmbar sind, bemerkt man während der Lösung des Normalgleichungssystems: Es kommt zu Divisionen durch sehr kleine Zahlen bzw. durch Null. Als Gegenmaßnahme erhöht man - während des Lösens des Normalgleichungssystems - das entsprechende Element auf der Hauptdiagonale der Normalgleichungsmatrix um einen bestimmten Betrag. Damit können die kritischen Unbekannten und alle anderen Unbekannten bestimmt werden.[1]

Die mehr oder weniger willkürliche **Vergrößerung eines Elementes auf der Hauptdiagonale der Normalgleichungsmatrix** erlaubt - vor dem Hintergrund des Abschnittes 3.5.7 (Beobachtungen zu "Unbekannten") - eine interessante Interpretation: Die dort eingeführten fingierten Beobachtungen für die zusätzlichen Parameter bewirken nämlich nichts anderes als eine Vergrößerung des entsprechenden Elementes auf der Hauptdiagonale der Normalgleichungsmatrix. Eine solche Interpretation wird in der folgenden Aufgabe verlangt.

AUFGABE 5.2-4: Im Rahmen einer Bündelblockausgleichung sollte auch die (unbekannte) Kamerakonstante c bestimmt werden. Man kannte von ihr nur einen sehr groben Näherungswert; es wurde daher auf eine Beobachtungsgleichung vom Typ (3.5-23) verzichtet. In den Beobachtungsgleichungen für die Bildkoordinaten, die im mm-Einheiten aufgestellt wurden, wurde die Kamerakonstante c als Unbekannte eingeführt. Während der Lösung des Normalgleichungssystems kam es zu Problemen, die mit einer Vergrößerung des zur Kamerakon-

---

[1] Weiterführende Literatur: Thikhonov, A., Arsenin, V.: Solutions of Ill-Posed Problems. V.H. Winston & Sons, Washington D.C., 1977. Wrobel, B.: DGK, Reihe C, Nr. 199, 1974.

stanten c gehörenden Elementes der Hauptdiagonale um 0.0001 mm^2 gelöst werden konnten. Man gebe die dieser Vergrößerung entsprechende Beobachtungsgleichung (3.5-23) an, insbesondere die zu dieser fingierten Beobachtung gehörende Genauigkeit. Was mögen wohl die Ursachen für die Probleme bei der Lösung des Normalgleichungssystems gewesen sein?

5.2.4.3 Signifikanztest

In einem Signifikanztest setzt man den aus dem Normalgleichungssystem erhaltenen (geschätzten) zusätzlichen Parameter $\hat{g}_i$ ins Verhältnis zu seiner aus allen n Verbesserungen v geschätzten Standardabweichungen $\hat{\sigma}_i$:

$$t_i := \frac{\hat{g}_i}{\hat{\sigma}_i} = \frac{\hat{g}_i}{\hat{\sigma}_0\sqrt{q_{ii}}} = \frac{\hat{g}_i}{\sqrt{\frac{v^T v}{(n-u)}}\sqrt{q_{ii}}} \qquad (5.2\text{-}15)$$

t_i nennt man die Student'sche Funktion; die dahinter stehende Verteilung nennt man die Student- bzw. die t-Verteilung, die in Lehrbüchern für Statistik und Ausgleichungsrechnung tabelliert ist. Damit kann die Nullhypothese "der zusätzliche Parameter $\hat{g}_i$ ist nicht signifikant" gegenüber der Alternativhypothese "der zusätzliche Parameter $\hat{g}_i$ ist signifikant" geprüft werden.

ZAHLENBEISPIEL: Für den zusätzlichen Parameter g_1 (Figur 5.2-5) ergab sich aus der Ausgleichung ein Wert von $\hat{g}_1 = 0.0002$ und eine Standardabweichung von $\hat{\sigma}_1 = \pm 0.0001$. Die Redundanz (n - u) betrug 10.

$$(5.2\text{-}15): \quad t_1 = \frac{0.0002}{0.0001} = 2 \quad \rightarrow \text{ t-Tabellenwert: } 92\%$$

Der Parameter $\hat{g}_1$ ist also mit einer Wahrscheinlichkeit von 92% signifikant (Annahme der Alternativhypothese) und mit einer Wahrscheinlichkeit von 8% gleich Null (Annahme der Nullhypothese). Falls die Redundanz (n - u) gleich 100 betragen hätte, würde der Signifikanztest 95% ergeben haben.

Falls der **Gewichtseinheitsfehler** σ_0 aus langen Erfahrungen **vorgegeben** werden kann, ist anstelle der t-Verteilung die **Normalverteilung** heranzuziehen; das ergäbe bei dem Zahlenbeispiel eine Signifikanz von 95.4%.

ZAHLENBEISPIEL: Im Abschnitt 3.5.7 wurde ein Beispiel bearbeitet, mit dem eine vermutete systematische Deformation der y-Koordinaten mit dem Polynom $\Delta y = a_0 + ya_1 + y^2a_2$ modelliert wurde. Wir fragen uns nun, ob

- die drei ermittelten Koeffizienten a_i signifikant sind und
- welcher der Koeffizienten am ehesten zu eliminieren ist.

Die Standardabweichung der y-(Bild-)Koordinaten geben wir - wie heute in der Photogrammetrie zu erwarten - mit ± 3 μm vor. Für den folgenden Signifikanztest wählen wir jene Polynomausgleichung, in der für die zusätzlichen Parameter keine fingierten Beobachtungen eingeführt wurden. Mit den Zahlenwerten des Abschnittes 3.5.7 ergeben sich folgende Zwischenergebnisse und Endresultate:

$$N = A^T P A = \begin{pmatrix} 5.0000 & -7.0000 & 325.00 \\ -7.0000 & 325.00 & -421.00 \\ 325.00 & -421.00 & 26017. \end{pmatrix} \quad Q = N^{-1} = 10^{-3} \cdot \begin{pmatrix} 1074.5 & 5.8793 & -13.382 \\ 5.8793 & 3.1750 & -0.02207 \\ -13.3281 & -0.02207 & 0.20457 \end{pmatrix}$$

$a_0 = 8.15 \pm 3.1\ \mu m$, $a_1 = 0.272 \pm 0.17\ \mu m \cdot cm^{-1}$, $a_2 = -0.0487 \pm 0.043\ \mu m \cdot cm^{-2}$.

Daraus ergeben sich folgende Testgrößen t_i und mittels der Normalverteilung folgende t-Tabellenwerte:

	t_i	t-Tabellenwerte
a_0	8.15/3.1 = 2.6	99%
a_1	0.272/0.17 = 1.6	89%
a_2	0.0487/0.043 = 1.1	73%

Die beiden einleitend gestellten Fragen können aufgrund dieses Ergebnisses wie folgt beantwortet werden:

- Alle drei Koeffizienten sind signifikant.
- Der Koeffizient a_2 könnte am ehesten eliminiert werden.

Eine Rechtfertigung für die Elimination des Koeffizienten a_2 geht auch aus der Korrelationskoeffizientenmatrix hervor, die man mit der Formel (5.2-13) aus der oben angegebenen Gewichtskoeffizientenmatrix **Q** ermitteln kann:

$$\text{Korrelationskoeffizientenmatrix} = \begin{pmatrix} 1.00 & 0.10 & -0.90 \\ 0.10 & 1.00 & -0.03 \\ -0.90 & -0.03 & 1.00 \end{pmatrix}$$

Der Korrelationskoeffizient $r_{13} = -0.90$ besagt, daß **entweder** der Koeffizient a_0 **oder** der Koeffizient a_2 ein Kandidat für eine Elimination ist. Der oben wiedergegebene hohe t-Wert von 2.6 für den Koeffizienten a_0 im Vergleich zum t-Wert von 1.1 für den Koeffizienten a_2 gibt den Hinweis, daß der Koeffizient a_2 und nicht der Koeffizient a_0 eventuell überflüssig ist.

In diesem Zusammenhang ist noch der Gedanke der sogenannten **spektralen Zerlegung**[1] zu erwähnen, die die Gewichtskoeffizientenmatrix **Q** - a posteriori- in eine neue Gewichtskoeffizientenmatrix umwandelt, die keine Korrelationen mehr besitzt. Dadurch werden allerdings auch die ursprünglichen zusätzlichen Parameter in neue - nicht mehr anschauliche - zusätzliche Parameter überführt. Bisher liegen keine umfangreichen erfolgreiche

[1] z.B.: W. Förstner: ZfV 105, S. 510-519, 1980; in dieser Veröffentlichung ist auch angegeben, wie mit den Ausgleichungsergebnissen mit fingierten Beobachtungen die Testgrößen für die Ausgleichung ohne fingierte Beobachtungen angegeben werden können.

Erfahrungen mit der spektralen Zerlegung vor. Die bessere Strategie ist in diesem Zusammenhang, von vornherein einen Satz von zusätzlichen Parametern auszuwählen, die untereinander und zu den unbekannten Orientierungsparametern der äußeren Orientierung der Bilder orthogonal sind (Abschnitt 5.2.4).

AUFGABE 5.2-5: Man führe die oben erwähnte Polynomanpassung einerseits nur mit den Koeffizienten a_0 und a_1 und andererseits nur mit den Koeffizienten a_0 und a_2 durch.
Ergebnis: $a_0 = 4.97$, $a_1 = 0.267$ bzw. $a_0 = 7.64$, $a_2 = -0.0468$.
Man entscheide anhand der Summe $\mathbf{v}^T\mathbf{v}$ die Qualität der Polynomanpassung für diese beiden Varianten.
Ergebnis: 1. Variante (a_0,a_1): $\mathbf{v}^T\mathbf{v} = 12.7$, 2. Variante (a_0,a_2): $\mathbf{v}^T\mathbf{v} = 24.4$.
Kommentar: Auch diese beiden Summen $\mathbf{v}^T\mathbf{v}$ bestätigen, daß am ehesten der Koeffizient a_2 eliminiert werden kann.

AUFGABE 5.2-6: Man führe den Signifikanztest für das Zahlenbeispiel mit fingierten Beobachtungen des Abschnittes 3.5.7 durch. Ergebnis: In diesem Fall ist der Koeffizient a_2 nicht signifikant (der t-Tabellenwert beträgt nur 19%).

AUFGABE 5.2-7: Das Verbesserungsgleichungssystem des Abschnittes A 5.3.3 ist für folgende Problemstellungen abzuwandeln:

a) Eine (vermutete) unterschiedliche Deformation in x- und y-Richtung soll modelliert werden. Dabei ist für alle Bilder die gleiche Deformation anzusetzen; die beiden oberen Bilder gehören einem "Hin-Flug" und die beiden unteren Bilder einem "Rück-Flug" an.

b) Die Bildkoordinaten wurden mit einem radialen Verzeichnungspolynom 3. Grades, das aus dem Kalibrierungsprotokoll bekannt war, vor der Bündelblockausgleichung korrigiert. Genauere Recherchen bei der Herstellerfirma der Kamera haben ergeben, daß auch ein Verzeichnungsanteil, der einem Polynom 5. Grades entspricht, vorhanden sein kann. Man modelliere diese vage zusätzliche Information.

AUFGABE 5.2-8: Bei der Messung der Bildkoordinaten für das im Abschnitt A 5.3.3 eingeführte Beispiel stellte es sich heraus, daß die Belichtung für die Rahmenmarken ausgefallen war. Wie ist das Verbesserungsgleichungssystem abzuwandeln, um diesem Umstand Rechnung zu tragen?

Literatur zum Abschnitt 5.2.4: Kilpelä, E.: Invited Paper, Commission III/3, 14.ISPRS-Kongreß, 1980, und insbesondere zur Wahl der zusätzlichen Parameter für Bündelblöcke im Nahbereich: Grün, A.: Ph. Rec. 11 (65), 567-579, 1985.

5.3 Einbeziehung von Positionierungssatelliten in die Punktbestimmung

Gegenwärtig ist ein Umbruch im Vermessungswesen in vollem Gange: Die die Erde umkreisenden Positionierungssatelliten ersetzen bereits bei vielen Vermessungsaufgaben die klassischen Festpunkte. Auch die photogrammetrische Punktbestimmung kann von diesen neuen Möglichkeiten stark profitieren.

Jenes System von Positionierungssatelliten, dem dieser Durchbruch zu verdanken ist, trägt die Bezeichnung **"NAVigation System with Time And Ranging - Global Positioning System", kurz NAVSTAR-GPS, noch kürzer GPS**. Es wurde - mit einigen Unterbrechungen - in den vergangenen 20 Jahren vom amerikanischen Verteidigungsministerium eingerichtet. Der primäre Zweck von GPS war und ist die Navigation militärischer Fahrzeuge zu Lande, zu Wasser und in der Luft. GPS kann aber auch für vielfältige Vermessungsaufgaben im zivilen Bereich eingesetzt werden. Obwohl wir uns in diesem Manuskript auf GPS beschränken, gelten die grundsätzlichen Betrachtungen des gesamten Kapitels 5.3 auch für andere Positionierungssysteme mit Satelliten, wie zum Beispiel für das russische System GLONASS (Global Navigation Satellite System).

Im Kapitel 5.3.2 werden die Konzepte von GPS erläutert und die wichtigsten technischen Details beschrieben. GPS kann für die Photogrammetrie in mehrfacher Weise genutzt werden:

- GPS wird in Zukunft ein wertvolles Hilfsmittel für den Bildflug sein (Abschnitt 5.3.3).
- Die Paßpunktbestimmung mit GPS ist eine interessante Alternative zu der mit den klassischen geodätischen Verfahren (Abschnitt 5.3.4).
- Die Einbeziehung von GPS-Daten in die Bündelblockausgleichung eröffnet neue Perspektiven für die großräumige Punktbestimmung.

Bevor Allgemeines zum Thema GPS gebracht wird und die verschiedenen Anwendungen erläutert werden, ist eine Betrachtung zum Thema Koordinatensysteme einzuschieben.

5.3.1 Betrachtungen zu Koordinatensystemen

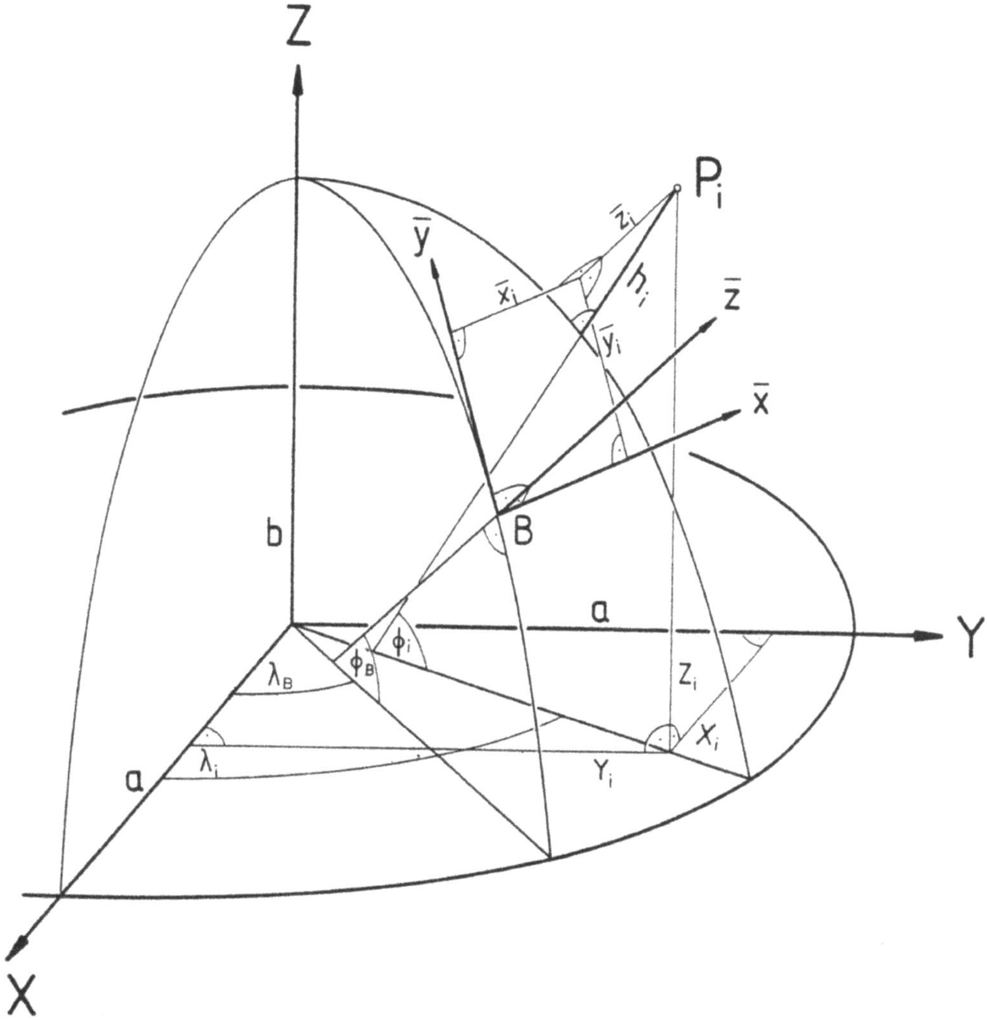

Figur 5.3-1: Geozentrisches XYZ-System, $\overline{xyz}$-Tangentialsystem, geographische Koordinaten ϕ, λ sowie Ellipsoidhöhe h

In der Figur 5.3-1 ist ein sogenanntes **geozentrisches cartesisches Koordinatensystem** mit der X-, Y- und Z-Achse dargestellt. Die XY-Ebene enthält den Äquator, die XZ-Ebene den Nullmeridian - in der Regel den Meridian durch Greenwich. Ein Punkt P_i hat im geozentrischen Koordinatensystem die Koordinaten X_i, Y_i und Z_i. Gibt man ein Referenzellipsoid vor, kann man daraus die geographische Breite ϕ_i, die geographische Länge λ_i und die Ellipsoidhöhe h_i berechnen. Da in der Regel die große Halbachse a und die Abplattung f gegeben sind, ist zunächst die

kleine Halbachse $b = a\,(1 - f)$, (5.3-1)

zu berechnen. Daraus ergeben sich:

das Quadrat der 1. numerischen Exzentrizität $$e^2 = 1 - \left(\frac{b}{a}\right)^2, \tag{5.3-2}$$

das Quadrat der 2. numerischen Exzentrizität $$e'^2 = \left(\frac{a}{b}\right)^2 - 1. \tag{5.3-3}$$

Weiters benötigen wir zwei Hilfsgrößen:

$$S_i^2 = X_i^2 + Y_i^2 \tag{5.3-4}$$

$$\phi_i' = \arctan\left(\frac{Z_i \cdot a}{S_i \cdot b}\right) \tag{5.3-5}$$

Damit ergeben sich:[1]

$$\phi_i = \arctan\left(\frac{Z_i + e'^2 b \sin^3\phi_i'}{S_i - e^2 \cos^3\phi_i'}\right) \tag{5.3-6a}$$

$$\lambda_i = \arcsin(Y_i / S_i) \tag{5.3-6b}$$

Die Ellipsoidhöhe h_i folgt aus der Formel:

$$h_i = \frac{S_i}{\cos\phi_i} - N_i \;, \tag{5.3-6c}$$

wobei N_i der Querkrümmungshalbmesser in der geographischen Breite ϕ_i ist, der die Krümmung des Ellipsoides senkrecht zum Meridian angibt:

$$N_i = \frac{a}{\sqrt{1 - e^2 \sin^2\phi_i}} \tag{5.3-7}$$

Die umgekehrte Transformation, also von (ϕ_i, λ_i, h_i) nach (X_i, Y_i, Z_i), geht mit folgenden Formeln:

---

[1] Torge, W.: Geodesy. W. de Gruyter, Berlin-New York, 1980.

$$\begin{aligned} X_i &= (N_i + h_i)\cos\phi_i \cos\lambda_i \\ Y_i &= (N_i + h_i)\cos\phi_i \sin\lambda_i \\ Z_i &= (N_i(1 - e^2) + h_i)\sin\phi_i \end{aligned} \tag{5.3-8}$$

In der Photogrammetrie braucht man noch ein lokales cartesisches Koordinatensystem ($\overline{xyz}$-System), dessen Ursprung etwa in der Mitte des Interessensgebietes auf dem Ellipsoid angenommen wird (Punkt B in der Figur 5.3-1) und dessen $\bar{y}$-Achse Tangente an den Meridian, der durch den Berührungspunkt B verläuft, ist. Die $\bar{x}$-Achse steht senkrecht zu dieser Meridianebene; sie zeigt nach Osten. Die $\bar{z}$-Achse verläuft - rechtsdrehend - senkrecht zur $\overline{xy}$-Ebene.

Die $\bar{x}_i\bar{y}_i\bar{z}_i$-Koordinaten in diesem **lokalen Tangentialsystem** bekommt man aus den geozentrischen $X_iY_iZ_i$-Koordinaten mittels einer räumlichen Verschiebung und Drehung:

$$\begin{pmatrix} \bar{x}_i \\ \bar{y}_i \\ \bar{z}_i \end{pmatrix} = R^T \begin{pmatrix} X_i - X_B \\ Y_i - Y_B \\ Z_i - Z_B \end{pmatrix} \tag{5.3-9}$$

Die Drehmatrix **R** kann direkt aus der Figur 5.3-1 abgelesen werden:

$$R = \begin{pmatrix} -\sin\lambda_B & -\cos\lambda_B & 0 \\ \cos\lambda_B & -\sin\lambda_B & 0 \\ 0 & 0 & 1 \end{pmatrix} \begin{pmatrix} 1 & 0 & 0 \\ 0 & \sin\phi_B & -\cos\phi_B \\ 0 & \cos\phi_B & \sin\phi_B \end{pmatrix} = \begin{pmatrix} -\sin\lambda_B & -\cos\lambda_B\sin\phi_B & \cos\lambda_B\cos\phi_B \\ \cos\lambda_B & -\sin\lambda_B\sin\phi_B & \sin\lambda_B\cos\lambda_B \\ 0 & \cos\phi_B & \sin\phi_B \end{pmatrix} \tag{5.3-10}$$

ZAHLENBEISPIEL: Im Bezugspunkt B (48° n.Br., 14° ö.L. von Gr.) soll ein Tangentialsystem an das internationale Ellipsoid (a = 6378388 m, b = 6356912 m) für die photogrammetrische Auswertung gelegt werden. Von einem Festpunkt P_1 sind folgende Werte bekannt: ϕ_1 = 47°48'15", λ_1 = 13°42'02", h_1 = 1852 m.

Geozentrische Koordinaten für den Bezugspunkt B (Gleichungen (5.3-2), (5.3-7) und (5.3-8)):

$$e^2 = 1 - 0.99327732 = 0.00672268$$

$$N_B = 6378388/\sqrt{1 - 0.00672268 \cdot 0.55226425} = 6390261.57$$

$$X_B = 6390261.57 \cdot 0.66913059 \cdot 0.97029572 = 4148906.5\ m$$

$$Y_B = 6390261.57 \cdot 0.66913059 \cdot 0.24192190 = 1034438.6\ m$$

$$Z_B = 6390261.57 \cdot 0.99327732 \cdot 0.7431448 = 4716964.4\ m$$

Geozentrische Koordinaten für den Festpunkt P_1, wobei in Gleichung (5.3-8) die Ellipsoidhöhe h eingeht:

$$N_1 = 6378388/\sqrt{1 - 0.00672268 \cdot 0.54886382} = 6390188.26$$

$$X_1 = (6390188.26 + 1852) \cdot 0.67166671 \cdot 0.97154682 = 4171162.0\ m$$

$$Y_1 = (6390188.26 + 1852) \cdot 0.67166671 \cdot 0.23684757 = 1016862.5\ m$$

$$Z_1 = (6390188.26 \cdot 0.99327732 + 1852) \cdot 0.74085344 = 4703738.7\ m$$

$$\textbf{Drehmatrix } \boldsymbol{R} = \begin{pmatrix} -0.24192190 & -0.72107024 & 0.64925457 \\ 0.97029573 & -0.17978300 & 0.16187734 \\ 0 & 0.66913061 & 0.74314483 \end{pmatrix}$$

$\overline{xyz}$-Koordinaten des Punktes P_1 im tangentialen Koordinatensystem:

$$\begin{pmatrix} \bar{x}_1 \\ \bar{y}_1 \\ \bar{z}_1 \end{pmatrix} = \boldsymbol{R}^T \begin{pmatrix} 4171162.0 - 4148906.5 \\ 1016862.5 - 1034438.6 \\ 4703738.7 - 4716964.4 \end{pmatrix} = \begin{pmatrix} -22438.0\ m \\ -21737.7\ m \\ 17775.71\ m \end{pmatrix}$$

AUFGABE 5.3-1: Man wiederhole das Zahlenbeispiel mit dem bei den meisten Landeskartenwerken Europas verwendeten Besselellipsoid (a = 6377397 m, b = 6356079 m) und vergleiche das Ergebnis kritisch mit dem Ergebnis des internationalen Erdellipsoides.

5.3.2 Allgemeines zum NAVSTAR-GPS

Der Grundgedanke bei einem Positionierungssatellitensystem besteht darin, daß von einigen **Fundamentalstationen** auf der Erde die die Erde umkreisenden Satelliten permanent beobachtet werden. Das Ergebnis dieser Beobachtungen und Auswertungen sind die Bahnparameter der Satelliten, ausgedrückt in einem erdfesten geozentrischen Koordinatensystem. Mit Hilfe der Bahnparameter kennt man somit als Funktion der Zeit die geozentrischen Koordinaten der Positionen der einzelnen Satelliten. In erdfesten und erdnahen Neupunkten werden - im gleichen Zeitsystem - einige der Satelliten beobachtet. Da die Positionen der Satelliten im geozentrischen Koordinatensystem zum Beobachtungszeitpunkt bekannt sind, können aus den Beobachtungen - es handelt sich um Strecken von den Neupunkten zu den Satelliten - schließlich auch die geozentrischen Koordinaten der Neupunkte berechnet werden.

Beim NAVSTAR-GPS ist das erdfeste geozentrische Koordinatensystem das sogenannte "**World Geodetic System 1984 (WGS 84)**". Mit den gleichen (GPS-)Satelliten, ausgehend von anderen Fundamentalstationen auf der Erde und anderen mathematischen Modellen, werden auch andere erdfeste, geozentrische Koordinatensysteme verwirklicht, z.B. das "European Terrestrial Reference Frame 1989 (ETRF 1989)". Im WGS 84, das für die photogrammetrischen Anwendungen in der Regel benutzt wird, werden die Satelliten ein- bis dreimal am Tag mit den neuesten Bahnparametern, die eine Genauigkeit von etwa ± 10 m besitzen, versorgt.[1]

In sechs Bahnebenen umrunden je vier GPS-Satelliten die Erde: Es handelt sich also um 24 GPS-Satelliten. Sie haben eine Umlaufdauer von etwa 12 Stunden, was einem Bahnradius von 26600 km entspricht. Die Neigung der Bahnen zum Erdäquator, die sogenannte Inklination, beträgt 55°. Mit dieser Konstellation ist gewährleistet, daß man zu jeder Zeit von jedem Punkt der Erdoberfläche - von Hindernissen, wie hohe Berge, Bäume, Häuser etc., abgesehen - **von mindestens vier Satelliten Signale** empfangen kann.

Die Entfernung von einem erdfesten oder erdnahen Neupunkt zu einem Satelliten wird mit **elektronischer Distanzmessung** - aus der gemessenen Laufzeit t des Signals und seiner bekannten Ausbreitungsgeschwindigkeit c = 299792 km/s - ermittelt. Zu diesem Zweck wird im Empfänger des terrestrischen Punktes die zeitliche Versetzung zwischen dem vom Satelliten ausgesandten Signal und dem entsprechenden Signal, das im gleichen Zeitsystem

---

[1] Literatur zu den verschiedenen Koordinatensystemen: Beutler, G., Mueller, I., Neilan, R., Weber, R., Augath, W.: ZfV 119, 221-240, 1994.

im Empfänger erzeugt wird, ermittelt. Die vom Satelliten ausgesandten Signale stammen von einer mit 10.23 MHz getakteten hochgenauen Atomuhr. Aus dieser **Grundfrequenz** werden durch **Modulation** zwei **Trägerwellen** im L-Band[1] erzeugt, und zwar

L1 mit einer Frequenz von $154 \cdot 10.23 = 1575.42$ MHz

L2 mit einer Frequenz von $120 \cdot 10.23 = 1227.60$ MHz.

Diese beiden Trägerwellen werden für Verschlüsselungen, sogenannte **Codierungen**, benutzt. Der Takt für den prägenden Code entspricht beim sogenannten **P-(Precision-)Code** der Grundfrequenz, also 10.23 MHz, beim sogenannten **C/A-(Coarse/Acquisition-)Code** 1/10 der Grundfrequenz, also 1.023 MHz. Der C/A-Code wird nach 1 ms wiederholt. Die Entfernungsmessung mit dem C/A-Code ist demnach innerhalb von 300 km eindeutig.

Für die Entfernungsmessung stehen bei GPS damit insgesamt vier Wellen mit unterschiedlichen Frequenzen bzw. Wellenlängen zur Verfügung. Beim sogenannten **Phasenvergleichsverfahren**, das bei allen vier Wellenarten zum Einsatz kommt, kann die Versetzung der beiden zu vergleichenden Signale mit einer Genauigkeit von etwa 1/100 der Wellenlänge vorgenommen werden. In Abhängigkeit von den oben angegebenen Frequenzen der vier verfügbaren Wellen ergeben sich daher folgende Genauigkeiten der ermittelbaren Entfernungen:

Signal	Frequenz f	Wellenlänge $\lambda = c/f$	Genauigkeit $\lambda/100$
Trägerwelle L1	1575.42 MHz	0.1905 m	1.9 mm
Trägerwelle L2	1227.60 MHz	0.2445 m	2.4 mm
Code P	10.23 MHz	29.31 m	2.9 m
Code C/A	1.023 MHz	293.1 m	29 m

Tab. 5.3-2: GPS-Signale und Genauigkeit der daraus ermittelbaren Entfernungen

Bei den codierten Signalen wird direkt die Zeit- bzw. **Phasendifferenz** ermittelt. Die daraus ermittelbare Entfernung wird häufig als **Code-Entfernung** bezeichnet. Bei einer Trägerwelle als Signal wird die sogenannte **Restphase** gemessen. Daraus kann nur die Reststrecke abgeleitet werden, zu der noch ein Vielfaches der vollen Wellenlänge hinzukommt. Diese Methode mit der Restphasenmessung wird vor allem für die sogenannte **relative Punkt-**

[1] Diese Bezeichnung kommt aus der Radartechnik, wo der Frequenzbereich mit Buchstaben bezeichnet wird. Das L-Band umfaßt die Frequenzen zwischen 390 und 1550 MHz.

bestimmung eingesetzt, die - wie noch näher ausgeführt wird - die Komponenten eines räumlichen Vektors zwischen zwei terrestrischen Punkten liefert. Zur Beseitigung der **Mehrdeutigkeit** bei der relativen Punktbestimmung, die wir mit **Ambiguität (ambiguity)** bezeichnen, werden simultane Code-Messungen - in der Regel mit dem C/A-Code - in den beiden Punkten herangezogen. Nach Lösung der Ambiguität zählt ein hochwertiger GPS-Empfänger die Zu- und Abnahme der ganzzahligen Vielfachen der Wellenlänge gegenüber einem solchen Startwert.

Zu ergänzen ist noch eine Begründung für das - verhältnismäßig nahe Beieinanderliegen - der beiden Trägerwellen L1 und L2. Die Mikrowellen, zu denen die L1- und L2-Trägerwellen gehören, unterliegen nur einer geringen Streuung und Absorption durch die Atmosphäre, solange der Höhenwinkel größer als 15° bleibt. Auch die Veränderung der Ausbreitungsgeschwindigkeit in der Atmosphäre, die in Form der Variation des Brechungsindex angegeben wird, ist bei Mikrowellen nur bei genauen Entfernungsmessungen zu beachten. Die größten Verzögerungen bei der **Ausbreitung von Mikrowellen** treten **in der Ionosphäre** auf. Dort können Zeitverzögerungen zwischen 10 ns ($\hat{=}$ 3 m) bei Nacht und 50 ns ($\hat{=}$ 15 m) bei Tag auftreten. Zusätzlich kommt noch eine Abhängigkeit der Ausbreitungsgeschwindigkeit vom Zenitwinkel der empfangenen Satellitensignale hinzu. Das angeschnittene Problem wird einerseits mit der Berücksichtigung von Atmosphärenmodellen in der Auswertung weitgehend aufgefangen und andererseits durch den Einsatz von Empfängern, die beide Frequenzen L1 und L2 verarbeiten können, stark gemildert. Außerdem ist noch zu erwähnen, daß diese Fehlereinflüsse auf benachbarte terrestrische Standpunkte in gleicher Weise wirken, sodaß die **Differenzen weitgehend frei vom Einfluß dieses systematischen Fehlers sind**.

Auf die verschiedenen Arten der Punktbestimmung mit GPS wird in den folgenden Kapiteln, jeweils angewandt auf unterschiedliche Aufgabenstellungen in der Photogrammetrie, eingegangen.

Literatur zum Abschnitt 5.3.2: Baumann, E.: Vermessungskunde. Band 2, Dümmler Verlag, Bonn, 1993. Hofmann-Wellenhof, B., Kienast, G., Lichtenegger, H.: GPS in der Praxis. Springer-Verlag, 1994. Kahmen, H.: Vermessungskunde, de Gruyter Lehrbuch, Berlin, 1993. Leick, A.: GPS Satellite Surveying. John Wiley & Sons, New York, 1990. Seeber, G.: Satellitengeodäsie. Verlag W. de Gruyter, Berlin, 1989 (englische Ausgabe, 1993).

5.3.3 GPS-Einsatz beim Bildflug

Der ursprünglichen Intention von GPS folgend, kann GPS mit großem Vorteil zur Navigation des Bildfluges benutzt werden. Eine zweite Aufgabe besteht darin, zusätzlich die Belichtung der einzelnen Aufnahmen von GPS auslösen zu lassen. Zu diesem Zweck sind mit GPS fortlaufend die Positionierungen des Bildflugzeuges in Echtzeit zu ermitteln und mit den projektierten Positionen für die Projektionszentren zu vergleichen. Auf der Grundlage eines solchen Vergleichs kann ein Prozeßrechner die Belichtung der einzelnen Aufnahmen auslösen. Wir haben es deshalb in Zukunft nur mehr mit gezielten Einzelaufnahmen (auch "Punktflug" genannt) zu tun (Abschnitt A 3.8). Der Überdeckungsregler (Abschnitt A 3.7.2) wird weitgehend überflüssig werden.

Für die beiden genannten Aufgaben kommt in erster Linie GPS im **kinematischen Modus** mit dem Code C/A in Frage. Der Empfänger ist im Flugzeug eingebaut. Grundsätzlich könnten die Flugzeugpositionen in Abständen von 1 ms, das entspricht bei einer Fluggeschwindigkeit von 500 km/h etwa 14 cm, abgeleitet werden. Man wird aber die Intervalle zwischen den Positionen - abhängig vom Bildmaßstab - wesentlich größer wählen.

Die gleichzeitig ermittelten Code-Entfernungen vom Empfänger des Flugzeuges zu drei GPS-Satelliten erlauben, mit Hilfe eines räumlichen Bogenschnittes (Abschnitt 4.1.2.1) die Koordinaten im WGS84 zu ermitteln. Da die Uhren in den Satelliten einerseits und die Uhr im Empfänger andererseits nicht genau genug synchronisiert werden können, ist noch eine unbekannte **Zeitdifferenz** Δt zu berücksichtigen. Man muß deshalb mindestens zu vier GPS-Satelliten gleichzeitig die Entfernungen messen. (Die mit einer solchen (unbekannten) Zeitdifferenz behafteten Strecken werden als **Pseudostrecken** bezeichnet.)

Die Positionierungen der einzelnen Aufnahmeorte, die zunächst im geozentrischen cartesischen Koordinatensystem WGS84 anfallen, können mit den Formeln des Abschnittes 5.3.1 in geographische Koordinaten ϕ und λ sowie die Ellipsoidhöhe h umgerechnet werden. Dabei wird in der Regel die Abplattung = 1:298.257 223 563 und die große Ellipsenhalbachse = 6378 137 m gewählt. Die geographischen Koordinaten ϕ und λ sowie die Ellipsoidhöhe h werden von modernen Luftbildaufnahmesystemen auf die einzelnen Meßbilder während des Fluges aufbelichtet (siehe Figur A 3.7-3). Ihre Genauigkeit liegt im C/A-Niveau, also bei wenigen Zigmetern. Die Genauigkeit der GPS-gestützten Navigation der Bildflugzeuge liegt heutzutage bei etwa ± 50 m[1]. Die Navigation bei mittleren und kleinen

[1] Becker, R., Barriere, J.: PE&RS 59, 1659-1665, 1993. Arnold, H., Schroth, R.: in Fritsch/Hobbie (Eds.): Photogrammetric Week '93, pp. 53-62, Wichmann Verlag, Karlsruhe, 1993.

Bildmaßstäben darf deutlich ungenauer sein.

Die Genauigkeit von GPS im kinematischen Modus kann auf einige Meter erhöht werden, wenn man auf das differentielle GPS (DGPS) übergeht. In diesem Fall werden zwei Empfänger benötigt: Ein Empfänger steht auf einer koordinatenmäßig bekannten (festen) Referenzstation; der andere Empfänger befindet sich im Flugzeug. In beiden Empfängern wird mit dem C/A-Code absolut positioniert. In der (festen) Referenzstation können die Korrekturwerte ermittelt und - in Echtzeit (real time) - an die Station im Flugzeug telemetrisch übertragen werden. Beim DGPS kann auch das vom amerikanischen Verteidigungsministerium absichtlich eingeführte Rauschen ("**Selective Availability**", **SA**) weitgehend eliminiert werden. Der P-Code ist von den militärischen Interessen der Amerikaner noch stärker betroffen. A-S ("**Anti-Spoofing**") bewirkt, daß der P-Code für zivile Anwender nicht zugänglich ist.

5.3.4 Paßpunktbestimmung mit GPS

Die Paßpunktbestimmung mit GPS ist in Lehrbüchern der Vermessungskunde beschrieben. (Am Ende des Abschnittes 5.3.2 wurden einige zitiert). Die Ausführungen in diesem Abschnitt können deshalb kurz gehalten werden.

Bei der Paßpunktbestimmung geht es - abhängig vom adäquaten Bildmaßstab für das jeweilige Projekt - um **Genauigkeiten zwischen wenigen Zentimetern und einigen Metern**. Die sehr hohen Genauigkeiten für die großmaßstäbigen Projekte erreicht man nur mit Zweifrequenzempfängern und nur direkt mit den Trägerwellen L1 und L2 als Signale.

Der geforderten hohen Genauigkeit kommt entgegen, daß man bei der Paßpunktbestimmung den sogenannten **statischen Modus** benutzen kann und daß die Ergebnisse nicht - wie bei der Flugnavigation - in Echtzeit (real time) vorhanden sein müssen, sondern erst nach der eigentlichen Beobachtung ausgewertet werden können (**post processing**).

Eine weitere Maßnahme, die die geforderte hohe Genauigkeit der Paßpunktbestimmung gewährleistet, ist die Verwendung der sogenannten **relativen Punktbestimmung**. Darunter versteht man eine Methode, bei der **gleichzeitig auf zwei terrestrischen Punkten** die L1- und L2-Wellen beobachtet werden. Durch Differenzenbildung der Beobachtungen zu den **gleichen Satelliten** wird der räumliche Vektor zwischen diesen beiden terrestrischen Punkten ermittelt. Dieser dreidimensionale Vektor ist weitgehend frei von systematischen Fehlern wie

- Ungenauigkeiten der Bahnparameter, die immerhin ± 10 m betragen (Abschnitt 5.3.2), und

- Refraktionseinfluß durch die Ionosphäre, der ebenfalls mehrere Meter erreichen kann (Abschnitt 5.3.2).

Um die bei der relativen Punktbestimmung kritischen Ambiguitäten (Abschnitt 5.3.2) zu lösen, wird in den terrestrischen Punkten die Beobachtungsdauer auf etwa 10 Minuten ausgedehnt. Dadurch erhält man eine hohe Anzahl von gemessenen Pseudostrecken zu etwa 5 bis 6 GPS-Satelliten, mit deren Hilfe die Ambiguitäten bei den L1- und L2-Messungen für die räumlichen Vektoren zwischen jeweils zwei terrestrischen Punkten gelöst werden können.

Mit der relativen Punktbestimmung kann man eine sternförmige Anordnung (Figur 5.3-2a) der gerichteten räumlichen Strecken zwischen den terrestrischen Punkten verwirklichen. Der Vorteil gegenüber klassischen terrestrischen Punktbestimmungsmethoden ist, daß **keine gegenseitigen Sichten** zwischen den terrestrischen Punkten erforderlich sind. In dieses sternförmige GPS-Netz kann man zusätzlich gerichtete räumliche Strecken zwischen den peripheren Punkten vorsehen (Figur 5.2-2b). Damit ist eine durchgreifende Kontrolle der GPS-Messungen möglich. Eine solche durchgreifende Kontrolle ergibt sich auch bei einem rasterförmigen Netz (Figur 5.3-2c).

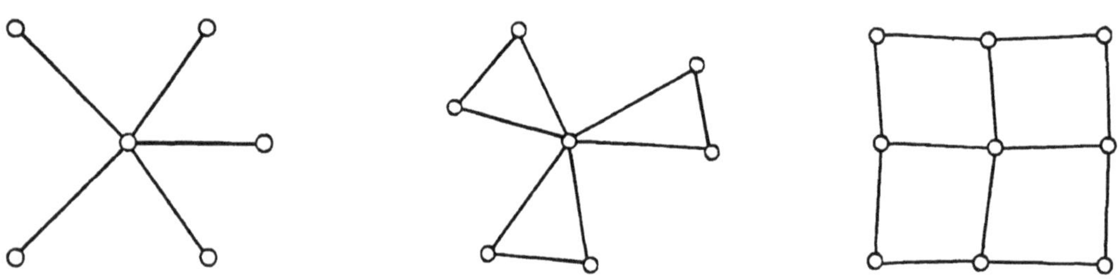

a) Stern ohne Kontrolle b) Stern mit Kontrolle c) Raster mit Kontrolle

Figur 5.3.-2: GPS-Netzformen

Wenn in das terrestrische Netz auch einige im Landeskoordinatensystem bekannte Festpunkte einbezogen werden, ist auch das sogenannte **Datumsproblem**, also die unterschiedliche Lagerung und Ellipsoiddimensionierung des WGS84 und des jeweiligen Landeskoordinatensystems, lösbar. Zu diesem Zweck sind in einem GPS-Netz mindestens drei Festpunkte des Landeskoordinatensystems einzubeziehen. Diese Festpunkte sollten möglichst am Netzrand liegen, damit keine Extrapolationen auftreten. Aus den gerichteten räumlichen Strecken werden zunächst in einem lokalen dreidimensionalen X'Y'Z'-System, dessen Ursprung in einen der Netzpunkte gelegt wird und dessen Orientierung dem WGS84 entspricht, für alle Netzpunkte Koordinaten ermittelt. Diese Ausgleichung ist sehr einfach. Für eine gerichtete räumliche Strecke zwischen den Punkten P_i und P_k sind die Koordinatenunterschiede $\overline{\Delta X}$, $\overline{\Delta Y}$ und $\overline{\Delta Z}$ beobachtet. Ihre Beobachtungsgleichungen lauten:

$$\begin{aligned} \Delta X &= \overline{\Delta X} + v_{\Delta X} = X'_i - X'_k \\ \Delta Y &= \overline{\Delta Y} + v_{\Delta Y} = Y'_i - Y'_k \\ \Delta Z &= \overline{\Delta Z} + v_{\Delta Z} = Z'_i - Z'_k \end{aligned} \qquad (5.3\text{-}11)$$

Für das zum Beispiel in der Figur 5.3-2b skizzierte Netz hat man 9 x 3 = 27 Beobachtungsgleichungen. Die Anzahl der Unbekannten X'Y'Z'-Koordinaten beträgt 6 x 3 = 18; dabei wurde berücksichtigt, daß in einen der Meßpunkte der Koordinatenursprung des X'Y'Z'-Systems gelegt wird.

AUFGABE 5.3-2: Man gebe die 27 Beobachtungsgleichungen für das in der Figur 5.3-2b skizzierte Netz an, wobei der Koordinatenursprung des X'Y'Z'-Systems in den zentralen Punkt gelegt werden soll.

AUFGABE 5.3-3: Man ermittle für die in den Figuren 5.3-2a und 5.3-2c skizzierten Netze die Anzahl der Beobachtungsgleichungen und die Anzahl der Unbekannten. Außerdem sind die Beobachtungsgleichungen anzugeben, wobei jeweils der Koordinatenursprung des lokalen Koordinatensystems in den zentralen Punkt gelegt wird.

Den lokalen dreidimensionalen GPS-Punkthaufen bringt man schließlich mit einer überbestimmten **räumlichen Ähnlichkeitstransformation** (7-Parametertransformation, Abschnitt A 4.2.3.7 und 5.1.1.3) in das Landeskoordinatensystem. Vorher ist allerdings aus dem Landeskoordinatensystem ein dreidimensionales cartesisches Koordinatensystem herzustellen, und zwar in folgenden Schritten:

- Zuerst wandelt man die $Y_{Li}X_{Li}$-Landeskoordinaten (häufig Gauß-Krüger-Koordinaten) der einzelnen Festpunkte P_i in geographische Koordinaten ϕ_i und λ_i um.
- Mit diesen geographischen Koordinaten und den ellipsoidischen Höhen h_i, wofür im allgemeinen mit genügender Genauigkeit die Höhen des Landeshöhensystems genommen werden können, werden dann - mit den Formeln (5.3-8) geozentrische Koordinaten X_i, Y_i, Z_i berechnet.
- Anschließend empfiehlt es sich noch, mit den Formeln (5.3-9) eine Transformation in ein $\overline{xyz}$-Tangentialsystem vorzunehmen.

Das Ergebnis der oben erwähnten räumlichen Ähnlichkeitstransformation sind die $\overline{xyz}$-Koordinaten für alle mit GPS bestimmten Paßpunkte. In dem $\overline{xyz}$-Tangentialsystem sollte man dann die photogrammetrische bzw. hybride Bestimmung der Massenpunkte vornehmen, bevor die Rücktransformation mit den Formeln des Abschnittes 5.1.3 - über das geozentrische XYZ-System und den Koordinaten ϕ_i, λ_i, h_i - in die (Gauß-Krüger-)Landeskoordinaten erfolgt. Figur 5.3-3 faßt diese Transformationen in einem Flußdiagramm zusammen.

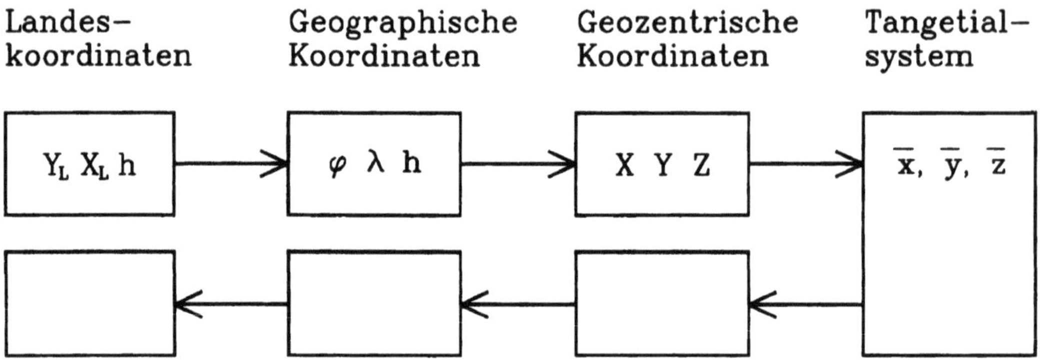

Figur 5.3-3: Flußdiagramm der aufeinanderfolgenden Transformationen

Nicht unerwähnt darf bleiben, daß dabei die Festpunkte des Landeskoordinatensystems mit einem **geometrischen Netzwerk** überbrückt werden, das nicht auf die **Abweichungen des Geoides vom Ellipsoid** Rücksicht nimmt. Bei kleinen Interessensgebieten, innerhalb derer diese Abweichungen linear verlaufend angesehen werden können, spielen sie keine Rolle. Für große Gebiete kann dieser Einfluß aber nicht vernachlässigt werden. Im Abschnitt 5.4.5 wird dafür eine verhältnismäßig strenge Lösung angegeben.

5.3.5 GPS-gestützte Aerotriangulation

Bei der GPS-gestützten Aerotriangulation verfolgt man das Ziel, die globalen Koordinaten der Projektionszentren aus GPS-Beobachtungen abzuleiten. Diese GPS-Anwendung stellt die höchsten Anforderungen, denn man benötigt - bei einer **kinematischen Meßanordnung** - die für die **statische Paßpunktmessung** angegebenen Genauigkeiten zwischen einigen Zentimetern und mehreren Metern (Abschnitt 5.3.4).

Für kleinere Bildmaßstäbe käme der unverfälschte P-Code in Frage. Im folgenden konzentrieren wir uns aber wieder auf die genaueren Trägerwellen L1 und L2 als Signale, die wegen der hohen Genauigkeitsanforderungen für Projekte im großen und mittleren Bildmaßstab zu benutzen sind. Das Hauptproblem ist die Bewältigung der Ambiguitäten im kinematischen Modus mit den L1- und L2-Wellen. Zunächst wird eine Lösung skizziert (Abschnitt 5.3.5.1), die völlig ohne Festpunkte auskommt, aber im Operationellen einige Nachteile besitzt. Im Abschnitt 5.3.5.2 wird eine Methode besprochen, die zwar einige Festpunkte benötigt, dafür aber die Bewährung in der Praxis bereits hinter sich hat.

5.3.5.1 Ohne Festpunkte

Für die relative Punktbestimmung, die auch hier zum Einsatz kommt, wählt man im Interessensgebiet eine feste Empfängerstation aus. Diese feste Empfängerstation ist im C/A-Code, besser wäre der P-Code, absolut zu positionieren. Im Flugzeug ist die zweite Empfängerstation untergebracht. Am Beginn der Mission wird das gesamte System initialisiert, indem im statischen Modus eine GPS-Basis, das ist eine räumlich gerichtete Strecke, über einen verhältnismäßig langen Zeitraum - etwa 15 Minuten - bestimmt wird. Nach dieser **Initialisierung** ist die Ambiguität gelöst. Im Empfänger des sich von der Startposition wegbewegenden Flugzeuges werden dann laufend die ganzen Wellenlängen gezählt und gemeinsam mit den anderen GPS-Beobachtungen registriert.

Falls während der gesamten Flugmission dieser Zählvorgang nicht unterbrochen wird - also kein sogenannter "**Cycle Slip**" auftritt -, muß bei der Rückkehr des Flugzeuges auf die Startposition wieder die GPS-Basis der Initialisierung herauskommen. (Die Auswertung der Ergebnisse muß für die GPS-gestützte Aerotriangulation nicht in Echtzeit erfolgen; sie kann aus den registrierten Beobachtungen nach der Flugmission durchgeführt werden.)

"**Cycle Slips**" können verhältnismäßig oft auftreten. Zum Beispiel können beim Wenden des Flugzeuges durch die schräg liegenden Flügel ein oder zwei GPS-Satelliten abgedeckt sein. Ein anderes Phänomen sind die sogenannten "**Multipath**"-Effekte. An der Flugzeugoberfläche können nämlich die Mikrowellen auch reflektiert werden, sodaß im Empfänger sowohl die wünschenswerten direkten als auch die nicht erwünschten, reflektierten Wellen ankommen. Die Signale reflektierter Wellen können zu einer großen Konfusion führen.

Die GPS-gestützte Aerotriangulation ohne Festpunkte ist auf längere Sicht eine interessante Perspektive. Sie ist für Gebiete interessant, in denen es noch kein Grundlagennetz gibt. Damit entfällt auch das Datumsproblem. Wir wenden uns im folgenden einer interessanten pragmatischen Variante der GPS-gestützten Aerotriangulation zu.

5.3.5.2 Mit einigen Festpunkten

In diesem Fall gehen wir davon aus, daß es einige **Festpunkte**, insbesondere **am Rand des Interessensgebietes**, gibt. Die Festpunkte, die im wesentlichen nur noch der Datumsbestimmung dienen, können entweder vom (alten) Grundlagenetz stammen oder mit relativer Punktbestimmung (Abschnitt 5.3.4) ermittelt worden sein.

Es werden wiederum die L1/L2-Wellen als Signale für die relative Punktbestimmung benutzt. Wir verzichten aber auf die oben erwähnte zeitaufwendige Initialisierung vor dem Start der Flugmission. Die Initialisierung - genauer die Lösung der Ambiguität - erfolgt vielmehr während des Fluges (*on the fly*). Zu diesem Zweck werden am Beginn eines Flugstreifens der C/A-Code im stationären Empfänger, der auf keinem koordinatenmäßig bekannten Punkt stehen muß, und gleichzeitig im Empfänger des Flugzeuges registriert. Damit kann - nachträglich (*post processing*) - die Ambiguität gelöst werden. Für die Lösung der Ambiguität im *post processing* braucht man Aufzeichnungen während des Fluges über eine Zeitspanne von mehreren Minuten. Das Ergebnis ist dann auf einige Dezimeter genau. Als Ergebnis hat man die **einzelnen Flugzeugpositionen innerhalb eines Streifens mit sehr hoher relativer Genauigkeit**; **ihre absolute Position bleibt aber verhältnismäßig ungenau**.

Nach einem "Cycle Slip" oder am Beginn des zweiten Streifens wird die oben geschilderte Prozedur wiederholt. (Das Flugzeug kann bei dieser Variante übrigens - wie gewohnt - am Ende eines Streifens eine enge Kurve mit starker Querneigung fliegen). Das Ergebnis sind Flugpositionen mit einer Genauigkeit von etwa ± 2 bis 5 cm innerhalb eines Streifens. Von Streifen zu Streifen können etwas größere Versetzungen (*shifts*) und Verdrehungen (*drifts*) auftreten.

Diese genauen (relativen) Flugzeugpositionen werden aus den GPS-Beobachtungen etwa in Sekundenintervallen, das entspricht - abhängig von der Fluggeschwindigkeit - Positionsabständen von etwa 50 bis 100 m, ermittelt. Diese (Stütz-)Punkte können mit räumlichen Kurven verbunden werden (Band 3 enthält Verfahren, die dafür adäquat sind).

Zu diesen GPS-Stützpunkten kennt man auch die Zeiten der Empfängeruhr. Die Empfängeruhr ist während des Fluges auch der Taktgeber für die Belichtung der Meßaufnahmen, sodaß **durch Interpolation entlang der räumlichen Kurven auch die Koordinaten der Antennenpunkte A_i zu den einzelnen Belichtungszeiten gefunden werden können**. Die Zeitpunkte können auf etwa 1 ms genau synchronisiert werden (Abschnitt A 3.7.1).

5.3.5.2.1 Berücksichtigung der Exzentrizität und hybride Ausgleichung

Nun steht noch das Problem an, wie man von den WGS84-Koordinaten der Antennenpunkte A_i auf die WGS84-Koordinaten der Projektionszentren P_{0i} kommt. Die Exzentrizität zwischen dem Projektionszentrum der Kamera und der GPS-Antennenspitze ist vor der Flugmission zu ermitteln. Das Ergebnis sollten die Koordinaten x_A, y_A, z_A des Antennenzentrums im Kamerakoordinatensystem sein.

Die Position der Antenne im Bezug zum Kamerakoordinatensystem muß - zumindest bei großmaßstäbigen Bildflügen - während des gesamten Bildfluges unverändert bleiben bzw. bestimmbar sein. Diese Bedingung kann auf dreierlei Weise erreicht werden:

- Nach der Bestimmung des Antennenzentrums im Kamerakoordinatensystem darf während des gesamten Bildfluges die Längs- und Querneigung und insbesondere - was ungewohnt ist - die Verkantung der Kamera nicht mehr nachgestellt werden. (Kreiselstabilisierte Aufhängungen der Kameras widersprechen dieser Bedingung!).
- Falls man auf die Verkantung während des Fluges nicht verzichten kann, muß die Antenne in Verlängerung der Aufnahmerichtung - wie in Figur 5.3-4 angedeutet - montiert werden.
- Falls man die Antenne oben am Flugzeugschwanz montieren will, was übrigens wegen der Probleme mit dem "Multipath" zu empfehlen ist, und auch Verdrehungen der Kamera während des Fluges (manuell oder zufolge einer Kreiselsensorik) erfolgen sollen, müssen diese Verdrehungen registriert und daraus die für jede Meßaufnahme aktuelle Position des Antennenzentrums im Kamerakoordinatensystem ermittelt werden.

In der Fortsetzung gehen wir von der in der Figur 5.3-4 skizzierten Situation aus. Die Einbeziehung der hochgenauen GPS-Information in die Aerotriangulation kann schrittweise wie folgt vorgenommen werden:

a) Man wandelt die WGS84-Koordinaten der Antennenpunkte A_i der einzelnen Flugstreifen mit den Formeln (5.3-9) in das tangentiale $\overline{xyz}$-System um. Dafür kann man das im WGS84 übliche Ellipsoid benutzen (Abschnitt 5.3.3). Zusätzlich wird noch eine grobe Verkantung des tangentialen Koordinatensystems in der Weise vorgenommen, daß die $\overline{x}$-Achse etwa in Richtung des jeweiligen Streifens verläuft. Diese Systeme sollen die Bezeichnung $\overline{x}'\overline{y}'\overline{z}'$-Systeme tragen.

b) Anschließend werden im jeweiligen tangentialen $\overline{x}'\overline{y}'\overline{z}'$-Streifenkoordinatensystem die Koordinaten der Projektionszentren P_{0i} berechnet, wofür man eigentlich die Bildneigungen ω und ϕ benötigt. Falls keine Näherungswerte aufgezeichnet wurden, beginnt man die erste Iteration mit $\omega^0 = \phi^0 = 0$.

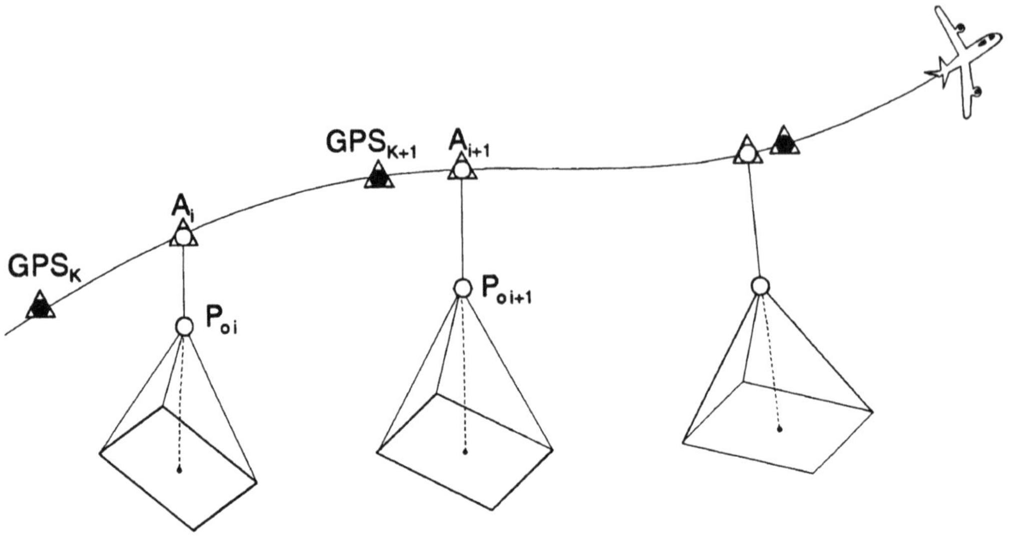

Figur 5.3-4: Flugstreifen mit GPS-Positionen (A_i ... interpolierte Positionen der Antennenspitze, P_{oi} ... Projektionszentren)

c) Die **Projektionszentren** in den einzelnen tangentialen $\bar{x}'\bar{y}'\bar{z}'$-Streifenkoordinatensystemen **bilden unabhängige Modelle** in einem dreidimensionalen lokalen Koordinatensystem im Sinne des Abschnittes 3.5.2. Diese Modelle bezeichnen wir im folgenden als GPS-Modelle.

d) Die wenigen Paßpunkte im Landeskoordinatensystem bringt man ebenfalls mit den Formeln (5.3-8) und (5.3-9) in ein tangentiales $\bar{X}\bar{Y}\bar{Z}$-Koordinatensystem. Dafür verwendet man die Parameter des Ellipsoides der jeweiligen Landesvermessung.

e) Anschließend erfolgt eine **hybride Ausgleichung**, wobei simultan
- die beobachteten Bildkoordinaten (Gleichung (3.5-2)),
- die GPS-Modelle (Gleichung (3.5-1)) und
- die Paßpunkte mit ihren im Schritt d) ermittelten $\bar{X}\bar{Y}\bar{Z}$-Koordinaten (Gleichung (3.5-10))

verwendet werden. Da die Projektionszentren vorwiegend entlang einer Geraden angeordnet sind, ist die **ω-Drehung** um die $\bar{x}'$-Achse der GPS-Modelle mit Null vorzugeben; vorteilhafter wird man eine Beobachtung "Null" benutzen. Die Translationen sowie die ϕ- und κ-Drehungen der GPS-Modelle lösen das Datumsproblem zwischen den $\bar{x}'\bar{y}'\bar{z}'$-Koordinaten der GPS-Modelle und dem Landeskoordinatensystem.

f) Nach der ersten Iteration in der Kleinste-Quadrate-Ausgleichung ist der Schritt b) und e) mit verbesserten Näherungswerten für ω^0 und ϕ^0 zu wiederholen.

g) Nach Abschluß der Kleinste-Quadrate-Ausgleichung kennt man die $\bar{X}\bar{Y}\bar{Z}$-Koordinaten aller Punkte im tangentialen Landeskoordinatensystem, das mit dem Schritt d) geschaffen wurde. Die Rücktransformation aller Punkte in die (Gauß-Krüger-)Koordinaten erfolgt mit den Formeln (5.3-9), (5.3-8) und (5.3-6) über die geozentrischen $X_iY_iZ_i$-Koordinaten und die $\phi_i\lambda_ih_i$-Koordinaten.

5.3.5.2.2 Genauigkeiten

Die geschilderte GPS-Aerotriangulation bringt vor allem in Streifenrichtung eine enorme Stabilisierung. Im Hinblick auf die schlechte Höhengenauigkeit der konventionellen Aerotriangulation, der bisher nur durch Höhenpaßpunktketten nach wenigen Modellen quer zu den Flugstreifen begegnet werden konnte (Abschnitt A 5.2.3.2), ist man besonders an der Höhenstabilisierung durch die GPS-Modelle interessiert. Die typische Paßpunktanordnung für einen GPS-gestützten Block ist in der Figur 5.3-5 skizziert. Da die einzelnen Streifen weitgehend unabhängig voneinander mit GPS stabilisiert werden und die Projektionszentren mehr oder weniger eine geradlinige Punktfolge bilden, bleiben die Querneigungen der Streifen labil. Aus diesem Grund sind **am Anfang und am Ende des Blockes Höhenpaßpunktketten erforderlich**. Anstelle dieser Höhenpaßpunktketten kann man auch **zwei Querstreifen** fliegen, die - abgesehen von den Vollpaßpunkten in den Blockecken - nur mit vier Höhenpaßpunkten zu stabilisieren sind.

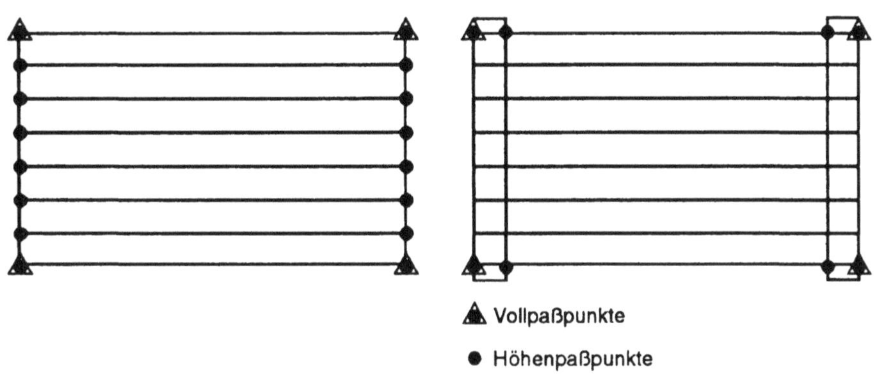

Figur 5.3-5: Paßpunktanordnung für GPS-gestützte Aerotriangulation
links: mit zwei Höhenpaßpunktketten
rechts: mit zwei Querstreifen

Für diese beiden Grundmuster der GPS-gestützten Aerotriangulation hat Ackermann[1] mit Simulationen Genauigkeitsgesetze abgeleitet. In Stuttgart verwendet man allerdings einen etwas anderen mathematischen Ansatz[2]. In der mathematischen Wirkungsweise entsprechen sich aber beide Ansätze. Die von Ackermann veröffentlichten Genauigkeitsgesetze können deshalb auch für die vorgestellte GPS-gestützte Aerotriangulation herangezogen werden.

Ein GPS-gestützter Bildverband besitzt sehr viele Paßpunkte, die zu einem geringen Teil auf der Erdoberfläche und zu einem großen Teil entlang der Flugbahnen angeordnet sind. Diese hohe Paßpunktdichte bewirkt, daß die **Genauigkeit der Blockausgleichung praktisch unabhängig von der Blockgröße** ist.

Für die beiden in der Praxis gebräuchlichen Konfigurationen (Figur 5.3-5) wurden folgende mittlere Fehler $\sigma_{X,Y}$ und σ_Z für die XYZ-Landeskoordinaten gefunden:

a) Bildverband mit Höhenpaßpunktketten am Anfang und am Ende des Blockes

$$\sigma_{X,Y} = \pm 2.1 \cdot m_B \cdot \sigma_B \qquad \sigma_Z = \pm 2.3 \cdot m_B \cdot \sigma_B \tag{5.3-12}$$

b) Bildverband mit je einem Querstreifen am Anfang und am Ende des Blockes:

$$\sigma_{X,Y} = \pm 1.5 \cdot m_B \cdot \sigma_B \qquad \sigma_Z = \pm 2.0 \cdot m_B \cdot \sigma_B \tag{5.3-13}$$

Dabei bedeuten:

m_B ... Bildmaßstabszahl

σ_B ... Genauigkeit einer gemessenen Bildkoordinate: Das ist häufig der Gewichtseinheitsfehler σ_0 der Bündelblockausgleichung; sie beträgt im günstigsten Fall $\pm 3\ \mu m$ (Abschnitt 5.2.3); bei natürlichen Punkten kann sie auch - abhängig vom Bildmaßstab - bis auf etwa $\pm 10\ \mu m$ ansteigen.

Die **Annahmen** für die Genauigkeitsangaben (5.3-12) und (5.3-13) waren:

1. Weitwinkelaufnahmen, d.h. 15 cm Kamerakonstante; für $\sigma_B = 10\ \mu m$ erhält man deshalb im Fall a) $\sigma_Z = \pm 0.15‰$ der Flughöhe und im Fall b) $\sigma_Z = \pm 0.13‰$ der Flughöhe. Für Normalwinkelaufnahmen, d.h. 30 cm Kamerakonstante, betragen die entsprechenden mittleren Höhenfehler im Fall a) $\sigma_Z = \pm 4.6 \cdot m_B \cdot \sigma_B$ und im Fall b) $\sigma_Z = \pm 4.0\ m_B \cdot \sigma_B$.

---

[1] IAPR XXIX, Part B3, pp. 691-700, Washington, 1992.

[2] Ackermann, F., Schade, H.: PE&RS LIX, pp. 1625-1632, 1993.

2. Die Genauigkeit der Geländepaßpunkte betrug $\sigma_{X,Y,Z} = m_B \cdot \sigma_B$. Selbst wenn die Genauigkeit der Geländepaßpunkte um den Faktor 3 gesteigert würde, die Genauigkeit des Blockverbandes verbesserte sich nur um wenige Prozent.

3. Die Genauigkeit der mit GPS bestimmten Projektionszentren betrug $\sigma_{P0\text{-}GPS} = m_B \cdot \sigma_B$. Wenn man die Genauigkeit der Projektionszentrumsbestimmung mit GPS um den Faktor 3 steigern würde, bekäme man eine Genauigkeitssteigerung des Bildverbandes um nur 10%. Wenn die Genauigkeit der Projektionszentrumsbestimmung mit GPS um den Faktor 10 schlechter wäre, wäre eine deutliche Verschlechterung der Genauigkeit zu erwarten, und zwar für die Lagegenauigkeit $\sigma_{X,Y} \approx 3.5 \cdot m_B \cdot \sigma_B$ und für die Höhengenauigkeit $\sigma_Z \approx 5.0 \cdot m_B \cdot \sigma_B$.

ZAHLENBEISPIEL: Die sieben Streifen des Bildverbandes der Figur 5.3-5 (links) sollen jeweils aus 20 Modellen bestehen. Bildmaßstab 1:20 000; Kamera 15/23; beim Bündelblockausgleich erwartet man $\sigma_B = \pm 5$ μm, d.h. man verwendet einerseits zusätzliche Parameter zur Elimination der systematischen Fehler und erwartet andererseits für die mit Bildkoordinaten festgelegten Verknüpfungspunkte eine geringfügig schlechtere Genauigkeit als für signalisierte Punkte.

(5.3-12): $\sigma_{X,Y} = 2.1 \cdot 20\,000 \cdot 0.0005 = \pm 21$ cm
$\sigma_Z = 2.3 \cdot 20\,000 \cdot 0.0005 = \pm 23$ cm

Würde man auf die Bestimmung der Projektionszentren mit GPS verzichten, verschlechterte sich vor allem die Höhengenauigkeit stark. Man bekäme einen für die Praxis in der Regel nicht mehr aktzeptablen Wert von:

A(5.2-14): $\sigma_{Z,\text{mittel}} = (0.34 + 0.22 \cdot 20) \cdot 20\,000 \cdot 15 \cdot 0.00005 = \pm 71$ cm
$\sigma_{Z,\max} = (0.27 + 0.31 \cdot 20) \cdot 20\,000 \cdot 15 \cdot 0.00005 = \pm 97$ cm

AUFGABE 5.3-4: Für eine GPS-gestützte Aerotriangulation mit der Paßpunkt- und Streifenanordnung wie Figur 5.3-5 (rechts) ist die Genauigkeit der koordinierten Punkte abzuschätzen. Bildmaßstab 1:15 000; zu erwartende Bildkoordinatengenauigkeit $\sigma_B = \pm 5$ μm. Welche Genauigkeit der Paßpunkte im Gelände und der mit GPS ermittelten Projektionszentren werden in diesem Fall bei der Anwendung der Beziehungen (5.3-13) vorausgesetzt?
ZUSATZAUFGABE: Wie verschlechtert sich die Genauigkeit, wenn die Projektionszentren mit GPS um den Faktor 10 ungenauer bestimmt werden?

5.3.5.2.3 Einbeziehung des Geoides

Die GPS-gestützten Aerotriangulationen - wie selbstverständlich auch die konventionellen Aerotriangulationen - überbrücken die (wenigen) Festpunkte mit einem **geometrischen Netzwerk**, das die **Abweichungen des Geoides vom Ellipsoid nicht berücksichtigt**.

Bei großen Interessensgebieten und bei hoher Genauigkeit sind diese Abweichungen, genauer die Änderungen der Abweichungen in Abhängigkeit von der Entfernung, zu beachten. Im Abschnitt 5.4.5 wird dafür eine Lösung angeboten.

Weitere **Literatur** zu Abschnitt 5.3.5.2: Ovstedal, O. und Blankenberg, L.: Proceedings XX.FIG-Congress, Commission 5, TS 504.4 und 553.1, Melbourne 1994. The Photogrammetric Journal of Finland, No. 1, Vol. 13, 1992.

5.4 Berücksichtigung der Gestalt der Erde und der Verzerrungen der Landeskoordinatensysteme

5.4.1 Problemstellung

Die Koordinatensysteme der klassischen Landesvermessung haben unterschiedliche Bezugsflächen: Die Höhen beziehen sich auf das Geoid, eine physikalisch definierte Bezugsfläche, und die Lagekoordinaten beziehen sich auf das Ellipsoid, das mit mathematisch definierten Abbildungsgesetzen verebnet wird. Mit der modernen dreidimensionalen Geodäsie kann diese Zweigleisigkeit der Bezugsflächen beseitigt werden: Das erste dreidimensionale **Weltnetz** hat der National Geodetic Survey (USA) unter Leitung von H.H. Schmid[1] bereits Anfang der 70er Jahre mittels photogrammetrischer Himmelsaufnahmen zu Satelliten geschaffen. Es hatte eine Genauigkeit von ± 5 m. In den vergangenen 20 Jahren wurden neue dreidimensionale Weltvermessungssysteme entwickelt. Am bekanntesten ist das vom amerikanischen Verteidigungsministerium eingerichtete GPS (Abschnitt 5.3).

Die angeschnittenen Gedanken zur Zweigleisigkeit der Bezugsflächen und insbesondere die Berücksichtigung des Geoides in der photogrammetrischen Punktbestimmung werden erst im Abschnitt 5.4.5 behandelt. Zunächst unterstellen wir **eindeutige geometrische Verhältnisse**: Die Gestalt der **Erde** wird **als Ellipsoid** angenommen und die Höhen sind als **Ellipsoidhöhen** definiert, das heißt die Abstände (entlang den Ellipsoidnormalen) der Geländepunkte vom Erdellipsoid. Um das (umständliche) Rechnen auf dem gekrümmten Ellipsoid durch die einfache ebene Geometrie ersetzen zu können, wird das Ellipsoid mit mathematischen Abbildungsgesetzen verebnet. Diese Verebnung muß mit Verzerrungen behaftet sein. In der Landesvermessung haben sich die konformen Abbildungen (Gauß-Krüger-Projektion, UTM

---

[1] BuL 41, 170-185, 1973

= Universal Transverse Mercator usw.) durchgesetzt. Sie haben die Eigenschaft, daß sie zwar im Differentiellen winkeltreu sind, aber in bezug auf längere, in der Abbildung geradlinig angenommene Richtungsstrahlen durchaus Winkelverzerrungen besitzen. (Im 3° breiten Streifen der Gauß-Krüger-Projektion bleibt diese Winkelverzerrung in der geographischen Breite Mitteleuropas innerhalb 1 mgon, wenn die Entfernungen nicht größer als etwa 10 km werden.) Selbstverständlich haben die konformen Abbildungen Längen- und Flächenverzerrungen.

Ein weiterer Grund für die Verebnung des Erdellipsoides ist die Erstellung eines **landesweiten Rahmenkartenwerkes**, dessen Blätter klaffungsfrei zusammenlegbar sein sollen. Da - wie bereits erwähnt - diese Verebnung des Erdellipsoides mit Verzerrungen behaftet sein muß, weisen die Kartenwerke eines Landes die Verzerrungen der für die Verebnung verwendeten Abbildung (z.B. der konformen Abbildung) auf. Allerdings sind die Längen-, Flächen- und Winkelverzerrungen so klein, daß sie bei graphischen Auswertungen nur dann außerhalb der Zeichengenauigkeit liegen, wenn äußerst kleinmaßstäbige Luftbilder bzw. Satellitenbilder auszuwerten sind.

Für höchste Genauigkeitsansprüche muß man sich aber mit der Eigenart der Landeskoordinaten auseinandersetzen. Die **Landes**- bzw. **Kartenkoordinaten** legen die Punkte der Erdoberfläche in einem **dreidimensionalen orthogonalen Koordinatensystem** fest. Die Z_L-Koordinatenachse steht senkrecht zur X_LY_L-Ebene. Die Z_L-Koordinaten - die Höhen - sind die unverzerrten Abstände (entlang den nicht parallel verlaufenden Ellipsoidnormalen) der Geländepunkte vom Erdellipsoid. Die X_L- und Y_L-Koordinaten beziehen sich auf zwei orthogonal stehende Koordinatenachsen, wobei die X_L-Achse - bei der Gauß-Krüger-Projektion - mit dem längentreu abgebildeten Mittelmeridian des jeweiligen 3° breiten Meridianstreifen zusammenfällt. (Man beachte, daß die X_L-Achse nach Norden und die Y_L-Achse nach Osten zeigt; in "photogrammetrischen" Koordinatensystemen ist es umgekehrt). Die Y_LX_L-Ebene des orthogonalen Landeskoordinatensystems ist nicht verzerrungsfrei; sie enthält Längen-, Flächen- und auch geringe Winkelverzerrungen. Das Landeskoordinatensystem ist daher kein cartesisches Koordinatensystem.

In der Photogrammetrie verwendet man ein dreidimensionales cartesisches Objektkoordinatensystem, das wir bisher als XYZ-System bezeichnet haben. In diesem XYZ-System erfolgt die Festlegung der Objektpunkte durch orthogonale Projektion auf die jeweilige Koordinatenebene. Die Ergebnisse der Photogrammetrie sind eine solche orthogonale Projektion auf die XYZ-Koordinatenebenen. Die Festpunkte der Landesvermessung, auf die sich die photogrammetrische Auswertung stützt, sind aber in dem verzerrten $Y_LX_LZ_L$-System gegeben. In das $Y_LX_LZ_L$-System der Landesvermessung sollen schließlich auch die photogrammetrischen Auswerteergebnisse einfließen.

Die angeschnittene Unvereinbarkeit der beiden dreidimensionalen Koordinatensysteme kann auf verschiedene Weise gelöst werden. Wir beginnen mit einer strengen Lösung (Abschnitt 5.4.2) und bringen dann noch zwei Näherungslösungen (Abschnitt 5.4.3 und 5.4.4), die in der Praxis stark verbreitet sind.

5.4.2 Korrektur der Landeskoordinaten

Eine strenge Lösung des gestellten Problemes besteht aus folgenden Schritten:

a) Man nimmt einen Punkt B des Erdellipsoides, der etwa in die Mitte des photogrammetrisch zu bearbeitenden Gebietes fällt, und legt in diesem Punkt B die Tangentialebene an das Erdellipsoid. Anschließend projiziert man die Festpunkte, die bezüglich des Erdellipsoides mit ihren geographischen Koordinaten ϕ und λ sowie der Ellipsoidhöhe Z_L festgelegt sind, **orthogonal** auf diese Tangentialebene. Dadurch erhält man von den Festpunkten Koordinaten, die - wie in der Photogrammetrie üblich - durch orthogonale Projektion auf Koordinatenebenen entstehen. Die Tangentialebene ist die XY-Ebene des cartesischen Koordinatensystems, wobei die Y-Achse die Tangente an den Meridian im Berührungspunkt B ist und die X-Achse dazu senkrecht verläuft; die Z-Achse steht orthogonal auf der Tangentialebene (Figur 5.4-1 bzw. Figur 5.3-1).

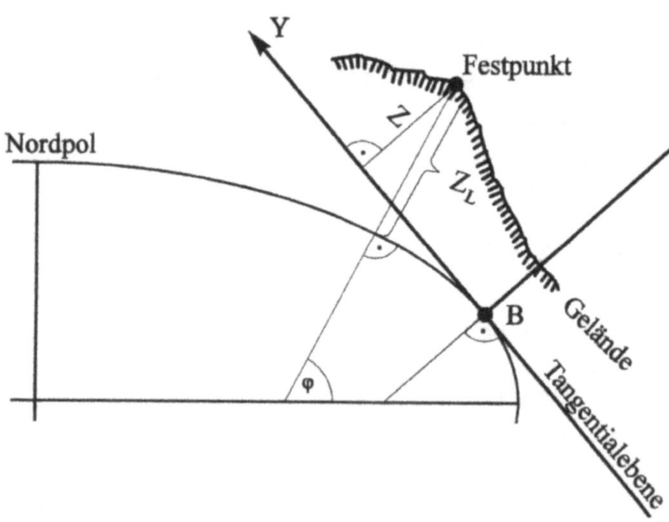

Figur 5.4-1: Cartesische XYZ-Koordinaten bezogen auf eine Tangentialebene des Erdellipsoides

Aus den Gauß-Krüger-Koordinaten $Y_L X_L$ sowie den Ellipsoidhöhen Z_L kann man mittels folgender Formeln die **XYZ-Koordinaten des Tangentialsystems** berechnen:[1]

$$X = (1+Z_L/R)\overline{Y}_L - \frac{1}{3R^2}(1+Z_L/R)\overline{Y}_L^3 \ \ldots$$

$$Y = (1+Z_L/R)\overline{X}_L - \frac{1}{6R^2}(1+Z_L/R)\overline{X}_L^3 - \frac{1}{2R^2}(1+Z_L/R)\overline{X}_L\overline{Y}_L^2 \ \ldots \qquad (5.4\text{-}1)$$

$$Z = Z_L - \frac{1}{2R}(1+Z_L/R)(\overline{X}_L^2) \ \ldots$$

Dabei bedeuten:

X,Y,Z	...	Cartesische Koordinaten im Tangentialsystem mit dem Ursprung im Berührungspunkt B.
$\overline{Y}_L, \overline{X}_L$	...	Gauß-Krüger-Koordinaten reduziert um die Gauß-Krüger-Koordinaten des Berührungspunktes B.
Z_L	...	Ellipsoidhöhe.
R	...	Erdradius.

Diese Formeln liefern Dezimeter-Genauigkeit für Interessensgebiete mit einem Ausmaß von etwa 80x80 km^2. Strengere Formeln, die in einem Gebiet von 200x200 km^2 erst Vernachlässigungen im Bereich einiger Millimeter haben, hat K. Hubeny[2] angegeben. Ein strenges Formelsystem (allerdings ohne den Übergang von Gauß-Krüger-Koordinaten auf geozentrische Koordinaten), das als Zwischenergebnis geographische Koordinaten ermittelt, haben wir im Abschnitt 5.3.1 kennengelernt.

b) Mit Hilfe der Festpunkte, die jetzt im XYZ-Tangentialsystem vorliegen, erfolgt die eigentliche photogrammetrische Punktbestimmung, eine Blockausgleichung mit unabhängigen Modellen und/oder eine mit Bündeln. Das Ergebnis, d.h. die Koordinaten der Neupunkte, fallen im XYZ-Tangentialsystem an.

c) Man ist im allgemeinen an dem photogrammetrischen Ergebnis nicht im XYZ-Tangentialsystem, sondern im $Y_L X_L Z_L$-System der Landesvermessung interessiert. Man erhält die Formeln für diese Transformation durch die **Umkehrung** der Beziehungen (5.4-1) und Beschränkung auf die relevanten Terme. Dabei errechnet man zuerst Z_L, das dann zur Berechnung der $\overline{Y}_L\overline{X}_L$-Koordinaten verwendet werden kann:

1 Ableitung siehe Rinner, K.: DGK Reihe A, Heft 34, Teil II, 1959

2 BuL 46, 35-38, 1978

$$
\begin{aligned}
Z_L &= Z + \frac{1}{2R}\,(1+Z/R)\,(X^2+Y^2)\,\ldots \\
\overline{Y}_L &= (1-Z_L/R)X + XZ^2/R^2 + X^3/(3R^2)\,\ldots \\
\overline{X}_L &= (1-Z_L/R)Y + YZ^2/R^2 + Y^3/(6R^2) + YX^2/(2R^2)\,\ldots
\end{aligned}
\qquad (5.4\text{-}2)
$$

Die Bedeutung der einzelnen Größen wurde im Anschluß an das Formelsystem (5.4-1) angegeben. Ein strenges Formelsystem (allerdings nur bis zu den geozentrischen Koordinaten), das als Zwischenergebnis geographische Koordinaten ermittelt, haben wir im Abschnitt 5.3.1 kennengelernt.

In der Praxis hat sich die Methode mit der Korrektur der Landeskoordinaten noch nicht überall durchsetzen können. Sie ist aber unbestritten die beste Methode, solange man nur photogrammetrische Messungen und Festpunkte gemeinsam verarbeitet. Die **Einbeziehung von beobachteten Polarkoordinaten** (Abschnitt 3.5.3), die sich auf die (nichtparallelen) Lotlinien beziehen, und die Einbeziehung mancher Gestalten (Abschnitt 3.5.5) wie zum Beispiel der Höhenunterschied Null an einer **ruhenden Wasserfläche**, machen bei dieser Methode allerdings Schwierigkeiten. Sie können aber iterativ gelöst werden, indem zunächst eine näherungsweise Punktbestimmung ohne diese auf die Lotlinien und Niveauflächen bezogenen Beobachtungen erfolgt. Aus der genäherten Positionierung auf dem Erdellipsoid - in vielen Fällen genügt auch eine Erdkugel - kann dann die Stellung des Lotes im jeweiligen Polarstandpunkt gegenüber der Lotrichtung durch den Bezugspunkt B (Figur 5.4-1) berechnet[1] und als feste Parameter ω und ϕ in die Drehmatrix $\mathbf{R}_{\omega\phi\kappa}$ (Abschnitt 3.5.3) eingeführt werden. Die Einführung als verbesserungsbedürftige Beobachtungen (Abschnitt 3.5.8) ist empfehlenswerter. So, wie die Stellung der Lotrichtung bei den Polarstandpunkten berücksichtigt werden kann, kann auch die Stellung der Niveauflächen bei den Gestalten behandelt werden.

AUFGABE 5.4-1: Ein Polarstandpunkt ist 4500 m vom Bezugspunkt B in Nord-West-Richtung entfernt. Man gebe die Drehmatrix $\mathbf{R}_{\omega\phi}$ für diesen Polarstandpunkt an, wobei es ausreichend sei, die Erde als Kugel mit dem Radius 6370 km zu verwenden.

Im folgenden werden zwei Lösungen gebracht, die hinsichtlich der photogrammetrischen Beobachtungen als Näherungsmethoden anzusehen sind, aber bezüglich der auf Lotrichtungen und Niveauflächen bezogenen Beobachtungen den von den geodätischen Berechnungen bekannten Komfort bieten.

---

1 Streng genommen müßten dabei auch die Lotabweichungen, das sind die Winkel zwischen den wahren Lotrichtungen und den Ellipsoidnormalen, berücksichtigt werden.

5.4.3 Korrektur der Bildkoordinaten

Anstelle der im letzten Abschnitt geschilderten dreistufigen Abfolge kann man die Landeskoordinaten Y_L, X_L und Z_L der Festpunkte auch belassen und die **Bildkoordinaten x und** y entsprechend korrigieren; eigentlich muß man sagen "**verfälschen**".

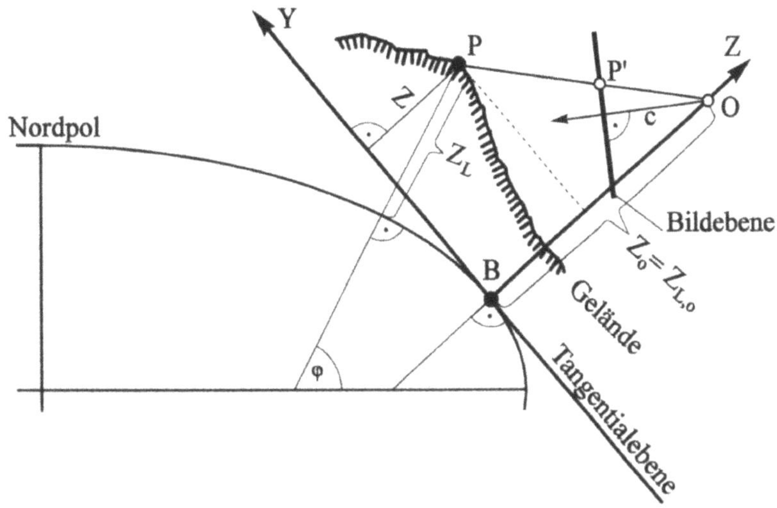

Figur 5.4-2: Cartesische XYZ-Koordinaten bezogen auf eine Tangentialebene im Lotfußpunkt des Aufnahmeortes

Zur Ableitung der Korrekturwerte legt man im Lotfußpunkt B des Aufnahmeortes O die Tangentialebene an das Erdellipsoid (Figur 5.4-2). Bezüglich der cartesischen XYZ-Koordinaten, die sich auf das Tangentialsystem beziehen und ihren Ursprung in Punkt B haben, und der Bildkoordinaten x und y, wobei der Bildkoordinatenursprung im Bildhauptpunkt liegen soll, gelten die bekannten Formeln der zentralperspektivischen Abbildung ($X_0 = Y_0 = x_0 = y_0 = 0$):

$$x = -c\frac{r_{11}X + r_{21}Y + r_{31}(Z-Z_0)}{r_{13}X + r_{23}Y + r_{33}(Z-Z_0)}$$

$$y = -c\frac{r_{12}X + r_{22}Y + r_{32}(Z-Z_0)}{r_{13}X + r_{23}Y + r_{33}(Z-Z_0)} \qquad (5.4\text{-}3)$$

Führt man anstelle der Koordinaten X, Y und Z die Ellipsoidhöhe Z_L und die verzerrten Koordinaten $\bar{Y}_L$ und $\bar{X}_L$ des Landesvermessungssystems, die ebenfalls ihren Ursprung im Berührungspunkt B haben sollen, in die Formeln (5.4-3) ein, sind für die Bildkoordinaten x und y Korrekturen Δx und Δy vorzusehen:

$$x + \Delta x = -c\frac{r_{11}\overline{Y}_L + r_{21}\overline{X}_L + r_{31}(\overline{Z}_L - Z_{L,0})}{r_{13}\overline{Y}_L + r_{23}\overline{X}_L + r_{33}(\overline{Z}_L - Z_{L,0})}$$

$$y + \Delta y = -c\frac{r_{12}\overline{Y}_L + r_{22}\overline{X}_L + r_{32}(\overline{Z}_L - Z_{L,0})}{r_{13}\overline{Y}_L + r_{23}\overline{X}_L + r_{33}(\overline{Z}_L - Z_{L,0})} \qquad (5.4\text{-}4)$$

Mittels der Formeln (5.4-2), wobei wir uns allerdings wegen der Kleinheit **eines** Bildbereiches auf die Glieder 1. und 2. Ordnung beschränken können, lassen sich die $\overline{Y}_L\overline{X}_L\overline{Z}_L$-Koordinaten durch die XYZ-Koordinaten ersetzen:

$$x+\Delta x = -c\frac{r_{11}X(1-Z/R)+r_{21}Y(1-Z/R)+r_{31}(Z-Z_0)(1+\dfrac{X^2+Y^2}{2R(Z-Z_0)})}{r_{13}X(1-Z/R)+r_{23}Y(1-Z/R)+r_{33}(Z-Z_0)(1+\dfrac{X^2+Y^2}{2R(Z-Z_0)})}$$

$$y+\Delta y = -c\frac{r_{12}X(1-Z/R)+r_{22}Y(1-Z/R)+r_{32}(Z-Z_0)(1+\dfrac{X^2+Y^2}{2R(Z-Z_0)})}{r_{13}X(1-Z/R)+r_{23}Y(1-Z/R)+r_{33}(Z-Z_0)(1+\dfrac{X^2+Y^2}{2R(Z-Z_0)})} \qquad (5.4\text{-}5)$$

Ein Vergleich mit den Formeln (5.4-3) zeigt den Weg für die Berechnung der Korrekturen Δx und Δy. Vor allem für eine Abschätzung des Einflusses wollen wir noch die **Spezialisierung auf exakte Senkrechtaufnahmen** vornehmen, d.h. die räumliche Drehmatrix **R** wird zur Einheitsmatrix **E**. Damit lauten die Formeln (5.4-5):

$$x+\Delta x = -c\frac{X(1-Z/R)}{(Z-Z_0)(1+\dfrac{X^2+Y^2}{2R(Z-Z_0)})} = -c\frac{X}{Z-Z_0}(1-\frac{X^2+Y^2}{2R(Z-Z_0)} - \frac{Z}{R})$$

$$y+\Delta y = -c\frac{Y(1-Z/R)}{(Z-Z_0)(1+\dfrac{X^2+Y^2}{2R(Z-Z_0)})} = -c\frac{Y}{Z-Z_0}(1-\frac{X^2+Y^2}{2R(Z-Z_0)} - \frac{Z}{R}) \qquad (5.4\text{-}6)$$

Bei exakten Senkrechtaufnahmen gelten für x und y die Zusammenhänge:

$$x = -c\frac{X}{Z-Z_0} \qquad y = -c\frac{Y}{Z-Z_0} \quad ,$$

sodaß für die Korrekturen Δx und Δy eines Punktes P folgende Beziehungen gefunden sind:

$$\Delta x = \frac{x}{2R}\left(\frac{X^2+Y^2}{Z_0-Z} - 2Z\right) = \frac{x}{2R'}\left(\frac{r^2(Z'_{L,0} - Z'_L)}{c^2} - 2Z'_L\right)$$

$$\Delta y = \frac{y}{2R}\left(\frac{X^2+Y^2}{Z_0-Z} - 2Z\right) = \frac{y}{2R'}\left(\frac{r^2(Z'_{L,0} - Z'_L)}{c^2}\right) - 2Z'_L) \qquad (5.4\text{-}7)$$

Bei der letzten Umformung wurde einerseits von der nur bei exakten Senkrechtaufnahmen geltenden Beziehung $(X^2+Y^2)/(Z_0\text{-}Z)^2 = r^2/c^2$ Gebrauch gemacht. Außerdem wurde - da es sich bei den Beziehungen (5.4-7) nur um die Berechnung kleiner Größen Δx und Δy handelt - die auf die Tangentialebene bezogene Höhe Z durch die Höhe Z'_L des Landeskoordinatensystems ersetzt, wobei der Nullpunkt in den Nadirpunkt N gelegt wurde (Figur 5.4-3). Dadurch vergrößert sich der Erdradius R auf R′ und der Geländepunkt P kann positive oder negative Höhen Z'_L haben.

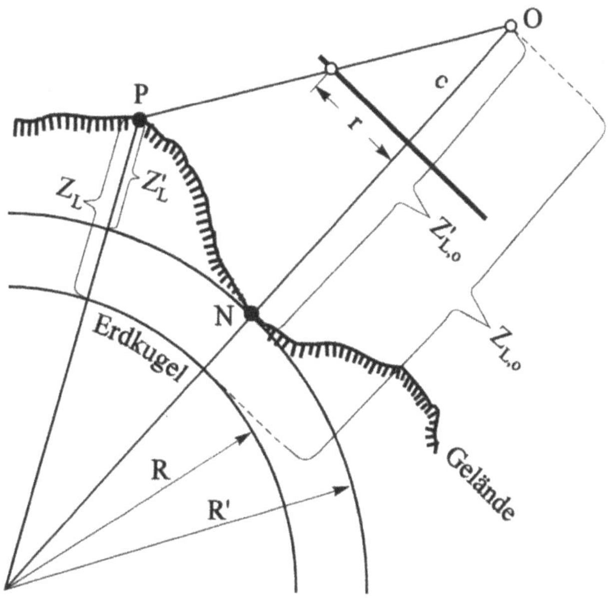

Figur 5.4-3: Bezeichnungen zu den Formeln (5.4-7) und (5.4-8)

Zur Abschätzung der Größe der Korrekturwerte ist es noch üblich, auf die **radiale Korrektur Δr** überzugehen:

$$\Delta r = \sqrt{\Delta x^2 + \Delta y^2} = \frac{r}{2R'}\left(\frac{r^2(Z'_{L,0}-Z'_L)}{c^2} - 2Z'_L\right) \qquad (5.4\text{-}8)$$

Eine **Vernachlässigung der Geländehöhenunterschiede** ($Z_L' = 0$) liefert die Beziehung:

$$\Delta r = \frac{r^3 Z_{L,0}'}{2R'c^2} \qquad (5.4\text{-}9)$$

Der **Einfluß der Gestalt der Erde** auf die Bündelblockausgleichung reduziert sich für diesen Spezialfall auf ein **radiales Polynom dritten Grades**, das bei der Bildkoordinatenbereinigung (Abschnitt A 4.3.6) zu beachten ist. Der (unbekannte) zusätzliche Parameter g_{13} der Gleichung (5.2-9) würde zwar ebenfalls diesen Einfluß kompensieren, doch sollte man generell jene Einflüsse, die zahlen- und formelmäßig bekannt sind, immer vor der eigentlichen Bündelblockausgleichung berücksichtigen. Im folgenden wenden wir uns wieder der Gleichung (5.4-8) zu.

In der Tab. 5.4-4 sind die Korrekturen Δr (in μm) der Bildkoordinaten für unterschiedliche Bildmaßstäbe, Kamerakonstanten und Geländehöhenunterschiede zusammengestellt. (Die letzte Zeile ist für Satellitenaufnahmen typisch.) Für r wurden 130 mm und für R′ = 6380 km gewählt. Die Werte Δr in der Spalte $Z_L' = 0$ ergeben sich aus der Formel (5.4-9). In Anbetracht dessen, daß man heute mit der photogrammetrischen Punktbestimmung Genauigkeiten von ± 3 μm (Beziehung (5.2-5)) erreicht, kann man **nur bei Normalwinkelaufnahmen in Bildmaßstäben größer als 1:5000 von der Korrektur der Erdkrümmung und der Verzerrung der Landeskoordinatensysteme absehen**.

Bildmaßstab (in Bildmitte)	$Z_{L,0}'$ (km)	c (mm)	$Z_L' = 0$	$Z_L' =$ -0.5 km	$Z_L' =$ -1.0 km
1:5 000	1.5	300	3	14	25 μm
	0.8	150	5	20	34 μm
	0.4	85	10	32	54 μm
1:10 000	3.0	300	6	17	28 μm
	1.5	150	11	25	40 μm
	0.8	85	19	41	63 μm
1:30 000	9.0	300	17	28	40 μm
	4.5	150	34	48	62 μm
	2.6	85	62	84	106 μm
1:100 000	8.5	85	202	225	247 μm
1:800 000	240	300	460	471	482 μm

Tab. 5.4-4: Radiale Korrekturen Δr im Bild (μm) für unterschiedliche Bildmaßstäbe, Kamerakonstanten c und Geländehöhenunterschiede Z_L' (r = 130 mm, R′ = 6380 km)

Das Ansteigen der Werte Δr in den Spalten $Z_L' = -0.5$ km und $Z_L' = -1.0$ km **ist - zumindest für gebirgiges Gelände - alarmierend**. (Das Minuszeichen besagt, daß das Gelände am Bildrand um Z_L' tiefer liegt als im Nadirpunkt N; Figur 5.4-3.) Das beachtliche Ansteigen der Korrekturwerte mit den Geländehöhenunterschieden hat zur Folge, daß die Korrekturwerte nicht mit der Formel (5.4-9) berechnet werden können, sondern mit den Formeln (5.4-7) berechnet werden müssen. Für die Festpunkte ist die Auswertung dieser Formeln kein Problem. Für die Neupunkte ist Z_L' aber nicht bekannt. Man muß deshalb **zunächst eine Punktbestimmung ohne Beachtung der Korrekturwerte** Δx und Δy durchführen; daraus erhält man mit genügender Genauigkeit die Größen $Z_{L,0}'$ (= Höhe des Aufnahmeortes) und Z_L' (= Höhe eines jeden Neupunktes P), sodaß mittels der Formeln (5.4-7) die Korrekturen Δx und Δy für jeden Neupunkt P berechnet werden können.

Bei der vorausgehenden Bündelblockausgleichung ohne Korrekturen Δx und Δy treten **verhältnismäßig große Verbesserungen** v_x und v_y auf. In diesen Verbesserungen sind neben den unregelmäßigen Fehlern auch die (systematischen) Fehler wegen Erdkrümmung und verzerrter Landeskoordinaten enthalten. Die im Abschnitt 7.2 erläuterte **Suche der groben Fehler** ist deshalb in der vorausgehenden Bündelblockausgleichung, wo sie eigentlich gemacht werden sollte, **nur eingeschränkt einsetzbar**. Das angeschnittene Problem tritt nicht auf, wenn man die strenge Lösung (Abschnitt 5.4.2), die die Korrektur der Landeskoordinaten vorsieht, benutzt.

Ein weiteres Argument zugunsten der strengen Lösung (Abschnitt 5.4.2) sind noch die beim Übergang von den Formeln (5.4-5) auf (5.4-6) **vernachlässigten Bildneigungen**. Nach einer Untersuchung von S. Wang[1] macht diese Vernachlässigung z.B. bei einer Bildneigung von 4 gon einer Weitwinkelaufnahme mit 5 km Flughöhe bereits 10 μm aus. Für höchste Genauigkeitsansprüche sind also die Formeln (5.4-7) nicht streng genug; man müßte sogar auf die Formeln (5.4-5), die die Bildneigungen enthalten, zurückgreifen.

Unabhängig von den Korrekturen Δx und Δy laut den Formeln (5.4-7) ist selbstverständlich auch noch die Refraktion mit den Formeln A(4.3-17) und A(4.3-18) zu berücksichtigen. Für horizontale Aufnahmerichtungen wurde mit der Formel A(4.3-23) ein Korrekturwert für beide Einflüsse abgeleitet.

---

[1] DGK Reihe C, Heft 263, 1980

5.4.4 Korrektur der Modellkoordinaten

Nach dem Gedankengang, mit dem im vorausgehenden Abschnitt Korrekturen für die Bildkoordinaten abgeleitet wurden, findet man auch Korrekturen für die Modellkoordinaten. (Falls man übrigens ein Modell aus "korrigierten" Bildkoordinaten bildet, sind selbstverständlich die Modellkoordinaten nicht mehr zu korrigieren.) Die **Korrekturen**, deren Formeln in älteren Auflagen dieses Lehrbuches abgeleitet wurden, **bewirken, daß** in erster Linie **die Projektionszentren für die Blockausgleichung mit unabhängigen Modellen näher zusammenrücken**.

5.4.5 Berücksichtigung des Geoides

Das Problem, daß sich die orthometrischen Höhen einer Landesvermessung auf das Geoid und die Lage-Koordinaten auf das (verebnete) Ellipsoid beziehen, haben wir im einleitenden Kapitel 5.4.1 zunächst ausgeklammert. Die Abweichungen zwischen den Ellipsoidhöhen h, die bisher mit Z_L bezeichnet wurden, und den orthometrischen Höhen H - so werden die auf das Geoid bezogenen Werte bezeichnet - werden Geoidundulationen N genannt. Der Zusammenhang dieser drei Größen lautet:

$$N = h - H \tag{5.4-10}$$

Nachdem die Punktbestimmung die Ergebnisse im Landeskoordinatensystem liefern soll, sind die Geoidundulationen des Erdellipsoides der jeweiligen Landesvermessung zu benutzen, wobei nicht nur die Ellipsoiddimensionen sondern auch die Lagerung des Ellipsoides der jeweiligen Landesvermessung zu beachten sind.

In der Figur 5.4-5 sind die Geoidundulationen von Österreich dargestellt. Das Geoid schwankt demnach um das "österreichische" Erdellipsoid zwischen -230 cm und +330 cm. Um das Geoid in der Punktbestimmung elegant berücksichtigen zu können, sollte es als Datenbestand in einem topographischen Informationssystem (Band 3) vorliegen.

Die strenge Berücksichtigung des Geoides in der photogrammetrischen Punktbestimmung wird wie folgt erreicht:

- Die gegebenen orthometrischen Höhen H der Festpunkte werden um die Geoidundulationen N entsprechend Formel (5.4-10) vergrößert. Das Ergebnis sind die Ellipsoidhöhen h der Festpunkte.
- Die Fortsetzung der Methode wurde in Form der Schritte a, b und c im Abschnitt 5.4.2 bereits beschrieben.

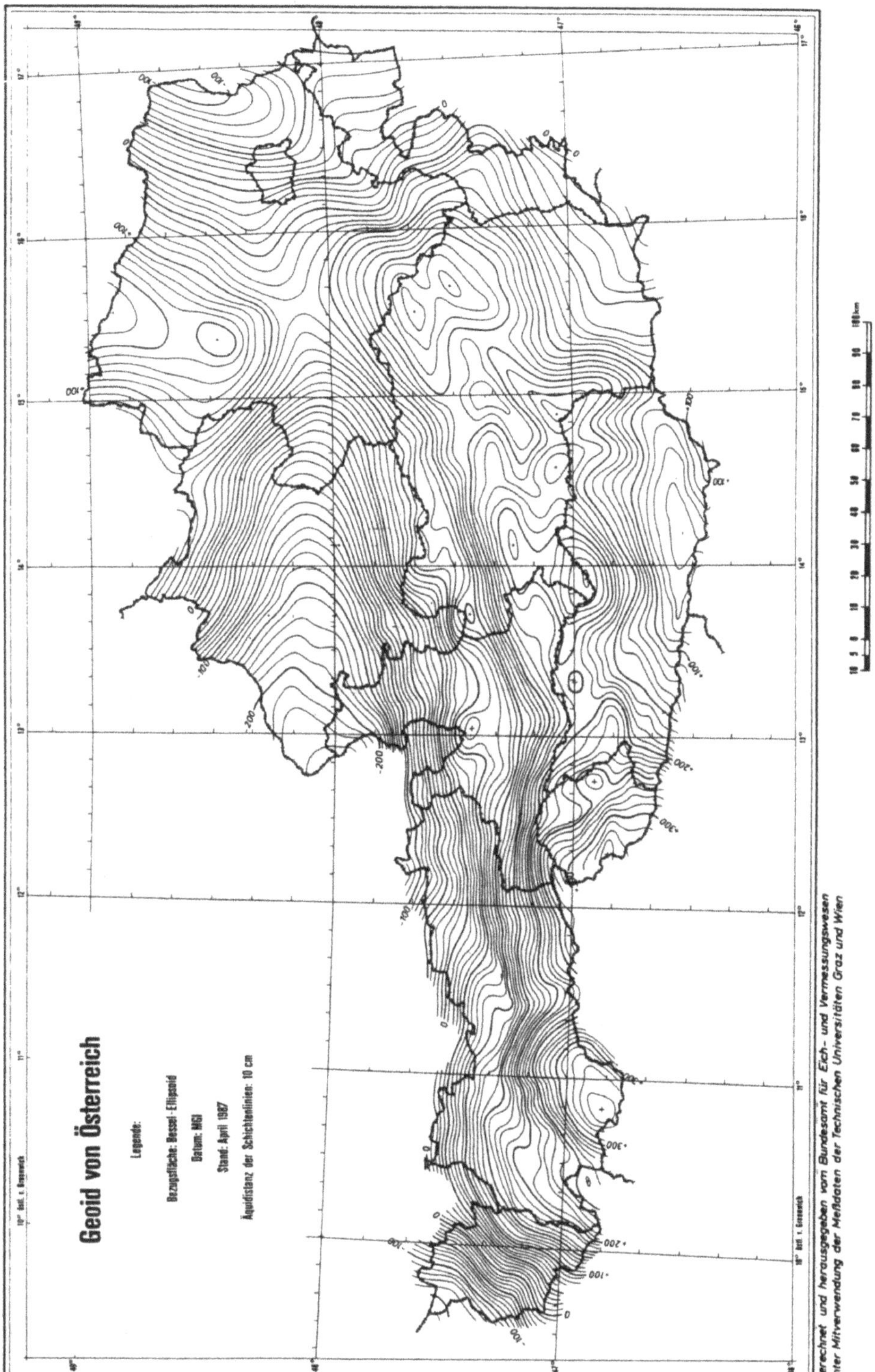

Figur 5.4-5: Geoid von Österreich (10 cm Schichtlinienintervall)[1]

---

1 Entnommen aus Erker, E.: ÖZ 75, S. 202-206, 1987

- Nach dem Schritt c kennt man die $Y_L X_L$-Landeskoordinaten und die Ellipsoidhöhen Z_L (in anderer Bezeichnung h) aller bestimmten Punkte. Der Datenbestand der Geoidundulationen erlaubt zum Schluß, von allen Ellipsoidhöhen h die Geoidundulationen N abzuziehen (Gleichung (5.4-10)). Das Ergebnis sind die gesuchten orthometrischen Höhen aller Neupunkte.

In der Praxis werden die Geoidundulationen häufig nicht berücksichtigt, sei es, weil die Geoidundulationen im Landeskoordinatensystem (noch) nicht bekannt sind, oder deswegen, weil eine Berücksichtigung unterbleiben kann. Im ersten Fall böte sich als Alternative ein **weltweites Geoid** an, das zum Beispiel vom Department of Geodetic Science and Surveying of the Ohio State University angeboten wird. Ein solches Geoid kann aber nur dann verwendet werden, wenn die Transformationsparameter zwischen dem Ellipsoid der jeweiligen Landesvermessung und dem Ellipsoid, das dem weltweiten Geoid als Referenzfläche zugrunde liegt, bekannt sind. Dabei geht es nicht nur um einen etwaigen konstanten Höhenanteil der Geoidundulationen, der keinen nennenswerten Einfluß hätte, sondern auch um die Lageverschiebung und Verkippung zwischen den beiden Ellipsoiden, die beachtlich sein können.

Der zweite Fall, inwieweit eine **Berücksichtigung des Geoides unterbleiben** kann, ist für den Praktiker noch zu quantifizieren. Das Geoid nicht zu berücksichtigen heißt, daß man die orthometrischen Höhen der Festpunkte als Ellipsoidhöhen benutzt und die Auswertung - wie im Abschnitt 5.4.2 beschrieben - vornimmt. Da die Festpunkte die Einpaßpunkte für eine räumliche Transformation sind, zum Beispiel bei der Paßpunktbestimmung mit GPS (Abschnitt 5.3.4) oder bei der GPS-gestützten Aerotriangulation (Abschnitt 5.3.5.2), werden die konstanten und linearen Anteile der Geoidundulationen ohnehin berücksichtigt; lediglich die Undulationsanteile höherer Ordnung innerhalb des Interessensgebietes verfälschen die Punktbestimmung. Wie dieser Fehler abgeschätzt werden kann, erläutert folgendes Zahlenbeispiel.

ZAHLENBEISPIEL: Die Figur 5.4-6 zeigt ein Profil der Geoidundulationen entlang des 11°-Meridians (Figur 5.4-5) in Österreich. In dieses Undulationsprofil sind eine 30 km lange Strecke und eine 22 km lange Strecke eingezeichnet. Diese Strecken repräsentieren die Ausdehnung zweier Interessensgebiete. Im ersten Interessensgebiet würde man einen Fehler von 17 cm begehen, wenn man das Geoid vernachlässigen würde, im zweiten Interessensgebiet einen Fehler von 28 cm. Diese Fehlermaße werden im allgemeinen noch in Promille der Flughöhe umgerechnet und mit den zu erwartenden Höhengenauigkeiten (Abschnitt 5.2.3) verglichen.

Literatur: PE&RS 59, No. 11 "GPS Photogrammetry", 1993, insbesondere Colomina, I.: pp. 1619-1624.

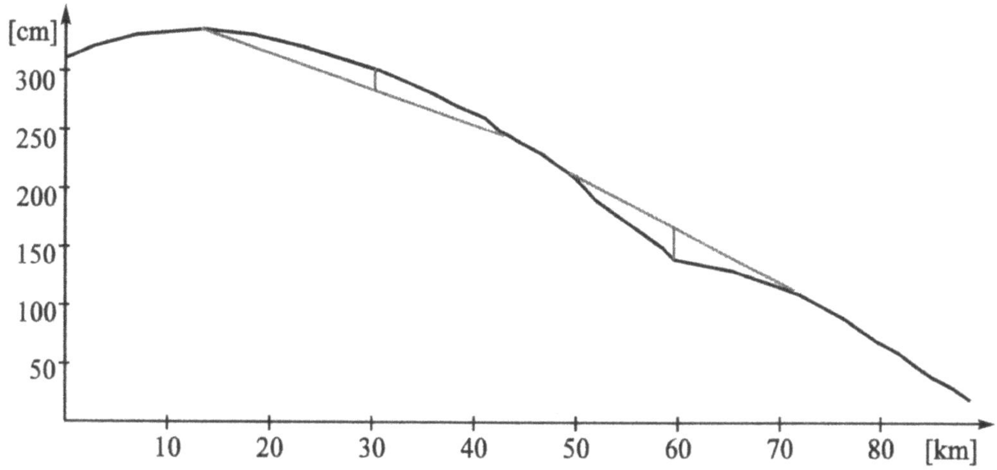

Figur 5.4-6: Süd-Nord-Profil der Geoidundulation entlang des 11°-Meridians

6. BESONDERHEITEN BEI DER DIGITALEN PHOTOGRAMMETRIE

Die Punktbestimmung mittels digitaler Photogrammetrie geschieht ebenfalls mit dem mathematischen Basismodell und den Auswerteverfahren, die wir in den vorausgehenden Abschnitten kennengelernt haben. Beim Ermitteln der Bildkoordinaten treten aber Besonderheiten auf, die ein eigenständiges Kapitel rechtfertigen.

6.1 Lokalisierung der Rahmenmarken

Setzt man für die Datengewinnung eine **digitale Kamera** (Abschnitt A 7.2.2) ein, so hat man die Bildmatrizen der Ausgangsbilder unmittelbar im xy-Kamerakoordinatensystem. In solchen Kameras gibt es keine Rahmenmarken; die Lokalisierung der Rahmenmarken entfällt.

Setzt man dagegen photographische Meßkameras oder photographische Amateurkameras ein, die die Phototextur mit lichtempfindlichen Schichten festhalten, so beginnt die photogrammetrische Auswertung mit der **Digitalisierung der photographischen Bilder** (Abschnitt A 7.2.1). Nach dem Digitalisieren hat man die jeweilige Bildmatrix im Koordinatensystem des Abtasters (*scanner*). Dieses Scannerkoordinatensystem wollen wir als x'y'-System bezeichnen. **Zur Ermittlung der inneren Orientierung der einzelnen Bilder sind die Rahmenmarken im x'y'-System zu lokalisieren.**

Nicht unerwähnt soll bleiben, daß auf die Festlegung der inneren Orientierung und damit auch die Lokalisierung der Rahmenmarken verzichtet werden kann, wenn man für die photogrammetrische Punktbestimmung von den Gleichungen (3.5-2) der Zentralprojektion auf die **direkte lineare Transformation** (DLT, Abschnitt 4.7.1) übergeht. In diesem Fall benutzt man direkt die x'y'-Scannerkoordinaten, ohne den Bezug zum xy-Kamerakoordinatensystem herzustellen. Die DLT hat aber große Schwächen, die im Abschnitt 4.7.1.2 bereits angegeben wurden; insbesondere kann die wichtige Information über die innere Orientierung einer Meßkamera nicht unmittelbar genutzt werden.

Die automatische Lokalisierung der Rahmenmarken in digitalen Bildern ist ein zweidimensionales Mustererkennungsproblem. Die Muster sind die bekannten Referenzmatrizen (*templates*) der Rahmenmarken. Die automatische Lokalisierung der Rahmenmarken ist bereits in mehreren photogrammetrischen Arbeitsstationen verwirklicht. In anderen Arbeitsplätzen begnügt man sich mit einer manuellen Lokalisierung der Rahmenmarken am Bildschirm. In manchen Fällen werden kombinierte (interaktive) Verfahren angewandt.

6.1.1 Manuelle Lokalisierung

Die manuelle Lokalisierung wird selbstverständlich EDV-technisch unterstützt. Entweder erscheint das Gesamtbild in einer sehr groben Auflösung am Bildschirm oder man bekommt - nachdem der jeweilige Kameratypus angesprochen wurde - bereits einzelne Bildausschnitte präsentiert, in denen die jeweilige Rahmenmarke zu erwarten ist. Im ersten Fall und in der Regel auch im zweiten Fall ist ein Hineinzoomen - manchmal in mehreren Stufen - bis zur Auflösung der ursprünglichen Digitalisierung der Photographie erforderlich. Bild 6.1-1a zeigt eine Rahmenmarke und ihre Umgebung, wobei nur ein Neuntel der ursprünglich vorhandenen Pixel dargestellt wurde. Das Bild 6.1-1b gibt die Rahmenmarke in der Auflösung, in der das photographische Bild digitalisiert wurde, wieder.

Um die angestrebte Subpixel-Genauigkeit bei der Feinmessung zu erreichen, wird häufig **das digitale Bild "aufgeblasen"**, indem jedes einzelne Pixel der digitalisierten Photographie mehreren benachbarten Bildschirmpixeln zugeordnet wird (Bild 6.1-1c). Gemeinsam mit dem "Aufblasen" kann noch eine Grauwertinterpolation (Abschnitt A 7.5) erfolgen. Das Bild 6.1-1d ist auf diese Weise entstanden. Es bietet die besten Bedingungen für eine manuelle Lokalisierung. Unter diesen Voraussetzungen erreicht man Genauigkeiten zwischen 1/10 und 1/5 der Pixelgrößen der digitalisierten Photographie.

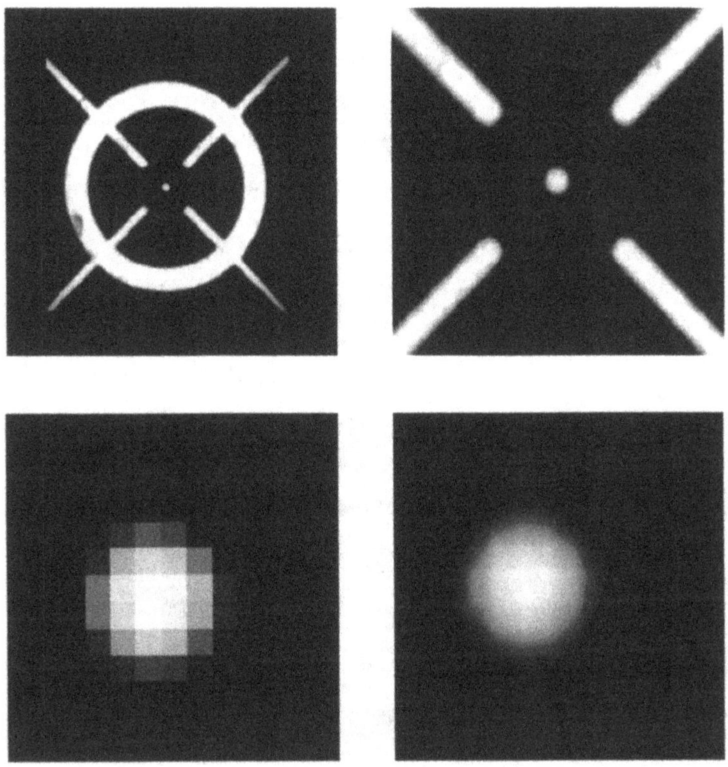

Bild 6.1-1: Rahmenmarke

a: Rahmenmarke (15 μm Pixel)
b: Rahmenmarke (5 μm Pixel)
c: Aufgeblasene Rahmenmarke (5-fach)
d: Rahmenmarke mit interpolierten Grauwerten

6.1.2 Automatische Lokalisierung

Für die Mustererkennung ist ein Referenzbild vorzugeben.

6.1.2.1 Referenzbilder der Rahmenmarken

Für jeden Kameratyp sind am digitalen photogrammetrischen Arbeitsplatz Referenzbilder zu kreieren. Diese **Mustermatrizen** llen idealerweise

- in **verschieden großen Ausschnitten** und
- innerhalb des jeweiligen Auschnittes in **verschiedener Auflösung**

vorliegen bzw. aus dem größten Ausschnitt mit der besten Auflösung rasch ableitbar sein. Große Ausschnitte - mit vielen Grauwertkanten - machen das automatische Erkennen zuverlässiger. Kleine Ausschnitte reduzieren den Rechenaufwand und sind vor allem deshalb notwendig, weil die eigentliche Rahmenmarke für die Feinmessung oft nur eine zentral angeordnete kleine Kreisscheibe ist. Die unterschiedliche Auflösung, die zweckmäßigerweise in **Bildpyramiden** (Abschnitt A 7.7.4 und FE 6.9.3) verwirklicht wird, erleichtert und beschleunigt - wie wir noch sehen werden - den Erkennungsprozeß erheblich.

Die Figur 6.1-2 zeigt eine typische Rahmenmarke in drei verschieden großen Ausschnitten. Für jeden Ausschnitt kann aus den geometrischen Elementen "Kreisfläche", "Kreisring" und "Rechteck" leicht die Mustermatrix kreiert werden: Bei einem Negativ werden die Pixel in den schwarzen Bereichen der Figur 6.1-2 mit Null und die Pixel in den weißen Bereichen mit 255 belegt. Bei einem Positiv verwendet man die komplementären Grauwerte. Pixel, die teilweise im schwarzen Bereich und teilweise im weißen Bereich liegen, erhalten einen Zwischenwert, abhängig vom jeweiligen Flächenanteil. Anstelle von solchen Mischpixeln begnügt man sich oft damit, daß diese Pixel den Grauwert des Pixelmittelpunktes, also 0 oder 255, erhalten.

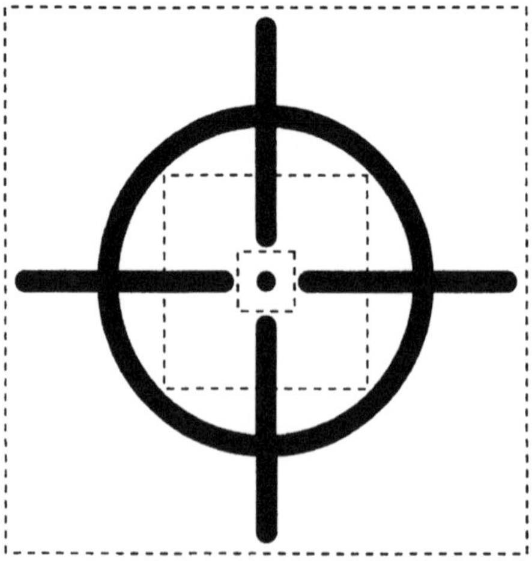

Figur 6.1-2: Rahmenmarke als Negativ mit drei verschieden großen Ausschnitten

Rahmenmarken, die nicht punktsymmetrisch sind, müssen zusätzlich in unterschiedlicher Rotation vorgehalten werden. Punktsymmetrische Rahmenmarken, wie zum Beispiel die der Figur 6.1-2, werden manchmal unterschiedlich gedreht abgebildet und müssen deshalb auch in gedrehten Positionen bereitgestellt werden.

In dem noch zu besprechenden Erkennungsprozeß geht es nicht nur darum, irgendeine Rahmenmarke genau zu lokalisieren, sondern zusätzlich um die **Zuordnung zu einer der vier oder (besser) acht Rahmenmarken**. Diese Zuordnung könnte grundsätzlich dadurch erreicht werden, daß die Rahmenmarken auch Markierungen - zum Beispiel in konzentrischen Kreisen angeordnete Strichmuster - tragen und diese Markierungen zusätzlich automatisch zu erkennen sind. Eine Alternative ist eine fünfte bzw. neunte **asymmetrisch angeordnete Rahmenmarke** (Abschnitt A 3.7.1), die nicht so genau definiert sein muß wie die anderen Rahmenmarken. Dafür kommt auch eine Kerbe am Bildrand (Figur A 3.7-3) in Frage. Mit Hilfe dieser asymmetrischen Rahmenmarke, von der ebenfalls eine Referenzmatrix zu kreieren ist, kann die Bildlage (seitenrichtig, seitenverkehrt, Rotation) automatisch erkannt und damit die Rahmenmarkenzuordnung bewerkstelligt werden.

6.1.2.2 Korrelation

Das größte Problem bei der automatischen Rahmenmarkenlokalisierung ist die Beschaffung von geeigneten **Näherungspositionen**. Dafür bieten sich folgende Möglichkeiten an:

a) Manuelle Lokalisierung in einem Übersichtsbild, wie sie im Abschnitt 6.1.1 besprochen wurde.

b) Kontrolliertes Einlegen der zu digitalisierenden Photographien in den Scanner, sodaß genäherte Transformationsparameter zwischen den x'y'-Scannerkoordinaten und den xy-Kamerakoordinaten vorliegen. Damit können die genäherten Positionierungen der Rahmenmarken ermittelt und die entsprechenden Bildausschnitte für die genaueren Korrelationen bereitgestellt werden.

c) Automatisches Suchen der Rahmenmarken im Gesamtbild, und zwar in der gröbsten Stufe der Bildpyramide. (Voraussetzung dafür ist, daß in dieser gröbsten Stufe die Rahmenmarke noch "aufgelöst" wird.)

Die Variante a) ist in der Praxis noch sehr verbreitet. Die Variante b) verwendet man auch, wenn am Scanner die Photographien nur sehr grob orientiert eingelegt werden. Je schlechter die Zuordnung der beiden Koordinatensysteme im Scanner erfolgt, desto größer muß man die Suchbereiche für die Korrelation wählen. Variante c), die bei großformatigen Meßbildern vermieden werden sollte, kommt vor allem zum Einsatz, wenn sehr viele **kleinformatige Photographien in einem Abtastvorgang digitalisiert** werden. In der Figur 6.1-3 sind einerseits das x'y'-Scannerkoordinatensystem und andererseits für jedes Bild sein xy-Kamerakoordinatensystem eingezeichnet. Mit Hilfe der Rahmenmarken ist der Bezug eines jeden xy-Kamerakoordinatensystems zum x'y'-Scannerkoordinatensystem herzustellen.

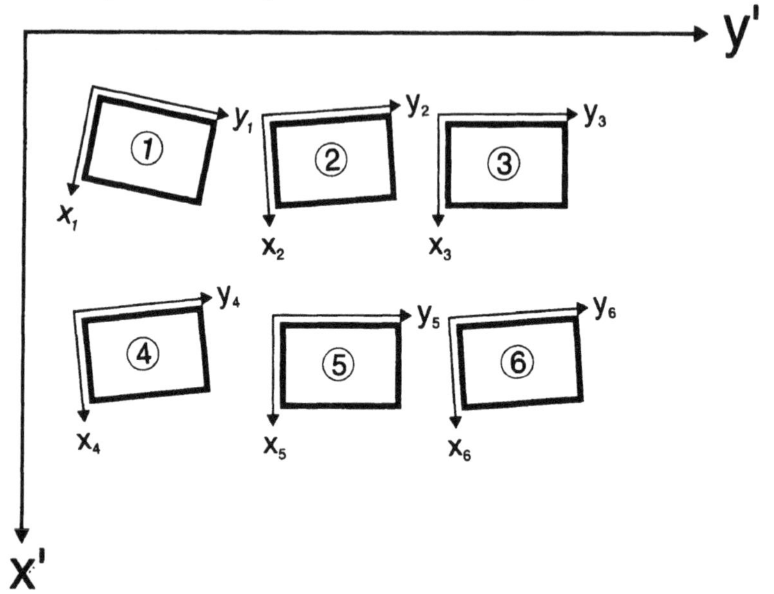

Figur 6.1-3: Mehrere Photographien mit eigenständigen Koordinatensystemen auf einem einzigen Bildträger im Scanner

Kleinformatige Amateuraufnahmen besitzen hingegen keine speziellen Rahmenmarken. Sind Auswertungen mittels den Gleichungen der Zentralprojektion geplant und nicht mittels direkter linearer Transformation (Abschnitt 4.7.1), sind die Bildecken als Schnittpunkte der Bildseiten (Figur A 3.6-7) zu ermitteln. Dafür bietet sich die sogenannte Hough Transformation[1] an. Eine andere Möglichkeit sind horizontal und vertikal angelegte "Suchgräben" in der Scannerbildmatrix.[2]

Die Varianten b) und c) führen die Korrelation in verschiedenen Niveaus einer **Bildpyramide** (Abschnitt A 7.7.4 und FE 6.9.3) durch. Die Korrelationsergebnisse im gröberen Niveau sind die Startwerte für die Korrelation im feineren Niveau. Der Suchbereich - aber auch das Referenzbild - werden von Niveau zu Niveau verkleinert. Ein Maß für die adäquate Größe des jeweiligen Suchbereiches kann aus der Genauigkeit der Rahmenmarkentransformation (siehe Abschnitt 6.1.2.3) aus dem vorhergehenden gröberen Pyramidenniveau gebildet werden.

---

1 Zum Beispiel Abschnitt FE 6.9.2 und Illingworth, J., Kittler, J.: IEEE-TPAMI-9, No.5, pp. 690, Sept. 1987.

2 Rottensteiner, F.: Diplomarbeit am I.P.F. der TU Wien, 1993.

Wie erfolgt nun die eigentliche **Korrelation** im jeweiligen Pyramidenniveau ? Als **Ähnlichkeitsmaß** verwenden wir den (Kreuz-)Korrelationskoeffizienten A(7.3-1), obwohl auch andere Ähnlichkeitsmaße (z.B. Abschnitt FE 6.10.1) dafür in Frage kommen. Die Gleichung A(7.3-1) für den Korrelationskoeffizienten r kann für eine effizientere Berechnung wie folgt umgeformt werden:

$$r = \frac{\sum g_r g_s - n \cdot \bar{g}_r \bar{g}_s}{\sqrt{(\sum g_r^2 - n \cdot \bar{g}_r^2)\,(\sum g_s^2 - n \cdot \bar{g}_s^2)}} \qquad (6.1\text{-}1)$$

g_r ... Grauwerte des Referenzbildes

g_s ... Grauwerte in jenem Ausschnitt des Suchbildes, der jeweils mit dem Referenzbild korrespondiert.

$\bar{g}_r, \bar{g}_s$ .. Arithmetische Mittelwerte der Grauwerte des Referenzbildes und der Grauwerte im korrespondierenden Ausschnitt des Suchbildes.

n ... Anzahl der Pixel im Referenzbild bzw. im korrespondierenden Ausschnitt des Suchbildes.

Hinsichtlich der erwähnten Reduzierung des **Rechenaufwandes** ist zu bemerken, daß für das Referenzbild einer Rahmenmarke der Mittelwert $\bar{g}_r$ eine Konstante ist, ebenfalls der Ausdruck $(\sum g_r^2 - n \cdot \bar{g}_r^2)$. Die entsprechenden Werte im Suchbild ändern sich natürlich von Positionierung zu Positionierung. Zwischen den benachbarten Positionierungen bleibt aber ein Großteil der Summanden gleich (Figur 6.1-4); es müssen jeweils nur die Summanden $\sum g_s$ und $\sum g_s^2$ der neuen Zeile oder Spalte addiert und die vom Referenzbild nicht mehr überdeckte Zeile bzw. Spalte subtrahiert werden. An die Stelle von $I \cdot J$-Operationen ($I \hat{=}$ Anzahl der Zeilen, $J \hat{=}$ Anzahl der Spalten) treten nur noch $2 \cdot I$- oder $2 \cdot J$-Operationen. Die Summe des Produktes $\sum g_r g_s$ ist allerdings an jeder Positionierung des Referenzbildes zur Gänze neu zu berechnen.

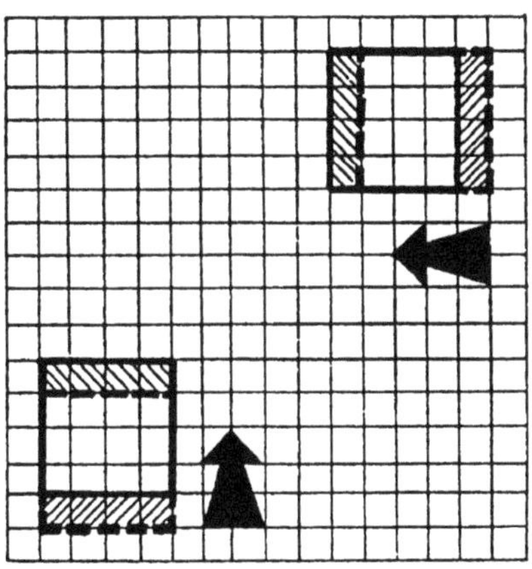

Figur 6.1-4: Effiziente Berechnung des Korrelationskoeffizienten von Positionierung zu Positionierung; schraffiert: Zeilen bzw. Spalten, deren Grauwerte bei der Bewegung des Referenzbildes zu den Summen addiert bzw. von ihnen subtrahiert werden müssen.

AUFGABE 6.1-1: Man ermittle die Einsparung an Rechenzeit, wenn anstelle der Formel A (7.3-1) die Formel (6.1-1) benutzt wird. Die Ausdehnung der Referenzmatrix betrage 20x20 Pixel, die der Suchmatrix 200x200 Pixel.

Das Ergebnis einer solchen Operation sind die Korrelationskoeffizienten für jede Positionierung in der Suchmatrix. Der größte Korrelationskoeffizient zeigt (voraussichtlich) die gesuchte Position der Rahmenmarke im Suchgebiet an. Insbesondere im feinsten Niveau der Bildpyramide ist auch eine **subpixelgenaue Positionierung** gefragt. Mit der im Abschnitt A 7.3 erläuterten **Kleinste-Quadrate-Korrelation** (*least squares matching, LSM*) erhält man eine innere Genauigkeit, die etwa bei einem 1/10 der Pixelgröße ist. Wir geben im folgenden eine einfachere Lösung an.

Die Gesamtheit der berechneten Korrelationskoeffizienten beschreibt die diskretisierte Korrelationsfunktion in Abhängigkeit von der Lage (x,y) der Referenzmatrix im Suchbereich. Das **Maximum der kontinuierlichen Korrelationsfunktion** - mit Subpixelgenauigkeit - ist gesucht. Zu diesem Zweck erzeugen wir eine kontinuierliche Korrelationsfunktion in jenem Bereich, in dem der maximale diskrete Korrelationskoeffizient gefunden wurde. Dafür bietet sich eine Polynomfläche zweiter Ordnung an:[1]

$$r = \bar{r} + v = a_0 + a_1 x + a_2 y + a_3 xy + a_4 x^2 + a_5 y^2 \qquad (6.1\text{-}2)$$

Die Gleichung (6.1-2) wurde unmittelbar als Verbesserungsgleichung für eine Kleinste-Quadrate-Ausgleichung nach vermittelnden Beobachtungen (Anhang A 4.2-1) formuliert. Die Unbekannten in dieser Ausgleichung sind die sechs Polynomkoeffizienten a_k. Das Verbesserungsgleichungssystem ist erfreulicherweise linear. Man verwendet zum Beispiel 3x3 = 9 berechnete Korrelationskoeffizienten $\bar{r}$, wobei der maximale Korrelationskoeffizient im Zentrum liegt. Nach dem Ermitteln der Polynomkoeffizienten a_k ist jene Position x_{max}, y_{max} im Suchbereich gefragt, an der die kontinuierliche Korrelationsfunktion (6.1-2) ihr Maximum besitzt. Man findet sie aus den folgenden beiden linearen Gleichungen, die durch Differentiation der Gleichung (6.1-2) entstehen:

$$\begin{pmatrix} \partial r/\partial x \\ \partial r/\partial y \end{pmatrix} = \begin{pmatrix} a_1 \\ a_2 \end{pmatrix} + \begin{pmatrix} 2a_4 & a_3 \\ a_3 & 2a_5 \end{pmatrix} \begin{pmatrix} x_{max} \\ y_{max} \end{pmatrix} = \begin{pmatrix} 0 \\ 0 \end{pmatrix} \qquad (6.1\text{-}3)$$

[1] Rottensteiner, F.: Diplomarbeit am I.P.F. der TU Wien, 1993 und Li, J.-C., Schenk, T., Toth, C.: PE&RS 57, pp. 1057-1064, 1991.

AUFGABE 6.1-2: Gegeben sind von neun Positionierungen die diskreten Korrelationskoeffizienten. Man stelle eine kontinuierliche Korrelationsfunktion mit einem Polynom zweiter Ordnung auf. Anschließend ist die Position zu berechnen, an der die kontinuierliche Korrelationsfunktion ihr Maximum besitzt.

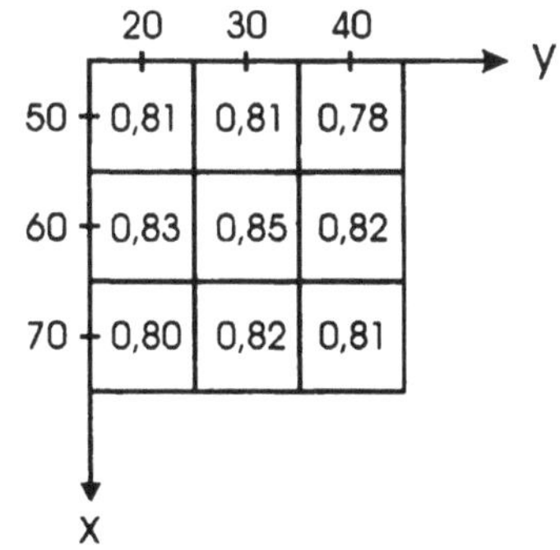

6.1.2.3 Einpassung auf die Sollrahmenmarken

Wenn zwei Rahmenmarken erfolgreich detektiert wurden, kann mittels ebener Ähnlichkeitstransformation der Zusammenhang zwischen den x'y'-Scannerkoordinatensystem und dem xy-Kamerakoordinatensystem bereits näherungsweise hergestellt werden. Diese genäherte Einpassung ist in der Regel sehr hilfreich bei der Definition des Suchbereiches für die dritte Rahmenmarke. Mit drei lokalisierten Rahmenmarken erfolgt dann eine überbestimmte Ähnlichkeitstransformation und eine Definition des Suchbereiches für die vierte Rahmenmarke etc. Auf diese Weise können **Schritt für Schritt die Transformationsparameter verbessert und die Suchbereiche genauer definiert werden**. Sind alle Rahmenmarken gefunden, erfolgt die Lokalisierung der asymmetrischen Rahmenmarke. Sie erlaubt die Entscheidung über "seitenrichtig" etc. (Abschnitt 6.2.1.1).

Das eben beschriebene Vorgehen wird vor allem im gröbsten Niveau der Bildpyramide angewandt. In den feineren Niveaus hat man nämlich verhältnismäßig **gute Definitionen für die Suchbereiche aus dem jeweiligen gröberen Niveau**: Die überbestimmte ebene Ähnlichkeitstransformation mit allen Rahmenmarken in einem Niveau liefert eine Schätzung für die Genauigkeit der Bildkoordinaten in diesem Niveau. Ein Vielfaches davon ergibt die Dimensionierung der Suchbereiche; die Positionierungen der Rahmenmarken im gröberen Niveau ergeben die Positionierungen der Suchbereiche im feineren Niveau.

Nach Abschluß des automatischen Erkennungsprozesses aller Rahmenmarken, der nur äußerst selten nicht gelingt und durch manuelle Identifikation gestützt werden muß, werden die Transformationsparameter zwischen beiden Koordinatensystemen mittels einer **überbestimmten Affintransformation** oder einer (überbestimmten) **bilinearen Transformation** (Abschnitt A 4.3.5) ermittelt. Praktische Erfahrungen haben ergeben, daß die automatische Einpassung mit einer Genauigkeit von etwa $\pm 1/10$ bis $\pm 1/5$ Pixel gelingt. Bei einer Digitalisierung des Meßbildes mit 15 μm entspricht dieser Wert einer **Genauigkeit von ± 2 μm bis ± 3 μm** im feinsten Niveau der Bildpyramide.

In den Vorstufen der gröberen Pyramidenniveaus, sei es bei der Lokalisierung der dritten, vierten, fünften etc. Rahmenmarke oder bei der Einpassung mit allen detektierten Rahmenmarken, ist dagegen vorzugsweise die **überbestimmte Ähnlichkeitstransformation** zu benutzen. Sie gewährleistet eine günstigere Redundanz für das Aufdecken einer etwaigen fehlerhaften Lokalisierung einer der Rahmenmarken (Abschnitt 7.2).

AUFGABE 6.1-3: Für vier in einem Quadrat angeordnete Rahmenmarken gebe man die innere Zuverlässigkeit für eine überbestimmte Affintransformation und für eine überbestimmte ebene Ähnlichkeitstransformation an. Die Lösung findet man im Abschnitt 7.2.

6.1.2.4 Ergänzungen zur Korrelation

Im folgenden werden - ohne viele verbindende Worte - noch einige Ergänzungen zur Korrelation von Rahmenmarken gebracht:

a) **Muster für Rahmenmarken**

In der Figur 6.1-5 stellen wir das Korrelationsergebnis von zwei verschiedenen Rahmenmarkentypen gegenüber. Auf der linken Hälfte ist die Korrelationsfunktion - in der Form von Linien gleicher Korrelationskoeffizienten - in einer Umgebung von 36x36 Pixel dargestellt. Als Rahmenmarke diente ein **Kreuz**. Wir sehen, daß der Korrelationskoeffizient etwas mehr als 0.9 erreicht, ein an und für sich ausgezeichneter Wert. Darüber und darunter sowie links und rechts von diesem Korrelationsmaximum treten aber zusätzlich hohe Korrelationskoeffizienten auf - sogar bis zu einem Wert von 0.6. Ergänzt man das **Kreuz mittels vier Halbdiagonalen** (Figur 6.1-5, rechts), so verschwinden die gefährlichen Nebenmaxima weitgehend.

b) **Schwellwerte**

Eine erfolgreiche Korrelation quittiert das EDV-Programm, wenn ein Schwellwert für den Korrelationskoeffizienten überschritten ist. Bei Rahmenmarken mit guter Geometrie und bei kontrastreichen Bildern mit homogenem Hintergrund hat sich ein **Schwellwert von 0.7** bewährt. Wird dieser Wert nicht erreicht, ist zusätzliches Wissen - zum Beispiel aus den Transformationen mit den anderen Rahmenmarken (Abschnitt 6.1.2.3) oder ein menschlicher Eingriff - erforderlich.

Ist der Hintergrund nicht homogen, zum Beispiel bei den **Kreuzen eines Réseaus** (Abschnitt A 7.2 und A 7.3) muß der **Schwellwert auf 0.5 gesenkt** werden.

Würde man übrigens anstelle des Korrelationskoeffizienten nur die Kovarianz als Ähnlichkeitsmaß bei der Korrelation benützen, könnte man keinen Schwellwert angeben.

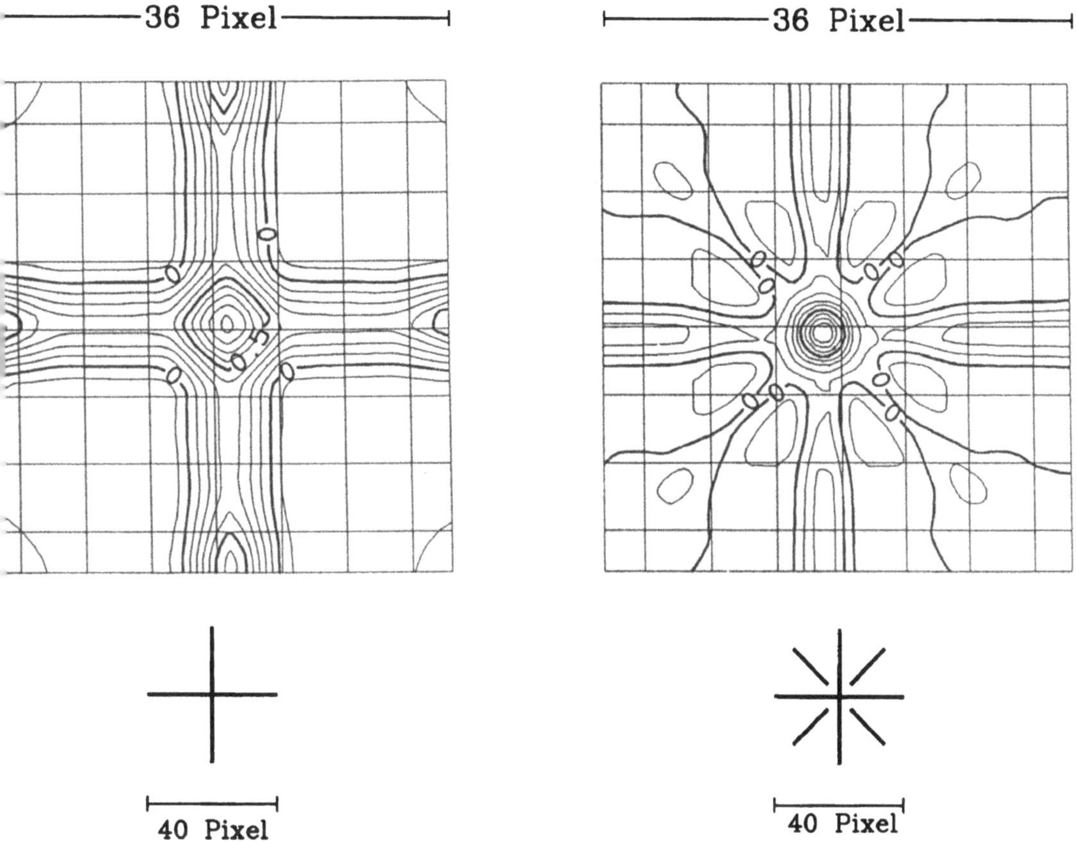

Figur 6.1-5: Korrelationsfunktion und Referenzmatrix für ein Kreuz (links) und für ein Kreuz mit vier Halbdiagonalen (rechts)

c) **Anzahl der Pyramidenniveaus**

Im Abschnitt A 7.4 wurde die Auflösung von Pyramidenniveau zu Pyramidenniveau nur um den Faktor Zwei verändert. Bei der Lokalisierung der Rahmenmarken, insbesondere vom gröbsten Niveau zum darunterliegenden Niveau, können wesentlich größere Faktoren benutzt werden.

d) **Gradientenmethode**

Bei der Verschiebung der Referenzmatrix im Suchbild kann noch erheblich Rechenzeit eingespart werden, wenn man dafür die sogenannte **Gradientenmethode** (*hill climbing*) einsetzt. Sie verfolgt das Ziel, die Referenzmatrix in Richtung des größten Anstieges der Korrelation zu verschieben. Diese Richtung kann aus einigen benachbarten Korrelationskoeffizienten ermittelt werden (siehe Abschnitt "Gefällsstufenkarte" im Band 3). Die damit verbundene Gefahr, daß man ein Nebenmaximum und nicht das eigentliche Maximum erwischt, darf nicht unerwähnt bleiben. Die Figur 6.1-5 läßt diese Gefahr erahnen.

e) **Binärbilder**

Das Referenzbild - wie im Abschnitt 6.1.2.1 beschrieben - besitzt nur die Grauwerte 0 und 255. Es ist eigentlich ein Binärbild, das mit den Grauwerten 0 und 1 genauso gut definierbar ist. Zu einem binären Referenzbild sollte man auch ein binäres Suchbild benutzen. Es ist verhältnismäßig einfach, digitalisierte photographische Bilder in Binärbilder umzuwandeln. Allerdings geht dabei in der Regel Information verloren, die die Genauigkeit der Korrelation im Subpixelbereich negativ beeinflußt.

f) **Korrelation mit markanten Linien**

Die bisher beschriebene Korrelation - auch die mit binären Bildern - ist eine sogenannte flächenbasierte Methode (*area based matching*). Ihr ist die Korrelation mit markanten Merkmalen (*feature based matching*) gegenüberzustellen, die wir im Abschnitt A 7.7.3 bereits angedeutet haben. Sie wird für die Lokalisierung von Rahmenmarken selten benutzt.

Zwei zusätzliche Literaturstellen zum Abschnitt 6.1: Piechl, J.: DGK, Reihe C, Heft 376, 1991. Schickler, W.: ZPF 63, S. 115-122, 1995.

6.2 Bildkoordinatenbestimmung für signalisierte Punkte

Die Lokalisierung signalisierter Punkte ist mit der Lokalisierung der Rahmenmarken nur teilweise vergleichbar. Es gibt gravierende Unterschiede, die im folgenden aufgelistet werden:

- Es gibt in der Regel **kein geometrisches Beiwerk, das das eigentliche Signal umgibt**, wie bei der Rahmenmarke (Figur 6.1-2). Das fehlende Beiwerk erschwert das Erkennen.
- Manchmal gibt es Identifizierungsstreifen (Abschnitt 2.2), die die Rolle des geometrischen Beiwerkes übernehmen. Diese positive Funktion der Identifizierungsstreifen bringt aber den Nachteil mit sich, daß die nahezu beliebige Orientierung der Identifizierungsstreifen am Objekt, insbesondere im Gelände, eine **zusätzliche Unbekannte im Erkennungsprozeß** darstellt. Bei der Korrelation muß deshalb auch der Drehwinkel zwischen Such- und Referenzbild mitbestimmt werden.
- Der **Hintergrund der Signale** ist in der Regel **inhomogen**. Der Schwellwert für einen akzeptablen Korrelationskoeffizienten ist deshalb deutlich niedriger als 0.7 anzunehmen.
- Eine automatische Beschaffung der **Näherungswerte für die Suchbereiche** ist für Paßpunkte, deren Landeskoordinaten bekannt sind, **nicht leicht möglich**; noch schwieriger wird es für Verknüpfungspunkte.

- Bei einer starken Tiefengliederung des Objektes, oder auch schon bei Schrägaufnahmen ebener Objekte, treten **unterschiedlich große Abbilder der Signale** auf, die die automatische Lokalisierung ebenfalls erschweren.

Die Bildkoordinatenbestimmung für **signalisierte Paßpunkte** geschieht - zumal man sogar für sehr große Blöcke nur wenige Paßpunkte benötigt - in der Praxis noch vorwiegend manuell, wie im Abschnitt 6.1.1 beschrieben. Das manuelle Vorgehen bezieht sich einerseits auf die Ermittlung der Näherungswerte für die Suchfenster und andererseits auf die Feinmessung. Die Größe der **Signale** sollte man für die digitale Auswertung **etwas größer wählen** als die im Abschnitt 2.2 angegebenen Faustformeln.

Gibt es sehr **viele signalisierte Verknüpfungspunkte**, deren Objektkoordinaten gesucht sind, zum Beispiel in der terrestrischen Photogrammetrie, muß man bei der Signalisierung die einleitend in diesem Abschnitt angegebenen Hinweise beachten. Denn gerade bei vielen Signalen in den einzelnen Bildern ist unbedingt die automatische Lokalisierung anzustreben.

Die **Kontrolle** der Bildkoordinatenbestimmung für die Signale geschieht im Rahmen einer schrittweisen Bündelblockausgleichung (Abschnitt B 7.2.2.4).

Literatur: Gülch, E.: In Fritsch/Hobbie (Eds.): Photogrammetric Week '95, pp. 185-196, Wichmann Verlag, 1995, und ZPF 63, pp. 130-136, 1995. Veton, K., Scott, M.: PE&RS 61, pp. 917-925, 1995.

6.3 Bildkoordinatenbestimmung für natürliche Paßpunkte bzw. Paßensembles

Da das Signalisieren der Paßpunkte mit einem verhältnismäßig großen Aufwand verbunden ist, sucht man nach permanent "signalisierten" Paßpunkten, also nach natürlichen Paßpunkten. Dafür bieten sich besonders die Dächer von Gebäuden in großen und mittleren Maßstäben und verhältnismäßig weiträumige topographische Ensembles in kleinen Maßstäben an. Figur 6.3-1 zeigt topographische Ensembles, die am Institut für Photogrammetrie und Fernerkundung der TU Wien für die Geocodierung von digitalen Satellitenbildern seit längerem mit Erfolg benutzt werden (Ecker, R., Kalliany, R., Steinnocher, K.: VGI 83, S. 14-25, 1995).

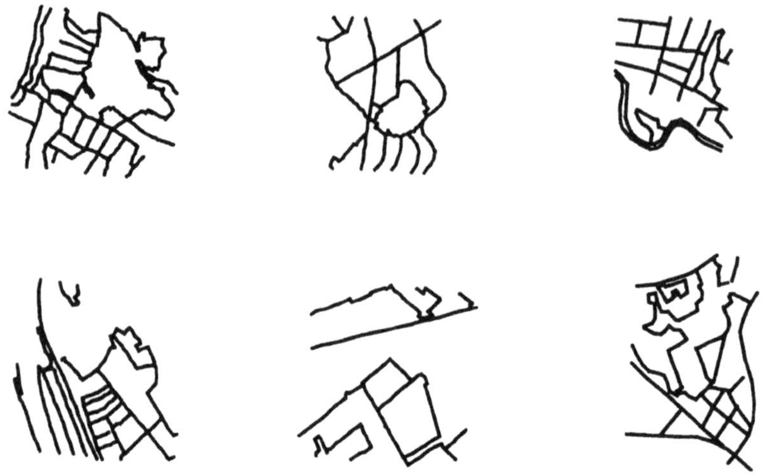

Figur 6.3-1: Sechs Topographische Paßensembles für sehr kleinmaßstäbige Auswertungen

Die Bildkoordinatenbestimmung mit einem solchen topographischen Ensemble geschieht derzeit noch in folgenden Schritten:

- Am Bildschirm werden für eine Grobeinpassung manuell einige homologe Punkte im Lineament des Paßensembles und im digitalen (Satelliten-)Bild identifiziert.
- Mittels der homologen Punkte geschieht eine ebene Ähnlichkeitstransformation des Paßensembles in das digitale Bild.
- Die abschließende Feinmessung kann manuell oder automatisiert mit dem LoG-Operator und der Analyse der Nulldurchgänge[1] erfolgen.

In mittleren und großen Maßstäben ist die Zuordnungsaufgabe noch wesentlich schwieriger. Einen sehr generellen Ansatz mit einer relationalen Zuordnung, der ohne Näherungswerte auskommt, haben Vosselmann und Haala publiziert.[2] Am Institut für Photogrammetrie der Universität Bonn verfolgt man eine Lösung, die genäherte Orientierungselemente für das Meßbild voraussetzt. Die jeweiligen dreidimensionalen Paßensembles (z. B. die Traufen und der First eines Daches) werden zuerst ins Bild mit den Gleichungen der Zentralprojektion transformiert. Anschließend ist ein automatischer Zuordnungsprozeß vorgesehen.[3] Auf das Lokalisieren von allgemeinen Objekten, zu denen selbstverständlich auch das Paßensemble gehört, wird im Abschnitt C 2.2.5 näher eingegangen.

---

[1] Abschnitt A 7.7.3 und Kalliany, R.: Proceedings of the 11th EARSeL Symposium, Graz, 1991.

[2] Vosselmann, G. und Haala, N.: ZPF 62, S. 170-176, 1992.

[3] Details siehe Schickler, W.: IAPR, Vol. 29, Part B3, pp. 591-598, Washington, 1992.

Für die automatische Zuordnung der Paßensembles hat sich bisher auf breiter Basis keine Methode durchgesetzt. Dagegen gibt es sehr ausgereifte Verfahren zur automatischen Ermittlung der Bildkoordinaten für (viele) natürliche Verknüpfungspunkte zwischen den überlappenden Bildern.

6.4 Bildkoordinatenbestimmung für natürliche Verknüpfungspunkte

Unter gewissen Voraussetzungen läuft die Bestimmung der Bildkoordinaten für natürliche Verknüpfungspunkte weitgehend automatisch ab. Diese Voraussetzungen sind:

- Schematische Anordnung der Aufnahmen,
- keine zu große Tiefengliederung des Objektes,
- nur sehr kleine sichttote Bereiche und
- gute Bildqualität.

Diese Voraussetzungen treffen vor allem bei der Luftbildvermessung in mittleren und kleineren Bildmaßstäben zu, wenn keine sehr großen Geländehöhenunterschiede vorliegen. Für diesen Fall wird die automatische Bildkoordinatenbestimmung im Abschnitt 6.4.1 behandelt. Im Abschnitt 6.4.2 wird eine völlig andere Arbeitsweise vorgestellt, die sich vor allem im Nahbereich zur Vermessung geschlossener Körper anbietet.

Die folgenden Betrachtungen beschränken sich auf Schwarzweißbilder. Stehen digitale **Farbbilder** zur Verfügung, wird man eine Transformation in den IHS-Raum vornehmen (Abschnitt FE 6.1.1.3) und für die Punktbestimmung nur die I(ntensitäts)-Komponente benutzen.

6.4.1 Automatische Bestimmung in einem regelmäßigen Bildverband

Für die automatische Lokalisierung von natürlichen Verknüpfungspunkten in zwei und mehr überlappenden Bildern hat sich in den letzten Jahren eine Strategie durchgesetzt, die in folgenden Schritten das Problem löst:

a) Mit sogenannten Interestoperatoren, die im Abschnitt A 7.7.2 bereits angesprochen wurden, werden zunächst in jedem Bild getrennt viele kleine Fenster als mögliche Kanditaten für eine Korrelation gesucht. Dadurch wird der gesamte Bildinhalt auf relevante Fenster reduziert. Das Ergebnis sind - wenn man zwei überlappende Bilder unterstellt - zwei unabhängige Listen von kleinen Fenstern für beide Bilder, die in der Regel auch verschieden lang sein können.

b) Nun sind die in beiden Bildern korrespondierenden Fenster herauszufinden und Korrelationen vorzunehmen. Das Ergebnis sind Kandidaten für plausible Punktepaare und deren Bildkoordinaten.

c) Mit einem geometrischen Modell werden abschließend die gefundenen Bildkoordinaten und die Zuordnung der Punktepaare überprüft.

d) Die einzelnen Schritte a), b) und c) sind in der Regel in mehreren Niveaus der beiden Bildpyramiden zu durchlaufen, wobei die Ergebnisse des gröberen Niveaus sehr gute Startwerte für das feinere Niveau darstellen. Dabei können im feineren Niveau eventuell andere Punkte als im gröberen Niveau ausgewählt werden. Im gröbsten Niveau der beiden Bildpyramiden ist manuell Wissen einzubringen, zum Beispiel die Definition von Interessensbereichen um neun gleichmäßig verteilte Schemapunkte je Gesamtbild.

Zu einzelnen Themen dieser schrittweisen automatischen Bestimmung der Bildkoordinaten sollen im folgenden zusätzliche Überlegungen angestellt werden.

6.4.1.1 Interestoperator

Mit dem Interestoperator sucht man im digitalen Bild kleine Fenster mit ausgeprägter Textur aus, die eine erfolgreiche Korrelation versprechen. Bei der Korrelation im Subpixelbereich (Abschnitt A 7.3) haben wir erfahren, daß die Genauigkeit der beiden Verschiebungsparameter (die wichtigsten Unbekannten der Korrelation), entscheidend von den Grauwertdifferenzen $g'_x = g_{x+1,y} - g_{x-1,y}$ und $g'_y = g_{x,y+1} - g_{x,y-1}$ abhängt. Diese Grauwertdifferenzen sind nämlich die Koeffizienten für die beiden Verschiebungsparameter in den Verbesserungsgleichungen.[1] In der Normalgleichungsmatrix N erhält man deshalb für die beiden Verschiebungsparameter die folgenden vier Koeffizienten:

$$N = \begin{pmatrix} \sum g_x'^2 & \sum g_x' g_y' \\ \sum g_x' g_y' & \sum g_y'^2 \end{pmatrix} \tag{6.4-1}$$

---

[1] Im Abschnitt A 7.3 ist allerdings nur die Verbesserungsgleichung A(7.3-6) für die eindimensionale Korrelation angegeben. Dort tritt die Grauwertdifferenz $g_1'(\xi)$ als Koeffizient beim Verschiebungsparameter $\bar{a}$ auf. Bei der Erweiterung auf die zweidimensionale Korrelation (Abschnitt FE 6.10.2) steht beim zweiten Verschiebungsparameter die Grauwertdifferenz in die andere Koordinatenrichtung.

Die auftretenden Summen laufen über alle Pixel im jeweiligen Fenster, in dem später die eigentliche Korrelation durchgeführt wird. Die adäquate Fenstergröße liegt bei etwa 7x7 Pixeln. Die inverse Normalgleichungsmatrix **Q** liefert bekanntlich die Genauigkeitsmaße für die Unbekannten:

$$\boldsymbol{Q} = \boldsymbol{N}^{-1} = \frac{1}{\det(\boldsymbol{N})} \begin{pmatrix} \sum g_y'^2 & -\sum g_x' g_y' \\ -\sum g_x' g_y' & \sum g_x'^2 \end{pmatrix} \tag{6.4-2}$$

Damit existieren die Voraussetzungen, jene Fenster im Gesamtbild auszuwählen, die für eine Korrelation erfolgversprechend sind. Als **erstes Kriterium** w verwendet man die Spur der **Q**-Matrix, also eine zu erwartende **hohe Korrelationsgenauigkeit** in beiden Koordinatenrichtungen:

$$w = \mathrm{spur}(\boldsymbol{Q}) = \mathrm{spur}(\boldsymbol{N})/\det(\boldsymbol{N}) \tag{6.4-3}$$

Das Kriterium w soll verhältnismäßig klein sein. Man sucht daher im w-"Gebirge" die "Muldenpunkte", das sind die lokalen Minima, heraus und stellt sie einem Schwellwert gegenüber. Einen geeigneten Schwellwert für w kann man mit den Daten selbst finden, indem man für alle möglichen Fensterpositionierungen eines Bildes bzw. eines größeren Bildausschnittes die w-Werte mittels Gleichung (6.4-3) bestimmt, daraus dann den Median ermittelt und schließlich davon zum Beispiel ein Drittel - wie Tests ergeben haben - als Schwellwert nimmt.

Als **zweites Kriterium** wird verlangt, daß die mit der **Q**-Matrix (6.4-2) definierte **Genauigkeitsellipse möglichst rund** sein soll. Zum Beispiel liefern viele parallele Grauwertkanten im Fenster sehr gute Korrelationsergebnisse quer zu diesen Kanten, aber - wenn überhaupt - ein sehr schlechtes Ergebnis längs zu den Kanten. Ein Kriterium q für die Rundheit lautet:

$$q = 1 - \left(\frac{\lambda_1 - \lambda_2}{\lambda_1 + \lambda_2}\right)^2 = \frac{4\det(\boldsymbol{N})}{\mathrm{spur}^2(\boldsymbol{N})} \tag{6.4-4}$$

Dabei sind λ_1 und λ_2 die Eigenwerte der **Q**-Matrix, die zu den Quadraten der beiden Halbachsen der Genauigkeitsellipse im jeweiligen Fenster proportional sind. Dieses Kriterium, das nicht über die Eigenwerte sondern einfacher über die Matrix **N** ausgewertet werden kann, ergibt für parallele Grauwertkanten im Fenster den Wert $q = 0$. Liegen zum Beispiel die Grauwertkanten parallel zu einer Koordinatenachse, so ist ein Element auf der Hauptdiagonalen der **N**-Matrix ungleich Null; die anderen Elemente sind dann gleich Null; die Determinante det(N) wird somit gleich Null. Verlaufen zum Beispiel die Grauwertkanten unter 45° zur Koordinatenachse, so sind alle vier Elemente in der N-Matrix gleich; die Determinante det(N) wird ebenfalls Null.

Der Maximalwert für q beträgt Eins. Er wird erreicht, wenn $\sum g_x' = \sum g_y' \neq 0$ und $\sum g_x'g_y' = 0$. In dem dazugehörigen Fenster gibt es in beiden Koordinatenrichtungen die begrüßenswerten Grauwertunterschiede; die vorhandenen Grauwertkanten sind außerdem gleichmäßig über den Horizont verteilt. Als Schwellwert für das Kriterium q hat sich der Wert 0.75 bewährt; abhängig von der Beschaffenheit der Textur des jeweiligen Bildmaterials ist häufig auch ein anderer Schwellwert einzuführen. Das Zusammenspiel der beiden Kriterien erläutern wir im folgenden Beispiel.

AUFGABE 6.4-1: Man beweise die Beziehung (6.4-4). Welchem Verhältnis der Halbachsen der Genauigkeitsellipse entspricht der Schwellwert 0.75 für das q-Kriterium (Lösung: Das Verhältnis beträgt 1:1.7).

BILDBEISPIEL: Gegeben ist ein Bild mit 400 x 400 Pixeln (Bild 6.4-1). In die Normalgleichungsmatrix N (6.4-1) für jedes der 7x7-Fenster (es gibt insgesamt 392 x 392 solche Fenster) gehen die Differenzen g_x' und g_y' ein. Bild 6.4-2 zeigt diese Differenzen in waagrechter Richtung, Bild 6.4-3 in senkrechter Richtung. In homogenen Grauwertflächen des Vorlagebildes sind diese Differenzen Null; sie wurden für die Ausgabe auf einen mittleren Grauwert angehoben. Bild 6.4-4 ist das Produkt der beiden Differenzenbilder. Es enthält nur an jenen Stellen relevante Information, an denen sowohl im ersten als auch im zweiten Differenzenbild von Null verschiedene Werte vorliegen.

Bild 6.4-5 zeigt die zentralen Pixel derjenigen 7x7-Fenster, an denen im w-Gebirge lokale Minima auftreten. Es gibt insgesamt 806 lokale Minima. Die w-Werte schwanken zwischen 0 und 0.125422. (An einigen Stellen wird det(N) = 0, d.h. der w-Wert wird Unendlich; diese Stellen sind für die Fortsetzung der Betrachtung uninteressant; man muß nur adäquate numerische Vorkehrungen treffen.) Der Median der w-Werte beträgt 0.000426. Wenn man als Schwellwert 1/3 des Median nimmt, d.h. 0.000142, dann reduzieren sich die 806 Korrellationskandidaten auf 484. Sie sind im Bild 6.4-6 - hinterlegt mit dem Vorlagebild - dargestellt. Man sieht, daß sehr viele Stellen gefunden wurden, an denen voraussichtlich eine Korrelation erfolgversprechend sein wird.

Viele Stellen sind allerdings auch mit Punkten gekennzeichnet, an denen die Kanten unter einem sehr stumpfen Winkel zusammentreffen. An diesen Stellen würde kein menschlicher Operateur eine Punktbestimmung vornehmen. Die Fehlerellipsen weichen an diesen Stellen stark von einem Kreis ab, was im q-Wert (6.4-4) quantifiziert wird. Es liegt daher auf der Hand, die 484 Fenster, die mittels des w-Kriteriums und einer entsprechenden Schranke ausgewählt wurden (Bild 6.4-6), noch zusätzlich dem q-Kriterium zu unterwerfen. Wenn man nur Fenster zuläßt, in denen der q-Wert mindestens 0.75 ist, dann reduzieren sich die 484 Fenster auf 350 Fenster (Bild 6.4-7). Damit ist eine hohe Anzahl von Stellen gefunden, an denen eine automatische Korrelation erfolgversprechend sein wird.

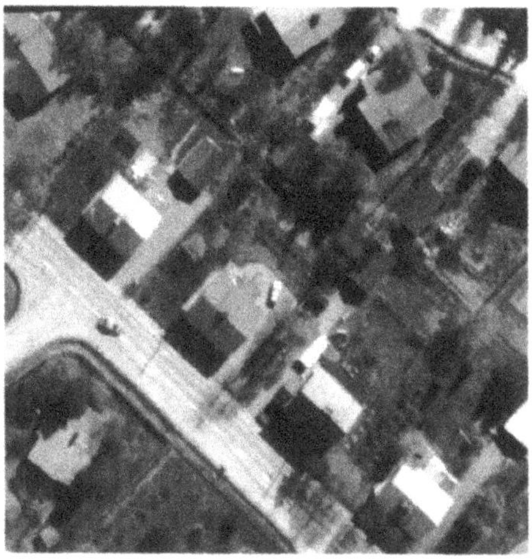

Bild 6.4-1: Bild mit 400 x 400 Pixeln

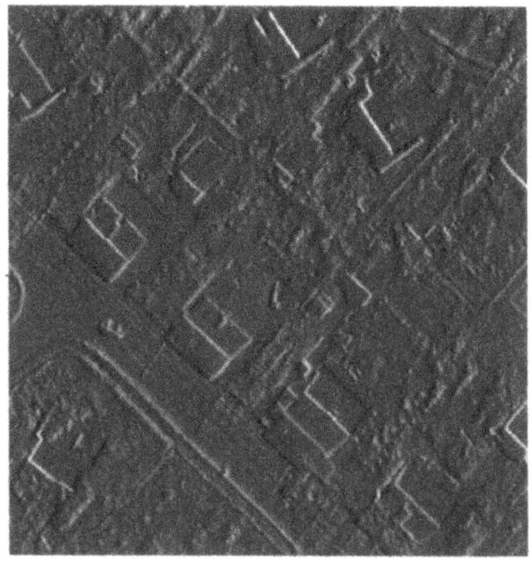

Bild 6.4-2: 400 x 398 großes Differenzenbild (rechtes Pixel minus übernächstes linkes Pixel)

Bild 6.4-3: 398 x 400 großes Differenzenbild (oberes Pixel minus übernächstes unteres Pixel)

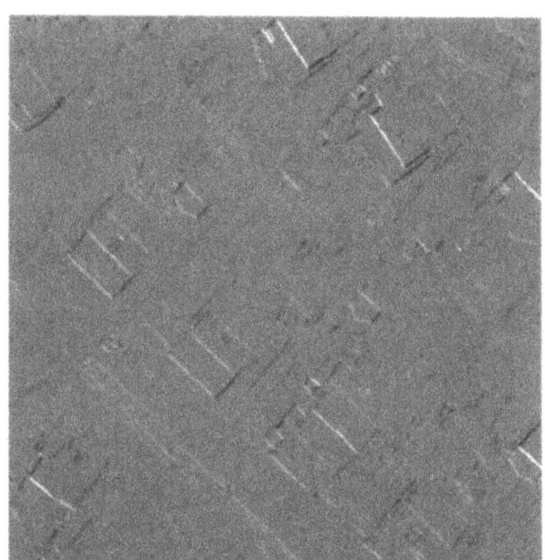

Bild 6.4-4: Produkt mit beiden Differenzenbildern (398 x 398 Pixel)

Bild 6.4-5: lokale Minima im w-Gebirge (806 Punkte)

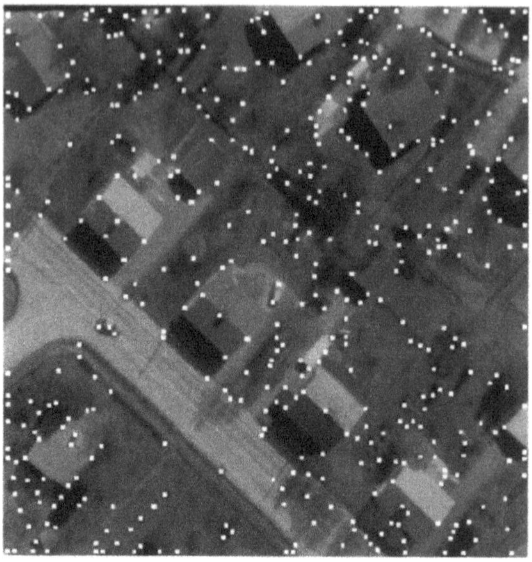

Bild 6.4-6: Lokale Minima unter dem Schwellwert 0.000142 für das w-Kriterium (484 Punkte)

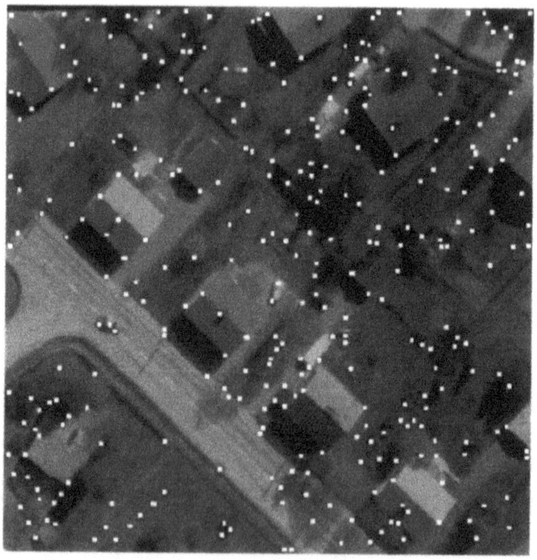

Bild 6.4-7: Lokale Minima unter dem Schwellwert 0.000142 für das w-Kriterium und über dem Schwellwert 0.75 für das q-Kriterium (350 Punkte)

AUFGABE 6.4-2: Gegeben sind in einem 7x7-Fenster folgende Grauwerte:

1	3	4	2	10	18	21
2	3	7	4	17	23	25
3	5	8	20	22	28	29
8	10	16	25	30	32	30
12	18	20	28	33	40	38
10	16	18	22	26	30	30
9	14	16	20	23	25	28

Man bilde die Differenzenmatrizen, anschließend im 5x5-Fenster die Normalgleichungsmatrix (6.4-1). Daraus ist schließlich für das 5x5-Fenster der w- und q-Wert zu ermitteln.

Der Interestoperator, so wie er bisher beschrieben wurde, wählt aus dem Gesamtbild bzw. einem großen Bildausschnitt solche Fenster aus, in denen anschließend eine Zuordnung zum zweiten Bild und eine Korrelation versucht wird. Man kann diesen Interestoperator auch zu einer merkmalsbasierten Methode mit Subpixelgenauigkeit ausbauen, indem aus diskreten w-Werten eine kontinuierliche w-Funktion gebildet wird und dann das lokale Minimum durch Differentiation dieser w-Funktion ermittelt wird (die Gleichungen (6.1-2) und (6.1-3) sind dafür entsprechend zu interpretieren). Damit ist der repräsentative Punkt in einem interessanten Fenster nicht mehr das zentrale Pixel, sondern das im Subpixelbereich festgelegte lokale Minimum. Die Genauigkeit dieser lokalen Minima liegt etwa bei 1/4 Pixel. Eine Zuordnung, die diese repräsentativen lokalen Minima benutzt, wird als **merkmalsbasierte Korrelation** (*feature based matching*) bezeichnet. Den Operator für die merkmalsbasierte Korrelation hat W. Förstner erstmals angegeben. In seinen Veröffentlichungen[1] sind auch weitere Details zu finden. So liefert zum Beispiel das lokale Minimum in einem Fenster mit zwei sich schneidenden Grauwertkanten nicht den wünschenswerten Schnittpunkt der beiden Grauwertkanten als repräsentativen Punkt. In solchen und ähnlichen Fällen ist deshalb eine Nachbearbeitung erforderlich.

In der Fortsetzung wollen wir die merkmalsbasierte Korrelation nicht weiter verfolgen. Wir werden stattdessen die mit dem **Förstner-Operator** gefundenen Fenster für eine **flächenbasierte Korrelation** (*area based matching*) benutzen.

6.4.1.2 Paarweise Zuordnung der Korrelationsfenster

Mit dem im vorhergehenden Abschnitt beschriebenen Interestoperator findet man viele kleine Umgebungen - auch Fenster genannt - in beiden Bildern bzw. Bildbereichen. Diese Fenster haben zum Beispiel eine Größe von 7x7 Pixel. Welches Fenster des einen Bildes zum

[1] IAPR, Vol. 26, Part 3/3, pp. 150-166, Rovaniemi, 1986, und DGK, Reihe C, Heft 370, 1991.

Fenster des anderen Bildes gehört, ist noch herauszufinden. In manchen Fällen mag es auch keinen Partner zum jeweiligen Fenster geben.

Zur Lösung der angesprochenen Zuordnungsaufgabe werden die beiden Gruppen von Fenstern in allen Kombinationen miteinander in Beziehung gebracht. Hat man für das eine Bild n_1 Fenster und für das zweite Bild n_2 Fenster, so sind insgesamt n_1 x n_2 Fensterpaare zu untersuchen. Die Untersuchung besteht darin, daß für jedes mögliche Fensterpaar mit Hilfe der **Grauwerte in beiden Fenstern der Korrelationskoeffizient** (6.1-1) berechnet wird. Anschließend wählt man die Paare mit den größten Korrelationskoeffizienten aus, wobei noch die beiden folgenden Randbedingungen zu beachten sind:

- Der jeweilige Korrelationskoeffizient muß einen gewissen Schwellwert (z.B. 0.5) überschreiten,
- ein und dasselbe Fenster darf nur bei einem einzigen Paar vorkommen.

6.4.1.3 Bildkoordinatenbestimmung mittels Korrelation

In den auf diese Weise ausgewählten Fenster**paaren** erfolgt nun - wenn man sich nicht mit der ungenaueren merkmalsbasierten Korrelation zufrieden gibt (Ende des Abschnittes 6.4.1.1) - die eigentliche Bestimmung der Bildkoordinaten mit hoher Genauigkeit. Für diese **Korrelation im Subpixelbereich** bietet sich die Kleinste-Quadrate-Korrelation (Abschnitt A 7.3) mit den Grauwerten der beiden Fenster an. Die Bildkoordinaten des gesuchten repräsentativen Punktes im ersten Bild beziehen sich auf den Mittelpunkt des zentralen Pixels im einen Fenster. Die Startwerte für die Bildkoordinaten des repräsentativen Punktes im zweiten Bild sind ebenfalls die Bildkoordinaten des Mittelpunktes des zentralen Pixels im anderen Fenster. Die Kleinste-Quadrate-Korrelation liefert die beiden Verschiebungen gegenüber diesen Startwerten.

6.4.1.4 Überprüfung der Bildkoordinaten mit einem geometrischen Modell

Die beschriebene automatische Bestimmung der Bildkoordinaten für natürliche Verknüpfungspunkte ist verhältnismäßig fehleranfällig; so können sich leicht grobe Fehler einschleichen, wenn zum Beispiel in den überlappenden Teilbildern kleine Umgebungen mit nahezu gleicher Textur mehrmals auftreten. Wegen dieser großen Fehleranfälligkeit wird man die Bildkoordinaten für sehr viele Punktepaare bestimmen lassen, um mittels eines Tests die grob fehlerhaften Punktepaare zu eliminieren.

Für einen solchen Test braucht man ein geometrisches Modell. Solche geometrischen Modelle reichen grundsätzlich von einfachen Plausibilitätskontrollen bis zur vollständigen Bündelblockausgleichung. Die einfachen geometrischen Modelle beruhen auf der sogenannten **Bild-zu-Bild-Zuordnung**, ohne den Objektraum einzubeziehen. Die komplexen geometrischen Modelle, die die Bildzuordnung mit der Objektrekonstruktion verbinden, sind wesentlich aufwendiger, dafür aber zuverlässiger. Die paarweise Zuordnung der Korrelationsfenster (Abschnitt 6.4.1.2) sollte also gemeinsam mit der Objektrekonstruktion erfolgen.

Unter den Voraussetzungen, die einleitend zum Abschnitt 6.4 formuliert worden sind, reichen - zumindest in einem ersten Schritt - die einfachen geometrischen Modelle für die Bild-zu-Bild-Zuordnung aus. Als Plausibilitätskontrolle bietet sich zum Beispiel an, daß die y-Parallaxen nur im Millimeterbereich sein dürfen (genäherte Normalfallaufnahmen!) und die x-Parallaxen benachbarter Punkte sich nur im Millimeterbereich unterscheiden dürfen.

Die nächste Verfeinerung des geometrischen Modelles besteht darin, daß Nester von Punkten mittels Ähnlichkeitstransformation oder Affintransformation ineinander transformiert und die Residuen analysiert werden. Dafür bietet sich besonders die im Abschnitt 7.2 zu behandelnde Zuverlässigkeitskontrolle an.

6.4.1.5 Besonderheiten bei der relativen Orientierung

Die Bildkoordinatenbestimmung für die relative Orientierung ist als Spezialfall in den bisherigen Ausführungen enthalten. Einige Ergänzungen sind für diese Standardaufgabe aber angebracht. So wird das Orientierungsprogramm von vornherein Interessensbereiche für homologe Punktepaare in den sechs Schemapunkten auswählen. Diese sechs Interessensbereiche werden - abhängig vom Bildmaßstab, von den Höhenunterschieden, vom Detailreichtum der Bilder etc. - Ausdehnungen von wenigen Zentimetern besitzen.

Innerhalb eines solchen Paares von Interessensbereichen erfolgt die automatische Bildkoordinatenbestimmung, wie sie in den Abschnitten 6.4.1.1 bis 6.4.1.3 beschrieben wurde. Für die Überprüfung der Bildkoordinaten wird man als geometrisches Modell direkt die Komplanaritätsbedingungen (Abschnitt A 4.2.3) benutzen. Für diese Überprüfung sind besonders mathematische Formulierungen mit einem linearen Zusammenhang zwischen den Elementen der relativen Orientierung und den Bildkoordinaten gefragt. Ausgehend von der direkten linearen Transformation (Abschnitt 4.7.1.2) und verwandten Ansätzen[1] bekommt man

---

[1] Brandstätter, G.: IAPR, Vol. 29, pp. 701-706, Washington, 1992. Hattori, S., Seki, A.: IAPR, Vol. 29, pp. 200-206, Washington, 1992. Wang, Y.: ZPF 63, S. 122-130, 1995.

solche mathematische Formulierungen.

Die automatische relative Orientierung ist in mehreren digitalen photogrammetrischen Arbeitsplätzen bereits verwirklicht. Dazu sei auf die einschlägige Literatur[1] verwiesen.

6.4.1.6 Besonderheiten bei der Aerotriangulation

Für schematische Bildverbände kann mit der automatischen Bestimmung der Bildkoordinaten für natürliche Verknüpfungspunkte die gesamte Aerotriangulation weitgehend automatisiert werden. Die Interessensgebiete für homologe Punkte werden - wie bei der relativen Orientierung (Abschnitt 6.4.1.5) - in den neun Schemapunkten des jeweiligen Gesamtbildes automatisch vorgegeben. Bei einem Bildflug mit GPS-Einsatz (Abschnitt 5.3.3), bei dem die (Näherungs-)Koordinaten der Aufnahmeorte anfallen, können die Interessensgebiete für homologe Punkte genauer ermittelt werden. Anschließend werden in den Flugstreifen und quer zu den Flugstreifen in Paaren von Interessensgebieten die Bildkoordinaten von Punktepaaren - wie in den Abschnitten 6.4.1.1 bis 6.4.1.3 beschrieben - automatisch bestimmt.

Gegenüber der relativen Orientierung (Abschnitt 6.4.1.5) kommt bei der Aerotriangulation das Problem hinzu, daß ein natürlicher Punkt **in der Regel mehr als zwei Bilder miteinander verknüpft**. Aus allen Paaren von Interessensgebieten, in denen der jeweilige Punkt auftritt, kann diese Verknüpfung herausgefunden werden. Weitere Details sind in der am Ende dieses Abschnittes angegebenen Literatur zu finden.

Zur Aerotriangulation mit automatisch bestimmten Verknüpfungspunkten in digitalen Bildern ist im Vergleich zur Aerotriangulation mit manueller Messung der Bildkoordinaten in analogen Bildern zu sagen, daß bei der digitalen Aerotriangulation wesentlich mehr Verknüpfungspunkte, die eventuell nicht sehr genau bestimmt sind, einbezogen werden als bei der konventionellen Aerotriangulation. Die in der Regel geringere Genauigkeit der einzelnen Verknüpfungspunkte wird aber durch die hohe Anzahl von Verknüpfungspunkten mehr als kompensiert, wenn man **die Genauigkeit für die Elemente der äußeren Orientierung der Bilder des Bildverbandes in den Mittelpunkt des Interesses rückt**. In vielen Fällen (Herstellung digitaler Orthophotos, Rekonstruktion der Geländeoberfläche etc.) haben die Elemente der äußeren Orientierung höhere Priorität als die Objektkoordinaten der einzelnen Verknüpfungspunkte. Das angedeutete Umdenken in der Aerotriangulation wird die automatischen Methoden mit digitalen Bildern weiter fördern.

---

[1] Z.B. Hahn, M., Kiefer, M.: ZPF 62, S. 223-228, 1994. Hellwich, O., Heipke, C., Tang, C., Ebner, H., Mayr, W.: IAPR, Vol. 30, pp. 370-373, Munich, 1994.

Eine kleine Auswahl weiterführender **Literatur**: Fritsch, D., Tsingas, V., Schneider, W.: ZPF 62, S. 214-223, 1994. Tsingas, V.: IAPRS, Vol. 30, Part 3/1, pp. 865-869, Munich, 1994. Schenk, T., Toth, C.: Proc. of ACSM/ASPRS, 1993. Schenk, T.: ZPF 63, S. 137-144, 1995. Einige Beiträge in Fritsch/Hobbie (Eds.): Photogrammetric Week '95. Wichmann Verlag, 1995.

6.4.2 Interaktive Bestimmung im Nahbereich

Bei typischen Aufnahmeanordnungen für Nahbereichsaufgaben (konvergente Aufnahmerichtungen etc., siehe Abschnitt 4.5.2) scheidet eine automatische Bildkoordinatenbestimmung für natürliche Verknüpfungspunkte in der Regel aus. Man löst dann diese Aufgabe manuell mit guter EDV-Unterstützung.

Die wichtigsten Anforderungen an das EDV-System sind in diesem Zusammenhang:

- Präsentation von mehreren Bildern gleichzeitig auf dem Bildschirm.
- Präsentation eines Bildes am Bildschirm in verschiedenen Maßstäben (z.B. mit Bildpyramide).
- Verschieben eines Bildausschnittes, der manchmal dem gesamten Bildschirm und manchmal nur einem Ausschnitt des Bildschirmes entspricht.
- Ausgefeilte Vektorgraphik zur Markierung von Punkten und Linien auf dem Bildschirm.

Mit diesen Hilfsmitteln kann die interaktive Punktbestimmung folgendermaßen ablaufen: Man holt sich mindestens zwei, besser drei oder vier Bilder zugleich auf den Bildschirm und identifiziert manuell - mit der Maus - homologe Punkte in den Bildern. Das System erhält auf diese Weise deren grobe Bildkoordinaten und die Information, daß über diese Punkte, deren Identifikationen vom System automatisch vergeben werden, die beteiligten Bilder miteinander verknüpft sind.

Bild 6.4-8 zeigt zum Beispiel ein Photo, in dem bereits mehrere Punkte auf diese Weise identifiziert und deren Bildkoordinaten grob gemessen wurden[1]. Bild 6.4-9 zeigt ein zweites Photo derselben Kapelle. Beide Photos erscheinen nebeneinander auf dem Bildschirm. Das Photo 6.4-8 erklärt man zum Referenzbild. Im Photo 6.4-9 mißt man - soweit sichtbar - dann die gleichen Punkte wie im Photo 6.4-8 an. Dabei erfolgt auch die Festlegung der Verknüpfung der beiden Bilder über identische Punkte, indem im Referenzbild 6.4-8 sequentiell die einzelnen Punkte aktiviert werden (z.B. mit einer entsprechenden Farbe) und

[1] Die Beispiele wurden mit dem PC-orientierten System PhotoModeler der Firma EOS SYSTEMS, Canada, bearbeitet.

mit der Maus im Photo 6.4-9 der jeweils korrespondierende Punkt manuell eingestellt wird. Dadurch werden **die Zuordnungen der homologen Bildpunkte gefunden, ohne daß der Operateur Punktnummern oder Punktnamen eingeben muß.**

Im Photo 6.4-9 werden auch Punkte gemessen, die im Photo 6.4-8 nicht sichtbar bzw. nicht gut sichtbar sind. Mit einem **dritten Photo** werden die Verknüpfungspunkte zum zweiten Photo, dem Photo 6.4-9, auf die gleiche Weise wie oben beschrieben, ermittelt. Kommen dabei Punkte vor, die auch im ersten Photo, dem Photo 6.4-8, enthalten sind, dann ist auch die Zuordnung vom dritten zum ersten Bild automatisch hergestellt. Auf diese Weise bekommt man alle Verknüpfungspunkte für den gesamten Bildverband; ihre Bildkoordinaten sind außerdem näherungsweise gemessen.

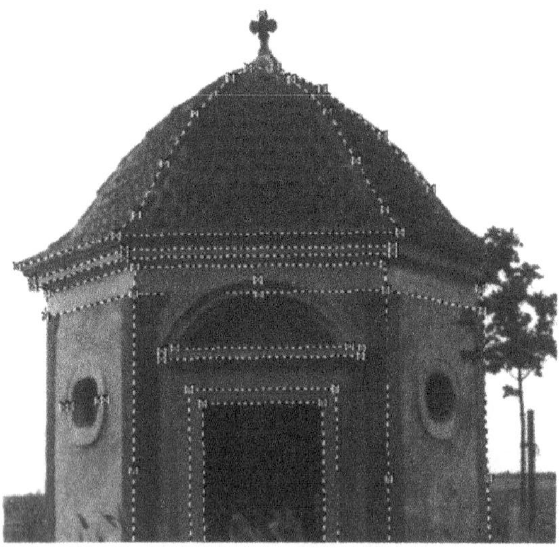

Bild 6.4-8: Digitales Photo mit grob angemessenen Punkten und mit Verbindungsinformationen (Referenzbild)

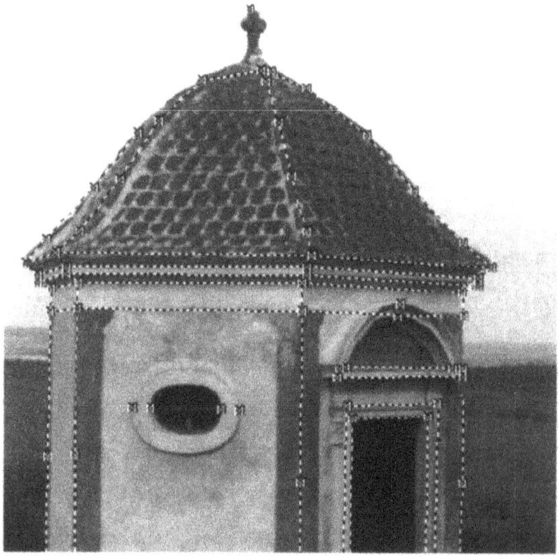

Bild 6.4-9: Zweites Photo zum Referenzbild 6.4-8

Für die **manuelle Feinmessung der Bildkoordinaten** wird in die einzelnen Bilder bis zur besten Auflösung hineingezoomt. Auch das Aufblasen einer kleinen Umgebung um den jeweiligen natürlichen Punkt und eine Grauwertinterpolation - wie im Abschnitt 6.1.1 beschrieben - sind sehr hilfreich. Die Bilder 6.4-10 und 6.4-11 zeigen eine solche manuelle Feinmessung. Bei der linken oberen Ecke des Türstockes wurde die Feinmessung bereits durchgeführt. Bild 6.4-10 zeigt die linke obere Ecke der Türöffnung vor der Feinmessung und Bild 6.4-11 nach der Feinmessung.

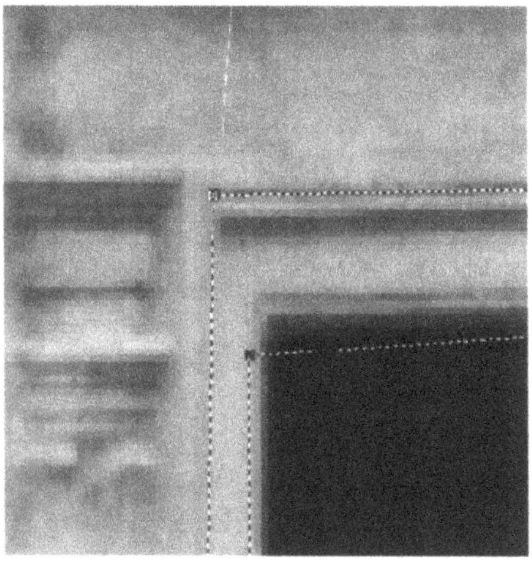

Bild 6.4-10: Vor der Feinmessung der Ecke der Türöffnung

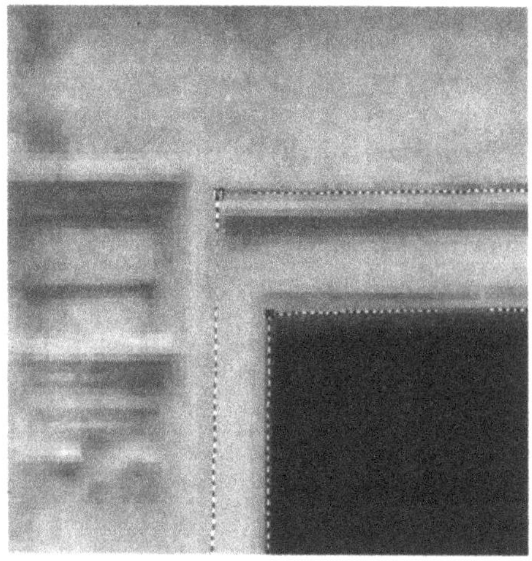

Bild 6.4-11: Nach der Feinmessung der Ecke der Türöffnung

Zusätzlich zur Punktbestimmung im engeren Sinn wird man in jenem Stadium, in dem man die überlappenden Bilder zugleich auf dem Bildschirm hat, auch die Verbindung der Punkte zu Polygonzügen für die Linien- und Flächenbeschreibung vornehmen. Diese **topologischen Informationen** sind neben der Punktidentifikation und den Koordinaten in den Datensatz aufzunehmen (im Abschnitt C 1.1.3 ist eine solche Datenstruktur angedeutet; Band 3 geht ausführlicher darauf ein). Diese topologischen Informationen sind eine große Hilfe zur Vermeidung von Identifikationsfehlern. Außerdem entsteht nach der Bündelblockausgleichung ein dreidimensionales Objektmodell, das mit den handelsüblichen CAD-Programmen bearbeitet und visualisiert werden kann. Bild 6.4-12 zeigt die ausgewertete Kapelle.

Die interaktive Bestimmung der Bildkoordinaten der Neupunkte, die ja Verknüpfungspunkte sind, kann mit einem hochentwickelten Softwarepaket noch stärker unterstützt werden, indem man zuerst nur wenige Verknüpfungspunkte auswählt und einen vorläufigen Bündelblockausgleich durchführt. Damit hat man sehr gute Näherungswerte für die Elemente der äußeren Orientierung aller Bilder. Mit diesen Orientierungselementen kann man mittels räumlicher Vorwärtsschnitte unmittelbar (vorläufige) dreidimensionale Objektkoordinaten von Neupunkten ermitteln, sobald in zwei Bildern die Bildkoordinatenbestimmung erfolgt ist. Anschließend daran können solche Objektpunkte samt ihren Verbindungslinien mittels Zentralprojektion in jedes weitere beteiligte Bild transformiert und dort graphisch dargestellt werden. Eine solche Graphik - gemeinsam mit den Bildern - erleichtert außerordentlich die

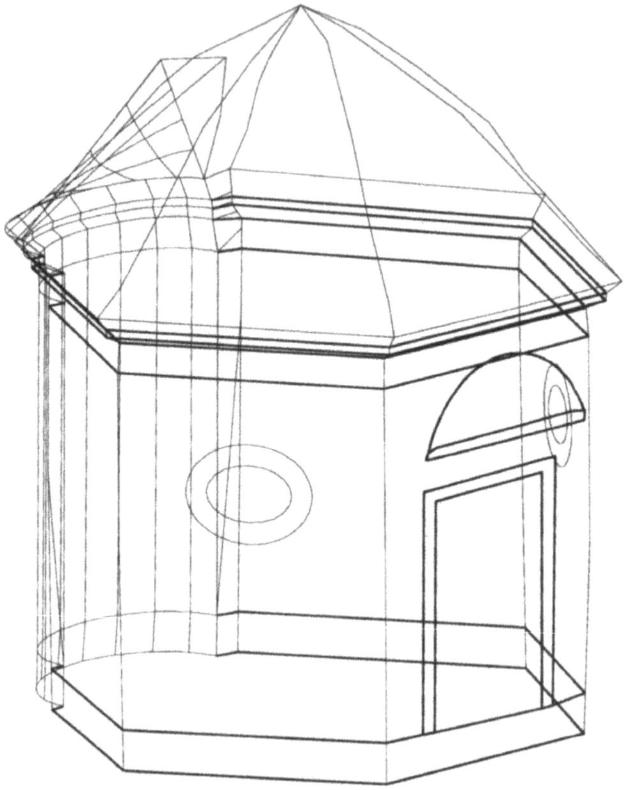

Bild 6.4-12: Rekonstruierte Kapelle

Identifizierung weiterer Verknüpfungspunkte. Im Anschluß an diese **automatische Identifizierung von Verknüpfungspunkten im dritten und jedem weiteren beteiligten Bild** erfolgt die Feinmessung ihrer Bildkoordinaten wieder manuell.

Zum Schluß dieses Kapitels sollen noch die gegenwärtig laufenden Anstrengungen erwähnt werden, auch im Nahbereich die **Bildkoordinaten** der natürlichen Verknüpfungspunkte **automatisch** zu **ermitteln**. Wegen der starken Verzerrungen in korrespondierenden Fenstern der verschiedenen Bilder ist eine flächenbasierte Korrelation mit Grauwerten - wie im Abschnitt 6.4.1.3 angegeben - wenig erfolgversprechend. Vielmehr müssen in den korrespondierenden Fenstern punkt- und linienförmige Merkmale extrahiert und anschließend muß eine **merkmalsbasierte Korrelation** vorgenommen werden.

7. QUALITÄTSKONTROLLE UND SUCHE GROBER FEHLER

An die photogrammetrisch ermittelten Koordinaten sind gewisse Erwartungen geknüpft: Sie sollen einerseits der Genauigkeit entsprechen, die bei der Planung des Projektes vorgegeben wurde, und andererseits soll gewährleistet sein, daß die Ergebnisse auch durchgreifend kontrolliert und frei von groben Fehlern sind. **Die Qualitätskontrolle setzt sich also aus einer Genauigkeits- und einer Zuverlässigkeitskontrolle zusammen.**

7.1 Genauigkeitskontrolle

In den folgenden Betrachtungen beschränken wir uns hauptsächlich auf die photogrammetrische Punktbestimmung, die auf der Bildkoordinatenmessung am analytischen oder digitalen Auswertegerät aufbaut. Innerhalb des gesamten Auswerteprozesses gibt es mehrere Zwischenergebnisse, die sich für eine Genauigkeitskontrolle eignen.

7.1.1 Innere Orientierung

Bevor auf diese rechnerischen Zwischenergebnisse eingegangen wird, ist zu erwähnen, daß zu einer umfassenden Genauigkeitskontrolle eine **Kalibrierung der Meßkameras** in Zeitabständen von etwa drei Jahren[1] und vor allem nach stärkeren mechanischen Beanspruchungen gehört. Eine der möglichen Kalibrierungsmethoden besteht darin, daß man Luftaufnahmen über einem **Testfeld** mit bekannten Koordinaten einzelner Punkte macht und daraus die Parameter sowohl für die innere als auch für die äußere Orientierung bestimmt. Die Testfelder für Luftaufnahmen werden in der Regel nur kurzfristig angelegt (ständige Pflege der Signale ist teuer), dagegen sollte man für terrestrische Kameras ein Testfeld permanent verfügbar haben (weitere Details siehe Abschnitt E 2.). Nur dann, wenn die Testfeldkalibrierung mit dem Kalibrierungsprotokoll des Kameraherstellers - innerhalb der durch die mittleren Fehler begründeten Abweichungen - übereinstimmt, kann man unbesorgt die Angaben des Kalibrierungsprotokolles weiter benutzen, ansonsten ist eine genaue Kalibrierung der Kamera im Labor des Kameraherstellers zu empfehlen.

---

[1] Hakkarainen, J.: IAPR XXV, Part A 1, pp. 93-103, Rio de Janeiro, 1984.

ZAHLENBEISPIEL: Am Institut für Photogrammetrie und Fernerkundung der TU Wien wurde mit Hilfe eines Testfeldes die Kalibrierung der P31 überprüft. Es ergaben sich folgende Werte: c = 100.230 ±0.0050 mm, x_0 = 0.029 ±0.0030 mm, y_0 = 0.025 ±0.0044 mm. Die Daten des Kalibrierungsprotokolles lauten: c = 100.221 ± 0.0025 mm, x_0 = 0.021 ±0.0016 mm, y_0 = 0.022 ±0.0022 mm. Man schätze ab, ob die aufgetretenen Differenzen durch die mittleren Fehler der Kalibrierungen erklärt werden können (= Nullhypothese) oder ob inzwischen eine Veränderung der Kalibrierung eingetreten ist (= Alternativhypothese). Unter der Annahme, daß die Fehler bei beiden Kalibrierungen normal verteilt sind[1], lauten die Testgrößen:

$$c\colon\quad 0.009/\sqrt{0.0050^2 + 0.0025^2} = 1.6$$

$$x_0\colon\quad 0.008/\sqrt{0.0030^2 + 0.0016^2} = 2.4$$

$$y_0\colon\quad 0.003/\sqrt{0.0044^2 + 0.0022^2} = 0.6$$

Für die Nullhypothese, d.h. die Differenzen seien Null, lauten die Grenzen für das zweiseitige Vertrauensintervall bei einer üblicherweise benützten 5%-igen Irrtumswahrscheinlichkeit ±2.0. Eine Irrtumswahrscheinlichkeit von 5% bedeutet, daß in 5% der Fälle die Kamera neu kalibriert wird, ohne daß eine Veränderung der inneren Orientierung vorlag. In unserem Fall sollte man die Kamera neu kalibrieren und die - für diese Problemstellung - geringe Irrtumswahrscheinlichkeit von 5% in Kauf nehmen. Bei einer - für diese Problemstellung - immer noch geringen Irrtumswahrscheinlichkeit von 10% betragen die Grenzen für das zweiseitige Vertrauensintervall übrigens ±1.6.

AUFGABE 7.1-1: Man wiederhole die Überlegungen mit den folgenden Ergebnissen, die aus einer anderen Überprüfung dieser P31 stammen: c = 100.225 ±0.0055 mm, x_0 = 0.025 ±0.0040 mm und y_0 = 0.028 ±0.0040.

Eine eventuell vorhandene **Bilddeformation** und/oder Fehler der **Bildkoordinatenmeßeinrichtung** zeigen sich bei der rechnerischen Einpassung der gemessenen Bildkoordinaten auf die Sollrahmenmarken. Für diese Einpassung wird bekanntlich eine Affintransformation oder eine bilineare Transformation verwendet (Abschnitt A 4.3.5). Die Analyse der dabei erhaltenen Transformationsparameter gibt Aufschluß über eine etwaige Bilddeformation bzw. einen Fehler der Bildkoordinatenmeßeinrichtung.

ZAHLENBEISPIEL: Das Ergebnis der Aufgabe A 4.3-8 für die Einpassung auf die 4 (Wild-)-Rahmenmarken in den Bildecken lautet:

$$x = -17.498 + 0.999804\cdot x' + 0.017688\cdot y' - 186\cdot 10^{-9}\cdot x'y'$$

$$y = 21.389 - 0.017240\cdot x' + 0.999641\cdot y' - 216\cdot 10^{-9}\cdot x'y'$$

Die Koordinaten x und y gehören zum Kamerakoordinatensystem, die Koordinaten x′ und y′ zum Bildkoordinatenmeßsystem. Die Deformationen (z.B. des Bildes) können aus der

---

[1] Streng genommen müßte man eine t-Verteilung mit dem Freiheitsgrad, der der Redundanz der jeweiligen (Kalibrierungs-)Ausgleichung entspricht, verwenden.

Figur 7.1-1 abgelesen werden. Wir geben uns im x'y'-System eine differentielle quadratische Sollfigur vor und fragen uns, wie diese Figur durch die - in unserem Zahlenbeispiel - bilineare Transformation deformiert wird.

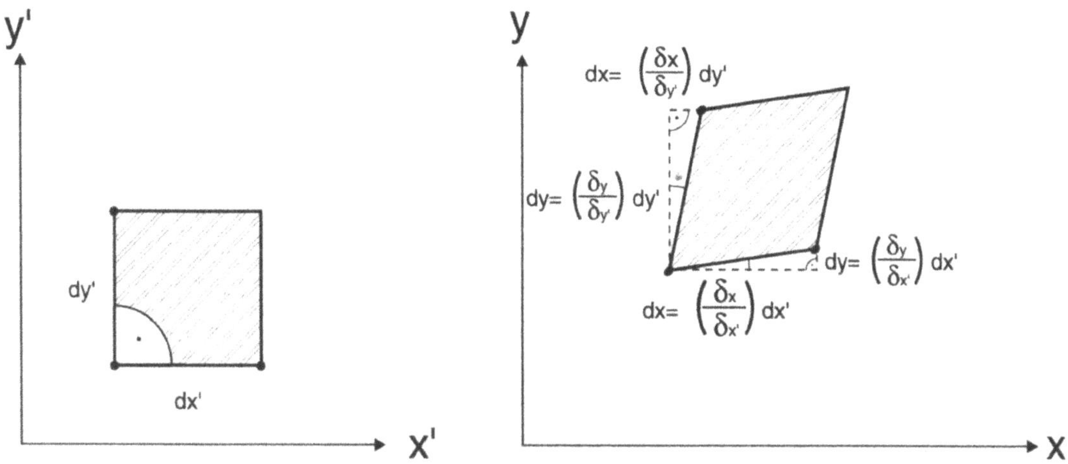

Figur 7.1-1: Deformation eines differentiellen Quadrates

Die Ausdrücke

$$\frac{\sqrt{dx^2+dy^2}}{dx'} = \sqrt{(\partial x/\partial x')^2+(\partial y/\partial x')^2} \quad \text{und} \quad \frac{\sqrt{dy^2+dx^2}}{dy'} = \sqrt{(\partial y/\partial y')^2+(\partial x/\partial y')^2}$$

geben Aufschluß über etwaige Maßstabsfehler in den beiden Koordinatenrichtungen x' und y'. Diese Ausdrücke lauten für das Zahlenbeispiel:

$$\text{x'-Koordinate: } \sqrt{(0.999804 - 186\cdot 10^{-9}\cdot y')^2 + (-0.017240 - 216\cdot 10^{-9}\cdot y')^2}$$

$$\text{y'-Koordinate: } \sqrt{(0.999641 - 216\cdot 10^{-9}\cdot x')^2 + (0.017688 - 186\cdot 10^{-9}\cdot x')^2}$$

Für x' und y' wählt man die Koordinaten des Bildmittelpunktes (in unserem Fall x' = y' = 1000 mm):

$$\text{x'-Koordinate: } \sqrt{0.999618^2 + (-0.017456)^2} = 0.999770$$

$$\text{y'-Koordinate: } \sqrt{0.999425^2 + 0.017502^2} = 0.999578$$

Für das Bildformat 23 x 23 cm^2 beträgt demnach der **Maßstabsfehler** in x'-Richtung 53 μm und in y'-Richtung 97 μm.[1]

Der Ausdruck

$$100 \text{ gon} - \left(\arctan\left(\frac{\partial y}{\partial x'} / \frac{\partial x}{\partial x'}\right) + \arctan\left(\frac{\partial x}{\partial y'} / \frac{\partial y}{\partial y'}\right)\right)\rho^g$$

---

[1] Streng genommen müßte man entlang der jeweiligen Bildseite integrieren.

gibt Aufschluß - wie die Figur 7.1-1 zeigt - über etwaige **Orthogonalitätsfehler**, wobei für x' und y' wieder die Koordinaten des Bildmittelpunktes eingesetzt werden:

$$\begin{aligned} &100 - (\arctan((-0.017240 - 216 \cdot 10^{-9}y')/(0.999804 - 186 \cdot 10^{-9}y')) \\ &\quad + \arctan((0.017688 - 186 \cdot 10^{-9}x')/(0.999641 - 216 \cdot 10^{-9}x'))) \\ &\quad = 100 - (-1.1116 + 1.1147) = 99.9969 \text{ gon} \end{aligned}$$

Für ein Bildformat 23 x 23 cm^2 beträgt demnach der Orthogonalitätsfehler 11 μm.[1]

Da in der Regel die Fehler der Bildkoordinatenmeßeinrichtung kleiner als die Bilddeformationen sind, müssen die so festgestellten Maßstabs- und Orthogonalitätsfehler mit den zu erwartenden Filmdeformationen (Tab. A 3.1-13) übereinstimmen, ansonsten sind zum Beispiel Probleme beim Ansaugen an den Bildrahmen einer Luftbildmeßkamera aufgetreten, oder die Bildkoordinatenmeßeinrichtung besitzt zu große Fehler.

Eine **Zusammenstellung der Maßstabs- und Orthogonalitätsfehler über alle Bilder eines Streifens bzw. Blockes** gibt schließlich Auskunft, ob es sich um systematische Fehler oder um Fehler in einem Einzelbild handelt. Um Mißverständnisse auszuschließen, soll an dieser Stelle erwähnt werden, daß etwaige Maßstabs- und Orthogonalitätsfehler durch die Transformation auf die Rahmenmarken zwar beseitigt, aber wegen der kleinen Redundanz oftmals (nur vier Rahmenmarken!) mit Sicherheit keine vollständige Elimination dieser Fehler erreicht werden kann. Größere systematische Maßstabs- und Orthogonalitätsfehler können auch eine Entscheidungshilfe für die Wahl der zusätzlichen Parameter in der Bündelblockausgleichung sein (Abschnitt 5.2.4).

AUFGABE 7.1-2: Das Ergebnis der Einpassung der Bildkoordinatenmessung auf die 4 (Zeiss-)Rahmenmarken der Aufgabe A 4.3-7 ist zu analysieren, inwieweit die Maßstabs- und Orthogonalitätsfehler außerhalb der Erwartungen liegen.

7.1.2 Relative Orientierung

Die Genauigkeit der rechnerischen relativen Orientierung mit Bildkoordinaten ergibt sich aus der invertierten Normalgleichungsmatrix und dem mittleren Fehler σ_{py} für die y-Parallaxen. Für σ_{py} liefert die Ausgleichung eine Schätzung, die bei einer kleinen Überbestimmung aber sehr unsicher ist. Ist die Redundanz kleiner als etwa Fünf, nimmt man für die Genauigkeit der y-Parallaxen besser einen aus der Erfahrung bekannten Wert zwischen 5 und 10 μm abhängig von der Bildqualität. (Noch besser wäre, die gesamte Genauigkeitskontrolle direkt

---

1 Zusätzliche Literatur: Wolf, H.: AVN 96, S. 361-365, 1989, Hanke, K.: ÖZ 76, S. 432-439, 1988 und Blais, J.: CISM 44, No. 2, pp. 113-121, 1990.

auf der Basis der Gewichtskoeffizienten $\mathbf{Q}_{xx}$ aufzubauen. Dadurch würde die **Unsicherheit des empirisch bestimmten Gewichtseinheitsfehlers** entfallen.)

Im Abschnitt A 4.2.3.1 findet man die Berechnung der Genauigkeitsmaße einer relativen Orientierung. Sie beziehen sich auf die fünf Elemente der relativen Orientierung durch Bilddrehungen. Für den Auswerter, der z.B. nach Abschluß der relativen Orientierung die mittleren Fehler der Orientierungselemente am Bildschirm präsentiert bekommt, stellt sich die Frage, ob seine Orientierung genau genug ist oder nicht. Diese Frage ist besonders heikel, wenn wegen großer Wasserflächen oder Wolken oder fehlender Textur in großen Bereichen mit gleicher Bodennutzung die **Orientierungspunkte nicht optimal** gewählt werden konnten. Eine sehr tückische Situation sind Modelle in der **Nähe der gefährlichen Flächen** oder über weiträumigen Tälern, in denen die **Längsüberdeckung auf 80%** und mehr ansteigen kann. In diesen Fällen bemerkt der Auswerter beim Messen der Bildkoordinaten an den Orientierungspunkten nicht, daß diese **Modelle unbrauchbar** sein können.

Erst ein Vergleich der berechneten Genauigkeitsmaße eines jeden Modelles mit den **Genauigkeitskriterien**, die bei einer idealen Anordnung der Orientierungspunkte und einer Längsüberdeckung von 60% auftreten, ermöglicht diese Entscheidung. Man kann diese Entscheidung den Operateur treffen lassen oder in das Orientierungsprogramm einbauen. Solche Genauigkeitskriterien für die relative Orientierung wurden im Abschnitt A 4.2.3.5a für verschiedene Kameratypen angegeben.

In dem ZAHLENBEISPIEL des Abschnittes A 4.2.3.1 ergaben sich folgende mittlere Fehler: $\hat{\sigma}_{\kappa 1} = \pm 15$ mgon, $\hat{\sigma}_{\kappa 2} = \pm 14$ mgon, $\hat{\sigma}_{\phi 1} = \hat{\sigma}_{\phi 2} = \hat{\sigma}_{\omega 2} = \pm 7$ mgon. Der Vergleich mit den Genauigkeitskriterien des Abschnittes A 4.2.3.5a ($\sigma_{\omega} = \pm 5$ mgon, $\sigma_{\phi} = \pm 4$ mgon und $\sigma_{\kappa} = \pm 10$ mgon) läßt zunächst den Verdacht einer unzureichenden relativen Orientierung aufkommen. Der angestellte Vergleich hinkt aber, denn die Genauigkeitsmaße des gebildeten Modelles beziehen sich auf einen mittleren Fehler der y-Parallaxen von ± 9 μm und die der Genauigkeitskriterien auf einen Wert von ± 5 μm. Bezieht man die mittleren Fehler des bearbeiteten Modelles ebenfalls auf ± 5 μm, lauten die Genauigkeitsmaße: $\hat{\sigma}_{\kappa 1} = \pm 8.3$ mgon, $\hat{\sigma}_{\kappa 2} = \pm 7.8$ mgon, $\hat{\sigma}_{\phi 1} = \hat{\sigma}_{\phi 2} = \hat{\sigma}_{\omega 2} = \pm 3.9$ mgon, d.h. das Modell ist mit der erwarteten Genauigkeit gebildet. Wäre die Genauigkeit nicht ausreichend gewesen, hätte man zusätzliche Punkte messen und die gesamte Berechnung wiederholen müssen, bis die berechneten mittleren Fehler innerhalb der Genauigkeitskriterien liegen.

7.1.3 Absolute Orientierung

Die Ermittlung der Genauigkeit einer rechnerischen absoluten Orientierung läuft im Prinzip genauso ab wie die der rechnerischen relativen Orientierung. Da die Paßpunktverteilung - vor allem wenn die Paßpunkte geodätisch bestimmt wurden - oft zu wünschen übrig läßt und gerade bei ungünstiger Paßpunktverteilung die Genauigkeit von großem Interesse ist, sollte man bei der **absoluten Orientierung unbedingt die mittleren Koordinatenfehler in den Modellecken** ableiten und mit den Genauigkeitskriterien des Abschnittes A 4.4 bzw. B 5.2.3 in Beziehung setzen.

Die einzelnen Schritte sollen mit dem im Abschnitt A 4.2.3.7 eingeführten ZAHLENBEISPIEL erläutert werden. Für die **Unbekannten der absoluten Orientierung**

$$\boldsymbol{x}^T = (dX_u, dY_u, dZ_u, dm\cdot 10^3, d\Omega\cdot 10^3, d\Phi\cdot 10^3, dK\cdot 10^3)$$

erhalten wir folgende Normalgleichungsmatrix. (Weil im Abschnitt A 4.2.3.7 nur die Verbesserungsgleichungen der 1. Iteration angegeben sind, werden diese genommen, obwohl die Verbesserungsgleichungen der letzten Iteration zu verwenden wären):

$$\boldsymbol{N} = \begin{pmatrix} 3.00 & 0.00 & 0.00 & 8.61 & 0.00 & 1.66 & -4.40 \\ 0.00 & 3.00 & 0.00 & 4.40 & -1.66 & 0.00 & 8.61 \\ 0.00 & 0.00 & 4.00 & 2.26 & 6.37 & -10.69 & 0.00 \\ 8.61 & 4.40 & 2.26 & 34.60 & 1.17 & -1.23 & 0.00 \\ 0.00 & -1.66 & 6.37 & 1.17 & 11.77 & -17.21 & -4.83 \\ 1.66 & 0.00 & -10.69 & -1.23 & -17.21 & 31.58 & -2.46 \\ -4.40 & 8.61 & 0.00 & 0.00 & -4.83 & -2.46 & 33.33 \end{pmatrix}$$

Ihre Inversion (Abschnitt 4.5) ergibt die Gewichtskoeffizientenmatrix

$$\boldsymbol{Q}_{xx} = \begin{pmatrix} 5.27 & 0.01 & 0.07 & -1.33 & 0.02 & -0.24 & 0.68 \\ 0.01 & 5.48 & -0.55 & -0.68 & 0.69 & 0.06 & -1.31 \\ 0.07 & -0.55 & 6.38 & -0.26 & -1.92 & 1.09 & -0.05 \\ -1.33 & -0.68 & -0.26 & 0.46 & -0.01 & -0.01 & -0.00 \\ 0.02 & 0.69 & -1.92 & -0.01 & 1.44 & 0.13 & 0.04 \\ -0.24 & 0.06 & 1.09 & -0.01 & 0.13 & 0.49 & 0.01 \\ 0.68 & -1.31 & -0.05 & -0.00 & 0.04 & 0.01 & 0.46 \end{pmatrix}$$

Mit Hilfe des im Abschnitt A 4.2.3.7 aus den Verbesserungen für die Paßpunktkoordinaten geschätzten **mittleren Koordinatenfehlers der** - näherungsweise ins Landeskoordinatensystem transformierten - **Modellkoordinaten von $\pm$12 cm** ergeben sich folgende Genauigkeiten für die Elemente der absoluten Orientierung (Ergebnis der Aufgabe A 4.2-13):

$$\hat{\sigma}_{X_u} = \pm 0.28\ m \qquad\qquad \hat{\sigma}_{\Omega} = \pm 0.0092\ gon$$

$$\hat{\sigma}_{Y_u} = \pm 0.28\ m \quad \hat{\sigma}_{m} = \pm 0.000081 \quad \hat{\sigma}_{\Phi} = \pm 0.0053\ gon$$

$$\hat{\sigma}_{Z_u} = \pm 0.30\ m \qquad\qquad \hat{\sigma}_{K} = \pm 0.0052\ gon$$

Grundsätzlich könnte man diese mittleren Fehler den Genauigkeiten für eine Standardkonstellation einer absoluten Orientierung gegenüberstellen. Eine solche Standardkonstellation könnte aus Luftbildern mit 60% Längsüberdeckung und vier Paßpunkten in den Ecken eines rechteckigen Modelles bestehen. Bei der absoluten Orientierung ist dieser Weg aber abzulehnen, denn die Paßpunkte - insbesondere bei einer terrestrischen Bestimmung der Paßpunkte - bilden häufig kein Rechteck und liegen manchmal deutlich innerhalb des Modellrandes. Es ist daher die Frage zu klären, inwieweit die individuelle absolute Orientierung für den gesamten Modellbereich, der ausgewertet werden soll, genau genug ist.

Zur Beantwortung dieser Frage hat das zuständige EDV-Programm die **Genauigkeiten in den Modellecken** zu berechnen. Wir beschränken uns auf die Modellecke mit den (Näherungs-)Koordinaten $X^0 = 3450$ m, $Y^0 = 1150$ m und $Z^0 = 560$ m. Das allgemeine Fehlerfortpflanzungsgesetz, angewandt auf die Gleichungen A(4.2-36), lautet mit den Zahlenwerten des Beispieles:

$$\begin{pmatrix} \sigma^2_{X^0} & \cdot & \cdot \\ \cdot & \sigma^2_{Y^0} & \cdot \\ \cdot & \cdot & \sigma^2_{Z^0} \end{pmatrix} = 0.12^2 \underbrace{\begin{pmatrix} 1 & & & 3.450 & & +0.560 & -1.150 \\ & 1 & & 1.150 & -0.560 & & +3.450 \\ & & 1 & 0.560 & +1.150 & -3.450 & \end{pmatrix}}_{A} Q_{xx} A^T + \begin{pmatrix} 0.0144 & & \\ & 0.0144 & \\ & & 0.0144 \end{pmatrix}$$

$$\sigma^2_{X^0} = 0.0077 + 0.0144 = 0.0221 \qquad \sigma_{X^0} = \pm 0.15\ m$$

$$\sigma^2_{Y^0} = 0.0077 + 0.0144 = 0.0221 \qquad \sigma_{Y^0} = \pm 0.15\ m$$

$$\sigma^2_{Z^0} = 0.0132 + 0.0144 = 0.0276 \qquad \sigma_{Z^0} = \pm 0.17\ m$$

Der erste Term $0.12^2 \cdot \mathbf{A}\ \mathbf{Q}_{xx} \mathbf{A}^T$ liefert den Anteil, der von der Unsicherheit der Elemente der absoluten Orientierung herrührt; der zweite Term ist die Unsicherheit der Punktmessung im absolut orientierten Modell.

Der erste Anteil sollte nicht größer als der zweite Term sein. In unserem Beispiel ist diese Empfehlung eingehalten. Würden wir - bei gleicher Paßpunktanordnung - das Stereomodell vergrößern, z.B. für eine Modellecke mit den Koordinaten $X^0 = 3600$ m, $Y^0 = 100$ m und $Z^0 = 700$ m, so würden sich folgende Genauigkeiten mit ihren Anteilen ergeben:

$$\sigma^2_{X^0} = 0.0210 + 0.0144 = 0.0354 \qquad \sigma_{X^0} = \pm 0.19\ m$$

$$\sigma^2_{Y^0} = 0.0210 + 0.0144 = 0.0354 \qquad \sigma_{Y^0} = \pm 0.19\ m$$

$$\sigma^2_{Z^0} = 0.0612 + 0.0144 = 0.0756 \qquad \sigma_{Z^0} = \pm 0.27\ m$$

Der erste Anteil ist deutlich größer als der zweite Anteil, sodaß eine seriöse Auswertung dieses (erweiterten) Stereomodellbereiches nicht mehr gegeben ist.

AUFGABE 7.1-3: Man analysiere in dem Zahlenbeispiel den Einfluß der Unsicherheit der einzelnen Gruppen von Elementen der absoluten Orientierung; konkret: Welchen Anteil an den Gesamtvarianzen $\sigma^2_{X^0}$, $\sigma^2_{Y^0}$, $\sigma^2_{Z^0}$ haben die Unsicherheiten der Translationen, des Maßstabsfaktors und der drei Drehwinkel?

AUFGABE 7.1-4: Man wiederhole das Zahlenbeispiel für eine Lage-Höheniteration (Abschnitt 5.1.1.3). Man verwende dafür die am Ende des Abschnittes 5.1.1.3 geschätzten mittleren Fehler einer beobachteten X- bzw. Y-Koordinate und einer beobachteten Z-Koordinate.

7.1.4 Blockausgleichung

Bei den Blockausgleichungen kommen die Koordinaten der Neupunkte als Unbekannte vor. Mit den Hauptdiagonalelementen der invertierten Normalgleichungsmatrix und dem Gewichtseinheitsfehler bekommt man deshalb unmittelbar die Genauigkeit der Neupunktskoordinaten. Bei großen Blockausgleichungen ist der mit dieser Genauigkeitsberechnung verbundene Rechenaufwand sehr hoch.

Viele Blockausgleichungsprogramme, die für die **Aerotriangulation** entwickelt wurden, geben daher (noch) nicht die mittleren Fehler der Neupunktskoordinaten aus. Bei Blöcken mit optimal angeordneten Verknüpfungs- und Paßpunkten sind die Genauigkeitsangaben der Neupunktskoordinaten auch nicht erforderlich. Die Genauigkeiten verhalten sich bei solchen Blöcken nämlich nach den in den Abschnitten A 5.2.3 und B 5.2.3 angegebenen Gesetzmäßigkeiten. Vor allem bei sehr schlechter Paßpunktverteilung und Lücken in der Verknüpfung zwischen den Streifen, die wegen geringer Querüberdeckung in Bergregionen oder wegen fehlender Bilddetails in den gemeinsamen Bereichen hin und wieder vorkommen, wäre allerdings die Berechnung der mittleren Fehler der Neupunktskoordinaten eine äußerst wichtige Qualitätskontrolle.

Bei **Blockausgleichungen in der terrestrischen Photogrammetrie**, in denen unterschiedliche Aufnahmedispositionen sowie unregelmäßig angeordnete Verknüpfungs- und Paßpunkte die Regel sind, ist die Berechnung der mittleren Fehler der Neupunktskoordinaten eine unumgängliche Notwendigkeit. Noch kritischer sind Bündelblockausgleichungen mit Amateuraufnahmen, in denen im Rahmen der Bündelblockausgleichung auch die Elemente der inneren Orientierung ermittelt werden, wobei manchmal für jede Aufnahme eine eigene innere Orientierung anzunehmen ist. Die Berechnung der mittleren Fehler für die Neupunktskoordinaten ist auch für Blockausgleichungen mit der **direkten linearen Transformation (DLT)** zu fordern. Wegen der mit der **DLT** oft verbundenen Überparametrisierung (Abschnitt 4.7.1) leidet nämlich die Genauigkeit erheblich. Dieser Genauigkeitsverlust ist in der Praxis zu überwachen.

7.2 Zuverlässigkeitskontrolle

7.2.1 Theoretische Grundlagen

Als Einführungsbeispiel wählen wir die ebene Ähnlichkeitstransformation, die zum Beispiel bei der Modelleinpassung mittels Lage-Höheniteration (Abschnitt 5.1.1.3) eine große Rolle spielt.

7.2.1.1 Kleinste-Quadrate-Ausgleichung ohne zufällige Fehler aber mit einem einzigen groben Fehler

Zunächst wird unterstellt, daß die **Beobachtungen frei von zufälligen Fehlern sind und nur eine einzige Koordinate einen groben Fehler** enthält. In der Figur 7.2-1 sind links die zu transformierenden Punkte mit einem x-Koordinatenfehler von +1.0 im Punkt 4 und rechts die Paßpunkte gezeichnet. In der Tabelle 7.2-2 ist das Ergebnis der Einpassung in Form der Verbesserungen v_x, v_y für die xy-Koordinaten ausgewiesen.

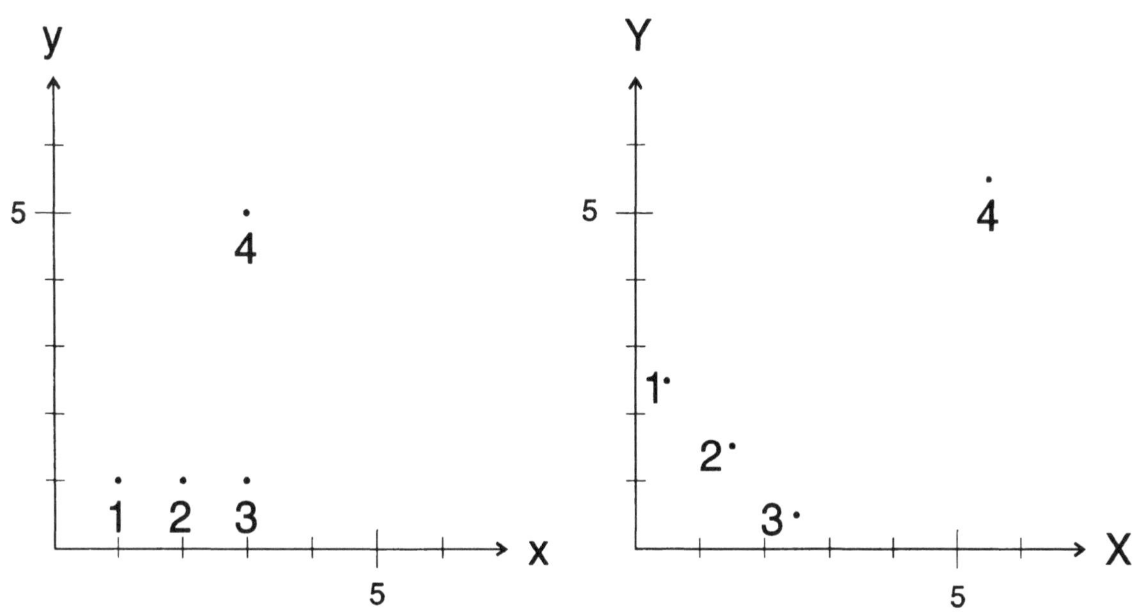

Figur 7.2-1: Punktanordnung für eine Ähnlichkeitstransformation mit einem x-Koordinatenfehler im Punkt 4

Pkt.	x	y	X	Y	v_x	v_y
1	1	1	0.5	2.5	0.04	0.21
2	2	1	1.5	1.5	0.04	0
3	3	1	2.5	0.5	0.04	-0.21
4	3	5	5.5	5.5	-0.11	0

Tab. 7.2-2: Ergebnis der ebenen Ähnlichkeitstransformation

Dieses Einpassungsergebnis, das auf alle Ausgleichungsaufgaben übertragen werden kann, erlaubt folgende Schlüsse:

- Ein grober Fehler in einer Beobachtung spiegelt sich in der dazugehörenden Verbesserung nur zu einem kleinen Teil wider. (In unserem Beispiel äußert sich der grobe Fehler von +1.0 nur mit -0.11 in der Verbesserung.)
- Die größte Verbesserung muß nicht zu der Beobachtung mit dem groben Fehler gehören. (In unserem Beispiel haben die Punkte 1 und 3 die größten Verbesserungen und nicht der grob falsche Punkt 4.)[1]

Die Schwierigkeit der Aufgabe, die bei der Lokalisierung der groben Datenfehler in umfangreichen Ausgleichungen zu bewältigen ist, soll noch an einem **weiteren Beispiel** demonstriert werden. In Figur 7.2-3 sind für eine Lageblockausgleichung mit unabhängigen Modellen (Abschnitt 5.1.1.1) die Verbesserungen nach einer Blockausgleichung mit einem groben Modellkoordinatenfehler eingezeichnet. Zufällige Fehler, die die Aufgabe noch erschweren würden, wurden keine eingeführt. Für die Modell- und Paßpunkte wurde die gleiche Genauigkeit angenommen. Selbst ein routinierter Bearbeiter wird in diesem Fall kaum erkennen, daß in dem mit einem Kreis bezeichneten Modellpunkt ein grober Fehler in den Ausgangsdaten vorliegt, der um den Faktor 15 (!) größer ist als die an diesem Modellpunkt aufgetretene Verbesserung.

Wie lassen sich diese **Eigenschaften** einer Ausgleichung nach der Methode der kleinsten Quadrate **theoretisch begründen**? Ausgehend von den Verbesserungsgleichungen

$$\boldsymbol{v} = \boldsymbol{A}\boldsymbol{x} - \boldsymbol{l} \tag{7.2-1}$$

[1] Ein noch größerer grober Fehler hätte im Punkt 4 ebenfalls nicht zur größten Verbesserung geführt. In Kraus, K.: AVN 82, 23-34, 1975, sind für die ebene Ähnlichkeitstransformation die Bereiche ausgewiesen, in denen die Beobachtungen mit den groben Fehlern die größten Verbesserungen erhalten und in denen es umgekehrt ist.

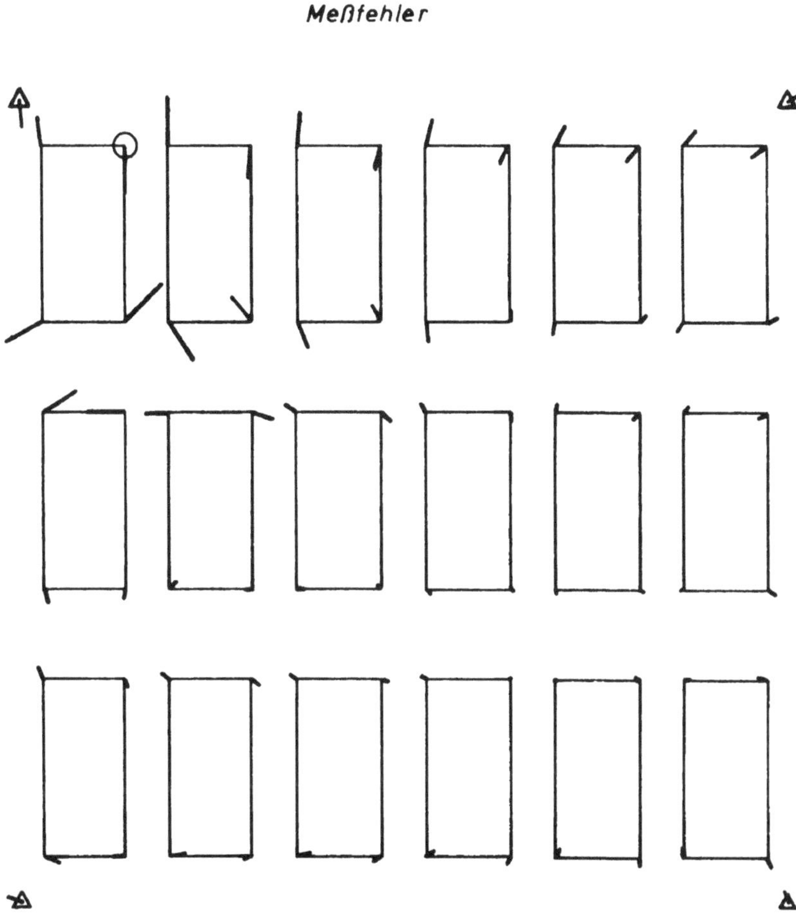

Figur 7.2-3: Auswirkung eines groben Modellkoordinatenfehlers auf die Verbesserungen bei einer Lageblockausgleichung mit unabhängigen Modellen[1]. Der sehr große Meßfehler trat in dem mit einem Kreis versehenen Modellpunkt auf.

und der Gewichtsmatrix $\mathbf{P}_{ll} = \mathbf{Q}_{ll}^{-1}$ für die Beobachtungen $\mathbf{l}$, die in der Regel eine Diagonalmatrix ist, ergeben sich die Unbekannten $\mathbf{x}$ und - mittels des Fehlerfortpflanzungsgesetzes - die Gewichtskoeffizientenmatrix $\mathbf{Q}_{xx}$ aus:

$$\boldsymbol{x} = (\boldsymbol{A}^T\boldsymbol{P}_{ll}\boldsymbol{A})^{-1}\boldsymbol{A}^T\boldsymbol{P}_{ll}\boldsymbol{l} \tag{7.2-2}$$

$$\boldsymbol{Q}_{xx} = (\boldsymbol{A}^T\boldsymbol{P}_{ll}\boldsymbol{A})^{-1}\boldsymbol{A}^T\boldsymbol{P}_{ll}\boldsymbol{Q}_{ll}\boldsymbol{P}_{ll}\boldsymbol{A}(\boldsymbol{A}^T\boldsymbol{P}_{ll}\boldsymbol{A})^{-1} = (\boldsymbol{A}^T\boldsymbol{P}_{ll}\boldsymbol{A})^{-1} \tag{7.2-3}$$

---

1 Entnommen aus Förstner, W.: Presented Paper Comm. III, ISP-Congress, Helsinki, 1976.

Durch Einsetzen von Gleichung (7.2-2) in Gleichung (7.2-1) und Anwendung des Fehlerfortpflanzungsgesetzes bekommt man auch die Gewichtskoeffizientenmatrix $\mathbf{Q_{vv}}$ der Verbesserungen $\mathbf{v}$:

$$\begin{aligned} \boldsymbol{v} &= (\boldsymbol{A}(\boldsymbol{A}^T\boldsymbol{P}_{ll}\boldsymbol{A})^{-1}\boldsymbol{A}^T\boldsymbol{P}_{ll} - \boldsymbol{E})\boldsymbol{l} \\ \boldsymbol{Q}_{vv} &= (\boldsymbol{A}(\boldsymbol{A}^T\boldsymbol{P}_{ll}\boldsymbol{A})^{-1}\boldsymbol{A}^T\boldsymbol{P}_{ll} - \boldsymbol{E})\boldsymbol{Q}_{ll}(\boldsymbol{P}_{ll}\boldsymbol{A}(\boldsymbol{A}^T\boldsymbol{P}_{ll}\boldsymbol{A})^{-1}\boldsymbol{A}^T - \boldsymbol{E}) \end{aligned} \tag{7.2-4}$$

Nach Durchführung der Multiplikationen unter Beachtung, daß $\mathbf{P_{ll}Q_{ll}}$ die Einheitsmatrix $\mathbf{E}$ ergibt, bekommt man:

$$\boldsymbol{Q}_{vv} = \boldsymbol{Q}_{ll} - \boldsymbol{A}(\boldsymbol{A}^T\boldsymbol{P}_{ll}\boldsymbol{A})^{-1}\boldsymbol{A}^T = \boldsymbol{Q}_{ll} - \boldsymbol{A}\boldsymbol{Q}_{xx}\boldsymbol{A}^T \tag{7.2-5}$$

Das Umschreiben von Gleichung (7.2-4) in

$$\boldsymbol{v} = -(\boldsymbol{Q}_{ll} - \boldsymbol{A}(\boldsymbol{A}^T\boldsymbol{P}_{ll}\boldsymbol{A})^{-1}\boldsymbol{A}^T)\boldsymbol{P}_{ll}\boldsymbol{l} = -(\boldsymbol{Q}_{ll} - \boldsymbol{A}\boldsymbol{Q}_{xx}\boldsymbol{A}^T)\boldsymbol{P}_{ll}\boldsymbol{l} \tag{7.2-6}$$

und der Vergleich mit der Beziehung (7.2-5) führt schließlich zu einem einfachen Zusammenhang zwischen den Beobachtungen $\mathbf{l}$ und den Verbesserungen $\mathbf{v}$:

$$\boldsymbol{v} = -(\boldsymbol{Q}_{vv}\boldsymbol{P}_{ll})\boldsymbol{l} \tag{7.2-7}$$

Daraus kann unmittelbar abgelesen werden, welche Verbesserungen $\mathbf{v}$ aufträten, wenn nur bestimmte Beobachtungsfehler $\mathbf{\Delta l}$ und zusätzlich keine zufälligen Beobachtungsfehler vorhanden wären.

$$\boldsymbol{v} = -(\boldsymbol{Q}_{vv}\boldsymbol{P}_{ll})\Delta\boldsymbol{l} \tag{7.2-8}$$

Den Schlüssel für den Zusammenhang zwischen Beobachtungsfehlern Δl und den dazugehörenden verfälschten Verbesserungen v bildet demnach die $\mathbf{Q_{vv}}$-Matrix.

Fortsetzung des ZAHLENBEISPIELES: Ausgehend von den Verbesserungsgleichungen[1]

$$\begin{aligned} v_x &= x_o + Xa - Yb - x \\ v_y &= y_o + Ya + Xb - y \end{aligned} \tag{7.2-9}$$

und nach Einführung von Schwerpunktskoordinaten $\bar{X},\bar{Y}$ lauten für die ebene Ähnlichkeitstransformation (= **Helmerttransformation**) die Verbesserungsgleichungs- und Normalgleichungsmatrix ($\mathbf{P_{ll}}$ = $\mathbf{E}$, n...Anzahl der Punkte):

---

1 Entgegen den Abschnitten A 5.2.1 und B 5.1.1.1 wurden die xy-Koordinaten mit den XY-Koordinaten vertauscht, damit die verbesserungsbedürftigen xy-Koordinaten als Absolutglieder auftreten.

$$\boldsymbol{A} = \begin{pmatrix} 1 & & -2 & 0 \\ & 1 & 0 & -2 \\ 1 & & -1 & 1 \\ & 1 & -1 & -1 \\ 1 & & 0 & 2 \\ & 1 & -2 & 0 \\ 1 & & 3 & -3 \\ & 1 & 3 & 3 \end{pmatrix} \qquad \boldsymbol{A}^T\boldsymbol{A} = \begin{vmatrix} n & & & \\ & n & & \\ & & [\overline{X}^2+\overline{Y}^2] & \\ & & & [\overline{X}^2+\overline{Y}^2] \end{vmatrix} = \begin{vmatrix} 4 & & & \\ & 4 & & \\ & & 28 & \\ & & & 28 \end{vmatrix} \qquad (7.2\text{-}10)$$

Mit der Gleichung (7.2-5) kann nun die Gewichtskoeffizientenmatrix Q_{vv} gebildet werden:

$$\boldsymbol{Q}_{vv} = \begin{pmatrix} 0.61 & 0 & -0.32 & -0.07 & -0.25 & -0.14 & -0.04 & 0.21 \\ & 0.61 & 0.07 & -0.32 & 0.14 & -0.25 & -0.21 & -0.04 \\ & & 0.68 & 0 & -0.32 & -0.07 & -0.04 & 0 \\ & & & 0.68 & 0.07 & -0.32 & 0 & -0.04 \\ & & & & 0.61 & 0 & -0.04 & -0.21 \\ & & & & & 0.61 & 0.21 & -0.04 \\ & & & & & & 0.11 & 0 \\ \mathit{symm.} & & & & & & & 0.11 \end{pmatrix} \qquad (7.2\text{-}11)$$

Der Vektor Δl, in dem der x-Koordinatenfehler von 1.0 in Punkt 4 enthalten ist, lautet:

$$\Delta \boldsymbol{l}^T = (0\ 0\ 0\ 0\ 0\ 0\ 1.0\ 0)^T \qquad (7.2\text{-}12)$$

Die Gleichung (7.2-8) führt schließlich zum Vektor **v**, der den Einfluß der Beobachtungsfehler Δl auf die Verbesserungen wiedergibt:

$$\boldsymbol{v}^T = (0.04\ 0.21\ 0.04\ 0\ 0.04\ -0.21\ -0.11\ 0)^T \qquad (7.2\text{-}13)$$

Es ergeben sich selbstverständlich die gleichen Verbesserungen wie in der Tabelle 7.2-2, die mit den Verbesserungsgleichungen (7.2-9) ermittelt wurden.

Die Hauptdiagonalelemente der Q_{vv}-Matrix sind für die Kontrollierbarkeit der einzelnen Beobachtungen verantwortlich. **Je größer die Hauptdiagonalelemente der Q_{vv}-Matrix** sind, desto mehr entsprechen die Verbesserungen den groben Beobachtungsfehlern und **desto zuverlässiger lassen sich die groben Datenfehler finden**. Wäre zum Beispiel der grobe Koordinatenfehler in unserem Zahlenbeispiel nicht im Punkt 4 sondern im Punkt 2 aufgetreten, hätte - wie man direkt an der Q_{vv}-Matrix ablesen kann - die Ausgleichung nicht 89% sondern nur 32% des groben Fehlers absorbiert. Die Figur 7.2-1 gibt uns dazu eine Veranschaulichung: Der Punkt 4 ist von den drei anderen Punkten weit entfernt; er hat aus diesem Grund einerseits einen großen Einfluß[1] auf das Ergebnis der Ausgleichung, aber andererseits werden bei ihm die groben Datenfehler stark absorbiert. Beim Punkt 2 sind die Verhältnisse umgekehrt.

Zu einer **Paßpunktanordnung in einem Rechteck**, die bei einer absoluten Orientierung angestrebt wird, gehört - wie man aus Gleichung (7.2-5) und (7.2-9) ableiten kann - eine $\mathbf{Q}_{vv}$-Matrix mit den Hauptdiagonalelementen 0.5 für alle vier Punkte. Die $\mathbf{Q}_{vv}$-Matrix, in die die aktuellen Beobachtungen **l** nicht eingehen und die deshalb bereits vor der eigentlichen Messung berechnet werden kann, ist deshalb ein ausgezeichnetes Hilfsmittel in der **Projektierungsphase** von Ausgleichungsaufgaben. Die **Elemente auf der Hauptdiagonalen sollen möglichst groß sein und untereinander möglichst wenig differieren**. Außerdem sollen **die Elemente außerhalb der Hauptdiagonalen**, also die Korrelationen zwischen den Verbesserungen, **möglichst klein sein.**[2] (Ein Beispiel für total korrelierte Verbesserungen wird im Abschnitt 7.2.2, der Zuverlässigkeitskontrolle der relativen Orientierung, gebracht.)

Interessant ist noch, daß in unserem Beispiel die Spur der $\mathbf{Q}_{vv}$-Matrix 4 ergibt, das entspricht der Redundanz r: 8 Beobachtungen minus 4 Unbekannte. Unter Berücksichtigung einer Gewichtsmatrix $\mathbf{P}_{ll}$ der ursprünglichen Beobachtungen lautet diese Beziehung allgemein:[3]

$$\mathbf{spur}(Q_{vv}P_{ll}) = r = \sum r_i \qquad (7.2\text{-}14)$$

Dabei wird r_i als **Redundanzanteil** der Beobachtung l_i bezeichnet, der innerhalb der Grenzen $0 \leq r_i \leq 1$ liegt. (In unserem Zahlenbeispiel hat - laut Matrix (7.2-11) - der "geometrisch starke" Punkt 4 nur einen Redundanzanteil r_i von 0.11 für jede Koordinate und der "geometrisch schwache" Punkt 2 einen von jeweils 0.68.) In der Praxis sollten die **Redundanzanteile r_i größer als 0.3 sein.**

---

1 Molnar, L.: Geow.Mitt. Heft 14, 1978, spricht in diesem Zusammenhang von geometrischen Gewichten, die umgekehrt proportional zu den Hauptdiagonalelementen der $\mathbf{Q}_{vv}$-Matrix sind. Dort ist auch das Verhalten der Verbesserungen angegeben, abhängig davon, ob die grob fehlerhafte Beobachtung an der Ausgleichung teilnimmt oder nicht.

2 Dagegen sollen bei der $\mathbf{Q}_{xx}$-Matrix (siehe Gleichung (7.2-3)) sowohl die Hauptdiagonalelemente als auch die Elemente außerhalb der Hauptdiagonalen, also die Korrelationen, möglichst klein sein.

3 Ackermann, F.: Schriftenr. Inst. f. Photogr. Uni Stuttgart, Heft 7, 1981.

AUFGABE 7.2-1: Man weise nach, daß bei einer rechteckigen Anordnung der 4 Lagepaßpunkte bei einer absoluten Orientierung die Elemente auf der Hauptdiagonalen der $\mathbf{Q}_{vv}$-Matrix, das sind die Redundanzanteile, 0.5 betragen.

AUFGABE 7.2-2: Wie groß ist die Absorption von groben Fehlern, wenn die Anzahl der Unbekannten mit der Anzahl der Beobachtungen übereinstimmt, also keine Ausgleichung vorliegt ?

7.2.1.2 Kleinste-Quadrate-Ausgleichung mit zufälligen Fehlern und einem einzigen groben Fehler

In der bisherigen Betrachtung wurde nur ein grober Fehler Δl_i in den Beobachtungen **l** angenommen und das Vorhandensein unregelmäßiger Fehler ignoriert. In der folgenden Zwischenphase sollen **nur unregelmäßige und keine groben Fehler** vorliegen. Der mittlere Fehler σ_{li} der Beobachtung l_i ist wie folgt definiert:

$$\sigma_{l_i} = \sqrt{(Q_{ll})_{ii}}\,\sigma_0 = \frac{\sigma_0}{\sqrt{(P_{ll})_{ii}}} = \frac{\sigma_0}{\sqrt{p_i}} \qquad (7.2\text{-}15)$$

σ_0 ist der Gewichtseinheitsfehler und p_i ist das Gewicht der Beobachtung l_i. (Dabei dürfen keine Korrelationen zwischen den Beobachtungen **l** auftreten.) Die Genauigkeit σ_{vi} einer Verbesserung v_i kann ebenfalls angegeben werden:

$$\sigma_{v_i} = \sqrt{(Q_{vv})_{ii}}\,\sigma_0 = \sqrt{(Q_{vv}P_{ll})_{ii}(P_{ll})_{ii}^{-1}}\,\sigma_0 \overset{(7.2-15)}{=} \sqrt{(Q_{vv}P_{ll})_{ii}}\,\sigma_{l_i} \overset{(7.2-14)}{=} \sqrt{r_i}\,\sigma_{l_i} \qquad (7.2\text{-}16)$$

Auch bei der Fortpflanzung der mittleren Fehler von den Beobachtungen auf die mittleren Fehler der Verbesserungen tauchen die Redundanzanteile r_i bzw. die Hauptdiagonalelemente der $(\mathbf{Q}_{vv}\mathbf{P}_{ll})$-Matrix auf. Sind die unregelmäßigen Fehler der Beobachtungen normalverteilt, dann sind bekanntlich auch die Verbesserungen normalverteilt mit dem Erwartungswert 0 und mit σ_{vi} als Standardabweichung. Die **normierten Verbesserungen**

$$\bar{v}_i = \frac{v_i}{\sigma_{v_i}} \overset{(7.2-16)}{=} \frac{v_i}{\sqrt{r_i}\,\sigma_{l_i}} \overset{(7.2-15)}{=} \frac{v_i\sqrt{p_i}}{\sigma_0\sqrt{r_i}} \qquad (7.2\text{-}17)$$

haben den Erwartungswert 0 und die Standardabweichung ± 1. (Die normierten Verbesserungen $\bar{v}_i$ haben also einen mittleren Fehler $\sigma_{\bar{v}i}$ von ± 1.) Diese Zufallsvariable $\bar{v}$ eignet sich daher vorzüglich für einen Test mit einer passend gewählten Toleranz k (üblicherweise etwa 2.5) zum Aufdecken von groben Fehlern in den Beobachtungen.

FORTSETZUNG DES ZAHLENBEISPIELES: Unter der Annahme, daß der Gewichtseinheitsfehler σ_0, der in unserem Beispiel mit dem mittleren Fehler σ_{li} für alle Beobachtungen übereinstimmt, ± 0.10 beträgt, lauten die normierten Verbesserungen:

$$\bar{v} = (0.5 \;\; 2.7 \;\; 0.5 \;\; 0 \;\; 0.5 \;\; -2.7 \;\; -3.3 \;\; 0)^T \qquad (7.2\text{-}18)$$

Dabei wurden die Verbesserungen v_i der Tabelle 7.2-2 und die Redundanzanteile r_i der Matrix (7.2-11) in die Formel (7.2-17) eingeführt. Die größte normierte Verbesserung $\bar{v}_{x4} = -3.3$ gehört zur grob fehlerhaften Beobachtung; sie liegt auch deutlich über der üblichen Toleranz, sodaß eine Elimination des Punktes 4 angezeigt ist.

Die Fehlersuche mit den normierten Verbesserungen $\bar{v}$ - wie wir sie eben kennengelernt haben - ist **immer dann erfolgreich, wenn nur ein grober Fehler und zusätzlich keine zufälligen Fehler im Beobachtungsmaterial** enthalten sind. Das Zahlenbeispiel der Tabelle 7.2-2 entspricht diesem idealisierten Fall. Da sich **grobe und zufällige Fehler** in der Praxis aber **überlagern**, kann der grobe Fehler mit den normierten Verbesserungen $\bar{v}$ nur mit einer gewissen Wahrscheinlichkeit aufgedeckt werden, d.h. auch falsche Entscheidungen können vorkommen. Die Wahrscheinlichkeit der richtigen Entscheidung wird umso größer sein, je größer der grobe Fehler ist. Kleine grobe Fehler, die in der Größenordnung der zufälligen Fehler liegen, können bei dem Test mit den normierten Verbesserungen auch unentdeckt bleiben.

Zur Klärung der angeschnittenen Fragen betrachten wir die Figur 7.2-4, und zwar zunächst nur die linke Hälfte. Sie zeigt die Wahrscheinlichkeitsdichte (= WD) der normierten Verbesserungen $\bar{v}$ für den Fall, daß nur zufällige Fehler und keine groben Beobachtungsfehler im Datenmaterial enthalten sind (= **Nullhypothese**). Der Erwartungswert $E(\bar{v}_0)$ der normierten Verbesserungen ist Null. Die Streuung der einzelnen normierten Verbesserungen $\bar{v}$ bezüglich des Erwartungswertes $E(\bar{v}_0)$ ist durch die normierte Normalverteilung mit der Standardabweichung ± 1 beschrieben. Eliminiert man Beobachtungen, die keine groben Fehler enthalten, aufgrund der normierten Verbesserungen $|\bar{v}| > k$, so trifft man eine Fehlentscheidung (= **Fehler 1. Art**). Ein Maß für die Fehler 1. Art (= Fehlentscheidung bei der Annahme der Nullhypothese) ist die sogenannte **Signifikanzzahl** α. Sie ist der Anteil der normierten Normalverteilung, der außerhalb $\pm k$ liegt. Für eine Toleranz von $k = 2.5$ beträgt die Signifikanzzahl $\alpha = 1\%$.

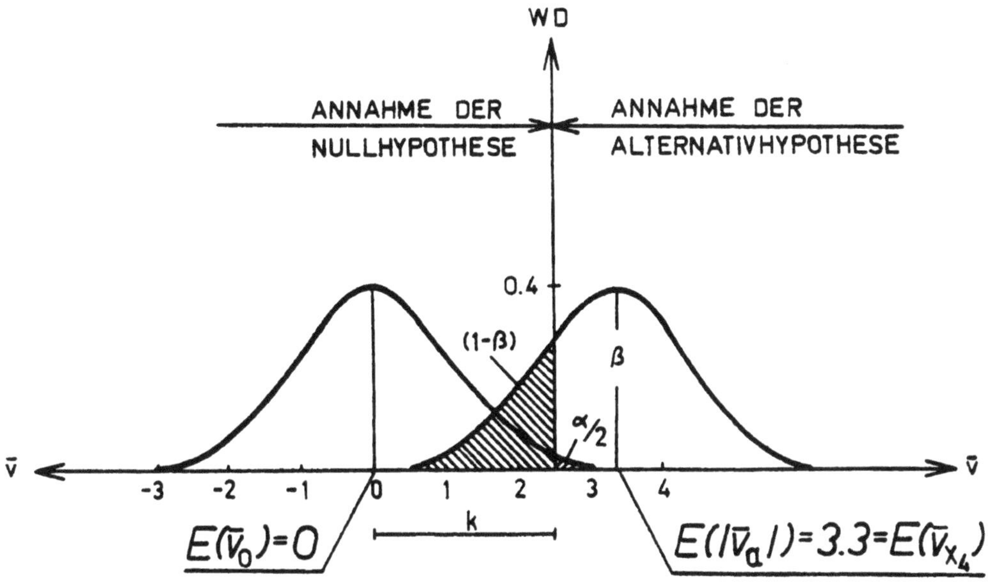

Figur 7.2-4: Wahrscheinlichkeitsdichte für die Nullhypothese und die Alternativhypothese bei einem Test zum Aufdecken eines groben Beobachtungsfehlers ($\alpha \hat{=}$ Fehleranteil 1. Art, $(1\text{-}\beta) \hat{=}$ Fehleranteil 2. Art)

Für den Fall, daß eine grob fehlerhafte Beobachtung im Datenmaterial enthalten ist (= **Alternativhypothese**), ist für die dazugehörende normierte Verbesserung $\bar{v}_a$ der Erwartungswert $E(\bar{v}_a) \neq 0$. In unserem Fall ergab sich $E(\bar{v}_a) = 3.3$, wie aus dem Ergebnis (7.2-18) zu entnehmen ist. Die normierte Verbesserung $\bar{v}_{x4} = 3.3$ ist deshalb der Erwartungswert, weil in den Ausgangsdaten der Tab. 7.2-2 ja nur ein grober Fehler und keine zufälligen Fehler eingeführt wurden. Würde man in den Ausgangsdaten neben dem groben Fehler in der x-Koordinate des Punktes 4 bei allen xy-Koordinaten zusätzlich zufällige Fehler einführen, würde die normierte Verbesserung $\bar{v}_{x4}$ um den Erwartungswert $E(\bar{v}_a) = E(\bar{v}_{x4}) = 3.3$ mit der Standardabweichung ± 1 einer normierten Normalverteilung variieren.

Sondert man deshalb eine Beobachtung als grob fehlerhaft aus, deren normierte Verbesserung $|\bar{v}_a|$ (in unserem Beispiel $\bar{v}_{x4}$) größer als die Toleranz k ist (= Annahme der Alternativhypothese), so bleibt in einer beachtlichen Anzahl von Fällen der grobe Fehler unerkannt. Eine solche Fehlentscheidung wird **Fehler 2. Art** (= Fehlentscheidung bei der Annahme der Alternativhypothese) genannt. Ein Maß für die Fehler 2. Art ist die Wahrscheinlichkeit $(1\text{-}\beta)$, wobei β als **Macht des Tests** bezeichnet wird. In unserem Beispiel (Figur 7.2-4) beträgt die Macht des Tests zur Aufdeckung des groben Fehlers von 1.0 in der x-Koordinate des Punktes 4 nur 79% (3.3 - 2.5 = 0.8, das entspricht in der einseitigen normierten Normalverteilung 79%).

Die Macht des Testes wäre in folgenden Fällen besser:

- **Verkleinerung der Toleranz k**, die allerdings auf Kosten der Signifikanzzahl α, d.h. eines größeren Anteiles von Fehlentscheidungen 1. Art ginge.
- **Genauere Messung** der Beobachtungen, wodurch sich die Beobachtungsfehler σ_{li} bzw. der Gewichtseinheitsfehler σ_0 verkleinern und wodurch sich der Erwartungswert $E(|\bar{v}_a|)$ des Absolutbetrages der normierten Verbesserung $\bar{v}_a$, zu der die grob fehlerhafte Beobachtung l_a gehört, vergrößern würde. (In die Gleichung (7.2-17) ginge ein kleineres σ_{vi} bzw. σ_0 ein. In der Figur 7.2-4 würde sich der Erwartungswert $E(|\bar{v}_a|)$ und die darüber angeordnete normierte Normalverteilung nach rechts verschieben.)
- **Größerer grober Beobachtungsfehler**, wodurch sich ebenfalls der Erwartungswert $E(|\bar{v}_a|)$ vergrößern würde. (Die Gleichung (7.2-8) besagt nämlich, daß die Größe des groben Beobachtungsfehlers proportional zur dazugehörenden Verbesserung v_a ist. Die Gleichung (7.2-17) besagt weiters, daß sich diese Proportionalität auch auf die normierten Verbesserungen und damit auch auf den Erwartungswert $E(|\bar{v}_a|)$ überträgt. In der Figur 7.2-4 würde sich der Erwartungswert $E(|\bar{v}_a|)$ und die darüber angeordnete normierte Normalverteilung nach rechts verschieben.)
- **Verbesserung der Geometrie** des Verbandes der Beobachtungen durch zusätzliche Beobachtungen und/oder optimalere Anordnung der Beobachtungen, wodurch sich der Redundanzanteil r_a der grob fehlerhaften Beobachtung l_a erhöhen und vor allem der Absolutbetrag der Verbesserungen v_a vergrößern würde. (Wäre in unserem Beispiel der grobe Fehler 1.0 im Punkt 2 mit dem wesentlich besseren Redundanzanteil $r_2 = 0.68$ und nicht im Punkt 4 mit $r_4 = 0.11$ aufgetreten, hätte sich eine Verbesserung $v_2 = 0.68$ und - entsprechend (7.2-17) - eine normierte Verbesserung $\bar{v}_2 = 8.24$ eingestellt. Anstelle des Erwartungswertes $E(|\bar{v}_a|)$ von 3.3 wäre deshalb in Figur 7.2-4 für $E(|\bar{v}_a|) = 8.24$ aufzutragen, wodurch sich die Macht des Tests auf 99.9999% erhöht hätte.) Ganz allgemein ist die Geometrie - **bereits in der Projektphase** - so zu planen, daß es eine möglichst hohe Redundanz r gibt, die sich möglichst gleichmäßig auf alle n Beobachtungen aufteilt (siehe dazu auch die Beziehung (7.2-14) und die dort gemachten Aussagen):

$$r_{i,optimal} = r/n \tag{7.2-19}$$

Bei einer vorgegebenen Signifikanzzahl α und einer vorgegebenen Macht β ergibt sich aufgrund der jeweiligen Flächenanteile der beiden normierten Normalverteilungen ein bestimmter, für die Zuverlässigkeitskontrolle maßgebender Abstand $E(|\bar{v}_a|)_{zuv}$ der beiden normierten Normalverteilungen in Figur 7.2-4. In der Praxis hat sich ein Abstand $E(|\bar{v}_a|)_{zuv}$ von 4.0 bewährt, hinter dem sich eine Signifikanzzahl $\alpha = 1\%$ bzw. eine Toleranz $k = 2.56$ und eine Macht $\beta = 93\%$ verbirgt. $E(|\bar{v}_a|)_{zuv} = 4$ besagt, daß beim Testen der normierten Verbesserungen $\bar{v}$ in 1% der Fälle eine Fehlentscheidung 1. Art und in 7% der Fälle eine Fehlentscheidung 2. Art passiert, wenn der Absolutbetrag der normierten Verbesserung genau 4 ist. Falls der Absolutbetrag der normierten Verbesserung größer als 4 ist, sinken die Fehlentscheidungen 2. Art entsprechend; dagegen bleibt die Fehlerrate 1. Art immer gleich. Es ist daher verständlich, daß für den Grenzfall die Fehlerrate 2. Art wesentlich größer als die Fehlerrate 1. Art gewählt wird. $E(|\bar{v}_a|)_{zuv}$ wird in der Literatur meistens mit δ_0 bezeichnet; δ_0 ist der sogenannte **Nichtzentralitätsparameter**.

7.2.1.3 Innere und äußere Zuverlässigkeit

Bisher ist das Maß $E(|\bar{v}_a|)_{zuv} = 4$ für die Zuverlässigkeitskontrolle nur bezüglich der normierten Verbesserung $\bar{v}$ ausgedrückt. Für die Praxis ist wesentlich interessanter, wie der dazugehörende Erwartungswert $E(|v_a|)_{zuv}$ der Verbesserungen und vor allem der Erwartungswert $E(|\Delta l_a|)_{zuv}$ der Beobachtungen lautet. Aus der Gleichung (7.2-17) kann folgender Zusammenhang abgelesen werden:

$$E(|v_a|)_{zuv} = E(|\bar{v}_a|)_{zuv} \cdot \sqrt{r_i} \cdot \sigma_{l_i} \qquad (7.2\text{-}20)$$

Die Gleichung (7.2-8) unter Beachtung von (7.2-14) führt schließlich zur gesuchten Beziehung:

$$E(|\Delta l_a|)_{zuv} = \frac{E(|\bar{v}_a|)_{zuv}}{\sqrt{r_i}} \sigma_{l_i} \qquad (7.2\text{-}21)$$

$E(|\Delta l_a|)_{zuv}$ gibt an, wie groß der Beobachtungsfehler Δl sein muß, damit er beim Test mit den normierten Verbesserungen mit einer Wahrscheinlichkeit von 93% gefunden wird. **$E(|\Delta l_a|)_{zuv}$ wird als innere Zuverlässigkeit (IZ)** bezeichnet.

FORTSETZUNG DES ZAHLENBEISPIELES: Man berechne die innere Zuverlässigkeit an den Punkten 2 und 4.

$$\text{Punkt 2: IZ} = \frac{4}{\sqrt{0.68}} \sigma_2 = 4.8 \cdot \sigma_2 = 0.48$$

$$\text{Punkt 4: IZ} = \frac{4}{\sqrt{0.11}} \sigma_4 = 12.0 \cdot \sigma_4 = 1.20$$

Nachdem die Genauigkeit der xy-Koordinaten ± 0.10 beträgt, besagen die Ergebnisse, daß im Punkt 2 ein grober Beobachtungsfehler mit einer Wahrscheinlichkeit größer als 93% nur dann gefunden wird, wenn er mindestens 4.8 mal größer als der mittlere Koordinatenfehler ist. Beim Punkt 4 beträgt dieser Faktor sogar 12, d.h. der grobe Beobachtungsfehler muß größer als 1.20 sein.

Sind die groben Beobachtungsfehler kleiner als $E(|\Delta l_a|)_{zuv}$, werden sie mit hoher Wahrscheinlichkeit bei einem Test mit den normierten Verbesserungen nicht erkannt. Dadurch wird das Ausgleichungsergebnis verfälscht, d.h. die Zuverlässigkeit der Ergebnisse ist beeinträchtigt. Die Auswirkung eines im Beobachtungsmaterial mit einer gewissen Wahrscheinlichkeit - in unserem Fall von 7% - nicht erkannten groben Fehlers, das ist genau jener, der laut Gleichung (7.2-21) dem Erwartungswert $E(|\Delta l_a|)_{zuv}$ entspricht, auf die Unbekannten **x** der Ausgleichung - oder allgemeiner: auf beliebige Funktionswerte f(**x**) - wird als **äußere Zuverlässigkeit** ($AZ = E(|\Delta x_a|)_{zuv}$) bezeichnet. Sie kann für die Unbekannten **x** der Ausgleichung mittels der Gleichung (7.2-2) berechnet werden.

FORTSETZUNG DES ZAHLENBEISPIELES: Man berechne die äußere Zuverlässigkeit der vier Unbekannten der Helmerttransformation, die der inneren Zuverlässigkeit der x-Koordinate im Punkt 4 entspricht. Zu diesem Zweck sind die Matrizen (7.2-10) in die Beziehung (7.2-2) einzusetzen und anstelle von **l** die weiter oben berechnete innere Zuverlässigkeit von 1.2 für die x-Koordinate des Punktes 4 zu verwenden:

$$E(|\Delta x_a|)_{zuv} = \begin{vmatrix} 4 & & & \\ & 4 & & \\ & & 28 & \\ & & & 28 \end{vmatrix}^{-1} \begin{vmatrix} 1 & & 1 & & 1 & & 1 & \\ & 1 & & 1 & & 1 & & 1 \\ -2 & 0 & -1 & -1 & 0 & -2 & 3 & 3 \\ 0 & -2 & 1 & -1 & 2 & 0 & -3 & 3 \end{vmatrix} \begin{vmatrix} 0 \\ 0 \\ 0 \\ 0 \\ 0 \\ 0 \\ 1.2 \\ 0 \end{vmatrix} = \begin{vmatrix} 0.30 \\ 0 \\ 0.13 \\ -0.13 \end{vmatrix}$$

Wie zu erwarten war, hat ein x-Koordinatenfehler keinen Einfluß auf die y_0-Translation. Für den Praktiker bedeuten diese Zahlen, daß die x_0-Translation um 0.30 und die Parameter a und b um 0.13 durch den nicht mehr erkennbaren groben x-Koordinatenfehler von 1.2 im Punkt 4 verfälscht sein können. Im Vergleich dazu sind die mittleren Fehler dieser Unbekannten verhältnismäßig klein:

$$\sigma_{x_0} = \sqrt{\frac{1}{4}} \cdot 0.10 = \pm 0.05; \qquad \sigma_a = \sigma_b = \sqrt{\frac{1}{28}} \cdot 0.10 = \pm 0.02$$

Die äußere Zuverlässigkeit beträgt also das 6- bzw. 6.5fache des mittleren Fehlers der jeweiligen Unbekannten. In der Praxis sollte dieser **Faktor nicht größer als 3 sein**.

Die äußere Zuverlässigkeit ist ebenfalls stark vom Redundanzanteil r_i beeinflußt. Die von der inneren Zuverlässigkeit der x-Koordinate des Punktes 2 herrührende äußere Zuverlässigkeit beträgt z.B.: $E(|\Delta x_a|)_{zuv} = (0.12 \;\; 0 \;\; -0.02 \;\; 0.02)^T$. Die Faktoren bezüglich der mittleren Fehler der Unbekannten betragen für diesen Punkt nur 2.4 bzw. 1.0.

Für eine umfassende Ermittlung der äußeren Zuverlässigkeit muß man zu jeder der n Beobachtungen mit ihrer inneren Zuverlässigkeit die Auswirkung auf die Unbekannten berechnen und dann für jede Unbekannte aus den n Werten den betragsmäßig größten Wert auswählen. In der einschlägigen Literatur[1] gibt es für die Ermittlung der äußeren Zuverlässigkeit Verfahren, die keinen so großen Rechenaufwand erfordern und die Obergrenzen für die äußere Zuverlässigkeit liefern.

AUFGABE 7.2-3: Wie groß ist die innere und äußere Zuverlässigkeit für "Unbekannte" mit einem sehr hohen Gewicht, also z.B. von Paßpunkten in photogrammetrischen Blockausgleichungen ?

AUFGABE 7.2-4: Man ermittle aus der in den Büchern für Statistik und/oder Ausgleichungsrechnung tabellierten integrierten Normalverteilung für den Erwartungswert $E(|\bar{v}_a|)_{zuv} = 4$ und für die Signifikanzzahl $\alpha = 0.5\%$ die dazugehörende Macht β des Tests.

7.1.2.4 *Data Snooping*

Die hier angegebenen theoretischen Grundlagen gehen auf W. Baarda, Delft, zurück. Der Test mit den normierten Verbesserungen heißt bei ihm ***Data Snooping***. Eine sehr verständliche Darstellung[2] der gesamten Theorie haben F. Ackermann, R. Förstner und J.v.Mierlo gegeben. Die ursprüngliche und hier wiedergegebene Theorie setzt voraus, daß nur ein einziger grober Fehler in den Beobachtungen enthalten und die Linearisierung einer etwaigen nichtlinearen Ausgleichungsaufgabe davon nicht nennenswert betroffen ist. **Mehrere grobe Fehler** findet man deshalb am zweckmäßigsten dadurch, daß man nach Elimination des ersten groben Datenfehlers die Ausgleichung samt Linearisierung wiederholt und dann den zweiten Datenfehler eliminiert etc. Inzwischen wurde die Theorie erweitert, um gleichzeitig mehrere grobe Datenfehler zu finden.[3] Besonders interessant ist die gezielte Erweiterung auf die simultane Behandlung der beiden Koordinaten eines Punktes, d.h. die **Lokalisierung von groben Punktfehlern.**[4]

Besonderheiten treten beim *Data Snooping* auf, wenn Verbesserungen bzw. die dazugehörigen Beobachtungen total oder mindestens sehr stark miteinander korreliert sind. Für diese

---

[1] Z.B. Mierlo, J., Hahn, M.: AVN 94, S. 111-117, 1987.

[2] Schriftenr. Inst.f.Photogr. Univers. Stuttgart, Heft 7, 1981.

[3] Z.B. Stephanovic, P.: ITC-J, No. 1, 1978; Hahn, M., Bill, R.: AVN 91, S. 440-450, 1984.

[4] Z.B. Benning, W.: ZfV 110, S. 207-209, 1985; Hanke, K.: ÖZ 76, S. 432-439, 1988; Heck, B.: ZfV 110, S. 461-471, 1985.

Problemstellung, die in der Praxis gar nicht selten auftritt, haben mehrere Autoren erfolgreiche Strategien angegeben.[1]

7.2.1.5 Robuste Verfahren

Die Ausgleichung nach der Methode der kleinsten Quadrate "verschmiert" die groben Beobachtungsfehler und verfälscht im beachtlichen Ausmaß das Ausgleichungsergebnis (Abschnitt 7.2.1.1). Der Übergang auf die normierten Verbesserungen erlaubt zwar die Lokalisierung eines einzigen groben Beobachtungsfehlers mit einer sehr hohen Wahrscheinlichkeit; auch die Lokalisierung von wenigen groben Beobachtungsfehlern ist möglich. Der Aufwand für dieses *Data Snooping* ist aber verhältnismäßig groß (man benötigt die Redundanzanteile für die einzelnen Beobachtungen!) und die Lokalisierung versagt mehr oder weniger, wenn **verhältnismäßig viele grobe Fehler im Beobachtungsmaterial** enthalten sind.

Es ist daher nicht überraschend, daß man alternative Ausgleichungsalgorithmen entwickelt hat, bei denen grobe Beobachtungsfehler das Ausgleichungsergebnis nicht oder zumindest nicht so stark verfälschen. Das bekannteste alternative Ausgleichungsprinzip ist eine Ausgleichung mittels der sogenannten **L_1-Norm**. Bei der L_1-Norm wird die Absolutsumme der Verbesserungen (Residuen) zum Minimum gemacht, im Gegensatz zur Kleinste-Quadrate-Ausgleichung, die die Quadratsumme der Verbesserungen, d.h. die **L_2-Norm** minimiert:

$$L_1\text{-Norm: } \sum |v| = \text{Min} \qquad\qquad L_2\text{-Norm: } \sum v^2 = \text{Min} \tag{7.2-22}$$

Die Algorithmen für eine Ausgleichung mittels minimaler L_1-Norm sind mathematisch unübersichtlicher und rechnerisch schwerer beherrschbar (am weitesten verbreitet ist der sogenannte Simplex-Algorithmus) als die bekannten Algorithmen einer Ausgleichung mittels minimaler L_2-Norm. **Es stellt sich daher die Frage, ob nicht die mathematisch übersichtliche und rechnerisch leicht beherrschbaren Algorithmen der Kleinste-Quadrate-Ausgleichung so adaptiert werden können, daß die große Robustheit der L_1-Norm-Methode erzielt wird.** Die gesuchte Adaption der Kleinste-Quadrate-Ausgleichung besteht darin, die Kleinste-Quadrate-Ausgleichung in mehreren Iterationsschritten anzuwenden und von Iterationsschritt zu Iterationsschritt individuelle Gewichte einzuführen, obwohl alle Beobachtungen gleich genau bzw. homogenisiert (Abschnitt 3.5.10) sind. Die Gewichte werden

---

[1] Z.B. Molnar, L.: Presented paper, Commission III, ISP-Kongreß, Hamburg, 1980; Mierlo, J., Hahn, M.: AVN 94, S. 111-117, 1987.

umso kleiner angesetzt, je größer die Absolutbeträge der Verbesserungen im vorhergehenden Iterationsschritt gewesen waren.[1]

Die L_1-Norm-Methode und ihre Robustheit wird - in Anlehnung an H. Fuchs[2] - mit folgendem einfachen Beispiel erläutert. Wir gehen davon aus, daß es bei der Messung einer Strecke die Werte 10, 10, 10 und 100 gegeben hat. Die Lösung mit **minimaler L_2-Norm**, das ist das **arithmetische Mittel**, lautet:

$$x = 130/4 = 32.5 \qquad \mathbf{v}^T = (22.5, 22.5, 22.5, -67.5)$$

Das L_2-Norm-Ergebnis ist - wenn man einen groben Fehler bei der vierten Messung unterstellt - stark verfälscht. Welches Ergebnis liefert die **L_1-Norm** ? Für den zweiten Iterationsschritt werden Gewichte $p = 1/|v|$ eingeführt und wiederum die L_2-Norm-Lösung, das ist das **allgemeine arithmetische Mittel**, herbeigeführt:

$$\begin{aligned} \mathbf{p}^T &= (0.044, 0.044, 0.044, 0.015) \\ x &= 2.82/0.147 = 19.2 \qquad \mathbf{v}^T = (9.2, 9.2, 9.2, -80.8) \end{aligned}$$

Der nächste Iterationsschritt liefert:

$$\begin{aligned} \mathbf{p}^T &= (0.109, 0.109, 0.109, 0.012) \\ x &= 4.47/0.339 = 13.2 \qquad \mathbf{v}^T = (3.2, 3.2, 3.2, -86.8) \end{aligned}$$

Dieses Verfahren konvergiert zu dem Ergebnis:

$$x = 10 \qquad \mathbf{v}^T = (0, 0, 0, -90)$$

Die **L_1-Norm** liefert den fehlerfreien **Medianwert**, obwohl eine Beobachtung offensichtlich grob falsch ist.

Aus diesem Ergebnis darf nicht die Schlußfolgerung gezogen werden, daß künftig alle Ausgleichungsaufgaben mittels der L_1-Norm zu berechnen seien. Falls nämlich nur zufällige Fehler im Beobachtungsmaterial enthalten sind, liefert bekanntlich die **L_2-Norm die genauesten Ergebnisse** und nicht die L_1-Norm. Es ist deshalb eine **Gewichtsfunktion** in Abhängigkeit von den Verbesserungen gesucht, deren Gewichte für Verbesserungen, die zu Beobachtungen mit zufälligen Fehlern gehören, Eins betragen, und deren Gewichte für Verbesserungen, die zu Beobachtungen mit groben Fehlern gehören, Null oder zumindest

---

1 Schlossmacher, E.: Journal of American Statistical Association 68, no. 344, pp. 857-859, 1973. Kampmann, G.: ZfV 118, S. 101-106, 1993. Literaturstelle zur L_1-Norm im allgemeinen: Somogyi, J., Zavoti, J.: ZfV 117, S. 336-344, 1992.

2 IAPR 25, pp. 301-309, Rio de Janeiro, 1984.

nahezu Null betragen. Ein guter Kompromiß ist die folgende Gewichtsfunktion:[1]

$$p = \frac{1}{1 + (a \cdot |v|)^b} \tag{7.2-23}$$

Die Parameter a > 0 und b > 0 sind von Iterationsschritt zu Iterationsschritt adäquat zu wählen. Die Gewichtsfunktion (7.2-23) ist eine Glockenkurve, d.h. für v = 0 ist p = 1 und für v = ∞ ist p = 0. Der Parameter b beeinflußt sehr stark die Steilheit der Glockenkurve.

Zum Schluß ist darauf hinzuweisen, daß das erläuterte robuste Verfahren umso erfolgreicher eingesetzt werden kann, je größer die Redundanz der Gesamtausgleichung ist. Bei sehr schwacher Redundanz können bekanntlich die Verbesserungen nach der (ersten) Kleinste-Quadrate-Ausgleichung so stark verfälscht sein (Abschnitt 7.2.1.1), daß Beobachtungen mit groben Fehlern sogar größere Gewichte als die Beobachtungen mit zufälligen Fehlern erhalten. **In der Praxis sind deshalb *Data Snooping* und das erläuterte robuste Verfahren kombiniert einzusetzen**. Bei großen photogrammetrischen Blockausgleichungen wird man mit dem robusten Verfahren beginnen, um die größeren groben Fehler zu finden, und die verhältnismäßig kleinen groben Beobachtungsfehler dann mittels *Data Snooping* eliminieren. Nach Elimination aller Beobachtungen mit groben Datenfehlern ist eine abschließende Kleinste-Quadrate-Ausgleichung vorzunehmen, in die die als fehlerfrei akzeptierten Beobachtungen mit dem gleichen Gewicht eingehen, (unterschiedliche Genauigkeiten mit den Beobachtungen wurden ja durch eine Homogenisierung vorweg berücksichtigt).

AUFGABE 7.2-5: Man beweise, daß das arithmetische Mittel das Ergebnis der Kleinste-Quadrate-Ausgleichung mit gleichen Gewichten und daß das allgemeine arithmetische Mittel das Ergebnis der Kleinste-Quadrate-Ausgleichung mit individuellen Gewichten ist.

7.2.2 Zuverlässigkeitskontrolle für einige photogrammetrische Standardaufgaben

Die Zuverlässigkeitskontrolle ist - wie die Genauigkeitskontrolle - für das jeweilige Projekt mit dem verfügbaren Beobachtungsmaterial vorzunehmen. Losgelöst von den Besonderheiten eines einzelnen Projektes können auch für Standardaufgaben allgemeine Aussagen formuliert werden. Im folgenden werden solche Aussagen für einige photogrammetrische Standardaufgaben gemacht.

[1] Klein, H. Förstner, W.: IAPR XXV, part A 3a, pp. 234-245, Rio de Janeiro, 1984.

7.2.2.1 Innere Orientierung

Die rechnerische Einpassung auf die Sollkoordinaten der Rahmenmarken wird mit einer ebenen Ähnlichkeitstransformation oder einer Affintransformation oder einer bilinearen Transformation vorgenommen (Abschnitte 6.1.2.3 und 7.1.1). Aus der Sicht der Zuverlässigkeitskontrolle sollte man eine Transformation mit großer Redundanz wählen.

Bei vier symmetrisch verteilten Rahmenmarken und einer ebenen **Ähnlichkeitstransformation** beträgt die Redundanz Vier (acht Beobachtungen minus vier Unbekannte). Bei dieser Anordnung der Rahmenmarken verteilt sich die Redundanz gleichmäßig auf die acht Beobachtungen, sodaß jede Bildkoordinate einen Redundanzanteil r_i von 0.5 besitzt (Gleichung (7.2-14)). Die innere Zuverlässigkeit IZ beträgt mit $E(|v_a|)_{zuv} = 4$ somit (Gleichung (7.2-21)): $IZ = 4\sigma_{xy} / \sqrt{0.5} = 5.7\sigma_{xy}$ (σ_{xy} ist die Standardabweichung einer gemessenen Bildkoordinate). Dieser Wert ist beachtlich gut.

Die innere Zuverlässigkeit IZ verschlechtert sich erheblich bei einer **Affintransformation** mit vier Sollrahmenmarken. In diesem Fall stehen den acht beobachteten Bildkoordinaten sechs Unbekannte gegenüber. Die Redundanzanteile r_i verkleinern sich also auf 0.25. Damit beträgt die innere Zuverlässigkeit für die Affintransformation: $IZ = 4\sigma_{xy} / \sqrt{0.25} = 8\sigma_{xy}$.

Bei einer **bilinearen Transformation** mit vier Rahmenmarken hat man acht Beobachtungen und acht Unbekannte. Die Redundanz beträgt Null, ebenfalls die Redundanzanteile. Damit liefert die Gleichung (7.2-21) das zu erwartende Ergebnis für eine Ausgleichung ohne Überbestimmung: $IZ = 4\sigma_{xy} / \sqrt{0} = \infty\ \sigma_{xy}$.

Bei der manuellen Messung der Rahmenmarken wird es selten grobe Fehler geben. Die Benützung der Affintransformation und der bilinearen Transformation ist deshalb nur mit einem äußerst geringen Risiko behaftet. Die **automatische Rahmenmarkenmessung bei der digitalen Photogrammetrie** (Abschnitt 6.1.2.3) kann - zum Beispiel bei einem Staubkorn neben der punktförmigen Rahmenmarke - hin und wieder zu falschen Bildkoordinaten führen, deren grobe Fehler im Rahmen der Einpassung auf die Rahmenmarken aufzudecken sind. Diese Aufdeckung ist umso zuverlässiger, je weniger Unbekannte die verwendete Transformation hat und desto mehr Rahmenmarken die Kamera besitzt. Insbesondere bei der digitalen Photogrammetrie mit digitalisierten Photographien, bei der der Meßvorgang äußerst schnell abläuft, sollte man unbedingt auf **acht Rahmenmarken** übergehen. Mit acht Rahmenmarken kann man ohne Bedenken die Affintransformation und die bilineare Transformation, die zur Kompensation des Filmverzuges und zum Beispiel unterschiedlicher Maßstäbe in beiden Koordinatenrichtungen des Scanners empfehlenswert sind, benutzen.

AUFGABE 7.2-6: Bei einer Einpassung auf acht Rahmenmarken sind die innere Zuverlässigkeiten für die 16 Bildkoordinaten anzugeben, wenn eine Ähnlichkeitstransformation oder eine Affintransformation oder eine bilineare Transformation benutzt wird.

7.2.2.2 Relative Orientierung

Für die relative Orientierung mit sechs Punkten ist - eine schematische Punktanordnung in einer ebenen Objektfläche vorausgesetzt - neben der Figur 7.2-5 die $\mathbf{Q}_{vv}$-Matrix angegeben.

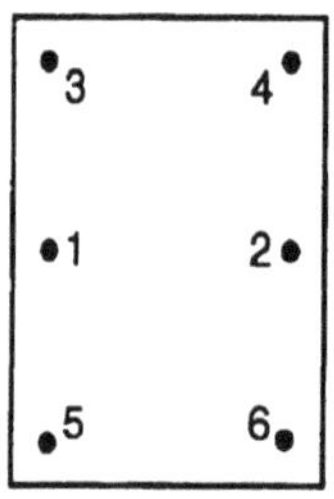

$$\boldsymbol{Q}_{vv} = \begin{pmatrix} 0.33 & -0.33 & -0.17 & 0.17 & -0.17 & 0.17 \\ & 0.33 & 0.17 & -0.17 & 0.17 & -0.17 \\ & & 0.08 & -0.08 & 0.08 & -0.08 \\ & & & 0.08 & -0.08 & 0.08 \\ & & & & 0.08 & -0.08 \\ \text{symm.} & & & & & 0.08 \end{pmatrix}$$

Figur 7.2-5: Schemapunkte und Q_{vv}-Matrix der relativen Orientierung mit sechs Punkten[1]

Daraus können wir folgende Erkenntnisse für die Zuverlässigkeitskontrolle der relativen Orientierung ableiten, wobei gleich genaue Parallaxenmessungen, d.h. $\mathbf{P}_{ll} = \mathbf{E}$, unterstellt werden:

- Wegen der geringen Redundanz r = 1 sind die Elemente auf der Hauptdiagonale sehr klein. (Laut Beziehung (7.2-14) ist deshalb die Summe der Redundanzanteile gleich Eins.)
- Die Elemente außerhalb der Hauptdiagonalen sind zum großen Teil genauso groß wie die Hauptdiagonalelemente, d.h. die Verbesserungen sind miteinander total korreliert ($q_{ii} \cdot q_{jj} = q_{ij}^2$). Diese große Korrelation bereitet große Probleme bei der Suche von groben Fehlern.
- Die Absorption eines groben Parallaxenmeßfehlers in den Punkten 3, 4, 5 und 6 beträgt laut Gleichung (7.2-8) 92% (!).
- Die innere Zuverlässigkeit beträgt in diesen vier Punkten (mit $E(|v_a|)_{zuv} = 4$) laut Gleichung (7.2-21) nur $IZ = 4\sigma_{py} / \sqrt{0.08} = 14\sigma_{py}$. Bei der Suche nach groben Fehlern mit den normierten Verbesserungen $\bar{v}$ bleiben demnach Parallaxenmeßfehler, die 14-mal größer als der mittlere Parallaxenmeßfehler sind, unentdeckt. (Ein Test mit den Verbesserungen v würde übrigens eine noch wesentlich schlechtere innere Zuverlässigkeit

[1] Entnommen aus Amer, E.: ITC-J., no.3 and 4, pp. 278-307 and pp. 435-459, 1981.

haben: $IZ = 48\sigma_{py}$.)[1]

- Die äußere Zuverlässigkeit ist entsprechend schlecht. Sie kann für die Orientierungselemente mit den Formeln A(4.2-17) und in Fortsetzung für die z-Koordinaten mit der Formel A(4.2-30) angegeben werden.

Nach Aufzählung dieser negativen Eigenschaften wäre eigentlich die Folgerung angebracht, daß in der Praxis nie eine relative Orientierung mit sechs Punkten gemacht werden dürfte. Wenn die **stereoskopische Messung** der Parallaxen für die rechnerische relative Orientierung **manuell** innerhalb eines gewissen Bildausschnittes geschieht, kann eigentlich **kein Meßfehler passieren**. Die Genauigkeitskontrolle - wie sie im Abschnitt 7.1.2 erläutert wurde - spielt bei der relativen Orientierung dagegen eine sehr große Rolle.

Hat man allerdings ein **schlechtes Bildmaterial**, mit dem keine zuverlässige manuelle stereoskopische Messung möglich ist, sollte man unbedingt die Anzahl der Orientierungspunkte erhöhen. Zum Beispiel ergeben 10 Orientierungspunkte eine wesentlich günstigere Q_{vv}-Matrix und damit eine wesentlich bessere Zuverlässigkeitskontrolle (Figur 7.2-6).

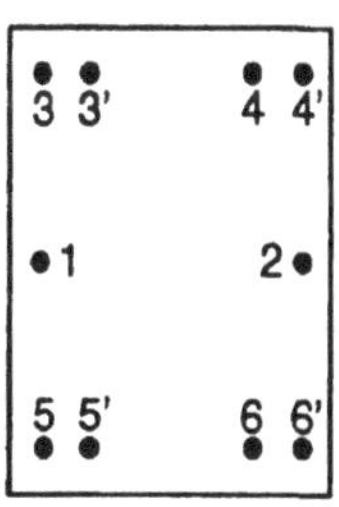

$$Q_{vv} = \begin{pmatrix} .40 & -.40 & -.10 & -.10 & .10 & .10 & -.10 & -.10 & .10 & .10 \\ & .40 & .10 & .10 & -.10 & -.10 & .10 & .10 & -.10 & -.10 \\ & & .52 & -.48 & -.03 & -.03 & .02 & .02 & -.03 & -.03 \\ & & & .52 & -.03 & -.03 & .02 & .02 & -.03 & -.03 \\ & & & & .52 & -.48 & -.03 & -.03 & .02 & .02 \\ & & & & & .52 & -.03 & -.03 & .02 & .02 \\ & & & & & & .52 & -.48 & -.03 & -.03 \\ & & & & & & & .52 & -.03 & -.03 \\ & & & & & & & & .52 & -.48 \\ & \text{symm.} & & & & & & & & .52 \end{pmatrix}$$

Figur 7.2-6: Schemapunkte und Q_{vv}-Matrix der relativen Orientierung mit 10 Punkten[2]

An den Doppelpunkten existiert allerdings die Gefahr, daß man einen etwaigen Meßfehler am ersten Punkt auch am zweiten Punkt begeht. Dieser Gefahr kann man dadurch begegnen, daß man den Abstand der Doppelpunkte etwas größer als das Gesichtsfeld im Zweibildaus-

---

[1] Förstner, W.: BuL 46, 205-211, 1978.

[2] Siehe Fußnote zu Figur 7.2-5; in der Amer'schen Veröffentlichung sind die Q_{vv}-Matrizen der relativen Orientierung für weitere Varianten enthalten.

wertegerät wählt.

Bei der **automatischen relativen Orientierung mit digitalen Bildern** sind die Verhältnisse noch extremer (Abschnitt 6.4.1.5). Es werden sehr viele Punkte für die relative Orientierung herangezogen, wobei verhältnismäßig viele grobe Fehler enthalten sind. Ihre Elimination geschieht vorrangig mit einem Verfahren der robusten Schätzung (Abschnitt 7.2.1.5), das mit *Data Snooping* (Abschnitt 7.2.1.4) abgeschlossen werden sollte. Dabei fallen auch die Redundanzanteile und damit die inneren Zuverlässigkeiten an.

AUFGABE 7.2-7: Wie groß wären die Parallaxen nach einer rechnerischen relativen Orientierung mit sechs Orientierungspunkten, falls im Punkt 3 ein Meßfehler von 50 μm passierte. Dabei sind die zufälligen Fehler außer acht zu lassen. Man berechne die äußere Zuverlässigkeit dieser Orientierung für eine 15-cm-Aufnahme sowohl für die Orientierungselemente als auch für die z-Koordinaten in Promille der Flughöhe.

7.2.2.3 Absolute Orientierung

Falls die Höhenunterschiede nicht sehr groß sind, kann die räumliche Ähnlichkeitstransformation in eine Lage- und Höheneinpassung zerlegt werden. Die **Lageeinpassung** wurde im einleitenden Abschnitt 7.2.1 ausführlich besprochen. Es hat sich ergeben, daß bei einer Anordnung der vier Lagepaßpunkte in einem Rechteck die Redundanzanteile $r_i = 0.5$ sind. Daraus folgt mit Gleichung (7.2-21) für die innere Zuverlässigkeit $IZ = 4\sigma_{X,Y}\sqrt{0.5} = 5.7\sigma_{X,Y}$ ein verhältnismäßig guter Wert. Bei starken Abweichungen von dieser idealen Anordnung verschlechtert sich die Zuverlässigkeitskontrolle erheblich (Punkt 4 in Figur 7.2-1 ist ein Beispiel; die Matrix (7.2-11) ist die dazugehörige $\mathbf{Q}_{vv}$-Matrix).

Stehen für die **Höheneinpassung** auch nur vier Paßpunkte zur Verfügung, ergeben sich wesentlich schlechtere innere und damit auch äußere Zuverlässigkeiten. Die inneren Zuverlässigkeiten sind in Figur 7.2-7 für verschiedene Anordnungen der vier Höhenpaßpunkte eingetragen.

Da in den Modell- und/oder Objektkoordinaten der Paßpunkte für die absolute Orientierung sehr häufig grobe Meß- und/oder Identifizierungsfehler enthalten sind, sind die Redundanzanteile r_i unbedingt durch zusätzliche Paßpunkte zu erhöhen. Für sechs Paßpunkte im Modell, die bei einer Paßpunktbestimmung mit einer Aerotriangulation mindestens anfallen, ist in Figur 7.2-8 die $\mathbf{Q}_{vv}$-Matrix angegeben.

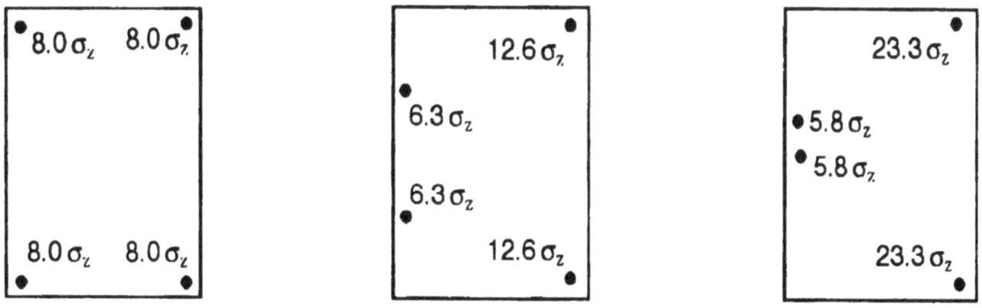

Figur 7.2-7: Innere Zuverlässigkeit für die Höheneinpassung mit 4 Punkten unterschiedlicher Anordnung[1]

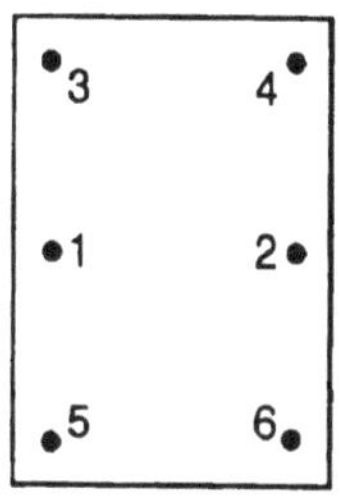

$$Q_{vv} = \begin{pmatrix} 0.67 & 0.00 & -0.33 & 0.00 & -0.33 & 0.00 \\ & 0.67 & 0.00 & -0.33 & 0.00 & -0.33 \\ & & 0.42 & -0.25 & -0.08 & 0.25 \\ & & & 0.42 & 0.25 & -0.08 \\ & & & & 0.42 & -0.25 \\ & \text{symm.} & & & & 0.42 \end{pmatrix}$$

Figur 7.2-8: Schemapunkte und Q_{vv}-Matrix einer Höheneinpassung mit sechs Punkten[2]

Daraus ergibt sich mit Gleichung (7.2-21) für die vier Eckpunkte eine innere Zuverlässigkeit von $IZ = 4\sigma_Z / \sqrt{0.42} = 6.2\sigma_Z$. Doppelpunkte in den Eckpunkten würden die Zuverlässigkeitskontrolle noch weiter verbessern. Allerdings sind einer solchen Maßnahme auch Grenzen gesetzt, denn für unendlich viele Höhenpaßpunkte würden sich die Redundanzanteile r_i auf 1.0 erhöhen; die innere Zuverlässigkeit für diesen **Grenzwert** ergibt sich mit Gleichung (7.2-21) zu: $IZ = 4\sigma_Z / \sqrt{1} = 4\sigma_Z$.

Die große Häufigkeit von groben Fehlern bei Modelleinpassungen macht es erforderlich, daß Fehlereliminationsverfahren mittels normierter Verbesserungen $\bar{v}$ in den EDV-Programmen enthalten sein müssen und - vor allem, wenn unregelmäßig verteilte Paßpunkte benutzt werden - zumindest die inneren Zuverlässigkeiten berechnet werden. Noch hilfreicher wäre für den Operateur auch die Information über die äußere Zuverlässigkeit der Transforma-

---

[1] Siehe Fußnote zu Figur 7.2-5, wobei für $E(|\bar{v}_a|)_{zuv} = 4.0$ und nicht wie in der Amer'schen Veröffentlichung 4.123 gewählt wurde.

[2] Siehe Fußnote zu Figur 7.2-5.

tionselemente und/oder der ins Objektkoordinatensystem transformierten Modellpunkte.

AUFGABE 7.2-8: Wie verbessert sich die innere Zuverlässigkeit, wenn in den sechs Schemapunkten der Figur 7.2-8 Doppelpaßpunkte vorhanden sind ? (Ergebnis: $IZ_{\text{Ecken}} = 4.5\sigma_Z$).

7.2.2.4 Blockausgleichung

Wir beginnen mit der Blockausgleichung mit unabhängigen Modellen. Die **Zuverlässigkeitskontrolle für die Höhen** ist auch bei der Blockausgleichung die neuralgische Stelle. Für einen Block von 72 Modellen - mit Höhenpaßpunktketten (Abschnitt A 5.2.3.2) am Anfang, in der Mitte und am Ende des Blockes - sind die inneren Zuverlässigkeiten in Figur 7.2-9 eingetragen. Wegen der Symmetrie ist nur ein Viertel des Blockes gezeichnet. Dabei besteht

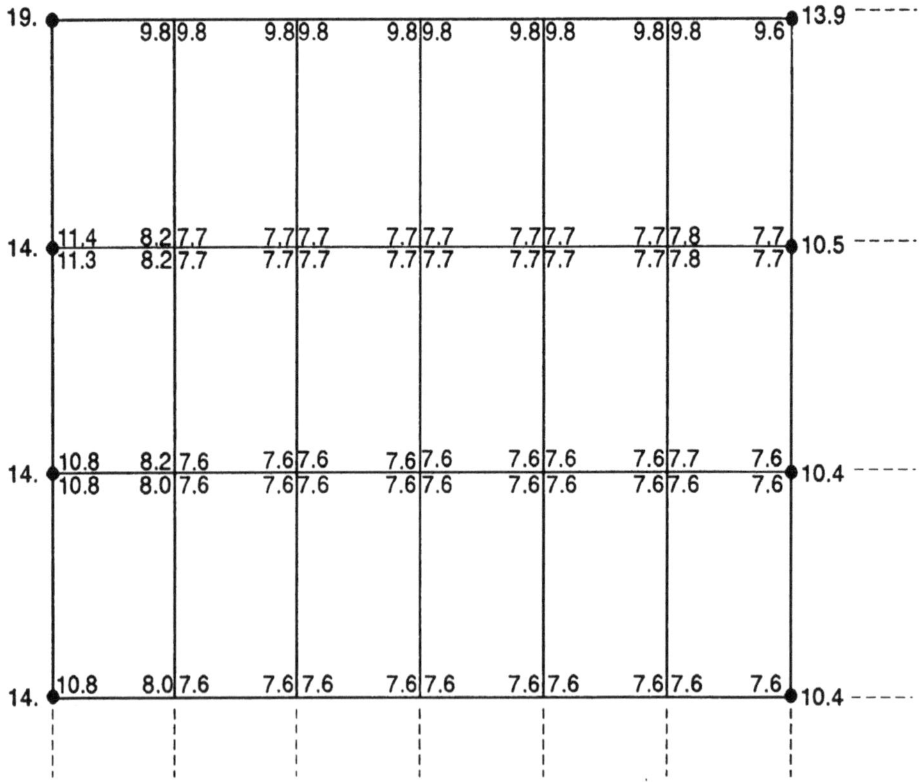

Figur 7.2-9: Innere Zuverlässigkeit für die Höhen bei einer Blockausgleichung mit unabhängigen Modellen (4 Verknüpfungspunkte je Modell)[1]

---

[1] Entnommen aus Schroth, R.: Schriftenr. Inst.f.Photogr. Uni Stuttgart, Heft 7, 41-58, 1981.

jedes Modell nur aus vier Verknüpfungspunkten. Die Landeskoordinaten der Paßpunkte wurden als verbesserungsbedürftige Beobachtungen (Abschnitt 3.5.4) mit den gleichen Gewichten wie die (näherungsweise ins Landeskoordinatensystem transformierten) Modellkoordinaten in die Ausgleichung eingeführt. Diese Vorgangsweise ist die Voraussetzung für eine Kontrolle der Landeskoordinaten der Paßpunkte mit den normierten Verbesserungen $\bar{v}$.

Das Ergebnis ist ernüchternd. Die innere Zuverlässigkeit für die z-Koordinaten der Modellpunkte beträgt das 7.6- bis 11.4-fache des mittleren Fehlers der Modellhöhen. An den Z-Koordinaten der Paßpunkte kann sogar das 19-fache des mittleren Höhenfehlers bei der

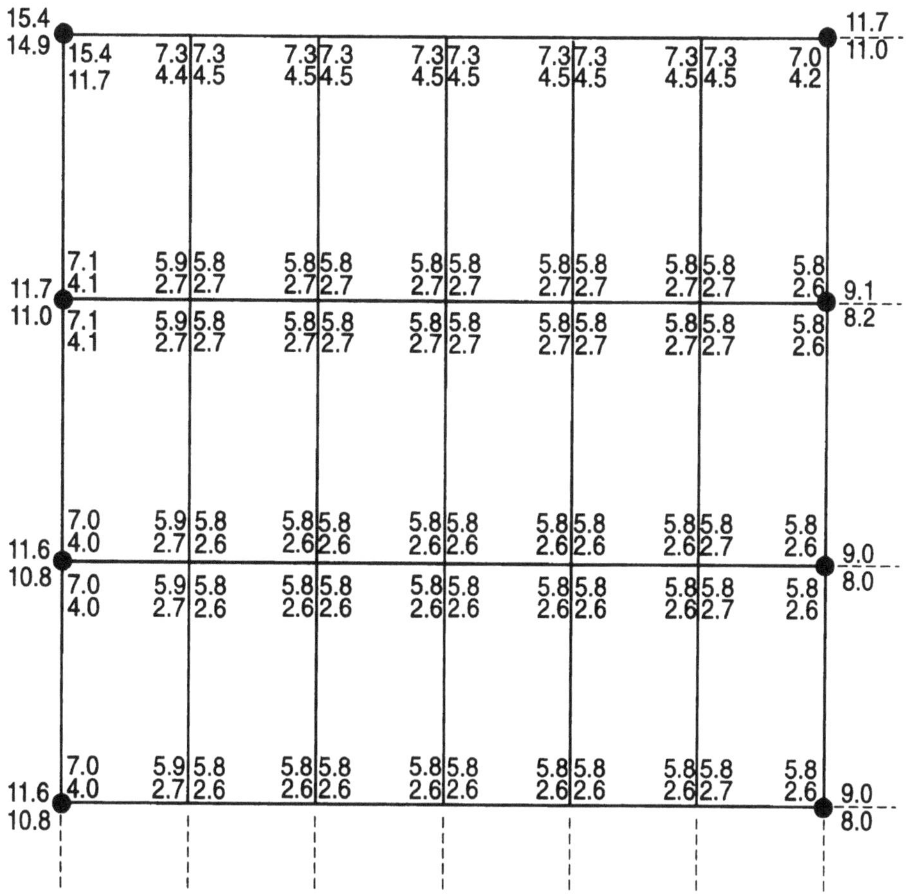

*Figur 7.2-10: Innere (obere Zeile) und äußere (untere Zeile) Zuverlässigkeit für die Höhen bei einer Blockausgleichung mit unabhängigen Modellen (4 **Paare** von Verknüpfungspunkten je Modell)*[1]

[1] Entnommen aus Ackermann, F.: Schriftenr. Inst.f.Photogr. Uni Stuttgart, Heft 7, 71-90, 1981.

Suche nach den groben Fehlern mit den normierten Verbesserungen unerkannt bleiben. In Anbetracht eines Idealwertes der inneren Zuverlässigkeit von 4.0 sind deshalb Maßnahmen für die Verbesserung der Geometrie des Blockverbandes zu setzen. Die Einbeziehung von sechs Verknüpfungspunkten je Modell in Anlehnung an die Figur 7.2-5 bringt zwar eine Verbesserung der inneren Zuverlässigkeit, aber nur in einem verhältnismäßig geringen Ausmaß. **Erst die Einbeziehung von vier Punktepaaren als Verknüpfungspunkte je Modell liefert für große Bereiche des Blockes eine zufriedenstellende innere und äußere Zuverlässigkeit**. Sie sind für den gleichen Block mit 72 Modellen in Figur 7.2-10 eingetragen. Für denselben Block gibt die Figur 7.2-11 die **innere und äußere Zuverlässigkeit für die Lagekoordinaten** mit vier **Punktepaaren** von Verknüpfungspunkten je Modell wieder.

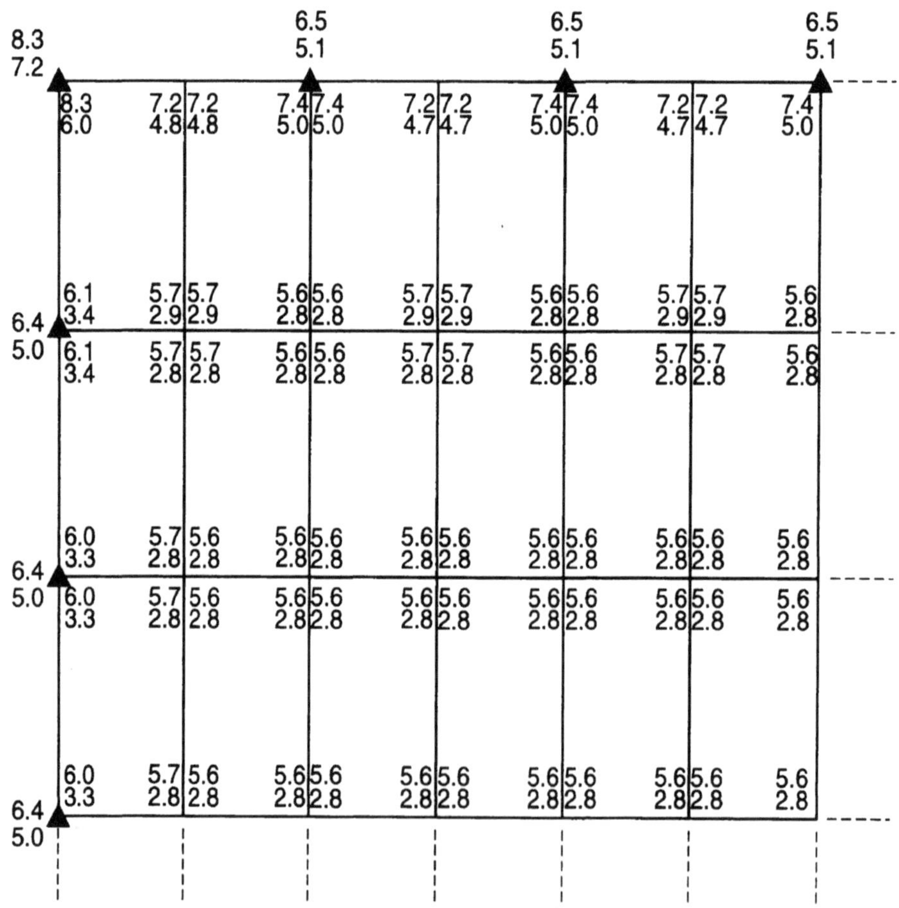

*Figur 7.2-11: Innere (obere Zeile) und äußere (untere Zeile) Zuverlässigkeit für die Lagekoordinaten bei einer Blockausgleichung mit unabhängigen Modellen (4 **Paare** von Verknüpfungspunkten je Modell)*[1]

[1] Entnommen aus Ackermann, F.: Schriftenr. Inst.f.Photogr. Uni Stuttgart, Heft 7, 71-90, 1981.

Die innere und äußere Zuverlässigkeit ist für die beiden Punkte eines Punktepaares gleich. Außerdem sind die Zuverlässigkeitsmaße für die x- und y-Koordinaten des jeweiligen Punktes identisch.

Sowohl bei den Höhen als auch bei den Lagekoordinaten haben wir im **Inneren des Blockes** praktisch konstante Werte. Die innere Zuverlässigkeit (obere Zeile) beträgt das 5.6- bis 5.9-fache des mittleren Fehlers einer Modellkoordinate, ein durchaus akzeptabler Wert. Die äußere Zuverlässigkeit (untere Zeile) ist bezüglich der ausgeglichenen Landeskoordinaten angegeben, und zwar als Faktor zum mittleren Fehler der ausgeglichenen Landeskoordinate des jeweiligen Punktes. Die äußere Zuverlässigkeit ist trotzdem beobachtungsbezogen, das heißt, bei einem 4-fachen Verknüpfungspunkt z.B. gibt es Beiträge für die äußere Zuverlässigkeit in vier Modellen. Zur inneren Zuverlässigkeit der jeweiligen Beobachtung gehört nämlich eine äußere Zuverlässigkeit, die die Auswirkung auf die am meisten betroffene Unbekannte der Ausgleichung angibt: in der Regel die zu den Modellkoordinaten x, y und z eines Punktes gehörenden ausgeglichenen Landeskoordinaten X, Y und Z des gleichen Punktes. Wie den Figuren 7.2-10 und 7.2-11 entnommen werden kann, beträgt im Blockinneren die äußere Zuverlässigkeit das 2.6- bis 2.9-fache des mittleren Fehlers der jeweils ausgeglichenen Landeskoordinate. Da diese Werte kleiner als der anzustrebende Wert von 3.0 sind, ist die Zuverlässigkeitskontrolle im Blockinneren bei vier **Paaren** von Verknüpfungspunkten ausreichend.

An den **Blockrändern** ist der anzustrebende Wert von 3.0 für die äußere Zuverlässigkeit aber noch weit überschritten. Entweder ist dort die Verknüpfung noch zu verstärken, oder - was in der Praxis häufiger ist - der Blockverband wird um eine halbe bis eine ganze Modellbreite größer als das Interessensgebiet gewählt.

Noch viel schlechter steht es um die **Zuverlässigkeitskontrolle an den Paßpunkten**. In den Blockecken werden grobe Fehler nicht erkannt, die das 8.3-fache der mittleren Fehler der XY-Koordinaten und das 15.4-fache des mittleren Fehlers der Z-Koordinate betragen. Will man die wenigen terrestrischen Paßpunkte für einen Blockverband, die für eine hohe Genauigkeit der Neupunktskoordinaten ausreichen (Abschnitt A 5.2.3), beibehalten, dann muß man **Kontrollmechanismen außerhalb der Blockausgleichung** vorsehen. So muß es selbstverständlich sein, daß die Landeskoordinaten der Paßpunkte im Rahmen der terrestrischen Punktbestimmung durchgreifend kontrolliert sein müssen. Um Identifizierungsfehler zu vermeiden, sollte man an den wenigen terrestrischen Paßpunkten nach Möglichkeit Identifizierungsstreifen anbringen (Figur 2.2-1, Fälle a) b) c)). Noch besser sind Hilfspunkte (Figur 2.2-1, Fall d)), die noch zusätzlich eine Kontrolle der photogrammetrischen Messung erlauben. Ist man auf natürliche Punkte für die terrestrischen Paßpunkte angewiesen, sind an den Positionen, an denen im Abschnitt A 5.2.3 die terrestrischen Paßpunkte angegeben sind, anstelle eines einfachen Paßpunktes eine Gruppe von mehreren Paßpunkten zu plazieren. Der Abstand innerhalb der jeweiligen Paßpunktgruppe soll aber in der Größenordnung einer halben Modellbreite sein.

Für die **Aerotriangulation mit Bündeln** wurden ebenfalls die innere und äußere Zuverlässigkeit für schematische Blöcke berechnet und veröffentlicht.[1] Die Ergebnisse entsprechen weitgehend der Blockausgleichung mit unabhängigen Modellen. Um eine akzeptable Zuverlässigkeitskontrolle im Blockinneren zu gewährleisten, sind an den neun Positionen eines (ganzen) Bildes, in denen üblicherweise die Punkte für die relative Orientierung ausgewählt werden, nach Möglichkeit **Paare von Verknüpfungspunkten** zu benutzen. Der **Blockrand** sollte ebenfalls deutlich **außerhalb des Interessensgebietes** liegen; außerdem sind für die terrestrischen Paßpunkte die bereits erwähnten Kontrollmechanismen zu ergreifen. Für die **Bündelblockausgleichung im Nahbereich** wurden im Abschnitt 4.5.2, insbesondere in der Tabelle 4.5-15, für verschiedene Aufnahmeanordnungen die inneren Zuverlässigkeiten angegeben.

Die Lokalisierung grober Datenfehler in der Blockausgleichung - sei es mittels *Data Snooping* (Abschnitt 7.2.1.4) oder mittels robuster Ausgleichung (Abschnitt 7.2.1.5) - ist verhältnismäßig aufwendig. Man bemüht sich daher, das **Datenmaterial** für die Blockausgleichung **bereits vorher von groben Datenfehlern zu reinigen**. (Da allerdings im vollständigen Blockverband die größte Überbestimmung auftritt, ist die Lokalisierung der (kleinen) groben Fehler in der endgültigen Blockausgleichung am zuverlässigsten.) Bei der stufenweisen Bereinigung des Datenmaterials testet man die einzelnen Zwischenergebnisse auf grobe Fehler, und zwar möglichst im Rechner des photogrammetrischen Zweibildauswertegerätes unmittelbar nach der Messung (= ***On-line*-Triangulation**). Das erste diesbezügliche Zwischenergebnis ist die relative Orientierung (7.2.2.1). Sind bereits drei Bilder in einem Streifen gemessen, kann auch das zweite Modell relativ orientiert werden. Dann können die beiden Modelle mittels einer räumlichen Ähnlichkeitstransformation unter Einbeziehung des Projektionszentrums des mittleren Bildes zusammengefügt werden. Die Fehlersuche beim Modellanschluß deckt vor allem die Fehler der x-Koordinaten auf - im Gegensatz zur relativen Orientierung, die nur Fehler der y-Koordinaten bemerkt. Eine andere Variante als der Modellanschluß mittels Ähnlichkeitstransformation sind die sogenannten ***Triplets***.[2] Darunter versteht man eine Bündelausgleichung mit den drei benach-

---

[1] Siehe Fußnote zu Figur 7.2-10.

[2] Radwan, M., Stefanovic, P., Adhikary, K.: IAPR 24, part III/2, pp. 77-113, Helsinki, 1982.

barten Bildern in einem Streifen. Grundsätzlich kann diese Methode auch auf vier und mehr Bilder erweitert werden; in der Regel beschränkt man sich aber auf Triplets, gebildet jeweils aus den drei zuletzt gemessenen Bildern. Eine der wichtigsten Kontrollen ist die Überprüfung der richtigen Übertragung der Punkte zwischen den Streifen. Sie kann man eigentlich nur in den Griff bekommen, wenn man **Subblöcke** aus den Bildern der benachbarten Streifen bildet.

Bei der **automatischen Aerotriangulation mit digitalen Bildern** (Abschnitt 6.4.1.6) fallen sehr viele Verknüpfungspunkte innerhalb der Streifen und quer zu den Streifen an. Zur Bereinigung der Daten greift man deshalb vorwiegend auf eine robuste Ausgleichung zurück. Sie wird auf mehr oder weniger große und sich überlappende Subblöcke angewandt. Das Ergebnis der abschließenden Gesamtausgleichung sollte auch die inneren Zuverlässigkeiten für alle Beobachtungen umfassen.

AUFGABE 7.2-9: Für exakte Normallfallaufnahmen ist die innere und äußere Zuverlässigkeit für einen Neupunkt anzugeben. Hinweise: Die Elemente der inneren und äußeren Orientierung sind bekannt; es geht also um die Frage, wie die Redundanz von Eins auf die vier beobachteten Bildkoordinaten aufzuteilen ist. (Lösung für die innere Zuverlässigkeit: Da die Bildkoordinaten x im Normallfall unkontrolliert sind, erhält jede Bildkoordinate y einen Redundanzanteil von 0.5.)

AUFGABE 7.2-10: Die innere Zuverlässigkeit für einen rechnerischen Modellanschluß mittels einer räumlichen Ähnlichkeitstransformation ist zu ermitteln, wobei das Projektionszentrum und drei Modellverknüpfungspunkte, die aber entlang einer Geraden angeordnet sind, zur Verfügung stehen.

8. SCHÄTZUNG DER VARIANZEN VON BEOBACHTUNGSGRUPPEN

Eine Kleinste-Quadrate-Ausgleichung (Anhang A 4.2-1) liefert Schätzungen für die u Unbekannten $\hat{\mathbf{x}}$ und für die Verbesserungen v der n (gleichgenauen) Beobachtungen **l**. Zusätzlich schätzt man die Varianz einer Beobachtung mittels:

$$\hat{\sigma}^2 = \frac{\boldsymbol{v}^T\boldsymbol{v}}{n-u} = \frac{\boldsymbol{v}^T\boldsymbol{v}}{r} \tag{8-1}$$

Hat man es mit unterschiedlich genauen Beobachtungen zu tun, sind im vorhinein (*a priori*) die Genauigkeiten dieser Beobachtungen zu schätzen und in der Kleinste-Quadrate-Ausgleichung in Form einer Gewichtsmatrix $\mathbf{P}_{ll}$ zu berücksichtigen (Abschnitt 3.5.10). Im Rahmen der Ausgleichung wird in diesem Fall die Varianz für die Gewichtseinheit geschätzt:

$$\hat{\sigma}_0^2 = \frac{v^T P_{ll} v}{r} \overset{(7.2-14)}{=} \frac{v^T P_{ll} v}{\sum_{i=1}^{n} r_i} \tag{8-2}$$

Insbesondere bei **heterogenen Beobachtungsgruppen** (z.B. beobachtete Bildkoordinaten als eine Gruppe, beobachtete Projektionszentrumskoordinaten als eine zweite Gruppe und beobachtete Paßpunktkoordinaten als eine dritte Gruppe) fällt das *a-priori*-Schätzen der Genauigkeiten bzw. Gewichte besonders schwer. Es erhebt sich die Frage, ob nicht im Rahmen der Kleinste-Quadrate-Ausgleichung zumindest die **Varianzen von Beobachtungsgruppen** geschätzt werden können. Eine Lösung läge auf der Hand: Man trenne die Beobachtungen in Gruppen mit gleicher Genauigkeit und gleiche jede Gruppe für sich unabhängig aus. Die Formel (8-1) würde dann für jede Beobachtungsgruppe ihre Varianz liefern. Eine solche Lösung hätte die großen Nachteile, daß mit den Beobachtungen einer Gruppe allein oftmals keine sinnvolle Ausgleichung formuliert werden kann und daß alle Beobachtungen nicht mehr gemeinsam zum Endergebnis beitrügen. Es ist daher eine andere Lösung gesucht, in der alle Beobachtungen miteinander verknüpft werden und somit die gegenseitigen Beeinflussungen gewährleistet sind.

Eine **Schätzung der Varianzen der Beobachtungsgruppen** ist nicht unmittelbar im Rahmen der Kleinste-Quadrate-Ausgleichung möglich, sondern nur im nachhinein (***a posteriori***). Die Lösung erfolgt deshalb in mehreren Iterationen. Der Iterationsprozeß beginnt mit einer Gesamtausgleichung, in die für die Homogenisierung (Abschnitt 3.5.10) *a priori* geschätzte Gewichte $p_{k,\text{a-priori}}$ für die einzelnen Gruppen k eingehen. Bei einer fehlerfreien *a-priori*-Gewichtswahl würde sich für jede Beobachtungsgruppe k - in Anlehnung an die Gleichung (8-2) - jeweils die Varianz σ_0^2 für die Gewichtseinheit ergeben:

$$\sigma_0^2 = \frac{\sum_{i=1}^{n_k} (v_i^2 \cdot p_{k,a\text{-}priori})}{\sum_{i=1}^{n_k} r_i} = \frac{p_{k,a\text{-}priori} \sum_{i=1}^{n_k} v_i^2}{\sum_{i=1}^{n_k} r_i} \tag{8-3}$$

n_k ... Anzahl der Beobachtungen in der Gruppe k.

Man kann die Gleichung (8-3) aber auch zur *a-posteriori*-Schätzung der Gewichte $p_{k,\text{a-posteriori}}$ der einzelnen Gruppen, die innerhalb einer Gruppe gleich sind, nutzen:

$$p_{k,a\text{-}posteriori} = \sigma_0^2 \frac{\sum_{i=1}^{n_k} r_i}{\sum_{i=1}^{n_k} v_i^2} \tag{8-4}$$

Die Gewichte $p_{k,a\text{-}posteriori}$ benutzt man für eine erneute Ausgleichung als Gewichte $p_{k,a\text{-}priori}$; man setzt den Iterationsprozeß fort, bis die Übereinstimmung $p_{k,a\text{-}posteriori} = p_{k,a\text{-}priori}$ erreicht ist. Für die Varianz σ_0^2 der Gewichtseinheit wählt man jeweils die Schätzung $\hat{\sigma}_0^2$, wie sie sich aus der Gleichung (8-2) mit allen Verbesserungen ergibt.

Unter Beachtung der Beziehung $p_k = \sigma_0^2/\sigma_k^2$ kann man die Gleichung (8-4) auch als **Schätzung der Varianzen σ_k^2 für die einzelnen Beobachtungsgruppen** interpretieren. Damit ist der Zusammenhang mit der Überschrift dieses Abschnittes hergestellt.

ZAHLENBEISPIEL: Eine Strecke wurde 16mal ermittelt, wobei nach den ersten acht Messungen (wegen verhältnismäßig großer Streuungen der Resultate) ein anderes (besseres) Gerät eingesetzt wurde. Die Meßergebnisse sind in den ersten beiden Spalten der folgenden Tabelle eingetragen.

	Messungen		Verbesserungen mit $p_1=p_2=1$		Verbesserungen mit $p_1=0.643$ und $p_2=2.25$	
	l_1	l_2	v_1	v_2	v_1	v_2
	11	10	-1	0	-0.86	0.14
	8	11	2	-1	2.14	-0.86
	7	12	3	-2	3.14	-1.86
	10	9	0	1	0.14	1.14
	13	10	-3	0	-2.86	0.14
	8	11	2	-1	2.14	-0.86
	11	10	-1	0	-0.86	0.14
	10	9	0	1	0.14	1.14
Σ	78	82	2	-2	3.12	-0.88

Das arithmetische Mittel, das ist das Ergebnis der Kleinste-Quadrate-Ausgleichung, liefert x = 10. Man fühlt bei diesem Ergebnis allerdings ein gewisses Unbehagen: Wegen der kleinen Streuungen in der zweiten Gruppe der Messungen sollte ein Ergebnis herauskommen, das etwas größer als 10 ist. Das angeschnittene Problem lösen wir mit einer Schätzung der Varianzen a posteriori. Wir bilden zwei Beobachtungsgruppen. Wir beginnen a priori mit den Gewichten Eins für beide Beobachtungsgruppen, d.h. $\mathbf{P}_{ll} = \mathbf{Q}_{ll} = \mathbf{E}$.

Für die Varianzkomponentenschätzung benötigt man die **Redundanzanteile** r_i. Man erhält sie aus der Design-Matrix **A**, mit der zunächst die Matrix $\mathbf{Q}_{xx}$ der Gewichtskoeffizienten für die Unbekannten **x** angegeben werden kann. Der letzte Schritt ist die Matrix $\mathbf{Q}_{vv}$ der Gewichtskoeffizienten für die Verbesserungen **v**:

$$A = \begin{pmatrix} 1 \\ \cdot \\ \cdot \\ \cdot \\ 1 \end{pmatrix} \qquad Q_{xx} \overset{(7.2-3)}{=} \frac{1}{16}$$

$$Q_{vv} \overset{(7.2-5)}{=} E - \begin{pmatrix} \frac{1}{16} & & & \\ & \cdot & & \\ & & \cdot & \\ & & & \cdot \\ & & & & \frac{1}{16} \end{pmatrix} = \begin{pmatrix} 0.9375 & & & \\ & \cdot & & \\ & & \cdot & \\ & & & \cdot \\ & & & & 0.9375 \end{pmatrix}$$

Die Redundanzanteile r_i, die den Elementen der Q_{vv}-Matrix entsprechen (siehe Gleichung (7.2-14)), hätte man beim arithmetischen Mittel übrigens einfacher bekommen: Die Redundanz von 15 teilt sich nämlich gleichmäßig auf die 16 Beobachtungen auf, d.h. $r_i = 15/16 = 0.9375$.

Nun berechnen wir die **Unbekannte** x und **Verbesserungen v**:

$$x \overset{(7.2-2)}{=} 160/16 = 10$$

Die Verbesserungen sind in die dritte und vierte Spalte obiger Tabelle eingetragen.

Schätzung der **Varianz für die Gewichtseinheit**, d.h. im ersten Iterationsschritt für eine der 16 Beobachtungen:

Gleichung (8-2): $\hat{\sigma}_0^2 = \frac{36}{15} = 2.4$

Schätzung der **Gewichte p_1 und p_2 a posteriori** mittels Gleichung (8-4):

$$p_{1,\text{a-posteriori}} = 2.4\,\frac{8\cdot 0.9375}{28} = 0.643$$

$$p_{2,\text{a-posteriori}} = 2.4\,\frac{8\cdot 0.9375}{8} = 2.25$$

Zweiter Iterationsschritt mit $p_1 = 0.643$ und $p_2 = 2.25$ als a-priori-Gewichte:

$$Q_{xx} \overset{(7.2-3)}{=} \frac{1}{23.144} \qquad x \overset{(7.2-2)}{=} \frac{234.654}{23.144} = 10.14$$

Dieses Ergebnis entspricht unseren Erwartungen. Die Verbesserungen sind in die fünfte und sechste Spalte obiger Tabelle eingetragen. Wir brechen die Iteration hier ab.

AUFGABE 8-1: Man setze das Zahlenbeispiel mit einem weiteren Iterationsschritt fort. (Zwischenergebnis für die Redundanzanteile: $r_1 = 0.9722$, $r_2 = 0.9027$; Verhältnis der Gewichte $p_1/p_2 = 1/3.5$, das ist das gleiche Gewichtsverhältnis wie beim vorausgehenden Iterationsschritt $p_1/p_2 = 0.643/2.25 = 1/3.5$; das Ergebnis $x = 10.14$ ist also das Endergebnis.)

Die a-posteriori-Varianzschätzung (8-3) bzw. (8-4) führt in zwei Extremfällen zu bekannten Gleichungen. Falls **nur eine Gruppe von Beobachtungen** - mit gleicher Genauigkeit aller Beobachtungen - vorliegt, kann $p_{a\text{-}priori}$ gleich Eins gewählt werden und die Gleichung (8-3) geht in die bekannte Gleichung (8-1) über.

Im anderen Extremfall betrachten wir **eine Gruppe mit nur einer Beobachtung**. Eine Umformung der Gleichung (8-3) ergibt die uns vertraute normierte Verbesserung $\bar{v}_i$ (Gleichung (7.2-17)):

$$\bar{v}_i = \frac{v_i \cdot \sqrt{p_i}}{\sigma_0 \cdot \sqrt{r_i}} \tag{8-5}$$

Das auf normierte Verbesserungen aufbauende *Data Snooping* beruht daher auf einem Spezialfall der *a-posteriori*-Schätzung der Varianzen von Beobachtungsgruppen.

Ergänzende **Literatur** zu der im Abschnitt 3.5.10 bereits angegebenen Literatur: Förstner, W.: ZfV 104, 149-156, 1979. Grimm-Pitzinger, A., Hanke, K.: ÖZ 74, 101-112, 1986.

9. ANWENDUNGSORIENTIERTE HINWEISE MIT BEISPIELEN

Nach der verhältnismäßig umfangreichen Theorie zur photogrammetrischen Punktbestimmung ist ein Kapitel über die Anwendung dieser Theorie angebracht. Im folgenden sollen Anwendungsbeispiele erläutert werden, die die Vielseitigkeit der Photogrammetrie demonstrieren. Alle Anwendungsbeispiele, die in diesem Kapitel präsentiert werden, wurden am Institut für Photogrammetrie und Fernerkundung der TU Wien (I.P.F.) bearbeitet.

9.1 Kleinmaßstäbige Aerotriangulation

Die Paßpunkte für die Herstellung von topographischen Strichkarten und von Orthophotos sowie zur Datenerfassung für digitale Geländemodelle werden heute kaum anders als mittels Aerotriangulation bestimmt. Bei Aufgaben, für die kleine Maßstäbe (d.h. < 1:10 000) genügen, sind die **Genauigkeitsanforderungen** an die photogrammetrische Punktbestimmung verhältnismäßig **bescheiden**. Die mit Aerotriangulation zu bestimmenden **Paßpunkte** werden in der Regel in den Bildern künstlich markiert; in Ausnahmefällen benutzt man auch natürliche Punkte. Im kleinmaßstäbigen Bereich ist bei der Messung nicht die höchste Präzision erforderlich. Die Blockausgleichung erfolgt häufig nach der Methode der unabhängigen Modelle. Das Ergebnis der Blockausgleichung sind die Paßpunktkoordinaten und die Orientierungselemente für die Auswertegeräte. Bei der modernen Auffassung von der Aerotriangulation verliert die photogrammetrische Bestimmung von Paßpunkten an Bedeutung; **statt dessen rücken die simultane Ermittlung der Elemente der äußeren Orientierung aller Bilder im Bildverband in den Mittelpunkt**. In diesem Fall werden die Verknüpfungspunkte nur mit Bildkoordinaten fixiert (Abschnitt B 2.4). Die photogrammetrisch bestimmten Paßpunkte dienen nur noch zur Kontrolle des photogrammetrischen Auswerteprozesses.

Die terrestrischen Paßpunkte werden in den **Luftbildern** etwa an den in den Abschnitten B 7.2.2.4 und A 5.2.3 definierten Positionen im Blockverband ausgewählt und dann terrestrisch bestimmt, vorzugsweise mit GPS (Abschnitt 5.3.4). Im Blockinneren benötigt man überhaupt keine **Lagepaßpunkte**; am Blockrand kommt man mit einer relativ geringen Paßpunktdichte aus. Als kostenintensive Aufgabe für die kleinmaßstäbige Aerotriangulation verbleibt dagegen die terrestrische Bestimmung der **Höhenpaßpunkte**. Man kann in der Praxis kaum mehr als acht Modelle zwischen den Höhenpaßpunktketten, die quer zu den Flugstreifen anzulegen sind, überbrücken (Abschnitt A 5.2.3.2). Bei großräumigen Projekten, zum Beispiel der systematischen Kartierung eines (Entwicklungs-)Landes im Maßstab 1:50 000, wäre deshalb die Vermessung der vielen Höhenpaßpunkte der kostenkritischste Faktor. Den Ausweg aus diesem Dilemma bringt die GPS-gestützte Aerotriangulation (Abschnitt B 5.3.5). Die Genauigkeitsanforderungen an die (relative) Positionierung der Aufnahmestandpunkte sind - aus der Sicht des differentiellen GPS (Abschnitt B 5.3.5.2) - gering; man benötigt nur Genauigkeiten zwischen ± 50 cm und ± 1 m. Mit der GPS-gestützten Aerotriangulation kann man sehr große Blöcke bearbeiten, die **nur am Blockrand mit Lage- und Höhenpaßpunkten** besetzt sein müssen.

9.2 Großmaßstäbige Aerotriangulation

9.2.1 Mit Meßkameras

Die großmaßstäbige Aerotriangulation ist geprägt von **hohen Genauigkeitsanforderungen**. Die terrestrischen Paßpunkte und eventuell auch die Verknüpfungspunkte sollten signalisiert sein. Falls der Aufwand für die Signalisierung der Verknüpfungspunkte zu hoch ist, sind sehr kleine, gut einstellbare natürliche Punkte (z. B. Steine im Acker) zu verwenden. Auch bei der großmaßstäbigen Aerotriangulation wird sich die moderne Auffassung von der Aerotriangulation immer mehr durchsetzen, d.h. man beschränkt sich auf die sehr genaue Ermittlung der Elemente der äußeren Orientierung aller Bilder im Bildverband und man fixiert die Verknüpfungspunkte nur mit Bildkoordinaten (Abschnitt B 2.4).

Die terrestrischen Paßpunkte werden ebenfalls in den in den Abschnitten B 7.2.2.4 und A 5.2.3 angegebenen Positionen im Blockverband ausgewählt. Die **Höhenpaßpunktketten** in Abständen von etwa fünf Modellen quer zu den Flugstreifen können auch hier durch GPS-gestützte Aerotriangulation (Abschnitt B 5.3.5) ersetzt werden. Die Genauigkeitsanforderungen an die (relative) Positionierung der Aufnahmestandpunkte sind in diesem Fall sehr hoch; man benötigt eine Höhengenauigkeit der mit GPS gemessenen Projektionszentren von $\pm m_B \cdot \sigma_B$ (m_B = Bildmaßstabszahl, σ_B = Koordinatenmeßgenauigkeit im Bild, Details siehe Abschnitt B 5.3.5.2.2). Bei einer Koordinatenmeßgenauigkeit von $\pm 5\ \mu m$ und einem Bildmaßstab von 1:8000 sollte also die GPS-Genauigkeit im Flugzeug nicht deutlich schlechter als ± 4 cm sein.

Zu messen sind die Bildkoordinaten mit Geräten höchster Präzision. Bei Verwendung digitalisierter Meßbilder ist ein Digitalisierungsintervall, das auf keinen Fall größer als 10 μm ist, zu wählen.

Die Blockausgleichung geschieht nach der **Bündelmethode mit zusätzlichen Parametern** (Abschnitt B 5.2.4), wobei man sich umfangreiche Experimente für die richtige Wahl der zusätzlichen Parameter leistet (zum Beispiel unterschiedliche Parametersätze für alle Bilder in einer Flugrichtung und für alle Bilder in der entgegengesetzten Flugrichtung) und die zusätzlichen Parameter auch in der Minimumsbedingung einbezieht (Abschnitt B 3.5.7). Außerdem führt man sowohl die terrestrisch bestimmten Paßpunkte als auch die Elemente der inneren Orientierung der Meßkamera als verbesserungsbedürftige Beobachtungen mit Berücksichtigung ihrer Genauigkeit in die Bündelausgleichung ein (Abschnitt B 3.5.8).

Bei diesen hohen Genauigkeitsanforderungen sind die im Abschnitt B 7.1.1 empfohlenen Qualitätskontrollen mit einem Testfeld (Abschnitt E) besonders zu beachten.

Für großmaßstäbige Aerotriangulationen, die für manche Anwendungen, zum Beispiel für Umweltüberwachungen mit Orthophotos, in kurzen Zeitabständen zu wiederholen sind, empfehlen sich **permanente natürliche Paßpunkte**. Dafür bieten sich Hausgiebel etc. an, die bei der ersten Aerotriangulation photogrammetrisch bestimmt werden; die zweite und jede weitere Aerotriangulation kann sich dann auf sehr viele Paßpunkte stützen; eventuell kann man ganz auf eine eigenständige Aerotriangulation verzichten. Für die zweite und jede weitere Orthophotobedeckung genügt nämlich ein Bildflug mit 20% Längsüberdeckung und für die Einzelbildeinpassung (= räumlicher Rückwärtsschnitt) stehen in solchen Fällen in der Regel genügend koordinatenmäßig bekannte Giebelpunkte etc. aus der ersten Aerotriangulation zur Verfügung.

9.2.2 Mit Amateur- und Teilmeßkameras

Die großmaßstäbige Aerotriangulation wurde in der letzten Zeit über die konventionellen Meßaufnahmen hinaus erweitert. Zur Messung kleiner Geländeausschnitte lohnt sich oft nicht der Einsatz eines Bildflugzeuges mit einer Meßkamera; für Spezialaufgaben sind auch manchmal so niedrige Flughöhen erforderlich, die unter der aus Sicherheitsgründen festgesetzen Mindestflughöhe liegen würden. In solchen Fällen benutzt man Amateurkameras, wobei ein **Ballon** oder ein **Modellflugzeug** oder ein **Modellhubschrauber** oder ein **Sportflugzeug** als Plattform dient. Diese Amateurkameras sind häufig mit einem Réseau ausgestattet (man spricht dann von Teilmeßkameras, Abschnitt A 3.6 und E 3.4), auch kennt man meistens die (sehr großen) Verzeichnungswerte der Objektive.[1] Die Bündelblockausgleichung geschieht in diesem Fall nach der im Abschnitt B 3.5.8 beschriebenen Methode mit der individuellen Behandlung der Elemente der inneren Orientierung. Falls die Objektivverzeichnung bekannt ist, wird sie als Korrektur zu den gemessenen Bildkoordinaten angebracht, andernfalls wird die Objektivverzeichnung gemeinsam mit den übrigen Elementen der inneren Orientierung im Rahmen der Bündelblockausgleichung ermittelt.

Bei so vielen unbekannten Elementen der inneren Orientierung ist auf die Auswahl der terrestrischen Paßpunkte ein besonderes Augenmerk zu legen: So wie die terrestrisch bestimmten Paßpunkte das Interessens**gebiet** lagemäßig umrahmen müssen, muß auch für die Höhe gewährleistet sein, daß die terrestrischen Paßpunkte die höchsten und tiefsten Bereiche des "Interessens**raumes**" umschließen und keine (Höhen-) Extrapolationen geschehen. Das wichtigste Ergebnis einer solchen Bündelblockausgleichung sind die Elemente der äußeren

---

[1] Wester-Ebbinghaus, W.: BuL 51, 118-128, 1983.

Orientierung für die einzelnen Bilder, die gemeinsam mit den Elementen der inneren Orientierung (einschließlich Verzeichnung) für die Detailauswertung übergeben werden. Die erzielbare Genauigkeit - **bezogen auf das (sehr kleine) Bild** - ist nicht wesentlich schlechter als eine Auswertung mit einer Meßkamera. Die sogenannte Flächenleistung pro Modell ist allerdings sehr gering.

ZAHLENBEISPIEL: In einem Gebiet sollen signalisierte Punkte mit einer Lagegenauigkeit von $\sigma_{X,Y} = \pm 2$ cm vermessen werden. Es stehen eine Meßkamera im Format 23x23 cm^2 (Kamerakonstante c = 21 cm) und eine Teilmeßkamera im Format 6x6 cm^2 (Kamerakonstante c = 5 cm) zur Verfügung. Unter der Annahme, daß mit den beiden Kameras im Rahmen einer Bündelblockausgleichung mit zusätzlichen Parametern eine Genauigkeit von ± 5 μm bezogen auf das Bild erreicht wird, ergeben sich folgende Projektparameter:

Bildmaßstabszahl: $$m_b = \frac{2\ cm}{5\ \mu m} = \frac{20000}{5} = 4000$$

Flughöhe: Meßkamera: $4000 \cdot 0.21 = 820$ m
Teilmeßkamera: $4000 \cdot 0.05 = 200$ m

Im Block pro Modell erfaßte Fläche mit einer Längsüberdeckung von 60% und einer Querüberdeckung von 25% (Abschnitt A 3.8):

Meßkamera: $4000^2 \cdot 0.23^2 \cdot 0.4 \cdot 0.75 = 253\,920\ m^2 = 25.4$ ha
Teilmeßkamera: $4000^2 \cdot 0.06^2 \cdot 0.4 \cdot 0.75 = 17\,280\ m^2 = 1.7$ ha

Ergebnis: **Falls mit Meß- und Teilmeßkameras die gleiche Genauigkeit der <u>Objektkoordinaten</u> erreicht werden soll, sind etwa 15mal mehr Modelle bei Teilmeßkameras im Vergleich zu Meßkameras erforderlich**. Dieses Beispiel demonstriert drastisch den begrenzten Einsatz von Teilmeßkameras und Amateurkameras in der Luftbildmessung.

Beim **räumlichen Rückwärtsschnitt mit einer Amateuraufnahme**, der zum Beispiel für die Orthophotoherstellung zu berechnen ist, treten singuläre bzw. schlecht konditionierte Normalgleichungen auf. (Die gefährliche Konstellation des räumlichen Rückwärtsschnitts mit bekannter innerer Orientierung wurde am Ende des Abschnittes B 4.1.2.1 erläutert.) Der räumliche Rückwärtsschnitt mit unbekannter innerer Orientierung versagt, wenn die Paßpunkte in bzw. nahezu in einer Objektebene angeordnet sind. Im Fall einer exakten Objektebene benötigt man nämlich nur acht Parameter zur Beschreibung des mathematischen Zusammenhanges zwischen Bild- und Objektebene und nicht die neun Parameter des üblichen Rückwärtsschnittes mit unbekannter innerer Orientierung (Abschnitt A 2.4). Ist in diesem Fall im EDV-Programm nur der übliche räumliche Rückwärtsschnitt mit unbekannter innerer Orientierung programmiert, kann man einen der neun Parameter fest vorgeben und die übrigen acht Parameter aus Paßpunkten bestimmen lassen.

AUFGABE 9.2-1: Der mathematische Ansatz eines räumlichen Rückwärtsschnittes soll dahingehend erweitert werden, daß ein vermutlich vorhandener Filmverzug, und zwar in den Richtungen der beiden Bildkoordinatenachsen getrennt, berücksichtigt wird. Der Ansatz ist für einen Rückwärtsschnitt mit unbekannter innerer Orientierung und mit bekannter innerer

Orientierung zu überlegen. Es sind auch Überlegungen zur Paßpunktanordnung für beide Fälle anzustellen (alle Paßpunkte in einer schrägen Ebene etc.).

9.3 Aerotriangulation mit digitalen Bildern

Anhand des internationalen Tests FORSSA (= finnische Kleinstadt) der *European Organization for Experimental Photogrammetric Research (OEEPE)*, an dem etwa 20 Institutionen aus Europa und Amerika teilnahmen, kann der gegenwärtige Leistungsstand der digitalen Aerotriangulation demonstriert werden. Im folgenden beschränken wir uns auf die Ergebnisse, die das I.P.F.[1] erzielt hat.

Einige technische Daten:
- Bildmaßstab 1:4000, Leica-Weitwinkel-Kamera RC 20.
- 28 Meßbilder, die mit dem Photo-SCAN PS 1 von Zeiss/Intergraph (Abschnitt A 7.2.1) mit 15 μm und 30 μm digitalisiert wurden.
- Eine Paßpunktvariante bestand aus 14 Vollpaßpunkten, die zweite Paßpunktvariante aus 4 Vollpaßpunkten und 4 Höhenpaßpunkten.
- Die Paßpunkte und etwa 100 Neupunkte, deren Landeskoordinaten (Genauigkeit $\pm$2 cm) für Vergleichszwecke im Organisationsbüro bekannt waren, waren signalisiert.
- Zusätzlich wurden etwa 90 natürliche Verknüpfungspunkte bestimmt.

Für die Korrelation wurden zwei Methoden, die Kleinste-Quadrate-Korrelation (*least squares matching,* LSM) und die Korrelationsmethode, die das Maximum der Kreuzkorrelationsfunktion sucht (Abschnitt 6.1.2.2), erprobt.

Die **Rahmenmarken** wurden mit Hilfe von Referenzbildern nahezu automatisch lokalisiert. Der Arbeitsaufwand für das Messen der 224 Rahmenmarken eines Bildverbandes betrug etwa eine Stunde. Die aus dem LSM-Ausgleich hervorgegangene Genauigkeit, das ist eine innere Genauigkeit, betrug $\pm$0.06 Pixel bei den 15-μm-Bildern und $\pm$0.09 Pixel bei den 30-μm-Bildern. Die geringere Genauigkeit in den gröberen Bildern läßt sich damit erklären, daß bei der Digitalisierung mit 30 μm die Kanten der Rahmenmarken stärker abgeflacht wurden als bei der Digitalisierung mit 15 μm. (Der Informationsverlust durch die Digitalisierung ist im Abschnitt FE 3.2.1.2 ausführlich behandelt.)

Die etwa 280 **Signale** in den 28 Bildern wurden ungefähr in drei Stunden lokalisiert. Sehr grobe Positionen der Signale waren allerdings bekannt. Die aus der LSM-Ausgleichung hervorgegangene innere Genauigkeit betrug $\pm$0.12 Pixel bei den 15-μm-Bildern und $\pm$0.18 Pixel bei den 30-μm-Bildern. Diese Genauigkeit ist um das Zweifache schlechter als die Genauigkeit der Rahmenmarken. Die Signale waren Kreuze, die im Gelände nicht einheitlich orientiert sind. Bei der Korrelation ist bei diesen Signalen deshalb auch die Rotation des Referenzbildes zu ermitteln. Die Signale waren außerdem nicht optimal für die digitale Aerotriangulation geformt und dimensioniert, sondern für die konventionelle Aerotriangula-

[1] Rottensteiner, F., Prinz, R.: VGI 84, S. 189-195, 1996.

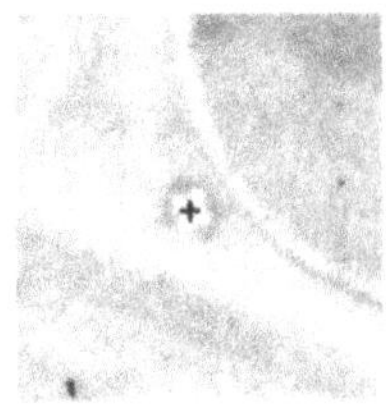

tion ausgelegt. Weitere Ursachen der erwähnten Genauigkeitsverschlechterung sind am Anfang des Abschnittes 6.2 aufgelistet. Bild 9.3-1 zeigt einen der signalisierten Punkte aus einem 15-μm-Bild. Das schwarze Kreuz gibt die Position des Punktes an, die der Korrelationsalgorithmus gefunden hat.

Bild 9.3-1: Durch Korrelation gefundene Position eines signalisierten Punktes

Die etwa 600 Bildkoordinaten der **natürlichen Verknüpfungspunkte** wurden auf folgende Weise ermittelt: In homologen Fenstern, die manuell ausgewählt wurden, wurden mit Hilfe des Förstner-Operators automatisch natürliche Punkte ausgewählt und die Minima der kontinuierlichen w-Funktion automatisch aufgesucht (Abschnitt 6.4.1.1). Diese im Subpixelbereich festgelegten Merkmale wurden am Bildschirm, auf dem die homologen Fenster der verschiedenen Bilder sichtbar waren, manuell zugeordnet. Dieser Prozeß dauerte etwa vier Stunden für den gesamten Bildverband.

In die Bündelblockausgleichung wurde die Genauigkeit der Bildkoordinaten der signalisierten Punkte als Gewichtseinheitsfehler eingeführt. Das **Verhältnis der Standardabweichung für die Bildkoordinaten der signalisierten Punkte zu der der natürlichen Punkte wurde a posteriori mit 1:2 geschätzt** (Abschnitt 8.).

Im Rahmen der Bündelblockausgleichung, die eine Redundanz von etwa 400 besaß, wurden mit robusten Schätzverfahren und *Data Snooping* etwa **2.5% der Beobachtungen als grob falsche Beobachtungen eliminiert** (Abschnitte 7.1.2.4 und 7.1.2.5).

Der Gewichtseinheitsfehler, also die **Genauigkeit einer gemessenen Bildkoordinate der signalisierten Punkte**, war beim Bündelblockausgleich mit den Bildkoordinaten, die mittels der Maxima der Korrelationsfunktion gemessen wurden, nahezu unabhängig von der Pixelgröße; sie betrug ± 4 μm. Bei der LSM-Methode war der Gewichtseinheitsfehler - wie zu erwarten ist - stark von der Pixelgröße abhängig bzw. nahezu konstant bezogen auf das Pixel; er betrug ± 3.3 μm ($\hat{=}$ 0.22 Pixel) beim 15-μm-Block und ± 5.3 μm ($\hat{=}$ 0.18 Pixel) beim 30-μm-Block.

Die erzielten **absoluten Genauigkeiten**, die aus Vergleichswerten der etwa 100 signalisierten Punkte stammen, sind in der folgenden Tabelle zusammengestellt:

Pixel	Paßpunkte	Maximum der Korrelationsfunktion		LSM	
		σ_{XY} [cm]	σ_Z [cm]	σ_{XY} [cm]	σ_Z [cm]
15 μm	dicht	2.7	5.3	2.5	3.7
15 μm	spärlich	3.7	6.3	2.6	4.2
30 μm	dicht	2.8	3.9	3.9	4.3
30 μm	spärlich	4.0	7.2	4.6	5.6

Diese Ergebnisse erlauben folgende interessante Feststellungen:

- Die LSM-Methode liefert beim 15-μm-Bildverband eine um ca. 30% bessere Genauigkeit als die Methode, die das Maximum der Korrelationsfunktion ermittelt.
- Beim 30-μm-Bildverband sind die Verhältnisse umgekehrt. Die LSM-Methode benötigt demnach gut ausgeprägte Signale im digitalen Bild, die in den 15-μm-Bildern gegeben sind, aber nicht in den 30-μm-Bildern.
- Die beste erzielte Lagegenauigkeit beträgt $\pm$2.5cm, das entspricht $\pm$6 μm in den Bildern 1:4000. Die zu erwartende Genauigkeit (Abschnitt 5.2.3) liegt etwa bei $\pm$3 μm. Diese Diskrepanz hat zwei Ursachen: Einerseits haben die Vergleichskoordinaten ebenfalls beachtliche Ungenauigkeiten ($\pm$2 cm) und andererseits bringt auch eine 15-μm-Digitalisierung nicht die gesamte Präzision eines photographischen Bildes in das digitale Bild (Abschnitt A 7.2.1).
- Zusätzliche Parameter zur Kompensation systematischer Fehler (Abschnitt 5.2.4) haben bei diesem Projekt keine nennenswerte Verbesserung der Resultate gebracht. Sie sind daher nicht in obiger Tabelle aufgenommen. Diese Aussage darf allerdings nicht verallgemeinert werden.

9.4 Terrestrische Phototriangulation[1]

Wie bereits mehrmals angedeutet (z.B. Abschnitt A 3.5), ermittelt man in der terrestrischen Photogrammetrie die Elemente der äußeren Orientierung ebenfalls aus Paßpunkten und verzichtet auf die hier grundsätzlich gegebene Möglichkeit, diese Elemente vor Ort durch Messung zu bestimmen. (Man denke nur an das Problem der Bestimmung des objektseitigen Projektionszentrums, auf das sich die örtlichen Vermessungen beziehen müßten.) Lediglich die Horizontierung der Kamera wird in der Regel vorgenommen und in der Bündelblockausgleichung berücksichtigt (Abschnitt B 3.5.7). Neben den Koordinaten von Paßpunkten spielen in der terrestrischen Phototriangulation andere Meßergebnisse als Einpaßelemente eine große Rolle. Sehr beliebt sind gemessene Raumstrecken, zum Beispiel in der Form von ans Objekt gestellte bzw. gelegte **Meßlatten**, und eine präzise Horizontierung mittels **nivellierter Punkte**. Besonders wichtig für Wahl und Anordnung der Paßpunkte und Paßelemente ist, daß sie das in der Regel dreidimensionale Objekt gut in allen drei Koordinatenrichtungen umschließen, sodaß keine Extrapolationen auftreten.

---

[1] Stellvertretend seien die Veröffentlichungen von Granshaw, S.: Ph. Rec. 56, 181-207, 1980, Kotowski, R., Rößmann, H., Wester-Ebbinghaus, W.: ZfV 108, 119-127, 1983, Kager., H.: in Grün/Kahmen (Eds.): Optical 3-D Measurement Techniques, pp. 447-455, Wichmann, 1989.

Die im Abschnitt A 3.5 vorgebrachte Denkweise, daß immer zwei Bilder - ungefähr im Normalfall aufgenommen - ein Stereomodell für die Auswertung bilden, wird bei einer terrestrischen Phototriangulation häufig aufgegeben: Man denkt bei der Phototriangulation **nicht in Modellen sondern in räumlichen Strahlenbündeln**, die möglichst gute Schnitte in den Objektpunkten und ein stabiles Netzwerk von Strahlenbündeln ergeben sollen. So wird man zum Beispiel bei kugelförmigen Innenräumen die einzelnen Aufnahmerichtungen senkrecht zur Kugelfläche anordnen; für Rundbauten, die von außen aufgenommen werden, gelten die gleichen Regeln. Sehr unregelmäßig sind die Bündelblöcke gestaltet, mit denen man Punkte in Altstädten photogrammetrisch bestimmt (Abschnitt 9.7.2). Im Abschnitt B 4.5.2 wurden die Grundlagen der Aufnahmeanordnungen der terrestrischen Phototriangulation angegeben. Hier soll nochmals auf die große Bedeutung der "Diagonalaufnahmen" hingewiesen werden; erst sie erlauben die Zusammenführung der einzelnen Oberflächenteile zu einem Verbund von Objektflächen in einem übergeordneten Objektkoordinatensystem.

Die Ausmessung der Bilder von Bündelblöcken dieser Art kann natürlich nur monokular erfolgen; deshalb müssen die Punkte signalisiert werden oder es müssen gut definierte natürliche Punkte sein.

Wegen der teilweise unkonventionellen Einpaßelemente und der teilweise nicht schematischen Anordnung der Strahlenbündel sind bei der terrestrischen Phototriangulation die **Genauigkeitsangaben** für die Neupunkte, die durch eine teilweise Inversion des Normalgleichungssystems gewonnen werden (Abschnitt B 4.5.1), und die **Zuverlässigkeitskontrolle** (Abschnitt B 7.2) besonders wichtig. Nur auf diese Weise ist es gewährleistet, daß schwache Stellen im Bündelblock aufgedeckt werden. **Zusätzliche Parameter** haben in der terrestrischen Phototriangulation bisher keine großen Genauigkeitssteigerungen gebracht, es sei denn, man verwendet Teilmeßkameras oder Amateurkameras. Die Überlegenheit der Meßkameras gegenüber den Teilmeßkameras ist in der terrestrischen Photogrammetrie zwar immer noch groß, aber nicht so groß wie in der Luftbildvermessung (siehe Zahlenbeispiel am Ende des Abschnittes 9.2), denn die Formate der Erdbildmeßkameras (Abschnitt A 3.4.3) sind nicht wesentlich größer als das Format 6 x 6 cm^2 der gängigen Teilmeßkameras. Aus den gleichen Gründen haben auch die digitalen Kameras - mit ihrer noch verhältnismäßig bescheidenen Anzahl von Pixeln - in der terrestrischen Photogrammetrie eine wesentlich bessere Chance einer Verbreitung als in der Luftbildmessung.

9.5 Photogrammetrische Katastervermessung

Die systematische Katastervermessung begann in Mitteleuropa zu Beginn des 19. Jahrhunderts. Damals war die Grundsteuer eine Haupteinnahmequelle des Fiskus. Für eine gerechte Verteilung der Steuerlast war deshalb eine Vermessung der Grundstücke unumgänglich. Aus dem **Grundsteuerkataster** wurde in der Folge ein Kataster zur Sicherung der Eigentumsgrenzen (**Grenzkataster**).

Die Katasterunterlagen sind infolge der jeweils unterschiedlichen historischen Entwicklung von Land zu Land sehr verschieden und innerhalb des einzelnen Landes äußerst inhomogen. In vielen Bereichen gibt es noch die - inzwischen selbstverständlich nachgeführten - Katasterkarten aus der Zeit des Grundsteuerkatasters. Sie haben Maßstäbe zwischen 1:2500 und 1:5000. Die Nachbargenauigkeit eines solchen **graphischen Katasters** liegt also etwa zwischen ±50 cm und ±1 m. Über große Entfernungen findet man aber auch Widersprüche in der Größenordnung von 50 m. Der graphische Kataster wurde sehr bald ergänzt um den **Zahlenkataster**. Darunter versteht man die lokale zahlenmäßige Vermessung der Grenzen ohne Anschluß an ein Festpunktfeld. Die Grenzsicherung übernehmen in diesem Fall in erster Linie die Maßzahlen der örtlichen Vermessung; die Katasterkarte wird aufgrund dieser Maßzahlen in den Bereichen nachgeführt, in denen sich die Grundstücke verändern. Solche Katasterkarten sind zwar in den lokalen Bereichen verhältnismäßig genau; über große Entfernungen können sie aber die bereits erwähnten großen Diskrepanzen aus der Zeit des Grundsteuerkatasters haben.

Moderne Festpunktfelder schaffen die Voraussetzungen zum Übergang auf den **Koordinatenkataster** (in Österreich: **Grenzkataster**). In diesem Fall wird jeder Grenzpunkt im Landeskoordinatensystem fixiert. Die Sicherung der Eigentumsgrenzen übernehmen die Landeskoordinaten. Die Katasterkarte kann mit Zeichenautomaten kartiert werden, meistens in den Maßstäben zwischen 1:1000 und 1:2000. Zumindest umfangreichere **Katasterfortführungsvermessungen** werden heute auf der Basis des Koordinatenkatasters durchgeführt. In Gebieten mit großem Grundstücksverkehr (zum Beispiel in Neubaugebieten, entlang von neuen Schnellstraßen und Eisenbahnlinien, in Flurbereinigungsgebieten etc.) gibt es deshalb sehr genaue Katasterkarten. Problematisch ist am Gebietsrand der Übergang zu den (ungenaueren) Unterlagen des graphischen und/oder Zahlenkatasters.

In den **Entwicklungsländern** geht es nicht um die Erneuerung und Erweiterung der Katasterunterlagen, sondern meistens um die komplette Neuanlage eines Katasterwerkes. Dabei sind die für das betreffende Land spezifischen Anforderungen und die für die dort lebende Bevölkerung annehmbare Technologie zu beachten.

Im folgenden wird der Beitrag, den die Photogrammetrie zur Grenzpunktvermessung (Abschnitt 9.5.1) und zur Verdichtung des Festpunktfeldes (Abschnitt 9.5.2) leisten kann, angesprochen.

9.5.1 Grenzpunktvermessung

9.5.1.1 Signalisierung und Kontrollmaße

Vor dem Flug sind die photogrammetrisch zu bestimmenden Grenzpunkte zu signalisieren (Grundsätzliches zur Signalisierung siehe Abschnitt B 2.2). Die Signalgröße schwankt für die in der Katasterphotogrammetrie üblichen Bildmaßstäbe zwischen 10 und 20 cm (siehe Abschnitt 9.5.1.2 und Gleichung (2.2-1)). Die Deckfläche und die Seitenflächen der **alten Grenzsteine** streicht man mit Signalfarbe an, wobei man die Seitenflächen nur oben mit einem wenige Zentimeter breiten Rand bestreichen darf. Verschiedenenorts verwendet man auch Plastikplatten, die auf die Deckflächen der Steine geklebt oder mit Metallnadeln neben den Steinen im Boden befestigt werden. Die Signalisierungsarten mit den Plastikplatten bergen die Gefahr in sich, daß die Plastikscheibe nicht zentrisch über dem Grenzstein sitzt. Die terrestrischen Kontrollbeobachtungen, auf die noch eingegangen wird, sind deshalb zwischen den Grenzpunkten und nicht zwischen den Signalplatten zu messen.

Kunststoffmarken eignen sich dagegen wesentlich besser für die photogrammetrische Vermessung. Ihre Oberfläche kann farblich so gestaltet sein, daß keine zusätzliche Signalisierung erforderlich ist. Braucht man für kleinere Bildmaßstäbe größere Signale als die Köpfe der Kunststoffmarken, kann auf die Kunststoffmarke mit einem Druckknopf eine Plastikscheibe (zentrisch) angeheftet werden.

Grenzpunkte in **sichttoten Räumen** (Bäume, Häuser etc.) können über signalisierte Hilfspunkte (Fälle d und e der Figur B 2.2-1 und ähnliche Konfigurationen) ebenfalls einer photogrammetrischen Koordinatenermittlung zugänglich gemacht werden. Diese indirekte photogrammetrische Punktbestimmung darf aber - wegen des großen Aufwandes - nicht übertrieben werden. Es ist wirtschaftlicher, sichttote Bereiche mit **lokalen terrestrischen Vermessungen** aufzunehmen und die Überführung ins Landeskoordinatensystem mit Hilfe von signalisierten und photogrammetrisch bestimmten Punkten, die auch in die lokale terrestrische Vermessung einbezogen werden, zu machen. Auf diese Weise entsteht eine Kombination zwischen terrestrischer und photogrammetrischer Punktbestimmung.

In einer kombinierten photogrammetrisch-terrestrischen Katastervermessung **überträgt man auch die Kontrolle den terrestrischen Methoden**. Man mißt mit einem Maßband kurze

Sperrmaße zwischen den Grenzpunkten, wobei zu jedem Grenzpunkt mindestens zwei Sperrmaße, die im Idealfall senkrecht aufeinander stehen sollten, gehören. Sind die Punktabstände zwischen den Grenzpunkten größer als etwa 20 m, dann signalisiert man - etwa auf Pflöcken - in der Nähe der Grenzpunkte Hilfspunkte, die in die Sperrmaßmessung einbezogen werden. Die Sperrmaßmessung kann man erheblich reduzieren, wenn man auch die Anordnung von drei Punkten in einer Geraden oder die Messung des Abstandes eines Punktes von einer Geraden durch zwei andere Punkte als Kontrollelemente heranzieht. Photogrammetrische Doppel- oder Dreifachmessungen werden dagegen nicht als durchgreifende Kontrolle anerkannt. Ist nämlich zum Beispiel ein Signal verschmutzt und in der Nähe ein kleines Objekt, das sich kontrastreich von der Umgebung abhebt, wird der photogrammetrische Operateur auch mehrmals den falschen Punkt anmessen.

Mit den **terrestrischen Messungen** wird aber nicht nur die photogrammetrische Punktbestimmung kontrolliert; durch ihre Einbeziehung in die Ausgleichung - nach dem Ansatz des Abschnittes B 3.5.3 - erfolgt auch eine beachtliche **Genauigkeitssteigerung**, und zwar vor allem der in der Katastervermessung wichtigen Nachbargenauigkeit. Theoretische und empirische Untersuchungen[1] haben gezeigt, daß die mittleren Koordinatenfehler durch die Einbeziehung sehr genauer terrestrischer Meßelemente etwa um den Faktor $1/\sqrt{2}$ verkleinert werden.

9.5.1.2 Wahl des Bildmaßstabes in Abhängigkeit von der geforderten Genauigkeit

Der wichtigste Parameter für den Bildflug ist der Bildmaßstab. Er ergibt sich in der Katasterphotogrammetrie aus den gestellten Genauigkeitsanforderungen, die sehr unterschiedlich formuliert sein können. Wir beschränken uns auf zwei dieser unterschiedlichen Formulierungen:

a) **Streckendifferenz als Fehlerschranke**

In diesem Fall ist eine Fehlerschranke (= zulässiger Maximalfehler) für die **Differenz ΔS** von zwei Strecken vorgegeben. Die eine Strecke S_p sei aus den photogrammetrisch bestimmten Koordinaten gerechnet und die andere Strecke S_t sei terrestrisch direkt gemessen oder aus Koordinaten berechnet, die terrestrisch bestimmt wurden. Die **Fehlerschranke** ΔS_{max} ist häufig in folgender Weise definiert:

[1] Kraus, K.: AVN 80, 3-19, 1973.

$$\Delta S_{max} = a_1 S + a_2\sqrt{S} + a_3 \geq |S_p - S_t| \tag{9.5-1}$$

Dabei sind a_i Koeffizienten, die in Abhängigkeit zum Beispiel vom Bodenwert gewählt werden. Da die Genauigkeit der Photogrammetrie unwesentlich von der Entfernung S abhängt, muß man sich bei der Wahl des Bildmaßstabes nur mit Koeffizienten a_3, d.h. mit unendlich kurzen Entfernungen, auseinandersetzen. Der Zusammenhang zwischen dem mittleren photogrammetrischen Streckenmeßfehler σ_{sp} und dem mittleren terrestrischen Streckenmeßfehler σ_{st} sowie der maximal erlaubten Streckendifferenz $\Delta S_{max} = a_3$ lautet, wobei der Maximalfehler als dreifacher mittlerer Fehler angenommen wurde:

$$a_3 = 3\sqrt{\sigma_{sp}^2 + \sigma_{st}^2} \tag{9.5-2}$$

Der mittlere Fehler σ_{sp} der Strecken, die aus photogrammetrischen Koordinaten abgeleitet werden, hängt linear von der Bildmaßstabszahl m_b ab:

$$\sigma_{sp}\,[cm] = \frac{m_b\sqrt{2}\; 4\,[\mu m]}{\sqrt{2}\; 10000} = \frac{m_b}{2500} \tag{9.5-3}$$

4 μm	...	mittlerer Koordinatenfehler einer Bündelblockausgleichung mit zusätzlichen Parametern für signalisierte Punkte bezogen auf das Bild (Abschnitt 5.2.4).
$\sqrt{2}$ im Zähler	...	Übergang vom Koordinatenfehler auf den Streckenfehler.
$\sqrt{2}$ im Nenner	...	Genauigkeitssteigerung durch die Einbeziehung der terrestrischen Kontrollelemente in die Ausgleichung (siehe Ende des Abschnittes 9.5.1.1).

Der mittlere Fehler σ_{st} der kurzen, terrestrisch gemessenen Strecken kann direkt aus dem Koeffizienten a_3 abgelesen werden, denn a_3 entspricht auch der Fehlerschranke für die Differenz von **zwei** unabhängigen terrestrischen Streckenmessungen:

$$\sigma_{st} = \frac{a_3}{3\sqrt{2}} \tag{9.5-4}$$

Durch Einsetzen von den Beziehungen (9.5-3) und (9.5-4) in die Gleichung (9.5-2) folgt für die Bildmaßstabszahl:

$$m_b = \frac{2500\; a_3\,[cm]}{3\sqrt{2}} \approx 600\; a_3\,[cm] \tag{9.5-5}$$

ZAHLENBEISPIEL A: Für landwirtschaftlich genutzte Grundstücke betrage der Koeffizient a_3 der Fehlerschranke 10 cm. Welche Bildmaßstabszahl m_b ist zu wählen, damit diese Fehlerschranke bei terrestrischen Folgevermessungen auf der Grundlage der photogrammetrisch bestimmten Koordinaten eingehalten wird?

$$(9.5\text{-}5):\ m_b = 600 \cdot 10 = 6000$$

AUFGABE 9.5-1: Man leite die Formel (9.5-5) unter der Annahme ab, daß auf die Einbeziehung der terrestrischen Kontrollelemente in die Ausgleichung verzichtet wird, und man wiederhole mit der neuen Beziehung das eingeführte Zahlenbeispiel.

b) **Punktdifferenz als Fehlerschranke**

In diesem Fall ist eine Fehlerschranke (= zulässiger Maximalfehler) für die **Differenz** ΔP von zwei unabhängigen Bestimmungen des gleichen Punktes vorgegeben. Wenn man die Erst- und die Zweitbestimmung mit dem gleichen mittleren Punktfehler durchführt, ergibt sich folgender Zusammenhang zwischen der **Fehlerschranke** ΔP_{max} und dem mittleren Punktfehler σ_p für die photogrammetrische Punktbestimmung:

$$\Delta P_{max} = 3\sqrt{2}\,\sigma_p \tag{9.5-6}$$

Der mittlere photogrammetrische Punktfehler σ_p hängt linear von der Bildmaßstabszahl m_b ab:

$$\sigma_p\,[cm] = \frac{m_b \sqrt{2}\; 4\,[\mu m]}{\sqrt{2}} = \frac{m_b}{2500} \tag{9.5-7}$$

4μm und $\sqrt{2}$ im Nenner	...	siehe Erläuterungen zu Gleichung (9.5-3)
$\sqrt{2}$ im Zähler	...	Übergang vom Koordinatenfehler auf den Punktfehler.

Durch Einsetzen von Beziehung (9.5-7) in die Gleichung (9.5-6) folgt für die Bildmaßstabszahl:

$$m_b = \frac{2500 \cdot \Delta P_{max}\,[cm]}{3\sqrt{2}} \approx 600\;\Delta P_{max}\,[cm] \tag{9.5-8}$$

Wie der Vergleich mit der Beziehung (9.5-5) zeigt, führt die scheinbar unterschiedliche Ausgangssituation mit der Streckendifferenz und der Punktdifferenz als Fehlerschranke zum gleichen Ergebnis.

ZAHLENBEISPIEL B: In der Vermessungsverordnung Österreichs ist die Fehlerschranke für zwei unabhängige Bestimmungen ein und desselben Punktes mit ± 14 cm Lagedifferenz festgehalten. Diese amtlich festgelegte Genauigkeit wird mit der Katasterphotogrammetrie eingehalten, wenn man folgende Bildmaßstabszahl nicht überschreitet:

$$(9.5\text{-}8):\ m_b = 600 \cdot 14 = 8400.$$

Zu den Flugparametern ist noch zu bemerken, daß die Katastervermessung (bisher noch) ein zweidimensionales Problem ist und deshalb die Höhengenauigkeit keine Rolle spielt. Da die

Lagegenauigkeit vom Kameratyp unabhängig ist, wird man in der Katasterphotogrammetrie bevorzugt **Kameras mit langen Brennweiten** einsetzen. Bei steilerem Einblick gibt es nämlich weniger sichttote Räume neben Häusern, Bäumen etc.

9.5.1.3 Photogrammetrische Messungen und Berechnungen

Die hohen Genauigkeitsansprüche für die Grenzpunktvermessung verlangen, daß die Bildkoordinaten in sehr präzisen Auswertegeräten gemessen werden und anschließend eine Bündelblockausgleichung mit zusätzlichen Parametern (Abschnitt B 5.2.4) berechnet wird. Diese Verfahrensweise garantiert eine mittlere Koordinatengenauigkeit von $\pm 3\ \mu m$ bis $\pm 4\ \mu m$ im Bild (Abschnitt B 5.2.3). Diese Lagegenauigkeit ist auch repräsentativ für den ganzen Block, wenn ein mit **Paßpunkten dicht besetzter Blockrand** gewählt wird (Abschnitt A 5.2.3.1). Obwohl die **Paßpunkte im Blockinneren** kaum einen Beitrag zur Genauigkeitssteigerung leisten (Figur A 5.2-11), wird man die bereits vorhandenen Paßpunkte des amtlichen Festpunktfeldes im Blockinneren signalisieren und im Meß- und Rechenprozeß berücksichtigen. Dadurch wird die Kontrolle des photogrammetrischen Blockes verbessert, und es entstehen keine Inhomogenitäten an diesen Festpunkten.

Mit der **Höhenpaßpunktanzahl** kann man verhältnismäßig großzügig sein. Die Höhe muß im Block nur so genau ermittelt werden, daß die Auswirkung der Schräglage des jeweiligen Modelles innerhalb der angegebenen Lagegenauigkeit von $\pm 4\ \mu m$ bleibt. Aus diesen Randbedingungen kann entsprechend Figur A 5.2-1 der einzuhaltende Höhenfehler des Blockes abgeschätzt werden (die älteren Auflagen dieses Buches enthalten ein Beispiel).

Die Paßpunkte stammen häufig aus einem älteren Netz, dessen Genauigkeit wesentlich schlechter ist als die Genauigkeit der heutigen photogrammetrischen Punktbestimmung. Aus fehlertheoretischen Gründen sind deshalb in die Bündelblockausgleichung mit zusätzlichen Parametern die **Paßpunkte als verbesserungsbedürftige Beobachtungen** einzuführen (Abschnitt B 3.5.4). Eine charakteristische Verteilung der Verbesserungen an älteren amtlichen "Festpunkten" nach einer Blockausgleichung zeigt Figur 9.5-1.

Die Systematik in diesem Vektorfeld ist ein Indikator für **Spannungen im amtlichen Festpunktfeld**. In Fortsetzung der fehlertheoretischen Überlegungen wären für die Paßpunkte die alten amtlichen Koordinaten durch die ausgeglichenen Koordinaten der Bündelblockausgleichung zu ersetzen. Die Koordinaten der Paßpunkte würden sich deshalb nach jeder Blockausgleichung verbessern (**"dynamische" Netzausgleichung**), d.h. auch immer wieder ändern. Eine solche "Dynamisierung" würde allerdings auf große administrative Probleme

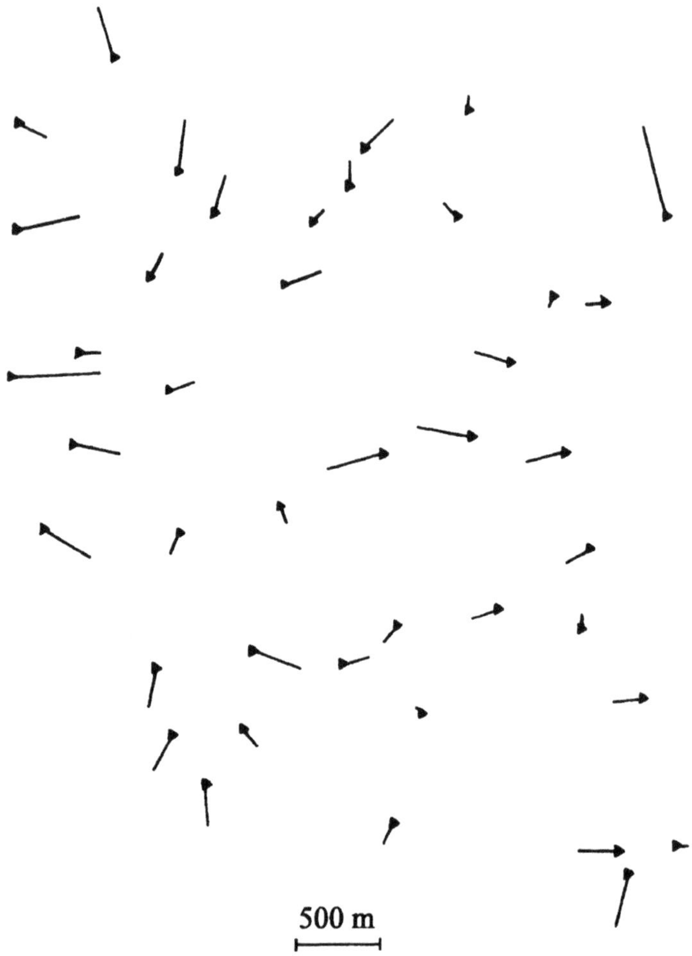

Figur 9.5-1: Verbesserungen an den Paßpunkten nach der Blockausgleichung[1]

stoßen: Man ist gezwungen, die Koordinaten des amtlichen Festpunktfeldes über größere Zeiträume nicht zu verändern. Wenn das Vektorfeld der Verbesserungen - wie in Figur 9.5-1 - aber systematische Anteile enthält, ist die für die Katastervermessung wichtige Nachbargenauigkeit an den amtlichen Festpunkten empfindlich gestört.

Man braucht deshalb einen Algorithmus, mit dem das photogrammetrische Punktfeld nach der Blockausgleichung so deformiert werden kann, daß der neue Punkthaufen - bis auf die unregelmäßigen Fehler des neuen Punkthaufens - nahtlos mit den amtlichen Festpunkten zusammenpaßt. Ein solcher Algorithmus ist zum Beispiel die **Interpolation nach kleinsten**

---

[1] Diese Figur und die Figuren 9.5-2 und 9.5-3 sind entnommen aus Kraus, K.: Na.Ka.Verm. Reihe I, Heft 53, 73-98, 1971.

Quadraten mit Filterung (Band 3). Dabei wird - für jede Koordinate getrennt - aus den Verbesserungen nach der Bündelblockausgleichung eine empirische Kovarianzfunktion ermittelt. (Für die Festlegung des Scheitelwertes und damit der Filterwirkung verwendet man zum Beispiel $\sigma_{X,Y} = \pm 4\ \mu m$ bezogen auf das Bild).

Das Ergebnis einer solchen Filterung ist in Figur 9.5-2 vektoriell dargestellt. Im Vergleich zu Figur 9.5-1 sind keine systematischen Herde mehr vorhanden.

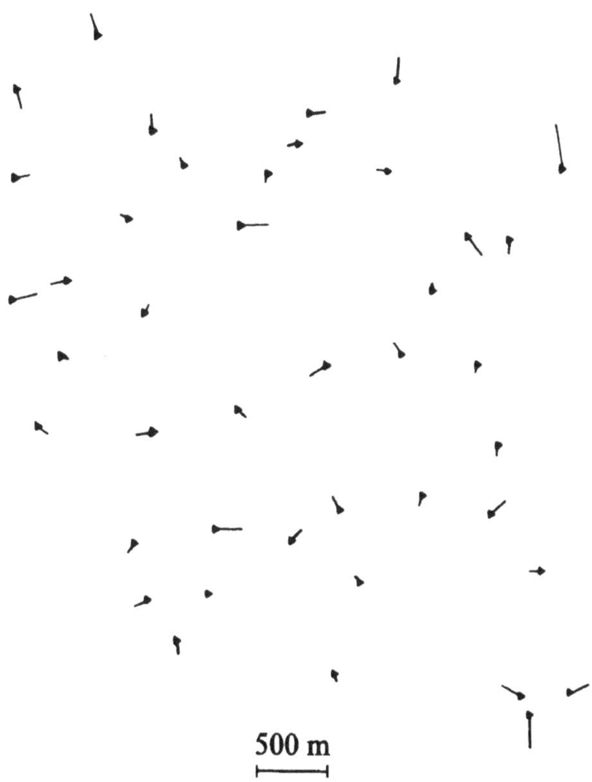

Figur 9.5-2: Verbesserungen an den Paßpunkten nach der Interpolation nach kleinsten Quadraten (= unregelmäßiger Anteil der ursprünglichen Verbesserungen)

Die Deformation des Punkthaufens, also der systematische Anteil im ursprünglichen Vektorfeld ist in Figur 9.5-3 für einen schematischen Raster und für die Paßpunkte kartiert.

Das Beherrschen der Netzspannungen mittels der Interpolation nach kleinsten Quadraten kann aber nur als ein Hinausschieben des Problems angesehen werden: Man sollte die gemessenen Bildkoordinaten archivieren bis zu einem Zeitpunkt, an dem eine **Wiederholung der Bündelblockausgleichung mit einem neuzeitlichen weitmaschigen Festpunktfeld ohne Netzspannungen** möglich ist.

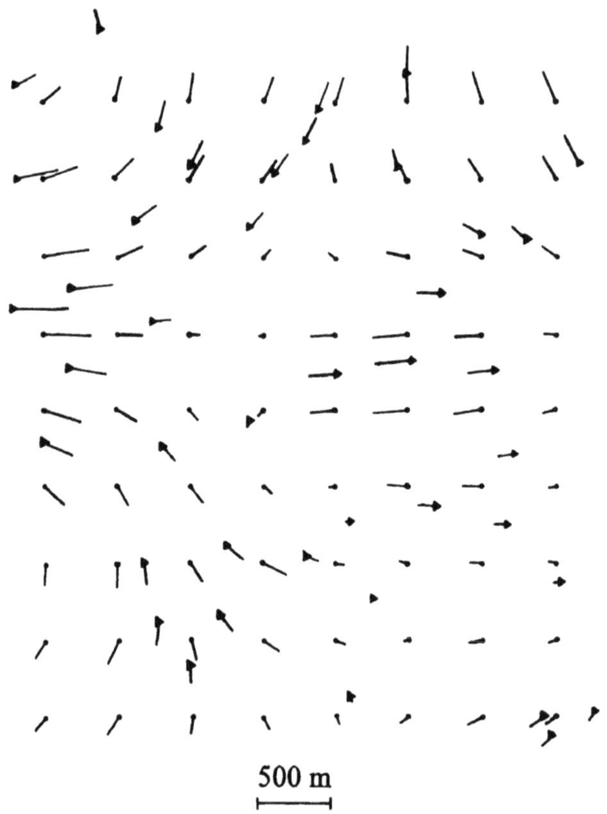

Figur 9.5-3: Deformation des Punkthaufens durch die Interpolation nach kleinsten Quadraten (= systematischer Anteil der ursprünglichen Verbesserungen)

Wie bereits angedeutet, sollen die terrestrisch gemessenen **Kontrollelemente** auch **in die Koordinatenermittlung** zur Steigerung der Nachbargenauigkeit einfließen. Die Theorie für solche zusätzliche Beobachtungen im Rahmen der Bündelblockausgleichung wurde in den Abschnitten B 3.5.3 und B 3.5.5.2 bereits gebracht. Allerdings darf nicht übersehen werden, daß durch die zusätzlichen Beobachtungen der Rechenaufwand für die Bündelblockausgleichung stark erhöht würde, ohne daß für die simultane Bestimmung der Elemente der äußeren Orientierung - die Hauptaufgabe der Bündelblockausgleichung - ein nennenswerter Beitrag geleistet würde. Dagegen kann bei einer zweistufigen Ausgleichung, wie sie in den älteren Auflagen dieses Lehrbuches erläutert wurde, der Rechenaufwand erheblich reduziert werden. Da nur eng benachbarte Punkte durch die terrestrischen Kontrollmaße verknüpft werden, ist auch aus theoretischen Gründen eine zweistufige Lösung angebracht. Die erste Ausgleichungsstufe ist eine Bündelblockausgleichung mit zusätzlichen Parametern ohne Einbeziehung der terrestrischen Kontrollelemente; die Landeskoordinaten nach dieser Ausgleichung sind verbesserungsbedürftige Beobachtungen für eine zweite Ausgleichung, in der die terrestrischen Meßelemente berücksichtigt werden. Sind zusätzlich Netzspannungen vorhanden, ist zwischen den beiden Ausgleichungen die bereits erläuterte Interpolation nach kleinsten Quadraten einzuschieben. Die Problemstellung der zweiten Ausgleichung ist vergleichbar mit der numerischen Nachbehandlung digitalisierter Objekte, von denen Gestaltinformationen bekannt sind (Band 3).

In älteren Auflagen dieses Lehrbuches ist auch die Problematik skizziert, daß **früher** - aus heutiger Sicht - mit unzureichenden Mitteln photogrammetrische Punktbestimmung betrieben wurde und daß man **heute** im Kataster mit diesen ungenauen Koordinaten ungeliebterweise leben muß. In den älteren Auflagen dieses Lehrbuches wurden auch die verschiedenen Varianten der photogrammetrischen Katastervermessung, nämlich die **Katasterneuvermessung** und die **vereinfachte Katasterneuvermessung**, angegeben.

Dieses Kapitel soll mit einem Hinweis auf die Konkurrenzsituation zwischen elektronischer Tachymetrie und Photogrammetrie abgeschlossen werden. Die **photogrammetrische Grenzpunktvermessung** ist nur bei

- sehr großen Punktmengen (> 1000 Grenzpunkte),
- guten Einsichtmöglichkeiten aus der Luft und
- guten Voraussetzungen für die Signalisierung (am besten Kunststoffmarken)

wirtschaftlich. Die Verhältnisse können sich aber rasch zugunsten der Photogrammetrie ändern, wenn

- für die elektronische Tachymetrie ungünstige Sichtverhältnisse, aber aus der Luft günstige Sichtverhältnisse bestehen, oder
- nicht nur die relativ wenigen Grenzpunkte sondern zusätzlich andere Objekte (Topographie, Gebäude, Verkehrseinrichtungen etc.) zu vermessen sind.

9.5.2 Verdichtung des Festpunktfeldes

Aufgrund der günstigen Lagegenauigkeit eines photogrammetrischen Blockverbandes kann die Photogrammetrie auch zur Verdichtung des Festpunktfeldes eingesetzt werden. Da die **Genauigkeit** - bei dicht mit Paßpunkten besetztem Blockrand und Bündelblockausgleichung mit zusätzlichen Parametern - nahezu unabhängig von der Blockgröße $\pm 3\ \mu m$ bis $\pm 4\ \mu m$ bezogen auf das Bild beträgt, kann durch Vergrößerung des Bildmaßstabes nahezu jede gewünschte Genauigkeit der photogrammetrisch bestimmten Festpunkte erreicht werden. In der Praxis strebt man heute in den besiedelten Gebieten eine Koordinatengenauigkeit von etwa ± 1.5 cm an; sie ergibt sich mit einem Bildmaßstab zwischen 1:3750 und 1:5000. In den ländlichen Bereichen ist eine geringere Genauigkeit des Festpunktfeldes ausreichend.

Auf jeden Fall muß gewährleistet sein, daß die Genauigkeit des Festpunktfeldes höher ist als die Genauigkeit der Detailpunkte, die später vom Festpunktfeld aus eingemessen oder abgesteckt werden sollen. Für die Genauigkeit der Grenzpunkte gibt es meistens Fehlerschranken, die im Abschnitt 9.5.1.2 erläutert wurden. Eine verfeinerte Theorie zu diesem Problemkreis ging von Holland[1] aus.

Zur **Signalisierung** der photogrammetrisch zu vermessenden Festpunkte ist zu dem im Abschnitt 9.5.1.1 Gesagten noch hinzuzufügen, daß sich im Stadtgebiet von Wien die sogenannten **Gabelpunkte** (Bild 9.5-4) sehr bewährt haben. In Mauern sind zwei Eisenanker mit einem Loch in einer Höhe von etwa 20 - 40 cm über dem Boden eingelassen. Eine zweiarmige "Gabel" kann in die Löcher der beiden Anker kurzfristig eingesetzt werden und bildet dann ein gleichschenkeliges Dreieck, an dessen Spitze die Lage des Festpunktes definiert ist. Der indirekt vermarkte Festpunkt kann problemlos mit Farbe, die mittels einer Schablone aufgetragen wird, signalisiert werden. Diese Vermarkung ist erfahrungsgemäß sehr stabil; ein solcher Punkt eignet sich auch gut für terrestrische Anschlußmessungen.

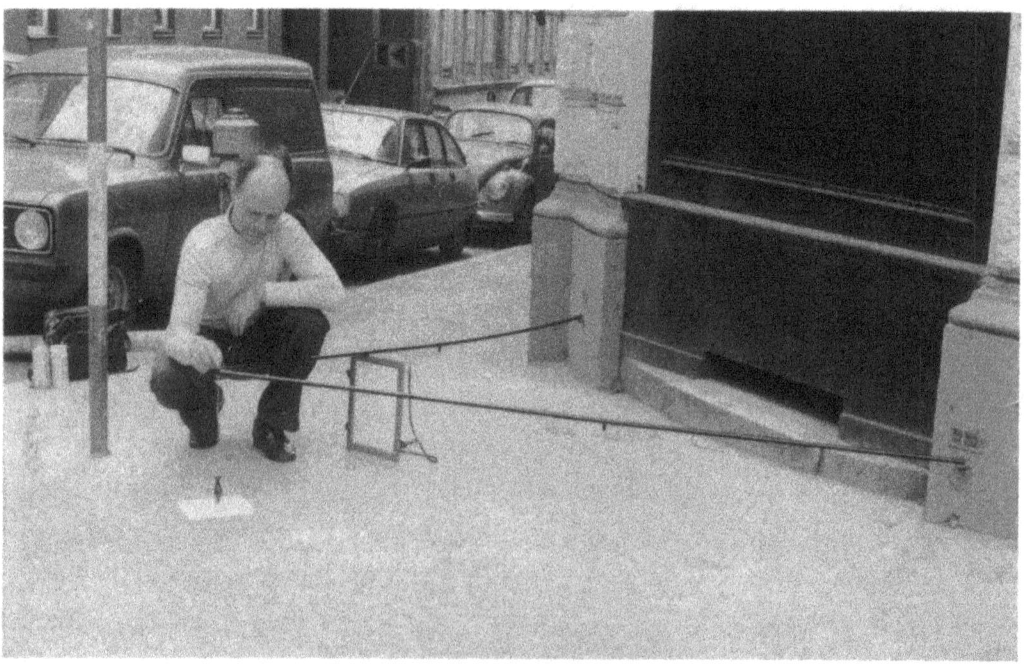

Bild 9.5-4: Gabelpunkt

[1] Clerici, E.: Phia 38, 219-226, 1983.

Die **Kontrolle** der photogrammetrischen Festpunktvermessung geschieht oft mit einer symmetrischen Signalisierung von zwei Hilfspunkten. Die Koordinaten des zentral liegenden Festpunktes ergeben sich ein zweites Mal aus dem Mittel der beiden Hilfspunkte.

Sofern für die **Festpunkte auch die Höhen** anzugeben sind, sind eventuell in Abständen von einigen Modellen Ketten von Höhenpaßpunkten quer zur Flugrichtung anzuordnen oder es ist eine GPS-gestützte Aerotriangulation durchzuführen.

Zur Beseitigung der **Netzspannungen** im übergeordneten Festpunktfeld kann auch die Interpolation nach kleinsten Quadraten nützlich sein (Abschnitt 9.5.1.3).

Ausgehend vom übergeordneten trigonometrischen Netz wurde die Photogrammetrie zum Beispiel in Bayern[1] und Niedersachsen[2] für eine Verdichtung zu einem Netz mit etwa 100 m Punktabstand verwendet. Dieses engmaschige Netz ist die Basis für die Katasterneuvermessung, für die vereinfachte Katasterneuvermessung und für die **Einmessung der Versorgungseinrichtungen (Leitungskataster)**. Für den Leitungskataster werden übrigens gegenwärtig in Österreich im Auftrag der Post- und Telegraphenverwaltung sehr viele natürliche Punkte aus sehr großmaßstäbigen Luftbildern bestimmt, die als Bezugspunkte zum (späteren) terrestrischen Einmessen der Leitungen dienen. Eine andere Anwendung der photogrammetrischen Festpunktverdichtung wird aus Kanada[3] berichtet. Dort wurde die Verdichtung des Netzes zweiter Ordnung auf das Netz dritter Ordnung photogrammetrisch durchgeführt.

9.5.3 Grenzfeststellung aus Amateur- und Luftaufnahmen

Eine Anwendung der Photogrammetrie ganz anderer Art ist die Grenzfeststellung mit alten Amateuraufnahmen und alten Luftaufnahmen.

Bei Streitigkeiten um Eigentumsgrenzen tauchen häufig alte **Amateurphotos** (aus dem Familienalbum) als Beweismittel auf. Diese alten Amateuraufnahmen zeigen Grenzeinrichtungen (zum Beispiel Zäune und Mauern), die in der Örtlichkeit nicht mehr vorhanden und deshalb für die Entscheidung über den Grenzverlauf zu rekonstruieren sind. Für die Auswertung der Amateuraufnahmen müssen einige Paßpunkte identifiziert und vor Ort

---

[1] Dörschel, R.: Mitblatt DVW-Bayern 34, 374-398, 1982.

[2] Neisecke, O.: ZfV 106, 597-606, 1981.

[3] Leupin, M. und Monvoisin, P.: ZfV 106, 316-321, 1981.

eingemessen werden. Ein Bündelblockausgleich mit Selbstkalibrierung liefert dann für die Objektpunkte die gesuchten Koordinaten im Koordinatensystem der terrestrischen Paßpunkte.

Das Bild 9.5-5 zeigt eine von neun Amateuraufnahmen aus einem praktischen Beispiel, bei dem der Verlauf des Maschendrahtzaunes und der der gegenüberliegenden Mauer in der Örtlichkeit abzustecken waren. Da keine Negative verfügbar waren, mußte für jedes Papierbild eine individuelle innere Orientierung in die Ausgleichung eingeführt werden. Die Kamerakonstante schwankte zwischen 100 und 133 mm. In Bereichen, in denen der Bildinhalt noch mit der Örtlichkeit übereinstimmte, wurden 21 Paßpunkte tachymetrisch eingemessen. Die Genauigkeit, bezogen auf die Papierbilder, betrug ± 0.17 mm, das entsprach ± 2 cm in der Natur.

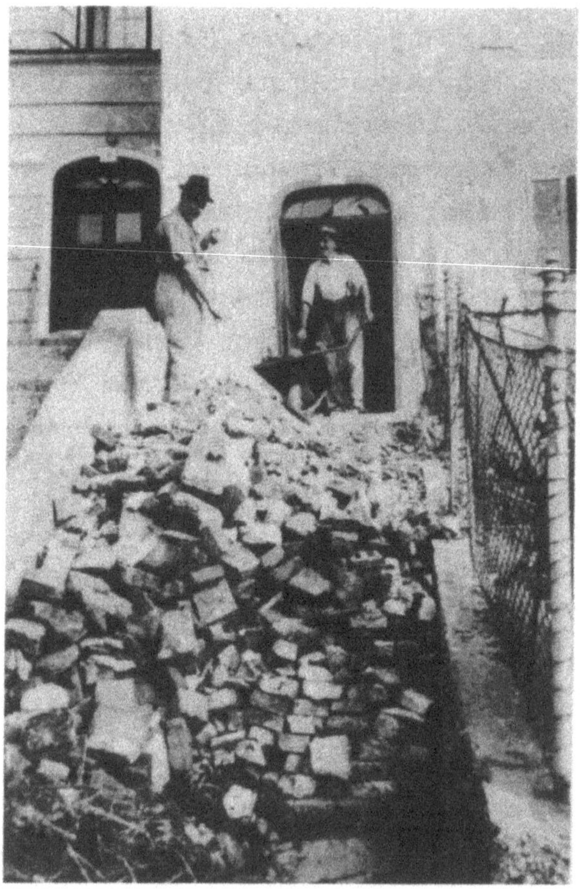

Bild 9.5-5: Eine der neun Amateuraufnahmen für eine Grenzfeststellung

Auch **alte Luftaufnahmen** gewinnen im Kataster immer mehr Bedeutung zur Klärung von Grenzstreitigkeiten. Eine alte Luftaufnahme zeigt in objektiver Weise die Besitzverhältnisse, soweit Grenzeinrichtungen (z. B. Zäune, Bäume, Gebäude) zum Zeitpunkt der Luftaufnahme vorhanden oder an beiden Seiten der Grenze unterschiedliche Nutzungen gegeben waren. Da es sich meistens um verhältnismäßig wenig Punkte handelt, deren Lage gesucht ist, mißt man in der Regel nur Bildkoordinaten und setzt mit einer Bündelblockausgleichung fort. Sie eröffnet auch die Möglichkeit, Luftaufnahmen, die nicht mit Meßkameras hergestellt wurden, in die Auswertung einzubeziehen. Die Bündelblockausgleichung ist in vielen Fällen erst durch eine **Verknüpfung der alten Luftbilder mit neuen Luftbildern**, von denen Paßpunkte bekannt sind, lösbar.

Sowohl für die Auskunft, von wo und aus welcher Zeit Luftaufnahmen existieren, als auch für die Frage der Paßpunkte aus neuzeitlichen Befliegungen ist ein Informationssystem von Nutzen, in dem alle Bildflüge eines Landes mit vielen Kenngrößen gespeichert sind und für vielfältige Abfragen permanent zur Verfügung stehen. Ein solches **Luftbildarchiv** hat eine weit über diese enge Aufgabenstellung hinausgehende Bedeutung. Es ist häufig eine Fundgrube an historischen Informationen über die natürliche und künstliche Landschaft. Solche historische Dokumente können ein Anhaltspunkt für die Korrektur von Fehlentwicklungen sein, die nach dem jeweiligen Aufnahmezeitpunkt eingetreten sind.

9.6 Deformationsmessungen und Soll-Ist-Vergleiche

Das erste Beispiel (Abschnitt 9.6.2) ist ein Soll-Ist-Vergleich im Hochbau. Anschließend (Abschnitt 9.6.3) wird ein Soll-Ist-Vergleich kombiniert mit einer Deformationsmessung - angewandt auf ein Brückentragwerksteil - gebracht. Das dritte Beispiel (Abschnitt 9.6.4), eine Deformationsmessung, stammt aus der Zahnmedizin. Aus der Literatur gibt es auch Berichte über Deformationsmessungen mit kleinen Bildmaßstäben, wie sie für die Luftbildmessung üblich sind[1]. Bevor die angekündigten Beispiele erläutert werden, sollen allgemeine Bemerkungen zur Deformationsmessung an Hochbauten und allgemeine Bemerkungen zur Sicherheit einer Deformationsaussage gemacht werden.

9.6.1 Allgemeines zur photogrammetrischen Deformationsmessung

Zur **Überwachung von Hochbauten** im Hinblick auf verschiedene Einflüsse (Wind an Hochbauten, Aufwärmung von Kühltürmen, etc.) wird das jeweilige Bauwerk in gewissen zeitlichen Abständen photogrammetrisch vermessen. Der große **Vorteil der Photogrammetrie** ist dabei, daß die **Aufnahme** aller Punkte **in sehr kurzer Zeit geschieht**.

---

[1] Fraser, C.: Ph. Eng. 49, No. 11, 1983, und Autoren der ETH Lausanne: Verm. Photogr. Kulturt., Heft 11, 341-358, 1982.

Die Differenzen der Koordinaten zwischen zwei Zeitpunkten liefern die Deformationen innerhalb eines Zeitabschnittes. Dabei ist einerseits zu beachten, inwieweit noch **grobe Meßfehler die Koordinatendifferenzen beeinflussen** können (= äußere Zuverlässigkeit entsprechend Abschnitt 7.2.1.3), und andererseits sind die Koordinatendifferenzen ins Verhältnis zu ihren mittleren Fehlern zu setzen. Ist dieses sogenannte **Signal/Rauschverhältnis mindestens 10**, kann ohne umfangreiche statistische Tests eine Deformation angenommen werden. Auch bei einem Signal/Rauschverhältnis von 5 kann noch mit beachtlicher Wahrscheinlichkeit eine Deformation vermutet werden.[1]

Ausgehend von einer Koordinatengenauigkeit von ± 1 mm, die bei Hochbauten mit einem Bildmaßstab von 1:200 erreicht wird (Abschnitt 9.7.1), würden die Koordinaten**differenzen** eine Genauigkeit von ± 1.4 mm besitzen, d.h. man könnte Deformationen von 14 mm mit Sicherheit und Deformationen von 7 mm mit großer Wahrscheinlichkeit mittels der photogrammetrischen Punktbestimmung feststellen. Bei dem Beispiel des Brückentragwerksteiles (Abschnitt 9.6.3) beträgt die mit großer Wahrscheinlichkeit feststellbare Deformation zwischen 0.5 mm und 2.5 mm.

Die photogrammetrische Deformationsmessung setzt voraus, daß das Bündelausgleichungsprogramm nicht nur die Koordinaten der Objektpunkte sondern auch ihre mittleren Fehler - nach Möglichkeit der gesamten Varianz-Kovarianzmatrix (Abschnitt B 4.5.1) - liefert. Nur dann können qualifizierte Methoden der **Deformationsanalyse** an das photogrammetrische Ergebnis anbinden.[2]

9.6.2 Dach des Wiener Praterstadions

Dieses 32 000 m^2 große Dach hat eine für die Zuschauer sehr vorteilhafte Konstruktion; es gibt nämlich keine sichtbehindernden Stützen auf der Spielfeldseite. Die etwa 800 Knoten der Stahlkonstruktion mußten in drei verschiedenen Konstruktionsphasen innerhalb von jeweils nur drei Stunden vor Ort meßtechnisch erfaßt werden. Dafür wurden jeweils 72 geneigte Weit- und Überweitwinkelaufnahmen in Bildmaßstäben zwischen 1:50 und 1:500 von Krankörben aus mit einer Zeiß-UMK- und einer Wild-P31-Kamera aufgenommen (Figur 9.6-1). Bild 9.6-2 ist eine solche Überweitwinkelaufnahme.

Unveränderliche Paßpunkte standen nur ebenerdig zur Verfügung. Zusätzlich wurden einerseits einige Polarstandpunkte mittels freier Stationierung gemessen und andererseits sechs räumliche Distanzen vor allem zwischen Neupunkten bestimmt. In einem der drei Bildverbände wurden etwa 5400 Bildpunkte am analytischen Auswertegerät Wild AC1 innerhalb von etwa 15 Stunden gemessen. Im Zuge der hybriden Ausgleichung waren etwa

---

1 Pelzer, H.: ZfV, Sonderheft 19, 31-62, 1976.

2 Niemeier, W.: Wissenschaftl. Arbeiten der Fachr. Vermessung der TU Hannover, Heft 88, 1979.

3000 Unbekannte zu bestimmen. Die aus der Ausgleichung sich ergebende Standardabweichung für eine Bildkoordinate von $\pm 10\ \mu m$ war ein guter Wert für die nichtsignalisierten Punkte. Die mittleren Fehler der Objektkoordinaten lagen zwischen ± 5 und ± 15 mm. Die Ergebnisse wurden auch graphisch präsentiert, ein wichtiger Arbeitsschritt in der Zusammenarbeit mit Nachbardisziplinen:

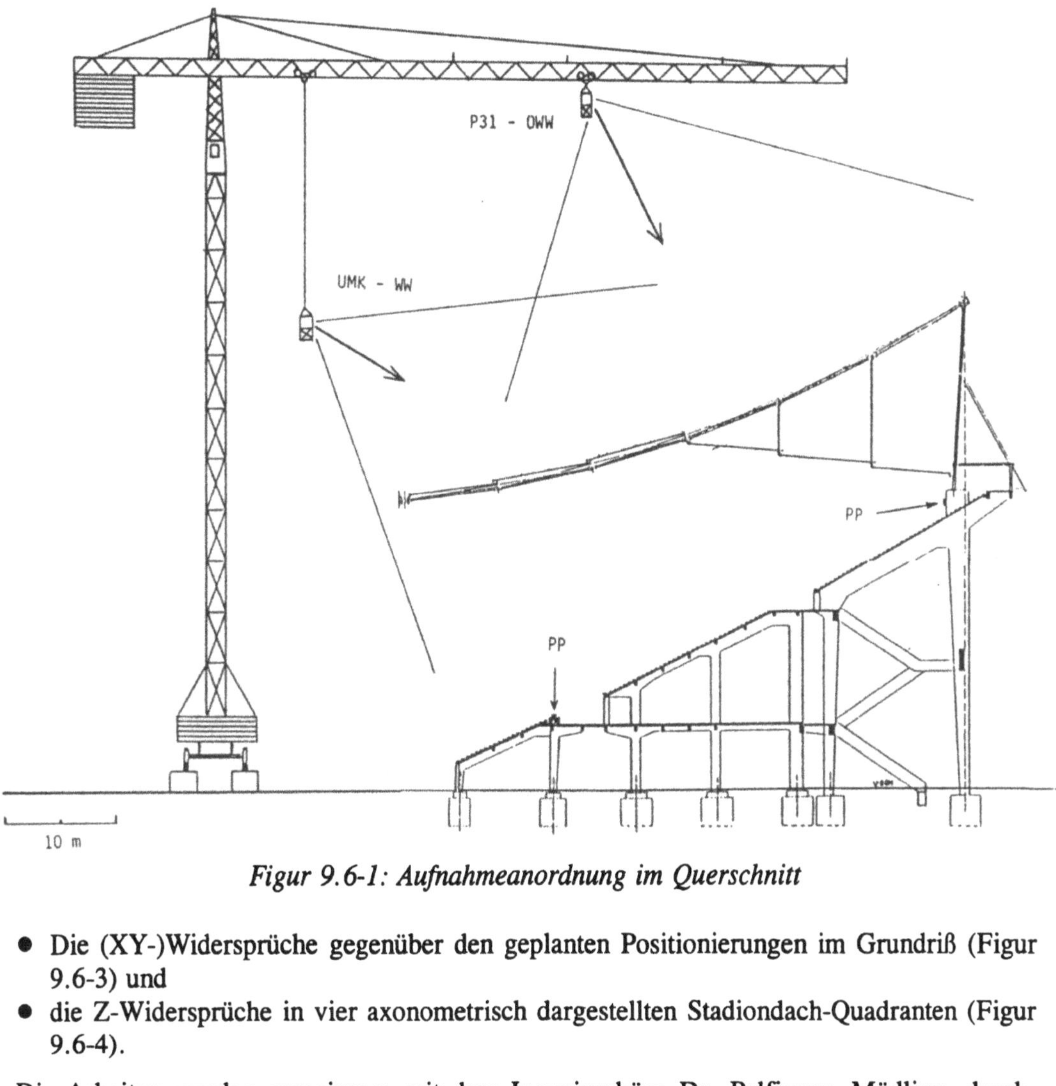

Figur 9.6-1: Aufnahmeanordnung im Querschnitt

- Die (XY-)Widersprüche gegenüber den geplanten Positionierungen im Grundriß (Figur 9.6-3) und
- die Z-Widersprüche in vier axonometrisch dargestellten Stadiondach-Quadranten (Figur 9.6-4).

Die Arbeiten wurden gemeinsam mit dem Ingenieurbüro Dr. Palfinger, Mödling, durchgeführt. Details sind in der einschlägigen Publikation zu finden[1]. Abschließend soll noch angemerkt werden, daß die Effizienz der Methode noch höher gewesen wäre, wenn man - bereits bei der Fertigung der Knotenelemente - eine adäquate Signalisierung angebracht hätte.

[1] Schlögelhofer, F.: ÖZ 74, 167-176, 1986.

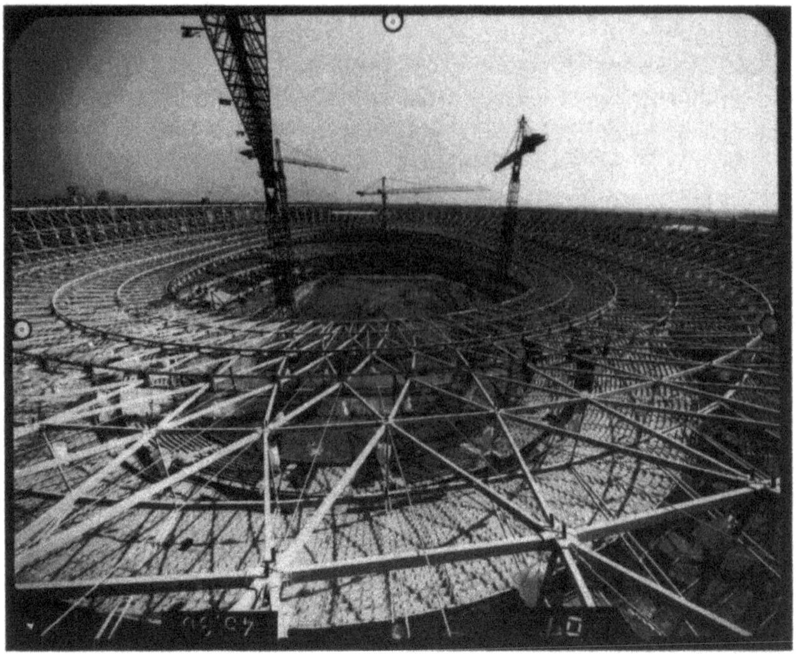

Bild 9.6-2: Übersichtsaufnahme mit der Wild-P31-ÜWW-Kamera

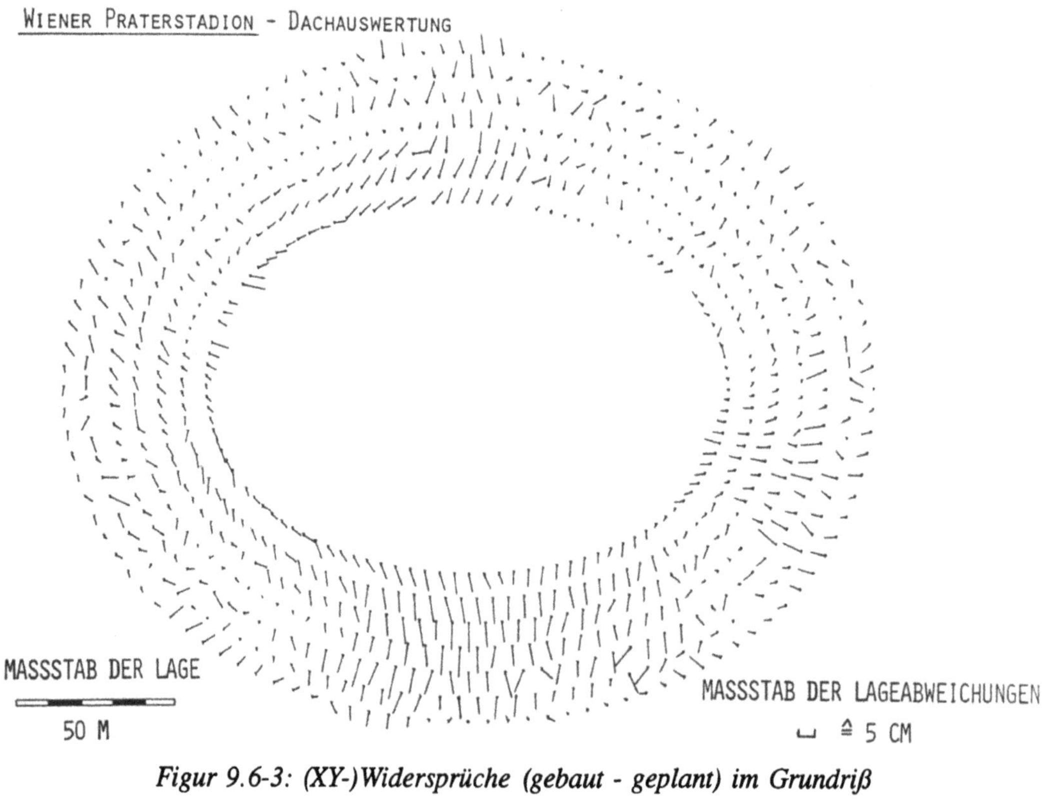

Figur 9.6-3: (XY-)Widersprüche (gebaut - geplant) im Grundriß

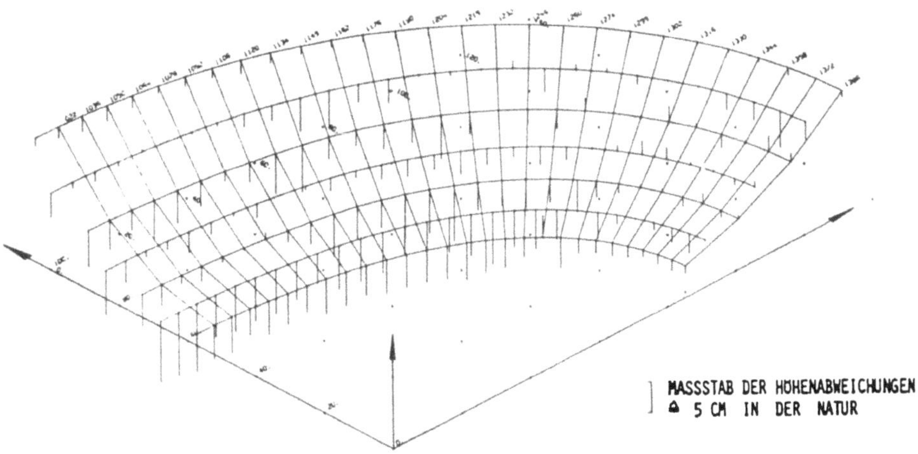

Figur 9.6-4: Z-Widersprüche (gebaut - geplant) in einem Quadranten des Stadiondaches

9.6.3 Bestimmung der Imperfektion und Deformationen an einem Brückentragwerksteil

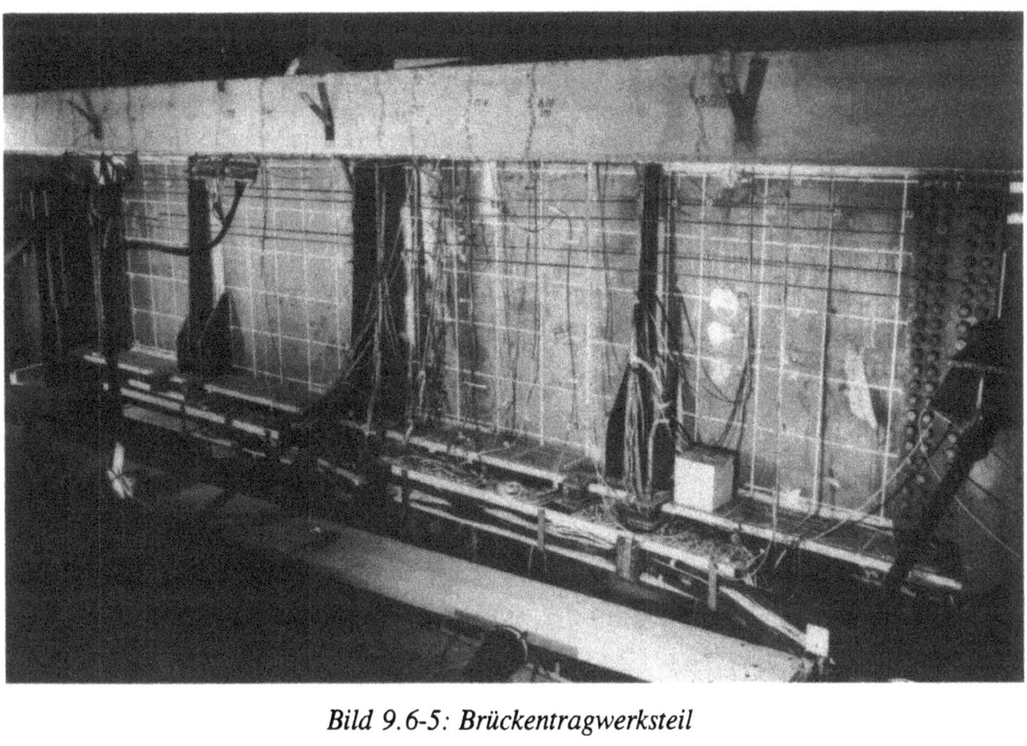

Bild 9.6-5: Brückentragwerksteil

Der im Bild 9.6-5 abgebildete Verbundtragwerksteil wurde am Stahlbaulabor der TU Wien (Dr. Schwarz) mehrmals vermessen, um einerseits die Abweichungen des Prüfkörpers gegenüber dem geplanten Zustand zu messen und um andererseits die Deformationen des Prüfkörpers in verschiedenen Laststufen zu bestimmen. Außerdem waren die Verteilung und die Ausbreitung der Risse in der Betonplatte festzuhalten. Von der Kranbrücke aus und von den Seiten wurden mit der Zeiss-UMK Weitwinkelaufnahmen hergestellt. Die Bildmaßstäbe reichten von 1:30 bis 1:45. Es wurden Signale als Verknüpfungspunkte verwendet. Zur exakten Horizontierung der Blöcke dienten nivellierte Punkte oben auf der Betonplatte; zusätzlich wurden mit einem kalibrierten Präzisionsmaßband einige räumliche Strecken gemessen. Außerdem wurden vier Vollpaßpunkte - im stabilen Bereich - bestimmt.

Die Ausgleichung der aus 18 Bildern bestehenden Bündelblöcke ergab bei gleichzeitiger Kamerakalibrierung (inklusive Verzeichnung) Standardabweichungen a posteriori von ± 4.4 μm im Bild. Die mittleren Fehler für die Objektkoordinaten variierten zwischen ± 0.07 mm und ± 0.35 mm. Den ca. 5400 Beobachtungen in einem Ausgleich standen ca. 1500 Unbekannte gegenüber.

Zuerst wurden in der Nullphase die Imperfektionen gegenüber dem digitalen Modell des geplanten Versuchskörpers berechnet und graphisch dargestellt (Figur 9.6-6). Anschließend wurden die Deformationen nach den einzelnen Belastungsstufen gegenüber der Nullphase ermittelt. Details sind in einer Diplomarbeit, die H. Fuss am I.P.F. im Jahre 1987 angefertigt hat, zu finden.

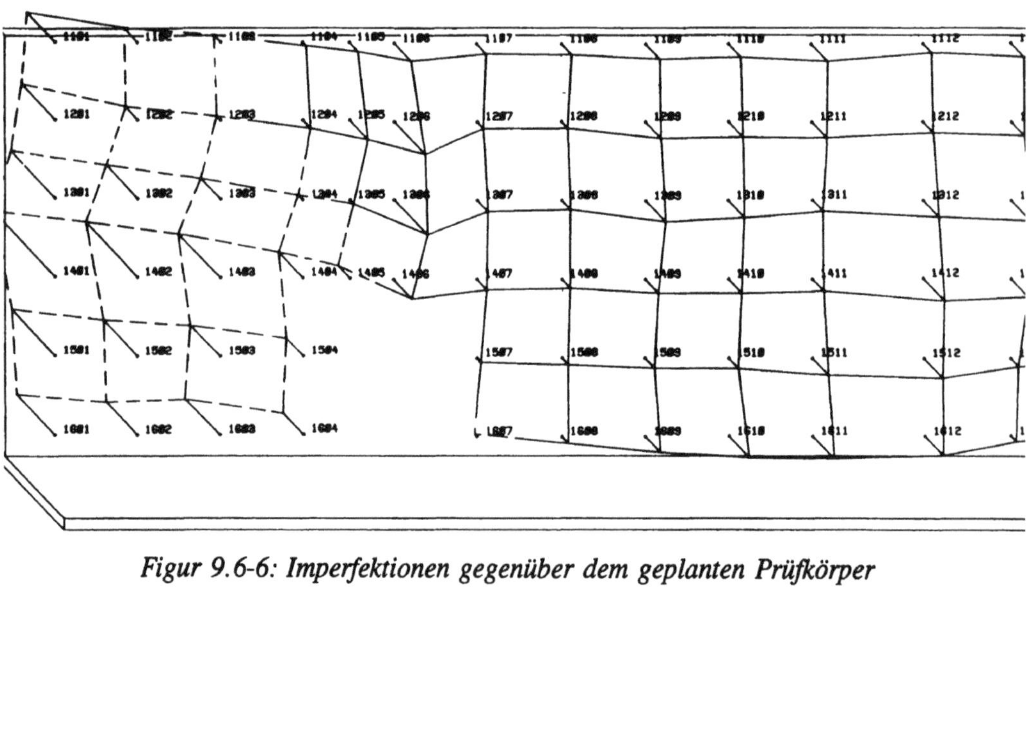

Figur 9.6-6: Imperfektionen gegenüber dem geplanten Prüfkörper

9.6.4 Deformationsmessung an einer Kieferabformung

Für die Universitätsklinik für Zahn-, Mund- und Kieferheilkunde der Universität Wien war die Genauigkeit der Fertigung von Abformungen zu untersuchen. Bei einer Abformung geht man von einem Urmodell aus und erzeugt - mit einem Negativmodell als Zwischenschritt - ein sogenanntes (positives) Meistermodell. Bild 9.6-7 zeigt eines der vielen Meistermodelle, die zu untersuchen waren. Eine Sonderstellung nehmen bei dieser Abformung die vier Kronen ein, deren Verschiebung gegenüber dem Gaumen im Rahmen des Abformungsprozesses anzugeben war.

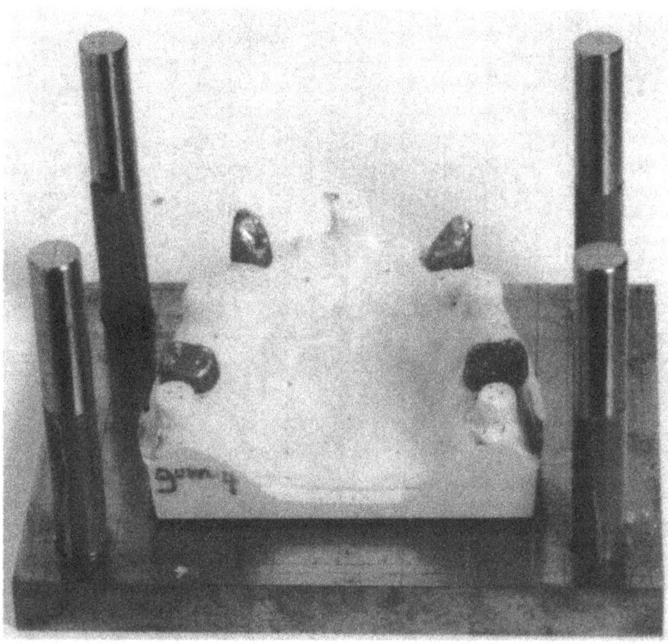

Bild 9.6-7: Hasselbladaufnahme (Ausschnitt) eines Meistermodelles

Um gute Bedingungen für eine **projektbegleitende Kalibrierung** (E 2.) zu haben, wurde eine Metallplatte mit vier Säulen angefertigt. In die Oberfläche der Metallplatte und in die Deckfläche der Säulen wurde ein **regelmäßiger Raster** gefräst. Die drei Koordinaten aller 150 Rasterpunkte wurden aus 5 Hasselbladaufnahmen und 10 räumlichen Strecken bestimmt. Die Aufnahmeentfernung betrug etwa 50 cm. Die Hasselblad ist eine Mittelformat-Kamera (60 x 60 mm^2). Die Elemente der inneren Orientierung wurden im Rahmen der Koordinatenbestimmung für die Rasterpunkte ermittelt.

Ergebnis:

- Mittlerer Gewichtseinheitsfehler der Bündelblockausgleichung, das ist die Genauigkeit einer Bildkoordinate: ± 8 μm.
- x_0 = 0.14 $\pm$0.12 mm, y_0 = -0.71 $\pm$0.15 mm, c = 153.97 $\pm$0.20 mm.
- Die ursprünglich eingeführten Koeffizienten zur Modellierung einer radialen Verzeichnung lagen deutlich innerhalb ihrer Genauigkeit; sie wurden beim Endausgleich eliminiert.

- Die Genauigkeit einer (Raster-)Lagekoordinate betrug $\pm 20\ \mu m$ und die der (Raster-)Höhe $\pm 30\ \mu m$.

Nach dieser Kalibrierung des Rasters wurde auf die Platte das **Urmodell** gelegt und etwa mit der gleichen Aufnahmeanordnung photographiert. Die Koordinaten der Rasterpunkte und die Elemente der inneren Orientierung gingen als verbesserungsbedürftige Beobachtungen in die Bündelblockausgleichung ein. Figur 9.6-8 zeigt die Fehlerellipsen der Objektpunkte, unterschieden nach Punktarten (dünn: Rasterpunkte, mittel: ca. 50 signalisierte Gaumenpunkte, dick: jeweils 4 signalisierte Punkte auf den 4 Kronen). Jeder Objektpunkt war im Mittel in vier Bildern abgebildet.

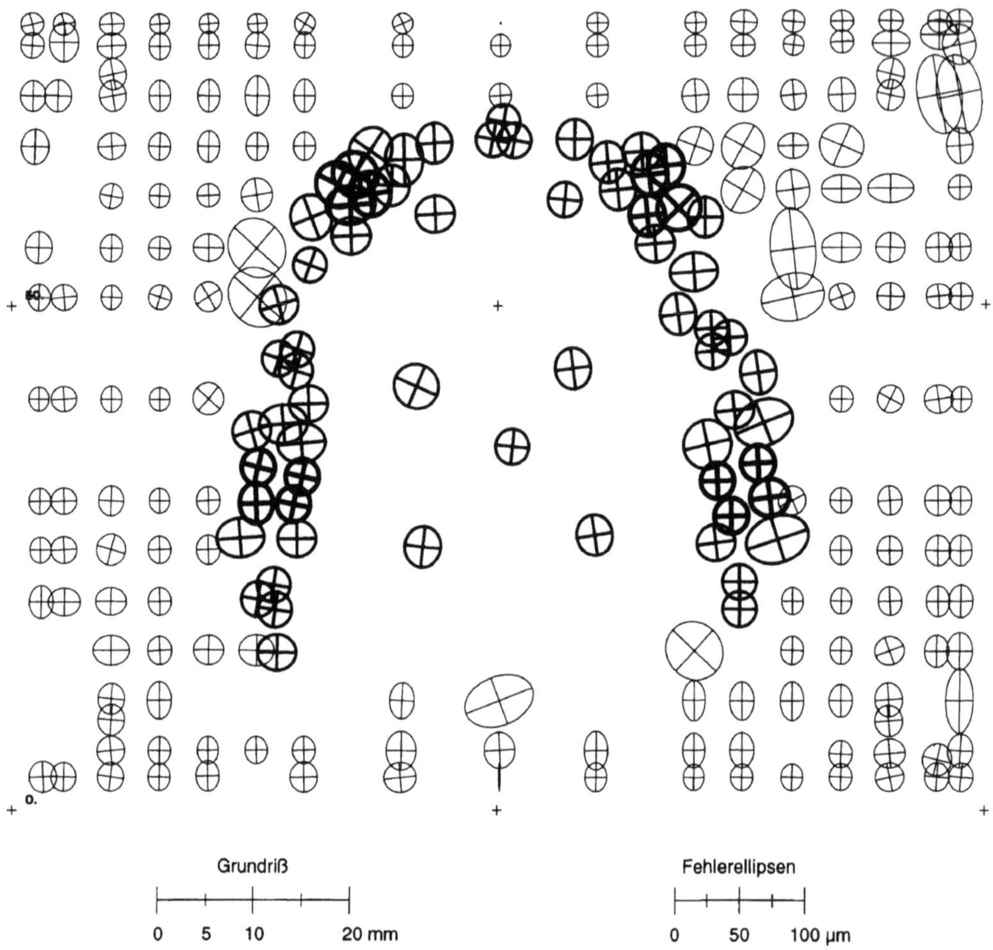

Figur 9.6-8: Fehlerellipsen der photogrammetrischen Vermessung des Urmodelles (dünn: Rasterpunkte, mittel: Gaumenpunkte, dick: Kronenpunkte)

Nach dem Urmodell wurden die **Meistermodelle** auf die gleiche Weise bearbeitet. Mit Hilfe der ca. 50 Gaumenpunkte wurde jedes Meistermodell in das Urmodell mittels einer überbestimmten räumlichen Drehung und räumlichen Verschiebung (räumliche Ähnlichkeitstransformation mit einem Maßstabsfaktor Eins) transformiert und das Feld der Differenzenvektoren berechnet. Figur 9.6-9 zeigt an den ca. 50 Gaumenpunkten die Restfehler nach der Einpassung und die Differenzen an den 16 Kronenpunkten (die Höhenfehler und Höhendifferenzen sind nach oben und unten aufgetragen). Bei diesem Beispiel handelt es sich um ein Meistermodell mit sehr großen Differenzen. Die verhältnismäßig großen Restfehler an den Gaumenpunkten besagen, daß bei der Abformung auch nennenswerte Verschiebungen nicht nur der Kronenpunkte sondern auch der Gaumenpunkte erfolgen.

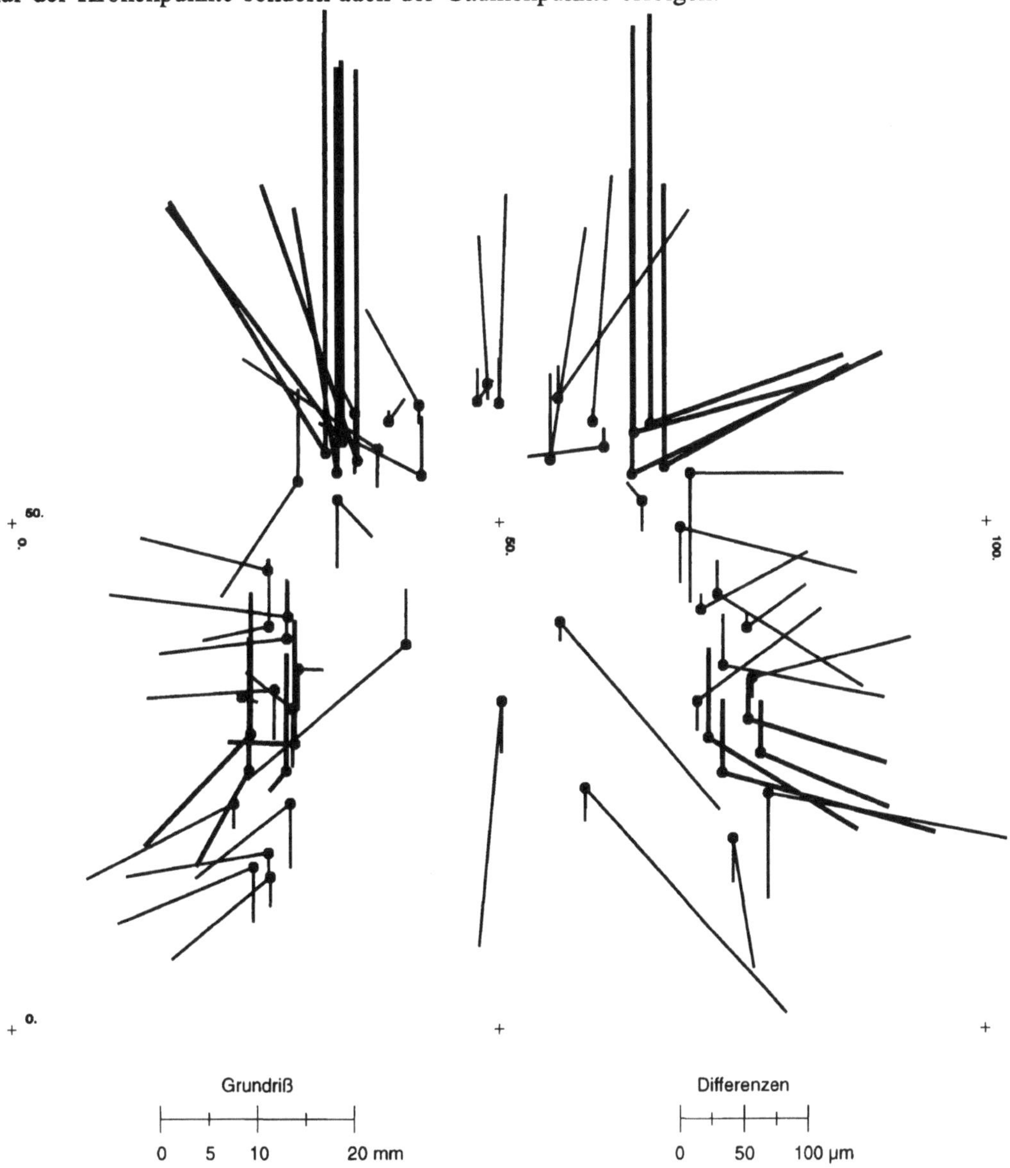

Figur 9.6-9: Restfehler an den ca. 50 Gaumenpunkten (dünn) und Differenzen an den 16 Kronenpunkten (dick)

Literatur zu dem Projekt: Fürhauser, R.:, Hampel, H.:, Forkert, G.:, Ries, Ch.: Stachel, I.: Veröffentlichung in Vorbereitung.

9.7 Bauaufnahme und Rekonstruktion von Hochbauten aus historischen (Amateur-)Aufnahmen

9.7.1 Präzisionsfassadenvermessung

Die rationelle Fertigteilbauweise für Fassaden setzt voraus, daß eigentlich mit Toleranzen von wenigen Millimetern zu bauen wäre. Häufig verzichtet man auf eine so genaue und damit kostspielige Bauweise und macht statt dessen eine millimetergenaue Vermessung des Istzustandes (meistens des Rohbaues), die die Grundlage für die Dimensionierung und Montage der Fertigteile ist. **Sofern viele Punkte am Bauwerk mit sehr hoher Genauigkeit zu vermessen sind, eignet sich besonders die Photogrammetrie**. Entweder werden gut definierte natürliche Punkte (zum Beispiel Ecken der Fensterrahmen) oder signalisierte Punkte (bevorzugt retroreflektierend, Abschnitt B 2.2), die in bekannter Zuordnung zu den Gebäudeelementen (zum Beispiel die Ecken einer um 2 cm vergrößerten Fensteröffnung) angebracht werden, vermessen. Die für diese Aufgabenstellung adäquate Koordinatengenauigkeit von ± 1 mm erreicht man mit einem Bildmaßstab von etwa 1:200 und einer Bündelblockausgleichung.

In der Zusammenarbeit mit Bauingenieuren ist es wichtig, daß man ihnen nicht lange und unübersichtliche Koordinatenlisten, sondern leicht lesbare, speziell aufbereitete Protokolle und kotierte Pläne übergibt. In den älteren Auflagen dieses Buches ist ein Computerausdruck enthalten, der ein auf einfache Weise aufbereitetes Protokoll wiedergibt. Heute macht man solche kotierten Pläne mit CAD-Programmen. Dabei ist besonders empfehlenswert, die **Punkte in Matrixform** zu numerieren. Damit können die Koordinaten der jeweiligen Spalte bzw. der jeweiligen Zeile leicht gemittelt und Links-/Rechts-Abweichungen, Oben-/Unten-Abweichungen sowie Davor-/Dahinter-Abweichungen auf einfache Weise angegeben werden. Diese Abweichungen, die man im Hochbau **Abmaße** nennt, sind ein Soll-Ist-Vergleich, wie wir ihn im Abschnitt 9.6 bereits kennengelernt haben.

Bild 9.7-1 zeigt eine zuverlässige und genaue Bündelanordnung bei einem berühmten Hochbauprojekt in Wien, dem sogenannten **Haas-Haus gegenüber dem Stephansdom**. Bei diesem Projekt waren signalisierte Gebäudepunkte mit einer Genauigkeit von ± 1 mm zu bestimmen. Diese Ergebnisse waren die Grundlage für die nächsten Schritte beim Fassadenbau. Das Projekt wurde vom I.P.F. gemeinsam mit dem Ingenieurbüro Dr. H. Meixner, Wien, bearbeitet.

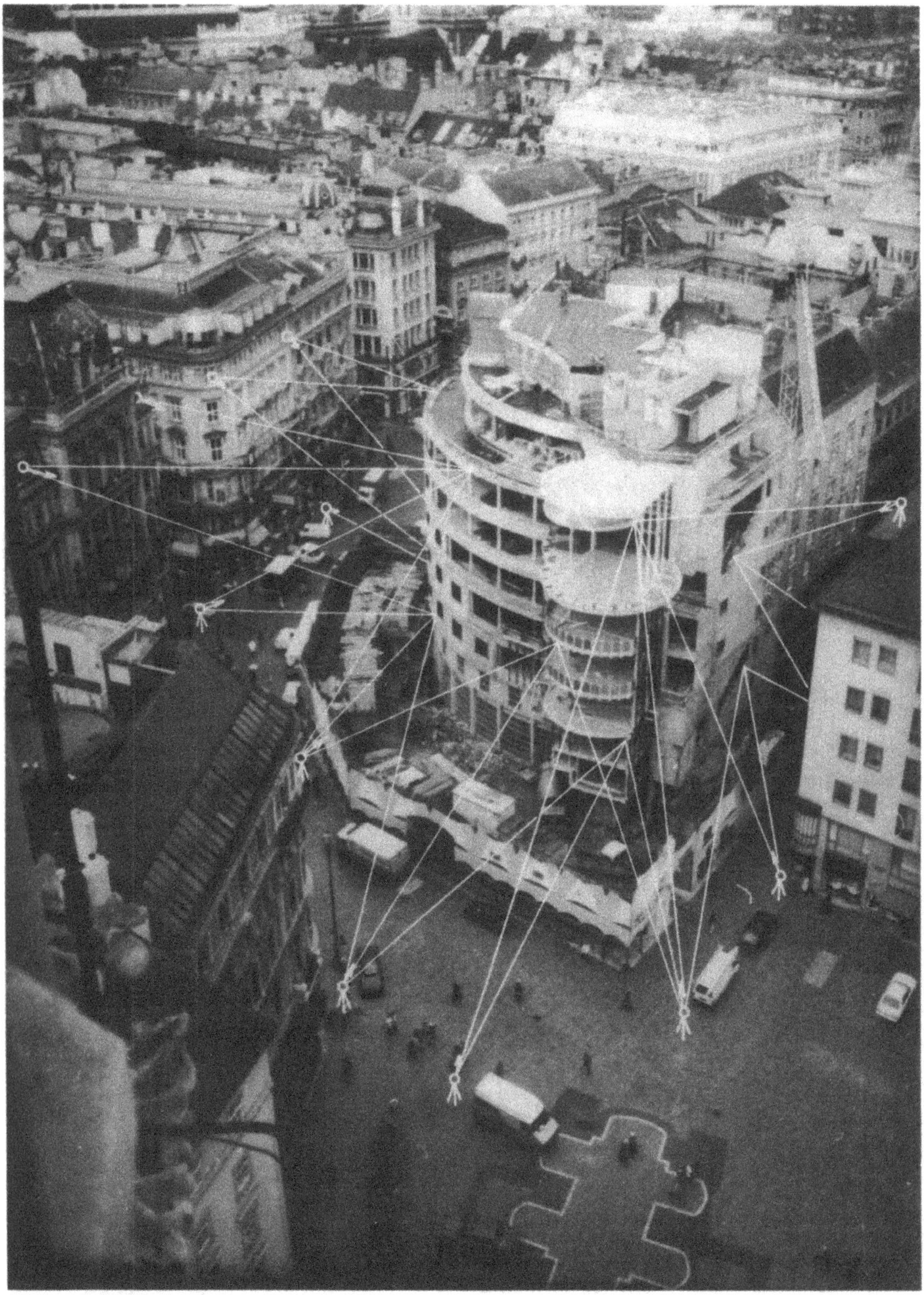

Bild 9.7-1: Bündelanordnung bei einem Hochbauprojekt

9.7.2 Photogrammetrische Aufnahme von alten Gebäuden

Die Maßnahmen zum Schutz von Kulturgütern und die verbreitete Neigung zur Restaurierung alter Gebäude hat in den letzten Jahren zu einer Blüte der Bauaufnahmen geführt. Bekanntlich war die Bauaufnahme eine der ersten Aufgabenstellungen, die man mit der Photogrammetrie gelöst hat (A 1.2). Bei dieser Aufgabenstellung besteht zwischen dem Kunsthistoriker und dem **Architekten** auf der einen Seite und dem Photogrammeter auf der anderen Seite eine sensible **Nahtstelle**. In Zusammenarbeit mit Architekten hat das I.P.F. eine auf den modernen Möglichkeiten der photogrammetrischen Punktbestimmung aufbauende Methode entwickelt, die zu folgender Aufgabenverteilung geführt hat:[1] Mit einer terrestrischen Phototriangulation (Abschnitt 9.4) wird ein engmaschiges Netz von Punkten (etwa 15 je Strahlenbündel) im Koordinatensystem der Stadtvermessung, in dem die Paßpunkte zur Verfügung gestellt werden, bestimmt. Dabei werden die Aufnahmerichtungen der Meßbilder bei breiten Gassen etwa senkrecht zu den Fassaden, bei etwas engeren Gassen geneigt und bei sehr engen Gassen senkrecht nach oben angeordnet. Horizontierte Meßaufnahmen in der Mitte der Gasse mit Aufnahmerichtungen parallel zu den Fassaden versteifen noch zusätzlich den gesamten Bündelblock. Sogar Aufnahmen, die von Kirchtürmen oder ähnlich exponierten Standpunkten aus gemacht werden, bezieht man in die Bündelblockausgleichung zur Erfassung der Dachlandschaft ein.

Figur 9.7-2 veranschaulicht eine typische Aufnahmeanordnung für eine **photogrammetrische Bauaufnahme in Altstädten**. Die Bilder 9.7-3 zeigen eine kleine Auswahl von Meßbildern für eine Bauaufnahme in der Höllgasse in Passau. Insbesondere für die photogrammetrische Bauaufnahme in Altstädten kommt ein großer Teil der Aufnahmeanordnungen, die im Abschnitt B 4.5.2 angegeben wurden und die von F. Schlögelhofer stammen, in Betracht. Alle Figuren und Bilder in diesem Abschnitt 9.7.2 sind seiner Dissertation[2] entnommen. Dort findet man auch Gegenüberstellungen von Genauigkeiten aus praktischen Beispielen mit den geplanten Genauigkeiten; auch die Abschätzungen der Wirtschaftlichkeit werden verifiziert.

---

[1] Kraus, K., Schlögelhofer, F., Waldhäusl, P.: Photogrammetrische Altstadtvermessung. In Festschrift Prof. Embacher, Universität Innsbruck.

[2] Geow. Mitt. der TU Wien, Heft 32, 1989.

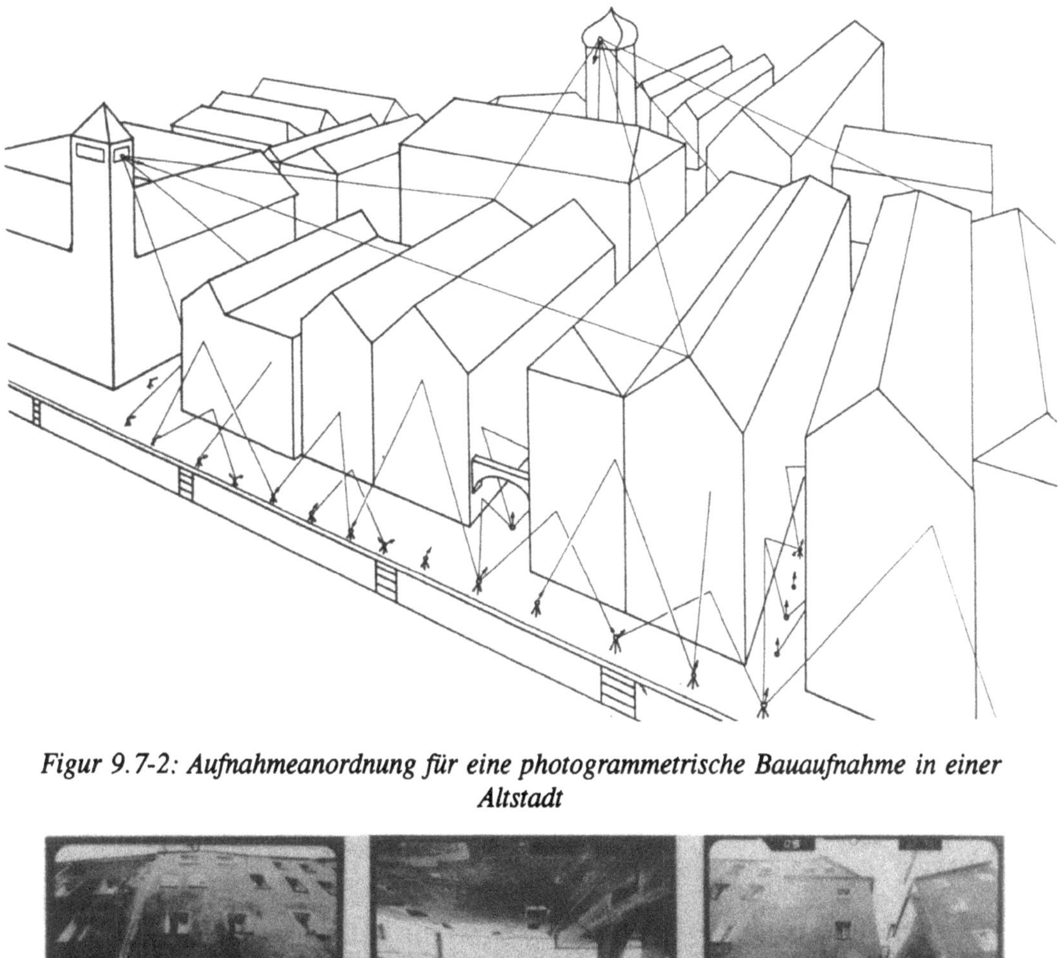

Figur 9.7-2: Aufnahmeanordnung für eine photogrammetrische Bauaufnahme in einer Altstadt

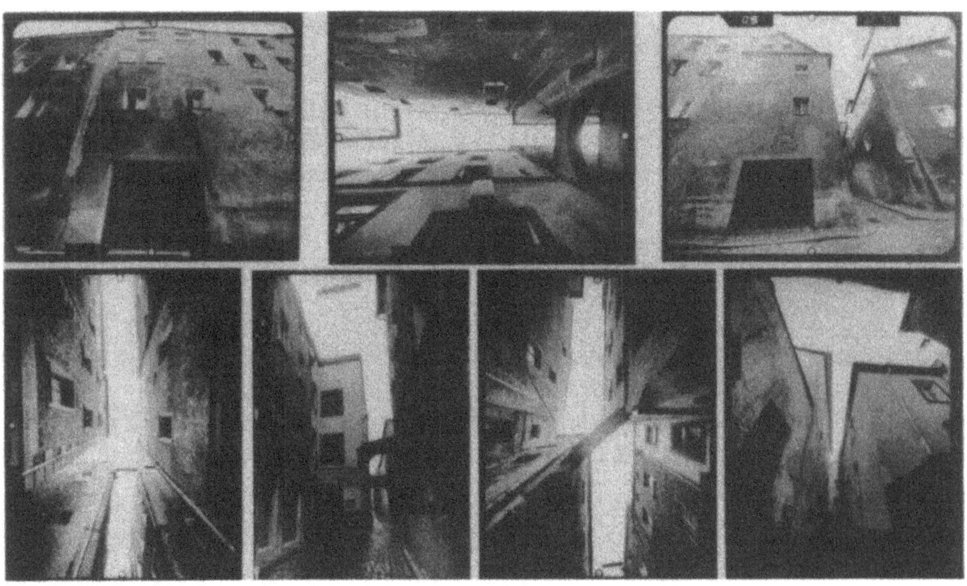

Bild 9.7-3: Auswahl von Meßbildern aus der Bauaufnahme Höllgasse in Passau

Der aus diesen Bildern zusammengesetzte Bündelblock wird als **Rahmenblock** bezeichnet. Er liefert die Koordinaten eines engmaschigen Punktnetzes im System der Stadtvermessung und zusätzlich die äußeren Orientierungselemente für jedes Meßbild. Mittels räumlicher Vorwärtsschnitte unter Verwendung von mehreren Bildern (Abschnitt B 4.1.2) können dann ohne großen Rechenaufwand für viele Detailpunkte (zum Beispiel für jede Fensteröffnung zwei bis vier Punkte) die Koordinaten im System der Stadtvermessung berechnet werden.

Anschließend werden alle Punkte eines Gebäudes in die einzelnen Fassadenebenen transformiert (**Fassadenkoordinaten**) und automatisch fassadenweise kartiert. Diese Kartierungen, in denen auch die Punktnummern enthalten sind, und entzerrte Bilder (Orthophotos im Sinne des Abschnittes A 6.2), in denen ebenfalls die Punktnummern eingetragen sind, erhält der Architekt, der dann die Pläne zeichnet und die denkmalpflegerischen Angaben hinzufügt. Man erhält auf diese Weise vom **Architekten künstlerisch gestaltete Pläne**, die auf einem exakten geometrischen Gerippe, das in der Form von Fassadenkoordinaten und Koordinaten im System der Stadtvermessung gegeben ist, aufbauen. Bei tiefenmäßig stark gegliederten Fassaden sind Entzerrungen für die einzelnen Tiefenniveaus herzustellen, in manchen Fällen auch Stereokartierungen. Bild 9.7-4 zeigt die erwähnten Arbeitsschritte, die vom Ergebnis der Bündelblockausgleichung zum künstlerisch gestalteten Fassadenplan führen.

Viele Impulse für die Architekturphotogrammetrie gehen gegenwärtig von der CIPA (Comité International de la Photogrammétrie Architecturale) aus. Sie hat den Stadtbahnpavillon am Karlsplatz in Wien, ein Meisterwerk des Jugendstils, als Testobjekt ausgewählt. Ziel des Tests ist,

- die Eignung von Amateur- und Teilmeßkameras für die Dokumentation von historischen Gebäuden zu untersuchen,
- einen Vergleich zwischen den mit Amateurkameras (sowohl Kleinformat als auch Mittelformat) erzielten Ergebnissen und jenen mit Teilmeßkameras anzustellen,
- die Vor- und Nachteile einer projektbegleitenden Selbstkalibrierung und einer Kalibrierung mit einem Testfeld (Abschnitt E) aufzuzeigen und
- nachzuweisen, daß man auch mit einfachen Paßelementen (Loten, Strecken etc.) hinreichend gute Resultate erhält.

Das wichtigste Ergebnis ist, daß auch Amateurkameras zur Dokumentation historischer Gebäude herangezogen werden können und sehr wenige Einpaßelemente für die Lagerung (Abschnitt 4.3.2) ausreichen. Wenn bei der Aufnahme die im Abschnitt B 4.5.2 angegebenen Regeln eingehalten werden, erreicht man mit kleinformatigen Amateurkameras Genauigkeiten von etwa ± 1 cm.

Literatur: Waldhäusl, P.: IAPR XXIX, Part B5, pp. 767-770, Washington, 1992, Almagro, A., Patias, P., Waldhäusl, P.: IAPR 31, Part B5, Vienna, 1996 (im Druck).

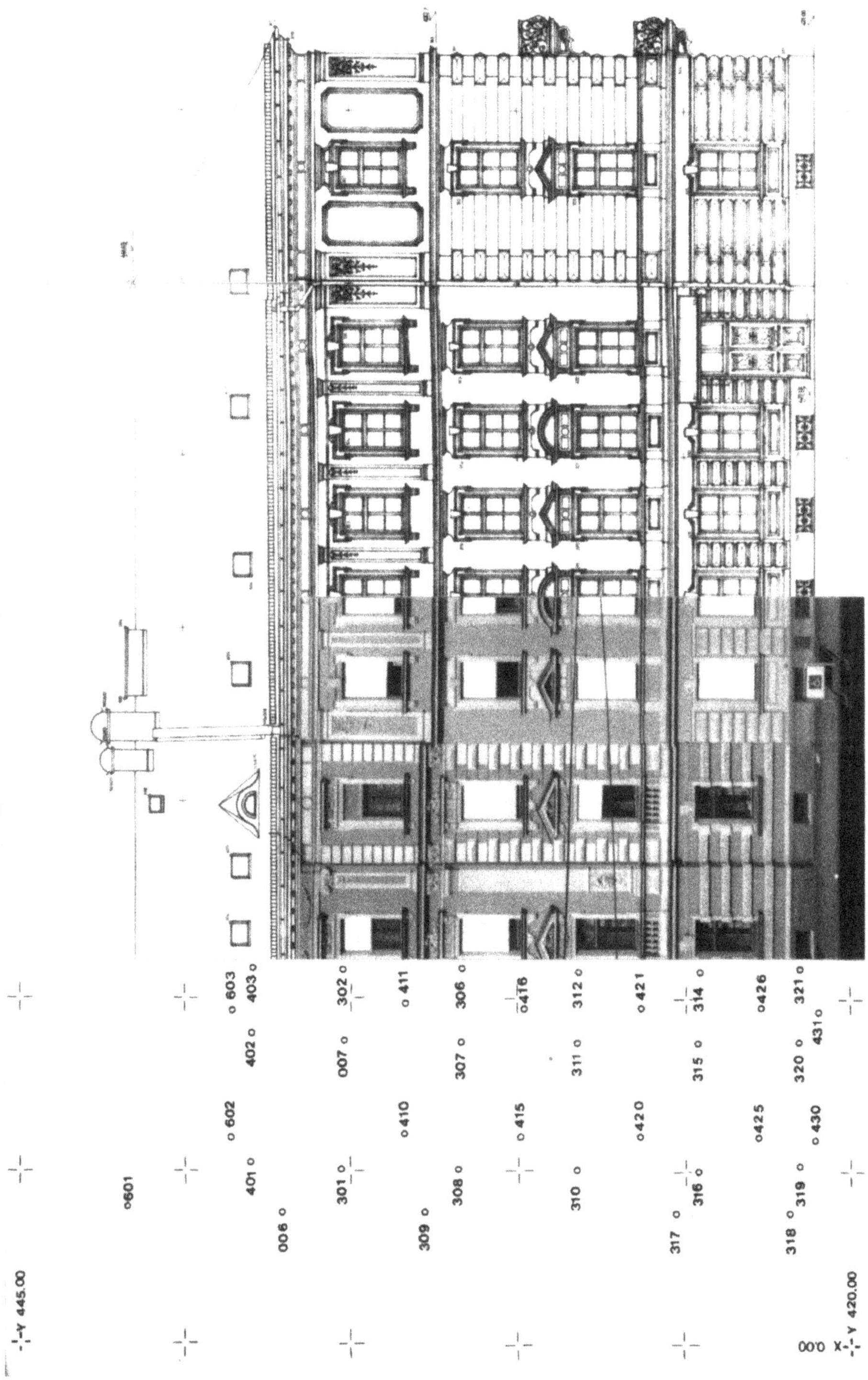

Bild 9.7-4: Die einzelnen Arbeitsschritte einer photogrammetrischen/architektonischen Bauaufnahme

9.7.3 Rekonstruktion von Hochbauten aus historischen Amateuraufnahmen

Vereinzelt werden auch genaue Pläne von historischen Gebäuden verlangt, die abgerissen oder zerstört wurden, aber noch auf alten Amateuraufnahmen festgehalten sind. Solche Rekonstruktionen macht man im allgemeinen punktweise mittels einer Bündelblockausgleichung, bei der auch die Elemente der inneren Orientierung der Kamera oder einer jeden einzelnen Aufnahme zu bestimmen sind (Abschnitt B 3.5.8). Da die Bestimmung von Paßpunkten für alte Bilder sehr mühsam sein kann, sind für solche Bündelblockausgleichungen die Gestaltinformationen (Abschnitt B 3.5.5) besonders wertvoll und manchmal sogar die einzige Möglichkeit, das gestellte Problem befriedigend zu lösen.

Als Beispiel diene der Turmhelm der Kirche Heiligkreuz in Augsburg (Bild 9.7-5). Er wurde im Zweiten Weltkrieg bei einem Bombenangriff zerstört und nach dem Krieg nur provisorisch aufgebaut (Bild 9.7-6). Als der Helm sein früheres Aussehen wieder erhalten sollte, mußte man - nachdem keine Baupläne mehr greifbar waren - versuchen, ihn aus alten Photos und Ansichtskarten zu rekonstruieren.

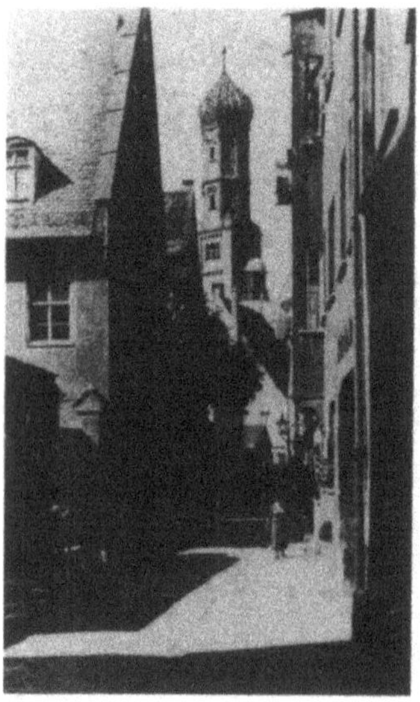

Bild 9.7-5: Zwiebeldach 1924

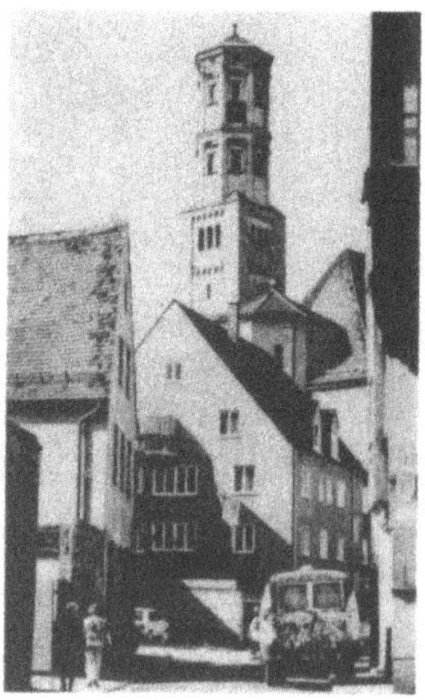

Bild 9.7-6: Provisorium 1946

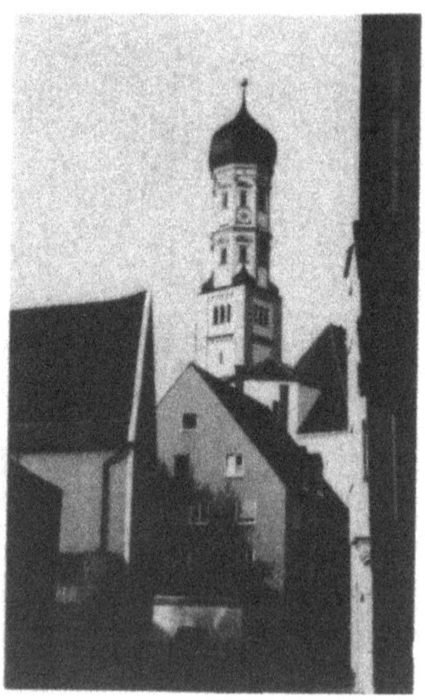

Bild 9.7-7: Zwiebeldach 1993

Figur 9.7-8 zeigt schematisch den Grundriß des Langschiffes mit dem Kirchturm und die Aufnahmestandpunkte sowie die Aufnahmerichtungen jener vier historischen Photos, die zur photogrammetrischen Rekonstruktion des Turmhelmes herangezogen wurden. Die **Einpassung und Kalibrierung der Aufnahmen** geschah im wesentlichen mit horizontalen Geraden (First, Traufen), mit vertikalen Geraden (Gebäudekanten), mit parallelen schrägen

Geraden (Rippen des Kirchendaches), mit der Rechtwinkeligkeit der Dachrippen zu First und Traufe sowie mit der Komplanarität der Dachrippen, des Firstes und der Traufe. Alle diese Informationen wurden als Gestalten (Abschnitt B 3.5.5) in die Bündelblockausgleichung eingeführt.

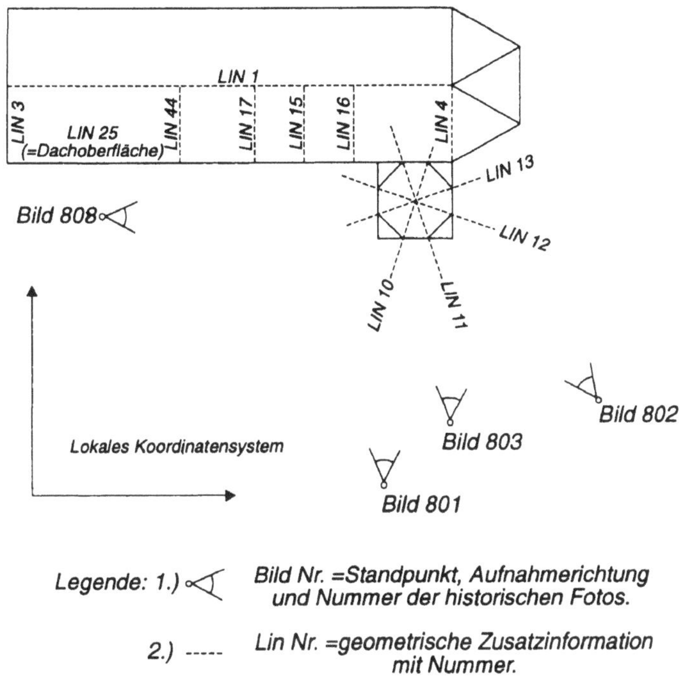

Figur 9.7-8: Schematische Situationsdarstellung: Langschiff, Turm und Aufnahmeanordnung

Zur **Rekonstruktion des Helmes** wurden folgende Annahmen getroffen:

- Der Knauf und das Turmkreuz liegen über dem Mittelpunkt des Turmes (Symmetrie).
- Die acht Rippen des Helmes liegen in vier Vertikalebenen, die durch die Punkte des achteckigen Grundrisses des obersten Turmgeschosses und die Turmmittelachse verlaufen.
- Die acht Rippen des Helmes sind rotationssymmetrische Raumkurven.
- Die Kurven werden in zwei Höhenbereiche unterteilt, um den Polynomgrad klein halten zu können (Vermeidung von Ausschwingungen).

Die Rippenkurven wurden als Schnitt zweier Polynomflächen definiert (Abschnitt B 3.5.5.3). Dabei ist die eine Polynomfläche vom Grad Null - also eine vertikale Ebene (LIN 10 - 13 in Figur 9.7-8); die andere Fläche wird durch einen horizontalen, allgemeinen Zylinder mit einer Erzeugenden vierten Grades gebildet. Alle acht Zylinderflächen benutzen die gleichen Koeffizienten; sie haben also die gleiche Form. Ihre unterschiedliche Stellung wird durch individuelle Drehung vom lokalen Zylinderkoordinatensystem ins globale Kirchturmkoordinatensystem berücksichtigt. In Figur 9.7-9 sind die Ergebnisse von fünf Rippen in Zylinderkoordinaten (R...Radius, H...Höhe) samt den Gültigkeitsbereichen der beiden Höhen-

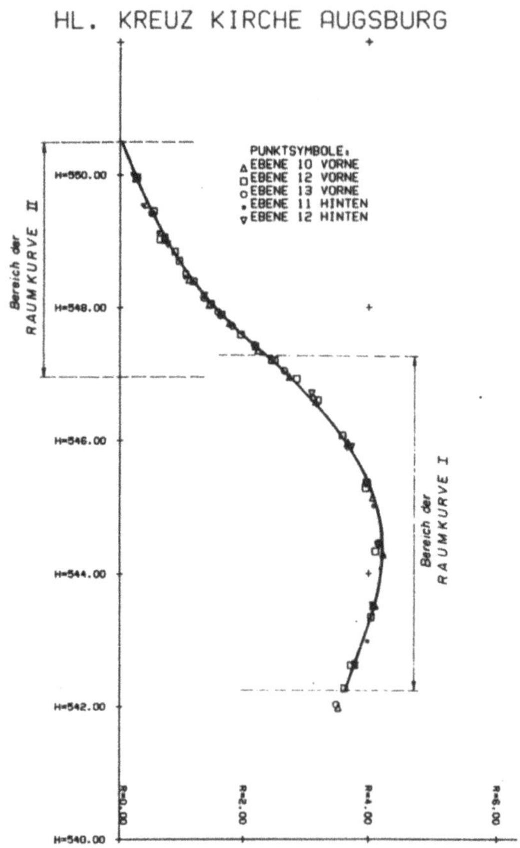

Figur 9.7-9: Ausgeglichene (= rekonstruierte) Erzeugende des Turmhelmes

stufen dargestellt. Bild 9.7-7 zeigt den neuen Turmhelm, der anhand der photogrammetrischen Ergebnisse gebaut wurde.

Statistik des Ausgleichungsproblems: 1574 Beobachtungsgleichungen, 1079 Unbekannte, $\pm 30\ \mu m$ Gewichtseinheitsfehler (Bildformat 17.5 x 23 cm^2).

Literatur zu diesem praktischen Beispiel: Kager, H., Linsinger, J., Otepka, G.: Vom Photo zum Bauwerk - Rekonstruktion einer Kirchenkuppel aus historischen Photographien. abi. architektur und bau. installation. 2/85. Kager, H., Forkert, G.: Produktinformation zum Bündelausgleichungsprogramm ORIENT des I.P.F., 1994.

9.8 Rekonstruktion von Verkehrsunfallsituationen aus Amateuraufnahmen

Sehr hohe Anforderungen an die Universalität eines Bündelausgleichungsprogrammes werden bei der Rekonstruktion einer Verkehrsunfallsituation aus Amateuraufnahmen gestellt. Da eine solche Rekonstruktion in der Regel erst einige Jahre nach dem Verkehrsunfall gemacht wird, ist die Identifizierung von Punkten, die als Paßpunkte dienen können, oft schwierig. Man muß deshalb auf die vielfältigen Gestaltinformationen - insbesondere auch auf gekrümmte Flächen und Kurven - zurückgreifen (Abschnitt B 3.5.5.3).

Charakteristisch für viele praktische Beispiele ist weiterhin, daß sie nur mit einem EDV-Programm gelöst werden können, das in einem Rechengang **Strahlenbündel und dreidimensionale Modelle** behandeln kann. Eine solche Symbiose der Bündelblockausgleichung und der Blockausgleichung mit unabhängigen Modellen ist zur Verknüpfung der Bilder (= Strahlenbündel) und der Fahrzeuge (= Modelle) erforderlich. Die dreidimensionalen

Fahrzeugmodelle können aus den Konstruktionsmaßen des Fahrzeuges oder aus einer eigenständigen Vermessung - meistens eines anderen Fahrzeuges gleichen Typs - aufgebaut werden. Im Gegensatz zu einem photogrammetrischen Modell mit sieben Unbekannten hat das Fahrzeugmodell nur sechs Unbekannte (3 Translationen und 3 Drehungen). Über einige Parameter der Drehungen kann, wenn das Fahrzeug in einer unbeeinflußten Ruhelage auf einer horizontalen Straße steht, entsprechend den Möglichkeiten des Abschnittes B 3.5.7 noch verfügt werden.

Die **Kalibrierung** der Amateurkameras muß nahezu ausnahmslos **innerhalb des jeweiligen Projektes** erfolgen (Abschnitt E). Wurde der gesamte Bildverband mit ein und derselben (unbekannten) Orientierung aufgenommen, erweitert sich die gesamte Ausgleichung nur um drei zusätzliche Unbekannte. Ist dagegen für jede Aufnahme eine eigene (unbekannte) innere Orientierung (z.B. individuelle Bildausschnitte oder unterschiedliche Bildweiten beim Photographieren von Objekten in unterschiedlicher Entfernung) anzunehmen, kommen für jede Aufnahme drei zusätzliche Unbekannte hinzu. Die größere Zahl der Unbekannten kann selbstverständlich nur durch die Messung zusätzlicher Paß- und Verknüpfungspunkte bestimmt werden.

Bild 9.8-1 zeigt eine von sechs Amateuraufnahmen aus einem **praktischen Beispiel**, bei dem

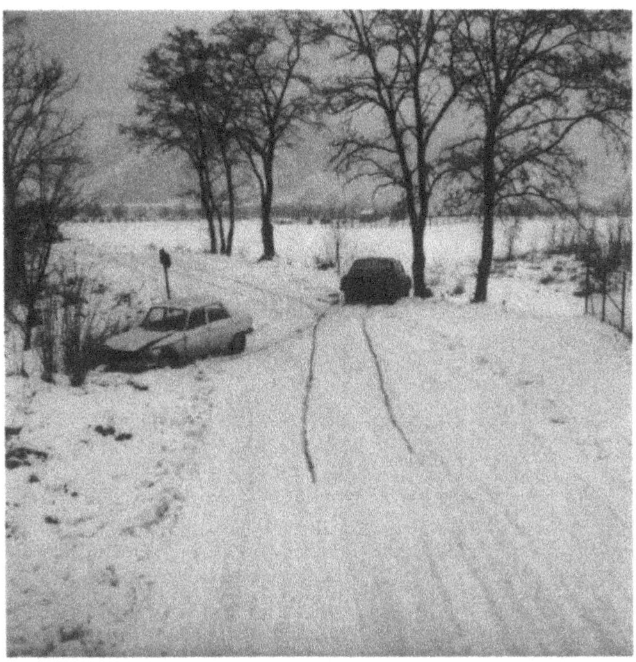

Bild 9.8-1: Eine der sechs Amateuraufnahmen zur Rekonstruktion einer Verkehrsunfallsituation

die Fahrspuren und die Endstellungen der Fahrzeuge ausgewertet wurden. Für die Kalibrierung und Einpassung der sechs Bilder (Format 56 x 56 mm) standen 23 Paßpunkte zur Verfügung. Alle Punkte auf der Straßenoberfläche wurden durch ein Polynom höherer Ordnung miteinander verknüpft. Der Gewichtseinheitsfehler aus der Ausgleichung betrug, bezogen auf das Bild, $\pm 48\ \mu m$.

Bild 9.8-2 zeigt ein Amateurphoto eines **anderen Beispieles**. Bei diesem Beispiel ist die Ausarbeitung (Figur 9.8-3) besonders interessant. Man hat nämlich einen Raster mit einer

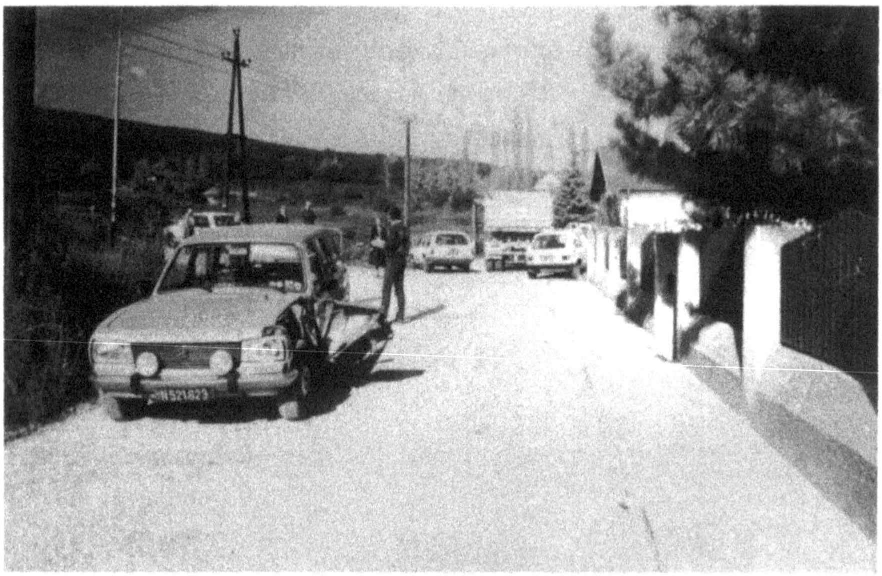

Bild 9.8-2: Eine der drei Amateuraufnahmen zur Rekonstruktion einer Verkehrsunfallsituation

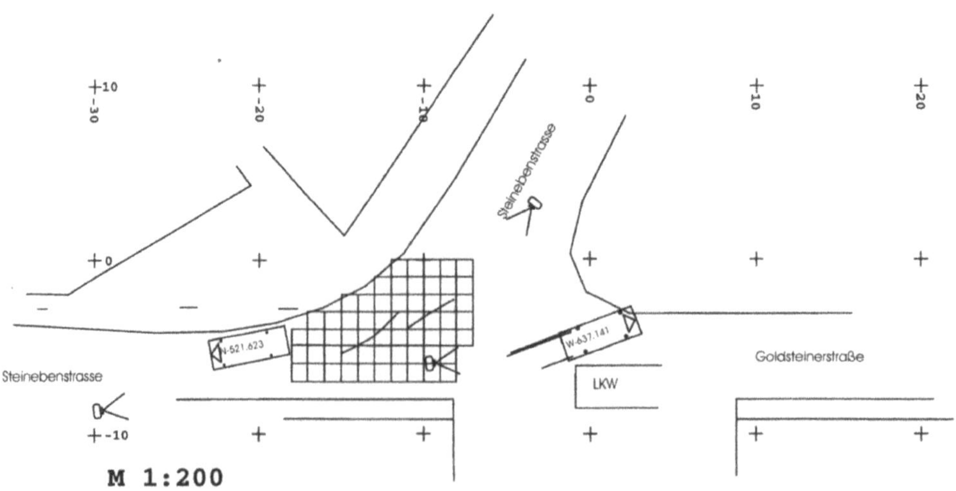

Figur 9.8-3: Auswerteergebnis einer aus Amateuraufnahmen rekonstruierten Verkehrsunfallsituation

Rasterweite von einem Meter auf der Straßenfläche rechnerisch ausgebreitet und in jenes Amateurphoto übertragen, in dem die Bremsspuren sehr gut sichtbar waren. Damit hat der Verkehrssachverständige die Möglichkeit, die für ihn relevanten Spuren selbst in die Kartierung 1:200 zu übernehmen.Einige **Literaturstellen**: Otepka, G., Waldhäusl, P.: Zeitschrift für Verkehrsrecht 28, Heft 4, S. 27-33, 1983. Kager, H.: Der Sachverständige 7, Heft 2, S. 6-15, 1983. Waldhäusl, P., Kager, H.: IAPR XXV, Part A 5, pp. 732-739, Rio de Janeiro, 1984.

9.9 Die photogrammetrische Bearbeitung des Behaim-Globus

Die Anwendungsbeispiele sollen mit der photogrammetrischen Bearbeitung des Behaim-Globus abgeschlossen werden. Der Behaim-Globus aus dem Jahre 1492 gilt als der älteste Erdglobus der Welt. Er befindet sich heute im Germanischen Nationalmuseum in Nürnberg, wo er aus Sicherheitsgründen in einem abgedunkelten, der Öffentlichkeit nicht zugänglichen Raum untergebracht ist.

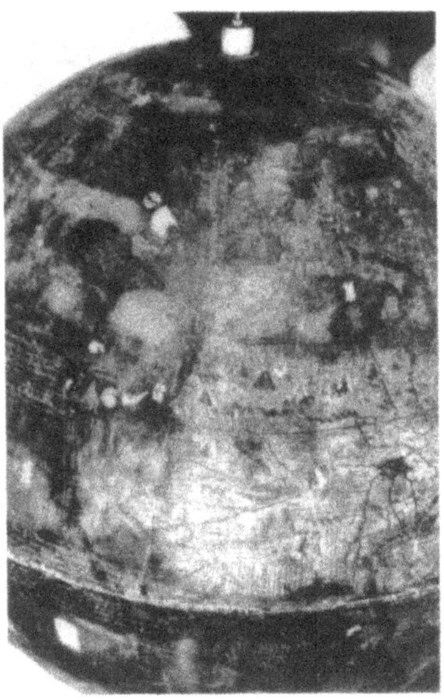

Bild 9.9-1: Behaim-Globus

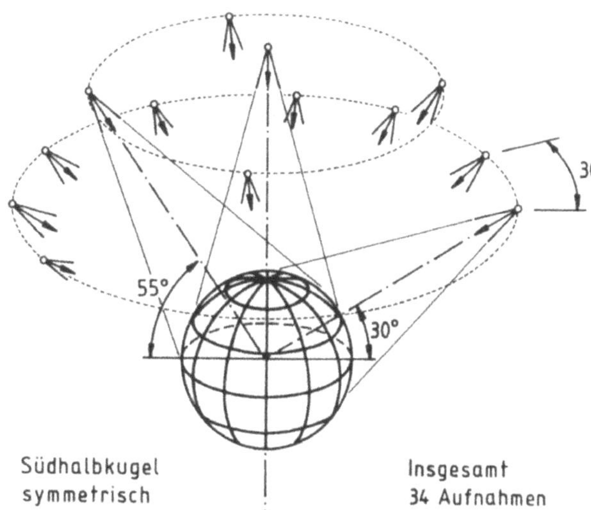

Figur 9.9-2: Aufnahmeanordnung

Zur photogrammetrischen Ermittlung der tatsächlichen Form des Originalglobus und zur Bearbeitung anderer Aufgabenstellungen wurden Aufnahmen mit einer Linhof-Technica (Format 84 x 114 mm^2, Brennweite 150 mm) angefertigt. Die **Anordnung der insgesamt 34 Aufnahmen** ist aus Figur 9.9-2 ersichtlich. Während einer Aufnahmeserie aus gleicher geographischer Breite blieb die Kamera fest, und der Globus wurde um seine Polachse gedreht. Für die Kalibrierung wurden zusätzlich - unmittelbar von den Globusaufnahmen - einige Aufnahmen eines orthogonalen Dreibeins hergestellt, an dessen Kanten Maßstäbe angebracht waren.

Die **Kalibrierung** - drei Unbekannte für den gesamten Bildverband - erfolgte innerhalb der Bündelblockausgleichung. In diese Ausgleichung gingen auch 23 räumliche Strecken in Form von Polarkoordinaten (Abschnitt B 3.5.3) ein, die mit einer großen Schublehre am Globus mit einer Genauigkeit von etwa ±0.2 mm gemessen wurden.

Das Gradnetz besteht beim Behaim-Globus - abgesehen von den beiden Wendekreisen - nur aus dem Äquator und dem Nullmeridian. In den Photographien wurden Punkte auf diesen beiden (deformierten) Großkreisen und viele Punkte auf der (deformierten) Kugel angemessen. Mit Hilfe der Punkte auf dem Gradnetz und der Punkte auf dem Globus wurde auf folgende Weise das **Datum** festgelegt:

- Die XY-Ebene verläuft vermittelnd zwischen den Punkten am Äquator, was mit folgender ebenen Gestalt (Abschnitt 3.5.5.1) erreicht wird:

  $$v_{Z_i} = dZ_i \qquad - (\bar{0} - Z_i^0) \qquad \text{i ... alle Punkte auf dem Äquator}$$

- Die XZ-Ebene verläuft vermittelnd zwischen den Punkten des Nullmeridians und steht senkrecht auf der XY-Ebene, was mit folgender ebenen Gestalt (Abschnitt B 3.5.5.1) erreicht wird:

  $$v_{Y_j} = dY_j \qquad - (\bar{0} - Y_j^0) \qquad \text{j ... alle Punkte auf dem Nullmeridian}$$

- Der Ursprung des XYZ-Systems liegt im Mittelpunkt der Kugel, die vermittelnd durch alle Punkte des Globus verläuft und einen unbekannten Radius r besitzt. Diese spezielle Gestalt hat folgende Form (Abschnitt B 3.5.5.4), wobei auf die Darstellung der linearisierten Form verzichtet wird:

  $$v_{r_k} = \sqrt{X_k^2 + Y_k^2 + Z_k^2} - r \qquad \text{k ... alle Punkte auf der Kugel}$$

Streng genommen entspricht diese Datumsfestlegung einer **weichen Lagerung** (Abschnitt B 4.6.1), denn die eben angeführten drei Verbesserungsgleichungsgruppen deformieren in einem gewissen Ausmaß auch die photogrammetrischen Strahlenbündel.

Im Rahmen der **Bündelblockausgleichung** fielen die XYZ-Koordinaten von 2181 Punkten der Globusoberfläche mit einer Genauigkeit von ±0.2 mm an. Die Redundanz betrug 4667. Die Abweichungen dieser 2181 Punkte vor der ausgeglichenen Kugel, die sich bei einem Radius von r = 247.6 mm einstellte, wurden für die Bildung eines kontinuierlichen Deformationsmodelles - nach Methoden, die im Band 3 genau erläutert werden - benutzt. Im Bereich des Südpols (Figur 9.9-3) tritt die größte Deformation von etwa 2 cm auf. Sie ist vermutlich durch den langjährigen Auflagedruck auf das am Südpol befindliche Lager entstanden. Am Äquator kommen Abweichungen von der Kugel bis zu 8 mm vor.

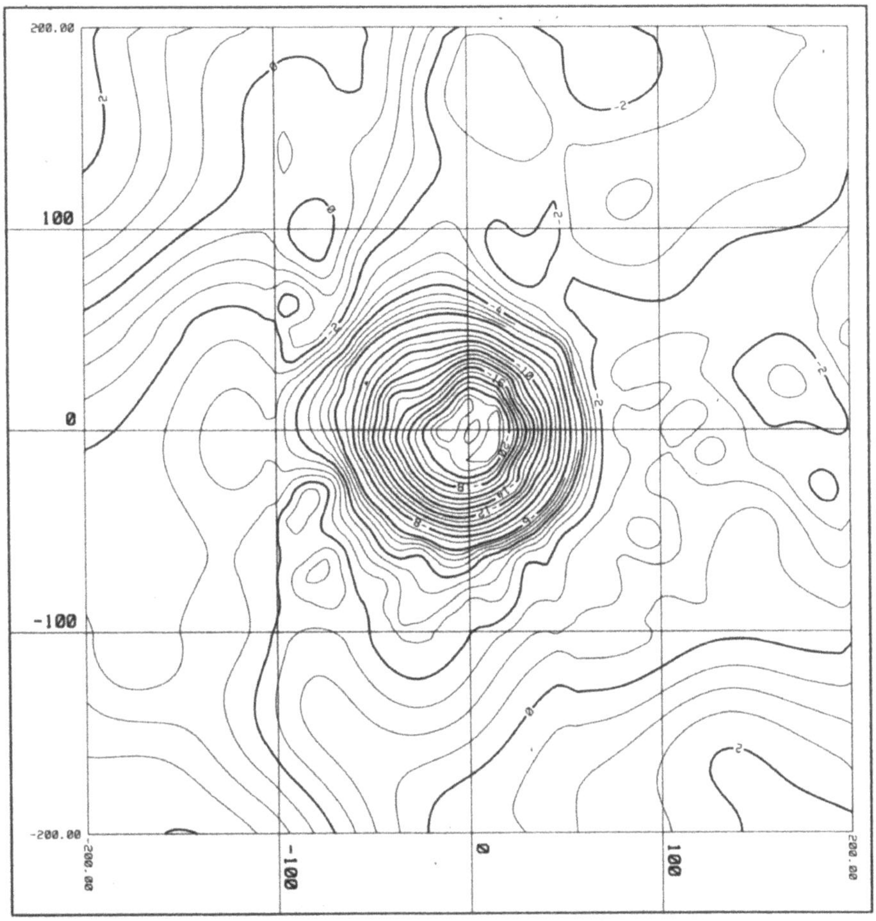

Figur 9.9-3: Deformationsmodell der Südpolregion mit 0.5 mm Isolinienintervall

Details zu diesem umfangreichen Anwendungsbeispiel und die Beschreibung der umfangreichen Folgearbeiten bis hin zur Animation findet man in folgender **Literatur**: Kager, H., Kraus, K., Steinnocher, K.: ZPF 60, S. 142-148, 1992. Kraus, K., Tschannerl, J., Halmer, A., Rottensteiner, F.: Der Globusfreund, Nr. 40/41, Wien, 1992. Dorffner, L.: Fachzeitschrift für Kartengeschichte Cartographica Helvetia, Murten, Schweiz, vorauss. Jänner 1997.

C PHOTOGRAMMETRISCHE OBERFLÄCHEN-BESTIMMUNG UND OBERFLÄCHEN-VISUALISIERUNG

Die photogrammetrische Punktbestimmung ist eine Vorstufe zur photogrammetrischen Oberflächenbestimmung. Viele Punkte repräsentieren nämlich eine Punktwolke, mit der eine Fläche gebildet werden kann. Mit Folgen von Punkten können auch Linien gebildet werden. Eine Linie kann ein eigenständiges Element (zum Beispiel Hochspannungsleitung) sein; Linien sind des weiteren wichtige Elemente in einer Fläche. Die photogrammetrische Linienbestimmung wollen wir deshalb im Rahmen der photogrammetrischen Oberflächenbestimmung mitbehandeln.

Im Abschnitt C steht die Erfassung und Bearbeitung großer Punktmengen für die Oberflächenrekonstruktion und Oberflächenvisualisierung von dreidimensionalen Objekten im Mittelpunkt des Interesses. Die mathematische und informationstechnische Objektmodellierung wird dagegen erst im Band 3 behandelt. Die Standardverfahren der punkt- und linienweisen Auswertung mit dem Ziel einer Oberflächenbeschreibung wurden im Band 1 (Abschnitte A 4.3.8 und A 4.5.3) erläutert. Im folgenden werden **verfeinerte Methoden**, vor allem unter Heranziehung digitaler Bilder, behandelt. Den Einstieg bildet das Kapitel über digitale Orthophotos, digitale Stereoorthophotos und die Schaffung dreidimensionaler Photomodelle. Dabei spielt die Oberflächenvisualisierung eine große Rolle.

1. DIGITALE ORTHOPHOTOS, STEREOORTHOPHOTOS UND DREIDIMENSIONALE PHOTOMODELLE

Ein Orthophoto gibt die Oberfläche von Objekten in einer Geometrie wieder, die auf Anwender zur Lösung ihrer Aufgaben zugeschnitten ist. Das Orthophoto ist deshalb ein interessantes **Produkt auf der Nahtstelle "Photogrammetrie - Anwendungsdisziplin"**. Als Geometrie wird in der Regel eine Orthogonalprojektion und Skalierung der dreidimensionalen Oberfläche auf eine Horizontalebene herbeigeführt. Die Oberfläche selbst wird mit den Farb- bzw. Grauwerten der originären Photographien, die wir als **Phototextur** bezeichnen, wiedergegeben. Für das Erkennen der einzelnen Objekte im Orthophoto sind die Phototextur in den Flächen sowie die Grau- und Farbwertkanten ausschlaggebend.

Orthophotos haben den Nachteil, daß sie die dritte Dimension nicht enthalten. Diesen Nachteil kann man durch Zusammenführung mit Höhenlinien zwar teilweise beseitigen; den plastischen Eindruck, den der Mensch beim stereoskopischen Sehen gewinnt, kann man aber dadurch nicht ersetzen. Das räumliche Sehen erleichtert die menschliche Interpretation des Bildinhaltes erheblich. (Dieser Vorteil wird im Abschnitt 1.5.3 quantifiziert.) Auch für das maschinelle Sehen und Interpretieren liegen bessere Voraussetzungen vor, wenn zwei (und mehr) digitale Bilder mit unterschiedlicher Blickrichtung zur Verfügung stehen. Um diese günstigen Voraussetzungen zu schaffen, erzeugt man zum Orthophoto den sogenannten **Stereopartner**[1] (*stereomate*); Orthophoto und Stereopartner zusammen heißen **Stereoorthophoto**.

Eine allgemeinere Lösung des angeschnittenen Problemes besteht darin, auf die digitalen Oberflächenmodelle den Inhalt der photographischen Aufnahmen zu übertragen. Das Ergebnis ist ein **dreidimensionales Photomodell** (3D-Photomodell). Orthophotos, Stereopartner, Zentralprojektionen mit beliebig vorgebbarer Orientierung, etc. können mittels eines solchen dreidimensionalen Photomodells leicht gewonnen werden.

Alle diese Produkte sollten in der Bezeichnung den Terminus "Photo" enthalten. Denn **mit den Photonen des** - vor allem sichtbaren - **Lichtes entsteht das Photo**. Die Photonen können photographisch (Film) oder elektronisch (CCD-Kamera) aufgezeichnet worden sein. Selbst wenn eine Photographie digitalisiert wird, stammt der Bildinhalt immer noch vom ursprünglichen Photo. Wenn digitalisierte oder elektronisch aufgezeichnete Photos in Orthophotos, Stereopartner, dreidimensionale Photomodelle etc. umgebildet werden, stammt der Inhalt immer noch von den Photonen der ursprünglichen Aufnahmen. Damit unterscheidet sich der mit Licht erzeugte Bildinhalt gut vom künstlich erzeugten Bildinhalt, wie zum Beispiel bei der "*virtual reality*"[2].

Bevor wir zu den dreidimensionalen Photomodellen kommen (Abschnitt 1.7) sind die digitalen Orthophotos, die digitalen Stereoorthophotos sowie damit zusammenhängende Bildverbesserungen und Visualisierungen zu besprechen.

---

[1] Die ersten Stereoorthophotos wurden Ende der 60er Jahre von Blachut, T. und Collins, S.: The Can. Surv. 22, No.1, 1968, erzeugt. Die Herstellung der Stereopartner mit der digital gesteuerten Differentialumbildung und optischer Bildübertragung hat Kraus, K: Geow.Mitt. der TU Wien, Heft 8, 1-21, 1976, und Presented Paper, XIII. ISP-Kongreß in Helsinki, 1976, angegeben. Digitale Stereoorthophotos werden noch selten erzeugt.

[2] ZPF 61, S.162, 1993.

1.1 Digitale Orthophotos in mittleren Maßstäben

Die adäquate Orthophototechnik ist vom Maßstabsbereich abhängig. Für mittlere Maßstäbe kann die einfachste Technik eingesetzt werden. Für kleine Maßstäbe, insbesondere für Satellitenaufnahmen, sind die Erdkrümmung und die Verzerrungen des jeweiligen Landeskoordinatensystems zu beachten (Abschnitt 1.2). Für sehr große Maßstäbe ist die Schaffung dreidimensionaler Photomodelle wünschenswert (Abschnitt 1.7).

Die Herstellung analoger Orthophotos - d.h. die Übertragung des Inhaltes vom verzerrten Originalbild (Vorlage) auf das Orthophoto (Abbild) geschieht auf optischem Weg - wurde in den Abschnitten A 6.2 und A 6.3 bereits behandelt. Die Herstellung digitaler Orthophotos war Gegenstand des Abschnittes A 7.5. Dort wurden auch die Vorteile der digitalen Orthophotoherstellung gegenüber der analogen Orthophotoherstellung angegeben. Im folgenden werden - ausgehend vom Abschnitt A 7.5 - weitergehende Ausführungen zu digitalen Orthophotos gemacht.

1.1.1 Ausgangsmaterial

Für die Herstellung digitaler Orthophotos benötigt man digitale Vorlagebilder und ein digitales Oberflächenmodell.

1.1.1.1 Digitale Vorlagebilder

Für die Herstellung digitaler Orthophotos in mittleren Maßstäben werden in der Regel digitalisierte Luftbilder (Format 23 cm x 23 cm) verwendet. Für die Wirtschaftlichkeit der Herstellung digitaler Orthophotos und für die Qualität des Endproduktes sind der Maßstab des Vorlagebildes und das Digitalisierungsintervall ausschlaggebend. Die zweckmäßige Wahl dieser beiden Parameter hängt von folgenden Kriterien ab:

a) Falls die gesamte Information des analogen Vorlagebildes in das digitale Orthophoto gebracht werden soll, ist bei der Digitalisierung das **Abtasttheorem** einzuhalten (Abschnitt A 7.2.1). Bei einem Auflösungsvermögen des Gesamtsystems "Objektiv-Filter-Film" von 50 lp/mm beträgt das Digitalisierungsintervall 7 μm. Bei einem geometrischen Auflösungsvermögen von 100 lp/mm, das bei gutem Kontrast mit guten Aufnahmesystemen heute ohne weiteres erreicht werden kann, beträgt das adäquate Digitalisierungsintervall 3.5 μm.

b) Mit Verkleinerung der Pixelgröße nimmt aber das **Signal/Rauschverhältnis**, das die Qualität des Sensors charakterisiert, ab. Die gegenwärtigen Scanner bieten bei einer Pixelgröße von 10 μm noch ein akzeptables Signal/Rauschverhältnis.

c) Für die praktische Handhabung der digitalen Bilder ist der erforderliche **Speicherplatz** ausschlaggebend. Die Tab 1.1-1 gibt den Speicherplatz für ein einziges Luftbild 23 cm x 23 cm an.

Abtastintervall	Speicherplatz	
	SW-Bild	Farbbild
5 μm	2018 MBytes	6054 MBytes
10 μm	504 MBytes	1513 MBytes
20 μm	126 MBytes	378 MBytes
50 μm	20 MBytes	61 MBytes
100 μm	5 MBytes	15 MBytes

Tab 1.1-1: Speicherplatz für ein digitalisiertes Luftbild 23 cm x 23 cm

Für eine landesweite Herstellung digitaler Orthophotos ist dieser Speicherbedarf auf einen (sehr großen) Bildverband umzulegen.

d) Falls die digitalen Orthophotos am Ende des Herstellungsprozesses auf Film für eine **visuelle Betrachtung** ausgegeben werden, ist eine Vergrößerung vom Vorlagebild zum Orthophoto von 1:4 erlaubt (Abschnitt A 6.4.2). Dieses Vergrößerungsverhältnis geht von 50 lp/mm des Vorlagebildes aus und setzt voraus, daß das Abtasttheorem bei der Digitalisierung eingehalten wurde, also mit 7 μm digitalisiert wurde. Besäße das Vorlagebild eine geometrische Auflösung von 75 lp/mm und würde es mit 5 μm digitalisiert, wäre eine Vergrößerung vom Vorlagebild zum Orthophoto von 1:6 möglich.

e) Eine **drucktechnische Wiedergabe der digitalen Orthophotos** erfolgt in der Regel mit 70 Linien/cm, was einer Pixelgröße im gedruckten Orthophoto von 143 μm entspricht. Bei diesem (groben) Endprodukt kann man ohne weiteres ein Vergrößerungsverhältnis vom Vorlagebild zum Orthophoto von zum Beispiel 1:5 wählen, was einer Pixelgröße von 29 μm im Vorlagebild entspricht.

f) Schließlich ist noch die **Definitionsunsicherheit topographischer Objekte** in mittleren Maßstäben ins Spiel zu bringen. Diese Sicht ist im Hinblick auf das Einbringen der digitalen Orthophotos als eigenständige Informationsebene in ein Geo-Informationssystem, das im mittleren Maßstabsbereich mit "Topographisches Informationssystem" bezeichnet wird (Band 3), von Interesse. Die erwähnte Definitionsunsicherheit kann - abhängig von der Landschaft und vom Qualitätsanspruch - zwischen 25 cm und einigen Metern angenommen werden. Für den kritischen Bereich zwischen 25 cm und 50 cm Pixelgröße im Gelände (≙ Stadtlandschaft) ergeben sich folgende Bildmaßstäbe und folgende Digitalisierungsintervalle (Tab. 1.1-2):

$1:m_b$	Digitalisierungsintervall	
	25 cm	50 cm
1:30 000	8 μm	17 μm
1:15 000	17 μm	33 μm
1:5 000	50 μm	100 μm

Tab. 1.1-2: Bildmaßstab und Digitalisierungsintervall für ein Pixel von 25 cm und 50 cm im Gelände

Die Tabelle 1.1-2 besagt, daß für digitale Orthophotos, die in ein topographisches Informationssystem eingebracht werden sollen, Bildmaßstäbe zwischen 1:15 000 und 1:30 000 ausreichend sind, wenn mit etwa 20 μm digitalisiert wird. Falls mit den digitalen Orthophotos allerdings auch Mikro-Texturanalysen (z.B. automatische Detektion der Kronengestalt von unterschiedlichen Baumarten) durchgeführt werden sollen, sind einerseits wesentlich größere Bildmaßstäbe zu verwenden und ist andererseits das Digitalisierungsintervall kleiner zu wählen, entsprechend den obigen Überlegungen der Abschnitte a) und b).

AUFGABE 1.1-1: Für das Staatsgebiet von Österreich (84 000 km^2) ist ein Datenbestand für digitale Orthophotos in Farbe geplant. Man überlege sich den Speicherplatz für 50 cm-Pixel. Welcher Bildmaßstab wird vorgeschlagen, wenn die Orthophotos auch drucktechnisch im Maßstab 1:5000 wiedergegeben werden sollen? Wie groß ist die Anzahl der erforderlichen Luftbilder?

1.1.1.2 Digitales Oberflächenmodell

Es wird davon ausgegangen, daß auf ein digitales Oberflächenmodell, das in einem topographischen Informationssystem (Band 3) enthalten ist, zugegriffen werden kann. Wir beschränken zunächst das digitale Oberflächenmodell auf ein Modell, das nur die Oberfläche des Geländes beschreibt (≙ **digitales Geländemodell**). Es soll ein Modell auf der Basis eines Quadratrasters sein, in das zusätzlich Geländekanten und markante Höhenpunkte (Mulden- oder Kuppenpunkte) integriert sind (Figur 1.1-4 und Figur 1.1-6). Die Weite des Rasters ist so zu wählen (Gleichung A (6.3-8) gibt dafür ein Kriterium an), daß innerhalb der Rastermaschen - unter Beachtung der Geländekanten - linear interpoliert werden kann.

ZAHLENBEISPIEL: Die Rasterweite in einem (extremen) Gelände, für das das Profil der Figur A 6.3-9 repräsentativ sein soll, beträgt:

Rasterweite $= \sqrt{dZ \cdot 8R \cdot \cos^3\alpha} = \sqrt{0.25 \cdot 8 \cdot 75 \cdot 0.853^3} = 9.6\ m$

dZ ... tolerierbarer Höhenfehler, den wir mit 25 cm angenommen haben.

R ... Krümmungsradius, der im Testprofil der Figur A 6.3-9 15 mm beträgt; das sind - ein Orthophoto von 1:5000 vorausgesetzt - 75 m.

α ... Neigungswinkel des Geländes, der in der Figur A 6.3-9 35 gon beträgt.

AUFGABE 1.1-2: Man wiederhole diese Abschätzung der Rasterweite unter der Annahme, daß die Figur A 6.3-9 das Geländeprofil im Maßstab 1:10 000 wiedergibt (Ergebnis: 13.6 m).

ZUSATZAUFGABE: Wie vergrößert sich die Rasterweite im flachen Gelände wenn man 50 cm Höhenfehler toleriert und der Krümmungsradius 500 m beträgt (Ergebnis: 45 m).

Die Rasterweite eines digitalen Geländemodelles zur Herstellung digitaler Orthophotos in den mittleren Maßstäben beträgt - abhängig von den Krümmungen und den Neigungen des Geländes - etwa 10 m bis 50 m. Zusätzlich müssen - bei diesen verhältnismäßig großen Rasterweiten - **Geländekanten und markante Höhenpunkte** ins Raster integriert sein. Ein solches Geländemodell entsteht in der Regel durch manuelles Digitalisieren im (dreidimensionalen) Stereomodell und durch anschließende Interpolation (Band 3). Eine Alternative zu diesem Geländemodell mit wenigen Punkten ist ein Geländemodell mit sehr vielen Punkten - ohne Geländekanten -, wie es bei der Oberflächenbestimmung mit automatischer Bildzuordnung anfallen kann (Abschnitt 2.).

Bevor die digitale Orthophotoherstellung mit Berücksichtigung von Geländekanten und der markanten Höhenpunkte erläutert werden kann, ist noch die Interpolation innerhalb des digitalen Geländemodelles zu behandeln. Innerhalb einer Masche ohne Geländekante und ohne markantem Höhenpunkt wird die (Gelände-)Deckfläche üblicherweise mit einem **hyperbolischen Paraboloid**[1] approximiert. Die Gleichung für das hyperbolische Paraboloid lautet:

---

[1] Das hyperbolische Paraboloid entspricht übrigens - jeweils auf eine der beiden Koordinaten angewandt - der in den Abschnitten A 4.3.5 und A 6.3.1 benutzten bilinearen Transformation sowie der im Abschnitt A 7.5 angegebenen bilinearen (Grauwert-)Interpolation.

$$Z = a_0 + a_1\overline{X} + a_2\overline{Y} + a_3\overline{XY} \tag{1.1-1}$$

Mit lokalen $\overline{X}\overline{Y}$-Koordinaten, deren Koordinatenursprung in den Punkt 1 gelegt wurde (Figur 1.1-3), und der speziellen Anordnung der vier Stützpunkte in einem Quadrat mit den Seitenlängen Δ lauten die vier Gleichungen zur Bestimmung der Koeffizienten a_i:

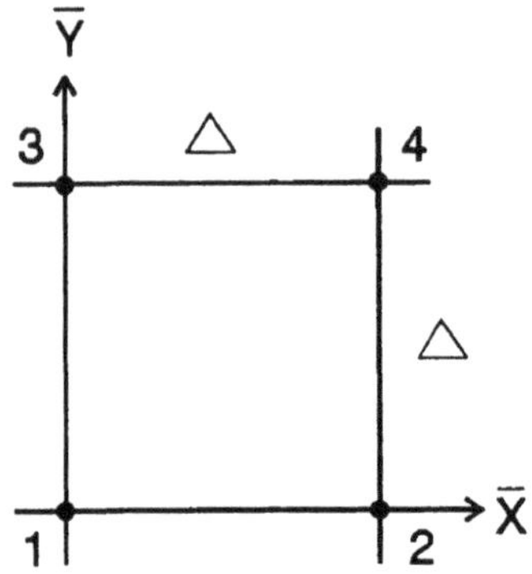

Figur 1.1-3: Hyperbolisches Paraboloid durch vier in einem Quadrat angeordnete Stützpunkte

$$\begin{pmatrix} Z_1 \\ Z_2 \\ Z_3 \\ Z_4 \end{pmatrix} = \begin{pmatrix} 1 & 0 & 0 & 0 \\ 1 & \Delta & 0 & 0 \\ 1 & 0 & \Delta & 0 \\ 1 & \Delta & \Delta & \Delta^2 \end{pmatrix} \begin{pmatrix} a_0 \\ a_1 \\ a_2 \\ a_3 \end{pmatrix} \tag{1.1-2}$$

Die einfache Struktur der Matrix erleichtert die Inversion, sodaß folgendes gilt:

$$\begin{pmatrix} a_0 \\ a_1 \\ a_2 \\ a_3 \end{pmatrix} = \begin{pmatrix} 1 & 0 & 0 & 0 \\ -1/\Delta & 1/\Delta & 0 & 0 \\ -1/\Delta & 0 & 1/\Delta & 0 \\ 1/\Delta^2 & -1/\Delta^2 & -1/\Delta^2 & 1/\Delta^2 \end{pmatrix} \begin{pmatrix} Z_1 \\ Z_2 \\ Z_3 \\ Z_4 \end{pmatrix} \tag{1.1-3}$$

AUFGABE 1.1-3 : Man lege durch die vier in der Tabelle angegebenen Punkte ein hyperbolisches Paraboloid und interpoliere die Höhen zu einem Raster mit einer Rasterweite von $\Delta/10$. Schließlich sind in einer Graphik die Höhenlinien für die Z-Werte 1 und 2 anzugeben.

	1	2	3	4
$\overline{X}$	0	5	0	5
$\overline{Y}$	0	0	5	5
Z	2	0	3	2

AUFGABE 1.1-4: Man wiederhole die Ableitung für das hyperbolische Paraboloid, allerdings unter der Annahme, daß die X-Koordinate des Punktes 4 (Figur 1.1-3) nur $\Delta/2$ beträgt, also die Grundfigur der Stützstellen für das hyperbolische Paraboloid kein Quadrat mehr ist.
ZUSATZFRAGE: Ist die Interpolation mit diesem hyperbolischen Paraboloid entlang der Geraden 24 immer noch linear? (Ergebnis: Nein).

In den Maschen, die von einer Geländekante durchzogen werden oder in denen ein markanter Höhenpunkt liegt, sind zuerst Dreieckszerlegungen - zum Beispiel mit Delaunay-Triangulationen mit Zwangskanten (Band 3) - vorzunehmen. Die Figur 1.1-4 zeigt solche Dreieckszerlegungen.

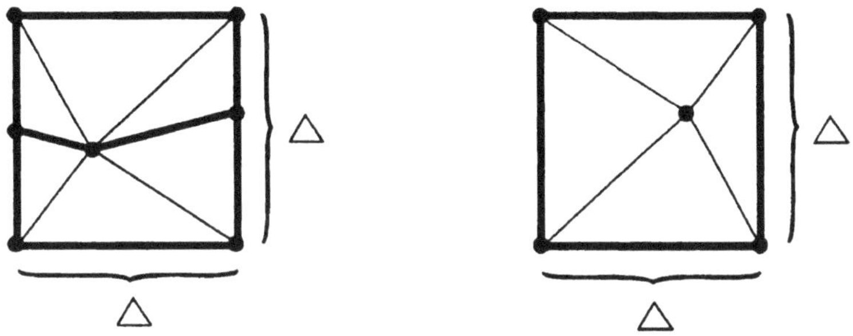

Figur 1.1-4: Rastermasche mit Triangulierung
links: Geländekante in einer Masche
rechts: markanter Höhenpunkt in einer Masche

Die (Gelände-)Deckflächen innerhalb einer triangulierten Rastermasche (Figur 1.1-4) seien geneigte Dreiecke mit gemeinsamen Kanten. Die Gleichung für eine Schrägebene lautet:

$$Z = a_0 + a_1\overline{X} + a_2\overline{Y} \tag{1.1-4}$$

Mit lokalen $\overline{X}\overline{Y}$-Koordinaten, deren Koordinatenursprung in den Punkt 1 gelegt wurde (Figur 1.1-5), lauten die drei Gleichungen für die Bestimmung der Koeffizienten a_i:

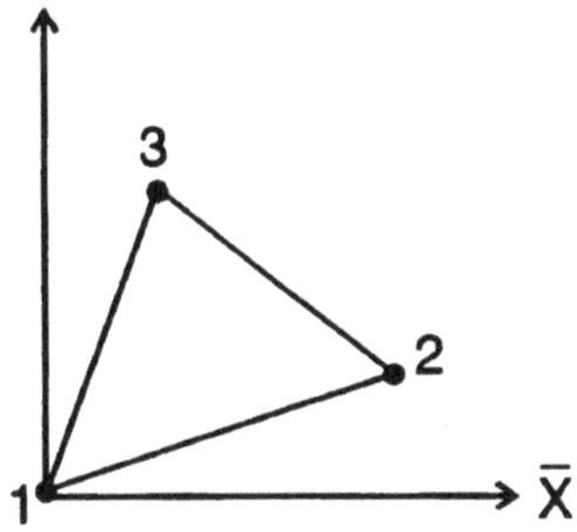

Figur 1.1-5: Schrägebene durch drei Stützpunkte

$$\begin{pmatrix} Z_1 \\ Z_2 \\ Z_3 \end{pmatrix} = \begin{pmatrix} 1 & 0 & 0 \\ 1 & \overline{X}_2 & \overline{Y}_2 \\ 1 & \overline{X}_3 & \overline{Y}_3 \end{pmatrix} \begin{pmatrix} a_0 \\ a_1 \\ a_2 \end{pmatrix} \tag{1.1-5}$$

Durch Anwendung der Determinantenregel für die Inversion einer Matrix, die in den Mathematik-Grundvorlesungen zu finden ist, ergibt sich:

$$\begin{pmatrix} a_0 \\ a_1 \\ a_2 \end{pmatrix} = \frac{1}{\bar{X}_2\bar{Y}_3 - \bar{X}_3\bar{Y}_2} \begin{pmatrix} \bar{X}_2\bar{Y}_3 - \bar{X}_3\bar{Y}_2 & 0 & 0 \\ \bar{Y}_2 - \bar{Y}_3 & \bar{Y}_3 & -\bar{Y}_2 \\ \bar{X}_3 - \bar{X}_2 & -\bar{X}_3 & \bar{X}_2 \end{pmatrix} \begin{pmatrix} Z_1 \\ Z_2 \\ Z_3 \end{pmatrix} \tag{1.1-6}$$

AUFGABE 1.1-5: Man lege durch die drei Punkte 1, 3 und 4 der Aufgabe 1.1-3 eine Schrägebene und interpoliere die Höhen zu einem Raster mit einer Rasterweite von $\Delta/10$. Schließlich sind in einer Graphik die Höhenlinien für die Z-Werte 1 und 2 anzugeben.

Mittels **Dreieckszerlegung** - zum Beispiel mit einer Delaunay-Triangulation - kann übrigens direkt aus den **ursprünglich gemessenen Geländepunkten**, die häufig nicht in einem Raster angeordnet sind, der Aufbau eines digitalen Geländemodelles erfolgen. Die Geländeoberfläche besteht dann nur aus räumlich angeordneten Dreiecken mit gemeinsamen Kanten. Solche Oberflächenmodelle haben eine beachtliche Verbreitung. (Im Band 3 wird darauf näher eingegangen.)

1.1.2 Digitale Orthophotoherstellung mit Berücksichtigung der Geländekanten

Die Figur 1.1-6 zeigt das Prinzip der Herstellung eines digitalen Orthophotos mit Berücksichtigung der Geländekanten. In der XY-Ebene wird - wie bereits im Abschnitt A 7.5 ausgeführt - die Bildmatrix des digitalen Orthophotos ausgebreitet. Diese Bildmatrix hat - um die obigen Zahlenangaben (Position f im Abschnitt 1.1.1.1) zu übernehmen - eine Pixelgröße zwischen 25 und 50 cm im Landeskoordinatensystem. Bei einer Rasterweite des digitalen Geländemodelles von 10 m ergibt das etwa 40 x 40 = 1600 bzw. 20 x 20 = 400 Pixel in einer quadratischen Rastermasche des digitalen Geländemodelles.

Dieser wesentlich engere Raster der Pixel im Orthophoto im Vergleich zum Raster des digitalen Geländemodelles kann bei der Orthophotoherstellung in zweierlei Weise genutzt werden. Die zunächst auf der Hand liegende Lösung besteht darin, an **allen Mittelpunkten der Orthophotopixel** die Geländehöhe Z mittels der Gleichungen (1.1-1) und (1.1-4) zu interpolieren und anschließend mittels der Kollinearitätsgleichungen B(3.5-2) die entsprechenden Punkte in der Matrix des Vorlagebildes zu suchen. Diese Lösung hat den Nachteil, daß - unnötigerweise - die (aufwendigen) Kollinearitätsgleichungen für alle Pixel des Orthophotos auszuwerten sind.

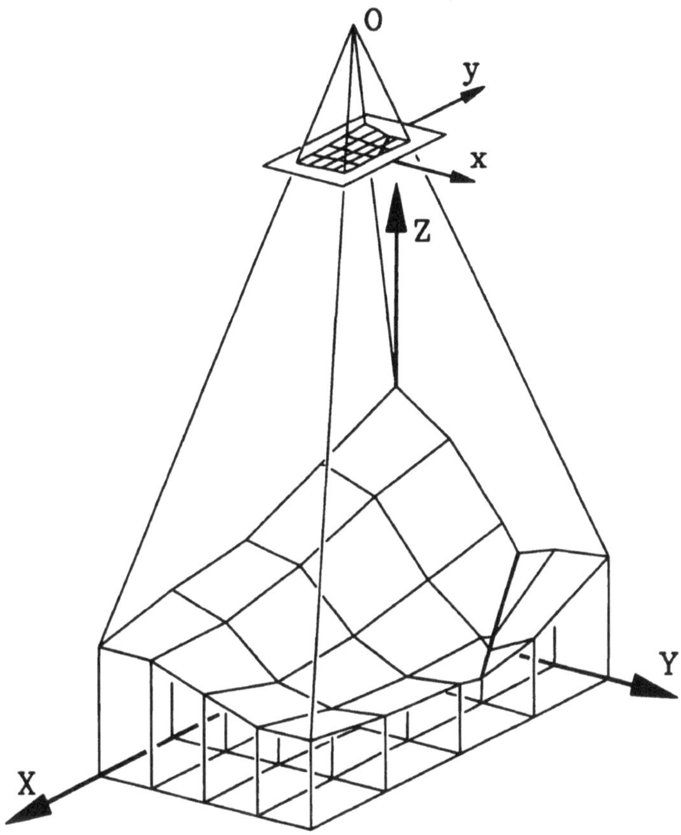

Figur 1.1-6: Zusammenhang zwischen digitalem Geländemodell und Vorlagebild

Eine wirtschaftlichere Lösung ist die sogenannte **Ankerpunktmethode.** Dabei werden nur die Punkte des digitalen Geländemodelles, also die Punkte des quadratischen Rasters und die Eckpunkte der Dreiecke, mit den Kollinearitätsgleichungen B(3.5-2) in das Vorlagebild transformiert. Anschließend wird innerhalb der einzelnen viereckigen und dreieckigen Rastermaschen linear interpoliert.

Für eine **viereckige Rastermasche** zeigt Figur 1.1-7 den Sachverhalt. Von den vier Ankerpunkten kennt man die Landeskoordinaten, die auf den Punkt 1 bezogen und mit $\overline{X}$ und $\overline{Y}$ bezeichnet werden, und die Bildkoordinaten x und y. Der mathematische Zusammenhang sei die **bilineare Transformation**:

$$\begin{aligned} x &= b_{01} + b_{11}\overline{X} + b_{21}\overline{Y} + b_{31}\overline{X}\overline{Y} \\ y &= b_{02} + b_{12}\overline{X} + b_{22}\overline{Y} + b_{32}\overline{X}\overline{Y} \end{aligned} \qquad (1.1\text{-}7)$$

Mit Hilfe der Koordinaten der vier Ankerpunkte in beiden Koordinatensystemen erhält man - entsprechend Gleichung (1.1-3) - die Koeffizienten b_{ik}:

$$\begin{pmatrix} b_{01} \\ b_{11} \\ b_{21} \\ b_{31} \end{pmatrix} = \begin{pmatrix} 1 & 0 & 0 & 0 \\ -1/\Delta & 1/\Delta & 0 & 0 \\ -1/\Delta & 0 & 1/\Delta & 0 \\ 1/\Delta^2 & -1/\Delta^2 & -1/\Delta^2 & 1/\Delta^2 \end{pmatrix} \begin{pmatrix} x_1 \\ x_2 \\ x_3 \\ x_4 \end{pmatrix}$$

$$\begin{pmatrix} b_{02} \\ b_{12} \\ b_{22} \\ b_{32} \end{pmatrix} = \begin{pmatrix} 1 & 0 & 0 & 0 \\ -1/\Delta & 1/\Delta & 0 & 0 \\ -1/\Delta & 0 & 1/\Delta & 0 \\ 1/\Delta^2 & -1/\Delta^2 & -1/\Delta^2 & 1/\Delta^2 \end{pmatrix} \begin{pmatrix} y_1 \\ y_2 \\ y_3 \\ y_4 \end{pmatrix} \qquad (1.1\text{-}8)$$

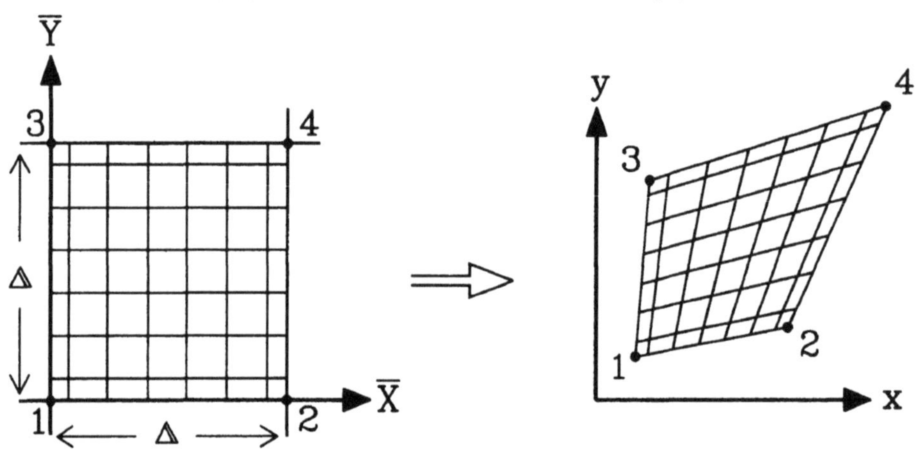

Figur 1.1-7: Bilineare Transformation einer viereckigen Rastermasche mit vier Ankerpunkten

Für eine **dreieckige Rastermasche** zeigt Figur 1.1-8 den Sachverhalt. Von den drei Ankerpunkten kennt man die Landeskoordinaten, die auf den Punkt 1 bezogen und mit $\overline{X}$ und $\overline{Y}$ bezeichnet werden, und die Bildkoordinaten x und y. Der mathematische Zusammenhang sei die **Affintransformation**:

$$\begin{aligned} x &= c_{01} + c_{11}\overline{X} + c_{21}\overline{Y} \\ y &= c_{02} + c_{12}\overline{X} + c_{22}\overline{Y} \end{aligned} \qquad (1.1\text{-}9)$$

Mit Hilfe der Koordinaten der drei Ankerpunkte in beiden Koordinatensystemen erhält man - entsprechend der Gleichung (1.1-6) - die Koeffizienten c_{ik}:

$$\begin{pmatrix} c_{01} \\ c_{11} \\ c_{21} \end{pmatrix} = \frac{1}{\overline{X}_2\overline{Y}_3 - \overline{X}_3\overline{Y}_2} \begin{pmatrix} \overline{X}_2\overline{Y}_3-\overline{X}_3\overline{Y}_2 & 0 & 0 \\ \overline{Y}_2-\overline{Y}_3 & \overline{Y}_3 & -\overline{Y}_2 \\ \overline{X}_3-\overline{X}_2 & -\overline{X}_3 & \overline{X}_2 \end{pmatrix} \begin{pmatrix} x_1 \\ x_2 \\ x_3 \end{pmatrix}$$

$$\begin{pmatrix} c_{02} \\ c_{12} \\ c_{22} \end{pmatrix} = \frac{1}{\overline{X}_2\overline{Y}_3 - \overline{X}_3\overline{Y}_2} \begin{pmatrix} \overline{X}_2\overline{Y}_3-\overline{X}_3\overline{Y}_2 & 0 & 0 \\ \overline{Y}_2-\overline{Y}_3 & \overline{Y}_3 & -\overline{Y}_2 \\ \overline{X}_3-\overline{X}_2 & -\overline{X}_3 & \overline{X}_2 \end{pmatrix} \begin{pmatrix} y_1 \\ y_2 \\ y_3 \end{pmatrix} \tag{1.1-10}$$

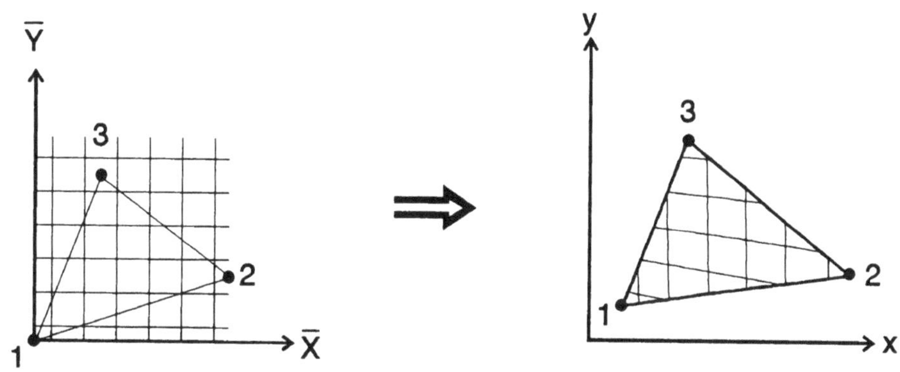

Figur 1.1-8: Affintransformation einer dreieckigen Rastermasche mit drei Ankerpunkten

Wenn für alle viereckigen Maschen die Koeffizienten b_{ik} und für alle dreieckigen Maschen die Koeffizienten c_{ik} in dem Bereich, in dem das digitale Orthophoto hergestellt werden soll, vorliegen, kann für jeden Pixelmittelpunkt des Orthophotos der entsprechende Punkt im Vorlagebild - mittels der Gleichung (1.1-7) oder (1.1-9) - gefunden werden.

In den bisherigen Betrachtungen gingen wir davon aus, daß die Bildmatrix des Vorlagebildes im xy-Kamerakoordinatensystem vorliegt. In der Regel liegt die Bildkoordinatenmatrix des Vorlagebildes aber im **x'y'-Koordinatensystem des Scanners** vor. Beide Koordinatensysteme führt man zweckmäßigerweise mit einer Affintransformation ineinander über. Die Koeffizienten dieser Affintransformation bekommt man mittels der Koordinaten der Rahmenmarken in beiden Koordinatensystemen (Abschnitt A 4.3.5). Die x'y'-Scannerkoordinaten der Ankerpunkte erhält man deshalb in zwei Schritten: Zuerst werden die Kollinearitätsbeziehungen B(3.5-2) verwendet und anschließend die Affintransformation zwischen Kamerakoordinatensystem und Scannerkoordinatensystem. Mit den x'y'-Scannerkoordinaten der Ankerpunkte werden dann die Koeffizienten b_{ik} und c_{ik} (Gleichungen (1.1-8) und (1.1-10)) für alle viereckigen und dreieckigen Rastermaschen ermittelt. Mit Hilfe der Gleichungen (1.1-7) und (1.1-9) erhält man schließlich in einem Schritt - ohne Einbeziehung der Kollinearitätsgleichungen - direkt die x'y'-Scannerkoordinaten zu den XY-Koordinaten der Orthophotomatrix.

AUFGABE 1.1-6: Wenn der Zusammenhang zwischen x'y'-Scannerkoordinaten und xy-Kamerakoordinaten mit einer bilinearen Transformation hergestellt würde, wäre die einstufige Transformation zwischen XY-Landeskoordinaten und x'y'-Scannerkoordinaten übrigens nicht erlaubt. Man überprüfe diese Aussage. Außerdem überprüfe man die erlaubte einstufige Transformation, wenn der mathematische Zusammenhang zwischen xy-Kamerakoordinaten und x'y'-Scannerkoordinaten mittels einer Affintransformation hergestellt wird. (In der zur Figur 1.1-9 angegebenen Veröffentlichung ist die Lösung enthalten.)

Als Ergebnis der geschilderten umfangreichen Transformationen erhalten wir für alle Pixelmittelpunkte des Orthophotos die entsprechenden Positionen im x'y'-Scannerkoordinatensystem des Vorlagebildes. Die **Zuordnung der Grauwerte** zu diesen transformierten Mittelpunkten geschieht mittels "nächster Nachbarschaft" oder einer weiteren bilinearen Transformation (Abschnitt A 7.5); bei sehr hohen Qualitätsansprüchen werden dafür auch Interpolationen höherer Ordnung verwendet. (Abschnitt FE 6.4.1).

Die Methode über die **Ankerpunkte ist grundsätzlich weniger genau** als die Methode, die für jeden Pixelmittelpunkt des Orthophotos die Kollinearitätsgleichungen auswertet. Den Genauigkeitsverlust kann man abschätzen, indem man die lineare Interpolation entlang der Maschenseiten mit dem Ergebnis der Interpolation mittels Doppelverhältnisses (Abschnitt A 2.5) vergleicht. In der Figur 1.1-9 ist dieser Fehler d im Bildkoordinatensystem in Abhängigkeit von der Rasterweite Δ, ebenfalls ausgedrückt im Bildkoordinatensystem, und der Geländeneigung (in %) angegeben. Bei einer extrem großen Rasterweite im Bild von $\Delta = 5$ mm beträgt bei 50% Geländeneigung der Interpolationsfehler d erst 22 μm im Bild.

Dieser Interpolationsfehler tritt bei den photographisch hergestellten Orthophotos in gleicher Weise auf. Er wurde im Abschnitt A 6.3.2 in etwas abgewandelter Form bereits behandelt. Im Abschnitt A 6.3.3 sind **weitere Fehlereinflüsse** angegeben, die die Genauigkeit der photographisch hergestellten Orthophotos prägen. Die meisten dieser Fehlereinflüsse treten auch bei der digitalen Orthophotoherstellung auf. Die wesentliche Verbesserung des digitalen Herstellungsprozesses gegenüber dem photographischen Herstellungsprozeß besteht - wie bereits mehrmals erwähnt - darin, daß ein digitales Geländemodell benutzt werden kann, das zusätzlich zu den Rasterpunkten auch die Geländekanten enthält.

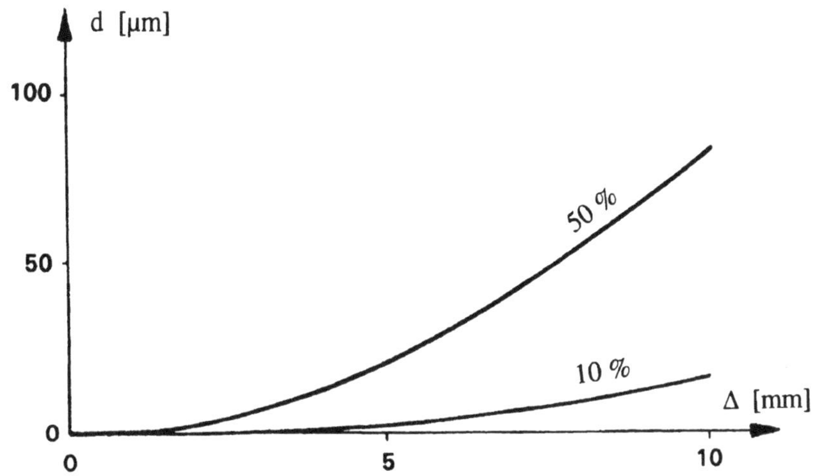

Figur 1.1-9: Fehler d der bilinearen Interpolation in Abhängigkeit von der Rasterweite Δ und der Geländeneigung (Kamerakonstante c = 150 mm, Bildformat 23 cm x 23 cm)[1]

Wie mit solchen Kanten das Ergebnis beeinflußt werden kann, zeigen die Figuren 1.1-10 und 1.1-12 sowie die Bilder 1.1-11 und 1.1-13. Figur 1.1-10 zeigt das Geländemodell ohne Brücke. Im dazugehörigen Orthophoto (Bild 1.1-11) ist daher die Brücke versetzt wiedergegeben. Bezieht man dagegen in das Oberflächenmodell die Brücke mit ein (Figur 1.1-12), wird die Brücke im Orthophoto lagerichtig abgebildet (Bild 1.1-13).[2]

Die Modellierung einer Oberfläche mit Raster und Kanten ist für das Gelände bestens geeignet; sogar einfache Kunstbauten können auf diese Weise modelliert und bei der Orthophotoherstellung berücksichtigt werden. Sofern komplexere Kunstbauten vorhanden sind und auch die sichttoten Bereiche bei der Orthophotoherstellung zu beachten sind, ist auf ein erweitertes Oberflächenmodell und auf einen anderen Umbildungsprozeß bei der digitalen Orthophotoproduktion überzugehen.

---

1 Entnommen aus R. Ecker: Geow. Mitt. der TU Wien, Heft 38, 1991.

2 Ecker R., Kalliany, R., Otepka, G.: In Fritsch/Hobbie (Eds): Photogrammetric Week '93, pp. 143-156, 1993.

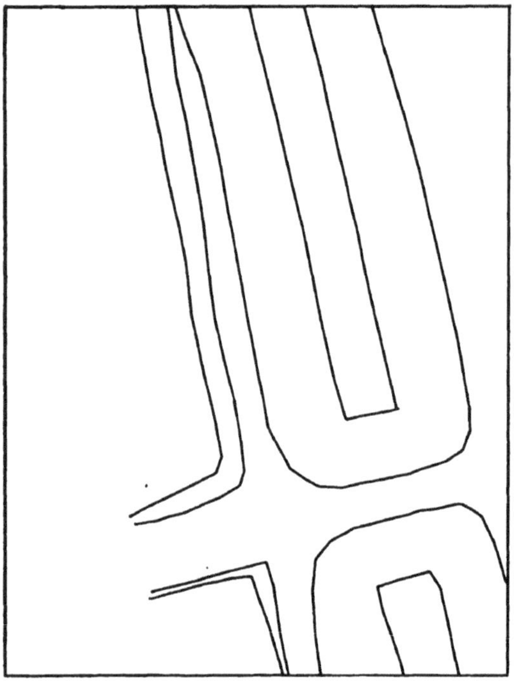

Figur 1.1-10: Kanten des digitalen Geländemodelles

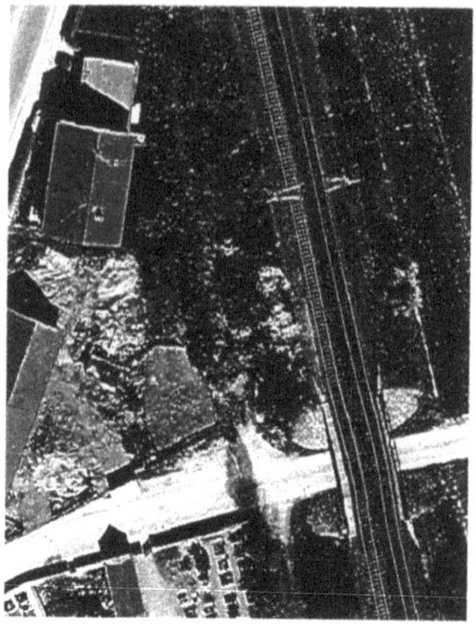

Bild 1.1-11: Orthophoto mit versetzter Brücke

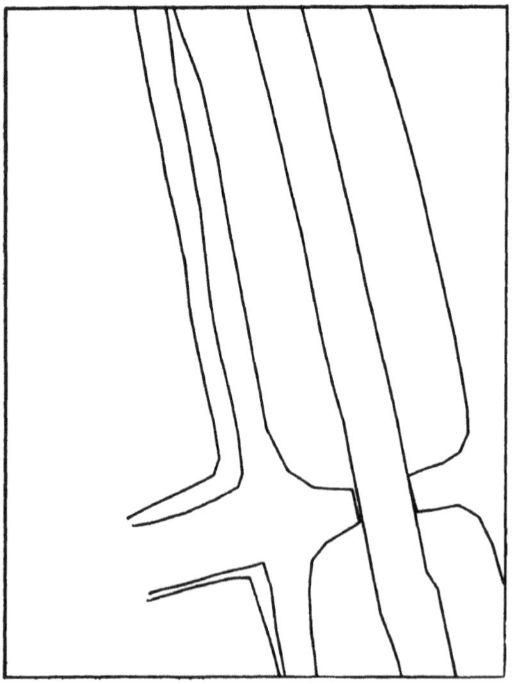

Figur 1.1-12: Kanten des digitalen Oberflächenmodelles mit Berücksichtigung der Brücke

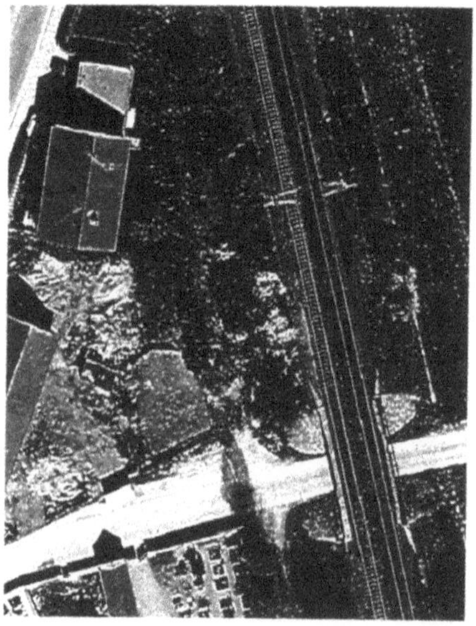

Bild 1.1-13: Orthophoto mit lagerichtiger Brücke

1.1.3 Digitale Orthophotoherstellung mit Berücksichtigung von Kunstbauten

Die Probleme, die mit den Kunstbauten auftreten, sollen zunächst anhand der Figur 1.1-14 diskutiert werden. Benutzt man ein Geländemodell, das nur - wie sollte es auch anders sein - das Gelände und nicht die Kunstbauten enthält, dann bekommt man ein Orthophoto, in dem zum Beispiel der Punkt Q des Kunstbaues in der Position $\overline{Q}_0$ und nicht an der gewünschten Position Q_0 abgebildet wird. In der Position $\overline{Q}_0$ erwartet man beim fehlerfreien Orthophoto den Geländepunkt P. Benutzt man dagegen ein Oberflächenmodell, in dem auch die Kunstbauten enthalten sind (Figur 1.1-14, rechts), dann bekommt man ein Orthophoto, in dem der Punkt Q des Kunstbaues auf der gewünschten Position Q_0 abgebildet wird. Zusätzlich wird - wenn keine besonderen Vorkehrungen getroffen werden - der Bildpunkt Q′ ebenfalls in der Position P_0 abgebildet: Es kommt zu **Doppelabbildungen** in den sichttoten Räumen. Diese Abbildungen sind unerwünscht; außerdem ist in den **sichttoten Räumen** der fehlende Bildinhalt aus anderen Photos zu entnehmen.

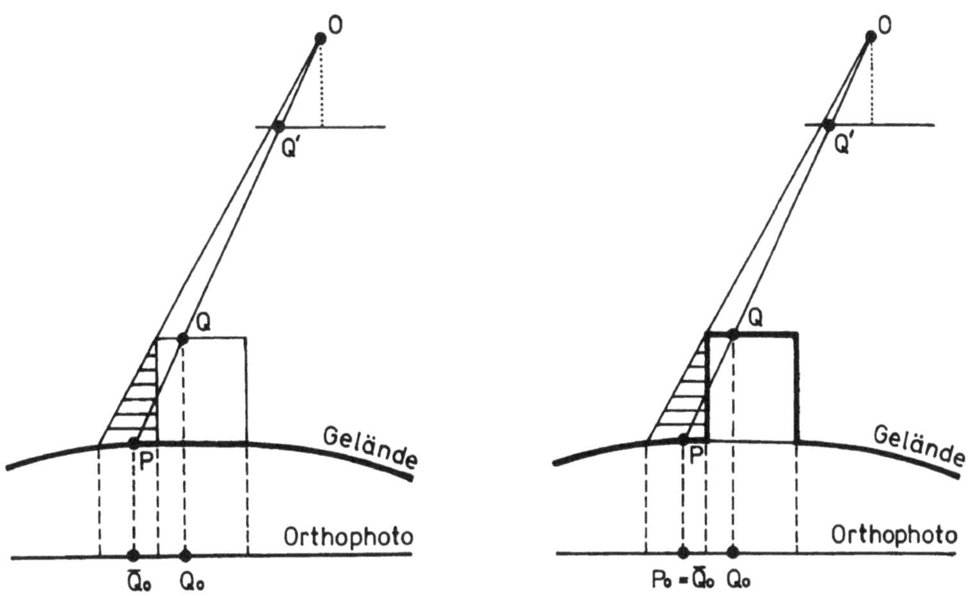

Figur 1.1-14: Digitales Orthophoto ohne (links) und mit (rechts) modelliertem Kunstbau

Bevor darauf näher eingegangen werden kann, ist die **Datenerfassung und die Bildung eines adäquaten Oberflächenmodelles** anzugeben. Wir gehen davon aus, daß ein digitales Geländemodell - mit Geländekanten, aber ohne Kunstbauten - existiere. In Figur 1.1-15 ist nur ein rasterförmiges Geländemodell skizziert. Bei der Datenerfassung hat man einerseits

Punkte digitalisiert, aus denen ein digitales Geländemodell aufgebaut werden kann (≙ **Geländepunkte**), und andererseits Punkte, die die Oberfläche der Kunstbauten repräsentieren (≙ **Kunstbautenpunkte**).

In Bereichen, auf denen die Kunstbauten stehen, können in der Regel keine Geländepunkte gemessen werden, es sei denn, vor der Errichtung des jeweiligen Kunstbaues. Anderenfalls sind Geländepunkte möglichst nahe dem jeweiligen Kunstbau zu digitalisieren. Es muß nämlich gewährleistet sein, daß die Geländeoberfläche auch in der Nähe der **vertikalen Wände** möglichst genau modelliert ist. Die Kunstbautenpunkte bestehen - ausgedrückt mit den Bezeichnungen eines Daches - aus First- und Traufenpunkten (die Punkte 1 bis 6 in der Figur 1.1-15).

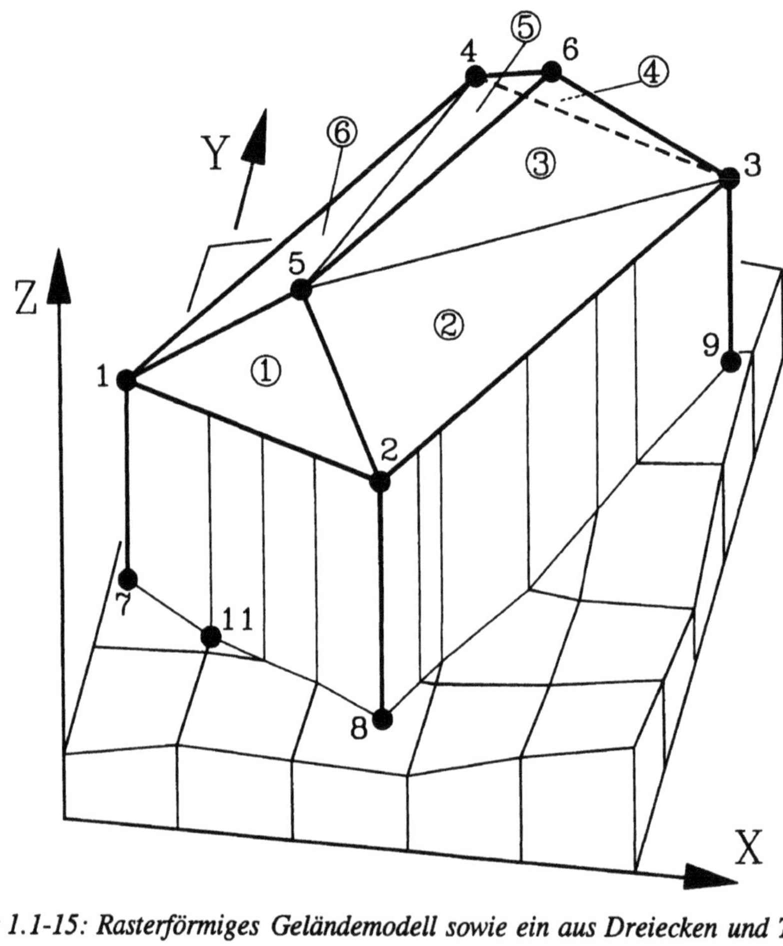

Figur 1.1-15: Rasterförmiges Geländemodell sowie ein aus Dreiecken und Trapezen modelliertes Haus

Mittels der Kunstbautenpunkte ist die **Oberfläche der Kunstbauten** - ohne vertikale

Wände - zu **modellieren**. Eine einfache Modellierung, die für die Herstellung digitaler Orthophotos in mittleren Maßstäben ausreichend ist, besteht darin, die ebenen Flächen in räumlich angeordnete Dreiecke zu unterteilen, z.B. mit einer Delaunay-Triangulation (Band 3). Die Koordinatenlisten und die Topologie (≙ Nachbarschafts-Beziehungen) können eine Tabellen-Struktur aufweisen, wie sie in der Figur 1.1-15 und in der Tab. 1.1-16 wiedergegeben ist.

Koordinatenliste					Dächer	
Pkt.	Koordinaten				Dreiecke	Punkte
1	X_1	Y_1	Z_1		1	1 2 5
2	X_2	Y_2	Z_2		2	2 3 5
3	X_3	Y_3	Z_3		3	5 3 6
4	X_4	Y_4	Z_4		4	3 4 6
5	X_5	Y_5	Z_5		5	4 5 6
6	X_6	Y_6	Z_6		6	1 5 4

Tab. 1.1-16: Tabellen (Koordinatenliste und Topologie) für das Dach der Figur 1.1-15

Die **vertikalen Wände** können mit Trapezen modelliert werden. Bei einem einfachen **Haus** werden zuerst die Lotlinien durch die Traufenpunkte mit dem digitalen Geländemodell verschnitten. Das Ergebnis sind die XYZ-Koordinaten der Punkte 7 bis 10 der Figur 1.1-15. Damit existieren im Grundriß geradlinige Profile entlang der vertikalen Wände, sodaß die XYZ-Koordinaten auch der Durchstoßpunkte der Rasterlinien des Geländemodelles mit den vertikalen Wänden auf einfache Weise gefunden werden können. Der Punkt 11 der Figur 1.1-15 ist zum Beispiel ein solcher Punkt. Mittels dieser Punkte können die vertikalen Wände in Trapeze unterteilt werden (Figur 1.1-15).

Bei einer **Brücke** gehen wir ähnlich vor. Eine (gegebenenfalls etwas geneigte) oberc Brückenkante mündet häufig direkt in das Gelände ein. Die beiden Schnittpunkte definieren - bei einfachen Brücken - den Anfangs- und Endpunkt des jeweiligen geradlinien Profiles im Grundriß. Die Fortsetzung der Berechnungen verläuft wie bei einem Haus; allerdings ist dabei zusätzlich die Brückenunterkante zu beachten. Das Ergebnis sind Dreiecke (häufig am Anfang und Ende der Brücke) und Trapeze der vertikalen Brückenwände. Bei (großen) Brücken, die häufig gekrümmte Grundrißlinien aufweisen, werden die Grundrißlinien durch einen Polygonzug approximiert. Das Ergebnis sind ebenfalls vertikale Trapeze, die in den gemeinsamen vertikalen Kanten geknickt sind.

Für die Herstellung digitaler Orthophotos mit Berücksichtigung der Kunstbauten gibt es mehrere Möglichkeiten, wovon im folgenden einige Varianten beschrieben werden.

1.1.3.1 Mit direkter Umbildung

Dabei wird zunächst zu jedem Pixel des Vorlagebildes die entsprechende XY-Position im Orthophoto gesucht. Der Strahl, der vom jeweiligen Pixel des orientierten Vorlagebildes ausgeht und mittels des Projektionszentrums im Raum definiert ist, wird mit dem Oberflächenmodell, in das die Kunstbauten integriert sind, geschnitten. Die mathematische Formulierung dieses Verschnittes des Strahlenbündels mit dem Oberflächenmodell wurde im Abschnitt A 6.5.3 über Monoplotting bereits erläutert.

Das Ergebnis sind die Landeskoordinaten X,Y für alle Objektelemente, die die Pixel des Vorlagebildes erzeugt haben. Die XY-Koordinaten werden in eine Matrix, deren Dimensionierung der Bildmatrix des Vorlagebildes entspricht, eingetragen.

Mittels dieser XY-Matrix können benachbarte Pixel des Vorlagebildes, die die vorgegebene XY-Position eines Orthophotopixels umschließen, entnommen und für eine **Grauwertinterpolation** an der gesuchten Stelle (X_0,Y_0) benutzt werden. In der Figur 1.1-17 sind sowohl die X_0Y_0-Position eines Orthophotopixels als auch die Positionen von vier benachbarten Pixeln des Vorlagebildes eingetragen. Mittels bilinearer Transformation entlang der X- und Y-Richtung kann aus den vier Grauwerten g_1 bis g_4 der Grauwert g_0 für das Orthophoto ermittelt werden; auch Interpolationen höherer Ordnung sind möglich.

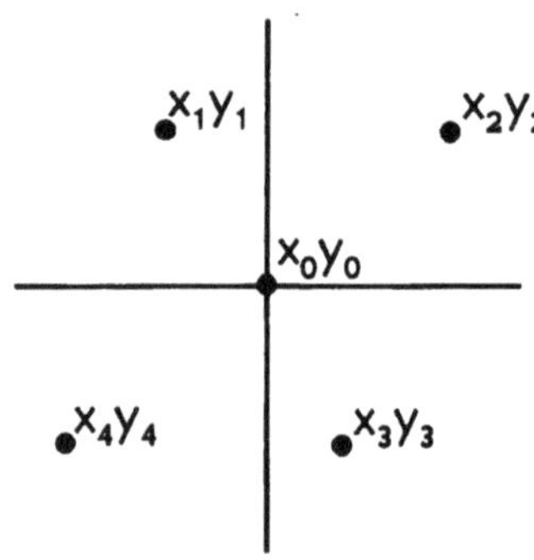

Figur 1.1-17: XY-Positionen eines Orthophotopixels (X_0,Y_0) und der vier benachbarten Pixel des Vorlagebildes (X_i,Y_i)

AUFGABE 1.1-7: Gegeben sind die vier Grauwerte g_i und die dazugehörigen Objektkoordinaten X_i,Y_i aus der XY-Matrix. Man interpoliere den Grauwert an der Stelle (X_0,Y_0).

Punkt	X [dm]	Y [dm]	Grauwert g	
1	5290	4614	127	
2	5317	4613	129	
3	5307	4586	124	
4	5281	4587	125	
OP-Pixel	5300	4600	126	≙ Ergebnis

Die direkte Umbildung mit der XY-Matrix im Hintergrund beruht zwar auf einer sehr einfachen Strategie; sie hat allerdings unter anderem **folgende Nachteile**:

- Sehr hoher Rechen- und Speicheraufwand. Mit Bildpyramiden oder mit anderen Vorkehrungen, die gleichartige Bedingungen in Nachbarschaften beachten, könnte der Aufwand reduziert werden.
- Die sichttoten Bereiche im Orthophoto fallen nicht direkt an. Man kann sie durch aufwendige Analyse der XY-Matrix bekommen. Wenn zum Beispiel in der Position (X_0,Y_0) der Figur 1.1-17 die nächstliegende Position (X_i,Y_i) mehr als zwei Orthophotopixel entfernt ist, ist die Position (X_0,Y_0) in einem sichttoten Bereich.
- Bei der Grauwertinterpolation, wie sie in der Figur 1.1-17 angedeutet ist, können Pixel beteiligt sein, die von unterschiedlichen Oberflächenelementen stammen (z.B. zwei Punkte liegen auf dem Dach und zwei andere Punkte im Gelände). Eine nicht erlaubte Vermengung der Pixel könnte dadurch umgangen werden, daß man die Umringpolygone der homogenen Oberflächenbereiche bei der Grauwertinterpolation beachtet. Diese Vorgangsweise ist aber verhältnismäßig aufwendig.

1.1.3.2 Mit indirekter Umbildung

Bei der indirekten Umbildung geht man den umgekehrten Weg wie bei der im vorherigen Abschnitt behandelten direkten Umbildung. In jedem Punkt des Oberflächenmodelles, unter dem die Position eines Orthophotopixels liegt, wird die Richtung zum Projektionszentrum (≙ Richtung des Abbildungsstrahles) ermittelt und festgestellt, **ob dieser Strahl (*ray*) auf seinem Weg (*trace*) zum Projektionszentrum die Oberfläche mindestens einmal schneidet**. Tritt ein solcher Schnitt auf, ist man in einem sichttoten Raum; anderenfalls kann das korrespondierende Pixel des Vorlagepixels, das in der Regel durch Interpolation im Vorlagebild ermittelt wird, in die Orthophotomatrix übernommen werden. Zu dieser indirekten Umbildung tragen alle Pixel des Vorlagebildes bei; lediglich die Pixel, die "unter Brücken liegen", bleiben ungenutzt.

Die Effizienz der indirekten Umbildung hängt von der Qualität der Struktur des digitalen Oberflächenmodelles ab, und zwar ist eine Struktur gefragt, die möglichst wenig Kandidaten von mehr oder weniger weit entfernten Oberflächenelementen für den Verschnitt bereithält. **Das Aufsuchen der Kandidaten für Strahlendurchdringungen kann auf ein (eindimensionales) Profil eingeschränkt werden**. Zu diesem Zweck ist eine Vertikalebene, die das Projektionszentrum und die XY-Position des jeweiligen Orthophotopixels enthält, mit dem Oberflächenmodell zu verschneiden. In diesem Längsprofil kann verhältnismäßig einfach die Frage beantwortet werden, ob der Strahl zwischen Projektionszentrum und dem jeweiligen Oberflächenpunkt das Gelände oder Häuser oder Brücken durchdringt.

Auf die Behandlung der sichttoten Bereiche wird am Ende des kommenden Abschnittes, der eine kombinierte Methode beschreibt, eingegangen.

AUFGABE 1.1-8: Man überlege sich die Algorithmen der indirekten Umbildung im Detail.

1.1.3.3 Kombinierte Methode mit einer Indexmatrix[1]

Diese Methode setzt voraus, daß ein **digitales Modell der Kunstbauten getrennt vom digitalen Geländemodell** existiert. Sofern ein gemeinsames Oberflächenmodell für Gelände und Kunstbauten zur Verfügung steht, müssen die beiden Komponenten extrahiert werden können.

Das wichtigste Merkmal bei der Orthophotoherstellung nach dieser Methode ist, daß eine Indexmatrix, die die Dimensionierung des Vorlagebildes besitzt, entsteht. In dieser Indexmatrix gibt es - mit den Bezeichnungen der Figur 1.1-18 - drei Codes: Code 0 für die Geländepixel, Code 1 für die Pixel auf den Deckflächen der Kunstbauten und Code 2 für Pixel auf den vertikalen Wandelementen.

Die Indexmatrix und das Orthophoto erhält man auf folgende Weise:

a) Die gesamte Indexmatrix wird mit dem Code 0 initialisiert, d.h. man "vermutet" Gelände.

b) Die Polygone aller Deckflächen und vertikalen Wänden der Kunstbauten werden ins Vorlagebild transformiert.

c) Die so im Vorlagebild gefundenen Bereiche werden unter Beachtung der Sichtbarkeit in der Indexmatrix im Falle von Deckflächen mit dem Code 1 und im Falle von vertikalen Wänden mit dem Code 2 überschrieben.

d) Herstellung eines Orthophotos für die Deckflächen der Kunstbauten mittels indirekter Umbildung ($\hat{=}$ "**Deckflächenorthophoto**").

e) Löschen aller Pixel im Vorlagebild, die zu den Codes 1 und 2 gehören ($\hat{=}$ **maskiertes Bild**).

f) Herstellung eines digitalen Orthophotos nur mit dem digitalen Geländemodell, wie sie im Abschnitt 1.1.2 beschrieben wurde ($\hat{=}$ "**Geländeorthophoto**").

---

[1] Sie orientiert sich an der Veröffentlichung: Amhar, F., Ecker, R.: IAPR, Commission IV, Vienna, 1996 (im Druck).

g) Vereinigung des "Geländeorthophotos" mit dem "Deckflächenorthophoto" mittels Raster-Algebra. Die sichttoten Bereiche bleiben dabei weiß (Figur 1.1-18).

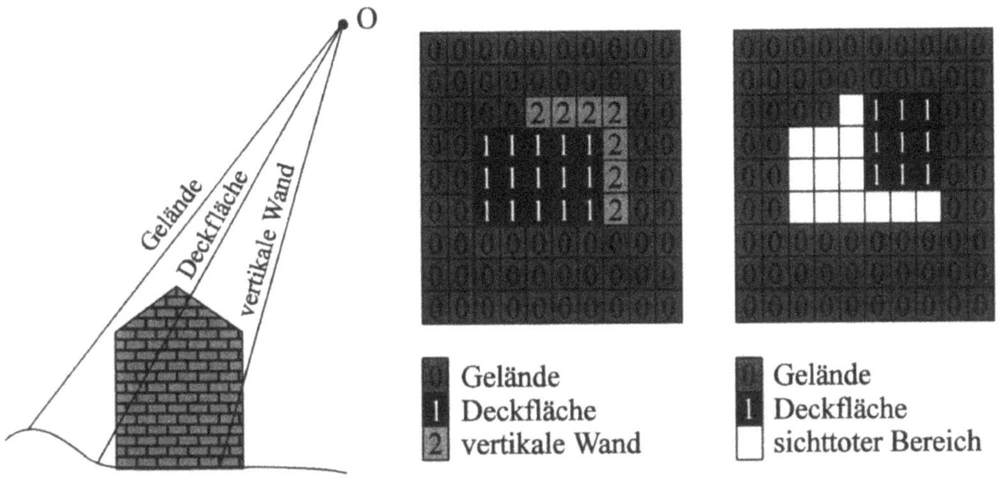

Projektionszentrum, Haus und Gelände

Indexmatrix des Vorlagebildes

digitales Orthophoto mit korrekter Positionierung der Deckflächen

Figur 1.1-18: Orthophotoherstellung mit einer Indexmatrix

Diese Methode ist effizient, wenn einerseits die einzelnen Gebäude weit verstreut angeordnet sind und nur Orthophotos in mittleren Maßstäben gefragt sind. Diese Methode beachtet zum Beispiel die vom Gelände eventuell verursachten sichttoten Bereiche nicht. Bei der Orthophotoherstellung in mittleren und kleinen Maßstäben spielen diese sichttoten Bereiche auch keine nennenswerte Rolle.

Zum Schluß des Kapitels über die digitale Orthophotoherstellung mit Berücksichtigung der Kunstbauten ist noch der große Vorteil herauszustellen, daß die **im Herstellungsprozeß eines digitalen Orthophotos aufgedeckten sichttoten Bereiche durch Bildinformationen aus anderen Vorlagebildern gefüllt werden können**. Zu diesem Zweck werden - zunächst unabhängig - die Orthophotos über das gleiche Gebiet aus mehreren Vorlagebildern hergestellt. Mit Raster-Algebra entstehen zum Schluß digitale Orthophotos, die sich aus Bildinformationen verschiedener Vorlagebilder zusammensetzen.

AUFGABE 1.1-9: Die Orthophotoherstellung der Deckflächen der Kunstbauten mit indirekter Umbildung (Arbeitsschritt c)) kann auch durch andere, vermutlich effizientere Methoden ersetzt werden. Einige Gedankensplitter dazu:

a) Das Skalarprodukt des Normalenvektors einer ebenen Deckfläche mit dem Vektor der Aufnahmerichtung erlaubt die Entscheidung über die Sichtbarkeit dieser Deckfläche.

b) Verschneidet man die ins Vorlagebild transformierten Polygone miteinander, so kann anhand der am jeweiligen Schnittpunkt beteiligten beiden räumlichen Strecken - über die Entfernungen zum Projektionszentrum - entschieden werden, welche der Deckflächen durch die andere teilweise verdeckt ist.

c) Die Orthophotoherstellung kann mit dreieckigen Rastermaschen, wie mit den Formeln (1.1-9) und (1.1-10) beschrieben, erfolgen. Die erlaubte Größe der Dreieckseiten kann mit Hilfe der Figur 1.1-9 abgeschätzt werden.

d) Für große Deckflächen bietet sich an, daß sie in ebene Vierecke zerlegt werden und mit den XY-Koordinaten sowie den xy-Koordinaten der vier Eckpunkte mit den Gleichungen A(2.4-2) eine strenge Umbildung durchgeführt wird (siehe dazu auch Kapitel A 6.3.2 über die gemeinsame affine und perspektive Entzerrung).

Man mache aus diesen Gedankensplittern ein Konzept zur Herstellung der Orthophotos für die Deckflächen der Kunstbauten.

Weitere Literatur zum digitalen Orthophoto: Konecny, G.: PE&RS 45, pp. 727-734, 1979. Bähr, H.-P., Vögtle, Th.: Digitale Bildverarbeitung. 2. Auflage, Wichmann Verlag, Karlsruhe, 1991. Höhle, J.: ZPF 60, S. 42-48, 1992. Baltsavias, E., Grün, A., Meister, M.: ASPRS Annual Convention, Vol. 5, pp. 150-160, Baltimore, 1991, und VGI 82, S. 220-234, 1994.

1.2 Digitale Orthophotos in kleinen Maßstäben

Die Herstellungstechnik in kleinen Maßstäben unterscheidet sich von derjenigen in mittleren Maßstäben vor allem in der Berücksichtigung der **Erdkrümmung und der Verzerrungen des Landeskoordinatensystems**. Aus der Tabelle B 5.4-4 kann entnommen werden, ob - abhängig vom Bildmaßstab, von der Kamerakonstanten und den Geländehöhenunterschieden - auf die komplexeren Abbildungsformeln überzugehen ist. Bei einer Pixelgröße im Vorlagebild von 20 μm sollte die tolerierbare Bildversetzung auf keinen Fall größer als 10 μm angenommen werden. Die Bildversetzung allein wegen Erdkrümmung bleibt - laut Tabelle B 5.4-4 - unter 10 μm, wenn - bei einer Kamerakonstanten von 30 cm - der Bildmaßstab größer als 1:18000 ist. Dieser Bildmaßstab gilt für ebenes Gelände; für gebirgiges Gelände müssen die Bildmaßstäbe sogar noch größer sein, wenn man bei der Technik bleiben will, die die Erdkrümmung nicht berücksichtigt.

In kleineren Maßstäben spielen die Geländekanten und Kunstbauten eine untergeordnete Rolle. Im folgenden wird daher nur ein rasterförmiges Geländemodell unterstellt. Methodische Erweiterungen auf ein generelles Oberflächenmodell mit Geländekanten und Kunstbauten, wie sie im Abschnitt 1.1 vorgenommen wurden, kann dem Leser überlassen bleiben.

1.2.1 Der Rechengang bei der Orthophotoherstellung

Da ein digitales Orthophoto im Landeskoordinatensystem (häufig in der Koordinatenebene der Gauß-Krüger-Projektion) entstehen soll, wird - bei der zweckmäßigerweise anzuwendenden indirekten Umbildung - die **Orthophotomatrix in der Y_LX_L-Ebene initialisiert** (① in der Figur 1.2-1). In der Figur 1.2-1 ist nicht der sehr engmaschige Raster des digitalen Orthophotos eingezeichnet, sondern der weitmaschigere Raster des digitalen Geländemodelles (die Grundrißebene des Geländemodelles entspricht in der Regel ebenfalls einer Gauß-Krüger-Projektion). Die Punkte dieses weitmaschigen Rasters sind die im Abschnitt 1.1.2 eingeführten Ankerpunkte, die eine sehr wirtschaftliche Herstellung der digitalen Orthophotos erlauben.

Die $Y_LX_LZ_L$-Koordinaten des Rasters der Ankerpunkte dürfen nicht unmittelbar mit dem Vorlagebild in Beziehung gesetzt werden. Vorher ist die Umwandlung in ein **$\overline{xyz}$-Tangentialsystem** vorzunehmen, wie sie in den Abschnitten B 5.3.1 und B 5.4.2 beschrieben wurde. Diese Umwandlung ist für jeden Ankerpunkt durchzuführen (② in der Figur 1.2-1). (In der $\overline{xy}$-Ebene des tangentialen Koordinatensystems liegen die Ankerpunkte natürlich nicht mehr auf einem Quadratraster.) Als nächster Rechenschritt kommt die zentralperspektivische Transformation der Ankerpunkte vom cartesischen $\overline{xyz}$-System in das Vorlagebild (③ in der Figur 1.2-1). Das Ergebnis sind die xy-Koordinaten der Ankerpunkte, mit deren Hilfe die Pixel in einer viereckigen Masche umgewandelt werden können (siehe Formel (1.1-7) und (1.1-8) sowie Figur 1.1-7). Infolge der Ausbreitung des Quadratrasters der Ankerpunkte in der Y_LX_L-Koordinatenebene (Figur 1.2-1), bekommen wir deshalb das Orthophoto im Landeskoordinatensystem, also in der Regel im Gauß-Krüger-Koordinatensystem.

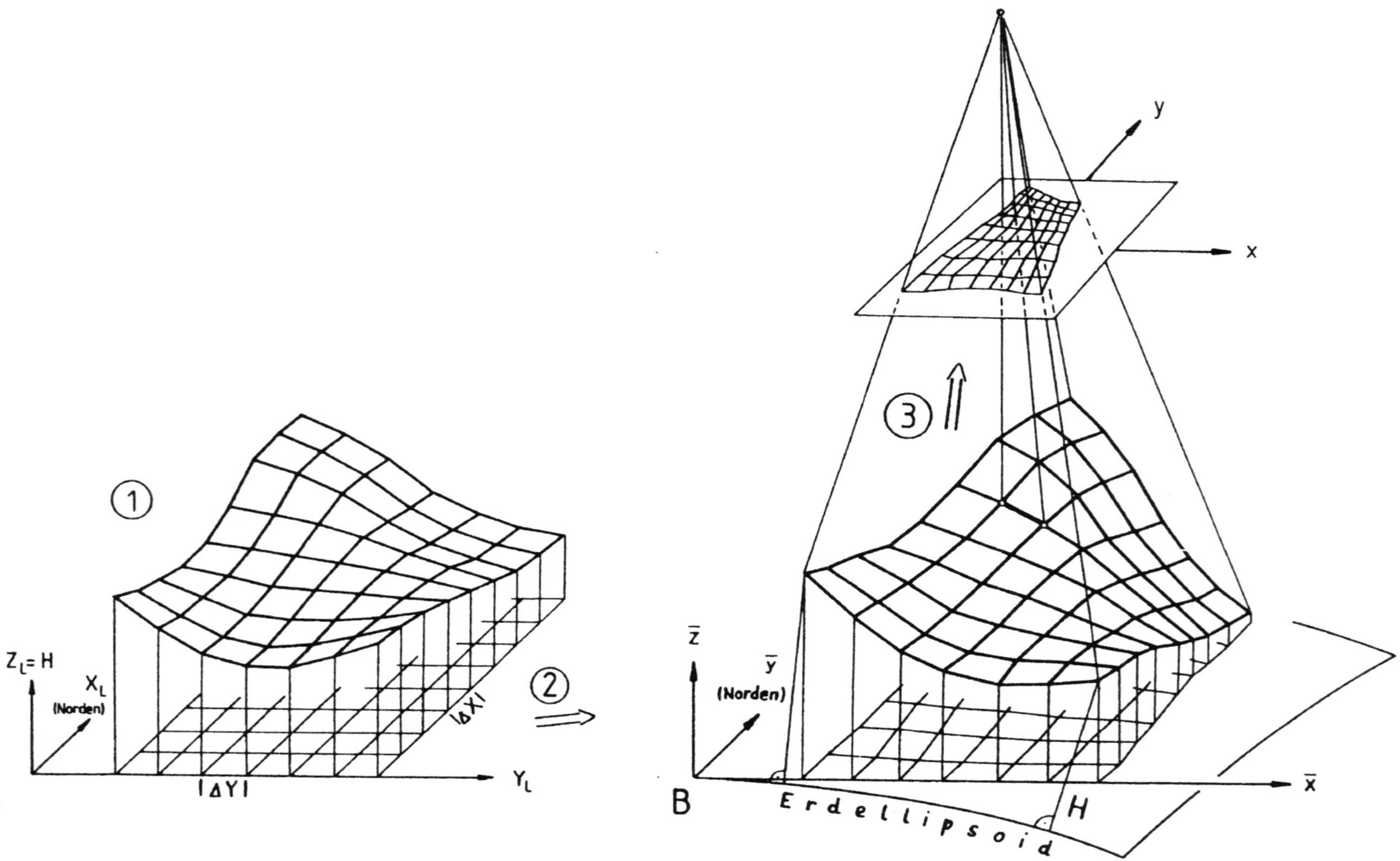

Figur 1.2-1: Orthophotoherstellung mit Berücksichtigung der Projektionsverzerrungen und der Erdkrümmung

1.2.2 Digitales Orthophoto aus einer russischen KFA-3000-Aufnahme

Die KFA-3000-Aufnahmen werden aus einer Flughöhe von 240 km gemacht. Die Kamerakonstante beträgt 300 cm, sodaß sich ein Bildmaßstab von 1:80 000 ergibt. Die Qualität der KFA-3000-Aufnahmen zeigt Bild 1.2-2. Eine Aufnahme überdeckt einen Bereich von 24 x 24 km^2. Die Orthophotoherstellung erfolgte mit strenger Beachtung der Erdkrümmung und der Verzerrungen des Landeskoordinatensystems, wie sie im Abschnitt 1.2.1 besprochen wurde.

Bereits die **Bestimmung der äußeren Orientierung der Aufnahme** geschah im cartesischen $\overline{xyz}$-Tangentialsystem. Die Photographie wurde mit 15 μm ($\hat{=}$ 1.2 m) digitalisiert. Die Messung der Bildkoordinaten der 52 Paßpunkte, deren Koordinaten aus Orthophotos 1:10 000 und aus dem digitalen Geländehöhenmodell des Bundesamtes für Eich- und Vermessungswesen entnommen wurden, geschah automationsunterstützt am Bildschirm. Die Kamerakonstante war bekannt (2987.46 mm), die Lage des Bildhauptpunktes nicht (vor allem deshalb nicht, weil am PhotoScan PS1 nicht das gesamte Format von 30 x 30 cm^2 digitalisiert werden kann).

Wegen des schmalen Öffnungswinkels der KFA-3000-Photographien und - im Verhältnis zur Flughöhe von 240 km - der geringen Unterschiede der Paßpunkthöhen sind die beiden unbekannten Koordinaten des Bildhauptpunktes und die Elemente der äußeren Orientierung miteinander stark korreliert. Es ist daher nicht überraschend, daß bei der Lösung des Bündelausgleichs zunächst Singularitäten aufgetreten sind. Mit folgenden a-priori-Genauigkeitsvorgaben konnte die Ausgleichung erfolgreich durchgeführt werden:

Bildkoordinaten	$\sigma_{xy} = \pm 1$ Pixel	Innere Orientierung	$\sigma_{xoyo} = \pm 100$ Pixel
Landeskoordinaten	$\sigma_{XY} = \pm 5$ m		$\sigma_c = \pm 1$ Pixel
	$\sigma_Z = \pm 15$ m		

Die entsprechenden a-posteriori-Werte lauten:

Bildkoordinaten	$\sigma_{xy} = \pm 0.97$ Pixel	Innere Orientierung	$\sigma_{xo} = \pm 68.9$ Pixel
Landeskoordinaten	$\sigma_X = \pm 2.2$ m		$\sigma_{yo} = \pm 62.8$ Pixel
	$\sigma_Y = \pm 1.3$ m		$\sigma_c = \pm 0.6$ Pixel
	$\sigma_Z = \pm 8.0$ m		

Eine Modellierung der Objektivverzeichnung war nicht notwendig.

Die Bildneigungen ergaben sich zu: $\omega = 3.77 \pm 0.037$ gon und $\phi = -15.35 \pm 0.049$ gon.

Dieses Ergebnis überraschte, denn man ging ursprünglich von genäherten Senkrechtaufnahmen aus. Diese verhältnismäßig große Bildneigung ist ein weiterer Grund für eine strenge Lösung der Orthophotoherstellung über ein cartesischen $\overline{xyz}$-Tangentialsystem. Die in der Fernerkundung weit verbreiteten einfachen Entzerrungsverfahren mit Polynomen höherer Ordnung können bei den russischen KFA-3000-Bildern - bereits bei geringen Höhenunterschieden - nicht eingesetzt werden.

Literatur zum Abschnitt 1.2.2: Klostius, W., Kostka, R., Sulzer, W.: VGI 82, S. 213-218, 1994. Kraus, K., Sindhuber, A.: VGI 84, im Druck, 1996.

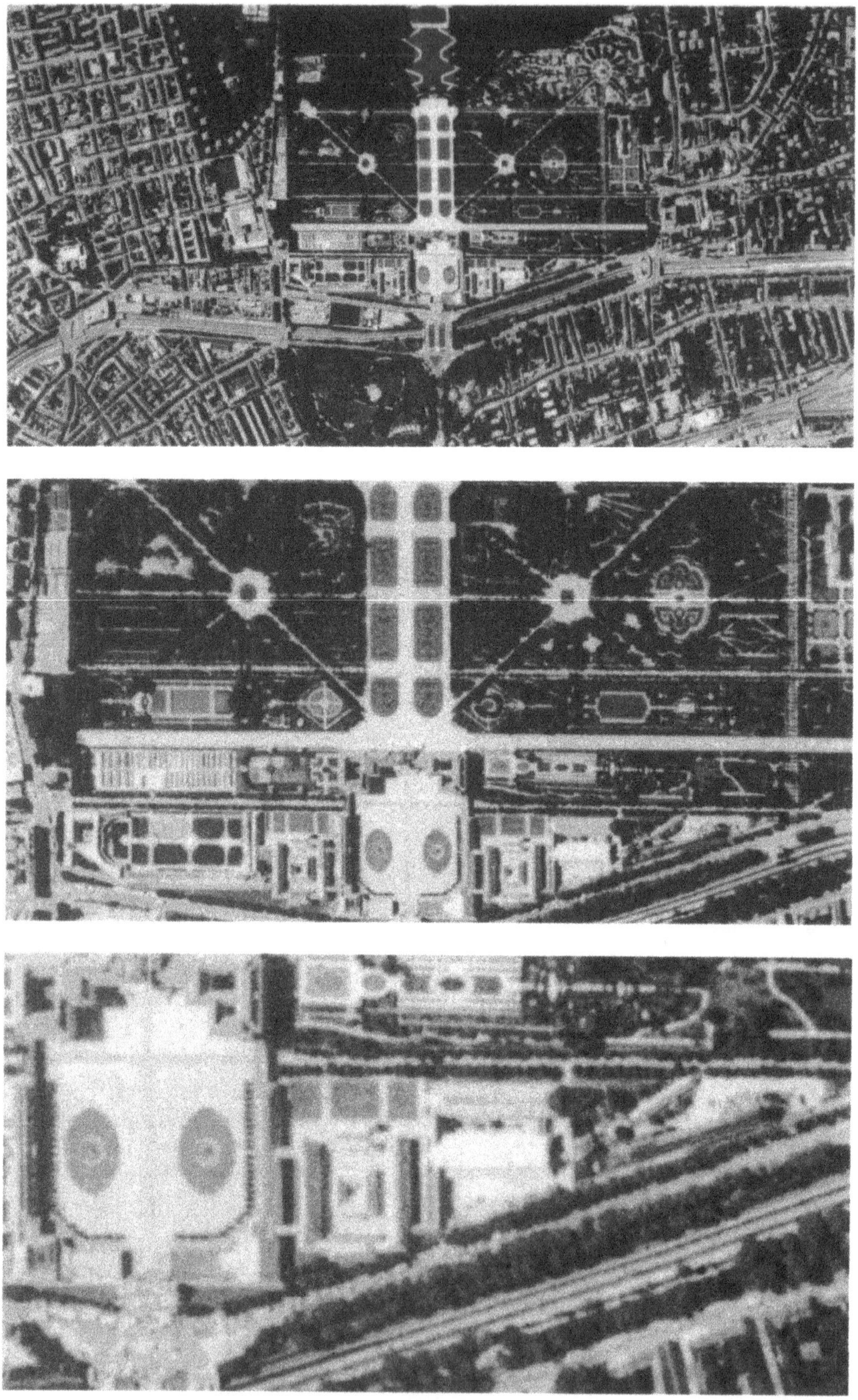

Bild 1.2-2: Verschieden große Bildausschnitte einer russischen KFA-3000-Photographie oben: 30 x 15 mm², mitte: 15 x 7.5 mm, unten: 7,5 x 3,75 mm²

1.3 Verbesserung des photographischen Inhaltes

In den digitalen Herstellungsprozeß der Orthophotos können auch einige interessante Verfahren der digitalen Bildverarbeitung eingebaut werden. Wir beginnen mit Kontrast- und Helligkeitsveränderungen.

1.3.1 Kontrast- und Helligkeitsveränderungen

In diesem Abschnitt unterstellen wir Schwarzweißbilder.

1.3.1.1 Grundlagen

Dabei wird der Grauwert g_{ij} eines jeden Pixels der ursprünglichen Bildmatrix **G** in einen Grauwert $\bar{g}_{ij}$ der verbesserten Bildmatrix $\bar{\mathbf{G}}$ transferiert. Die einfachste diesbezügliche Transferfunktion, die **Kontrastübertragungsfunktion**[1] bzw. nur **Übertragungsfunktion** genannt wird, lautet:

$$\bar{g}_{ij} := c \cdot g_{ij} + d \quad (1.3\text{-}1)$$

c... verantwortlich für Kontrast
d... verantwortlich für Helligkeit

Die Figur 1.3-1 zeigt, wie man mit der Wahl der Parameter c und d den Kontrast und die Helligkeit der digitalen Photos verändern kann.

Die Kontrastveränderung kann auch intervallweise erfolgen (Figur 1.3-2). Anstelle einer linearen Übertragungsfunktion können auch andere Funktionen gewählt werden. In der Figur 1.3-3 sind zwei allgemeine Funktionen angedeutet.

---

[1] Eine treffendere Bezeichnung wäre "Intensitätsübertragungsfunktion". Es werden nämlich die einzelnen Grauwerte unabhängig voneinander verändert und nur die Zusammenschau aller Grauwerte eines Bildes ergibt eine Kontrastveränderung. Weitere Hinweise zur Terminologie siehe Abschnitt FE 6.6.1, dessen Inhalt übrigens hier weitgehend übernommen wird.

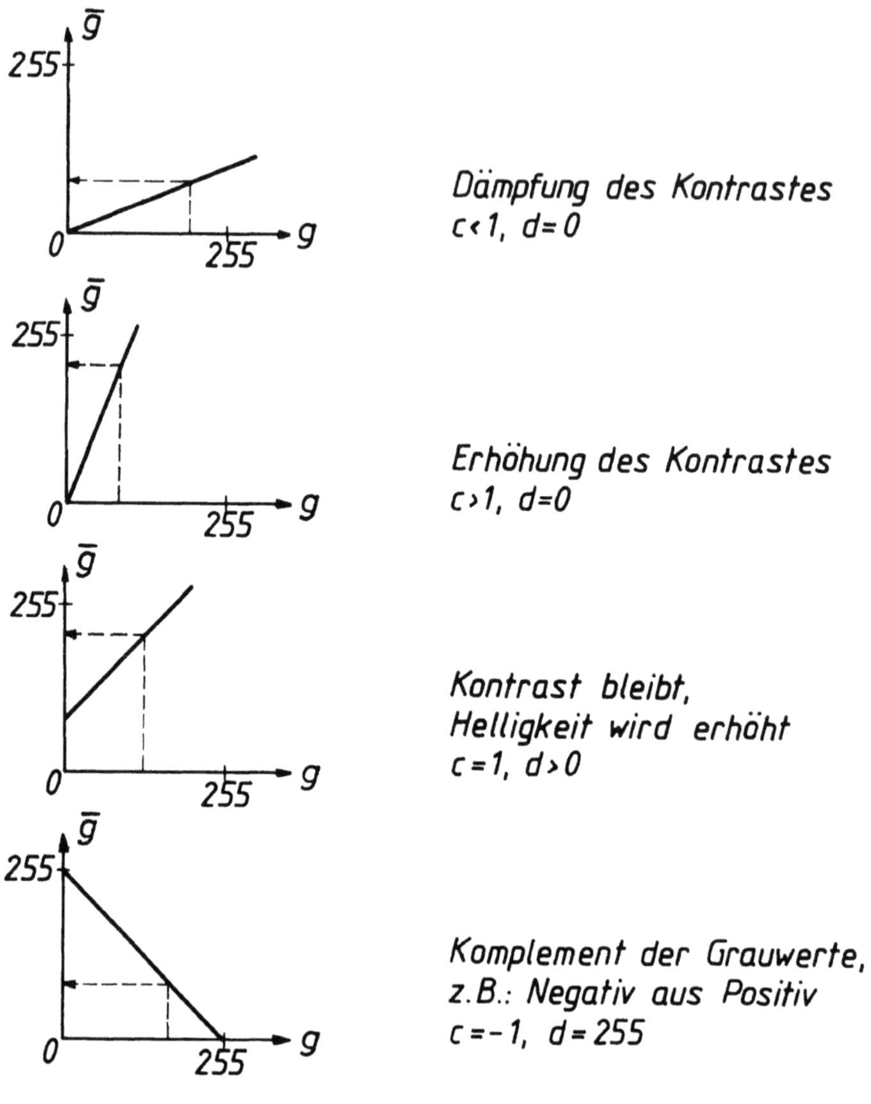

Figur 1.3-1: Kontrast- und Helligkeitsveränderung mit einer linearen Übertragungsfunktion

Mit einer solchen Kontrastveränderung abhängig vom Grauwert kann auch der spezifischen Empfindlichkeit des menschlichen Auges Rechnung getragen werden. Bei einer Digitalisierung photographischer Bilder in einem Scanner bekommt man als Grauwerte zunächst die Transparenz τ bzw. den Kehrwert, die Opazität O. Würde man einen Graukeil mit linear dichter werdender Opazität herstellen, empfände der menschliche Betrachter diesen Graukeil nicht linear abgestuft. Die gewünschte lineare Wahrnehmung ist nur gegeben, wenn man die Grauwerte für die Abfolge der Felder eines Graukeiles nach dem dekadischen Logarithmus der Opazität O wählt; aus diesem Grund wurde die Dichte D als dekadischer Logarithmus der Opazität O definiert (Abschnitt A 3.2.4). Die Grauwerte, die zunächst der Opazität O entsprechen, müssen also mit einer **logarithmischen Übertragungsfunktion** verändert werden. Die logarithmische Übertragungsfunktion ist in der Regel im Photoscanner bereits

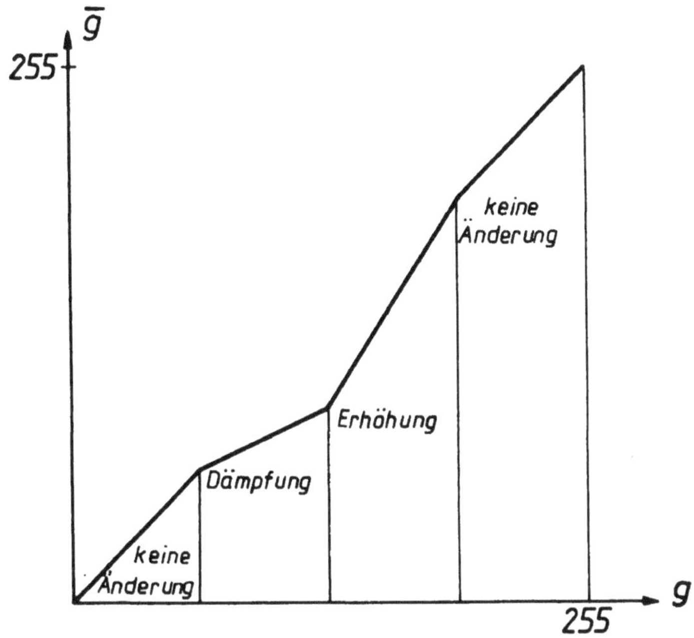

Figur 1.3-2: Kontrastveränderung mit unterschiedlicher linearer Übertragungsfunktion in den jeweiligen Intervallen

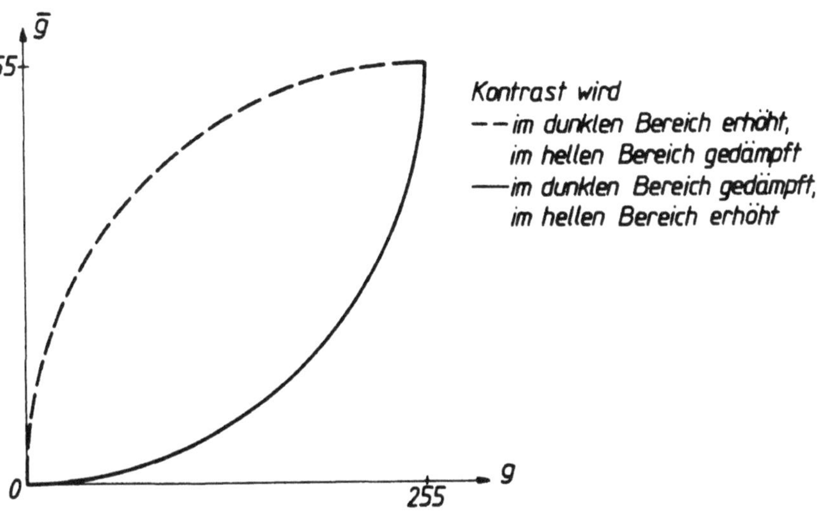

Figur 1.3-3: Kontrastveränderung abhängig vom Grauwert

verwirklicht, sodaß die Grauwerte, die man nach der Digitalisierung erhält, der Dichte D entsprechen; man muß sich während der Orthophotoherstellung und etwaiger Visualisierungen deshalb nicht mehr um diese Kontrastveränderung kümmern.

Um Rechenzeiten zu sparen, löst man die mit der Funktion (1.3-1) - oder mit anderen Funktionen - formulierten Kontrast- und Helligkeitsveränderungen mit sogenannten Nachschautabellen (*look-up-tables*), die man mit ***Look-up*-Tabellen** eingedeutscht hat. Zu diesem Zweck werden zunächst für alle Grauwerte g_{ij} - in der Regel zwischen 0 und 255 - die Grauwerte $\bar{g}_{ij}$ berechnet und in einer Tabelle abgelegt. Bei der eigentlichen Verarbeitung des Bildes ist dann jeweils nur an der Stelle g_{ij} in der Tabelle "nachzuschauen" und der Grauwert $\bar{g}_{ij}$ zu entnehmen; man erhält auf diese Weise ohne Rechnung die veränderten Grauwerte.

Bei den erwähnten Grauwertmanipulationen ist darauf zu achten, daß die neuen Grauwerte $\bar{g}_{ij}$ **innerhalb des verfügbaren Wertebereiches** ($\bar{g}_{min}$ bis $\bar{g}_{max}$) bleiben (z.B. $\bar{g}_{min} = 0$ und $\bar{g}_{max} = 255$). Bei Bereichsüberschreitungen ist zu fordern:

$$\begin{aligned} &\text{wenn } \bar{g}_{ij} > \bar{g}_{max} \text{ ("zu hell"), dann setze } \bar{g}_{ij} := \bar{g}_{max} \\ &\qquad \text{wenn } \bar{g}_{ij} < \bar{g}_{min} \text{ ("zu dunkel"), dann setze } \bar{g}_{ij} := \bar{g}_{min} \end{aligned} \qquad (1.3\text{-}2)$$

Eine Überschreitung der Grenzen des Wertebereiches, der auch Dynamikbereich genannt wird, kann vermieden werden, wenn man die Parameter der Kontrastübertragungsfunktion entsprechend wählt. Für die Funktion (1.3-1) berechnen sich zum Beispiel diese Parameter c und d wie folgt:

$$c = \frac{255}{g_{max} - g_{min}} \qquad d = -c \cdot g_{min} \qquad (1.3\text{-}3)$$

Das Qualitätsempfinden des Menschen beim Betrachten eines Photos kann man in der Häufigkeitsverteilung der auftretenden Grauwerte ausdrücken; mit anderen Worten: Das menschliche Auge erwartet ein **"ausgewogenes" Bild** über dem Grauwertebereich. In der Figur 1.3-4 ist die Häufigkeit h(g) in Abhängkeit von den Grauwerten g aufgetragen. Man nennt diese Darstellung Häufigkeitshistogramm.

Eine einfache Möglichkeit der Veränderung des Grauwerteindrucks eines Bildes besteht in der Veränderung seines Häufigkeitshistogrammes. Obwohl sich auf diese Weise beliebige Veränderungen erreichen lassen, haben zwei Arten von **Histogrammanpassungen** eine besondere Bedeutung erlangt. Beide Histogrammanpassungen bieten dem Betrachter einen ausgewogenen Grauwerteindruck. Es sind das (Figur 1.3-4) die Histogrammeinebnung (*histogram equalization*) und die Histogrammnormalisierung (*histogram normalization*).

Im folgenden wird zuerst die Histogrammeinebnung und dann die Histogrammnormalisierung besprochen.

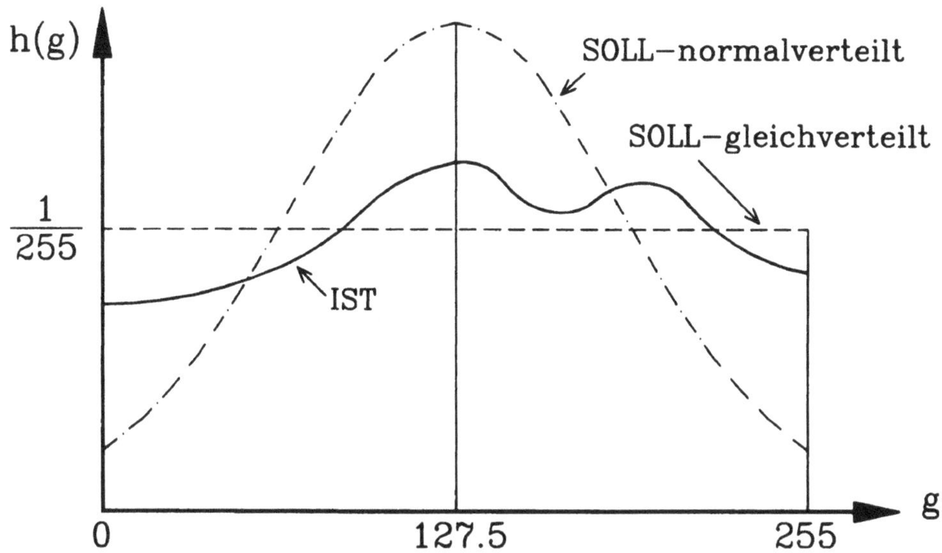

Figur 1.3-4: Häufigkeitsverteilung (Histogramm) eines gegebenen Bildes (IST) und von gewünschten Bildern (SOLL-gleichverteilt, SOLL-normalverteilt)

a) **Histogrammeinebnung**

Sie stellt eine erste Annäherung an ein ausgewogenes Bild dar, wobei die Zielvorstellung in einer Grauwertgleichverteilung besteht. Dieses Verfahren heißt Histogrammeinebnung, da die Häufigkeitsverteilung "eingeebnet" wird. Man bekommt - wie generell bei Histogrammanpassungen - die gesuchte Übertragungsfunktion aus Summenhäufigkeiten, und zwar mit der Summenhäufigkeit $S_h(g)$ des gegebenen Bildes **G** und der Summenhäufigkeit $S_h(\bar{g})$ des neuen Bildes $\bar{\mathbf{G}}$. Die Summenhäufigkeit des neuen Bildes ist bei der Histogrammeinebnung eine schräge Gerade. In Figur 1.3-5 sind die Summenhäufigkeiten des gegebenen Bildes und des gesuchten Bildes skizziert, die zu den Häufigkeitsverteilungen der Figur 1.3-4 gehören. Solche Summenhäufigkeiten nennt man auch Summenhistogramme.

In die Figur 1.3-5 ist auch eingezeichnet, wie man zur *Look-up*-Tabelle, also zum Zusammenhang zwischen den gegebenen Grauwerten g und den gesuchten Grauwerten $\bar{g}$ kommt: Für einen beliebigen Grauwert g gibt die Summenhäufigkeit $S_h(g)$ an (↑ in Figur 1.3-5), wie oft dieser Grauwert und kleinere Grauwerte im IST-Bild auftreten; durch Gleichsetzen dieser Summenhäufigkeit $S_h(g)$ mit der gewünschten Summenhäufigkeit $S_h(\bar{g})$ (← in der Figur 1.3-5) erhält man auf der $\bar{g}$-Skala direkt den zu g korrespondierenden Grauwert $\bar{g}$ (↓ in der Figur 1.3-5). Auf diese Weise findet man für jeden Grauwert g den korrespondierenden Grauwert $\bar{g}$. Damit ist die Kontrastübertragungsfunktion einer Histogrammeinebnung in Form einer *Look-up*-Tabelle gefunden. Die Histogrammeinebnung benötigt keinerlei zusätzliche Benutzerangaben und kann daher automatisch ablaufen.

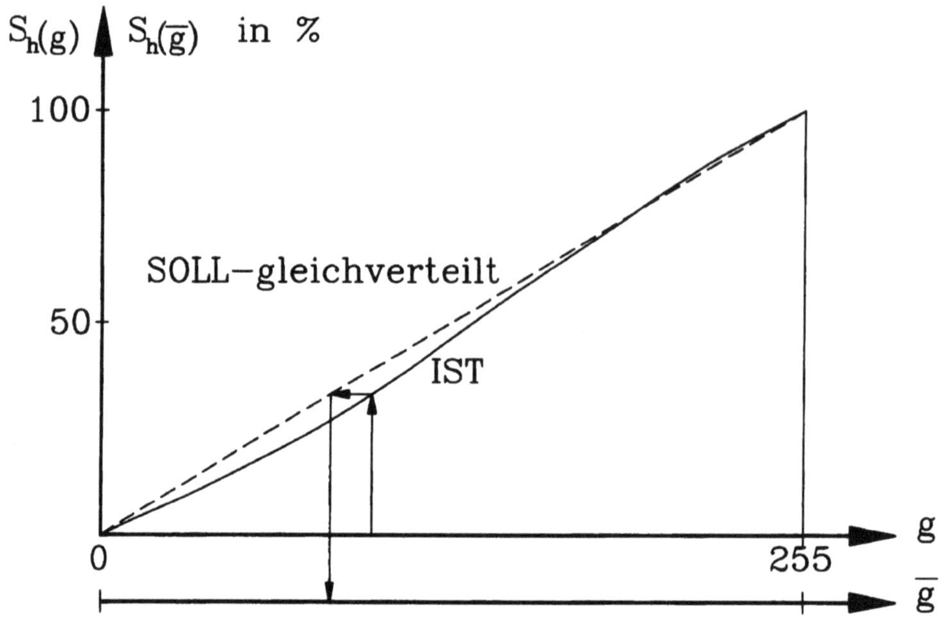

Figur 1.3-5: Summenhäufigkeit eines gegebenen (IST) und des gewünschten (SOLL-gleichverteilt ≙ ***Histogrammeinebnung****) Bildes, deren Häufigkeiten in der Figur 1.3-4 gegeben sind.*

b) **Histogrammnormalisierung**

Das menschliche Auge differenziert die mittleren Grauwerte besser als die hellen und dunklen. Diesem Phänomen kann man Rechnung tragen, indem man eine normalverteilte Häufigkeitsverteilung als Zielfunktion herbeiführt. In diesem Fall bekommt man die gesuchte Übertragungsfunktion in Form einer *Look-up*-Tabelle aus der Summenhäufigkeit $S_h(\bar{g})$ der vorgegebenen Normalverteilung und der Summenhäufigkeit $S_h(g)$ des gegebenen Bildes. In der Figur 1.3-6 sind diese beiden Summenhäufigkeiten skizziert, die zu den Häufigkeiten der Figur 1.3-4 gehören.

Die entsprechenden Werte g und $\bar{g}$ dieser *Look-up*-Tabelle findet man nach dem gleichen Gedanken, wie er für die Histogrammeinebnung beschrieben wurde. Die dazu erforderliche Summenhäufigkeit $S_h(\bar{g})$ der Normalverteilung ist in Lehrbüchern der Statistik und Ausgleichungsrechnung zu finden. Die Form der Normalverteilung durch Angabe der gewünschten Standardabweichung und des gewünschten Mittelwertes kann grundsätzlich vom Benutzer vorgegeben werden. Da sich für Grauwertbilder mit einem Wertebereich von (0,255) eine Standardabweichung von ± 60 und ein Mittelwert von 127 bewährt haben, führt auch hier eine Automatisierung durch programminterne Annahme dieser Werte zu den gewünschten Ergebnissen.

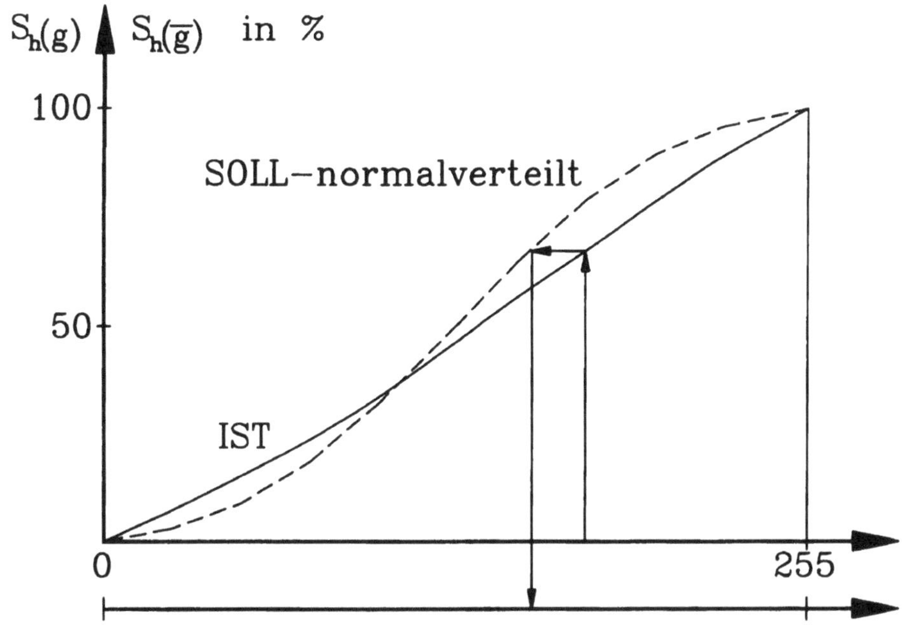

*Figur 1.3-6: Summenhäufigkeiten eines gegebenen (IST) und des gewünschten (SOLL-normalverteilt ≙ **Histogrammnormalisierung**) Bildes, deren Häufigkeiten in der Figur 1.3-4 gegeben sind.*

ZAHLENBEISPIEL zur **Histogrammeinebnung** und zur **Histogrammnormalisierung**: Beide Methoden wurden bisher mit kontinuierlichen Häufigkeits- und Summenhäufigkeitsfunktionen erklärt. Damit erreicht man die Zielvorgaben streng. Mit den diskreten Häufigkeits- und Summenhäufigkeitshistogrammen der realen Bilder erreicht man die Zielvorgabe nur näherungsweise. Diese Abstriche werden besonders eklatant, wenn der Wertebereich der Grauwerte sehr gering ist. Wir beschränken uns in diesem Zahlenbeispiel aus diesem Grund und der Übersichtlichkeit wegen auf ein Bild mit nur 16 Grauwertstufen.

Die Häufigkeitsverteilungen geben wir in Prozentsätzen an. Die Spalten (1) und (2) der Tab. 1.3-7 enthalten die Ausgangsinformation. Die Summenhäufigkeit $S_h(g)$ wird aus den Häufigkeiten h(g) durch sukzessive Addition berechnet. In der Figur 1.3-9 sind die relativen Häufigkeiten und in der Figur 1.3-10 ist die Summenhäufigkeit dargestellt.

Nach der **Histogrammeinebnung** erwarten wir eine relative Häufigkeit $h(\bar{g})_{ziel}$ von 6.25% für alle 16 Grauwerte; daraus ergibt sich eine regelmäßige Treppe für die Summenhäufigkeit $S_h(\bar{g})_{ziel}$ (Spalte (5) in Tab. 1.3-7 und Figur 1.3-10). In der Figur 1.3-10 ist für den Grauwert g = 6 eingezeichnet, wie man - in Anlehnung an Figur 1.3-5 - den korrespondierenden Grauwert (in unserem Beispiel wird $\bar{g}$ = 3) bekommt. Die gesamte *Look-up*-Tabelle ist in den Spalten (1) und (6) der Tab. 1.3-7 wiedergegeben. Mit dieser *Look-up*-Tabelle kann das neue Bild ermittelt werden. Das Ergebnis - ausgedrückt in relativen Häufigkeiten $h(\bar{g})$ und der Summenhäufigkeit $S_h(\bar{g})$ - der Histogrammeinebnung enthält die Tab. 1.3-8 sowie die Figuren 1.3-11 bis 1.3-12.

g (1)	h(g) % (2)	$S_h(g)$ % (3)	$h(\bar{g})_{ziel}$ % (4)	$S_h(\bar{g})_{ziel}$ % (5)	$\bar{g}$ (6)
0	1	1	6.25	6.25	0
1	1	2	6.25	12.50	0
2	2	4	6.25	18.75	0
3	3	7	6.25	25.00	0
4	6	13	6.25	31.25	1
5	7	20	6.25	37.50	2
6	7	27	6.25	43.75	3
7	8	35	6.25	50.00	5
8	6	41	6.25	56.25	6
9	6	47	6.25	62.50	7
10	7	54	6.25	68.75	8
11	9	63	6.25	75.00	9
12	10	73	6.25	81.25	11
13	8	81	6.25	87.50	12
14	9	90	6.25	93.75	13
15	10	100	6.25	100.00	15
	100		100		

Tab. 1.3-7: Histogrammeinebnung

(1) und (2) ... gegebene Grauwerte mit ihren relativen Häufigkeiten
(3) ... aus (2) berechnete Summenhäufigkeit
(4) ... gewünschte relative Häufigkeit
(5) ... aus (4) berechnete Summenhäufigkeit
(6) ... bildet mit (1) die *Look-up*-Tabelle

$\bar{g}$ (1)	$h(\bar{g})$ % (2)	$S_h(\bar{g})$ % (3)
0	7	7
1	6	13
2	7	20
3	7	27
4	0	27
5	8	35
6	6	41
7	6	47
8	7	54
9	9	63
10	0	63
11	10	73
12	8	81
13	9	90
14	0	90
15	10	100
	100	

Tab. 1.3-8: Ergebnis der Histogrammeinebnung

Kommentar zum Ergebnis:

- **Die Zielvorgabe wird bei einer Histogrammeinebnung mit digitalen Bildern nur in grober Annäherung erreicht.**
- **Bei einer Histogrammeinebnung mit digitalen Bildern geht in der Regel Information verloren.** Die ursprünglichen Pixel mit den Grauwerten g = 0,1,2,3 wurden zu einem einzigen Grauwerte $\bar{g}$ = 0 zusammengefaßt.
- **Nach einer Histogrammeinebnung mit digitalen Bildern gibt es in der Regel Lücken in der Abfolge der Grauwerte.** Für die Grauwerte $\bar{g}$ = 4,10,14 gibt es keine Pixel mehr.

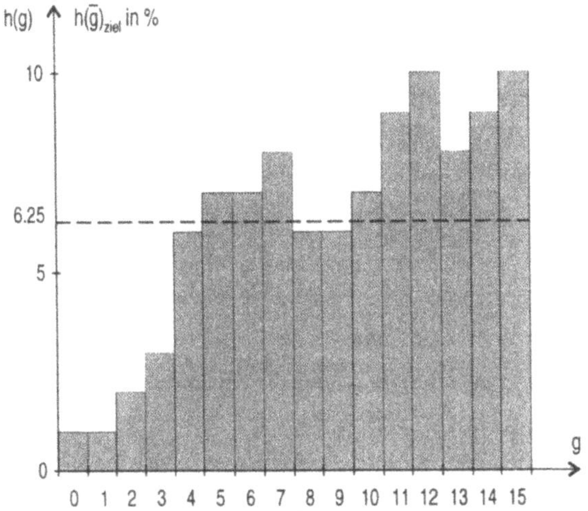

Figur 1.3-9: Gegebene relative Häufigkeiten und gewünschte (gestrichelt) relative Häufigkeiten für eine Histogrammeinebnung

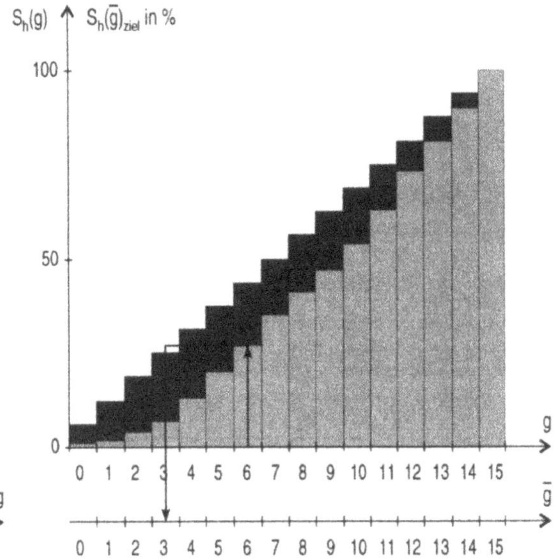

Figur 1.3-10: Gegebene Summenhäufigkeit und gewünschte (dunkel) Summenhäufigkeit einer Histogrammeinebnung sowie Konstruktion der Look-up-Tabelle

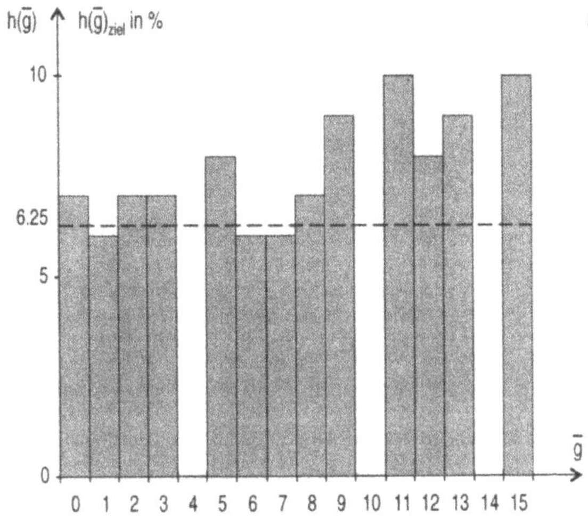

Figur 1.3-11: Ergebnis der Histogrammeinebnung (relative Häufigkeiten) im Vergleich zur Zielvorgabe

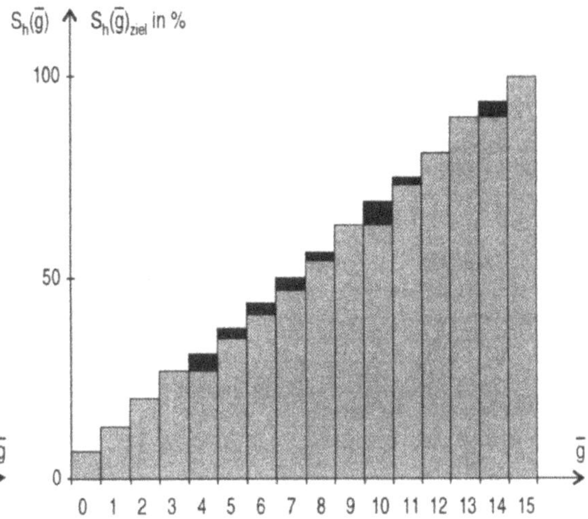

Figur 1.3-12: Ergebnis der Histogrammeinebnung (Summmenhäufigkeit) im Vergleich zur Zielvorgabe

FORTSETZUNG DES ZAHLENBEISPIELES mit einer **Histogrammnormalisierung**: Mit ihr wollen wir eine relative Häufigkeit $h(\bar{g})_{ziel}$ erreichen, die der Normalverteilung entspricht. In der Spalte (4) der Tab. 1.3-13 ist eine solche Normalverteilung, die übrigens einer "Standardabweichung" von ± 3 entspricht, vorgegeben und in die Figur 1.3-15 übernommen. Die dazugehörige Summenhäufigkeit gibt die Spalte (5) der Tab. 1.3-13 wieder. Figur 1.3-16 zeigt die entsprechende Graphik. Die weiteren Schritte der Histogrammnormalisierung laufen so ab, wie sie oben für die Histogrammeinebnung erläutert wurden. Die Ergebnisse sind in den Tabellen 1.3-13 und 1.3-14 sowie in den Figuren 1.3-17 und 1.3-18 wiedergegeben.

g (1)	h(g) % (2)	$S_h(g)$ % (3)	$h(\bar{g})_{ziel}$ % (4)	$S_h(\bar{g})_{ziel}$ % (5)	$\bar{g}$ (6)
0	1	1	1	1	0
1	1	2	1	2	1
2	2	4	3	5	2
3	3	7	4	9	3
4	6	13	7	16	4
5	7	20	9	25	4
6	7	27	12	37	5
7	8	35	13	50	6
8	6	41	13	63	6
9	6	47	12	75	7
10	7	54	9	84	7
11	9	63	7	91	8
12	10	73	4	95	9
13	8	81	3	98	10
14	9	90	1	99	11
15	10	100	1	100	15
	100		100		

Tab. 1.3-13: Histogrammnormalisierung

(1) und (2) ... gegebene Grauwerte mit ihren relativen Häufigkeiten
(3) ... aus (2) berechnete Summenhäufigkeit
(4) ... gewünschte relative Häufigkeit
(5) ... aus (4) berechnete Summenhäufigkeit
(6) ... bildet mit (1) die *Look-up*-Tabelle

$\bar{g}$ (1)	$h(\bar{g})$ % (2)	$S_h(\bar{g})$ % (3)
0	1	1
1	1	2
2	2	4
3	3	7
4	13	20
5	7	27
6	14	41
7	13	54
8	9	63
9	10	73
10	8	81
11	9	90
12	0	90
13	0	90
14	0	90
15	10	100
	100	

Tab. 1.3-14: Ergebnis der Histogrammnormalisierung

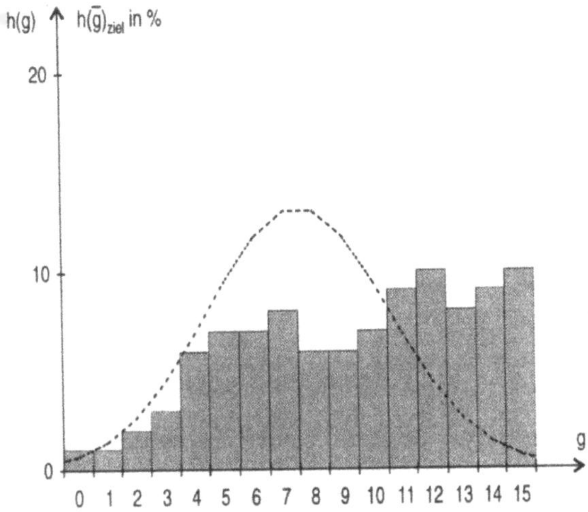

Figur 1.3-15: Gegebene relative Häufigkeiten und gewünschte (gestrichelt) relative Häufigkeiten für eine Histogrammnormalisierung

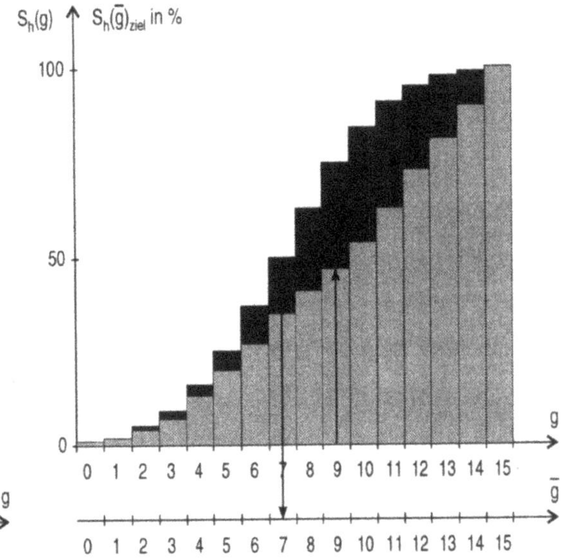

Figur 1.3-16: Gegebene Summenhäufigkeit und gewünschte (dunkel) Summenhäufigkeit einer Histogrammnormalisierung sowie Konstruktion der Look-up-Tabelle

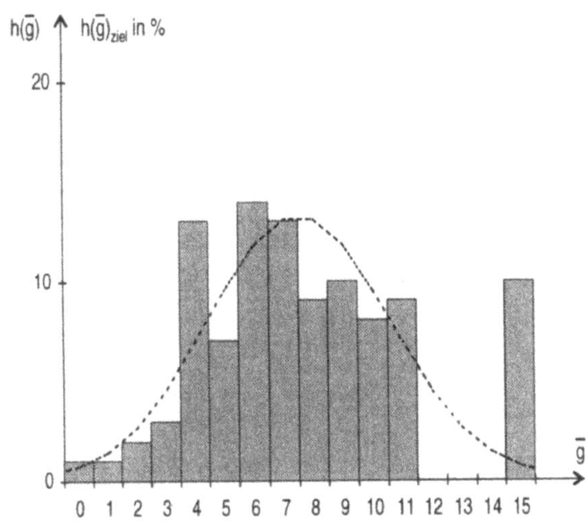

Figur 1.3-17: Ergebnis der Histogrammnormalisierung (relative Häufigkeiten) im Vergleich zur Zielvorgabe

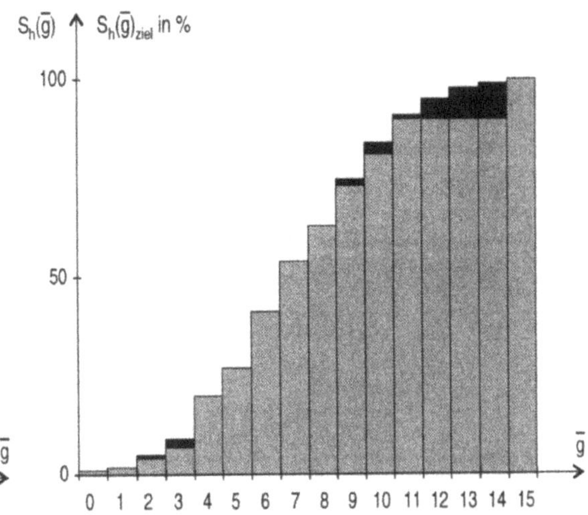

Figur 1.3-18: Ergebnis der Histogrammnormalisierung (Summmenhäufigkeit) im Vergleich zur Zielvorgabe

Kommentar zum Ergebnis:

- **Auch bei einer Histogrammnormalisierung wird bei digitalen Bildern die Zielvorgabe nur in grober Annäherung erreicht.**
- **Auch bei einer Histogrammnormalisierung mit digitalen Bildern geht in der Regel Information verloren.** Die ursprünglichen Pixel mit den Grauwerten g = 4,5 wurden zum Grauwert $\bar{g}$ = 4, die ursprünglichen Grauwerte g = 7,8 zum Grauwert $\bar{g}$ = 6 und die ursprünglichen Grauwerte g = 9,10 zum Grauwert $\bar{g}$ = 7 zusammengefaßt.
- **Auch nach einer Histogrammnormalisierung mit digitalen Bildern gibt es in der Regel Lücken in der Abfolge der Grauwerte.** Für die Grauwerte $\bar{g}$ = 12,13,14 gibt es keine Pixel mehr.

Trotz der negativen Kommentare spielen die beiden Histogrammoperationen in der Praxis eine große Rolle, insbesondere wenn die Ausgangsbilder eine sehr schiefe Häufigkeitsverteilung besitzen. Weiter unten (Bild 1.3-20 a, b) wird ein eindrucksvolles Beispiel aus der Praxis präsentiert. Wegen der erwähnten Nachteile wird anstelle einer Histogrammeinebnung oder einer Histogrammnormalisierung häufig nur die wesentlich einfachere **Spreizung**, die manchmal auch als **Streckung** bezeichnet wird, des gegebenen Grauwertebereiches auf den verfügbaren Grauwertebereich vorgenommen. Dabei werden alle ursprünglichen Grauwerte - ohne eine Zusammenfassung von Grauwertgruppen zu einem Grauwert zu machen - auf der neuen Grauwerteskala gleichmäßig verteilt. Dadurch kommt es selbstverständlich ebenfalls zu Lücken in der Grauwerteabfolge. Eine Spreizung ist allerdings nur dann möglich, wenn irgendwo im Häufigkeitshistogramm des Ausgangsbildes - häufig am Anfang und/oder Ende - keine Grauwerte vorhanden sind. Vereinzelte Grauwerte - vor allem in den Randbereichen - können auch zu einem einzigen Grauwert zusammengefaßt werden, um "Platz" für die Spreizung zu bekommen. Eine in vielen Bildverarbeitungssystemen verwirklichte Spreizung berechnet zunächst vom gegebenen Bild den Mittelwert m und die Standardabweichung σ der Grauwerte gegenüber diesem Mittelwert. Anschließend werden folgende Zuordnungen getroffen:

- Mittelwert m (gegebenes Bild) entspricht 127 (neues Bild).
- Grauwertbereich -2σ bis m (gegebenes Bild) entspricht 0 bis 127 (neues Bild).
- Grauwertbereich m bis 2σ (gegebenes Bild) entspricht 127 bis 255 (neues Bild).

Die Grauwerte außerhalb der Bereiche m $\pm 2\sigma$ gehen verloren. Falls es (zu) viele sind, kann anstelle des Faktors 2 ein größerer Wert gewählt werden.

AUFGABE 1.3-1: Man wiederhole das Zahlenbeispiel mit gewünschten relativen Häufigkeiten, die zwischen der verwendeten Normalverteilung und der Histogrammeinebnung liegen. Die relativen Häufigkeiten $h(\bar{g})_{ziel}$ lauten daher: 3.625, 4.125, 4.625, 5.625, 6.625, 7.625, 8.625, 9.125 usw.

1.3.1.2 Anwendung auf das Einzelbild

Die Kontrast- und Helligkeitsveränderungen können grundsätzlich sowohl im verzerrten Vorlagebild als auch im digitalen Orthophoto vorgenommen werden. In diesem Abschnitt geben wir Beispiele, die bevorzugt mit dem Vorlagebild durchgeführt werden; im Abschnitt 1.3.1.3 zeigen wir Beispiele, die besser mit dem digitalen Orthophoto erfolgen.

Ein typisches Beispiel einer Kontrast- und Helligkeitsveränderung ist die **Kompensation des Lichtabfalls von der Bildmitte zum Bildrand**. Er erfolgt nach $\cos^n\alpha$ (n beträgt etwa 2.5; α ist der Bildwinkel, siehe auch Abschnitt FE 3.1.1.3). Sofern kein Verlaufsfilter (Abschnitt A 3.2.2) bei der Aufnahme vor das Objektiv gebracht wird, ist der Lichtabfall von der Bildmitte zum Bildrand beträchtlich und ist bei der digitalen Orthophotoherstellung zu kompensieren.

Wir erläutern im folgenden eine **relative** Kontrast- und Helligkeitsanpassung, die die Transformationsparameter direkt aus dem Bildinhalt schätzt. Zu diesem Zweck definieren wir in Bildmitte eine mehr oder weniger große Kreisfläche, die von mehreren konzentrischen Kreisringen umgeben wird. Anschließend suchen wir in der Kreisfläche und in einem der Kreisringe mehrere Bildbereiche aus, die gleiche Grauwerte haben sollten. Die korrespondierenden Grauwerte g_{Ring} und $\bar{g}_{Mitte}$ der einzelnen Bildbereiche bringt man mit einer Regressionsgeraden in eine gegenseitige Beziehung; das Ergebnis ist die Kontrastübertragungsfunktion (1.3-1) für den jeweiligen Kreisring. In der Figur 1.3-19 sind die Grauwerte für drei korrespondierende Bildbereiche für die Regressionsgerade angegeben. Mit Hilfe der Kontrastübertragungsfunktion kann anschließend jeder Grauwert g_{Ring} des Kreisringes in einen Grauwert g_{Mitte} überführt werden, der den Grauwert der Bildmitte, der vom Lichtabfall nicht betroffen ist, entspricht.

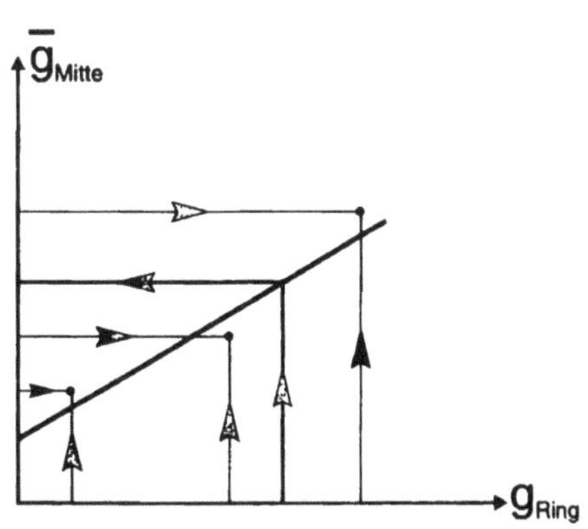

Figur 1.3-19: Übertragungsfunktion zur Kompensation des Lichtabfalls von der Bildmitte zum Bildrand

Der Vorgang ist für jeden Kreisring getrennt durchzuführen. Die Parameter c und d der jeweiligen Übertragungsfunktion (1.3-1) können noch mit dem physikalisch begründeten $\cos^n\alpha$-Gesetz adjustiert werden.

AUFGABE 1.3-2: Von zwei korrespondierenden Bildbereichen in der Bildmitte und im äußeren Kreisring liegen folgende Grauwerte im Vorlagebild vor:

	g_{Ring}	$\bar{g}_{Mitte}$
Wiese in ebenem Gelände	25	30
Autobahn	180	200

Man ermittle die Übertragungsfunktion und für ein Pixel am Bildrand mit dem Grauwert $g = 100$ den korrigierten Grauwert $\bar{g}$.

In einem zweiten Beispiel wird eine **Histogrammnormalisierung und zusätzlich eine lokale Kontrastverstärkung** vorgenommen. Bild 1.3-20a zeigt ein stark unterbelichtetes Luftbild nach der Digitalisierung, aus dem ein digitales Orthophoto zu erstellen war. Die erste Maßnahme war eine Histogrammnormalisierung. Bild 1.3-20b zeigt das Ergebnis, wobei eine Normalverteilung mit einer "Standardabweichung" von ± 60 benutzt wurde. Figur 1.3-21a beinhaltet die Häufigkeitsverteilung h(g) vor der Histogrammnormalisierung und die entsprechende Verteilung $h(\bar{g})$ nach der Histogrammnormalisierung. In der Figur 1.3-21b ist die Übertragungsfunktion F_1 für diese globale Kontrastanpassung angegeben.

Für die erwähnte zusätzliche lokale Kontrastverbesserung hat R. Kalliany[1] ein Filter angegeben, das sich am Institut für Photogrammetrie und Fernerkundung der TU Wien speziell für die Orthophotoherstellung sehr gut bewährt hat.[2] Dabei werden die Grauwerte von 3x3- oder 5x5-Umgebungen gemittelt und dieser Mittelwert m dem Grauwert g des zentralen Pixels gegenübergestellt. Diese Differenz wird der Übertragungsfunktion F_2 (Figur 1.3-21b) unterworfen. Der steile Anstieg am Kurvenanfang bewirkt eine Kontrastverstärkung. (Der weitere Verlauf der Kurve F_2 ist uninteressant; er würde - falls es zu sehr großen Differenzen zwischen Mittelwert und Grauwert des zentralen Pixels käme - eine Dämpfung bewirken.) Die so verstärkte Differenz wird - vorzeichengerecht - zum Mittelwert m hinzugefügt. Bild 1.3-20c zeigt einen Ausschnitt aus dem Bild 1.3-20b, dessen lokale Kontraste auf diese Weise verstärkt wurden (Ergebnis: Bild 1.3-20d).

---

1 Ecker, R., Kalliany, R., Otepka, G.: In Fritsch/Hobby (Eds.): Photogrammetric Week'93, pp. 143-155, Wichmann Verlag, 1993. Aus dieser Veröffentlichung stammen auch die Beispiele dieses Abschnittes.

2 Ein Filter mit ähnlicher Wirkung stammt von R.H. Wallis, das u.a. publiziert ist in: W. Pratt: Digital Image Processing. A Wiley-Interscience publication, New York, 1991.

a) b)

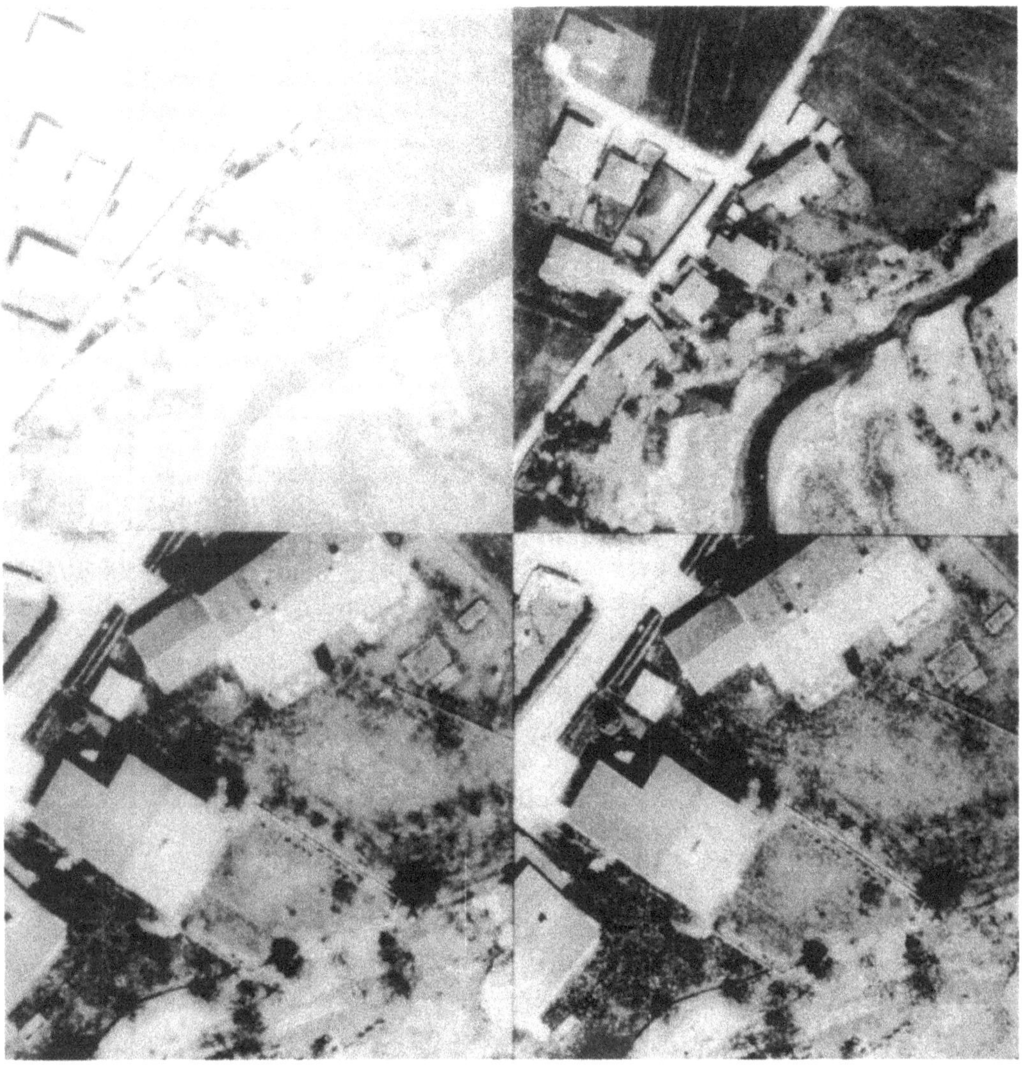

c) d)

Bild 1.3-20 *a: Vorlagebild, wie es der Photoscanner geliefert hat (Histogramm siehe 1.3-21a)*

b: Ergebnis der Histogrammnormalisierung mit der Übertragungsfunktion F_1 *der Figur 1.3-21b (Histogramm siehe Figur 1.3-21a)*

c: Ausschnitt aus dem Bild 1.3-20b, das noch einer lokalen Kontrastoperation unterworfen wird.

d: Ergebnis der lokalen Kontrastverbesserung mit der Übertragungsfunktion F_2 *der Figur 1.3-21b.*

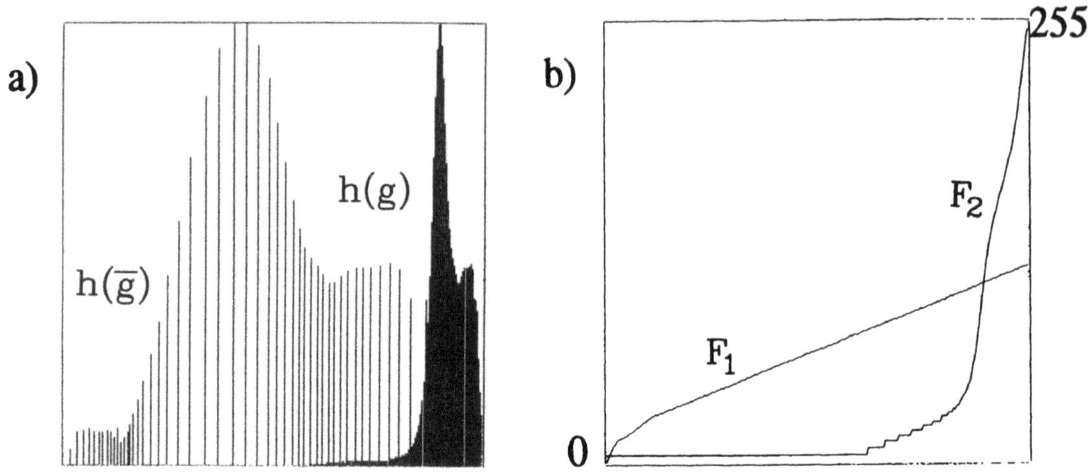

Figur 1.3-21 a: Histogramme h(g) des Vorlagebildes 1.3-20a und Histogramm h(ḡ) nach der Histogrammnormalisierung (gehört zu Bild 1.3-20b).
b: Übertragungsfunktion F_1 für die globale Kontrastverbesserung und Funktion F_2 für die lokale Kontrastverbesserung.

Beide Kontrastveränderungen, also die globale und lokale Operation, müssen nicht nacheinander durchgeführt werden; sie können in einem Guß mit folgendem Operator bewältigt werden:

$$\bar{g} = F_1(m + (sign(g - m) \cdot F_2(g - m))) \qquad (1.3\text{-}4)$$

- g ... Grauwert des zentralen Pixels des Vorlagebildes.
- m ... Mittelwert der Grauwerte in der 3x3- oder 5x5-Umgebung.
- F_1 ... Globale Kontrastübertragungsfunktion aus der Histogrammnormalisierung.
- F_2 ... Lokale Kontrastübertragungsfunktion, die von "außen" adäquat zu wählen ist.
- $\bar{g}$ ... Grauwert des Ergebnisses für das zentrale Pixel.

Ein Hinweis zur Größe der Umgebung, in der die Grauwerte gemittelt werden, ist noch angebracht: In kleinmaßstäbigen Bildern mit kleinräumig sich verändernder Textur wird man eine 3x3-Umgebung wählen; im mittleren und großen Maßstäben hat sich eine 5x5-Umgebung bewährt. Das Bild 1.3-20d ist mit einer 5x5-Umgebung entstanden.

1.3.1.3 Anwendung auf ein Mosaik

Nach der digitalen Orthophotoherstellung eines Bildverbandes kann man aus den Überlappungsbereichen benachbarter Orthophotos Helligkeits- und Kontrastverbesserungen ableiten. Zunächst bringen wir wieder ein Beispiel, bei dem direkt aus den Grauwerten die Kontrastübertragungsfunktion gewonnen wird. Ein zweites Beispiel bringt unterschiedliche Summenhäufigkeitshistogramme der überlappenden Bilder in Einklang.

Infolge der **richtungsabhängigen Reflexion** der von der Sonne kommenden Strahlung sind die Teile der Luftbilder, die mit der Sonne photographiert wurden, heller als jene Teile, die gegen die Sonne aufgenommen wurden. Da die Flugmissionen in der Regel zur Mittagszeit erfolgen, nimmt die Helligkeit der Bilder vom Südrand zum Nordrand hin ab. Ohne die Details dieser komplexen Strahlungseigenschaften modellieren zu müssen (nähere Details siehe Abschnitt FE 3.1.1.3), kann eine Anpassung der Helligkeit und des Kontrastes erfolgen. Die Information dafür wird im (schmalen) Überlappungsbereich von jeweils zwei Flugstreifen auf folgende Weise gewonnen (wir unterstellen Ost-West-Befliegungen):

- Definition einiger 5x5-Umgebungen im Landeskoordinatensystem und Abruf der Orthophotopixel, die aus dem nördlichen und aus dem südlichen Flugstreifen entstanden sind.
- Mittelbildung innerhalb aller "nördlichen" 5x5-Umgebungen (Ergebnis g_n) und Mittelbildung innerhalb aller "südlichen" 5x5-Umgebungen (Ergebnis g_s).
- Mittelbildung der korrespondierenden g_n- und g_s-Werte (Ergebnis $\overline{g}_m$).
- Konstruktion der Übertragungsfunktion für die Orthophotopixel aus dem nördlichen Flugstreifen mit den g_n- und $\overline{g}_m$-Werten - in Anlehnung an die Figur 1.3-19.
- Entsprechende Konstruktion der Übertragungsfunktion mit den g_s- und $\overline{g}_m$-Werten für die Orthophotopixel aus dem südlichen Flugstreifen.

Mit diesen beiden Kontrastübertragungsfunktionen kann nun eine Anpassung der Grauwerte der beiden Streifen erfolgen. Bei der Veränderung der Grauwerte der Pixel der einzelnen Streifen ist dafür zu sorgen, daß die Wirkung vom Streifenrand zur Streifenmitte abnimmt. In Streifenmitte soll nämlich keine Kontrast- und Helligkeitsveränderung geschehen. Konkret wird diese Vorgabe dadurch erreicht, daß man die Parameter c und d der Übertragungsfunktion (1.3-1) in - z.B. lineare - Abhängigkeit von X_L-Landeskoordinaten (≙ Nord-Süd-Koordinate) verändert bis in Streifenmitte der Parameter c gleich Eins und der Parameter d gleich Null wird. (Auf die Festlegung einer Trennungslinie innerhalb des Überlappungsbereiches von zwei Streifen wird im Abschnitt 1.3.2 eingegangen.)

Die zweite Methode, die nun besprochen wird, erreicht eine **Mosaikbildung durch Angleichung der Summenhistogramme**. Sie wird man anwenden, wenn alle bisher erläuterten Kontrast- und Helligkeitsveränderungen (einschließlich die im Abschnitt 1.3.1.2) in den überlappenden Orthophotobereichen die Grauwertdiskrepanzen nicht vollständig beseitigen konnten. Diese Methode haben G. He und J. Jansa publiziert[1].

Die Methode geht von der Vorstellung aus, daß sich die Summenhistogramme der Bilder nach der Helligkeits- und Kontrastveränderung möglichst gut entsprechen sollen. Die IST-Summenhäufigkeiten $S_h(g)_i$ und $S_h(g)_j$ für zwei Bilder i und j sind in der Figur 1.3-22 angegeben. Mit den Grauwertkorrekturen x_i und x_j kommt man - in Anlehnung an die Figur 1.3-6 - zu den verbesserten Summenhistogrammen $S_h(\bar{g})_i$ und $S_h(\bar{g})_j$. Die verbesserten Summenhäufigkeiten werden sich - bei einer blockweisen Betrachtung mit vielen Bildern - nicht völlig entsprechen: Dazwischen liegt die Verbesserung v_{ij} im Sinne einer Ausgleichung nach der Methode der kleinsten Quadrate.

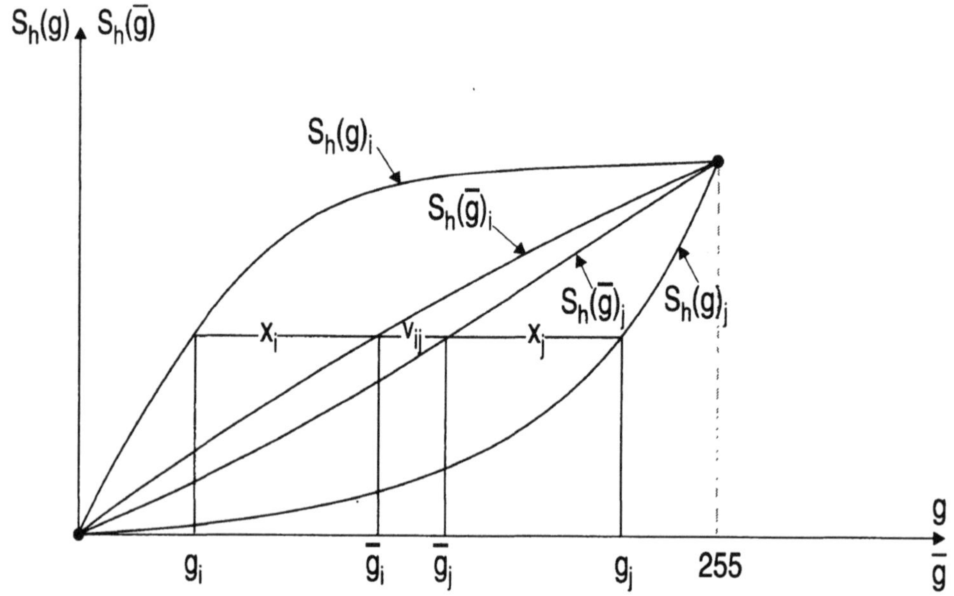

Figur 1.3-22: Ausgleichungsprinzip einer Mosaikbildung durch Angleichung der Summenhäufigkeiten

Für eine solche Ausgleichung nach vermittelnden Beobachtungen lautet die Verbesserungsgleichung:

---

[1] He, G., Jansa, J.: ZPF 58, S. 43-49, 1990.

$$\bar{g}_i - \bar{g}_j = \bar{0} + v_{ij} = g_i + x_i - (g_j + x_j) = x_i - x_j + (g_i - g_j)$$

beziehungsweise:

$$v_{ij} = x_i - x_j + (g_i - g_j) \qquad (1.3\text{-}5)$$

Die beiden korrespondierenden Grauwerte g_i und g_j bekommt man nicht unmittelbar aus den IST-Summenhistogrammen $S_h(g)_i$ und $S_h(g)_j$ sondern aus ihrer invertierten Form $g(S_h)_i$ und $g(S_h)_j$. Für alle Summenhäufigkeitswerte $S_h(g)$, für die man die Grauwertkorrekturen x für alle Bilder im Bildverband berechnen möchte, käme ein sehr großes Verbesserungsgleichungssystem zustande. Da die Verbesserungsgleichungen (1.3-5) für die unterschiedlichen Summenhäufigkeitswerte aber miteinander nicht zusammenhängen, kann für jeden einzelnen Summenhäufigkeitswert eine isolierte Ausgleichung durchgeführt werden. Dadurch bleibt der Rechenaufwand für diese Grauwertanpassung sehr gering. Für drei Bilder, deren Summenhistogramme angeglichen werden sollen, erhält man deshalb nur drei Verbesserungsgleichungen (1.3-5) für die Unbekannten x_1, x_2 und x_3. Dieses Ausgleichungsproblem hat allerdings ein Rangdefizit von Eins. Man braucht noch eine zusätzliche Information, die zum Beispiel für n Bilder folgende Form haben kann:

$$x_1 + x_2 + \ldots + x_n = 0 \qquad (1.3\text{-}6)$$

Diese Bedingung bewirkt, daß die **mittlere Helligkeit** aller beteiligten Bilder durch die Grauwertanpassung **unverändert bleibt**. Die Gleichung (1.3-6) kann man als Bedingung in die Ausgleichung einführen. Damit hat man eine Ausgleichung nach vermittelnden Beobachtungen mit einer Bedingungsgleichung. Man kann die Gleichung (1.3-6) aber auch als eine Verbesserungsgleichung - mit der Beobachung $\bar{0}$ und einem hohen Gewicht - für eine Ausgleichung nach vermittelnden Beobachtungen auffassen.

Diese Mosaikbildung durch Angleichung der Summenhistogramme bewirkt bei zwei Bildern, daß in g-Richtung eine arithmetisch gemittelte Summenhäufigkeit herauskommt.

AUFGABE 1.3-3: Man beweise diese Aussage. Hinweis: Im Falle von zwei Bildern gibt es keine Überbestimmung; die Lösung kann ohne Bildung von Normalgleichungen erfolgen. Man trage in die Figur 1.3-22 das Ergebnis ein.

Hat man drei Bilder, deren Summenhistogramme angeglichen werden sollen, so gibt es - wie bereits erwähnt - für jeden Summenhäufigkeitswert drei Unbekannte x_1, x_2 und x_3 in den drei Verbesserungsgleichungen (1.3-5) und in der (Verbesserungs-)Gleichung (1.3-6). Bei vier Bildern gibt es insgesamt vier Unbekannte x_i. Jeweils zwei Bilder liefern eine Verbesserungsgleichung (1.3-5); man hat also insgesamt sechs Verbesserungsgleichungen (1.3-5) und zusätzlich die (Verbesserungs-)Gleichung (1.3-6). Ganz allgemein erhält man für n Bilder (n - 1) n/2 Verbesserungsgleichungen (1.3-5) und zusätzlich eine (Verbesserungs-)Gleichung (1.3-6).

Die Bilder, deren Summenhistogramme mit dieser Methode angeglichen werden sollen, müssen einander nicht überlappen. Den Grad der Überlappung kann man allerdings mittels **Gewichte für die Verbesserungsgleichungen** (1.3-5) einfließen lassen. Es bietet sich an, die Gewichte proportional zu den überlappenden Flächen der einzelnen Bildpaare zu wählen. Dadurch entfallen die Verbesserungsgleichungen (1.3-6) für Bildpaare, die einander nicht überlappen.

Das Ergebnis der Ausgleichung sind die Unbekannten x, mit deren Hilfe erhält man - wie der Figur 1.3-22 entnommen werden kann - zunächst die korrigierte Summenhäufigkeit $S_h(\bar{g})$ für jedes Bild. Mit den beiden Summenhäufigkeiten $S_h(g)$, dem IST-Summenhistogramm, und $S_h(\bar{g})$, dem SOLL-Summenhistogramm, bekommt man - wie in der Figur 1.3-6 skizziert - die *Look-up*-Tabelle für das jeweilige Bild.

BILDBEISPIEL: Gegeben sind vier aneinander stoßende Bildszenen (Bild 1.3-23). Für die Anpassung der Summenhäufigkeiten wurden die vier Bildpaare ausgewählt, die eine gemeinsame Seite besitzen. Das Ergebnis zeigt Bild 1.3-24. Besonders hervorzuheben ist, daß **starke Helligkeits- und Kontrastunterschiede**, also die Parameter c und d der Kontrastübertragungsfunktion (1.3-1), **mit dieser Methode ausgeglichen werden können**.

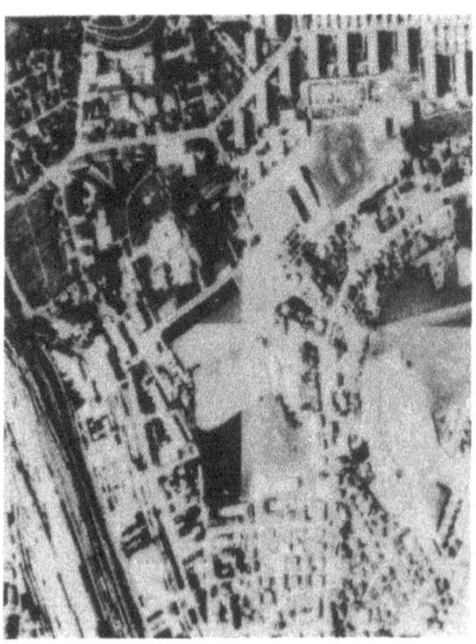

Bild 1.3-23: Vier Bildszenen vor einer Grauwertanpassung

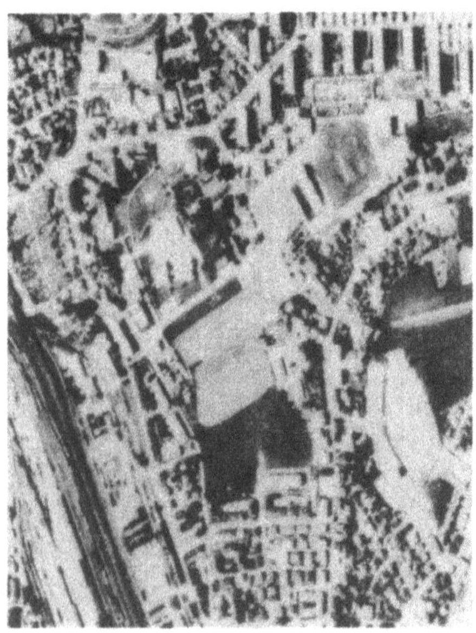

Bild 1.3-24: Mosaikbild nach der Grauwertanpassung

AUFGABE 1.3-4: Gegeben sind die drei in der Figur 1.3-25 angegebenen Summenhäufigkeiten $S_h(g)$. Gesucht sind die *Look-up*-Tabellen zur Durchführung einer Angleichung der Summenhistogramme. Es sind keine unterschiedlichen Gewichte einzuführen. Hinweis: Die Aufgabe kann ohne Bildung von Normalgleichungen gelöst werden.

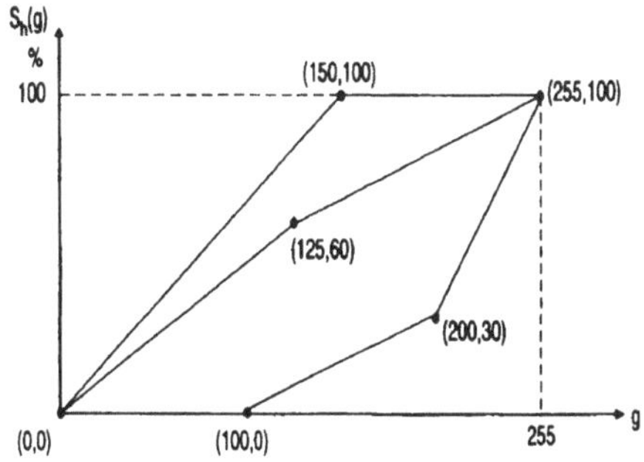

Figur 1.3-25: Summenhäufigkeit von drei Bildern

AUFGABE 1.3-5: Wie ändert sich das Ergebnis der Aufgabe 1.3-4, wenn für die (Verbesserungs-)Gleichung (1.3-6) nicht Null sondern Fünf benutzt wird ?

1.3.2 Mosaikbildung durch direkte Grauwertanpassung im Überlappungsbereich

Eine Grauwertanpassung kann auch ohne den Umweg über Histogramme und Übertragungsfunktionen erfolgen. Bei dieser alternativen Methode ist die Grauwertanpassung nur innerhalb des Überlappungsbereiches von zwei digitalen Orthophotos möglich. Die **Mosaikbildung kann mit dieser Methode deshalb nur sukzessive erfolgen**, indem zuerst jeweils zwei überlappende Orthophotos in den einzelnen Flugstreifen angeglichen werden und dann eine Angleichung von Streifen zu Streifen durchgeführt wird.

Figur 1.3-26 zeigt das Prinzip. Es wird davon ausgegangen, daß beide Orthophotos einen gemeinsamen Bereich mit einer Breite ü besitzen. Innerhalb dieses gemeinsamen Bereiches werden die Grauwerte gemittelt, wobei unterschiedliche Gewichte p_1 und p_2 benutzt werden. Das Gewicht p_1 für das Bild 1 hat am linken Rand des gemeinsamen Bereiches das höchste Gewicht; es fällt zum rechten Rand des gemeinsamen Bereiches hin allmählich auf Null ab. Das Gewicht p_2 des Bildes 2 läuft dazu reziprok. Entlang der Mittellinie des gemeinsamen Bereiches sind beide Gewichte gleich; es geschieht eine einfache Mittelung.

So einfach diese Grauwertanpassung ist, so heimtückisch ist sie aber. Einerseits kommt es im Überlappungsbereich zu Moirè-Effekten. Andererseits zeigt **das aus den gemittelten Grauwerten im Überlappungsbereich entstehende digitale Orthophoto alle Unzulänglichkeiten der Orthophotoherstellung**. Insbesondere, wenn die Kunstbauten in das Oberflächenmodell nicht einbezogen werden (Abschnitt 1.1.3), ergeben sich Effekte, die einer

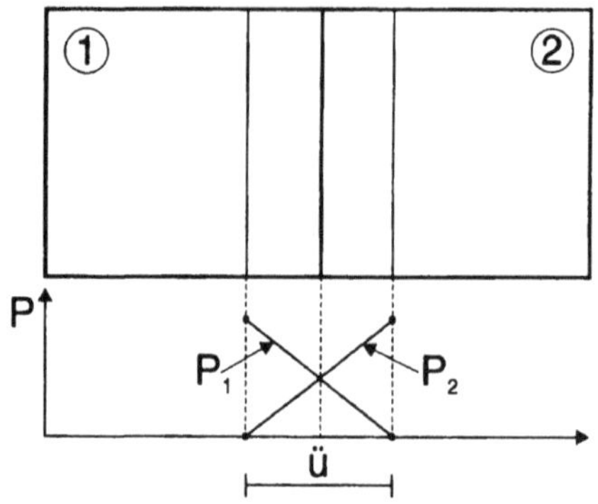

Figur 1.3-26: Zwei überlappende Orthophotos mit den beiden Gewichtsfunktionen für die Grauwertanpassung im Überlappungsbereich ü

Doppelabbildung gleichen. Auch wenn die Kunstbauten ins Oberflächenmodell aufgenommen werden, gibt es immer noch Details - wie zum Beispiel Bäume -, die im digitalen Orthophoto perspektiv verzerrt bleiben und daher gegeneinander versetzt im "gemittelten" Orthophoto erscheinen.

Die in der Figur 1.3-26 skizzierte Grauwertanpassung löst man deshalb besser mit der Methode, die am Beginn des Abschnittes 1.3.1.3 angegeben wurde. Zu diesem Zweck werden in der Mitte des Überlappungsbereiches mehrere kleine Bildbereiche ausgewählt und die im Abschnitt 1.3.1.3 näher beschriebenen Berechnungen durchgeführt bis für das Bild 1 und Bild 2 die **Parameter für die Übertragungsfunktionen** vorliegen. Die Parameter dieser Übertragungsfunktionen werden innerhalb des Überlappungsbereiches noch so verändert, daß am linken Rand des Überlappungsstreifens für Bild 1 keine Veränderung des Kontrastes und der Helligkeit mehr auftritt; für das Bild 2 tritt am rechten Rand des Überlappungsbereiches keine Veränderung des Kontrastes und der Helligkeit mehr auf.

In das endgültige digitale Orthophoto werden im Überlappungsbereich **entweder nur Pixel des Bildes 1 oder nur Pixel des Bildes 2** übernommen. Damit das System diese Entscheidungen treffen kann, ist manuell eine **Trennungslinie** - in der Regel am Bildschirm im visualisierten Überlappungsbereich - zu digitalisieren. Diese polygonale Trennungslinie führt man entlang von topographischen Linien (Straßenränder, Waldränder etc.). Dabei ist noch zusätzlich zu beachten, daß es entlang dieser Trennungslinien keine geometrischen Versetzungen in den überlappenden Orthophotos an Details wie Bäumen, eventuell Gebäuden etc. gibt.

Einige zusätzliche **Literaturstellen zur Mosaikbildung**: Kähler, M.: DGK, Reihe C, Heft 348, 1989. Kitzmüller, J.: ÖZ 71, Heft 1, 1983. Klinting, A.: IAPRS, Vol. 16, Part III, pp. 387-395, Kyoto, 1988.

1.3.3 Kantenverstärkung

Das menschliche Auge erwartet von einem hochwertigen Photo einerseits eine ausgewogene Verteilung der Grauwerte, die im Abschnitt 1.3.1 behandelt wurde, und andererseits gut ausgeprägte, scharfe Grauwertkanten. Die Grauwertkanten in einem Photo, das von einer beleuchteten Oberfläche aufgenommen wurde, spiegeln in hohem Maße die Kanten des Objektes (zum Beispiel die Geländekanten) wider. Außerdem grenzen die Grauwertkanten, die in diesem Zusammenhang besser Grauwertsprünge genannt werden sollten, die unterschiedlichen Objekte bzw. Objektteile im Photo gegeneinander ab. Die Qualität des Orthophotos kann daher gesteigert werden, wenn die Grauwertkanten verstärkt werden.

Die Kantenverstärkung besprechen wir zunächst mit einem kontinuierlichen (eindimensionalen) Grauwerteprofil (Figur 1.3-27). Wir gehen also von einer Grauwertefunktion g(x) aus. Die **1. Ableitung** liefert ein Bild, bei dem die Bereiche des Originals mit gleichen (von Bereich zu Bereich aber unterschiedlichen) Grauwerten den neuen Grauwert $g'(x) = 0$ erhalten. (Bei der Bildausgabe wird diese "Null-Linie" noch angehoben, damit keine negativen Grauwerte auftreten.) An den stetigen Übergängen von einem zum anderen Grauwerteniveau (**Plateau**) des Originals entstehen relevante Bildinformationen. An Sprungstellen im Original, zum Beispiel eine linienförmige helle Straße in einem Weideland, wird die 1. Ableitung plus oder minus Unendlich.

Die **2. Ableitung** $g''(x)$ liefert besonders interessante Informationen an den stetigen Übergängen der Grauwerte des Originals (Figur 1.3-27): Die Rampen (*ramps*) erhalten den neuen Grauwert $g''(x) = 0$ und die Kanten bekommen relevante Bildinformationen. Ist die Kante im Original scharf, dann ist die zweite Ableitung $g''(x)$ schmal und groß; unscharfe Kanten haben eine große Breite und kleinere Werte $g''(x)$. Die 2. Ableitung liefert uns die **Kantenextraktion**, die im Abschnitt A 7.7.3 im Mittelpunkt des Interesses stand und im Abschnitt C 2.2.2 wieder aufgegriffen wird.

Subtrahiert man die - entsprechend skalierte - 2. Ableitung $g''(x)$ vom Originalbild g(x) (Figur 1.3-27), so erhält man ein Bild, in dem die Übergangszonen zwischen den verschiedenen Grauwertebereichen des Originales verstärkt werden. Man erhält ein **kantenverstärktes Bild**.

Wir gehen nun auf ein **zweidimensionales diskretes Bild** über. Die wichtige 2. Ableitung erhält man dann mit dem Faltungsoperator

$$\boldsymbol{W} = \begin{pmatrix} 0 & 1 & 0 \\ 1 & -4 & 1 \\ 0 & 1 & 0 \end{pmatrix} , \tag{1.3-7}$$

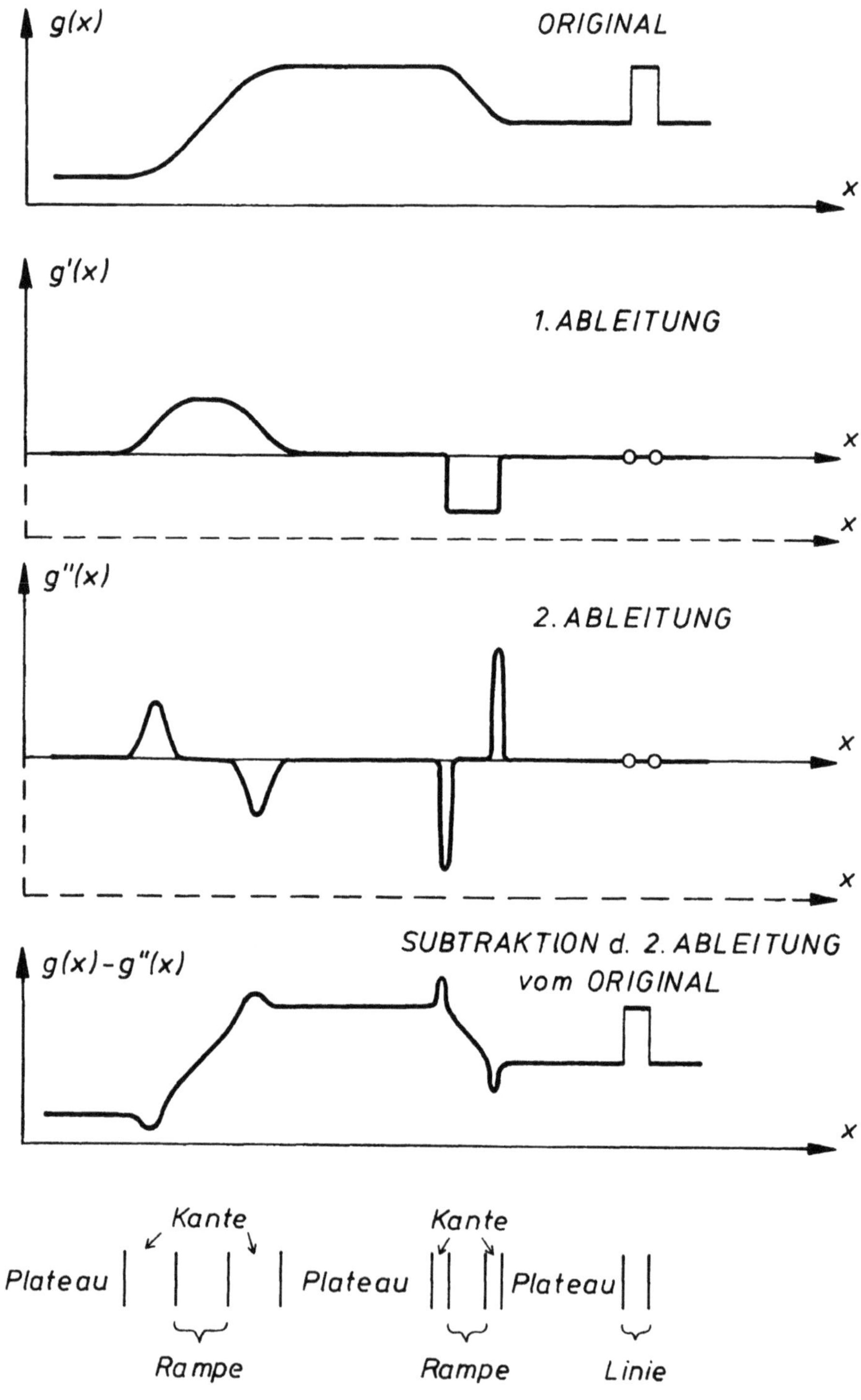

Figur 1.3-27: Differentialoperationen in einem Grauwerteprofil

den wir im Abschnitt A 7.7.3 (siehe auch Abschnitte FE 6.6.4 und FE 6.7.1) bereits kennengelernt haben und der häufig als **Laplace-Operator** bezeichnet wird. Das kantenverstärkte Bild, also die Subtraktion der 2. Ableitung vom Originalbild, bekommt man mit folgendem Faltungsoperator:

$$\boldsymbol{W} = \begin{pmatrix} 0 & 0 & 0 \\ 0 & 1 & 0 \\ 0 & 0 & 0 \end{pmatrix} - \begin{pmatrix} 0 & 1 & 0 \\ 1 & -4 & 1 \\ 0 & 1 & 0 \end{pmatrix} = \begin{pmatrix} 0 & -1 & 0 \\ -1 & 5 & -1 \\ 0 & -1 & 0 \end{pmatrix} \qquad (1.3\text{-}8)$$

Ein Bild, in dem die Kanten noch mehr verstärkt sind, erreicht man mit folgendem Faltungsoperator, der ähnlich gebaut ist wie der Operator (1.3-8):

$$\boldsymbol{W} = \begin{pmatrix} -1 & -1 & -1 \\ -1 & 9 & -1 \\ -1 & -1 & -1 \end{pmatrix} \qquad (1.3\text{-}9)$$

BILDBEISPIEL: Gegeben ist ein digitales Bild 1.3-28. Das kantenverstärkte Bild 1.3-29 wurde mit dem Operator (1.3-9) erreicht.

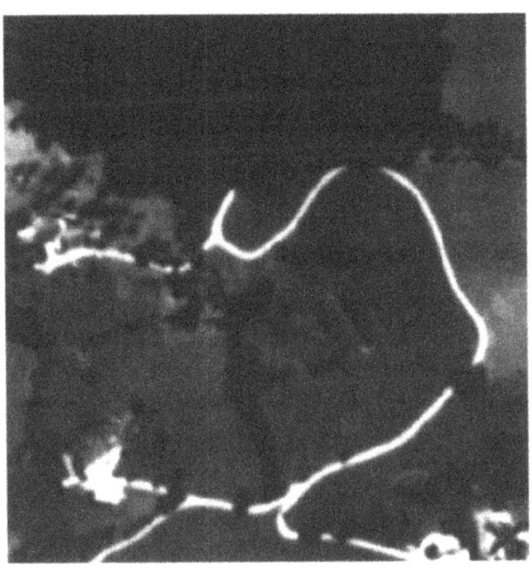

Bild 1.3-28: Originalbild

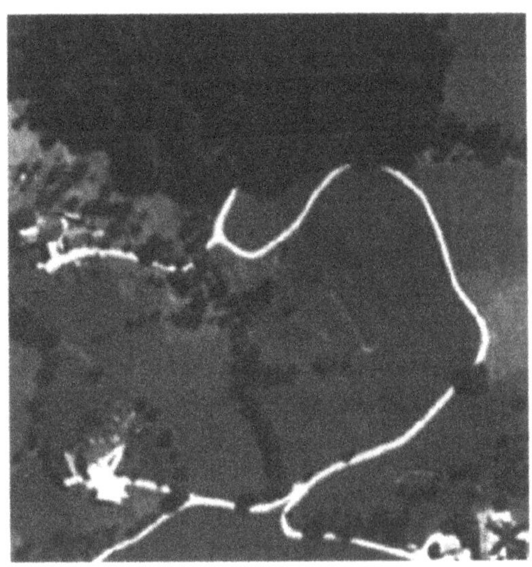

Bild 1.3-29: Kantenverstärktes Bild

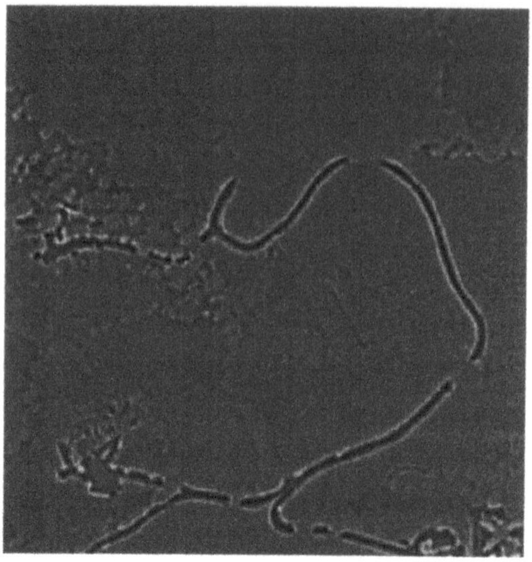

Bild 1.3-30: Kantenbild

Das Zwischenergebnis, also das Kantenbild 1.3-30, wurde mit dem Operator

$$W = \begin{pmatrix} 1 & 1 & 1 \\ 1 & -8 & 1 \\ 1 & 1 & 1 \end{pmatrix}$$

erzielt. Dieser Operator ist ähnlich aufgebaut wie der Laplace-Operator (1.3-7).

Die Faltung eines Bildes **G** mit einer Matrix **W** wird in symbolischer Schreibweise (siehe Gleichungen A(7.7-7) und A(7.7-8)) folgendermaßen zum Ausdruck gebracht:

$$\overline{G} = G * W \qquad (1.3\text{-}10)$$

Mit unterschiedlichen Faltungsmatrizen **W** kann ein digitales Photo **G** stark verändert werden. Mit den Faltungsmatrizen (1.3-8) und (1.3-9) werden - wie wir gesehen haben - die Kanten verstärkt. Mit einer Faltungsmatrix

$$W = \frac{1}{9}\begin{pmatrix} 1 & 1 & 1 \\ 1 & 1 & 1 \\ 1 & 1 & 1 \end{pmatrix} \qquad (1.3\text{-}11)$$

wird das Gegenteil erreicht, nämlich eine Verschmierung der Kanten. Eine Faltung mit der Matrix (1.3-11) wird auch als **gleitende Mittelwertbildung** in einer 3x3-Umgebung genannt.

Die Faltung (1.3-10) ist eine Filterung im Ortsbereich; ihr steht die Filterung im Frequenzbereich gegenüber. Beide Filterungen und ihr gegenseitiger Zusammenhang werden ausführlich im Abschnitt FE 6.7 behandelt.

AUFGABE 1.3-6: Man erweitere die Faltungsmatrix (1.3-11) auf eine 5x5-Umgebung und überlege sich ihre Wirkung auf das gefaltete Bild.

AUFGABE 1.3-7: Gegeben ist das nebenstehende digitale Bild.

Man falte dieses Bild mit der Matrix (1.3-8) und mit der Matrix (1.3-11). Man kommentiere das Ergebnis.

2	2	2	2	2	4
2	2	2	2	4	8
2	2	2	4	8	10
2	2	4	8	10	12
2	4	8	10	12	14
4	8	10	12	14	16

1.3.4 Besonderheiten bei der Farbe

Die digitalisierten photographischen Bilder und damit auch die digitalen Orthophotos bestehen aus drei (Schwarzweiß-)Bildern für die Grundfarben Blau, Grün und Rot. Sofern es sich um Farbinfrarotbilder handelt, repräsentieren diese drei Grundfarben die Objektstrahlung Grün, Rot und Infrarot (Abschnitt A 3.2.6). In den folgenden Betrachtungen müssen wir keine Unterscheidung zwischen normalen Farbphotos und Farbinfrarotphotos machen, denn in diesem Abschnitt geht es nur um die Aufgaben, einerseits die Orthophotofarben den Erwartungen des menschlichen Betrachters anzupassen und andererseits die Farbsprünge an den Stoßstellen von zwei Bildern - vor allem bei der Mosaikbildung - zu beseitigen.

Bevor diese Farbverschiebungen und Farbanpassungen besprochen werden, ist kurz der Farbwürfel zu erklären (Figur 1.3-31, siehe auch Abschnitt FE 6.1.1.1). Da bei der menschlichen Farbwahrnehmung alle Farben durch Mischung der drei Grundfarben Blau, Grün und Rot entstehen, ist es naheliegend, diese drei Farben als Koordinatenachsen in einem dreidimensionalen cartesischen Koordinatensystem anzunehmen.[1] Als Koordinatenwerte werden die Intensitäten aufgetragen (0 ≙ Schwarz, 255 ≙ Vollfarbe). Man erhält auf diese Weise den sogenannten Farbkörper in Form eines Würfels, an dessen Ecken sowohl die additiven Grundfarben Rot, Grün und Blau als auch die subtraktiven Grundfarben Cyan (≙ Blaugrün), Magenta (≙ Purpur), Yellow (≙ Gelb) sowie Schwarz und Weiß auftreten. (Komplementärfarben liegen übrigens symmetrisch zum Würfelmittelpunkt; die Diagonale von Schwarz nach Weiß enthält den gesamten Graukeil.) Die Farbkoordinaten R,G,B werden auch als **Farbwerte** bezeichnet.

[1] Ebenso ist es naheliegend, die Farbfilme mit diesen drei Grundfarben aufzubauen (Abschnitt A 3.2.6).

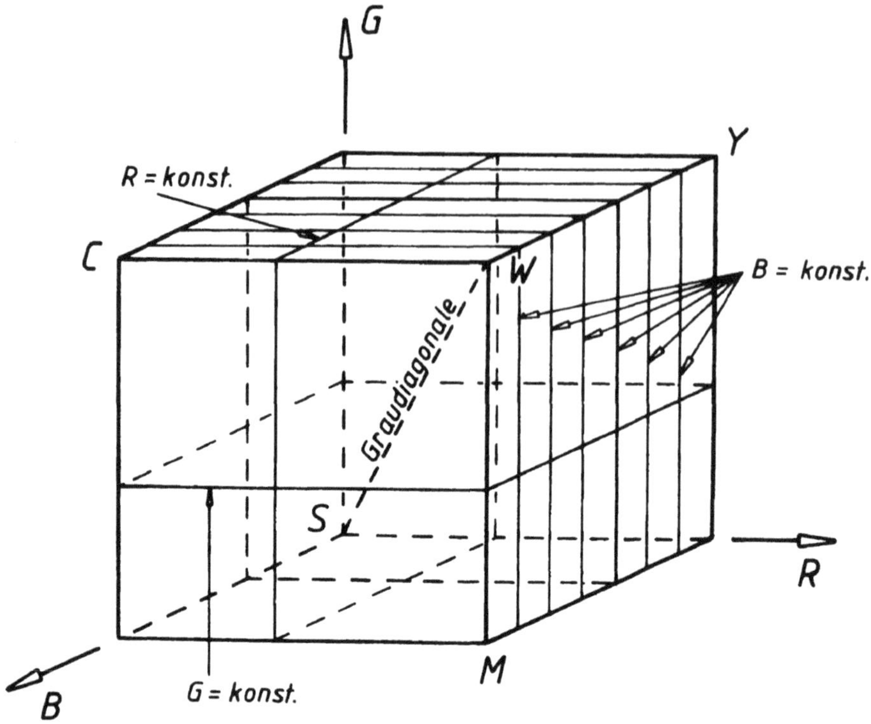

Figur 1.3-31: Farbwürfel

Aus dem Farbwürfel werden **Farbtafeln** abgeleitet, die als Schnitte durch den Würfel parallel zu jeweils einer Würfelfläche zu denken sind. Farbtafeln werden - zerlegt in einzelne Quadrate - gedruckt oder am Bildschirm generiert. Identifiziert der menschliche Betrachter ein Farbquadrat einer Farbtafel, kennt man - im Prinzip [1] - die drei Anteile bzw. Koordinaten der Grundfarben Blau, Grün und Rot.

ZAHLENBEISPIEL: Für einen in Braun erscheinenden Farbfleck betragen die drei Koordinaten: Rot = 40%, Grün = 30% und Blau = 10%. Daraus ergeben sich die Farbwerte: Rot = 101, Grün = 76, Blau = 25.

Im folgenden werden die Besonderheiten einer Farbverschiebung im Einzelbild, einer relativen Farbanpassung im Einzelbild und einer Mosaikbildung mit farbigen digitalen Orthophotos besprochen.

---

[1] Die Einschränkung besteht darin, daß die Farbtafeln auf die Farbwiedergabe des jeweiligen Systems abgestimmt sein muß; außerdem ist die logarithmische Abstufung (Abschnitt 1.3.1) der Grauwerte auch hier zu beachten.

a) **Farbverschiebung im Einzelbild**

Sie ist mit der Helligkeits- und Kontrastveränderung eines Schwarzweißbildes vergleichbar. Man wählt im Vorlagebild mehrere Stellen - mit möglichst unterschiedlichen Farben - aus und gibt anhand der Farbtafeln vor, welche Farben man sich an diesen Stellen wünscht. Damit hat man korrespondierende Farbwerte aus dem Würfel und aus dem Vorlagebild. Für jede der drei Grundfarben getrennt wird damit die Kontrastübertragungsfunktion - in Anlehnung an die Figur 1.3-19 - ermittelt. Das Ergebnis sind für jede Grundfarbe die Parameter c und d der Übertragungsfunktion (1.3-1). Mit diesen drei Übertragungsfunktionen kann schließlich die gewünschte Farbverschiebung für alle Pixel vorgenommen werden.

b) **Korrektur der durch den Lichtabfall von der Bildmitte zum Bildrand verursachten Farbverschiebung**

Diese relative Farbverschiebung ist mit der im Abschnitt 1.3.1.2 beschriebenen relativen Kontrast- und Helligkeitsanpassung eines Schwarzweißphotos vergleichbar. Man wählt in der zentralen Kreisfläche und im jeweiligen Kreisring mehrere Bildstellen aus, die die gleiche Farbe haben sollten. Damit hat man wieder für jede der drei Grundfarben korrespondierende Farbwerte, die eine Bestimmung der Kontrastübertragungsfunktion - entsprechend Figur 1.3-19 - erlauben. Mit diesen drei Übertragungsfunktionen kann auch diese Farbanpassung des jeweiligen Kreisringes an die zentrale Kreisfläche erfolgen.

c) **Mosaikbildung mittels Angleichung der Summenhistogramme**

Diese Aufgabe ist für ein Mosaik aus Schwarzweißbildern im Abschnitt C 1.3.1.3 ausführlich beschrieben. Sie kann unmittelbar auf die Mosaikbildung mit digitalen Farborthophotos übertragen werden. Die erforderlichen Häufigkeits- und Summenhäufigkeitshistogramme für die einzelnen Bilder werden für die drei Grundfarben Rot, Grün und Blau getrennt gebildet. Auch die Kleinste-Quadrate-Ausgleichung zur Ermittlung der verbesserten Summenhistogramme und die Ermittlung der *Look-up*-Tabellen erfolgt für jede der drei Grundfarben getrennt. Das Ergebnis ist ein Mosaik ohne Farbsprünge bzw. nur noch mit kleinen Farbsprüngen an den Schnittlinien der zusammenstoßenden Orthophotos.

Insgesamt ist zu sagen, daß das menschliche Auge auf Diskrepanzen in den Farbwerten eines farbigen Produktes wesentlich empfindlicher reagiert als auf Diskrepanzen in den Grauwerten eines Schwarzweißbildes. Man muß deshalb sehr sorgfältig die Kontrastübertragungsfunktionen für die einzelnen Grundfarben bestimmen.

1.4 Hard-Copies

Die digitalen Orthophotos bilden heutzutage einen wesentlichen Datenbestand in Geo-Informationssystemen. Ihre Bedeutung für die Geo-Informationssysteme wird im Band 3 näher herausgestellt.

Trotz der unmittelbaren EDV-technischen Übernahme der meisten digitalen Orthophotos in Geo-Informationssysteme tritt hin und wieder auch der Wunsch nach einer Ausgabe auf Papier und/oder Film in unterschiedlicher Stückzahl auf. Das digitale Orthophoto wird sozusagen vom Computerspeicher auf eine "harte" Unterlage transferiert. Man spricht deshalb von *Hard-Copies*.

Die Kopierverfahren unterscheiden sich abhängig von der Stückzahl, von der Schwarzweiß- oder Farbwiedergabe, von der geometrischen Auflösung etc. Im folgenden werden einige Kopierverfahren kurz erläutert.

a) Ausgabe auf Film

Ein Photobelichter funktioniert nach dem gleichen Prinzip wie der Photoscanner (Abschnitt A 7.2.1), nur umgekehrt. Eingegeben werden zum Beispiel zeilenweise die digitalen Daten. Nach einer Digital-Analog-Wandlung der eingelesenen Grauwerte wird eine weiße Lichtquelle in ihrer Helligkeit moduliert. Die Belichtung des Filmes geschieht zeilenweise auf Film, der zum Beispiel auf einer routierenden Trommel montiert ist.

Die Kopierung digitaler Farborthophotos ist ebenfalls möglich, wenn ein Farbfilm aufgespannt wird und die einzelnen digitalen Farbauszüge nacheinander mit entsprechenden Filtern (Rot, Grün, Blau) belichtet werden.

b) Digitale Rasterung insbesondere für eine drucktechnische Wiedergabe

Unter digitaler (oder elektronischer) Rasterung versteht man ein Verfahren, das die Grauwerte der ursprünglichen Pixel in regelmäßig angeordnete schwarze Punkte zerlegt. Diese Punkte sind alle gleich groß; über die Anzahl der Punkte wird der Grauwert des jeweiligen Pixels approximiert. Figur 1.4-1 zeigt ein digital hergestelltes Raster. Die ursprünglichen Pixel setzen sich - in der Figur 1.4-1 - aus etwa 100 Punkten zusammen; das Optimum wären 256 Punkte für die 256 Grauwerte eines ursprünglichen Pixels. Das gesamte gerasterte Photo besteht aus einem binären Bild (d.h. aus Pixeln mit den Grauwerten Weiß und Schwarz).

Die Größe der Punkte kann man heutzutage auf 7 μm reduzieren; das entspricht etwa 1400 Punkte/cm (*dots*/cm) bzw. etwa 3600 Punkte/inch (*dots per inch,* ***dpi***).[1] Wenn die Grauwerte der ursprünglichen Pixel in 256 Punkte zerlegt werden, werden 87.5 (= $1400/\sqrt{256}$) der ursprünglichen Pixel pro Zentimeter gedruckt; dafür ist in der Drucktechnik der Ausdruck **Linien/cm** üblich. Ein solcher enger Raster ist für den Druck von Orthophotos voll ausreichend; es würde auch ein Raster von 60 bis 70 Linien/cm genügen. Für eine gerade noch akzeptable Qualität werden manchmal auch 400 Punkte/cm angegeben. Das entspricht bei 60 Linien/cm einer Reduzierung der ursprünglich 256 Grauwerte auf 45 Grauwerte, denn $(400/60)^2 = 45$.

---

[1] 1 inch entspricht 25.4 mm; daraus ergibt sich die einprägsame Merkregel: 25 μm $\hat{=}$ 1000 dpi, denn für diesen Fall ist 1 dot = 0.001 inch $\approx$ 25 μm.

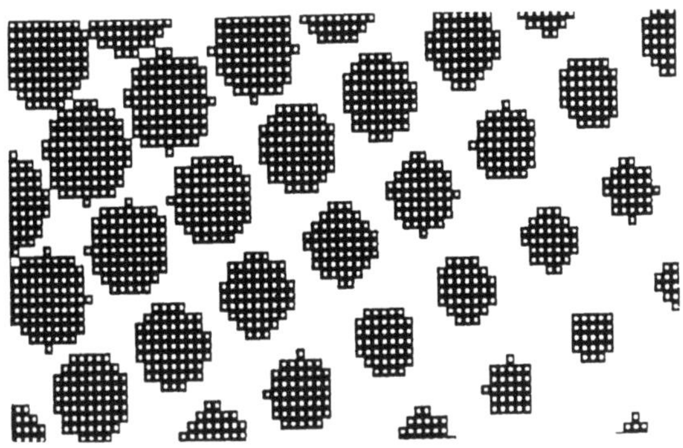

Figur 1.4-1: Digitale Rasterung

AUFGABE 1.4-1: Wie verbessert sich die Grauwertwiedergabe, wenn man mit diesem Raster nur 40 der ursprünglichen Pixel pro Zentimeter (d.h. 40 Linien/cm) drucken würde. (Anmerkung: Dadurch würde sich allerdings die geometrische Auflösung um den Faktor 60/40 = 1.5 verschlechtern.)

Für einen **Farbdruck** muß man für jeden Farbauszug ein gerastertes Photo erzeugen. Aufgrund der beim Druck wirksamen subtraktiven Farbmischung müssen aus den Farbwerten Rot, Grün und Blau die Komplemente zu 255 gebildet und beim Druck den Farben Cyan, Magenta und Gelb zugeordnet werden. Zum Beispiel ein roter Farbwert von 50 wird in 205 umgewandelt und in Cyan gedruckt. Zusätzlich müssen die Muster der einzelnen Farbauszüge gegeneinander verdreht werden, damit keine störende Moiré-Effekte entstehen. Bild 1.4-2 zeigt eine solche Moiré-Bildung.

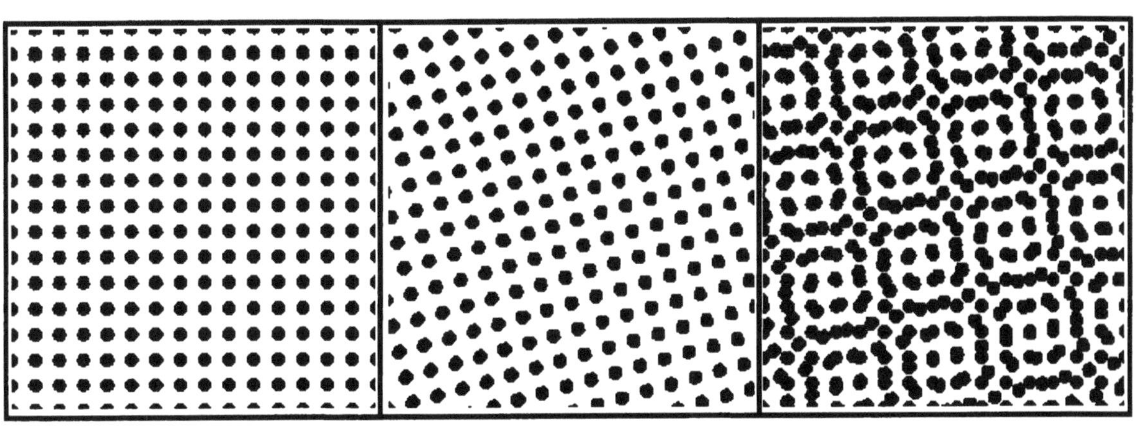

Bild 1.4-2: Zwei gegeneinander verdrehte Raster, die beim Übereinanderdruck ein Moiré ergeben

In der Praxis zeigt sich, daß ein aus subtraktiver Mischung erzeugtes Schwarz nicht tiefschwarz erscheint. Die Konturen in Bildern, die mit einem Drei-Farben-Druck erzeugt werden, wirken flau. Um diesen Nachteil zu vermeiden, wird mit der Druckfarbe Schwarz ein vierter Überdruck (Kraftton) durchgeführt (→ Vier-Farben-Druck). Dieser Kraftton kann bei digitalen Photos aus den anderen drei Farbauszügen abgeleitet werden (siehe auch Abschnitt FE 6.3.4).

Gerasterte Orthophotos, die auf Film ausgegeben werden, werden nicht nur für den Druck verwendet. Sie sind auch ein sehr interessantes Zwischenprodukt, aus dem im **Lichtpausverfahren** billig *Hard-Copies* hergestellt werden können, allerdings nur in Schwarzweiß.

c) Tintenstrahlzeichner auf Papier oder Film

Diese Geräte (*ink jet plotter*) haben in den letzten Jahren infolge ihres guten Preis/Leistungs-Verhältnisses sehr an Bedeutung gewonnen. Sie eignen sich für die Wiedergabe von Schwarzweiß- wie auch für Farborthophotos in gleicher Weise. Die Qualität ist für mittlere Ansprüche ausreichend.

Dabei wird ein ursprüngliches Pixel in ein Muster zerlegt (*dithering*). Diese Muster werden - bei einem Schwarzweiß-Orthophoto - schwarz eingefärbt. Abhängig vom Grauwert des ursprünglichen Pixels wird für das einzelne Pixel ein unterschiedliches Muster gewählt. Obwohl das mit einem Tintenstrahlzeichner wiedergegebene Orthophoto nur aus schwarzen Mustern für die einzelnen Pixel besteht, bekommt der menschliche Betrachter den Eindruck eines Halbtonbildes.

Bei der Wiedergabe eines Farborthophotos werden - wie oben im Abschnitt b) beschrieben - die drei Farbwerte Rot, Grün und Blau in den komplementären Farben Cyan, Magenta und Gelb wiedergegeben. Dabei wird - wie beim Schwarzweißbild - jeder Farbwert in einem eigenen Muster dargestellt. Die Muster der drei Farben werden bei der Ausgabe "übereinandergespritzt". Das menschliche Auge nimmt diese Farbmuster - nach der subtraktiven Farbmischung - wahr. Für eine optimale "Tiefenwirkung" wird - wie beim Druck - noch ein vierter Farbwert, und zwar Schwarz, der aus den drei Farbwerten Rot, Grün und Blau berechnet wird, hinzugenommen.

Die Qualität der Tintenstrahlzeichner ist in erster Linie von der Kleinheit der schwarzen bzw. farbigen Punkte in den Mustern abhängig. Man erreicht gegenwärtig in Schwarzweiß etwa 720 dpi, das entspricht 283 Punkte/cm. In Farbe erreicht man gegenwärtig nur die halbe Punktanzahl für einen "Farbauszug". Es gibt bereits (sehr teure) Geräte, die die Druckrasterqualität von 700 Punkten pro Zentimeter erreichen.

In diesem Kapitel wurde die Kartographie, insbesondere ihre Reproduktionstechnik, gestreift. Noch weiter ist in dieses Gebiet einzudringen, wenn Vektordaten (Schriften, Situationslinien etc.) mit dem digitalen Orthophoto bei der Ausgabe kombiniert werden sollen.

Dafür gibt es einschlägige **Literatur**: Spiess, E.: In Fritsch/Hobbie (Eds.): Photogrammetric Week'93, pp. 225-239, Wichmann Verlag, 1993. Hake, G., Grünreich, D.: Kartographie. De Gruyter Verlag, 1994. Beißmann, H.: Kartographische Nachrichten 44, Heft 1, S. 13-14, 1994.

1.5 Digitale Stereoorthophotos

Die fehlende dritte Dimension in den Orthophotos, worauf wir am Anfang des Abschnittes 1. bereits eingegangen sind, kann mit Hilfe des Stereoorthophotos eingebracht werden. Man hat zusätzlich zum Orthophoto einen **Stereopartner** (*stereomate*) herzustellen.

Das Grundprinzip der Stereoorthophotoherstellung wird im folgenden anhand eines Geländemodelles mit quadratischen Rasterelementen erläutert; die Einbeziehung der Geländekanten und markanten Höhenpunkte mit ihren dreieckigen Rasterelementen (Figur 1.1-4) geschieht nach dem selben Prinzip. Zunächst (Abschnitt 1.5.1) werden Erdkrümmung und Projektionsverzerrungen nicht berücksichtigt; im Abschnitt 1.5.2 behandeln wir die Stereoorthophotoherstellung für kleine Maßstäbe.

1.5.1 In mittleren Maßstäben

1.5.1.1 Grundgedanke

Das Grundprinzip des Stereoorthophotos ist in der Figur 1.5-1 skizziert. Dabei wird davon ausgegangen, daß die Z-Koordinaten bezüglich des XY-Rasters in der Form eines digitalen Geländemodelles gegeben sind. Diese Rasterpunkte sind die Ankerpunkte (Abschnitt 1.1.2) für die digitale Herstellung des Orthophotos und seines Stereopartners.

Für die Herstellung des Orthophotos, das einer Orthogonalprojektion der Geländeoberfläche auf eine horizontale Ebene entspricht (Figur 1.5-1, linke Hälfte), werden die Ankerpunkte mit ihren XYZ-Koordinaten mit den Gleichungen B(3.5-2) der Zentralprojektion in das Vorlagebild transformiert, um die deformierten Vierecke im xy-Bildkoordinatensystem zu bekommen.

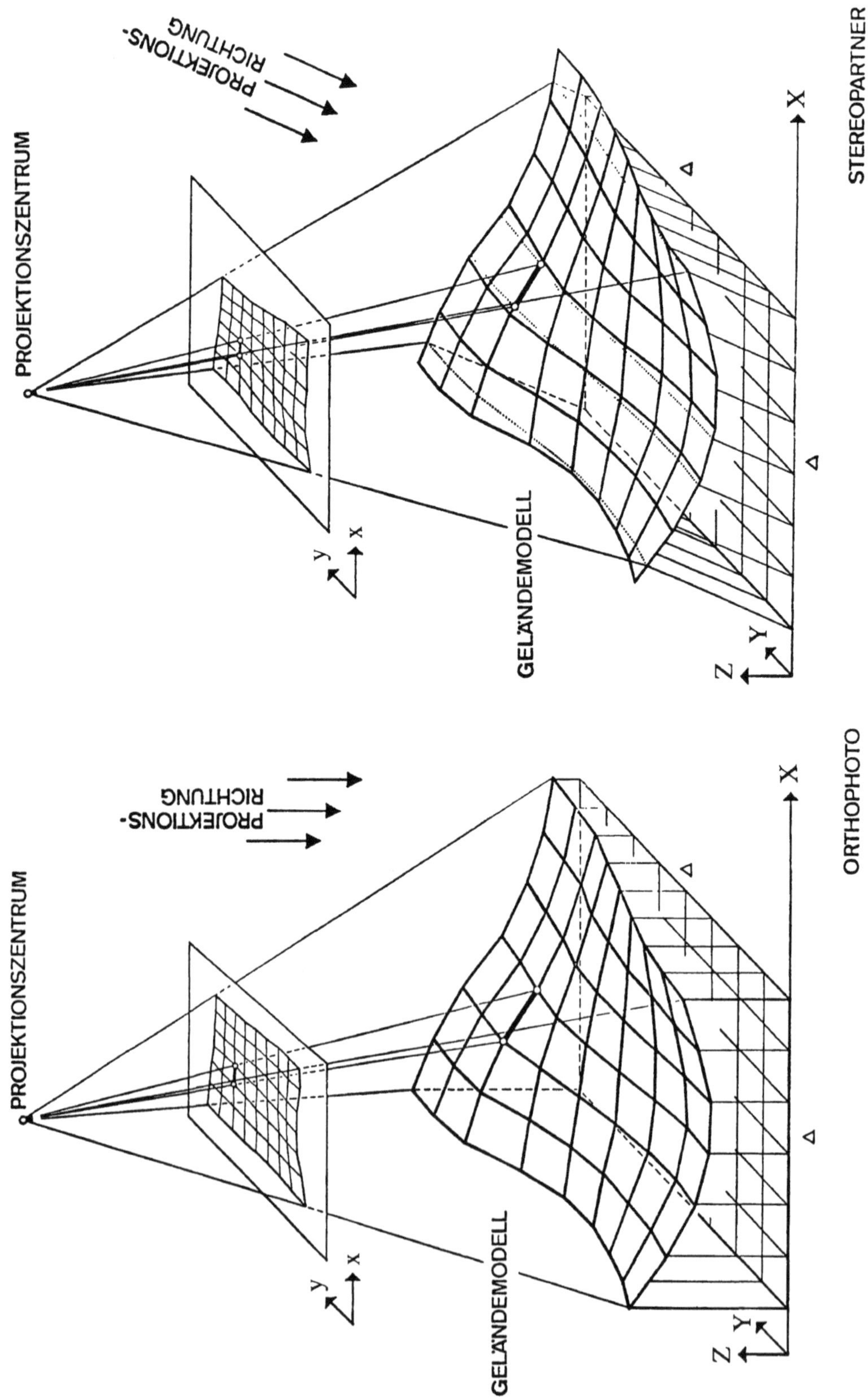

Figur 1.5-1: Zusammenhang zwischen Meßbild, Geländemodell sowie Orthophoto und Stereopartner

Will man dagegen von der Geländeoberfläche, die in der Form **des gleichen digitalen Geländemodelles** gegeben sein soll, eine schräge Parallelprojektion erzeugen (Figur 1.5-1, rechte Hälfte), sind die deformierten Vierecke der Ankerpunkte im Vorlagebild auf folgende Weise zu ermitteln:

- Ausbreiten eines Quadratrasters in der XY-Ebene, das zweckmäßigerweise die Rasterweite Δ des digitalen Geländemodelles besitzt.
- Projektion dieser Rasterpunkte entlang der **schrägen Projektionsrichtung** in die Oberfläche des digitalen Geländemodelles. (Man beachte, daß die errechneten Schnittpunkte nicht mit den Geländerasterpunkten der Orthophotoherstellung zusammenfallen, sondern auf den Verbindungsgeraden der X-Profile liegen, da die Projektionsrichtung parallel zur XZ-Ebene verläuft.)
- Transformation der XYZ-Koordinaten dieser Schnittpunkte mittels der Gleichungen B(3.5-2) der Zentralprojektion ins Vorlagebild.

Zum Abschluß werden alle Pixel des Vorlagebildes, die innerhalb einer deformierten Vierecksmasche liegen, in die quadratischen Maschen in der XY-Ebene mittels bilinearer Transformation (Gleichungen (1.1-7) und (1.1-8)) und Grauwertinterpolation überführt. Auf diese Weise entsteht **aus dem zentralperspektivischen Meßbild ein Bild einer schrägen Parallelprojektion**.

Voraussetzung für diese Berechnungen, die sowohl zu einem Orthophoto als auch zu einer schrägen Parallelprojektion führen, sind die Elemente der äußeren Orientierung der jeweiligen Meßbilder. Sie stammen entweder aus einer Bündelblockausgleichung oder sie werden aus terrestrischen Paßpunkten mittels eines räumlichen Rückwärtsschnittes bestimmt. Wie im Abschnitt 1.5.1.2 näher begründet wird, stellt man in der Regel das Orthophoto und die schräge Parallelprojektion von zwei benachbarten Meßbildern her, die einander um etwa 60% überlappen.

Nun erhebt sich die Frage, worin sich das Orthophoto und das Photo einer schrägen Parallelprojektion von ein und demselben Geländeausschnitt unterscheiden. Nachdem wir die Projektionsrichtung parallel zur XZ-Ebene angenommen haben, sind beide Bilder in Y-Richtung ident, d.h. ohne Y-Parallaxen. In X-Richtung treten aber, und zwar linear abhängig von der Geländehöhe Z (Figur 1.5-2), X-Parallaxen auf:

$$p_X = k \cdot Z \qquad k \text{ ... Tangens des Zenitwinkels der Projektionsrichtung} \qquad (1.5\text{-}1)$$

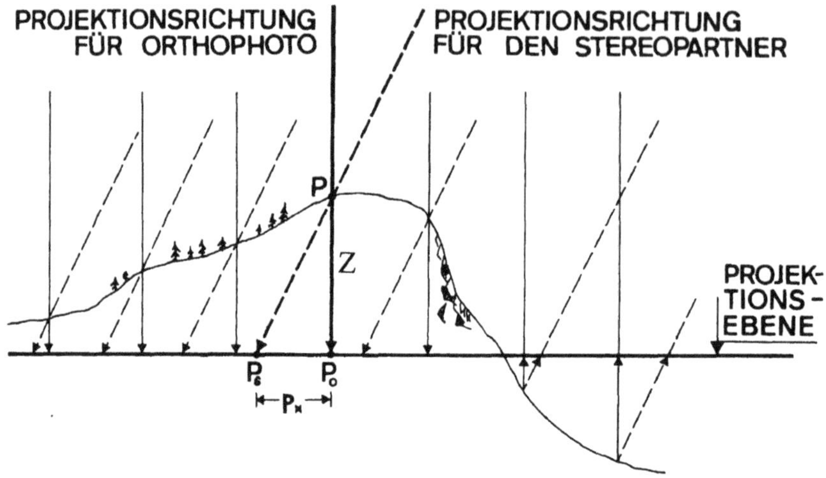

Figur 1.5-2: X-Parallaxen in linearer Abhängigkeit von der Geländehöhe

Diese beiden Bedingungen, also fehlende Y-Parallaxen und vorhandene X-Parallaxen sind die Voraussetzung für das stereoskopische Sehen (Abschnitt A 4.3.1): **Die schräge Parallelprojektion ist deshalb der Stereopartner zum Orthophoto.**

1.5.1.2 Stereoorthophotoherstellung und Auswerteverfahren

Sollen aus einem Bildstreifen mit etwa 60% Längsüberdeckung Stereoorthophotos erzeugt werden, so wird man aus jedem zweiten Vorlagebild ein Orthophoto von einem **Doppelmodell** herstellen. Zu einem solchen, nahezu quadratischen Orthophoto gehören ein **linker und ein rechter Stereopartner**. Ein Stereopartner ist etwa halb so breit wie das Orthophoto; er wird vom halben davor oder danach liegenden Vorlagebild erzeugt. Von jedem Vorlagebild, von dem kein Orthophoto entsteht, werden also ein linker und ein rechter Stereopartner angefertigt (Bild 1.5-3).

Der Vorteil - Orthophoto und Stereopartner von zwei verschiedenen Vorlagebildern, die sich um etwa 60% überlappen, zu machen - besteht darin, daß einerseits das Gelände aufgrund der schrägen Parallelprojektion des Stereopartners und andererseits aber auch die im Geländemodell nicht erfaßten Details (**Baumkronen, Hausdächer** etc.) aufgrund der Aufnahmebasis zwischen den beiden Vorlagebildern in **Stereoskopie** vorliegen. Würde man Orthophoto und Stereopartner vom gleichen Vorlagebild herstellen, läge nur die im Geländemodell erfaßte Oberfläche stereoskopisch vor. Baumkronen, Hausdächer etc. würden sich bei der stereoskopischen Betrachtung nicht plastisch vom Gelände abheben.

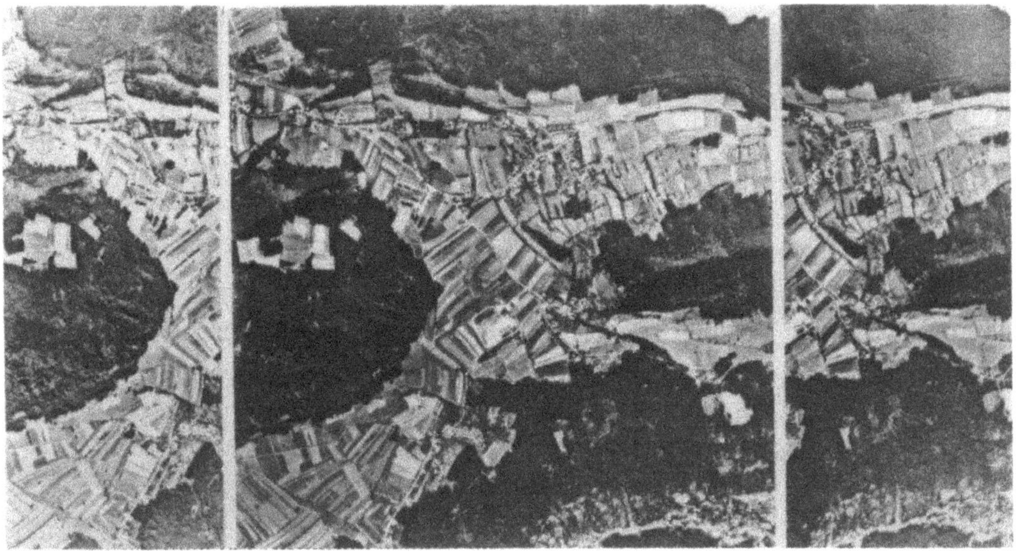

Bild 1.5-3: Orthophoto eines Doppelmodelles mit einem linken und rechten Stereopartner

Zur Herstellung des Stereoorthophotos benötigt man also nur ein Geländemodell ohne Kunstbauten etc.; trotzdem erhält man ein Produkt, das die stereoskopische Betrachtung des Geländes gemeinsam mit den Kunstbauten etc. erlaubt. Die Auswertung dieses optischen Stereomodelles ist wesentlich einfacher als die Auswertung eines optischen Stereomodelles, das aus zwei Meßbildern gebildet wird. Im optischen Modell des Stereoorthophotos liegt nämlich eines der beiden beteiligten Bilder als Orthophoto vor.

Zur Auswertung der **Situation** benutzt man deshalb nur **eine Meßmarke**, die im Orthophoto geführt wird. Der Operateur meint trotzdem im Stereomodell eine räumliche Meßmarke zu sehen; er muß beim Auswerten (räumlicher) Situationslinien nur XY-Bewegungen machen und dabei keine "höhenmäßige" Verstellung der Meßmarke vornehmen wie bei der Auswertung im digitalen oder analytischen photogrammetrischen Zweibildauswertegerät.

Das Stereoorthophoto erlaubt auch eine **höhenmäßige Auswertung**. Zu diesem Zweck sind aber **zwei Meßmarken**, eine im Orthophoto und eine im Stereopartner, zu führen. Nachdem zur Herstellung eines Stereoorthophotos der jeweilige Geländeausschnitt als digitales Oberflächenmodell vorliegen muß, scheint die höhenmäßige Auswertung der Stereoorthophotos eine sinnlose Tätigkeit zu sein. Obwohl die Hauptanwendung der Stereoorthophotos die dreidimensionale Bildinterpretation und die Erfassung mit XY-Koordinaten der dabei gefundenen Situationslinien und Einzelpunkte sein wird, ist für manche Aufgabenstellungen auch die höhenmäßige Auswertung der Stereoorthophotos interessant. Die Höhenausmessung der Stereoorthophotos ist nämlich denkbar einfach: Man ermittelt aus den beiden Positionierungen der Meßmarken die jeweilige p_X-Parallaxe und bekommt aus Gleichung (1.5-1) direkt die Höhe Z. Sollen Höhen im absoluten System angegeben werden, ist zuerst ein Höhenpaßpunkt einzustellen. Auch Höhenlinien können ausgewertet werden, indem man während des Abfahrens den relativen Abstand der beiden Meßmarken unverändert beläßt.

Die **punktweise höhenmäßige Auswertung** kann zwischen Geländepunkten, aber auch zwischen Punkten, die auf Kunstbauten, Bäumen etc. liegen, erfolgen. Streng genommen ist dabei aber zu beachten, daß die p_X-Parallaxen mittels der einfachen Gleichung (1.5-1) nur für jene Punkte ausgewertet werden düfen, die in der Oberfläche des digitalen Geländemodelles liegen. Punkte, die nicht in der digitalen Oberfläche, die zur Stereoorthophotoherstellung benutzt wurde, liegen, haben etwas andere p_X-Parallaxen. Darauf kommen wir im Abschnitt 1.5.1.3 nochmals zurück.

Stereoorthophotos können mit optisch-mechanischen Geräten und mit digitalen photogrammetrischen Arbeitsplätzen (Abschnitt A 7.8) ausgewertet werden. Für die optisch-mechanische Auswertung wurden einfache Auswertegeräte konstruiert, die im wesentlichen aus einem Spiegelstereoskop, einer Parallelführung und einer bzw. zwei Meßmarken bestehen. Trotz dieser einfachen Auswertetechnik hat sich das analoge Stereoorthophoto bisher in der Praxis nicht durchgesetzt. Sporadische Anwendungen und die Details der analogen Auswertetechnik sind in den älteren Auflagen dieses Lehrbuches verhältnismäßig ausführlich beschrieben. Auf die Aktualisierung topographischer Strichkarten mittels Stereoorthophotos wird im Abschnitt 1.5.3 eingegangen.

Das **digitale Stereoorthophoto** bietet in einem hybriden Geo-Informationssystem, das sowohl Vektor- als auch Rasterdaten verarbeiten kann und das eine räumliche Betrachtung der beiden optischen Bilder (Abschnitt A 7.8) erlaubt, neue Möglichkeiten. Das digitale Orthophoto gemeinsam mit Vektordaten wird einem Auge dargeboten; der digitale Stereopartner bringt die dritte Dimension in diese Visualisierung. Damit können zum Beispiel folgende Aufgaben noch besser gelöst werden als mit einem digitalen Orthophoto allein:

- In einem Geo-Informationssystem werden häufig Daten zusammengeführt, die sehr abstrakt sind und wenig Bezug zur realen Welt besitzen, wie zum Beispiel Planungsdaten und administrative Daten. Der Benutzer des Geo-Informationssystems braucht in diesem Fall eine **Orientierungshilfe**, die ihm das digitale Orthophoto und insbesondere das digitale Stereoorthophoto als Hintergrundinformation zu diesen abstrakten Daten bieten kann.
- Nach dem Zusammenführen der Daten, die von unterschiedlichen Quellen stammen können, entdeckt man häufig in einem Geo-Informationssystem Widersprüche in den Daten. Die **Widersprüche in den heterogenen Daten** - insbesondere die geometrischen Widersprüche - können in vielen Fällen mit digitalen Orthophotos und digitalen Stereo-

orthophotos aufgeklärt werden. Digitale Orthophotos und digitale Stereoorthophotos befriedigen nämlich höchste Genauigkeitsansprüche, wenn sie mit einem hochwertigen digitalen Geländemodell erzeugt werden. **Digitale Orthophotos sind auch wesentlich genauer als jene Daten, die von topographischen Karten in ein Geo-Informationssystem übernommen werden**, denn sie sind im Gegensatz zur topographischen Karte nicht generalisiert. Das digitale Stereoorthophoto bietet noch zusätzlich die Möglichkeit, Höhenangaben der dreidimensionalen Vektordaten in einem Geo-Informationssystem zu überprüfen. Orthophoto und Stereopartner vermitteln dem Betrachter ein dreidimensionales photographisches Modell der realen Welt. Wenn man die dreidimensionalen Vektordaten ebenfalls nach den Gesetzen des Stereoorthophotos auf dem Bildschirm darstellt und gemeinsam mit dem **Stereoorthophoto** betrachtet, erkennt man die **Höhenfehler in den dreidimensionalen Vektordaten**.

- Die in einem Geo-Informationssystem zusammengeführten Daten sind häufig veraltet. Ein weiterer Nachteil ist, daß man das Datum der Entstehung der einzelnen Datensätzen selten kennt. Demgegenüber bezieht sich der Inhalt des digitalen Orthophotos und digitalen Stereoorthophotos genau auf den (bekannten) Zeitpunkt der Flugzeugaufnahme. Außerdem ist der Herstellungsprozeß der digitalen Orthophotos und digitalen Stereoorthophotos weitgehend automatisiert, sodaß sie verhältnismäßig preisgünstig in kurzen Zeitabständen erneuert werden können. Zur **Aktualisierung von veralteten Datensätzen** in einem Geo-Informationssystem können deshalb digitale Orthophotos und digitale Stereoorthophotos einen beachtlichen Beitrag leisten.

Als Organisationsform bietet sich an, daß die Stereoorthophotos von Photogrammetern erzeugt werden. Die digitalen Stereoorthophotos können dann in Geo-Informationssysteme übernommen werden. Die Stereoorthophotographie kann eine tragfähige Basis für die **Zusammenarbeit der Photogrammetrie mit den Nachbardisziplinen** werden. Bisher hat diese Zusammenarbeit meistens darunter gelitten, daß entweder der Photogrammeter zuwenig von der Nachbardisziplin verstanden hat oder daß den Nicht-Photogrammetern die photogrammetrische Auswertetechnik auf der Basis der ursprünglichen Luftbilder zu schwierig war. Im ersten Fall macht der Photogrammeter am photogrammetrischen Zweibildauswertegerät die Auswertungen, z.B. die Forstkarte, die geologische Kartierung, die Kartierung der Vegetationsschäden. Der Photogrammeter beherrscht zwar das photogrammetrische Zweibildauswertegerät; ihm fehlen aber die Kenntnisse des Forstwirts, des Geologen, des Umweltschützers etc. Im zweiten Fall ist der Nicht-Photogrammeter für die Auswertungen am universellen Zweibildauswertegerät vorgesehen. Der Nicht-Photogrammeter weiß zwar, wie er den Bildinhalt zu deuten hat; für ihn ist die Bedienung des Zweibildauswertegerätes - vor allem in der Orientierungsphase - eine ausbildungsfremde und daher ungeliebte Tätigkeit.

Das Stereoorthophoto, insbesondere das digitale Stereoorthophoto, ist dagegen eine neue Schnittstelle zwischen der Photogrammetrie und den Nachbardisziplinen. Der Nicht-Photogrammeter bekommt alle Informationen der stereoskopisch auswertbaren Luftbilder in einer Form, die es ihm erlaubt, seine Auswertungen selbst machen zu können. Diese Auswertungen kann er in der ihm vertrauten Umgebung seines Geo-Informationssystems vornehmen.

1.5.1.3 Genauigkeit und nichtlineare X-Parallaxen

Die Lagegenauigkeit der Steroorthophotos entspricht derjenigen der Orthophotos; sie wurde im Abschnitt A 6.3.3.2 und am Ende des Abschnittes C 1.1.2 im Detail besprochen. Auf die Versetzungen jener Details, z.B. Dachfirste, Baumspitzen, die im Oberflächenmodell, das zur Herstellung der Stereoorthophotos diente, nicht enthalten sind, soll besonders hingewiesen werden. Die Meßmarke bzw. der Cursor, die bzw. der im Orthophoto geführt wird, liefert für Dachfirste, Baumspitzen etc. also falsche Koordinaten. Eine Korrektur dieses Fehlers kann man sich im Prinzip vorstellen: Mit dem Stereopartner bekommt man den Höhenunterschied gegenüber dem Geländemodell; die anderen Größen (Abstand vom Nadirpunkt, Geländeneigung), die laut Gleichung A(6.3-5) für die Korrektur der Bildversetzung erforderlich sind, bekommt man aus dem digitalen Geländemodell und dem digitalen Orthophoto. Eine diesbezügliche Softwarelösung ist vermutlich gegenwärtig (noch) nicht auf dem Markt.

Interessant ist die **Höhengenauigkeit der Stereoorthophotos**; sie ist nämlich in der Regel wesentlich besser als die Höhengenauigkeit des digitalen Geländemodelles, das zur Herstellung des Orthophotos und des Stereopartners gedient hat. Diese günstige Höhengenauigkeit erhält man aber nur dann, wenn als Tangens der Projektionsrichtung für den Stereopartner etwa das Basis/Höhenverhältnis der beiden Vorlagebilder verwendet wird. In älteren Auflagen dieses Lehrbuches ist diese Aussage ausführlich begründet. Bei empirischen Genauigkeitsuntersuchungen hat sich eine Genauigkeit der Stereoorthophotos von 0.25 ‰ der Flughöhe ergeben, die um den Faktor Drei besser war als die Höhengenauigkeit des zur Herstellung der Stereoorthophotos verwendeten digitalen Geländemodelles.

In den Stereoorthophotos ist jene Oberfläche, die im Herstellungsprozeß als digitales Modell verfügbar war, nach dem linearen Parallaxengesetz (1.5-1) wiedergegeben. Details (Dachfirste, Bauspitzen etc.), die in diesem Oberflächenmodell nicht modelliert waren, weisen ebenfalls X-Parallaxen auf. Letztere rühren aber daher, daß das Vorlagebild, aus dem das Orthophoto hergestellt wurde, und das Vorlagebild, aus dem der Stereopartner hergestellt wurde, von unterschiedlichen Aufnahmeorten stammen. Diese sogenannten **natürlichen Parallaxen** haben - in erster Näherung - ein Bildungsgesetz entsprechend Gleichung A(4.3-10).

Angestrebt wird ein Stereoorthophoto mit X-Parallaxen nach einem **einzigen Bildungsgesetz**. Nachdem die natürlichen Parallaxen nicht verändert werden können, muß das (einfache) lineare Abbildungsgesetz (1.5-1), das mittels schräger Parallelprojektion erreicht wurde, aufgegeben werden. Anstelle einer schrägen Parallelprojektion ist deshalb für die Herstellung des Stereopartners eine Projektion gefragt, die die natürlichen Parallaxen nachahmt. Ein logarithmisches Bildungsgesetz für die X-Parallaxen und die dazugehörige logarithmische Projektion erfüllen - in erster Näherung - diese Anforderungen. Details sind in der früheren Ausgabe dieses Lehrbuches enthalten.

Einige **Literaturhinweise** zum Kapitel 1.5.1: Ducher, G.: Test on Orthophoto and Stereo-Orthophoto Accuracy. OEEPE-Publication, No. 25, 1991, and IAPR 29, Part B 4, pp. 600-607, Washington, 1992. Finsterwalder, R.: Zur Anwendung von Stereo-Orthophotos im Gebirge. Institutsmitteilungen der Uni Innsbruck, Institut für Geodäsie, Heft 8, 1985.

1.5.2 In kleinen Maßstäben

In kleinen Maßstäben sind die Erdkrümmung und die Verzerrungen der Landeskoordinaten bei der Herstellung der Stereopartner zu berücksichtigen. Die Kriterien für den Umstieg auf diesen komplizierten Herstellungsprozeß sind für den Stereopartner dieselben wie für das Orthophoto. Für die Orthophotoherstellung wurden diese Kriterien im Abschnitt 1.2 erörtert.

Die Herstellung eines Stereopartners in kleinem Maßstab ist in der Figur 1.5-4 skizziert: Der Quadratraster der Ankerpunkte wird in der Y_LX_L-Ebene des Landeskoordinatensystems, also in der Regel des Gauß-Krüger-Koordinatensystems, ausgebreitet. Dann werden die schräg einfallenden Projektionsstrahlen zu diesen Rasterpunkten mit dem digitalen Geländemodell, das auch für die Orthophotoherstellung (Figur 1.2-1) benutzt wurde, geschnitten. Von diesen Schnittpunkten ergeben sich auf diese Weise $Y_LX_LZ_L$-Landeskoordinaten, die

- in ein $\overline{xyz}$-Tangentialsystem (Abschnitte C 1.2.1 sowie B 5.3.1 und B 5.4.2) umzuformen und
- in das Vorlagebild mit den Gleichungen der Zentralprojektion zu transformieren sind.

Das Ergebnis sind die xy-Koordinaten der Ankerpunkte, mit deren Hilfe die Pixel in einer viereckigen Rastermasche umgebildet werden können (siehe Formel (1.1-7) und (1.1-8) sowie Figur 1.1-7). Infolge der Ausbreitung des Quadratrasters der Ankerpunkte in der Y_LX_L-Koordinatenebene (Figur 1.5-4), bekommen wir deshalb den Stereopartner im Landeskoordinatensystem, also in der Regel im Gauß-Krüger-Koordinatensystem.

In der zweiten Hälfte des Abschnittes FE 5.1.5.2 sind Beispiele von Stereoorthophotos aus Weltraumaufnahmen publiziert. Dort und im Abschnitt FE 5.1.5.3 findet man auch praxisorientierte Hinweise; inbesondere wird auf die Probleme der Plastizität und der Orientierung (nach Norden oder Süden) eingegangen.

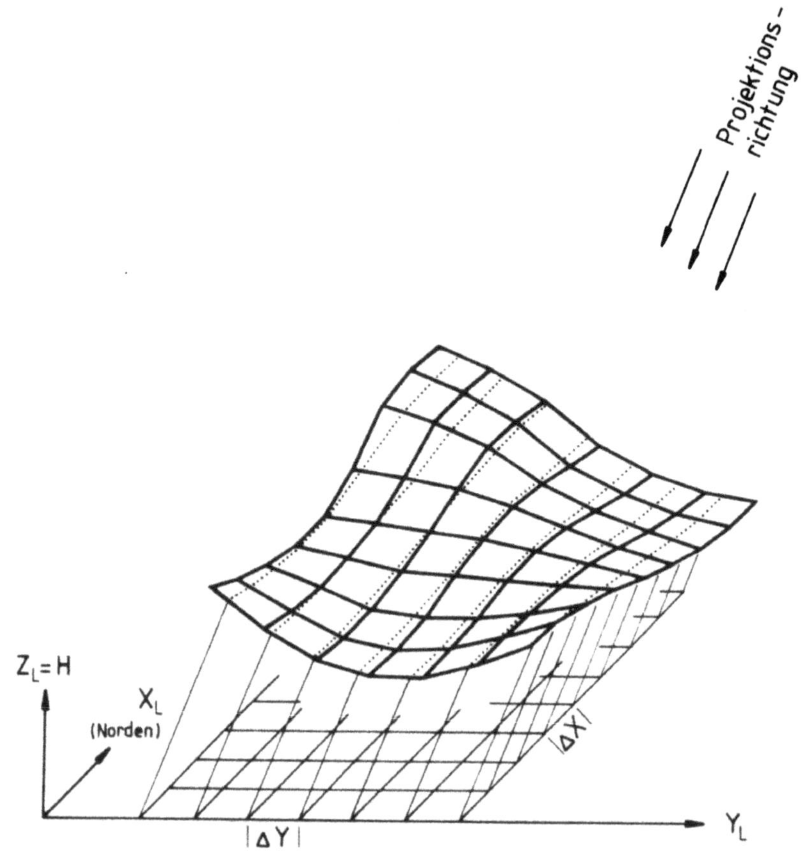

Figur 1.5-4: *Stereopartner-Herstellung mit Berücksichtigung der Projektionsverzerrungen und der Erdkrümmung (die Fortsetzung ist mit den Schritten ② und ③ in der Figur 1.2-1 skizziert)*

1.5.3 Vergleich der monoskopischen und stereoskopischen Photointerpretation

Die stereoskopische Betrachtung macht die Photointerpretation bekanntlich wesentlich angenehmer und sicherer als eine monoskopische Betrachtung. Um diesen **Vorteil des Stereoorthophotos gegenüber dem Orthophoto** quantifizieren zu können, wurde am I.P.F. ein Experiment in der **Kartenrevision** durchgeführt. Orthophoto und Stereoorthophoto lagen in analoger Form vor. Die damit gewonnenen Aussagen gelten in gleicher Weise aber auch für digitale Orthophotos und digitale Stereoorthophotos.

Unter dem Spiegelstereoskop, das mit einer Parallelführung ausgestattet und dessen Betrachtungsbasis erheblich verlängert wurde, wurde links ein Orthophoto gelegt (Figur 1.5-5). Sowohl rechts als auch in der Mitte wurde ein Druck der veralteten (Strich-)Karte auf Korrektostatpapier gelegt. Über dem stationären Orthophoto wird bei diesem Gerät, dem

Stereographen der Fa. R+A Rost, Wien, eine Meßmarke bewegt, deren Bewegungen mit der parallel geführten Zeichenvorrichtung auf den in der Mitte liegenden Korrektostatpapier kartiert werden können.

Der Operateur sieht bei dieser Auswerteanordnung ein **Mischbild bestehend aus dem aktuellen Orthophoto und dem veralteten Kartenbestand**. Eine zweite Meßmarke über der Karte, die sich parallel zur linken Meßmarke bewegt, "führt" die beiden Augen zu den korrespondierenden Punkten im Orthophoto und in der Karte; mit der dazu parallel geführten Zeichenvorrichtung werden die Veränderungen kartiert. Sehr hilfreich war noch die Möglichkeit, das Kartenbild kurzfristig auszublenden.

Mit dieser Versuchsanordnung wurde ein Gebiet von 10 x 10 km^2 bearbeitet, das von vier Orthophotos 1:25 000 überdeckt war. Figur 1.5-6 zeigt die Kartierung der **monoskopisch gefundenen 818 Veränderungen**. Der Zeitaufwand betrug 23 Stunden.

Bei der zweiten Versuchsanordnung wurde über die Karte ein Stereopartner gelegt (Figur 1.5-7), und zwar so, daß durch Umklappen auch das darunterliegende veraltete Kartenbild betrachtet werden konnte. **Der Operateur kann deshalb zwischen einem räumlichen photographischen Bild des aktuellen Standes und einem Mischbild wählen, das aus dem Orthophoto und der veralteten Karte besteht**. Während das Raumbild hervorragend interpretierbar ist, bietet das Mischbild die Möglichkeit, Veränderungen des Karteninhaltes festzustellen. Die rechte Meßmarke wurde bei dieser Versuchsanordnung - zumindest bei der Betrachtung des Stereoorthophotos - außer Funktion gesetzt. Sie wäre sogar störend. Ein großer Vorteil des Stereoorthophotos ist gerade, daß man für die **Grundrißauswertung nur eine Meßmarke** auf dem Orthophoto benötigt (Abschnitt 1.5.1.2).

Die mit dieser Versuchsanordnung gefundenen Veränderungen enthält die Figur 1.5-8. Die stereoskopisch ermittelte Kartierung ist wesentlich detailreicher als die monoskopisch erstellte Kartierung. Im Vergleich zu den 818 Veränderungen, die in der Figur 1.5-6 festgehalten sind, konnte man **stereoskopisch 1211 Veränderungen finden**. Der Zeitaufwand für den nahezu 50% größeren Umfang beträgt 25 Stunden - gegenüber den 23 Stunden bei der monoskopischen Auswertung.

Der Zeitgewinn der stereoskopischen Methode verstärkt sich noch weiter, wenn man die nach der photogrammetrischen Auswertung folgende **Feldergänzung** (Abschnitt A 4.5.3) in die Überlegungen einbezieht. Es wurden nämlich in dem Beispiel nicht nur um etwa 50% mehr Veränderungen erkannt, sondern auch wesentlich weniger Fehlinterpretationen gemacht. Weitere Details zu diesem Experiment findet man in den älteren Auflagen dieses Lehrbuches.

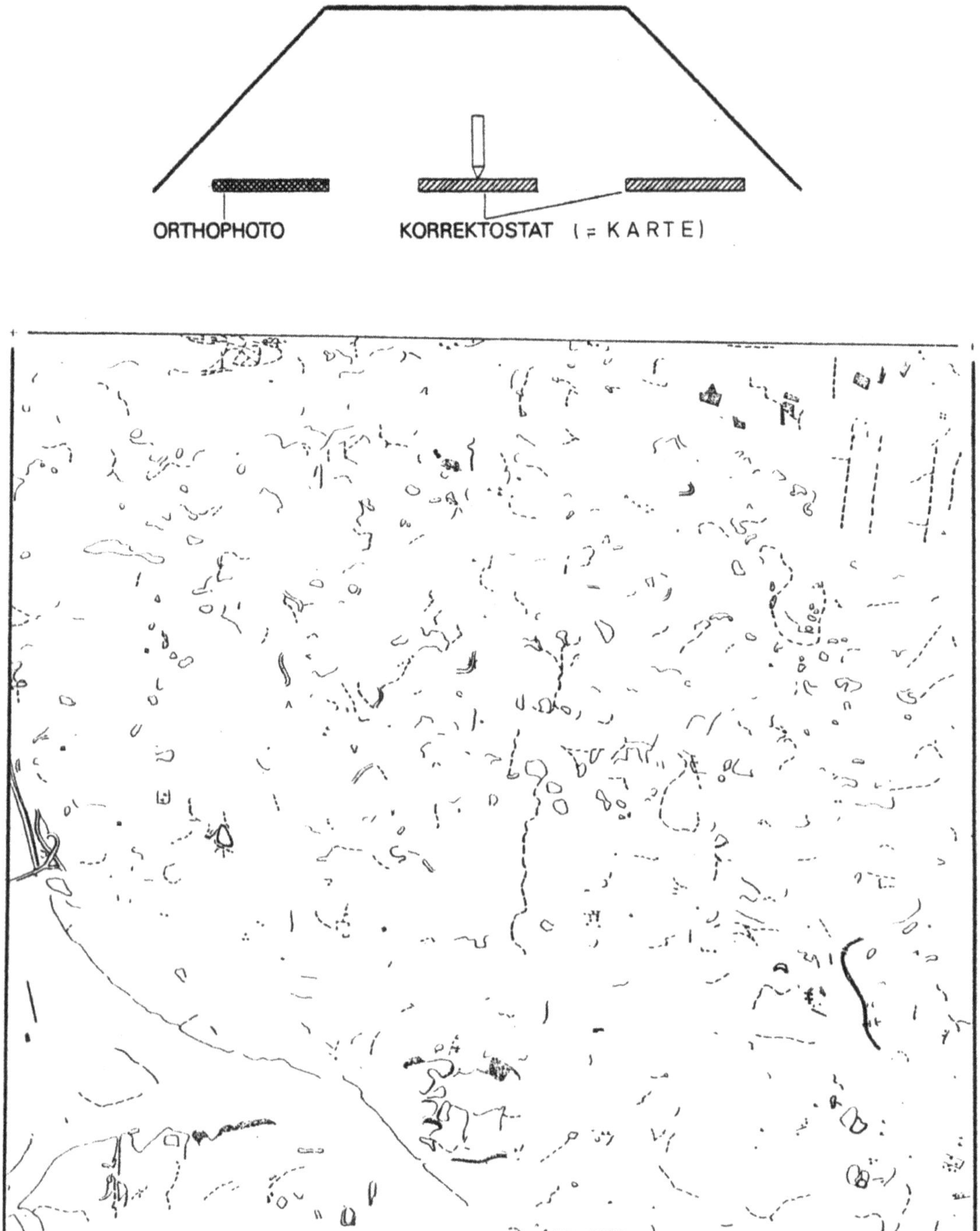

Figur 1.5-6: Ergebnis der monoskopischen Interpretation

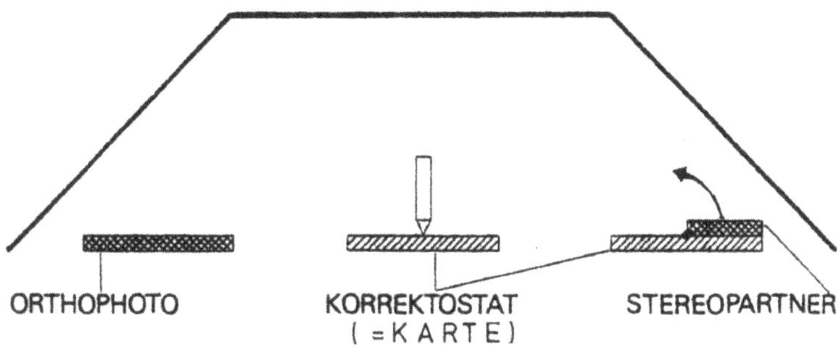

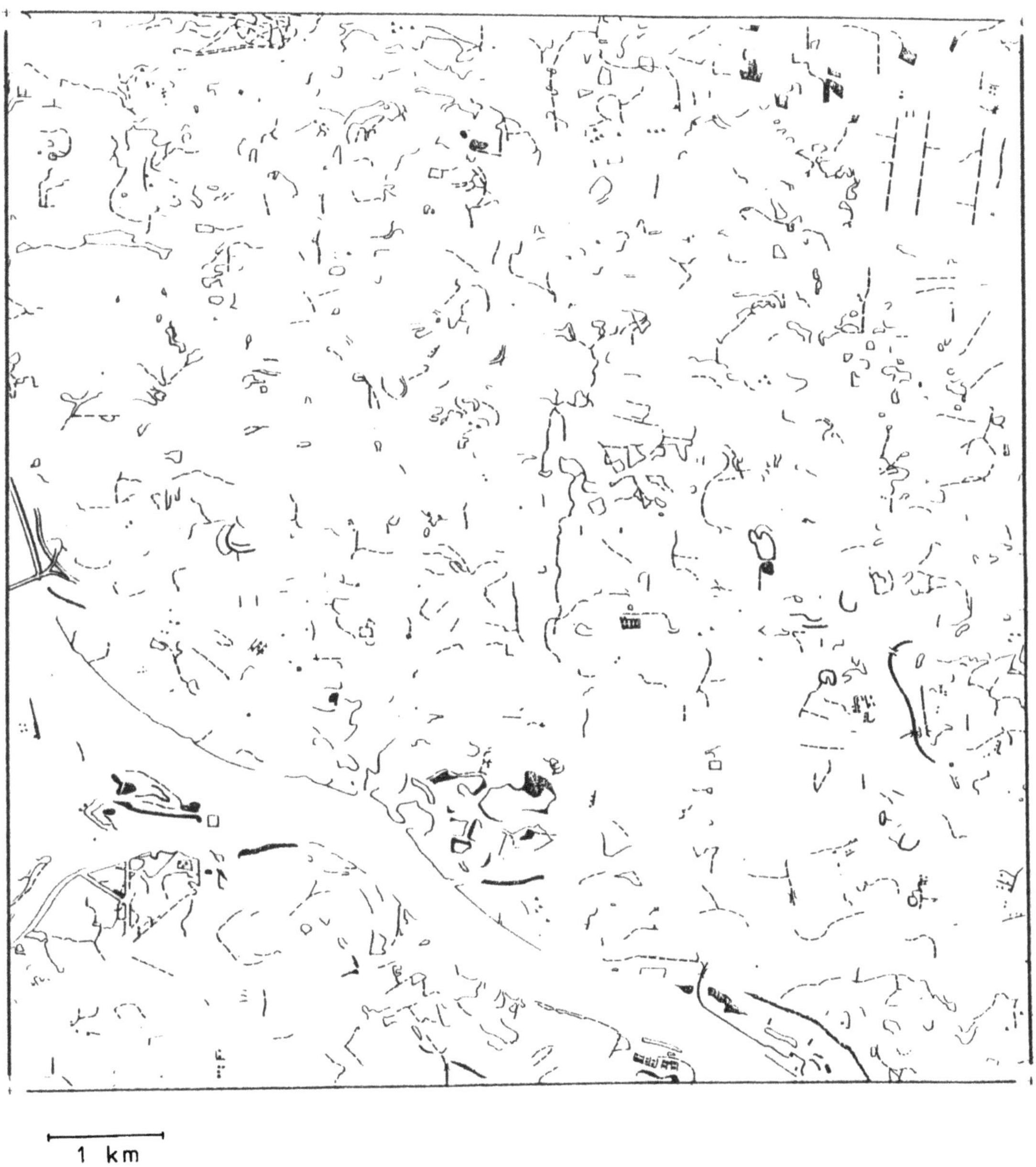

Figur 1.5-8: Ergebnis der stereoskopischen Interpretation

1.6 Oberflächenvisualisierung mittels digitaler Orthophotos

Das digitale Orthophoto visualisiert - zum Beispiel am Bildschirm - bereits die (Gelände-)Oberfläche. Dabei ist der Betrachtungsstandpunkt im Unendlichen; die Betrachtungsrichtung steht orthogonal auf der Grundrißebene. **Für den menschlichen Betrachter ist dieser Standpunkt und diese Betrachtungsrichtung ungewohnt; außerdem vermittelt das Orthophoto keine nennenswerte Plastizität.**

Man ist daher an anderen Visualisierungsformen interessiert. Eine Zentralprojektion mit einer schrägen oder horizontalen Betrachtungsrichtung erfüllt die oben erwähnten Anforderungen wesentlich besser. Auch eine schräge Parallelprojektion leistet sehr gute Dienste. Im folgenden konzentrieren wir uns auf die Erzeugung **zentralperspektivischer Bilder aus digitalen Orthophotos**. Das digitale Geländemodell - besser ist ein digitales Oberflächenmodell - übernimmt dabei die Funktion einer **Drehscheibe** (Figur 1.6-1). Es dient einerseits zur Herstellung der digitalen Orthophotos und es liefert andererseits das geometrische Gerippe für die Zentralprojektion mit fiktiver innerer und fiktiver äußerer Orientierung.

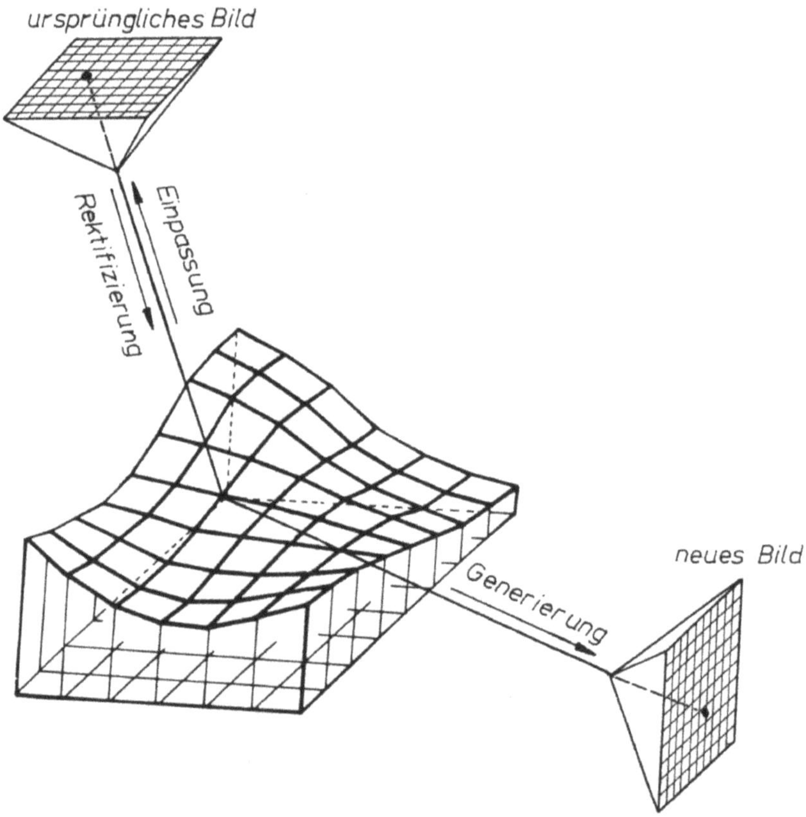

Figur 1.6-1: Erzeugung eines neuen Bildes mit fiktiven inneren und äußeren Orientierungselementen aus einer realen Aufnahme

In einem ersten Schritt sind mit Hilfe des digitalen Oberflächenmodelles die zu den Pixeln des fiktiven Perspektivbildes gehörenden Oberflächenpunkte im Objekt- bzw. Landeskoordinatensystem zu ermitteln. Dabei wird indirekt auch die Sichtbarkeit der jeweiligen Oberflächenteile geklärt (Abschnitt 1.6.1). In einem zweiten Schritt (Abschnitt 1.6.2) geschieht die Übernahme der Orthophotopixel in das fiktive Perspektivbild.

1.6.1 Korrespondierende Oberflächenpunkte zu den Pixeln des fiktiven Perspektivbildes

Die Problemstellung ist in der Figur 1.6-2 skizziert. Wir suchen die Objektkoordinaten X, Y und Z der Oberflächenpunkte S, die zu den jeweiligen Pixeln des fiktiven Bildes gehören. Nach Vorgabe der inneren und äußeren Orientierung sowie der Pixelgröße und des Bildformates können für jeden Pixelmittelpunkt S′ des Perspektivbildes zunächst die Objektkoordinaten X, Y und Z berechnet werden. Gemeinsam mit den Objektkoordinaten des Projektionszentrums O ist damit für jedes Pixel der fiktive Abbildungsstrahl definiert. Der Schnitt-

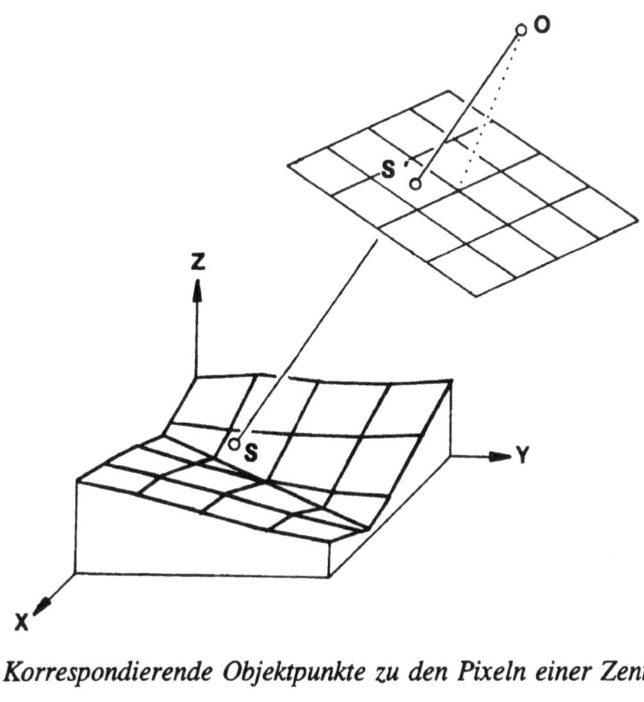

Figur 1.6-2: Korrespondierende Objektpunkte zu den Pixeln einer Zentralprojektion

punkt S dieses Strahles mit dem Oberflächenmodell liefert die drei gesuchten Koordinaten X, Y und Z. Details zum Algorithmus, der auch die Sichtbarkeiten beachtet, findet man im Kapitel C 1.1.3.1 über die Orthophotoherstellung mit direkter Umbildung und insbesondere im Abschnitt A 6.5.3 über Monoplotting.

Die angedeutete Methode ist sehr aufwendig:

- Für jedes Pixel des fiktiven Bildes ist nämlich eine Vertikalebene durch das Projektionszentrum O und dem jeweiligen Pixel zu legen.
- Diese Vertikalebene ist mit dem Oberflächenmodell zu verschneiden.
- Zum Schluß ist in diesem Profil der Schnittpunkt des Abbildungsstrahles mit dem Oberflächenprofil zu ermitteln.

Wesentlich effizienter ist eine Methode, die auf W. Herzner zurückgeht und die von R. Ecker[1] im Detail ausgearbeitet wurde. Sie beschränkt sich auf ein Büschel von Profilen,

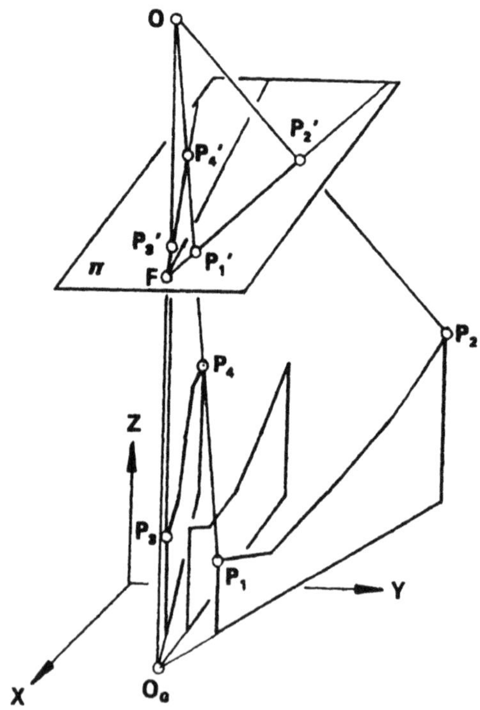

Figur 1.6-3: Büschel von Profilen mit der Lotlinie durch das Projektionszentrum als gemeinsame Achse

1 Geow. Mitt. der TU Wien, Heft 38, 1991. Dieser Veröffentlichung sind auch einige Zeichnungen und die Beispiele für dieses Kapitel entnommen.

deren gemeinsame Achse die Lotlinie durch das Projektionszentrum O ist (Figur 1.6-3). Diese Lotlinie schneidet bekanntlich die Bildebene π im Fluchtpunkt F, dem Fluchtpunkt für alle Lotlinien. Im Bild π schneiden sich diese (geradlinigen) Profile im Fluchtpunkt F.

Die Anzahl und die Positionierung der Profile bestimmen die **Pixel am Rand** des fiktiven Perspektivbildes. Dabei spielt noch die Lage des Fluchtpunktes F zum Bild eine wichtige Rolle. Figur 1.6-4 zeigt die Profile für drei verschiedene Fälle. Für die Randpixel werden die XYZ-Objektkoordinaten in der oben skizzierten Weise direkt ermittelt. Bei den anderen Pixeln entlang des jeweiligen Profiles kommt es zu kleinen Versetzungen, die maximal eine halbe Pixelweite erreichen.

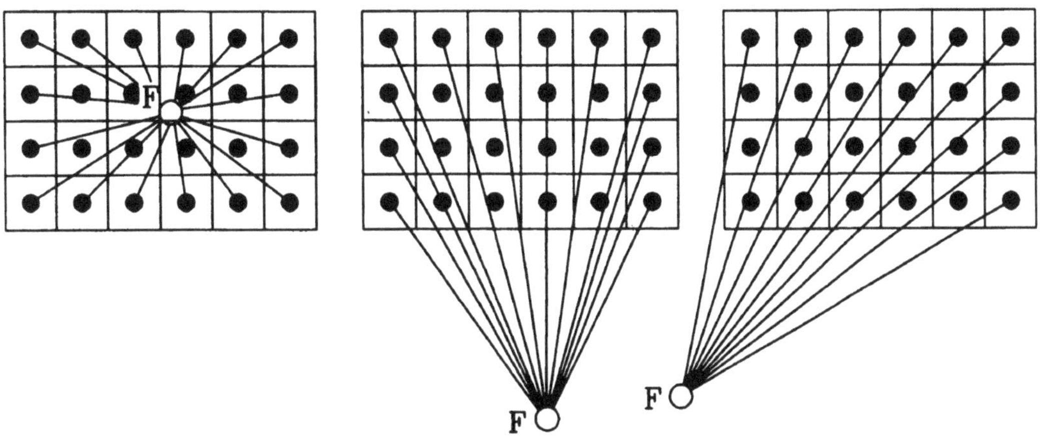

Figur 1.6-4: Auswahl der Profile

Es stellt sich noch die Frage, ob für jedes Pixel der fiktiven Zentralprojektion die drei Objektkoordinaten X, Y und Z in zusätzlichen Matrizen abzulegen sind. Für die Ermittlung **fiktiver Perspektivbilder aus digitalen Orthophotos reichen** - wie wir noch sehen werden - **die Objektkoordinaten X und Y aus**. Für die Zusammenführung von mehreren Objekten, die auf verschiedenen Oberflächenmodellen verteilt sind - z. B. Gebäude in einer Datenbasis und das Gelände in einer anderen Datenbasis -, ist der Abstand des jeweiligen Oberflächenpunktes von der Bildebene, der in der Visualisierungstechnik als **Z-Buffer** bezeichnet wird, von großer Wichtigkeit. Im Abschnitt 1.7.4 kommen wir darauf noch zu sprechen.

1.6.2 Übernahme der Orthophotopixel in das fiktive Perspektivbild

Nachdem wir für jedes Pixel des fiktiven Perspektivbildes die Objektkoordinaten X und Y des korrespondierenden Oberflächenpunktes S kennen, ist es sehr leicht, aus dem digitalen Orthophoto, das in der Regel im Landeskoordinatensystem ausgebreitet ist, das jeweilige Orthophotopixel zu entnehmen. In der Figur 1.6-5 ist für die beiden Pixel (i = 1, j = 1) und (i = 3, j = 4) der Suchvorgang und die Umsortierung skizziert. Selbstverständlich sind auch hier - wie generell bei Umbildungen mit digitalen Bildern - Grauwertinterpolationen zwischen benachbarten Pixeln erforderlich.

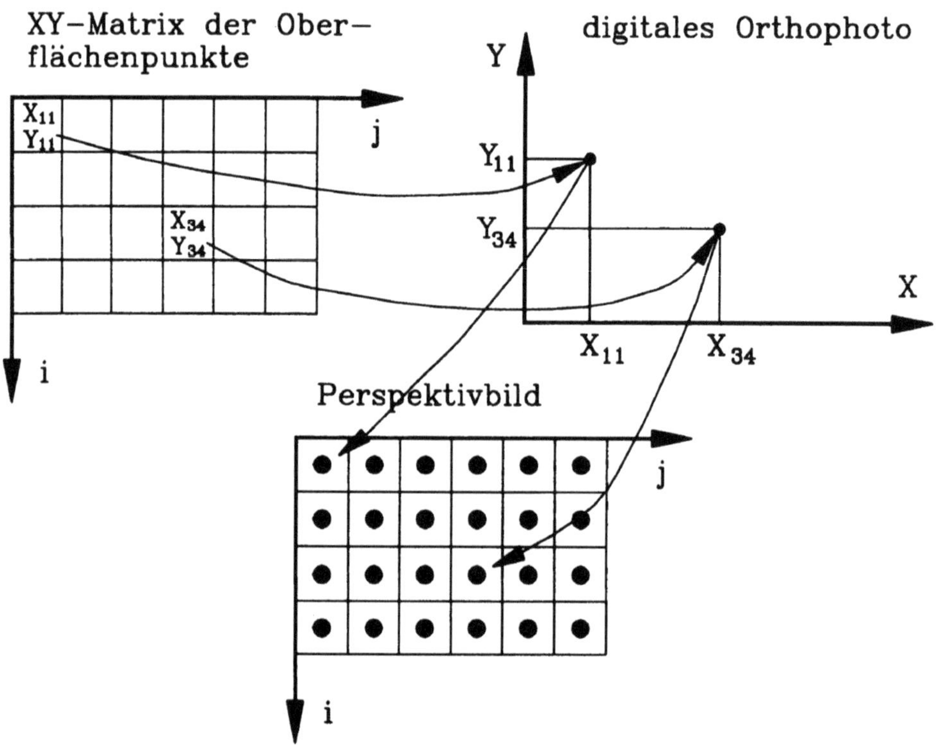

Figur 1.6-5: Aufbau eines Perspektivbildes aus einem digitalen Orthophoto mit Hilfe einer XY-Matrix der Oberflächenpunkte

BILDBEISPIEL: Das Luftbild, aus dem das digitale Orthophoto hergestellt wurde, hat einen Bildmaßstab von ca. 1:5 000. Kamerakonstante 15 cm. Das Luftbild wurde mit einer Pixelgröße von 100 μm digitalisiert. Die Größe der Orthophotopixel beträgt 0.5 m. Das digitale Geländemodell hat eine Rasterweite von 10 m; die Geländekanten wurden mit 291 Punkten erfaßt. Mit diesem Datenbestand wurden zwei Perspektivansichten mit je 1050 x 700 Pixeln hergestellt (Bild 1.6-6 und 1.6-7). **Beide Bilder können stereoskopisch betrachtet werden.** Sie vermitteln den Eindruck einer terrestrischen Aufnahme, obwohl die Pixel von einem Luftbild stammen.

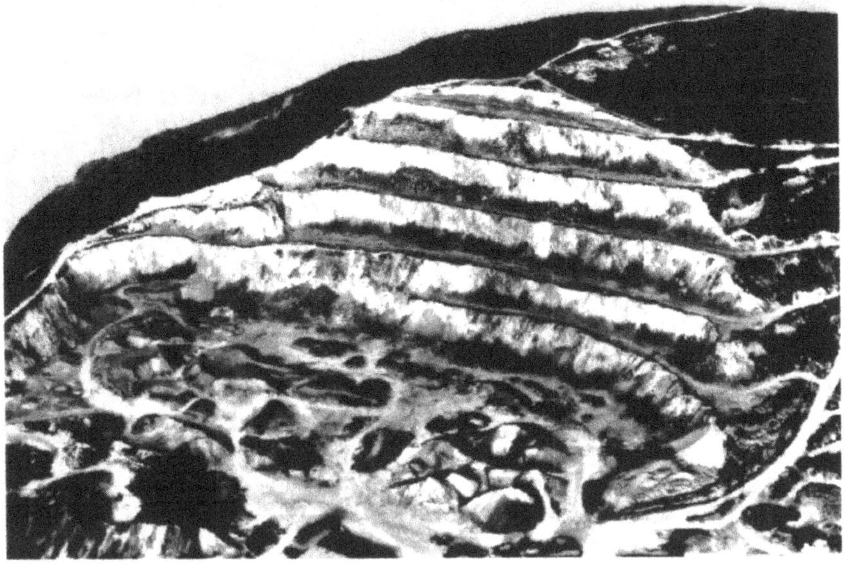

Bild 1.6-6: Linke Perspektive

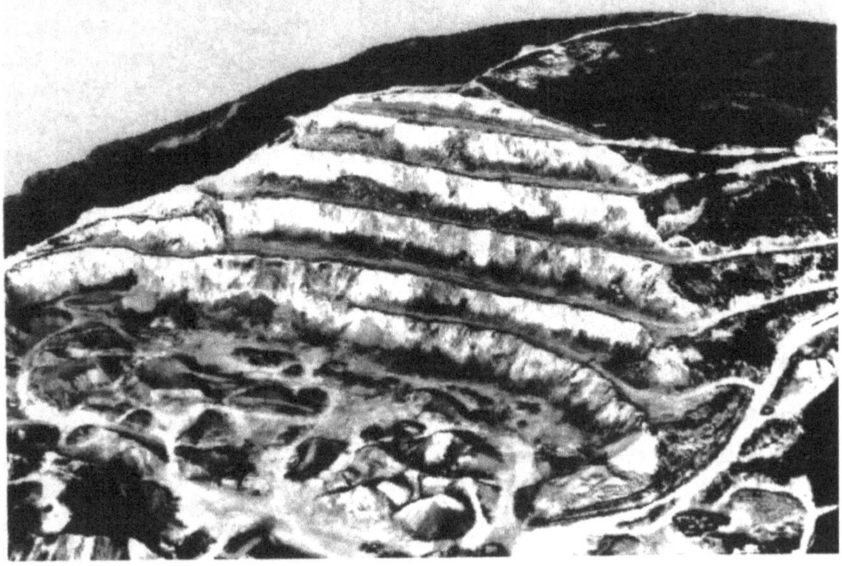

Bild 1.6-7: Rechte Perspektive

Die Lösung der zentralperspektiven Visualisierung mittels einer XY-Matrix der Oberflächenpunkte ist sehr allgemein und bietet mehrere Vorteile. Anstelle des digitalen Orthophotos (siehe Figur 1.6-5) kann nämlich ein beliebiges anderes Bild, das im XY-System vorliegt, in eine perspektive Ansicht umgewandelt werden. Die Methode wird besonders wirtschaftlich, wenn man mehrere Perspektivansichten mit verschiedenen Bildinhalten - aber mit derselben inneren und äußeren Orientierung - herstellen möchte. In diesem Fall ist die XY-Matrix der Oberflächenpunkte, das ist der aufwendigste Vorgang bei der Ermittlung der Perspektiven, nur einmal zu berechnen. Die verschiedenen Bildinhalte werden dann mit der gleichen XY-Matrix umgebildet.

BILDBEISPIEL: Mittels des digitalen Geländemodelles wurde eine Schummerung berechnet (Details enthält der Band 3). Das Ergebnis war eine Grauwertmatrix in der XY-Objektebene. Mit der gleichen XY-Matrix der Oberflächenpunkte, mit der das digitale Orthophoto in die Perspektivansicht 1.6-6 umgebildet wurde, wurde auch die Schummerung umgebildet. Bild 1.6-8 zeigt das Ergebnis.

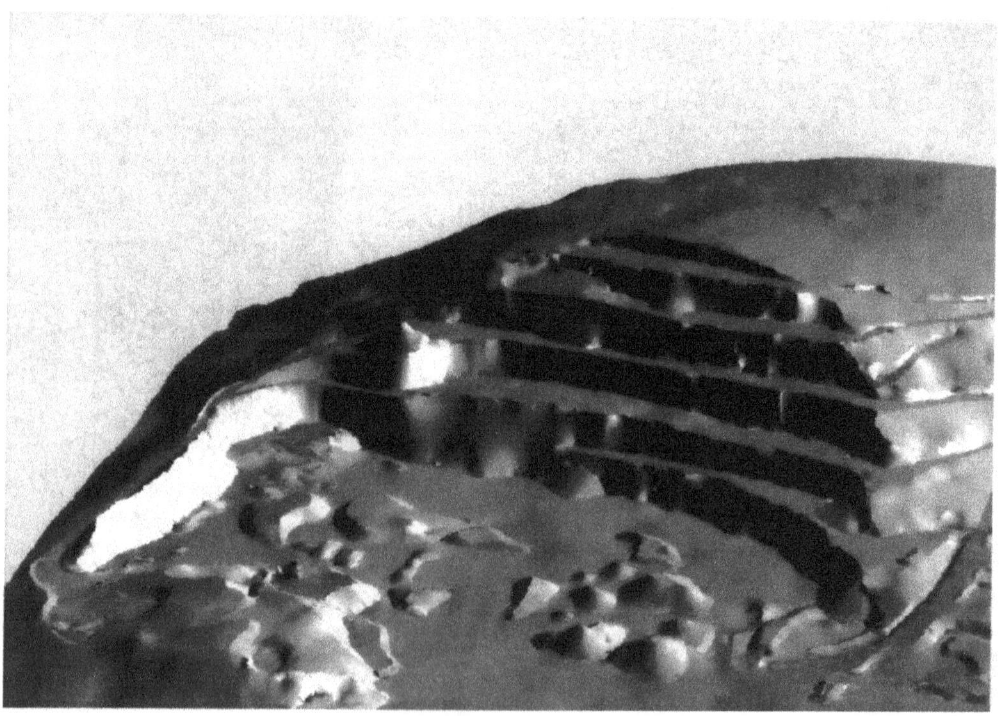

Bild 1.6-8: Geschummertes Geländemodell mit derselben inneren und äußeren Orientierung wie Bild 1.6-6

Am Ende dieses Abschnittes ist noch zu erwähnen, daß die zentralperspektive Visualisierung digitaler Orthophotos selbstverständlich **nur den Inhalt der Orthophotos** wiedergeben kann. Wurde das digitale Orthophoto zum Beispiel mit einem Oberflächenmodell erzeugt, in dem die Kunstbauten nicht enthalten sind, so liegen die Gebäude etc. in der Perspektivansicht "flach" auf dem Gelände. Hat man das digitale Orthophoto mit Berücksichtigung der Kunstbauten ermittelt (Abschnitt 1.1.3), so enthalten die Dächer zwar eine Phototextur, aber nicht die vertikalen Wände. Auch unter Brücken sieht man keine Phototextur. Eine Visualisierung ohne diese Einschränkungen erhält man mittels eines dreidimensionalen Photomodelles (Abschnitt 1.7).

1.6.3 Berücksichtigung der Erdkrümmung und der Verzerrungen des Landeskoordinatensystems

Bei einer Visualisierung mit schräger oder horizontaler Aufnahmerichtung können sehr große Entfernungen zwischen Aufnahmeort und den Objektpunkten auftreten, sodaß der Erdkrümmung und den Verzerrungen des Landeskoordinatensystems Beachtung zu schenken ist. Das digitale Orthophoto und das digitale Geländemodell liegen im verzerrten Landeskoordinatensystem vor. Der mathematische Zusammenhang zwischen der fiktiven Perspektivansicht und dem Objekt baut aber auf einem cartesischen dreidimensionalen Objektkoordinatensystem auf. Diese Unverträglichkeit kann - wie bereits in den Abschnitten 1.2.1 und 1.5.2 für die Orthophoto- und Stereopartnerherstellung erläutert - mit folgendem Rechengang beseitigt werden:

- Das digitale Geländemodell wird in ein cartesisches tangentiales Koordinatensystem (= $\overline{xyz}$-Tangentialsystem) transformiert (Abschnitte B 5.3.1 und B 5.4). Als Berührungspunkt für die $\overline{xy}$-Ebene an das Erdellipsoid bietet sich der Fußpunkt des Projektionszentrums der fiktiven Perspektivansicht an. Ein Geländemodell, das im Landeskoordinatensystem quadratische Rasterelemente enthält, hat in der $\overline{xy}$-Ebene natürlich keine quadratischen Rasterelemente mehr.
- Im $\overline{xyz}$-Tangentialsystem werden dann die korrespondierenden Oberflächenpunkte zu den Pixeln des fiktiven Perspektivbildes ermittelt. Dafür ist die Methode, die im Abschnitt 1.6.1 erläutert wurde, unverändert anwendbar.
- Im nächsten Schritt werden die im $\overline{xyz}$-Tangentialsystem gefundenen Oberflächenpunkte in das Landeskoordinatensystem transformiert (Abschnitte B 5.3.1 und B 5.4).
- Damit hat man zu jedem Pixel der fiktiven Perspektivansicht die korrespondierenden XY-Landeskoordinaten der Oberflächenpunkte gefunden. Es kann also das fiktive Perspektiv-

bild aus dem im Landeskoordinatensystem (gebliebenen) digitalen Orthophoto - entsprechend Figur 1.6-5 - aufgebaut werden.

Eine weniger aufwendige Lösung, die nur die wichtigste Komponente in diesem Prozeß, nämlich die Erdkrümmung, berücksichtigt, besteht darin, die Höhen im digitalen Geländemodell um die Größen

$$\Delta Z_E = \frac{A^2}{2R} \qquad (1.6\text{-}1)$$

A ... Entfernung vom Lotfußpunkt des Aufnahmeortes der fiktiven Perspektive zum jeweiligen Oberflächenpunkt.

R ... Erdradius

zu verringern (siehe auch Abschnitt A 4.3.6). Ansonsten bleibt der gesamte Auswerteprozeß, wie er in den Abschnitten 1.6.1 und 1.6.2 erläutert wurde, unverändert.

1.6.4 Berücksichtigung der Refraktion

Die Visualisierung der Geländeoberfläche mit Hilfe eines digitalen Orthophotos ist auf das Ziel ausgerichtet, eine fiktive Perspektivansicht herzustellen, die einer realen Photographie entspricht. Bei der realen Photographie tritt das Phänomen der Refraktion, also der Abweichung des optischen Abbildungsstrahles von einer geradlinigen Verbindung zwischen Objektpunkt und Projektionszentrum, auf (Abschnitte A 4.3.5 und A 4.3.6). Bei einer fiktiven Photographie, die für die Visualisierung herzustellen ist, ist daher auch die Refraktion zu beachten. Eine einfache (Näherungs-)Lösung ist in Anlehnung an die vereinfachte Erdkrümmungskorrektur möglich. Die entsprechende Formel lautet:

$$\Delta Z_R = \frac{A^2}{2R}\,k \qquad (1.6\text{-}2)$$

A ... Entfernung vom Lotfußpunkt des Aufnahmeortes der fiktiven Perspektive zum jeweiligen Oberflächenpunkt.

R ... Erdradius

k ... Refraktionskoeffizient, der für eine Standardatmosphäre mit 0.13 angenommen werden kann.

Refraktion und Erdkrümmung wirken gegenläufig, daher sind die Höhen des digitalen Geländemodelles um die Korrekturwerte ΔZ_R zu vergrößern. Ansonsten bleibt der gesamte Auswerteprozeß, wie er in den Abschnitten 1.6.1 und 1.6.2 erläutert wurde, unverändert.

1.6.5 Einführung eines Dunstes

In der Absicht, die fiktive Perspektivansicht einer realen Photographie anzunähern, ist auch die Einführung eines Dunstes zu überlegen. Die Atmosphäre wirkt bei realen photographischen Aufnahmen als kontrastminderndes Filter. Je größer die Entfernung der Objektpunkte vom Projektionszentrum ist und je mehr die Abbildungsstrahlen horizontal verlaufen, umso stärker ist die Dämpfung. Schrägaufnahmen sind deshalb im Vordergrund klar und sie wirken im Hintergrund verschleiert. Eine Funktion zur näherungsweisen Beschreibung dieses Effektes für genäherte Horizontalaufnahmen ist bei H. Kuhn[1] zu finden:

$$\bar{g} = g \cdot e^{-\alpha \cdot A} + h(1 - e^{-\alpha \cdot A}) \tag{1.6-3}$$

- g ... Grauwert des Geländeelementes, der im digitalen Orthophoto festgehalten ist.
- $\bar{g}$ ... Durch Dunst gedämpfter Grauwert.
- A ... Entfernung vom Lotfußpunkt des Aufnahmeortes der fiktiven Perspektive zum jeweiligen Oberflächenpunkt.
- α ... Dämpfungsfaktor
- h ... Grauwert am Horizont, in dem keine Kontraste mehr feststellbar sind.

Die Funktion (1.6-3) liefert für die Entfernung A = 0 die Identität $\bar{g} = g$, das heißt bei ganz nahen Geländeteilen erhält man keine Kontrastminderung wegen Atmosphäre. Die Funktion (1.6-3) liefert für die Entfernung A = ∞ für das gesamte Bild den Grauwert $\bar{g} = h$, das heißt bei sehr weit entfernten Geländeteilen treten keine Grauwertdifferenzen mehr auf, auch wenn im digitalen Orthophoto große Grauwertdifferenzen vorhanden sind. Der gesamte Verlauf der Funktion (1.6-3) ist in der Figur 1.6-9 dargestellt.

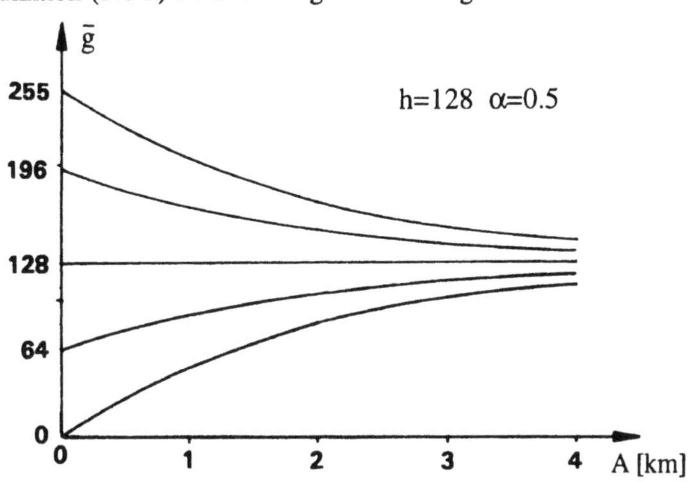

Figur 1.6-9: Dämpfung des Kontrastes wegen Atmosphäre

---

[1] DGK, Reihe C, Heft 347, 1989.

1.7 Dreidimensionale Photomodelle

Beim Orthophoto hat man die Phototextur in die Grundrißebene gebracht. Die Phototextur zum Beispiel auf vertikalen Wänden oder auf den Geländeflächen unter Brücken findet im Orthophoto keinen Platz. Die Oberflächenvisualisierung mittels digitaler Orthophotos führt daher zu Problemen. Es ist eine umfassende Lösung gefragt. Sie besteht darin, die **Phototextur der aufgenommenen Bilder auf die Oberflächen der dreidimensionalen Objekte zu transferieren**. Damit entsteht ein dreidimensionales Photomodell. Beim Visualisieren eines dreidimensionalen Photomodelles treten die erwähnten Probleme nicht auf. Sowohl Orthophoto als auch Stereopartner sind im allgemeinen Konzept des dreidimensionalen Photomodelles nur Visualisierungen mit speziellen Betrachtungsrichtungen.

Für ein dreidimensionales Photomodell benötigt man ein dreidimensionales Objektmodell, in dem die Form der Oberfläche festgehalten ist. Aus diesem Grund ist zunächst eine Betrachtung zu dreidimensionalen Oberflächenmodellen angebracht.

1.7.1 Dreidimensionale Oberflächenmodelle

Es gibt eine beachtliche Anzahl von dreidimensionalen Oberflächenmodellen. Wir beschränken uns hier auf zwei wichtige Varianten.

1.7.1.1 Mit einem dreidimensionalen Raster (3D-Raster)

Wenn unterstellt werden kann, daß zu jeder XY-Position nur ein einziger Z-Wert existiert, dann spricht man - ironisch - von einem 2.5-dimensionalen Oberflächenmodell. Ein einfaches Modell einer 2.5-dimensionalen Oberfläche besteht darin, in der XY-(Grundriß-)Ebene einen engmaschigen Raster mit quadratischen Zellen, einen sogenannten 2D-Raster, anzunehmen und zu jedem Rasterpunkt die Z-Koordinate (in der Regel die Geländehöhe) anzugeben. Die Deckfläche, die zu einem quadratischen Rasterelement gehört, ist ein hyperbolisches Paraboloid (Abschnitt C 1.1.1.2).

Dieses auf einem 2D-Raster aufbauende einfache Konzept einer 2.5-dimensionalen Oberflächenbeschreibung kann auf dreidimensionale Oberflächenbeschreibungen, das heißt auf Flächen, wo zu jeder XY-Position mehrere Z-Werte gehören können, erweitert werden. Bei einem dreidimensionalen Oberflächenmodell hat übrigens die XY-Ebene keine Sonderstellung mehr; die XY-, die XZ- und YZ-Ebene sind gleichrangig. Das Grundelement eines 3D-

Rasters ist der Würfel. Figur 1.7-1 zeigt vier aneinander angrenzende (aber getrennt dargestellte) Würfel in einem 3D-Raster. **Die Beschreibung der Oberfläche besteht einerseits aus den Schnittpunkten der Oberfläche mit den Rasterlinien (= Würfelkanten) und andererseits aus schrägen Dreiecksflächen innerhalb der einzelnen Würfel**. Mit dieser Methode können sehr komplexe Oberflächen beschrieben und sehr effizient bearbeitet werden. Die Qualität der Oberflächenbeschreibung hängt von der Weite des 3D-Rasters ab. Mit einer Reduzierung der Rasterweite steigt allerdings der Speicher- und Rechenaufwand beachtlich.

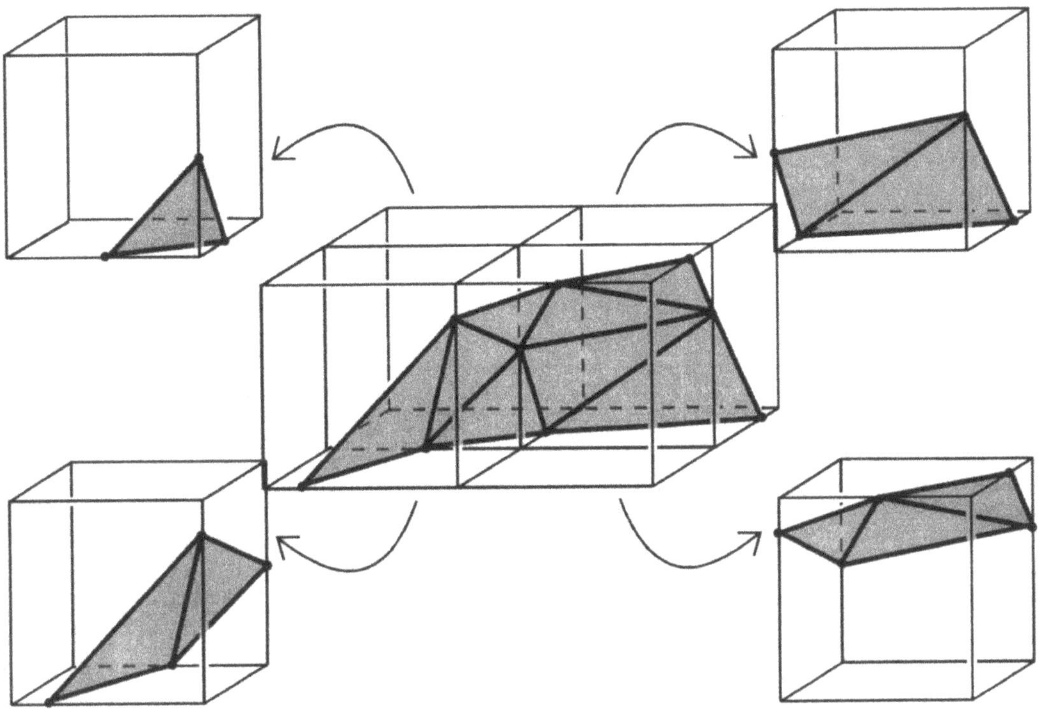

Figur 1.7-1: Oberfläche in einem 3D-Raster

In jedes Dreieck kann - zum Beispiel zum Ausbreiten eines 2D-Rasters mit quadratischen Zellen - **ein lokales xyz-System** gelegt werden. Die x-Achse wählen wir entlang der Seite $\overline{12}$ (Figur 1.7-2). Der dazugehörige Einheitsvektor **i** ist der normierte Vektor in der Seite $\overline{12}$. Den Einheitsvektor **k** in Richtung der z-Achse bekommt man mit Hilfe des vektoriellen Produktes

$$\boldsymbol{k} = \frac{\vec{12} \times \vec{13}}{|\vec{12} \times \vec{13}|} \; . \qquad (1.7\text{-}1)$$

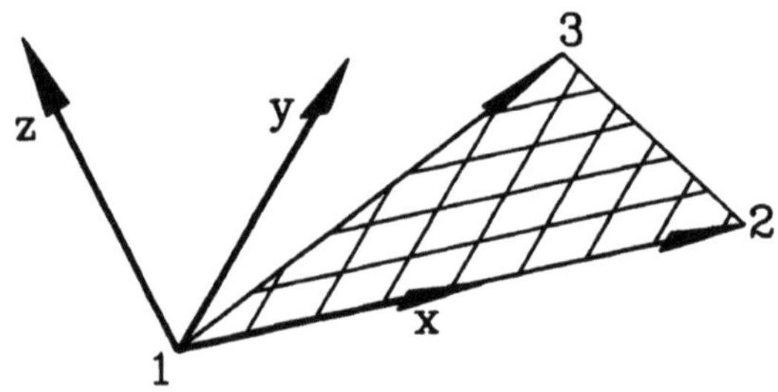

Figur 1.7-2: Lokales Koordinatensystem, dessen xy-Ebene in der Dreiecksfläche liegt

Den Einheitsvektor **j** in Richtung der y-Achse bekommt man schließlich als vektorielles Produkt:

$$\boldsymbol{j} = \boldsymbol{k} \times \boldsymbol{i} \qquad (1.7\text{-}2)$$

ZAHLENBEISPIEL: Gegeben sind die globalen Koordinaten der Punkte 1, 2 und 3 und damit auch die Unterschiede der beiden Punkte 2 und 3 gegenüber dem Punkt 1. Die beiden Vektoren in den Seiten 12 und 13 und das vektorielle Produkt mit diesen beiden Vektoren ergeben sich zu:

$$\vec{12} = \begin{pmatrix} -1 \\ 5 \\ 4 \end{pmatrix} \quad \vec{13} = \begin{pmatrix} -3 \\ 2 \\ 1 \end{pmatrix} \quad \vec{12} \times \vec{13} = \begin{pmatrix} \begin{vmatrix} 5 & 2 \\ 4 & 1 \end{vmatrix} \\ -\begin{vmatrix} -1 & -3 \\ 4 & 1 \end{vmatrix} \\ \begin{vmatrix} -1 & -3 \\ 5 & 2 \end{vmatrix} \end{pmatrix} = \begin{pmatrix} -3 \\ -11 \\ 13 \end{pmatrix}$$

Damit können die drei Einheitsvektoren **k**, **i** und **j** angegeben werden:

$$\boldsymbol{k} = \begin{pmatrix} -3/\sqrt{299} \\ -11/\sqrt{299} \\ 13/\sqrt{299} \end{pmatrix} \quad \boldsymbol{i} = \begin{pmatrix} -1/\sqrt{42} \\ 5/\sqrt{42} \\ 4/\sqrt{42} \end{pmatrix} \quad \boldsymbol{j} = \boldsymbol{k} \times \boldsymbol{i} = \begin{pmatrix} -109/\sqrt{12558} \\ -1/\sqrt{12558} \\ -26/\sqrt{12558} \end{pmatrix}$$

Diese drei Einheitsvektoren bilden bekanntlich die Spalten einer räumlichen Drehmatrix (Abschnitt A 2.2):

$$\boldsymbol{R} = \begin{pmatrix} -0.1543 & -0.9727 & -0.1735 \\ 0.7715 & -0.0089 & -0.6361 \\ 0.6172 & -0.2320 & 0.7518 \end{pmatrix}$$

Anstelle eines die Dreiecksfläche füllenden Rasters mit quadratischen Zellen kann auch ein **Raster bestehend aus kleinen Dreiecken**, die dem Ausgangsdreieck ähnlich sind, erfolgen. Eine solche Flächenfüllung macht man am zweckmäßigsten mit baryzentrischen Koordinaten. In diesem Fall erübrigt sich auch der Übergang von den lokalen Koordinaten im Dreieck auf die globalen Koordinaten mit Hilfe einer räumlichen Drehmatrix, wie eben im Zahlenbeispiel erläutert. Die Punkte in der Dreiecksfläche können nämlich als Linearkombination der

Vektoren entlang der Seiten $\overline{12}$ und $\overline{13}$ (Figur 1.7-2) ausgedrückt werden. Diese Linearkombinationen der beiden Vektoren liefern unmittelbar die globalen Koordinaten der Füllpunkte. Ein interessanter Vorteil dieses **alternativen Ansatzes** liegt darin, daß entlang der gemeinsamen Dreieckskanten eindeutige Verhältnisse entstehen. Als Nachteil des alternativen Ansatzes darf aber nicht übersehen werden, daß bei schlecht geformten Dreiecken eine sehr unterschiedliche Verteilung der Rasterpunkte auftritt. In der Fortsetzung bleiben wir bei Rastern mit quadratischen Zellen.

1.7.1.2 Mit beliebig im Raum angeordneten Teilflächen

Das dreidimensionale Oberflächenmodell mit einem 3D-Raster hat unter anderem den Nachteil, daß Kanten in der Oberfläche nicht exakt modelliert werden können. Um trotzdem eine gute Approximation zu erreichen, wäre die Rasterweite des 3D-Rasters sehr eng zu wählen; dies treibt aber den Rechen- und Speicheraufwand sehr in die Höhe.

Eine Alternative für die Modellierung einer dreidimensionalen Oberfläche, die auch Kanten exakt berücksichtigen kann, erreicht man auf folgende Weise:

- **Die Oberfläche wird durch zusammenhängende Teilflächen approximiert**. Bei manchen Oberflächen, z.B. einer Geländeoberfläche, sind diese Teilflächen Dreiecke, die ein Polyeder bilden (Figur 1.7-3 zeigt vier solche Dreiecke). Die Geländekanten sind Zwangskanten für die räumliche Dreiecksvermaschung.[1] An einem Gebäude gibt es beliebig im Raum angeordnete Teilflächen, die in der Regel mehr als drei Eckpunkte besitzen (Figur 1.7-4 zeigt die von der Längsseite eines Walmdaches aufgespannte Teilfläche).
- Jede Teilfläche wird in einem lokalen Koordinatensystem beschrieben, das aus den globalen Koordinaten dreier Punkte mittels der Formeln (1.7-1) und (1.7-2) ermittelt werden kann.
- Mittels der globalen Koordinaten des Ursprunges des lokalen Koordinatensystems und mittels der aus den Vektoren **i**, **j** und **k** gebildeten räumlichen Drehmatrix ist jede Teilfläche im globalen Koordinatensystem festgelegt.
- Die Punkte eines Quadratrasters, das in der jeweiligen Teilfläche ausgebreitet werden kann, können somit in das globale Koordinatensystem transformiert werden, worauf wir im Abschnitt 1.7.2 noch näher eingehen werden.

---

[1] Kager, H., Halmer, A., Heitzinger, D.: IAPR 31, Vienna, 1996 (im Druck); in dieser und der weiteren Veröffentlichung Pfeifer, N., Pottmann, H.: IAPR 31, Vienna, 1996 (im Druck) ist auch angegeben, daß für hohe Qualitätsansprüche anstelle der ebenen Dreiecke der Figur 1.7-3 die Dreiecksseiten mit zusammengesetzten kubischen Polynomen und die Dreiecksflächen mit kubischen oder quartischen Flächen modelliert werden können.

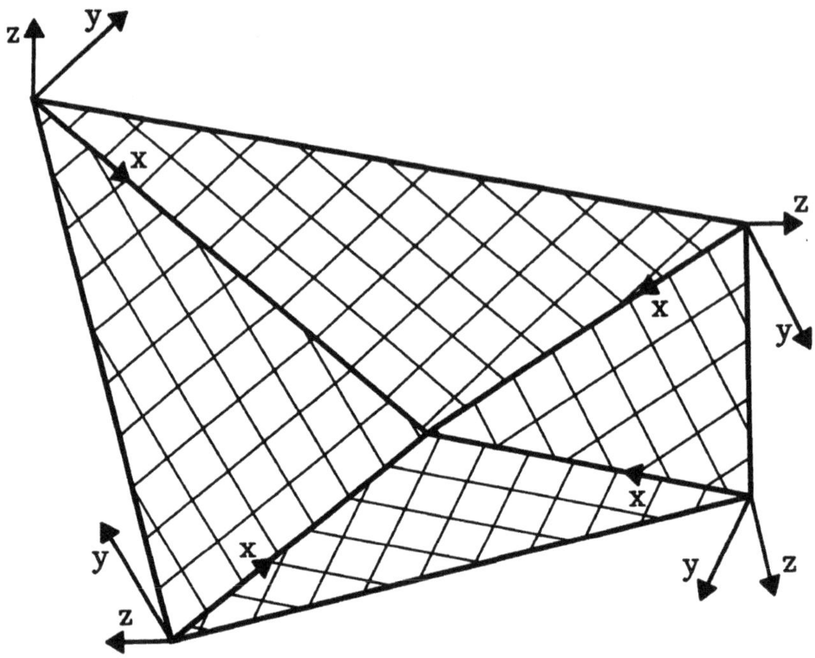

Figur 1.7-3: Vier dreieckige Teilflächen mit ihren lokalen Koordinatensystemen

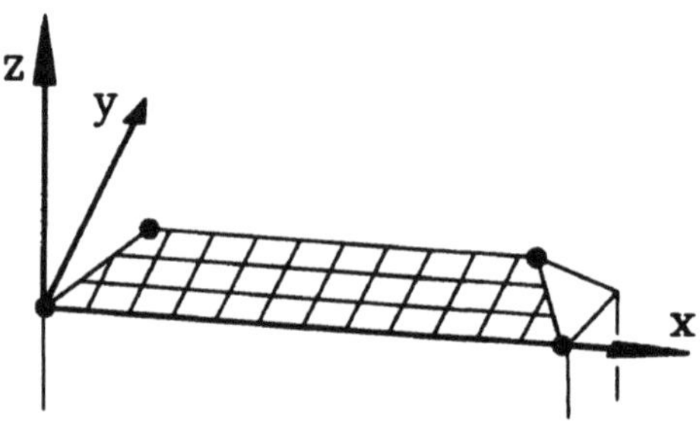

Figur 1.7-4: Teilfläche eines Walmdaches

Mit einem dreidimensionalen Oberflächenmodell, das beliebig im Raum angeordnete Teilflächen benutzt, können Oberflächen, die aus geometrischen Elementarflächen zusammengesetzt sind, streng modelliert werden. Figur 1.7-5 zeigt die **Teilfläche eines Zylinders**. Die Lage und Orientierung des Zylinders wird mit der Positionierung des eingezeichneten lokalen xyz-Systems im globalen Koordinatensystem - wie bereits erläutert - festgelegt. Der in $\tilde{y}$-Richtung krummlinige $\tilde{x}\tilde{y}$-Quadratraster wird in diesem Fall auf der Zylinderoberfläche ausgebreitet. Diese Rasterpunkte werden zuerst in das lokale xyz-System transformiert und erst dann folgt der Übergang auf das globale Koordinatensystem.

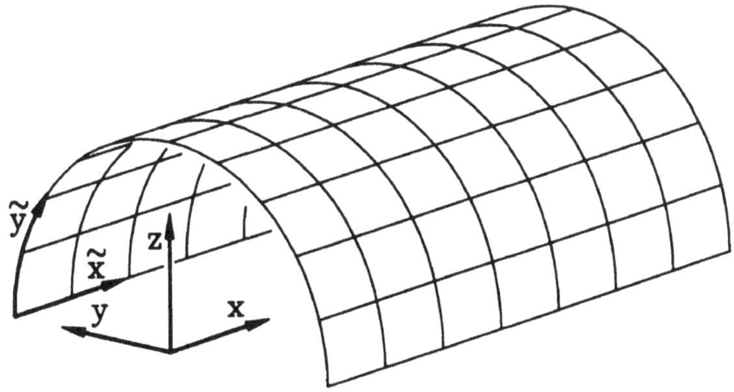

Figur 1.7-5: Zylinderausschnitt als Teilfläche

1.7.2 Homogene Koordinaten

Beim Aufbau dreidimensionaler Photomodelle aus Photographien und bei der Oberflächenvisualisierung mit dreidimensionalen Photomodellen treten umfangreiche Transformationen mit großen Punktmengen auf. Dies ist unabhängig davon, ob das zentrale Oberflächenmodell mittels 3D-Raster oder mittels beliebig angeordneter Teilflächen gebildet wird. Das Ersetzen der gewohnten dreidimensionalen cartesischen Koordinaten durch homogene Koordinaten bringt eine einheitliche mathematische Formulierung dieser Transformationen; man erwartet sich damit auch eine Effizienzsteigerung.

Homogene Koordinaten können aus den drei cartesischen Koordinaten X, Y und Z dadurch gewonnen werden, daß **eine vierte[1] (beliebige) Koordinate $\bar{\mathbf{W}}$** hinzugefügt wird:

$$\boldsymbol{X} = (X, Y, Z)^T \qquad \bar{\boldsymbol{X}} = (\bar{W}X, \bar{W}Y, \bar{W}Z, \bar{W})^T = (\bar{X}, \bar{Y}, \bar{Z}, \bar{W})^T \qquad (1.7\text{-}3)$$

Man erkennt, daß einem Punkt mit den cartesischen Koordinaten **X** unendlich viele Punkte im homogenen Raum mit den Koordinaten $\bar{\mathbf{X}}$ entsprechen. So repräsentieren zum Beispiel die homogenen Punkte (1, 4, -2, 1) und (3, 12, -6, 3) denselben cartesischen Punkt (1, 4, -2). Der $\bar{\mathrm{W}}$-Wert wird - wenn wählbar - auf Eins gesetzt.

Die homogenen Koordinaten spielen in der **projektiven Geometrie** eine große Rolle. Darauf gehen wir nicht näher ein. Wir wollen vielmehr die bekannten Transformationen (Translation, maßstäbliche Änderung, Drehung, Zentralprojektion) mittels homogener Koordinaten

[1] Anstelle der vierten Koordinate sprechen manche auch von der nullten Koordinate. Dadurch beugt man einem etwaigen Mißverständnis einer vierten Dimension vor.

formulieren. Dabei wird sich herausstellen, daß alle diese Transformationen mit ein und derselben formalen Matrixoperation abgewickelt werden können.

a) Translation

Die globalen Koordinaten **X** sind mit folgender Matrixoperation um die Versetzungen X_0, Y_0 und Z_0 zu reduzieren:

$$\begin{pmatrix} x \\ y \\ z \\ 1 \end{pmatrix} = \begin{pmatrix} 1 & 0 & 0 & -X_0 \\ 0 & 1 & 0 & -Y_0 \\ 0 & 0 & 1 & -Z_0 \\ 0 & 0 & 0 & 1 \end{pmatrix} \begin{pmatrix} X \\ Y \\ Z \\ 1 \end{pmatrix} \qquad \text{oder: } \bar{x} = \bar{T} \cdot \bar{X} \qquad (1.7\text{-}4)$$

Das Ausmultiplizieren der Matrix $\bar{\mathbf{T}}$ mit dem Vektor $\bar{\mathbf{X}}$ bestätigt die beabsichtigte Translation.

b) Maßstäbliche Änderung

Die globalen Koordinaten **X** sind mit folgender Matrixoperation um - für jede Koordinatenachse getrennt - die Maßstäbe $1{:}m_X$, $1{:}m_Y$ und $1{:}m_Z$ zu verändern:

$$\begin{pmatrix} x \\ y \\ z \\ 1 \end{pmatrix} = \begin{pmatrix} 1/m_X & 0 & 0 & 0 \\ 0 & 1/m_Y & 0 & 0 \\ 0 & 0 & 1/m_Z & 0 \\ 0 & 0 & 0 & 1 \end{pmatrix} \begin{pmatrix} X \\ Y \\ Z \\ 1 \end{pmatrix} \qquad \text{oder: } \bar{x} = \bar{M} \cdot \bar{X} \qquad (1.7\text{-}5)$$

Das Ausmultiplizieren der Matrix $\bar{\mathbf{M}}$ mit dem Vektor $\bar{\mathbf{X}}$ bestätigt die beabsichtigten maßstäblichen Änderungen. Falls die maßstäblichen Änderungen in allen drei Koordinatenachsen gleich sein sollen, sind die drei Maßstabszahlen m_X, m_Y und m_Z durch eine einzige Maßstabszahl m zu ersetzen.

c) Drehung

Die globalen Koordinaten **X** sind mit folgender Matrixoperation in ein neues (lokales) Koordinatensystem zu transformieren, dessen cartesisches xyz-System gegenüber dem cartesischen XYZ-System um die Drehmatrix **R** verdreht ist:

$$\begin{pmatrix} x \\ y \\ z \\ 1 \end{pmatrix} = \begin{pmatrix} r_{11} & r_{21} & r_{31} & 0 \\ r_{12} & r_{22} & r_{32} & 0 \\ r_{13} & r_{23} & r_{33} & 0 \\ 0 & 0 & 0 & 1 \end{pmatrix} \begin{pmatrix} X \\ Y \\ Z \\ 1 \end{pmatrix} \qquad \text{oder: } \bar{x} = \bar{R}^T \cdot \bar{X} \tag{1.7-6}$$

Die Transposition der Drehmatrix $\bar{\mathbf{R}}$ ist deshalb erforderlich, weil die Drehmatrix **R** die Transformation vom lokalen in das globale Koordinatensystem bewirkt (siehe Abschnitt B 3.4). Das Ausmultiplizieren dieser erweiterten Drehmatrix $\bar{\mathbf{R}}$ mit dem Vektor $\bar{\mathbf{X}}$ führt auf die bekannte räumliche Drehung. Die Drehmatrix kann zum Beispiel aus den Winkeln ω, ϕ und κ (Abschnitt B 3.4.1) oder mit den Winkeln α, ν und κ (Abschnitt 3.4.2) aufgebaut sein.

d) Zentralprojektion

Das Projektionszentrum liege im Koordinatenursprung; die Aufnahmerichtung verläuft gegen die Z-Achse. Die Bildebene habe den Abstand c vom Koordinatenursprung. Das Bildkoordinatensystem sei gegenüber dem XYZ-System nicht verdreht (Figur 1.7-6). Für diesen Spezialfall lautet die Zentralprojektion mit homogenen Koordinaten:

$$\begin{pmatrix} \bar{x} \\ \bar{y} \\ \bar{z} \\ \bar{w} \end{pmatrix} = \begin{pmatrix} 1 & 0 & 0 & 0 \\ 0 & 1 & 0 & 0 \\ 0 & 0 & 1 & 0 \\ 0 & 0 & -1/c & 0 \end{pmatrix} \begin{pmatrix} X \\ Y \\ Z \\ 1 \end{pmatrix} \qquad \text{oder: } \bar{x} = \bar{P} \cdot \bar{X} \tag{1.7-7}$$

Das Ausmultiplizieren der Matrix $\bar{\mathbf{P}}$[1] mit dem Vektor $\bar{\mathbf{X}}$ führt zu folgendem Ergebnis:

$$\begin{pmatrix} \bar{x} \\ \bar{y} \\ \bar{z} \\ \bar{w} \end{pmatrix} = \begin{pmatrix} \overline{wx} \\ \overline{wy} \\ \overline{wz} \\ \bar{w} \end{pmatrix} = \begin{pmatrix} X \\ Y \\ Z \\ -Z/c \end{pmatrix} \tag{1.7-8}$$

Um die cartesischen Koordinaten, das sind in diesem Fall die Bildkoordinaten, zu bekommen, sind die homogenen Koordinaten durch $\bar{w} = -Z/c$ zu dividieren:

[1] Hinweis: Die dritte und vierte Zeile der Matrix $\bar{P}$ sind linear voneinander abhängig. Es ist daher keine Invertierung möglich. Mit anderen Worten: Aus den Koordinaten eines Bildes können nicht eindeutig die Objektkoordinaten abgeleitet werden (siehe auch Abschnitt A 2.3).

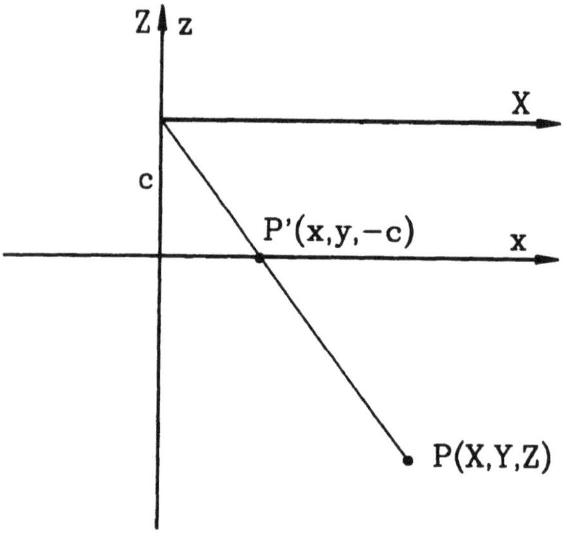

$$\begin{pmatrix} x \\ y \\ z \\ 1 \end{pmatrix} = \begin{pmatrix} -cX/Z \\ -cY/Z \\ -c \\ 1 \end{pmatrix} \qquad (1.7\text{-}9)$$

Figur 1.7-6: Zentralprojektion

Damit liegen für diese spezielle Aufnahmeanordnung die Bildkoordinaten x, y und z = -c, wie man aus der Figur 1.7-6 auch unmittelbar ablesen kann, vor.

Eine Zentralprojektion mit beliebiger äußerer Orientierung kann zwar mittels homogener Koordinaten auf eine einzige Operation mit einer 4x4-Matrix zurückgeführt werden. Die Vor- und Nacharbeiten dürfen allerdings nicht übersehen werden.

ZAHLENBEISPIEL: Wir greifen nochmals das Beispiel am Ende des Abschnittes A 2.3 auf.
Gegeben:

Kamerakonstante c = 152.67 mm (der Bildmittelpunkt soll dem Bildhauptpunkt entsprechen)

$$\text{Projektionszentrum } \boldsymbol{X_0} = \begin{pmatrix} 2530.60\ m \\ 1215.83\ m \\ 2005.74\ m \end{pmatrix} \quad \text{Drehmatrix } \boldsymbol{R} = \begin{pmatrix} -0.0341 & 0.9994 & 0.0048 \\ -0.9994 & -0.0341 & 0.0006 \\ 0.0008 & -0.0048 & 1.0000 \end{pmatrix}$$

Von einem Objektpunkt mit den Koordinaten X = 3552.12 m, Y = 1488.05 m und Z = 588.08 m sind die Bildkoordinaten x und y gesucht.

Zu diesem Zweck setzen wir uns eine 4x4-Matrix, die wir mit $\bar{\mathbf{H}}$ bezeichnen, aus der Translation (1.7-4), der Drehung (1.7-6) und der Zentralprojektion (1.7-7) wie folgt zusammen:

$$\bar{\boldsymbol{x}} = \bar{\boldsymbol{P}} \cdot \bar{\boldsymbol{R}}^T \cdot \bar{\boldsymbol{T}} \cdot \bar{\boldsymbol{X}} = \bar{\boldsymbol{H}} \cdot \bar{\boldsymbol{X}} \qquad (1.7\text{-}10)$$

Das Produkt $\bar{\mathbf{P}} \cdot \bar{\mathbf{R}}^T \cdot \bar{\mathbf{T}} = \bar{\mathbf{H}}$ ergibt sich aus folgender Matrizenmultiplikation:

$$\overline{H} = \begin{pmatrix} 1 & 0 & 0 & 0 \\ 0 & 1 & 0 & 0 \\ 0 & 0 & 1 & 0 \\ 0 & 0 & -6.550 & 0 \end{pmatrix} \begin{pmatrix} -0.0341 & -0.9994 & 0.0008 & 0 \\ 0.9994 & -0.0341 & -0.0048 & 0 \\ 0.0048 & 0.0006 & 1.0000 & 0 \\ 0 & 0 & 0 & 1 \end{pmatrix} \begin{pmatrix} 1 & 0 & 0 & -2530.60 \\ 0 & 1 & 0 & -1215.83 \\ 0 & 0 & 1 & -2005.74 \\ 0 & 0 & 0 & 1 \end{pmatrix}$$

Die Gleichung (1.7-10) liefert für den abzubildenden Punkt (mit reduzierter Ziffernanzahl):

$$\begin{pmatrix} w\bar{x} \\ w\bar{y} \\ w\bar{z} \\ w \end{pmatrix} = \begin{pmatrix} -0.0341 & -0.9994 & 0.0008 & 1299.789 \\ 0.9994 & -0.0341 & -0.0048 & -2477.994 \\ 0.0048 & 0.0006 & 1.0000 & -2018.616 \\ -0.0314 & -0.0039 & -6.5500 & 13221.937 \end{pmatrix} \begin{pmatrix} 3552.12 \\ 1488.05 \\ 588.08 \\ 1 \end{pmatrix} = \begin{pmatrix} -308.025 \\ 1018.429 \\ -1412.593 \\ 9252.487 \end{pmatrix}$$

Damit lauten die Bildkoordinaten x = -308.025/9252.487 = -0.03329 m und y = 1018.429/9252.487 = 0.11007 m. Die Kamerakonstante ergibt sich als Kontrolle: c = -z = 1412.593/9252.487 = 0.15267 m.

AUFGABE 1.7-1: Man führe die Zentralprojektion mit homogenen Koordinaten und mit symbolischen Parametern für eine beliebige innere und äußere Orientierung durch.

AUFGABE 1.7-2: Man erweitere den Ansatz (1.7-10) um von Null verschiedene Hauptpunktskoordinaten.

1.7.3 Der Aufbau dreidimensionaler Photomodelle

Nach diesen Vorbereitungen ist es verhältnismäßig einfach, die dreidimensionalen Photomodelle aufzubauen. Wir gehen den Weg über die indirekte Umbildung (Abschnitt 1.1.3.2).

Dabei sind die Raster für die Elemente der Phototextur auf den zweidimensionalen Teilflächen der Objekte auszubreiten. Sie werden - versuchsweise - mit **Texel (Textur-Element)** bezeichnet. Die zweidimensionalen Raster mit quadratischen Zellen, die in den Rasterpunkten die Texel aufnehmen, werden sehr engmaschig gewählt. (Auf die effizientere Ankerpunktmethode (Abschnitt 1.1.2), die methodisch keine nennenswerten Unterschiede aufweist, wird hier nicht eingegangen.) Diese zweidimensionalen Raster mit den quadratischen Zellen werden auf den schräg liegenden Dreiecken, deren räumliche Anordnungen in den Figuren 1.7-1, 1.7-2 und 1.7-3 skizziert sind, ausgebreitet. Solche ebenen Teilflächen können aber auch von mehr als drei Eckpunkten begrenzt sein (Figur 1.7-4).

Bei gekrümmten und abwickelbaren Teilflächen wird der Quadratraster auf diesen Flächen ausgebreitet. Für einen Zylinder ist der Sachverhalt in der Figur 1.7-5 wiedergegeben. Nichtabwickelbare Teilflächen werden zum Beispiel durch ein Polyeder, das an ein Rotationsellipsoid gelegt wird,[1] approximiert.[2]

Im Detail wird im folgenden der Aufbau des **Photomodelles für eine zylindrische Teilfläche** erläutert (Figur 1.7-5). Der auf der Zylinderoberfläche auszubreitende Quadratraster wird so eng gewählt, daß möglichst die gesamte Phototextur des Vorlagebildes auf die Zylinderoberfläche kommt. Bei 30-μm-Pixel des Vorlagebildes und einem ungefähren Bildmaßstab von 1:250 sollte die Weite des Quadratrasters auf der Zylinderoberfläche kleiner als 7.5 mm sein. Dieser enge Raster mit quadratischen Zellen wird im $\tilde{x}\tilde{y}$-System (Figur 1.7-5) ausgebreitet. Der nächste Rechenschritt ist die Transformation aller Rasterpunkte in das lokale xyz-System.

AUFGABE 1.7-3: Man gebe für diesen Rechenschritt die mathematischen Beziehungen an.

Der anschließende Rechenschritt bringt alle Rasterpunkte vom xyz-System in das globale XYZ-System. Dafür bietet sich eine Transformation mit homogenen Koordinaten (Abschnitt 1.7-2) an. Im globalen XYZ-System sind die Sichtbarkeiten zu klären. Es ist also zu untersuchen, ob die Verbindungsgerade zwischen dem jeweiligen Rasterpunkt und dem Projektionszentrum des Vorlagebildes die eigene oder eine andere Teilfläche schneidet. Diese Untersuchung setzt eine sehr effiziente Datenstruktur des dreidimensionalen Oberflächenmodelles voraus, worauf im Band 3 näher eingegangen wird.

Ist die Verdeckungsfrage geklärt, so werden alle sichtbaren Rasterpunkte - mit homogenen Koordinaten - in die Bildmatrix des Vorlagebildes transformiert. Anschließend können - eventuell nach einer Grauwertinterpolation (Abschnitte A 7.5 und FE 6.4.1) - die Pixel des Vorlagebildes in das dreidimensionale Photomodell übertragen werden.

Dieses Kapitel soll mit praktischen Beispielen abgeschlossen werden. Bild 1.7-7 zeigt die Zenitphotographie eines Freskos mit vielen quadratischen und kreisförmigen Texturelementen. Das Fresko ist auf einem Tonnengewölbe, dessen Kreiszylinder einen Radius von 4.02 m besitzt, aufgebracht. Die Aufnahmeentfernung bis zum Scheitel des Tonnengewölbes betrug etwa 12 m.

Die Teilfläche "Kreiszylinder" des dreidimensionalen Photomodelles wurde mit den oben beschriebenen Rechenschritten bearbeitet. Als Ergebnis bekam man die Phototextur auf dem Kreiszylinder. Diese Phototextur kann auch im $\tilde{x}\tilde{y}$-System visualisiert werden. Das Ergebnis

---

[1] Vozikis, E.: Geow.Mitt. der TU Wien, Heft 17, 1979. Phia, Vol. 38, pp. 165-180 and 201-218, 1983.

[2] Allerdings sind auch Koordinatennetzlinien denkbar, die zwar keine quadratischen Zellen beschreiben, aber ohne Approximation auskommen. Die geographischen Koordinaten für ein Rotationsellipsoid definieren solche Koordinatennetzlinien.

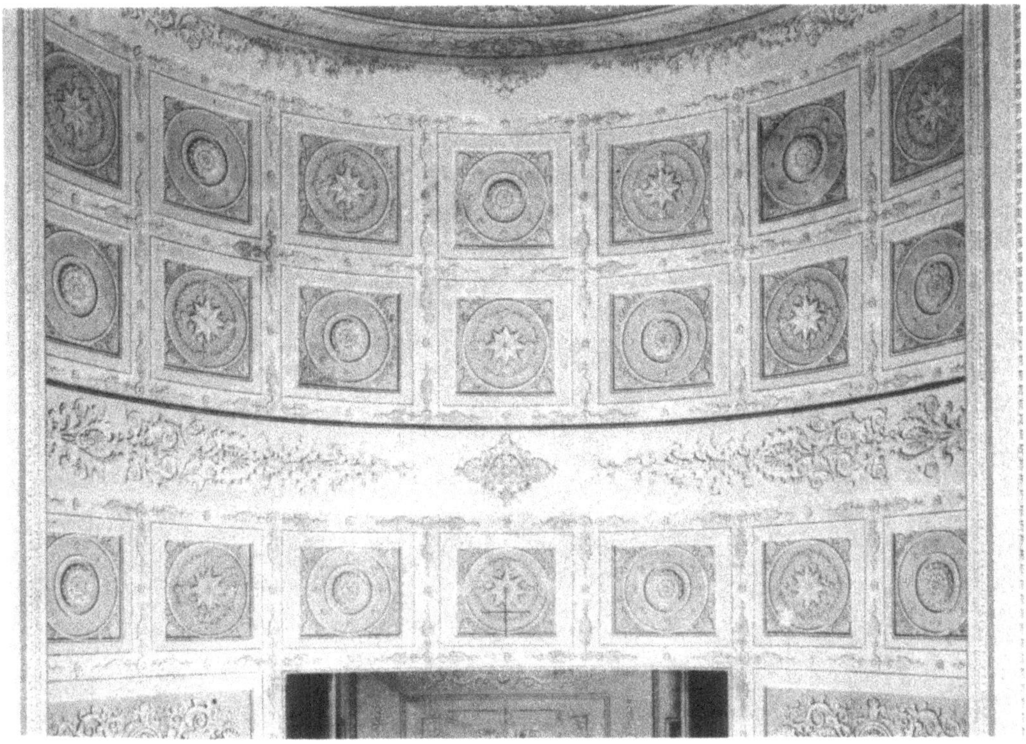

Bild 1.7-7: Zenitaufnahme mit einer Wild P31 (c = 99.13 mm) des Bibliotheksaales des Wiener Schotten-Stiftes. Architekt: Josef Kornhäusel (1782 - 1860), Dekorationsmaler: F. Weiner.

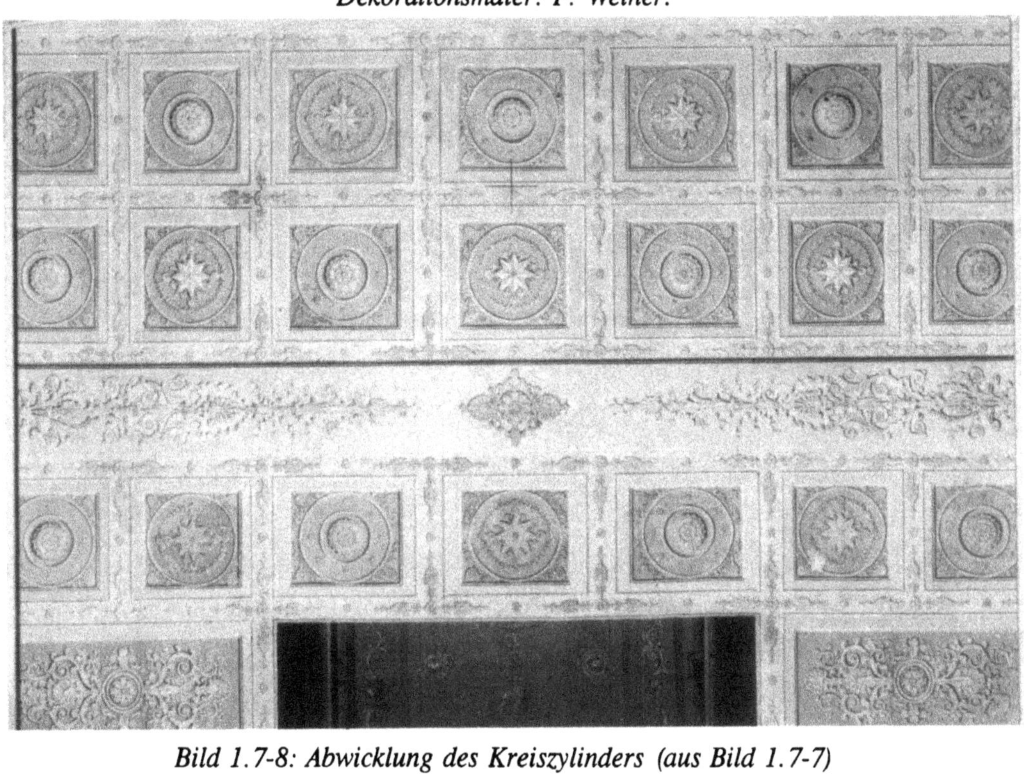

Bild 1.7-8: Abwicklung des Kreiszylinders (aus Bild 1.7-7)

einer solchen speziellen Visualisierung ist die Abwicklung des Zylinders in die Ebene (Bild 1.7-8)[1]

Das zweite Beispiel eines dreidimensionalen Photomodelles entstand aus Bildern, die mit einer Kodak DCS 200 aufgenommen wurden. Die Rekonstruktion der Objektoberfläche aus den digitalen Bildern wurde im Abschnitt B 6.4.2 ausführlich beschrieben. Das Ergebnis der Objektrekonstruktion waren cartesische Koordinaten in einem dreidimensionalen Objektkoordinatensystem und zusätzlich die topologische Information, woraus die einzelnen Teilflächen gebildet werden konnten. Für die Übertragung der Pixel auf diese Teilflächen wurde eine Rasterweite für die Texel von 2 cm gewählt. Die gesamte Kapelle (Bild 1.7-9) besteht aus 1 Million Texeln.

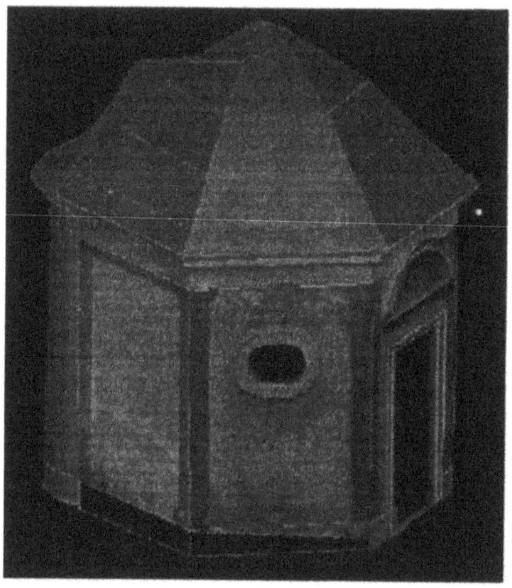

Bild 1.7-9: Dreidimensionales Photomodell einer Kapelle

[1] Das Beispiel wurde noch nicht mit digitalen Bildern, sondern mit der digital gesteuerten Differentialumbildung und optischer Bildübertragung bearbeitet (Kraus, K., Tschannerl, J.: BuL 44, S. 168-170, 1976). Die dahinterstehende Methode entspricht aber der in diesem Abschnitt präsentierten Methode zum Aufbau eines dreidimensionalen Photomodelles.

1.7.4 Oberflächenvisualisierung mittels eines dreidimensionalen Photomodelles

Sobald alle Flächen des dreidimensionalen Oberflächenmodelles vollständig mit Texeln belegt sind, ist die Phototextur der realen Welt ins EDV-System übertragen. Man kann in diesem Zusammenhang von einer mit Phototextur ausgestatteten virtuellen Wirklichkeit sprechen. In einer solchen virtuellen Realität kann man beliebige Standpunkte mit beliebiger Blickrichtung vorgeben und sich perspektive Sichten erzeugen lassen (Bild 1.7-9 ist eine solche Perspektive).

Die Methoden dafür wurden im vorausgehenden Abschnitt bereits skizziert. An die Stelle des realen Vorlagebildes tritt das fiktive neue Bild. Um den enormen Rechenaufwand zu reduzieren, führt man unter anderem ein sogenanntes ***3D-Clipping*** durch, indem man vor der Transformation der Objektpunkte ins Bild nur die Objektpunkte auswählt, die - abgesehen von Verdeckungen - ins fiktive Bild fallen. (Beim *3D-Clipping* geht es - worauf erst im Band 3 eingegangen wird - vor allem um das Abschneiden jener Objektteile, die nicht in das fiktive Bild hineinragen.)

Zu diesem Zweck konstruiert man eine **Sichtpyramide**. Die dafür erforderliche Transformation - bevorzugt mit homogenen Koordinaten - bringt die Objektpunkte in ein **lokales Koordinatensystem**,

- dessen Ursprung im Projektionszentrum liegt,
- dessen z-Achse senkrecht zum fiktiven Bild steht (≙ Aufnahmerichtung) und
- dessen x- und y-Achse parallel zum Rand des fiktiven Bildes verläuft (Figur 1.7-10).

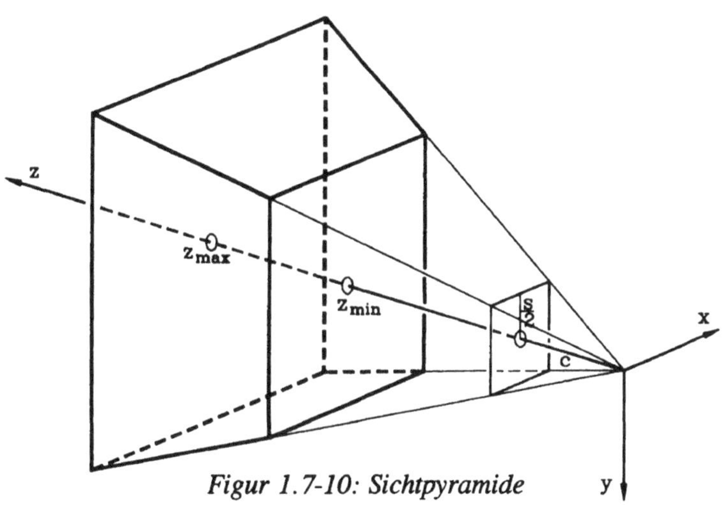

Figur 1.7-10: Sichtpyramide

In diesem lokalen Koordinatensystem kann die Sichtpyramide durch folgende Ebenen festgelegt werden (s sei das Bildformat):

z	=	z_{min}	sei eine Ebene, die geringfügig vor der fiktiven Bildebene angenommen wird.
z	=	z_{max}	sei eine Ebene, die sehr weit entfernte Gebiete eliminiert.
z	=	2cx/s	sei eine Ebene, die den rechten Bildrand enthält.
z	=	-2cx/s	sei eine Ebene, die den linken Bildrand enthält.
z	=	2cy/s	sei eine Ebene, die den unteren Bildrand enthält.
z	=	-2cy/s	sei eine Ebene, die den oberen Bildrand enthält.

Die Sichtbarkeiten innerhalb der Sichtpyramide lassen sich für Rasterbilder am einfachsten mittels eines **z-Buffers** klären. Der z-Buffer ist eine eigenen Matrix, die die Dimensionierung der fiktiven Bildmatrix besitzt und die mit $(z_{max}+\epsilon)$ initialisiert wird (ϵ ist eine kleine Größe). Nach der Initialisierung transferiert man die Texel des dreidimensionalen Photomodelles in das fiktive Bild. Bei diesem Transfer wird nur dann die z-Koordinate in den z-Buffer abgelegt und nur dann das jeweilige Texel als Pixel in die Bildmatrix aufgenommen, wenn der zum jeweiligen Texel gehörende z-Wert kleiner als der bereits an dieser Stelle im z-Buffer gespeicherte z-Wert ist, anderenfalls ist bereits ein Texel als Pixel in der Bildmatrix, das zu einem näher gelegenen Objektpunkt gehört.

Mittels des z-Buffers können zum Beispiel auch **geplante Objekte**, von denen noch kein dreidimensionales Photomodell existieren kann, in die Visualisierung einbezogen werden. Die Textur des geplanten Objektes muß erfunden werden. Dafür gibt es zum Beispiel das *Ray Tracing*. Diese Methode erzeugt aus künstlichen Lichtquellen und der Vorgabe von Reflexionseigenschaften der Objektoberflächen Texel mit künstlichen Grau- und Farbwerten auf den dreidimensionalen Objekten.[1]

Diese geplanten Objekte mit ihren künstlich erzeugten Texeln müssen im gleichen globalen Koordinatensystem erzeugt werden, in dem auch die realen Objekte modelliert sind. Eine Verschneidung mit den realen Objekten ist nicht erforderlich. Trotzdem liefert die zentralperspektive Visualisierung, wie sie oben mit Hilfe des z-Buffers erläutert wurde, die **richtige Einbettung des geplanten Objektes in seine Umgebung**.

Literatur zu dreidimensionalen Photomodellen: Foley, J., van Dam, A.: Computer Graphics: Principles and Practice. Addison-Wesley Publishing Company, 1990. Gruber, M., Meissel, S., Böhm, R.: VGI 83, S. 29-36, 1995.

---

[1] Gross, M.: ZPF 59, S. 152-157, 1991.

2. AUTOMATISIERTE BESTIMMUNG DER OBJEKTOBERFLÄCHE

2.1 Grundsätzliche Überlegungen

Die Bestimmung von Objektoberflächen ist nur ein Teilaspekt der anspruchsvollen Aufgabe der Objektrekonstruktion. **Objektrekonstruktion besteht** nämlich nicht nur **aus einer geometrischen Bestimmung von Oberflächen**, sie enthält genauso die Bestimmung **der Oberflächentextur und -farbe** (Abschnitt C 1.7 "Photomodelle"[1]), **aber auch die Erfassung der Bedeutung von Oberflächenelementen** (Verbindung zum "Bildverstehen"), so daß letztlich eine vollständige Beschreibung des auszuwertenden Objektes entsteht.

In der Folge wollen wir uns auf die geometrische Auswertung konzentrieren und die Frage des Bildverstehens in den Hintergrund stellen. Der entscheidende Grund dafür ist nicht die Unwichtigkeit des Bildverstehens (ganz im Gegenteil, das Erkennen von Details in deren Bedeutung und das richtige Interpretieren im Kontext des Bildinhaltes ist für die rein geometrische Auswertung so wesentlich, daß ein menschlicher Auswerter heute noch einen beträchtlichen Vorteil gegenüber den automatisierten Methoden genießt). Es ist die Kompliziertheit dieser Aufgabe, für die zwar viele Ansätze vorgestellt wurden aber noch keine Standardlösungen gefunden werden konnten.

Die **Oberflächenrekonstruktion** von Objekten aus photographischen Aufnahmen ist auch heutzutage eine der zentralen Aufgaben der Photogrammetrie. Objektoberflächen werden dabei aus den Basiselementen "Punkte", "Linien" und "Flächen" zusammengesetzt, wobei Linien und Punkte verwendet werden, um Unstetigkeitsstellen der Objektoberfläche festzulegen. **Eine kanten- und punktorientierte Darstellung der Objektoberfläche ist** zwar möglich und in CAD-Systemen gebräuchlich, **für eine eindeutige Oberflächenbeschreibung** aber **nicht ausreichend** (Figur 2.1-1). Bei Erweiterung der Definition der Elemente "Punkte" und "Linien" auf beliebige Oberflächenpunkte und -linien (also auch auf Stellen, die keine Unstetigkeiten des Objektes darstellen) und durch Einführung von flächenorientierten Modellen (Abschnitt C 1.7.1) kann man auch komplexe Gestalten erfassen.

---

[1] Die alleinige Übertragung von Grau- oder Farbtönen aus Photographien auf die geometrisch bekannten Oberflächen ist nur als ein Schritt dieser komplexen Aufgabe zu sehen. Die Helligkeitswerte und Farben auf den Photographien werden durch die jeweiligen Beleuchtungsverhältnisse und Aufnahmerichtungen beeinflußt. Eine umfassende Texturauswertung sollte genauso eine absolute Systematisierung anstreben, wie es bei der geometrischen Auswertung durch Einführen eines einheitlichen Koordinatensystems als selbstverständlich angesehen wird. Einen Ansatz in dieser Richtung werden wir später kennenlernen (siehe Abschnitt C2.2.4).

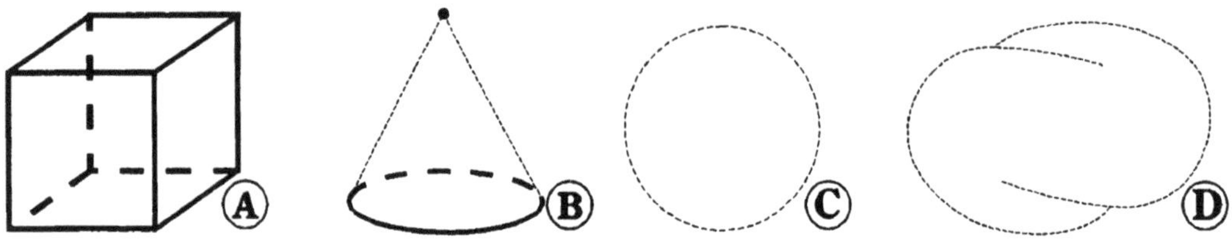

Figur 2.1-1: *Verschiedene Körper und deren Modellierbarkeit aus Unstetigkeitselementen. Während die Körper (A und B) bei gewissem Vorwissen aus Unstetigkeitslinien und Unstetigkeitspunkten rekonstierbar sind, wären Körper ohne Unstetigkeitsstellen (C und D) demnach nicht rekonstruierbar*

Ein typisches Beispiel für die photogrammetrische Oberflächenmessung ist die **Erfassung von Geländeoberflächen**. Diese werden üblicherweise durch Punktmessung in einem Raster (= i.a. keine Unstetigkeitsstellen), durch Messung anderer markanter Punkte, wie etwa Gipfelpunkte (= Unstetigkeitsstelle), und durch die Erfassung von Linien als Geländekanten (= Unstetigkeitslinien) oder Formlinien (= keine Unstetigkeitstellen) ausreichend gut beschrieben. Flächenelemente werden aus den erfaßten Basiselementen "Punkte" und "Linien" durch geeignete Modellierung abgeleitet. In diesem Kapitel soll nicht die Oberflächenmodellierung besprochen werden, die ebenfalls ein wesentlicher Bestandteil der Objektoberflächenrekonstruktion ist. Hier sollen lediglich bewährte Ansätze und Verfahren vorgestellt werden, die die Grundinformation über Objektoberflächen liefern, welche als Eingabe für danach folgende Oberflächenmodellierungsverfahren dient. Um die Vorgangsweise festzulegen, die in digitalem Bildmaterial zur automatisierten Vermessung verwendet werden kann, soll vorerst ein Vergleich zur konventionellen, operateurgestützten Vorgangsweise folgen.

Im orientierten photogrammetrischen Modell versucht der stereoskopisch **sehende Operateur**[1] mit seinem Wissen über die zu vermessenden Objekte und im Wissen um den Zweck der jeweiligen Vermessung eine Interpretation der abgebildeten Objekte. Dann mißt er jene elementaren Strukturen, im allgemeinen Punkte und Linien (unter Vergabe von Kodierungen), von denen er annimmt, daß sie für die Rekonstruktion des Objektes

[1] Das Mittel des stereoskopischen Sehens darf nicht überbewertet werden. Es funktioniert nur bei genähertem Normalfall und nur bei relativ kleinen Parallaxenunterschieden, also unter Voraussetzungen, wie sie bei natürlichem Sehen gegeben sind (siehe auch Abschnitt A 4.3.1.2). Trotzdem fällt es einem Operateur relativ leicht, auch Aufnahmen, die von diesen idealen Gegebenheiten stark abweichen, problemlos auszuwerten. Hier hilft ihm beim Erkennen der Objekte seine Erfahrung. Mit der automatisierten Objekterkennung befaßt sich das Fachgebiet "Bildverstehen" (*image understanding*).

notwendig sind[1]. Das heißt aber, daß **eine Oberflächenvermessung nicht als alleiniger Meßvorgang angesehen werden kann**. Sie ist immer auch verknüpft mit dem Vorgang der **Objektinterpretation oder des Bildverstehens**. Gerade dieser Punkt macht automatisierte Messung sehr schwierig. Der einfach erscheinende Vorgang des **Auffindens homologer Bilddetails** - durch das natürliche räumliche Sehen unbewußt verwirklicht - ist zwar in der digitialen Bildverarbeitung ebenfalls nicht trivial, es gibt dafür aber einige leistungsfähige Algorithmen. **Vorteile** der digitalen Auswertung gegenüber der visuellen sind die Möglichkeit der gleichzeitigen **Verwendung von mehr als zwei Aufnahmen** und vor allem, **ohne Ermüdungserscheinungen eine sehr große Anzahl von Punkten** messen zu können, die im einzelnen vielleicht weniger genau sind, in ihrer Summe aber ein hohes Genauigkeitspotential enthalten.

Um ein automatisches Auswertesystem zu entwickeln, bedarf es der **Aufstellung von Hypothesen für die Zuordnung und Interpretation der Bildinhalte** eines Zwei- oder Mehrbildfalles anhand von mehr oder weniger einfachen Modellvorstellungen der auszuwertenden Objekte. Durch ein derartiges (vereinfachtes) System muß das komplexe menschliche Sehen und Verstehen approximiert werden. **Besondere Schwierigkeiten bereiten sichttote Räume** (Objektdetails, die nicht bzw. nicht in allen Bildern abgebildet werden) **und starke Schattenwirkungen** (Eigenschatten, Schlagschatten), die in den Bildern Unstetigkeitsstellen vermuten lassen, welche nicht notwendigerweise mit Unstetigkeitsstellen auf der Objektoberfläche zusammenfallen müssen. Ändern sich zwischen den Aufnahmen die Beleuchtungsverhältnisse, so ergeben sich ebenfalls Schwierigkeiten (z.B. in Aufnahmen mit veränderter künstlicher Beleuchtung oder in Stereoaufnahmen des SPOT-Satelliten, Abschnitt FE 4.2.9). Das Problem der homologen Zuordnung wird also durch derartige "Störungen" sehr kompliziert. Je ungünstiger die Beleuchtungsverhältnisse, je divergierender die Aufnahmerichtungen und je größer die Entfernungsunterschiede innerhalb eines aufgenommenen Objektbereiches sind, desto eher sind solche Unstetigkeitsstellen in den Bildern zu erwarten. Besonders in nahphotogrammetrischen Anwendungen ist mit derartig ungünstigen Verhältnissen zu rechnen.

Es gibt **Sonderfälle**, die eine vereinfachte Lösung dieses komplexen Problems der digitalen Bildverarbeitung erlauben: Anstelle allgemeiner Aufnahmerichtungen kann die Beschränkung

---

[1] Eine wertvolle Hilfe für die Modellierung der Oberfläche eines Objektes bilden auch Strukturelemente wie Mulden-, Gipfel- und Sattelpunkte sowie Graben- und Rückenlinien (Band 3 geht auf die Bedeutung dieser Strukturelemente ein). Da sie weder Unstetigkeitsstellen noch Texturmerkmale sind, wäre ihre automatische Auffindung nur in Rückkoppelung mit der Oberflächenmodellierung möglich, die aber ihrerseits diese Strukturelemente bereits benötigte.

auf den **genäherten photogrammetrischen Normalfall** erfolgen. Ein typisches Beispiel dafür ist die Lufbildauswertung. Ein anderes Beispiel: Im extremen Nahbereich kann man die Bildzuordnung vereinfachen, wenn man **spezielle Muster auf die Objektoberfläche projiziert**.

Prinzipiell gibt es zwei Vorgangsweisen:

a. **Vom Bild zum Objekt:** Die Bilder werden analysiert (z.B. durch pixelweises Vorgehen, eventuell unterstützt durch Bildpyramiden und/oder durch Segmentierung), die homologen Bild-zu-Bild-Zuordnungen gefunden und die dreidimensionalen Objektkoordinaten aus den gefundenen Bildpositionen errechnet. Die sich rein auf die Bildgrauwerte stützenden Verfahren werden auch als "ikonische" Verfahren bezeichnet.

b. **Vom Objekt zum Bild:** Ein genähert angenommenes Objektmodell wird durch die geometrische und/oder radiometrische Modellierung des Abbildevorganges so verfeinert, daß es mit den gegebenen Bildern optimal übereinstimmt. Dieser "objektgestützten" Vorgangsweise kann entweder ein "ikonisches" oder ein "semantisches" (z.B. topologie- oder modellorientiertes) Zuordnungverfahren oder eine Kombination beider zugrunde liegen.[1]

Zusammenfassung:

- Ein menschlicher Operateur arbeitet mit **Hintergrundwissen** (Erfahrung, Anforderungskatalog, etc).
- Das **stereoskopische Sehen** dient als wichtige (aber nicht alleinige!) Hilfe.
- Der Meßvorgang besteht aus **Interpretation und Messung**.
- Oberfläche wird durch **elementare Strukturen** zu erfassen versucht (Punkte, Linien).
- Digitale Methoden versuchen die menschliche Vorgangsweise durch **Aufstellung von Hypothesen** anzunähern.
- Die Auswertung kann "vom Bild zum Objekt" oder "vom Objekt zum Bild" erfolgen.
- Die **Merkmalsextraktion** und **Bildsegmentierung** ist eine wichtige Aufgabe.
- Im extremen Nahbereich kann **Projektion von Mustern** die Auffindung homologer Bilddetails unterstützen.

---

[1] Weitere Hinweise und einen Überblick über die Konzepte und Algorithmen photogrammetrischer Systeme findet man in: Förstner W., 1991: Concepts and algorithms for digital photogrammetric systems. IAPRS Vol.28 Part3/2. Baltsavias E., 1991: Multiphoto constrained matching. ETH Zürich, Mitteilungen Nr.49.

2.2 Rekonstruktion von Oberflächen durch Messung von Einzelpunkten und Linien

Je höher die Dichte ausgewerteter Punkte ist, desto besser kann eine Objektoberfläche durch alleinige Punktmessung erfaßt und beschrieben werden. Der theoretische Idealfall, daß **für jedes Bildelement eine Zuordnung** gefunden wird, ist in die Praxis aus verschiedenen Gründen nicht erfüllbar bzw. **nicht sinnvoll**:

- zu hoher Aufwand (Rechenzeit!) für die Auswertung einer derartigen Punktmenge,
- schlechte Verwaltbarkeit der Datenmenge, und nicht zuletzt
- die Unmöglichkeit eine derartige Punktdichte zu messen (ungünstige Oberflächenbeschaffenheit, wie Texturlosigkeit oder zu große Texturdifferenzen (Wald!), sichttote Räume, Schatten, u.ä.).

Ein Problem, das bei sehr hohen Punktdichten augenscheinlich wird, ist durch die **Abtasttheorie** zu erklären. Diese besagt, daß nur solche Objektstrukturen aus den Bildern eindeutig rekonstruiert werden können, die mindestens doppelt so groß als das Abtastintervall sind. Ist diese Bedingung nicht erfüllt, so besteht die Gefahr, daß bei Kleinstrukturen (wie etwa Feldfurchen) Verflechtungseffekte (*Aliasing*, als Interferenz des Bildsignals mit dem Abtastintervall) entstehen, die in den digitalisierten Bildern Scheintexturen erzeugen und damit den Zuordnungsprozeß stören oder in Folge auch **falsche Objektstrukturen** ergeben.

Für die **punktweise Oberflächenrekonstruktion** kann daher gelten:

- Auswertung von sehr dicht angeordneten Punkten in Bereichen, wo Unstetigkeitsstellen zu erkennen sind. Kanten im Objekt können grundsätzlich nur durch unendlich dicht angeordnete Einzelpunkte eindeutig und richtig wiedergegeben werden. Die Wahl eines geeigneten **Operators, der Unstetigkeitsstellen ausfindig machen kann**, ist entscheidend.
- **Verringerung der Punktdichte in homogenen Gebieten**. Die Pixelgröße und Eigenschaften des gewählten Zuordnungsfahrens (z.B. die Fenstergröße des **L***east* **S***quares* **M***atching* (LSM), Abschnitt A 7.3) können als Parameter für die Festlegung einer sinnvollen Punktdichte herangezogen werden.

Wegen der Bildmaßstabsunterschiede und der verschiedenen Blickrichtungen (ganz besonders in den nahphotogrammetrischen Anwendungen) ist es schwer möglich, eine allgemeine Regel über das optimale Punktintervall, abgeleitet aus Parametern, die sich auf die Bildebene beziehen, anzugeben. Aus Sicht der optimalen Objektrekonstruktion sollte man statt dessen auf eine echt **dreidimensionale Punktdichte** übergehen.

Die Ermittlung der Einzelpunkte auf der Objektoberfläche erfolgt nach den gleichen Verfahren, die bereits für die Auswahl von natürlichen Verknüpfungspunkten besprochen wurden (siehe Abschnitt B 6.4.). Zum Einsatz gelangen merkmalsbasierte und flächenbasierte Verfahren bzw. deren Kombination. Dazu im folgenden noch ein paar zusätzliche Bemerkungen:

2.2.1 Flächenbasierte Bildzuordnung mit Hilfe des Kleinsten-Quadrate-Ansatzes

Bei LSM (Abschnitt A 7.3.) wird ein **Ausschnitt aus einem der auszuwertenden Bilder als Referenzbild** vorgegeben, wobei dieser Ausschnitt in dem (oder den) anderen Bild(ern) eingepaßt wird. Für die geometrische Einpassung wird als mathematisches Modell im allgemeinen eine **Affintransformation** angesetzt (als Näherung für eine projektive Transformation). Dabei wird angenommen, daß das betrachtete kleine Oberflächenelement als differentiell kleine Ebene und die extrem schmalwinkelige Perspektive dieses Elements als Parallelprojektion angesehen werden kann. Die radiometrische Anpassung wird, wenn überhaupt, nur als lineare Übertragungsfunktion modelliert. Um das Verfahren zu beschleunigen und das numerische Verhalten zu verbessern, wird die radiometrische Anpassung oft im voraus, unabhängig vom Ausgleichsverfahren, durchgeführt.

Der **Vorteil** des LSM ist seine **hohe Genauigkeit und Zuverlässigkeit**, der entscheidendste **Nachteil die Notwendigkeit von ziemlich genauen Näherungswerten**, was Position (wenige Pixel), Rotation (max. etwa 30°) und Maßstab (etwa 25%) betrifft. Wie genau die Näherungswerte für eine erfolgreiche Zuordnung tatsächlich sein müssen, hängt vor allem vom Bildinhalt ab: Sind hochfrequente Bilddetails dominant, so bedarf es sehr guter Näherungswerte. Durch Tiefpaßfilterung (d.h. Verwischen hochfrequenter Bilddetails, wie etwa scharfer Konturen) kann eine größere Toleranz für die Näherungswerte erreicht werden, diese wird aber durch eine Verschlechterung der Zuordnungsgenauigkeit erkauft[1]. In anderen Worten (Figur 2.2-1)[2]:

---

[1] Heipke C., 1990: Integration von Bildzuordnung, Punktbestimmung, Oberflächenrekonstruktion und Orthoprojektion innerhalb der digitalen Photogrammetrie. DGK Reihe C, Nr.366.

[2] Bösemann W., 1994: Ein photogrammetrisches Verfahren zur modellgestützten Objektrekonstruktion. DGK Reihe C, Nr.422.

- große Grauwertgradienten erhöhen die Genauigkeit und verringern den Konvergenzradius,
- geringe Grauwertgradienten erhöhen den Konvergenzradius und verringern die Genauigkeit.

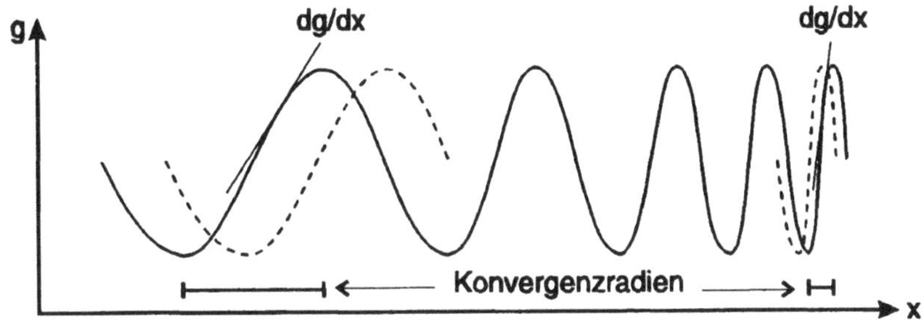

Figur 2.2-1: Konvergenzverhalten in Abhängigkeit von den Grauwertgradienten und Ortfrequenzen (nach W. Bösemann)

Eine **Einpaßgenauigkeit von 0.1 bis 0.3 Pixel** für nicht signalisierte Oberflächenpunkte kann als realistisch angenommen werden. Ein Hilfsmittel für die Ermittlung **geeigneter Näherungspositionen sind Bildpyramiden**. Einfluß auf die Genauigkeit des Verfahrens und dessen Konvergenzverhalten haben neben den Näherungswerten aber auch Verzerrungen, die durch das mathematische Modell nicht erfaßt sind (z.B. Unstetigkeitsstellen in der Objektoberfläche).

Die nach dem erfolgenreichen *Matching* erhaltenen Transformationparameter der Affintransformation werden im allgemeinen nicht mehr benötigt. Trotzdem kann man aus ihnen auf die Art der Verzerrung im individuellen Bilddetail schließen und damit zusätzlich zu den Bildkoordinaten noch Informationen erhalten, die Rückschlüsse über die **Neigung des Oberflächenelementes** zulassen. Neigungsinformationen über die Oberflächenelemente sind für die Oberflächenrekonstruktion sehr wertvoll (Band 3).

Zu **numerischer Instabilität** kann es kommen, wenn die Affintransformation aus der Bildinformation nicht (vollständig) bestimmbar ist. So ist es z.B. nicht möglich, bei kreisrunden Bilddetails den Rotationsanteil zu bestimmen. In diesem Falle kann man das *Matching* mit einer einfacheren Transformation (Verschiebungen und Maßstäbe) wiederholen. Auch bei zu kleinen Gradienten innerhalb des *Matching*fensters sollte der Algorithmus reagieren. Eine Gefahr bei einer automatischen Helligkeits- und Kontrastkorrektur besteht darin, daß in texturarmen Bereichen nur mehr das Rauschen verstärkt wird oder unsichere Kleinstrukturen stark überbewertet werden. Daher sollte man den tatsächlichen Grauwertinhalt auf

"*Match*barkeit" prüfen[1], bevor noch der Algorithmus gestartet wird.

Zu beachten ist weiters, daß das LSM durch die **Matrixgröße** einen Tiefpaßfiltereffekt auf die abgeleitete Oberfläche bewirkt. Je größer die Matrix, desto weniger genau werden Geländekanten erfaßt. Sie werden abgerundet. Umgekehrt nimmt bei kleineren Matrizen die Zuverlässigkeit und Genauigkeit rasch ab (Reduktion der Redundanz!). Die Folge sind viele Fehlauswertungen, die dann durch komplizierte Prüfverfahren bei der Oberflächenmodellierung erkannt und eliminiert werden müssen. Eine Matrixgröße, die global für den gesamten Bildbreich optimal ist, gibt es selten. Ansätze mit adaptiven Matrixgrößen, wo anhand des Inhaltes des jeweiligen Bildausschnittes (z.B. in detailarmen Bereichen) oder anhand des Iterationsverhaltens (schlechte Konvergenz oder Divergenz) auf andere, im allgemeinen größere, Matrizen übergegangen wird, bieten eine flexible Lösung. Eine allgemein gültige Empfehlung für die optimale Matrixgröße läßt sich nicht geben, allerdings haben sich einige Werte in der Praxis als tauglich herausgestellt: bei guter Bildqualität und bei hohem Detailreichtum liefern 15x15 Matrizen gut Ergebnisse, bei verrauschten Bildern und/oder merklichen Helligkeitsunterschieden zwischen den Bildern sind Matrizen ab 21x21 Pixel zu verwenden[2].

LSM-Verfahren sind relativ langsam. Sie arbeiten iterativ und enthalten neben der fortlaufenden Lösung der Ausgleichsaufgabe auch ein *Resampling* im Suchfenster. Bei umfangreichen Auswertungen ist der Rechenaufwand relativ hoch. Der **große Vorteil** ist, daß man für jeden Punkt **zusätzlich** zur Lageinformation deren **Genauigkeit** zu erhält.

---

[1] Die Möglichkeit der Einführung eines Prüfkriterium stellt einen Vorteil der automatisierten Verfahren gegebenüber einem menschlichen Operateur dar. Man erhält rechtzeitig den Hinweis, daß der Bildinhalt für eine zuverlässige Auswertung nicht mehr ausreicht. Ein Operateur ist aufgrund des Umgebungseindrucks geneigt, die Auswertung auch hinein in texturschwache Bereiche fortzusetzen, obwohl der stereoskopische Eindruck und damit die Zuverlässigkeit seiner Messung nicht mehr gegeben ist.

[2] Verglichen mit der visuellen Auswertung stellen Matrizen der Größe 21x21 noch immer einen winzigen Bildausschnitt dar. Bei einer Digitalisierung mit 30 μm entspricht das einem Quadrat der Größe 0.6 mm x 0.6 mm!

2.2.2 Merkmalsbasierte Bildzuordnung

Der Vorteil dieses Verfahrens (siehe Abschnitt B 6.4.1.1.) liegt in der **Konzentration auf markante Punkte oder Linien**, wobei angenommen wird, daß ein markanter Punkt bzw. eine markante Linie des Objektes in allen Bildern als markanter Punkt bzw. markante Linie auftritt. Wie das Beispiel des Bildes B 6.4-7 zeigt, können sehr viele Punkte ausgewählt worden sein. Welche Punkte gefunden werden, hängt auch sehr stark von der Wahl der Schwellwerte ab. Besonders im Wertebereich in der Nähe der Schwellwerte können gleiche Objektdetails in einem Bild ausgewählt und im anderen jedoch nicht ausgewählt worden sein.

Das Zuordnungsproblem entsteht im **Zusammenfinden homologer Punkte** und Linien(stücke) aus ähnlichen aber nicht gleichartigen Punkthaufen und Linienansammlungen. Beschränkt man sich auf Punkte, so liegt eine mögliche Vorgangsweise im Prüfen jedes Punktes des einen Bildes mit jedem Punkt des anderen Bildes, wobei als **Prüfkriterium**, ob es sich um homologe Punkte handeln könnte, die unmittelbare Punktumgebungen durch ein **Korrelationsverfahren** (z.B. LSM) oder mittels typischer Merkmale (z.B. Richtung des Grauwertgradienten) miteinander verglichen werden. Da es bei m Punkten (in Bild 1) und n Punkten (in Bild 2) theoretisch

$$m \cdot n - \frac{\min(m,n) \cdot (\min(m,n) - 1)}{2} \qquad (2.2\text{-}1)$$

$$\min(m,n) := \textit{Minimum von } n \textit{ und } m$$

Zuordnungsmöglichkeiten gibt, kann es zu einem umfangreichen, rechenintensiven Prüfaufwand kommen. Im praktischen Beispiel (siehe Bild B 6.4-7) wurden 350 Punkte ausgewählt. Unter der Annahme, daß im Partnerbild 400 gefunden wurden, wären maximal 78925 Überprüfungen notwendig. Man beachte, daß es sich bei diesem Beispiel um einen sehr kleinen Ausschnitt eines photogrammetrischen Modelles handelt, die Zuordnungsprüfung eines Gesamtmodells einen ungleich umfangreicheren Aufwand bedeutete. Nur durch extreme Beschränkung des Suchbereiches kann dieser Aufwand signifikant reduziert werden. Eine solche Beschränkung liefert die Topologie der nach und nach gefundenen Punkte. Auch brauchen bereits erfolgreich zugeordnete Punkte in der Folge nicht mehr weiter überprüft zu werden. Im Gegensatz zum LSM sind keine sehr genauen Näherungen für die vermutete Lage der homologen Punkte erforderlich, da ja eine Punktverteilung untersucht wird und nicht die Korrektur der Lage eines Einzelpunktes. Auch bei diesem Verfahren bewährt sich die Nutzung der Bildpyramide.

Wurde für die Punktextraktion der Förstner-Operator verwendet, kann der eigentliche Zuordnungsvorgang wieder auf **Subpixelgenauigkeit** erfolgen. Die Bestimmung der lokalen Maxima im w-Gebirge (siehe Bild B 6.4-5 bis 6.4-7) kann, wie schon bei der Korrelation mit dem Kreuzkorrelationskoeffizenten ausgeführt, auf Subpixel genau erfolgen, indem man eine Polynomfunktion wählt (Abschnitt B 6.1.2.2). Eine andere Vorgangsweise ist die Verwendung der Merkmalspunkte als Näherungswerte für ein jetzt zu startendes LSM-Verfahren. Sehr gute Näherungen für die Ausgangsposition sind damit garantiert.

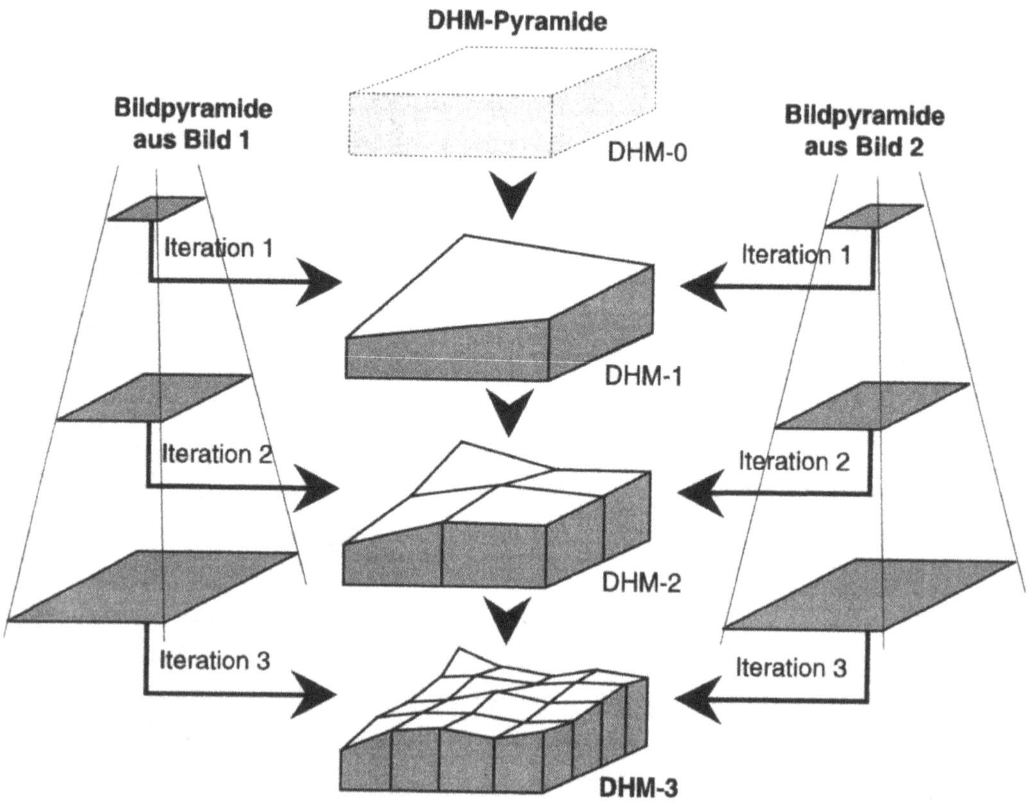

Figur 2.2-2: Verwendung von Bildpyramiden für das Matching eines Oberflächenmodelles

Oberflächenmatchingverfahren, die auf dem Interest-Operator nach Förstner basieren, sind ausgereift und werden auch in kommerzieller photogrammetrischer Software verwendet (z. B. "Match-T" von INPHO). Dabei werden **Bildpyramiden** eingesetzt, **die eine schrittweise Verfeinerung des Oberflächenmodells erlauben** (Figur 2.2-2). Das genäherte Oberflächenmodell für das *Matching* in der jeweils besseren Auflösungsstufe wird aus dem Ergebnis des *Matchings* aus der vorangegangenen Auflösungsstufe erhalten. Damit kann der Suchbereich für die Punktzuordnung stark eingeschränkt werden. Zusätzlich basiert dieses System auf durch Kernstrahlgeometrie normalisierten Bildpaaren (Abschnitt A 7.6). Dadurch reduziert sich der Suchbereich zusätzlich noch auf den eindimensionalen Fall.

Was die Verwendung von **Linieninformation für Zuordnungsaufgaben** betrifft, so sollen vorerst zwei Verfahren vorgestellt werden, die sich in der Praxis für Linienextraktionen bewährt haben. Beide Verfahren laufen darauf hinaus, die ersten bzw. zweiten Ableitungen des Grauwertbildes zu untersuchen.

Extraktion von Linien mittels

a. LoG und *Zero-Crossing*

b. Förstner-Operator

ad a) Ein weit verbreitetes Verfahren zum Extrahieren von Linien ist das sogenannte ***Zero-Crossing*** **im Zusammenhang mit dem LoG (*Laplacian of Gaussian*) Operator**. Der LoG-Operator ist die Verknüpfung eines leichten Tiefpaßfilters mit einem Hochpaßfilter. Die Faltungsmatrix des Gauß'schen Tiefpaßfilters *(Gaussian filter)* entspricht einem gewichteten Mittelwertfilter, wobei die Gewichte aus einer Gauß'schen Glockenkurve (als Modell für die zweidimensionale Normalverteilung) berechnet werden, die ihren Scheitel im Zentralelement der Faltungsmatrix hat. Die Definition der Kurve erfolgt über den Wert σ, der als mittlerer Abstand des zu unterdrückenden Rauschens interpretiert werden kann. Hauptzweck dieses Tiefpaßfilters ist das Unterdrücken von Details, die im wesentlichen durch Rauschen verursacht werden.

Anschließend an die Tiefpaßfilterung erfolgt eine Laplace-Filterung, die die zweiten Ableitungen des Bildes berechnet. Diese zwei Schritte sind zu einem einzigen Filter, dem LoG, vereinbar (siehe auch A 7.7.3). Der LoG ist theoretisch ein Null-Summenfilter. In einem homogenen Bildbereich liefert er den Wert Null. In der Praxis ist dieser ideale Fall nicht realisierbar, da die LoG-Funktion ins Unendliche reicht (Figur A 7.7-5) und damit eine unendlich große Filtermatrix verwendet werden müßte. Beim Abschneiden des Operators auf eine endliche Größe behalten die negativen Anteile die Oberhand. Bei einem homogenen Bildbereich erhält man deshalb nicht Null, sondern einen von Null verschiedenen Wert. (In der Matrix im Beispiel A (7.7-13) ist der Fehlbetrag $-8 \cdot 10^{-3}$; die Filterung eines einheitlichen Bereiches mit Grauwert 255 lieferte daher den Wert -2.04 statt 0). Dieser Effekt ist bei stark beschnittenen, aus großen σ entstandenen Filtermatrizen besonders zu beachten. Beim *Zero-Crossing* Verfahren, also der Nullstellensuche, führt daher dieser Fehlbetrag zu einer falschen Lage der extrahierten Linie. Am Beispiel einer vertikalen Stufenkante läßt sich die Wirkung sehr einfach durch Nachvollziehen der Faltung an benachbarten Kantenpixel als Formel ableiten. Es sei L der einheitliche Grauwert links der Kante und R jener rechts der Kante, weiters sei S_{LoG} die Summe des LoG-Operators und S_O die Summe der Mittelspalte des LoG-Operators. Die Fehllage Δx bei *Zero-Crossing* bzw. die Korrektur des *Zero*-Niveaus Δz, die zu einer richtigen Kantenlage führte, läßt sich nach folgenden Formeln errechnen:

$$\Delta z = \frac{1}{2} \cdot S_{LoG} \cdot (L+R)$$

$$\Delta x = \frac{\Delta z}{S_O \cdot (L-R)} = \left[\frac{1}{2} \cdot \frac{S_{LoG}}{S_O}\right] \cdot \frac{L+R}{L-R} = k_{LoG} \cdot Kontrast^{-1} \tag{2.2-1a}$$

Die Fehllage der extrahierten Kanten - eine Verschiebung in Richtung der dunklen Fläche - ist, wie man erkennen kann, direkt proportional dem Fehlbetrag des Operators und indirekt proportional dem Kontrast an der Kante. Der Fehler ist also umso größer, je heller das Bild und je kleiner die Grauwertdifferenz ist. Das Diagramm in Figur 2.2-2a zeigt die Auswertung dieser Formel für den in Beispiel A (7.7-13) angeführten Operator. Für eine vertikale Kante zwischen Flächen mit dem Grauwerten 150 und 180 (d.h. g=150, Δg=30) liest man eine Verschiebung Δx von -0.3 Pixel ab. Δz von -1.3 erhält man durch Multiplikation mit dem Wert $f_{\Delta g}$ (in diesem Beispiel 4.32 x -0.3): ein "*(-1.3)-Crossing*" führte zur richtigen Kantenlage.

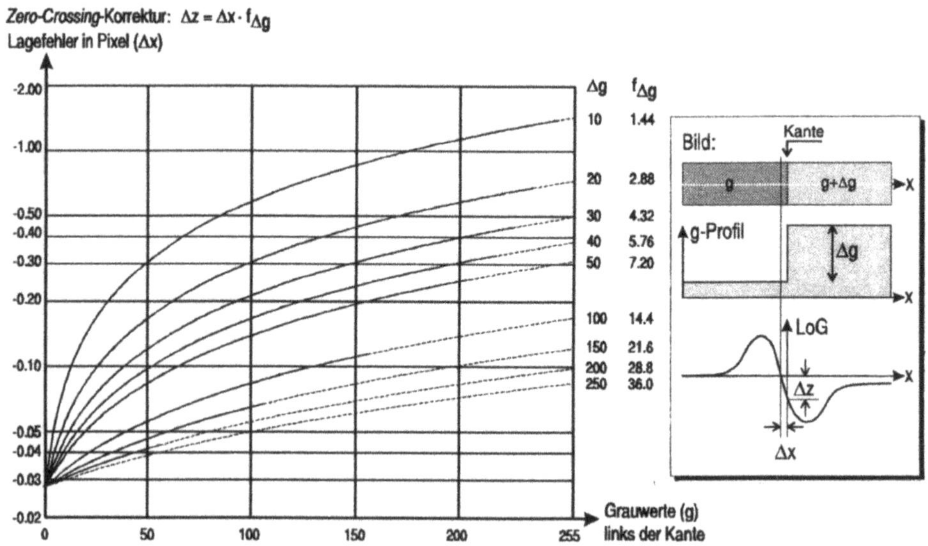

Figur 2.2-2a: Fehler der Kantenlage bei Zero-Crossing mit fehlerhaftem LoG-Operator

Aus dem Diagramm ist auch gut zu erkennen, daß der kleinste Δx-Fehler dann auftritt, wenn eine der Flächen den Grauwert 0 hat. Der Fehler ist dann unabhängig vom Grauwert der benachbarten Fläche.

Deutlicher sind jene Fehler, die in der Nähe von Ecken auftreten. Dort kommt es je nach Filtergröße zu einer deutlichen **Ausrundung der Ecke**, wobei der Fehler mehrere Pixel betragen kann (siehe Bild 2.2-3). Je größer die Filtermatrix, d.h. je größer das angenommene σ, desto größer der Fehler. Genaugenommen treten derartige Fehler immer dort auf, wo die Richtung der Kante von einer Geraden abweicht. Die Kante wird von der Knickstelle weg bis zur halben Filtermatrix nicht richtig wiedergegeben. Bei Ecken ist daher bei der Anwendung des LoG-Operators Vorsicht geboten. Operatoren, die Ecken besonders gut erkennen, wie z.B. der Förstner-Operator, können herangezogen werden, um die Gefahrenstellen für den LoG vorher zu markieren. In der Nähe von Förstner-Punkten sollte der LoG nicht verwendet werden.

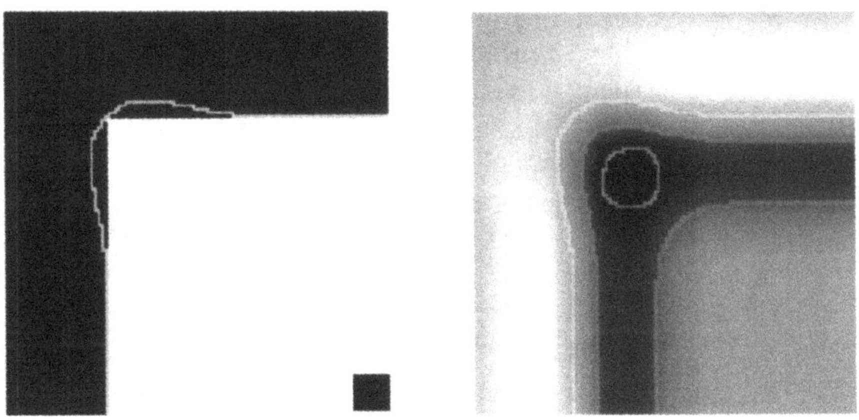

Bild 2.2-3: Beispiel einer Kantenextraktion mit LoG-Operator und Zero-Crossing
Links: Originalbild, überlagert mit Zero-Crossing-Linie (■ ≙ 1 Pixel)
Rechts: LoG-Bild, überlagert mit Linien gleicher LoG-Werte

ad b) **Mit dem Förstner-Operator ist auch Linienextraktion möglich**[1]. Statt die q-Werte (Gleichung B(6.4-6)) zum Auffinden von möglichst kreisrunden Fehlerellipsen zu verwenden, wird nach möglichst extremen Ellipsen gesucht. Je größer der Unterschied zwischen großer und kleiner Achse ist, desto eher markiert die große Achse die Richtung einer Kante im Ellipsenmittelpunkt. Da im Gegensatz zu den konventionellen Kantenextraktionsverfahren dadurch nicht nur ein Maß für das Gewicht der Kante gegeben ist, sondern auch deren Richtung bekannt ist, kann dieser Ope-

[1] Literatur: Huang Y., Trinder J., 1994: A feature-based approach to reconstruction of 3-D objects from digital images. IAPRS Vol.30-3/1, pp.391-398.

rator auch zur gezielten Verfolgung von Linien verwendet werden. Da auch der Förstner-Operator mit einer vorgegebenen Operatorgröße arbeitet, sind - wie beim LoG - die Kanten nicht exakt bis zu einer Ecke verfolgbar (siehe Bild 2.2-4). In der Nähe der Ecke ändern sich nämlich nicht nur die Verhältnisse der Achsen der Fehlerellipsen stark, sondern auch deren Richtungen. Das bedeutet aber, daß ab jener Entfernung, ab der die Ecke im Operatorfenster wirksam wird (das ist die halbe Operatorgröße), auch die Kantenlage falsch extrahiert wird[1].

Im Gegensatz zum LoG ist es jedoch möglich, die Ecke zu erkennen und exakt zu lokalisieren. Im Bild 2.2-4 sind, die durch den Kantenextraktionsalgorithmus gefundenen Kantenpunkte (einschließlich der Ecke) durch + markiert. Diese sind miteinander durch Linien zu verknüpfen. Man beachte, daß für die Linienverbindung einige Zusatzinformationen, die, wie bereits oben erwähnt, sich aus dem Verfahren selbst ergeben, zur Verfügung stehen: die Linienrichtung (Richtung der großen Ellipsenachse) und das "Gewicht" der Richtung (Verhältnis der großen zur kleinen Achse).

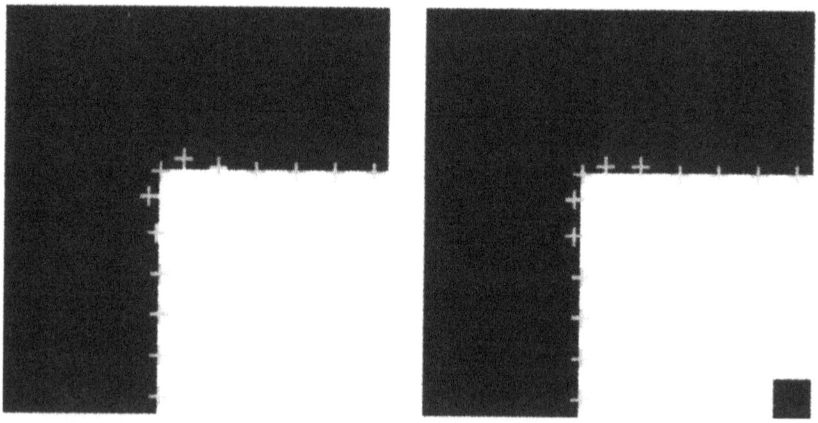

Bild 2.2-4: Eckenextraktion mit Förstner-Operator (■ ≙ 1 Pixel)
Links: 5x5 Förstner-Operator
Rechts: 3x3 Gaußfilterung und 5x5 Förstner-Operator

[1] Ein Vorteil des LoG-Operators war die Tiefpaß-Filterung, durch welche das die Kantenextraktion störende Rauschen unterdrückt werden kann. Eine ähnliche Filterung ist daher auch bei Verwendung des Förstner-Operators vorteilhaft. Ein Gauß'sches Mittelwertfilter bietet sich an, dessen Größe, wie bei LoG, über σ des Bildrauschens bestimmt werden kann. Damit handelt man sich aber wieder eine etwas ungenauere Bestimmung der Kanten in der Nähe von Ecken ein.

Linien als radiometrische Unstetigkeitsstellen fallen oft mit geometrischen Unstetigkeitsstellen der Objektoberfläche zusammen (Ausnahmen: Texturgrenzen (z.B. Felder, Beschriftungen), Schattengrenzen und Silhouetten)[1] siehe Figur 2.2-5). **Geometrische Unstetigkeitsstellen bewirken in den meisten Fällen radiometrische Unstetigkeitsstellen** (Ausnahmen: zwei aufeinanderstoßende Ebenen mit gleichem Grauwert). In nahphotogrammetrischen Anwendungen ist die geeignete Beleuchtung ein Kriterium, ob wichtige Objektmerkmale erkennbar sind und damit das Objekt auswertbar wird. Figur 2.2-5a zeigt ein Beispiel aus der Praxis der Fertigungskontrolle[2]: Aus Videoaufnahmen (links) sollen die jene Elemente durch Kantenextraktion (rechts) gefunden werden, die den Vergleich mit der "Strichzeichnung" des CAD-Entwurfes ermöglichen. Eine der Hauptschwierigkeiten wird deutlich erkennbar: die Kantenextraktion liefert sehr viele Linienelemente, die offensichtlich weder Konstruktionsdetails, noch homologe Elemente (eines Stereobildes) sein können. Die Ursachen sind Spiegelungen, Schatten und Objektumrisse. Ein Auswertealgorithmus muß daher auch solche Problembereiche verläßlich behandeln können.

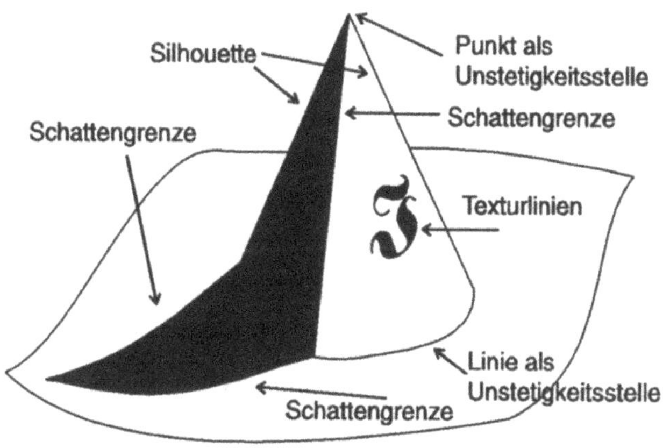

Figur 2.2-5: Kanten im Bild und deren Bedeutung im bezug auf die Gestalt der Objektoberfläche

---

1 Während Texturlinien und Kantenlinien Information für die Rekonstruktion der Objektoberfläche liefern, sind Schattenlinien problematischer, da sich die Beleuchtungrichtung zwischen den Aufnahmezeitpunkten verändern haben könnte. Dann dürfen Schattenlinien nicht verwendet werden. Auch Silhouetten sind nicht unmittelbar für eine Objektrekonstruktion geeignet, können aber unterstützend eingesetzt werden (z.B.: Vaillant R., Faugeras O.D., 1992: Using extremal boundaries for 3-D object modeling. IEEE PAMI, Vol.14/2, pp.157-173. Fromherz Th., Bichsel M., 1995: Multiple depth and normal maps for shape from multiple views and visual cues. IAPRS, Vol.30/5W1, pp.186-194)

2 Huang Y., Trinder J., Donnelly B., 1996: Object recognition for a flexible manufacturing system. IAPRS Vol.31/B5, pp.253-258.

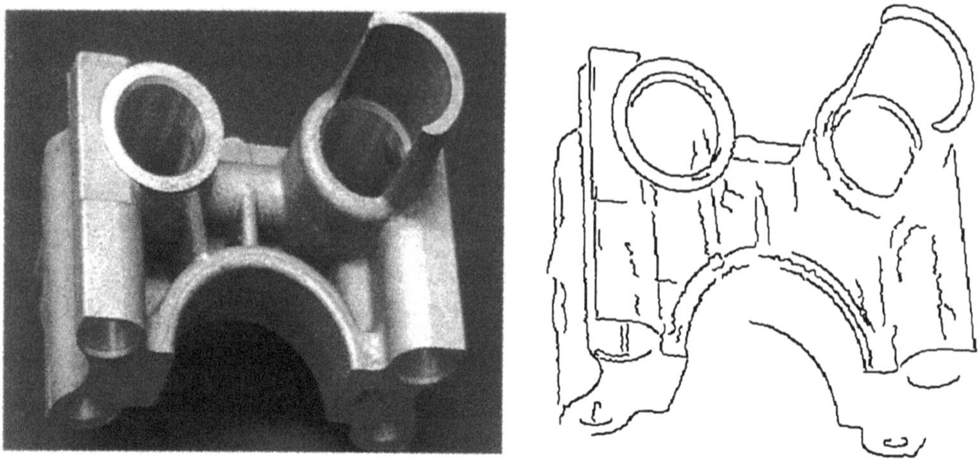

Figur 2.2-5a: Videoaufnahme und extrahierte Kanten zum Zwecke einer Fertigungskontrolle.

Ein anderes Problem liegt in den Linienextraktionsverfahren und in den Zuordnungshilfen versteckt. Vor der eigentlichen Linienextraktion wird oft durch Bildverarbeitungsprozesse die geometrische Auflösung reduziert, um einerseits störende Einflüsse des Rauschens zu unterdrücken oder um andererseits durch Reduktion der Datenmenge (durch Erzeugung von Bildpyramiden) eine hierarchische Vorgangsweise zu ermöglichen. Das geometrische Auflösungsvermögen ist aber entscheidend für die eindeutige Wiedergabe von Kleinstrukturen des Objektes im Bild. Den funktionalen Zusammenhang zwischen Objektdetails und Wiedergabe im Bild liefert das Abtasttheorem (siehe Abschnitt A 7.2.1). **Ist das Abtastkriterium nicht erfüllt, so sind entweder überhaupt keine Linien auswertbar oder es entstehen** (für Bilddetails, deren Ortsfrequenz nahe der kritischen Abtastweite liegt) **sogenannte Verflechtungseffekte** *(aliasing)*. *Aliasing* bewirkt, daß im Bild Linienstrukturen erscheinen, die in der Natur nicht vorhanden sind, wobei selbst die Richtung der neuen Linie mit jener der ursprünglichen nicht übereinstimmen muß.

Mit solchen Fehlern ist in Bereichen zu rechnen, bei denen mehr oder weniger parallele Kantenstrukturen vorhanden sind. Derartige Effekte mögen bereits im Originalbild vorhanden sein, sie können aber, wie angedeutet, auch durch Bildverarbeitungsoperationen (Pyramidenbildung und Tiefpaßfilterung) entstehen. Das Auftreten neuer, früher nicht existenter Kanten oder geometrischer Verschiebungen von Kanten wird auch als **Phantom-**

kantenbildung bezeichnet[1]. Ein Beispiel, wie schon eine einfache Filterung mit bewegtem Mittelwert die Kantenlage im Bild verändern kann, zeigt Figur 2.2-6.

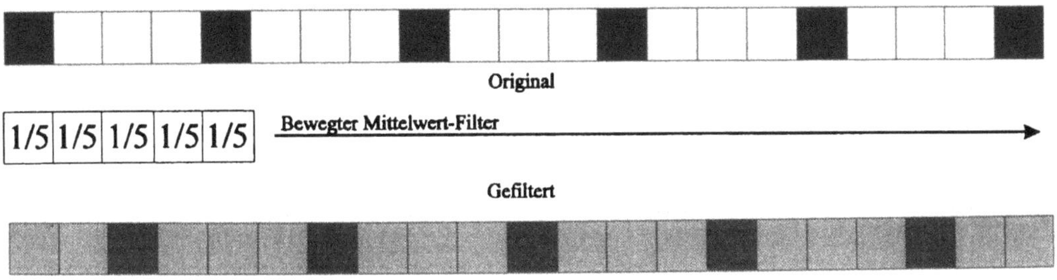

Figur 2.2-6: Linienversetzung nach einer Tiefpaßfilterung mittels Faltung

Die **Zuordnung homologer Linien** ist wesentlich komplexer als die Punktzuordnung, da auch die Gestalt der Linien vielfältiger sein kann. Ein und dieselbe Objektlinie kann in den verschiedenen Bildperspektiven deutlich anders aussehen. Erschwerend kommt hinzu, daß oft nicht die gleichen Linienabschnitte extrahiert wurden. Wenn möglich, sollte nach dem Extraktionsprozeß ein Gruppierungsprozeß laufen, der kleine Liniensegmente zu längeren zusammensetzt. Dieses Zusammensetzen kann durch einfaches Überbrücken von kleinen Lücken erfolgen, wobei zu prüfen ist, ob die Tendenz der Linienführung logisch (d.h. im allgemeinen stetig) verläuft. Vorteilhafter ist es, beim Schließen von Lücken wieder auf den Originalbildinhalt zurückzugreifen und mit einem adaptiv verfeinerten Linienextraktionsalgorithmus die Hypothese der Verbindung zu testen. Auch beim Zuordnen von Linien arbeitet man am besten mit einschränkenden Bedingungen (z.B. Kernstrahlengeometrie). Als "Erkennungsmerkmal" kann die Analyse des (koordinatensystem-invarianten) Krümmungsverlaufes dienen. Bei starken perspektiven Verzerrungen versagen Krümmungsverhältnisse als Erkennungsmerkmale.

Sind homologe Linienstücke einmal gefunden, so ist es für deren 3D-Bestimmung nicht notwendig, auf ihnen homologe Punkte zu bestimmen. Bei geeigneter parametrischer Darstellung (z.B. als 2D-Splines) kann mit Unterstützung eines Bündelausgleichsverfahrens

---

[1] Clarc J.J. 1988: Singularity theory and phantom edges in scale space. IEEE PAMI, Vol.19/5, pp.720-726. Heikkilä J.: 1989: Multiscale representation with Förstner operator. The Photogrammetric Journal of Finland, Vol.11/2, pp.40-59. Lu Y., Jain, R. 1989: Behaviour of edges in scale space. IEEE PAMI, Vol.11/4, pp.337-356.

unmittelbar die räumliche Kurve (z.B. als 3D-Spline) ermittelt werden.[1]

2.2.3 Bildzuordnung in Bildverbänden mit geometrischen Zwängen

Gemeinsames *Matching* mit mehreren Bildern unter gleichzeitiger Einführung von geometrischen Bedingungen erhöht sowohl die Genauigkeit als auch die Zuverlässigkeit. In dem hier besprochenen Algorithmus kommt wiederum *Least Squares Matching* (LSM) zur Anwendung. Wichtig ist, daß das geometrische Abbildungsmodell und das *Matching*-Verfahren über verknüpfende Unbekannte in einer Ausgleichung formuliert werden.

Geht man vom Standardfall des LSM aus und erklärt ein Bild als Referenzbild und die anderen n Bilder als Suchbilder, so kann man für ein vorgegebenes *Matching*-Fenster (mit m_1 x m_2 Pixel) im Referenzbild n LSM-Systeme aufstellen. Diese so erhaltenen n x m_1 x m_2 Verbesserungsgleichungen sind zwar über das Fenster im Referenzbild miteinander verbunden, mathematisch gesehen aber vollkommen **unabhängige Systeme**.

Berücksichtigt man die **Abbildungsgeometrie**, dann kann man für jedes der $n+1$ Bilder die bekannten Gleichungen der **Perspektive** (A (2.3-2)) aufstellen. Die mit Hilfe des LSM zu bestimmenden Verschiebungen des Fensters sind demnach nicht frei wählbar. Die jeweils neuen Lagen der Fenstermittelpunkte müssen die Abbildung der Perspektive ebenfalls erfüllen. Auf diese Weise ist die Verbindung der Verbesserungsgleichungen des *Matching*problems mit jenen des Bündelausgleichsproblems gegeben. Für den Sonderfall der Zweibildauswertung heißt dies nichts anderes, als daß sich der Mittelpunkt des Fensters im Suchbild nur entlang jenes Kernstrahles bewegen darf, der durch den Mittelpunkt des Fensters im Referenzbild (und die Orientierungsparameter) definiert ist.

Da das geometrische Bündelmodell angewandt wird, ist es auch nicht mehr notwendig, das *Matching* auf die Bildebene zu beschränken, indem man nur relative Verschiebungen eines Fensters im Suchbild gegenüber dem vorgegebenen Fenster im Referenzbild zuläßt. Die Verbindung mit dem Objektkoordinatensystem erlaubt, LSM über den **Objektraum** zu steuern. Der Begriff Referenzbild ist damit hinfällig. **Jedes Bild wird gleichwertig.**

---

[1] Forkert G., Kerschner M, Prinz R., Rottensteiner F., 1995: Reconstruction of free-form spatial curves from digital images. IAPRS, Vol.30/5W1. Forkert G., 1994: Die Lösung photogrammetrischer Orientierungs- und Rekonstruktionsaufgaben mittels allgemeiner kurvenförmiger Elemente. Geowissenschaftliche Mitteilungen der TU Wien, Heft 41.

In der Folge seien (nach Grün und Baltsavias)[1] drei Varianten unterschieden, die anhand der Geländemodellerfassung erklärt werden sollen (Figure 2.2-7):

- **"XYZ-Version":** Die bekannte Vorgangsweise (mit Referenzbild und Suchbild) liefert XYZ-Koordinaten, die auf dem Abbildungsstrahl, der zum Fenster des Referenzbildes gehört, liegen müssen.
- **"Z-Version"**: Will man die Geländepunkte in einem regelmäßigen Grundrißraster erfassen, so werden die XY-Positionen vorgegeben und LSM bestimmt nur mehr die Z-Koordinate (siehe auch Figur A 7.7-7).
- **"EO-Version"**: Bisher wurde davon ausgegangen, daß man die Orientierungsparameter kennt. Das algorithmische Modell ermöglicht aber auch den allgemeinsten Fall: die gleichzeitige Bestimmung der Orientierungsparameter und der XYZ-Koordinaten von Punkten, die mit Hilfe von LSM in beliebiger Verteilung ermittelt werden. Diese Vorgangsweise kann als Bündelausgleich mit integrierter Messung der Bildkoordinaten angesehen werden. Da damit auch die Orientierungselemente bestimmt werden, erhält diese Variante den Namen "**E**xterior **O**rientation-Version".

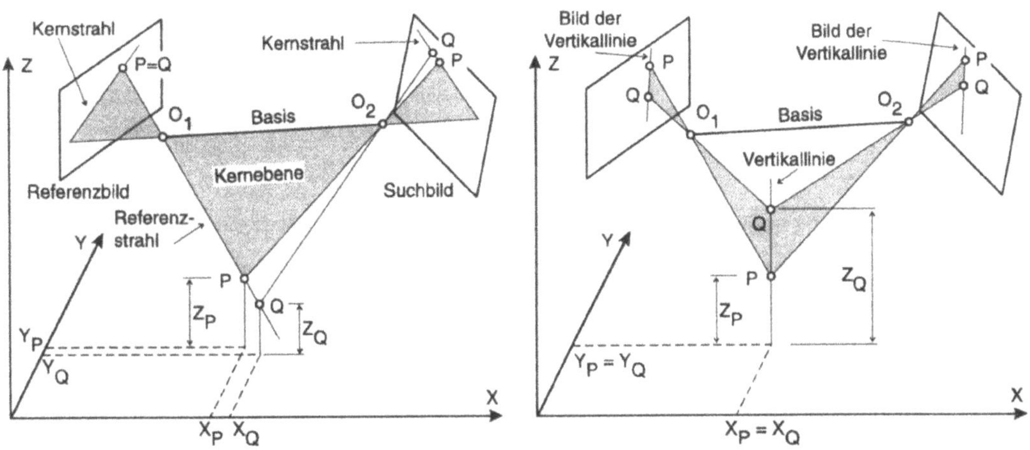

Figur 2.2-7: Zweibildfall XYZ-Version (links) und Z-Version (rechts) (Grün, Baltsavias)

Die **Verbesserungsgleichungen für LSM** (siehe A (7.3-6) oder FE Abschnitt 6.10.2) werden dabei für den zweidimensionalen Fall angesetzt, wobei als Transformation zwischen

[1] Grün A., Baltsavias E., 1988: Geometrically constrained multi-photo matching. PE&RS, Vol.54/5. Baltsavias E., 1991: Multiphoto geometrically constrained matching. ETH Zürich, Inst. f. Geodäsie und Photogrammetrie, Mitteilungen Nr.49.

den beiden Zuordnungsfenstern eine Affintransformation verwendet wird (Annahme: das betreffende Oberflächenelement kann durch eine Ebene genau genug angenähert werden und wegen des winzigen Öffnungswinkels kann eine Parallelprojektion die perspektive Abbildung ersetzen). Allgemein gilt für LSM:

$$ {}_1(x,y) = C \cdot {}_2(a_{11}x + a_{21}y + b_{x_2}\,,\, a_{12}x + a_{22}y + b_{y_2}) + D \qquad (2.2\text{-}2) $$

Von den Transformationsparametern interessieren uns in der Folge besonders die Verschiebungsparameter b_{x2} und b_{y2}. Nach Linearisierung und Einsetzen von Näherungswerten erhält man die Verbesserungsgleichungen:

$$ \begin{aligned} v(x,y) = {} & \left(\frac{\partial g_1}{\partial a_{11}}\right) da_{11} + \left(\frac{\partial g_1}{\partial a_{12}}\right) da_{12} + \ldots + \left(\frac{\partial g_1}{\partial b_{x_2}}\right) db_{x_2} + \left(\frac{\partial g_1}{\partial b_{y_2}}\right) db_{y_2} + \ldots \\ & \ldots + \left\{\left(\frac{\partial g_1}{\partial C}\right) dC + dD\right\} - \left(g_1(x,y) - g_1^0(x,y)\right) \end{aligned} \qquad (2.2\text{-}3) $$

Der in {...} geschriebene Teil enthält die Parameter für die Helligkeits- und Kontrastanpassung innerhalb des *Matching*fensters. Es hat sich in der Praxis bewährt, diese beiden Größen nicht in den *Matching*ausgleich hineinzunehmen, da sie im allgemeinen eine Verschlechterung des Konvergenzverhaltens, auch im Falle der Multibildzuordnung, bewirken. Es ist daher vorteilhafter, vor dem Aufstellen der Verbesserungsgleichungen eine vom Ausgleich unabhängige Grauwertanpassung durchzuführen.

Mit obigen Verbesserungsgleichungen kann ein im Referenzbild fest vorgegebenes Fenster im Suchbild positioniert werden. Die Bildkoordinaten des Fenstermittelpunktes im Referenzbild bewegen sich dabei aber nicht (Fall "XYZ-Version", Figur 2.2-7 links). Dieses Ausgleichsmodell läßt somit nicht zu, daß für zwei im Objektraum vorgegebene Koordinaten durch *Matching* die dritte Koordinate bestimmt wird (Fall "Z-Version", Figur 2.2-7 rechts). Die **Erweiterung der Verbesserungsgleichungen** um die kleinen Verschiebungsgrößen b_{x1} und b_{y1} im Referenzbild ist daher sinnvoll. Das geschieht, indem man das Absolutglied durch folgenden Ausdruck ersetzt[1]:

[1] Man beachte, daß diese Erweiterung nur für die "Z-Version" erlaubt ist, bei der die Verschiebungen in den einzelnen Bildern über ein vorgegebenes Z miteinander verknüpft sind. In der "XYZ-Version" erhielte man ein singuläres Gleichungssystem, da wegen der beliebigen Verschiebbarkeit der Bildpunkte entlang der Kernstrahlen unendlich viele Lösungen (für die Tripel XYZ) abgedeckt würden.

$$\ldots - \left(g_1(x,y) - g_1^0(x,y)\right) \quad \text{wird ersetzt durch:}$$
$$\ldots - \left(g_1(x+b_{x_1}, y+b_{y_1}) - g_1^0(x,y)\right) \quad \text{und nach Linearisierung:} \qquad (2.2\text{-}4)$$
$$\ldots - \left(g_1(x,y) + \left(\frac{\partial g_1}{\partial b_{x_1}}\right) db_{x_1} + \left(\frac{\partial g_1}{\partial b_{y_1}}\right) db_{y_1} - g_1^0(x,y)\right)$$

Der zweite Teil des Ausgleiches betrifft den geometrischen Teil des Bildverbandes (siehe Abschnitt A 5.3). Die Verbesserungsgleichungen (A (5.3-5)) sind ebenfalls leicht zu verändern. Die Terme $\bar{x}_{ij}$ bzw. $\bar{y}_{ij}$ (≙ gemessenen Bildkoordinaten) werden aufgespalten in $\tilde{x}_{ij} + dx_{ij}$ bzw $\tilde{y}_{ij} + dy_{ij}$. $\tilde{x}$ und $\tilde{y}$ sind die näherungsweise bekannten Bildkoordinaten als Startwerte für den *Matching*prozeß.

$$v_{xij} = \left(\frac{\partial x}{\partial X_{0j}}\right)^0 dX_{0j} + \ldots + \left(\frac{\partial x}{\partial X_i}\right)^0 dX_i + \ldots + \left(\frac{\partial x}{dZ_i}\right)^0 dZ_i - dx - \left(\tilde{x}_{ij} - x^0_{ij}\right)$$
$$v_{yij} = \left(\frac{\partial y}{\partial X_{0j}}\right)^0 dX_{0j} + \ldots + \left(\frac{\partial y}{\partial Y_i}\right)^0 dY_i + \ldots + \left(\frac{\partial y}{dZ_i}\right)^0 dZ_i - dy - \left(\tilde{y}_{ij} - y^0_{ij}\right) \qquad (2.2\text{-}5)$$

Die Größen dx und dy sind Unbekannte, die eine Verbesserung der Näherungskoordinaten $\tilde{x}$ und $\tilde{y}$ zulassen. Sie sind ident mit den Verschiebungsparametern db_x und db_y in den Verbesserungsgleichungen des *Matchings* (2.2-3) und (2.2-4). Durch diese Verschiebungsparameter ist der Zusammenhang zwischen *Matching* und Bündelblock gegeben. Das *Matching* sorgt für die Verbesserung der Bildkoordinaten in Richtung zum homologen Punkt, der Bündelblockausgleich für die Einhaltung der perspektiven Abbildung.

Die Verbesserungsgleichungen (2.2-5) entsprechen der früher angesprochenen "EO"-Variante. In der "Z"-Variante werden die Objektpunktkoordinaten (X,Y) als feste Parameter vorgegeben; in der "XYZ"-Variante werden Orientierungsparameter fest vorgegeben. Anzumerken bleibt, daß der *Matching*prozeß in Grauwerten mit den Koordinateneinheiten "Pixel" formuliert ist, während der Bündelausgleich üblicherweise mit (metrischen) Bildkoordinaten arbeitet. Um die beiden Verbesserungsgleichungen wirklich verknüpfen zu können, ist eine Homogenisierung erforderlich (Abschnitt B 3.5-10). Wird mit Amateurkameras gearbeitet (z.B. mit digitalisierten Videobildern oder mit digitalen Kleinbildkameras), dann müssen auch noch zusätzliche Parameter eingeführt werden (Abschnitt B 5.2.4).

Die **Vorteile dieses Verfahrens der Mehrbildzuordnung in einem Guß**:

- Größere Toleranz beim Konvergenzradius. D.h. das Verfahren ist weniger empfindlich auf schlechte Näherungen für die Startpositionen des Matchings. Abhängig von der Qualtität der Bilder und von der Anzahl beteiligter Bilder, ist es möglich, selbst bei

Näherungen bis zu 12 Pixel noch immer Konvergenz zu erreichen. Stellen mit guten Näherungen unterstützen jene mit schlechten.

- Größere Sicherheit beim Erkennen von Fehlzuordnungen (z.B. Zuordnung zu einem ähnlichen Nachbarpunkt, Konvergenz zu einem Nebenmaximum), da ja die geometrischen Bedinungen eines Bündelblockes erfüllt sein müssen. Bildstellen mit guter Qualität und eindeutigen Lösungen unterstützen Stellen mit schlechter Qualität und Mehrdeutigkeiten.
- Verdeckungen und Abschattungen können eventuell erkannt werden, wenn der betroffene Bereich durch mehr als ein weiteres Bild gedeckt wird.

2.2.4 Objektraumbasierte Bildzuordnung[1]

Die im vorangegangenen Kapitel beschriebenen Verfahren laufen im Bild ab. Die erwähnten Versionen "XYZ" und "Z" bezogen sich einzig auf die geometrischen Freiheitsgrade im Objektraum und nicht auf das *Matching* als solches. Die Berücksichtung des Objektraums ist z.B. bei LSM einzig durch die Einführung der Affintransformation als Funktion in der Weise gegeben, daß sie imstande ist, die Abbildung von Objektdetails geometrisch mit ausreichender Genauigkeit zu beschreiben. Daraus wiederum folgt, daß zwei homologe Bilddetails zueinander affin eingepaßt werden können. Sonstige Zugeständnisse an die Modellierung der Abbildung werden nicht gemacht.

Den bekannten LSM-Ansatz kann man aber auch auf den Objektraum erweitern, indem man die Abbildung sowohl geometrisch als auch radiometrisch auf das aufgenommene Objektdetail zurückführt. Es erfolgt also eine Rückabbildung der Bildinhalte auf das Objekt. Ist die Formulierung der Rückabbildungfunktion korrekt, so sollte man bei richtiger Bestimmung der Parameter aus zwei homologen Bilddetails ein- und dasselbe Objektdetail, und zwar geometrisch und radiometrisch, erhalten. Das *Matching* wird also in den Objektraum verlegt, d.h. die Parameter des mathematischen Modelles werden solange verändert, bis die Objektdetails, abgeleitet von den Bildern, optimal übereinstimmen.

---

[1] Wrobel B., 1987: Digitale Bildzuordnung durch Facetten mit Hilfe von Objektraummodellen. BUL 55/3. Wrobel B., 1987: Einige Überlegungen über die theoretischen Grundlagen der digitalen Photogrammetrie. BUL 55/4. Wrobel B., 1988: Least squares methods for surface reconstructions from images. IAPRS, Vol.27/B3. Helava U.V., 1988: Object-space least-squares Correlation. PE&RS, Vol.54/6. Ebner H., Heipke C., 1988: Integration of digital image matching and object surface reconstruction. IAPRS, Vol.27/B11. Heipke C., 1990: Integration von Bildzuordnung, Punktbestimmung, Oberflächenrekonstruktion und Orthoprojektion innerhalb der digitalen Photogrammetrie. DGK Reihe C, Nr.366.

Ist eine Lösung gefunden, so hat man die exakte Zuordnung homologer Bildausschnitte hergestellt und zusätzlich alle Parameter für die Rückabbildung (z.B. radiometrische Parameter) ermittelt. Dadurch wird es möglich, den "idealen" Intensitätswert der Objektoberfläche zu erhalten, also Objektintensitäten, die aus den Bildintensitäten durch Korrektur von Blickrichtungs- und Beleuchtungseffekten gewonnen werden konnten. Was auffällt, ist die Tatsache, daß mit dem *Matching*vorgang nicht nur die Objektoberflächen dreidimensional erfaßt werden, es werden auch die Probleme der Orthophotoherstellung simultan gelöst (Grauwertzuordnung zu Referenzsystempositionen und Grauwertanpassung an Mosaikschnittstellen). Dieses Verfahren ist nicht auf das Zuordnen zweier Bilder beschränkt, es gibt kein "Referenzbild" und kein "Suchbild", wie es beim LSM besprochen wurde, obwohl die Kleinste-Quadrate-Anpassung im Prinzip beibehalten werden kann und damit auch die Vorteile der Fehlerrechnung für die Ableitung von Genauigkeitsmaßen zur Verfügung stehen.

Um das Prinzip zu erklären, führen wir (nach Wrobel) neben dem bereits bekannten Begriff "Pixel" jenen des "Surfels" (*surface elements*) ein. Ein **Surfel als Basiselement im Objektraum** hat ein bestimmtes Reflexionsverhalten, besitzt 3D-Koordinaten und eine Oberflächenneigung. Daraus ergibt sich eine bestimmte optische Dichte. Wie Pixels können für Surfels auch Pyramidenstrukturen abgeleitet werden. Die Größe eines Originalsurfels entspricht i.a. sinnvollerweise etwa der Größe eines auf die Objektoberfläche projizierten Pixels, kann aber auch wesentlich größer sein.

Das mathematische Modell versucht den Abbildungsvorgang des Surfels zu modellieren. Die allgemeine Formel für die Rückabbildung eines Surfels in das Bild kann wie folgt geschrieben werden (Hinweis: ^{b} gibt an, daß sich die Größen auf das Bild b beziehen (b= 1,2,...,B)):

$$ {}^{b}(\, , \,) + v_{b}(\, , \,) = {}^{b}\{ (\, , \, ;P_{C,j}), \tilde{}(\, ,Y; \, _{kl}), \tilde{Z}(\, ,Y;Z_{rs}), L(\, ,Y,P_{L,s}) \} \quad (2.2\text{-}6) $$

Die Funktion $D^{b}()$ repräsentiert die Dichte im Bild, also die Beobachtungen (wobei $v_{D}{}^{b}$ das die Bilddichte verfälschende Rauschen angibt). Die Funktion $D^{b}\{\}$ stellt die Modellierung der "synthetischen" Abbildung dar. Folgende Parameter wurden hier berücksichtigt:

$C(x,y;P_{C,j})$ Das **Kameramodell** mit den Parametern $P_{C,j}$, bestehend aus C geometrischen (innere und äußere Orientierung) und j radiometrischen Parametern. Im Falle einer kalibrierten und orientierten Kamera sind möglicherweise alle Parameter bekannt.

$\tilde{D}(X,Y;D_{kl})$ optische **Dichtefunktion** im Objektbereich, bestimmt durch $k \cdot l$ Stützwerte D_{kl} (mit k,l=1,2...) als Approximation der tatsächlichen Dichtefunktion D.

$\tilde{Z}(X,Y;Z_{rs})$ **Oberflächenfunktion** des Objektes, bestimmt durch $r \cdot s$ Stützwerte Z_{rs} (mit r,s=1,2...) als Approximation der tatsächlichen Oberflächenfunktion Z.

$L(X,Y;P_{L,t})$ **Beleuchtungsmodell** mit der Lichtquelle L und den Parametern $P_{L,t}$ (mit t=1,2...).

Die Parameter, die in $D^b\{\}$ enthalten sind, müssen so bestimmt werden, daß die Abweichungen zwischen $D^b\{\}$ und $D^b()$ ein Minimum werden. Die folgende Gleichung ist daher die Verbesserungsgleichung für einen Ausgleich nach kleinsten Quadraten. Man beachte, daß $v_D{}^b$ nicht nur, wie ursprünglich angenommen, das stochastische Rauschen enthält, sondern auch jene Fehler zu kompensieren hat, die durch $D^b\{\}$ nicht modelliert werden.

$$v_{D^b}(x,y) = D^b\{...\} - D^b(...) \qquad (2.2\text{-}7)$$

Das allgemeine Abbildungsmodell kann sehr kompliziert sein (Modellierung der Eigenschaften der Lichtquelle, der Eigenheiten der Atmosphäre und des Reflexionsverhaltens der Surfel). Daher geht man üblicherweise vorerst von **vereinfachten Annahmen** aus, etwa:

- Verwendung eines konstanten Beleuchtungsmodelles für alle beteiligten Aufnahmen (z.B. im Luftbildfall eine gleichbleibende Beleuchtung während des gesamten Aufnahmevorganges, d.h. das Beleuchtungsmodell darf aus obiger Gleichung eliminiert werden),
- Vernachlässigung der atmosphärischen Bedingungen und
- Annahme der Objektoberfläche als Lambertscher (d.h. ideal diffuser) Reflektor (Abschnitt FE 2.3).

Die Gleichung (2.2-6) in ihrer allgemeinen Form ist für eine Vielzahl von Abbildungsverfahren gültig, es brauchen lediglich die entsprechenden Abbildefunktionen eingesetzt zu werden. Im Falle von Distanzbildern etwa (erhalten durch *Laser Range Finder*) kann der D-Term entfallen. Es wird aber auch klar, daß trotz vereinfachter Voraussetzungen - wegen der vielen ortsabhängigen Unbekannten - **eine Lösung des Problems Pixel für Pixel nicht möglich ist**. Der Ausweg liegt im Einführen eines funktionalen Zusammenhanges über mehrere Surfels hinweg, den sogenannten **Facetten**. Sowohl die Objektoberfläche (Z(X,Y)) als auch die Dichte (D(X,Y)) wird über Facetten modelliert. Die dafür verwendeten analytischen Funktionen ($\tilde{Z}(X,Y)$ bzw. $\tilde{D}(X,Y)$), die Surfels einer Facette verbinden, sollen eine Annäherung an die wirklichen Verhältnisse erlauben und sind prinzipiell frei wählbar. Führt man eine regelmäßige Rasterstruktur ein, die sich bei digitalen Geländemodellen bewährt hat, so könnte das bekannte hyperbolische Paraboloid Verwendung finden (=bilineare Interpolationsfläche, siehe z.B. Abschnitt C 1.1.1.2).

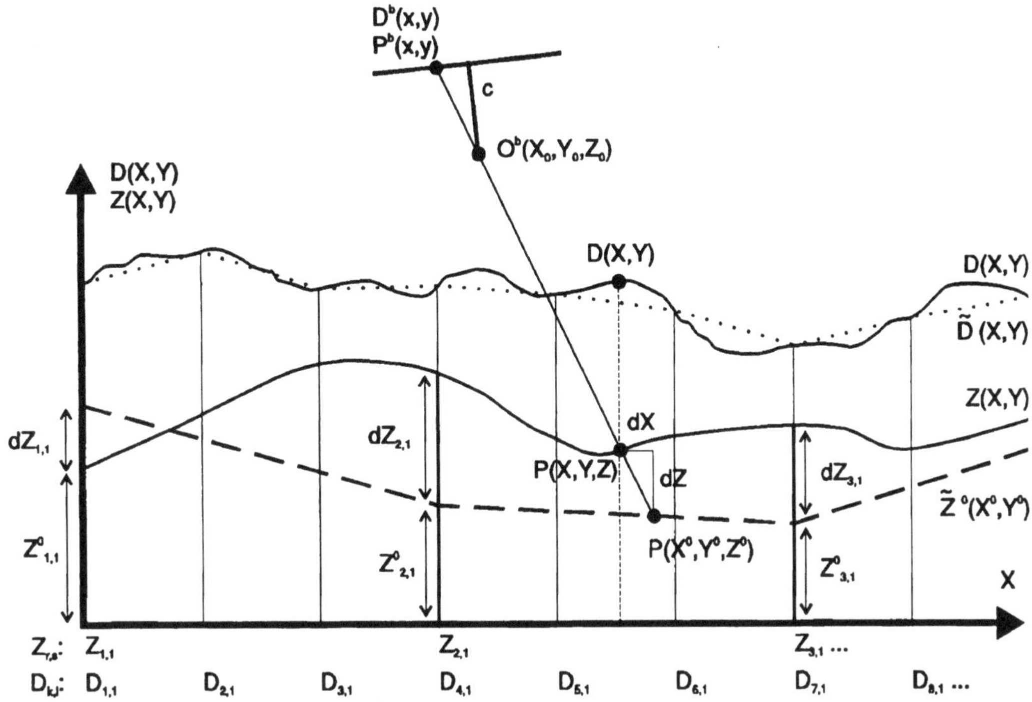

Figur 2.2-8: Prinzip der objektraumbasierten Bildzuordnung

Zum besseren Verständnis einer möglichen Vorgangsweise seien vorerst die **Verhältnisse für ein Einzelbild** (Bild b aus einer Anzahl von B Bildern) zu betrachten, wobei wir - ohne Beschränkung für eine spätere Erweiterung des algorithmischen Modelles - annehmen wollen, daß die innere und äußere Orientierung der Kamera vorgegeben sind (Figur 2.2-8). Die Abbildungsgeometrie ist also durch die bekannten Formeln der Zentralperspektive definiert. Das aufgenommene Bild ist ein geometrisches Abbild der Z-Funktion und ein radiometrisches Abbild der D-Funktion. Unter Einführung einer einfachen radiometrischen Modellierung (mit Helligkeit d_0 und Kontrast d_1) gilt folgende radiometrische Abbildungsfunktion:

$$\left\{D^b(x_i,y_i)+v_{D^b}(x_i,y_i)\right\} \cdot d^b_{\;1} + d^b_{\;0} = D(X_i,Y_i) \qquad (2.2\text{-}8)$$

Der Index i, der angibt, daß innerhalb einer gewählten Facette alle Bildelemente durchlaufen werden, wird in der Folge nicht mehr angeführt. Obige Gleichung läßt sich linearisieren, indem man für $d^b{}_1 = 1 + d(d^b{}_1)$ setzt. Die Gleichung (2.2-8) lautet daher[1]:

$$D^b(x,y) + v_{D^b}(x,y) + d^b{}_0 + D^b(x,y) \cdot d(d^b{}_1) = D(X,Y) \qquad (2.2\text{-}9)$$

Weiters wird die Dichtefunktion D(X,Y) im Objektraum stückweise durch Interpolationsfunktionen, die durch die $k \cdot l$ Stützwerte $D(X_k, Y_l)$ definiert sind, modelliert. Die tatsächliche Dichtefunktion D(X,Y) kann durch die Dichtefunktion $\tilde{D}(X,Y)$ approximiert werden:

$$D(X,Y) \approx \tilde{D}(X,Y) = \sum_{k,l} \alpha_{k,l}(X,Y) \cdot D(X_k,Y_l) \qquad (2.2\text{-}10)$$

Dabei stellen α Gewichte mit $\Sigma\ \alpha_{k,l} = 1$ dar (im Abschnitt FE 6.4.1 sind solche Interpolationen mit entsprechenden Gewichtsfunktionen ausführlich beschrieben). Werden die $\tilde{D}(X_k, Y_l)$ in einem Quadratraster definiert, so eignet sich als Interpolationsfunktion, wie früher erwähnt, die bilineare Interpolation. Dieselben Überlegungen gelten auch für die Höhenfunktion Z(X,Y). Auch sie soll stückweise durch Interpolationsfunktionen beschrieben werden. Wir erhalten

$$Z(X,Y) \approx \tilde{Z}(X,Y) = \sum_{r,s} a_{r,s}(X,Y) \cdot Z(X_r,Y_s) \qquad (2.2\text{-}11)$$

mit den Gewichten a mit $\Sigma\ a_{r,s} = 1$. Nach Einführung der Facettenflächen für die Dichte- und Höhenfunktion und geeigneter Linearisierung (Details der Ableitung entnehme man der angegebenen Literatur) ergibt sich ein Verbesserungsgleichungssystem für das Bild ^{b} mit $D(X_k, Y_l)$, $dZ(X_r, Y_s)$, $d^b{}_0$ und $d(d^b{}_1)$ als Unbekannte (siehe auch Figur 2.2-8).

Im praktischen Einsatz werden die **Facettengrößen** für D und Z unterschiedlich groß gewählt, wobei jene für D wegen der größeren Variation (d.h. der höheren Orstfrequenz) im allgemeinen wesentlich kleiner gewählt werden. Die Größe der Z-Facetten ist ein ganzzahliges Vielfaches der D-Facetten (Figur 2.2-8). Prinzipiell sollte die Facettengröße den jeweiligen Gegebenheiten angepaßt werden. Außerdem wird eine **Gruppe von Facetten zu einem Fenster zusammengefaßt**. Auch dieses im Objektraum definierte Fenster kann den lokalen Gegebenheiten angepaßt werden. Es wird vergrößert, wenn ein Bereich konstanter Dichtefunktion (d.h. texturlose Gebiete) überbrückt werden soll.

---

[1] Die Dichtefunktion D(X,Y) kann auch als eine Funktion des gerichteten Reflexionsgrades und des Einstrahlungswinkels angesehen werden. $\tilde{D}(X,Y)$ wird dann aufgespaltet in $\tilde{R}(X,Y) \cdot (\mathbf{n}(X,Y) \cdot \mathbf{l})$, wobei **n** der Flächennormalenvektor und **l** der Richtungsvektor zu einer unendlich entfernten Lichtquelle (=Sonne) ist. In diesem Fall wird R(X,Y) anstellte von D(X,Y) durch eine Interpolationsfunktion angenähert. **n**(X,Y) erhält man aus Z(X,Y).

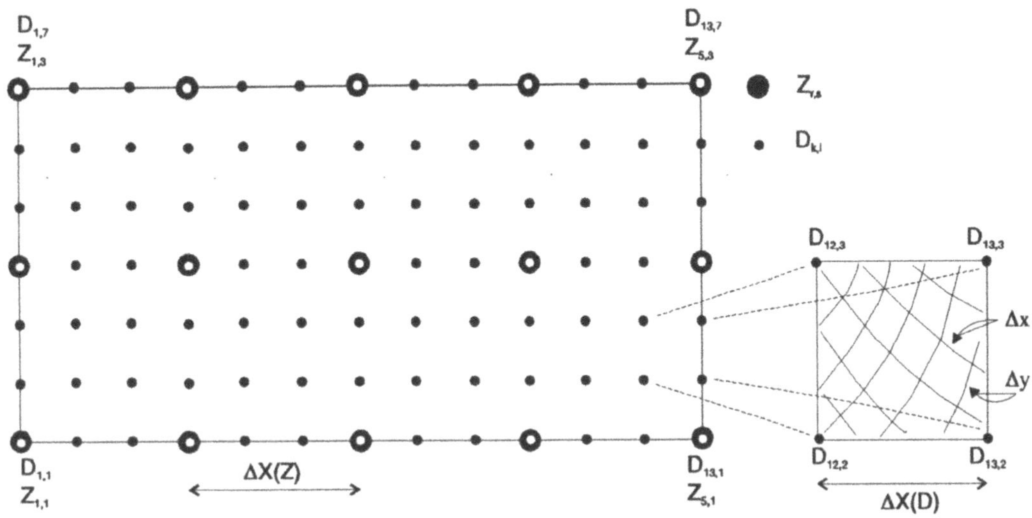

Figur 2.2-9: Objektraumfenster mit D- und Z-Facetten

Die zu bestimmenden **Unbekannten** in diesem Ausgleichsverfahren sind - wie bereits erwähnt - die Stützwerte der Z-Funktion und jener der D-Funktion innerhalb des Objektraumfensters, zusätzlich kommen noch die Unbekannten der Grauwertanpassung dazu, von denen man aber annimmt, daß sie für das gesamte Fenster gelten. Die **Anzahl der Verbesserungsgleichungen** hängt davon ab, wieviele Pixel, projiziert vom Bild in den Objektraum, in das Objektraumfenster hineinfallen. Im Falle eines Fensters von 6x12 D-Facetten und 2x4 Z-Facetten (siehe Figur 2.2-9) ergeben sich daher 91+15+2=108 Unbekannte. Für den Fall, daß pro D-Facette etwa 25 Pixel betroffen werden, erhält man 6x12x25=1800 Verbesserungsgleichungen. Für jedes weitere Bild, das denselben Objektbereich deckt, kommt etwa die gleiche Anzahl von Verbesserungsgleichungen hinzu, was eine ungeheure Redundanz ergibt. Der Aufwand für dieses *Matching* wird enorm hoch. Wir nehmen an, daß ein Luftbild (23 cm x 23 cm) mit 30μm digitalisiert wurde. Das ergibt bei 60% Überdeckung im Modellbereich etwa 5000x8000 Pixel oder umgerechnet in D-Facetten (wieder mit durchschnittlich 25 Pixel pro Facette) ca. 1000x1600 Facetten, umgerechnet in Objektraumfenster ca. 85x270=22950, oder in anderen Worten: die Lösung von 22950 Normalgleichungssystemen zu je 108 Unbekannten, die sich aus 1800 x 2 = 3600 Verbesserungsgleichungen ergeben.

Einige Fragen wurden bisher nicht behandelt. So ist es notwendig, den **Facettenanschluß** im Ausgleichungsansatz zu berücksichtigen, damit beim Übergang auf Nachbarfacetten keine Sprungstellen auftreten. Andererseits sind solche Sprungstellen in der Wirklichkeit tatsächlich vorhanden. Besonders trifft dies auf die Dichtefunktion zu. Die **Dichtefunktion mit einem vereinfachten Paraboloidfacettenmodell** zu beschreiben, entspricht daher sicherlich nicht der Realität. Der Ansatz läßt aber viele Verfeinerungen zu, wie auch die laufenden Forschungstätigkeiten auf diesem Gebiet beweisen[1]. Trotz des beachtlichen Rechenaufwandes, der bis an die Leistungsgrenzen der heutigen Computer geht, verdient das objektraumorientierte *Matching* besondere Beachtung, da es eine universelle Modellierung des Abbildevorganges darstellt. Im Idealfall erhält man durch den *Matching*vorgang nicht nur das Oberflächenmodell, sondern gleichzeitig auch radiometrisch korrigierte Photoinhalte. Zum Beispiel wird das bekannte Problem der radiometrischen Anpassung in Orthophotomosaiken durch diesen Ansatz automatisch mitgelöst.

2.2.5 Relationales Zuordnungsverfahren (*relational matching*)

Relationale Zuordnungsverfahren stellen ein Bindeglied zum Bildverstehen dar. Es handelt sich nicht sosehr um eine präzise geometrische Zuordnung, sondern um das **Auffinden bestimmter Strukturen und Objekte sowie deren räumlicher Topologie**. Dieses Zuordnungsverfahren gehört in die Gruppe der "semantischen" Methoden (im Gegensatz zu den "ikonischen"). Die Eigenheiten der Objekte werden anhand von Objektbeschreibungen definiert: z.B. Längenverhältnisse, Winkel, Knotenbeschreibung, Linienverbindungen, Nachbarschaftsbeziehungen etc. Solche Beschreibungen sind bereits vorgegeben und/oder sie entstehen im Verlaufe des Auswertevorganges aus den extrahierten Bildmerkmalen. Im Falle von dreidimensionalen Objekten kann das Erscheinungbild, besonders im nahphotogrammetrischen Anwendungsbereich, von Bild zu Bild sehr stark differieren, so daß eine reine zweidimensionale Beschreibung der Topologie an die Grenzen des Verfahrens stößt. Wenn es also nicht um eine reine Bild-zu-Bild-Zuordnung sondern um das Auffinden bekannter Objekte in Bildern geht, ist es sinnvoll, von Beginn an eine dreidimensionale Topologie vorzugeben, von der bei Bedarf verschiedene Ansichtsgraphen errechnet werden können.

Das Zuordnungsverfahren überprüft nicht nur die Topologien der verschiedenen möglichen Objekte, sondern auch deren verschiedene Ansichten. Diese Vorgangsweise zeigt bereits, daß die Zuordnung immer auf einen Vergleich von vorgegebenen Modellen hinausläuft, die sinnvollerweise in einer **Datenbank von Objektbeschreibungen** abgespeichert sind. Der Algorithmus für das Auffinden einer Zuordnung ist überlicherweise ein Suchprozeß in Baumstrukturen. Wie man solche Datenbanken organisiert und wie man solche Beschreibungen aufbauen kann, findet man in zahlreichen Veröffentlichungen auf dem Gebiet der

[1] Z.B.: Tsay J.-R., Wrobel B., 1996: Wavelet based object surface recognition by FAST Vision. IAPRS Vol 31/B3, pp.971-976.

Computer Vision[1]. In Band 3 wird darauf eingegangen.

Für die Beurteilung der Qualität der Zuordnung, die sowohl als Entscheidungskriterium als auch als "Fehler"-Maß nach getroffener Entscheidung herangezogen werden kann, verwendet man die sogenannte "**relationale Distanz**", die angibt, wieviele aller möglichen relationalen Beschreibungen tatsächlich erfüllt werden konnten, also wie gut eine vorgegebene Beschreibung zu einer gefundenen Struktur paßt. Selbst wenn eine optimale Übereinstimmung erreicht werden konnte, so wird mit diesem Zuordnungsverfahren lediglich festgestellt, daß ein bestimmtes Objekt an einer bestimmten Stelle im Bild abgebildet ist. Eine befriedigende geometrische Genauigkeit ist damit im allgemeinen nicht erreicht, so daß weitere geometrische Zuordnungsverfahren folgen müssen, die die relationale Zuordnung als Näherungswert verwenden.

Ein Anwendungsbereich im photogrammetrischen Luftbildfall wäre z.B. das **Erkennen und Zuordnen von Häusern**. Als Unstetigkeitsstellen auf der Geländeoberfläche, sind sie mit den früher besprochenen *Matching*verfahren nur sehr unzureichend erfaßbar. Das relationale *Matching* könnte die Möglichkeit eröffnen, nicht nur eine befriedigende Bild-zu-Bild-Zuordnung zu finden, sondern gleichzeitig auch als Objekterkennung zu dienen, indem man die topologische Beschreibung von typischen Hausformen vorgibt. Wie komplex allerdings diese Vorgangsweise ist, kann man leicht erkennen, wenn man überlegt, wie unterschiedlich Häuser sein können. Es gibt zwar verschiedene Eigenschaften, die vielen (aber bei weitem nicht allen) Häusern gemeinsam sind (bestimmte Formen von Dachflächen, Giebelarten, Seitenwände, Verschnittflächen). Eine allgemeingültige Topologiedatenbank für Häuser aufzustellen, scheitert aber wegen der Vielfalt der Baumöglichkeiten, ganz besonders im urbanen Bereich.[2]

---

[1] Z.B.: Shapiro L., Haralick R., 1982: Organization of relational model for scene analysis. IEEE PAMI, Vol.4/6, pp.595-602. Shapiro L., Haralick R., 1985: A metric for comparing relational descriptions. IEEE PAMI, Vol.7/1, pp.90-93.

[2] Einige Anwendungsbeispiele in der photogrammetrischen Literatur: Zilberstein O., 1992: Relational matching for stereopsis. pp.711-719. Schickler W., 1992: Feature matching for outer orientation of single images using 3-D wireframe control points. pp.591-598. Hellwich O., Faig W., 1992: Graph-based matching of stereo image features. pp.307-317. Alle in: IAPRS, Vol.29/B3/III, 1992. Gülch E., 1992: A knowledge based approach to reconstruct buildings in digital aerial imagery. IAPRS, Vol.29/B2/II, pp.410-417.
Vorgangsweisen bei der 3D-Objekterkennung und -auswertung bilden einen zentralen Punkt aktueller Forschung. Die Literatur ist vielfältig. Als Beispiel seien nur folgende beiden Spezialausgaben zitiert: Special issue on interpretation of 3-D scenes - Part I. IEEE PAMI, Vol.13/10, 1991. Special issue on interpretation of 3-D scenes -Part II. IEEE PAMI, Vol.14/2, 1992.

Ein abschließendes **Beispiel** soll eine mögliche hierarchische Vorgangsweise demonstrieren, die auf sogenannten dreidimensionalen Primitiva und daraus abgeleiteten zweidimensionalen Elementen aufbaut. Alle Daten werden als Graphen verschlüsselt in einer Datenbank verspeichert, die, einmal aufgestellt, für alle zukünftigen Bildanalyseaufgaben herangezogen wird. Bei Bedarf kann diese Datenbank jederzeit erweitert werden. Das Verfahren verwendet:

- **Primitiva** (*primitives*): Ein Primitiv ist ein möglichst einfacher 3-dimensionaler Körper, der als Basiselement zum Aufbau komplexer Körper verwendet werden kann. Die Primitiva werden vom Ersteller der Datenbank vorgegeben und zwar als geometrische dreidimensionale Konstruktionen. Davon abgeleitet werden die Graphen, welche die Nachbarschaftsbeziehungen der Oberflächenelemente zueinander darstellen.
- **Ansichten** (*aspects*): Ansichten sind zweidimensionale Abbildungen ("Photographien") der Primitiva. Um bei der Ableitung der Ansichten alle Primitiva vergleichbar zu behandeln, werden von ihnen gleich viele gleichwertige Ansichten erzeugt (z.B. durch "Photographieren" aus etwa gleichverteilten Raumrichtungen, wobei die Anzahl der Raumrichtungen stark eingeschränkt werden darf. Ein Haus als Primitiv etwa wird in einem Luftbild nie von horizontaler Richtung oder von unten gesehen). In die Datenbank gespeichert werden die Graphen, die die Nachbarschaftsbeziehung der Flächenelemente zueinander charakterisieren. Da dieselben Ansichten aus verschiedenen Primitiva entstanden sein können, weisen Zeiger auf Ursprungsprimitiva hin, wobei als Zusatzinformation die relative Häufigkeit (Anzahl der Verweise auf ein bestimmtes Primitiv dividiert durch die Anzahl aller Verweise) abgespeichert wird.
- **Facetten** (*faces*): Facetten sind die Flächenelemente (geschlossene Polygonzüge), in welche die Ansichten zerlegt werden können. In die Datenbank werden neben den Facettengraphen auch wieder die Zeiger auf die Ansichten und die relativen Häufigkeiten eingespeichert.
- **Begrenzungen** (*boundaries*): Sind Linienelemente (offene Polygonzüge), aus denen die Facetten aufgebaut sind. Eine Begrenzung kann z.B. eine Gerade, ein Kreisbogen, zwei parallele Gerade, zwei eine Ecke bildende Gerade, zwei aufeinander zulaufende aber sich nicht schneidende Gerade etc. sein. Graphen und Zeiger auf die Facetten mit relativen Häufigkeiten werden in die Datenbank gestellt.

Die Vorgangsweise der Erkennung geht den umgekehrten Weg der Datenbankerstellung und läuft in folgenden Schritten ab:

1. **Extraktion der benötigten Kanten** aus den Bildern. Diesem Schritt ist besondere Sorgfalt zu widmen, da auf ihm die folgenden Analysen aufbauen.
2. **Analyse der extrahierten Elemente**, Erzeugen der Graphen, Zuordnung zu jenen der

Datenbank in der Begrenzungsdatei (für offene Polygone) oder Facettendatei (für geschlossene Polygone).

3. **Zuordnung der Begrenzungsgraphen** zu den Facettengraphen.
4. **Zuordnung der Facettengraphen** zu den Ansichtsgraphen.
5. **Zuordnung der Ansichtsgraphen** zu den Primitivagraphen. Durch Multiplikation aller im Suchweg beteiligten Häufigkeiten, erhält man ein Qualitätsmaß für das "erkannte" Objekt. Damit ist der Erkennungsvorgang beendet.
6. **Detaillierte geometrische Erfassung** des Objekts kann jetzt beginnen, falls gefordert.

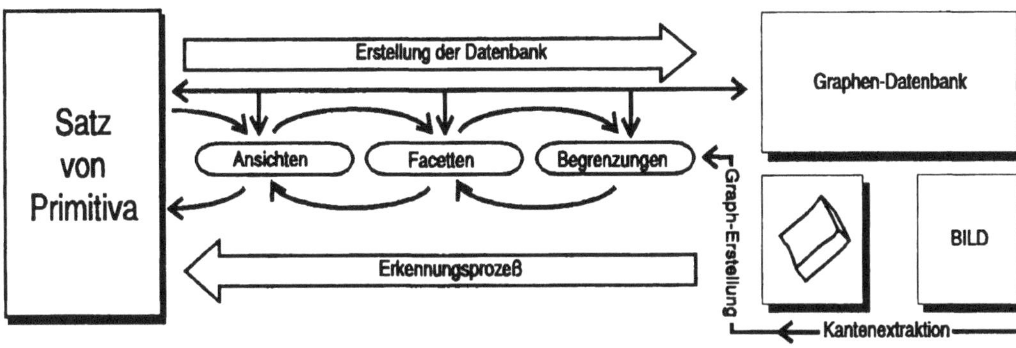

Figur 2.2-10: Prinzip der Objekterkennung mit Hilfe von Ansichtsgraphen

Figur 2.2-10 zeigt das Prinzip der Vorgangsweise. Aus einem Satz von durch den Benutzer definierten Primitiva werden Ansichten, Facetten und Begrenzungen geometrisch abgeleitet. Von diesen vier Grundelementen werden Graphen erstellt und in einer Graphen-Datenbank gespeichert. Die Erkennung greift auf die Datenbank zu.

Die Figur 2.2-11 zeigt eine kleine Auswahl von Primitiva in axonometrischen Darstellungen, abgeleitete Ansichten, Facetten und Begrenzungen, sowie mögliche Entscheidungswege während des Erkennungsprozesses ("u.v.a.m." deutet an, daß wesentlich mehr Elemente in der jeweiligen Gruppe enthalten sind).

Figur 2.2-12 gibt ein paar Beispiele von Graphen. Der **Ansichtsgraph** (2. Spalte) soll etwas genauer erklärt werden. Die hier gezeigte Ansicht besteht aus drei Facetten. Alle drei sind vom Typ F_n, der in der 3. Spalte dargestellt ist. Die Grundstruktur des Graphen gibt die Nachbarschaftsbeziehung der Facetten zueinander an. Die Indices neben den Knoten zeigen, über welche Seite der Facette (siehe Numerierung der Facettenseiten in der 3. Spalte) die Verknüpfung zur Nachbarfacette erfolgt: die obere Facette ist mit der rechten Nachbarfacette über die lange Seite (Index 0) verknüpft, die rechte Nachbarfacette mit der oberen ebenfalls

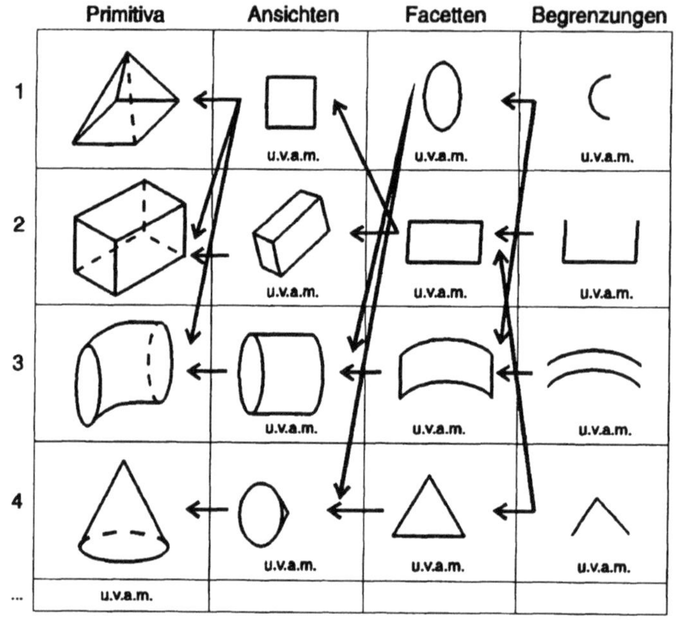

Figur 2.2-11: Beispiel einer Objekterkennung mit Hilfe von Ansichtsgraphen

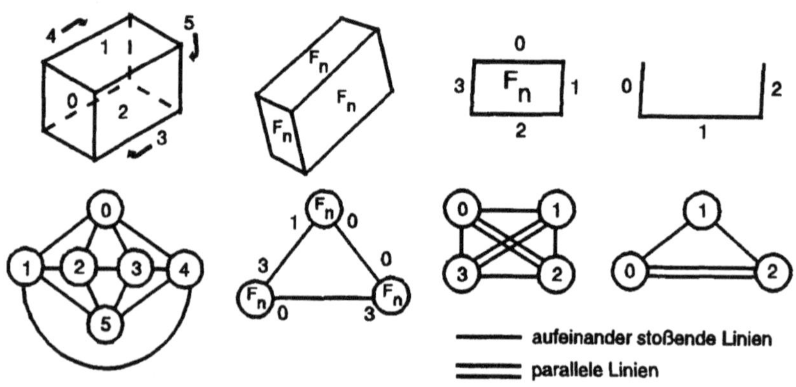

Figur 2.2-12: Beispiel von Graphen (von links nach rechts) von: Primitiva, Ansichten, Facetten und Begrenzungen

über die lange Seite (Index 0). Diese ist aber mit der linken Nachbarfacette über die kurze Seite (Index 1) verknüpft, usw.

2.2.6 *Shape-from-Shading*[1]

Dieses Verfahren ("**Gestalt-aus-Schatten**") versucht, aus den beoachteten Schatteneffekten auf die Gestalt des beleuchteten Objektes rückzuschließen. Daß der Prozeß der Schattenerzeugung möglicherweise umkehrbar ist, läßt die Tatsache vermuten, daß man durch Betrachten eines Bildes eines beleuchteten Objektes trotz 2-Dimensionalität einen guten räumlichen Eindruck gewinnen kann (siehe Schummerung eines Geländemodelles). Dennoch wird in der Photogrammetrie dieses Verfahren wenig angewandt, da die Genauigkeit und Zuverlässigkeit nicht sehr groß ist. Außerdem wird vorausgesetzt, daß die Helligkeitswerte auf der Oberfläche alleine durch die Beleuchtungswirkung verursacht werden und das Reflexionsverhalten bekannt ist (oft wird ein Lambertscher Strahler angenommen). Jede Abweichung davon (z.B. Oberflächentextur, gerichtete Reflexion) verursacht Fehler, die über Zwangsbedingungen unterdrückt werden müssen (z.B. Annahme einer stetigen Oberfläche). Obwohl aus den eben erwähnten Einschränkungen die Eignung des Verfahrens für eine genaue Oberflächenvermessung in Frage gestellt werden könnte, ergibt sich eine Einsatzberechtigung gerade dort, wo die früher besprochenen Verfahren versagen: *Shape-from-Shading* kann sinnvoll in Kombination mit anderen Verfahren eingesetzt werden, wo **texturarme Stellen überbrückt** werden sollen. Unterstützt durch *Shape-from-Shading*-Verfahren wurden so Oberflächen von Mond und Planeten ausgewertet, wo Bewuchs, Bauwerke u.ä. nicht stören und wo die Reflexionseigenschaften der Oberfläche einem Lambertschen Strahler nahe kommen.

Das Prinzip beruht in der Ableitung der Flächennormalen aus der bekannten Beleuchtungs- und Beobachtungsrichtung. **Das unmittelbare Ergebnis der Auswertung ist ein Feld von Oberflächennormalen** (Figur 2.2-13). Die erreichbare Genauigkeit der Normalen liegt bei ca. 10°. Die eigentliche Oberfläche entsteht durch Integration des Normalenfeldes.

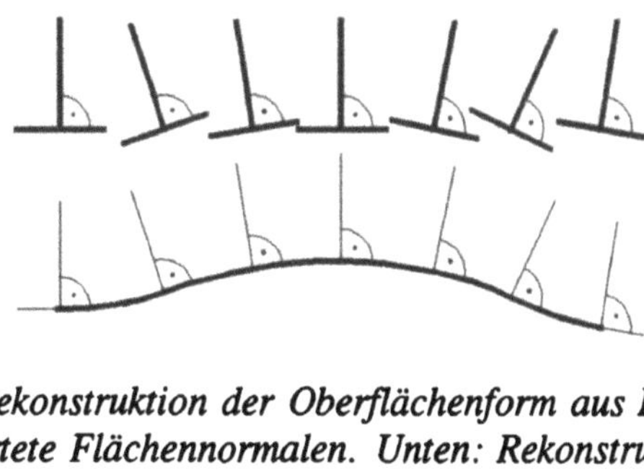

Figur 2.2-13: Rekonstruktion der Oberflächenform aus Flächennormalen
Oben: ausgewertete Flächennormalen. Unten: Rekonstruierte Oberfläche

Wichtig für den analytischen Ansatz ist die Aufstellung eines geeigneten radiometrischen Modelles, das neben den geometrischen auch die physikalischen Abbildungsverhältnisse

---

[1] Literatur dazu ist zahlreich in Büchern und Zeitschriften über Bildverarbeitung und *Computer Vision* zu finden (z. B.: Ray, R., Birk, J., Kelley, R.B. 1983: Error analysis of surface normals determined by radiometry. IEEE PAMI, Vol. 5/6, pp. 631-645, Pentland A.P., 1984: Local shading analysis. IEEE PAMI, Vol. 6/2, pp. 170-187.). Eine Untersuchung für photogrammetrische Zwecke beschreibt u.a.: Heipke, Ch., Piechullek, Ch., 1994: Towards surface reconstruction using multi-image shape from shading. IAPRS, Vol. 30-3/1, pp. 361-369.

berücksichtigt. Die Photographie wird hier, wie in Fernerkundung und Bildinterpretation, als Radiometer verwendet (siehe Abschnitt FE 3.1.1.3). Die **Bestrahlungsstärke**, die ein Bodenelement in der Bildebene verursacht, erhält man nach folgender Formel (siehe FE Bild 3.1-9 und Formeln 3.1-13 und 3.1-14):

$$E_B = \frac{\cos^4\alpha \cdot \tau_O}{4 \cdot k^2} \cdot \pi \cdot L_G \underset{=}{(\textit{Lambertscher Strahler})} \frac{\cos^4\alpha \cdot \tau_O}{4 \cdot k^2} \cdot \frac{I_S \cdot \cos\theta_S}{r_S^2} \cdot \rho \qquad (2.2\text{-}13)$$

E_B Bestrahlungstärke eines Oberflächenelementes in der Bildebene
α Winkel zwischen Objektivachse und Betrachtungsrichtung;
unter Einführung der Bildkoordinaten (x,y) und der Kamerakonstanten c erhält man für $\cos^4\alpha$:
$c^4 / (c^2+x^2+y^2)^2$
τ_O Transmissionsgrad des Objektives
k . Blendenzahl
L_G Strahldichte der Oberflächenelementes
I_S . Strahlstärke der Lichtquelle (Sonne)
θ_S . Winkel zwischen Flächennormaler und Lichtstrahlen (Sonne)
r_S . Entfernung zur Lichtquelle (Sonne)
ρ . Reflexionsgrad des Oberflächenelementes

Den Zusammenhang zwischen Bestrahlungsstärke und Dichte D bzw. Grauwert im Bild gibt uns folgende Formel (FE 3.1-20):

$$D = \gamma \cdot \log(E_B \cdot t) \quad \textit{und} \quad g = g_0 + D \qquad (2.2\text{-}14)$$

γ Gradation
t Belichtungszeit
g_0 konstanter Grauwertanteil

Für die Bestimmung der **Flächennormalen muß also der Winkel θ_S aus den Grauwerten g** bestimmt werden. Nach Umformen obiger Gleichungen erhält man:

$$\log(\cos\theta_S) = \frac{g}{\gamma} + \log(c^2 + x^2 + y^2)^2 - \log\left(\frac{\rho \cdot \tau_O \cdot I_S \cdot t \cdot c^4}{4 \cdot k^2 \cdot r_S^2}\right) - \frac{g_0}{\gamma} \qquad (2.2\text{-}15)$$

Die letzten beiden Terme sind global für ein Bild gültig (vorausgesetzt ρ wird als konstant angenommen und die Beleuchtungsrichtung bleibt gleich), während sich die beiden ersten von Bildpunkt zu Bildpunkt ändern. Man beachte, daß für die Parameter der globalen Terme Werte bekannt sein müssen und daß θ_S nur ein Winkel und keine Richtung ist. Das Ergebnis liefert daher nicht sofort die Richtung der Flächennormalen (in bezug auf die Beleuchtungsrichtung), sondern ein Bündel von möglichen Richtungen (eine Kegelfläche um die Beleuchtungsrichtung), aus dem durch Zusatzinformation (z.B. Anfangswerte, stetige Fläche) die richtige Lösung gefunden werden muß. Obige Gesetzmäßigkeit ist aus den physikalischen Parametern streng hergeleitet.

In der Praxis interessiert im allgemeinen nicht die absolute und globale **Schattenanalyse**, sondern eine **relative und lokale**. Man geht dann von differentialgeometrischen Überlegungen aus und bringt die Grauwertänderungen auf einer Fläche mit Neigungen und Neigungsänderungen von differentiellen Flächenelementen in Beziehung. Es wird also angenommen, daß (bei Lambertschen Reflexionseigenschaften) die Schattenwirkungen eine (im lokalen Bereich eindeutige) Abbildung der Oberflächengeometrie darstellen. Unter der vereinfachenden Annahme einer Abbildung im Bildzentrum (x=y=0) (Figur 2.2-14), lautet die physikalische Abbildungsgleichung (siehe Gleichung FE (2.3-13)):

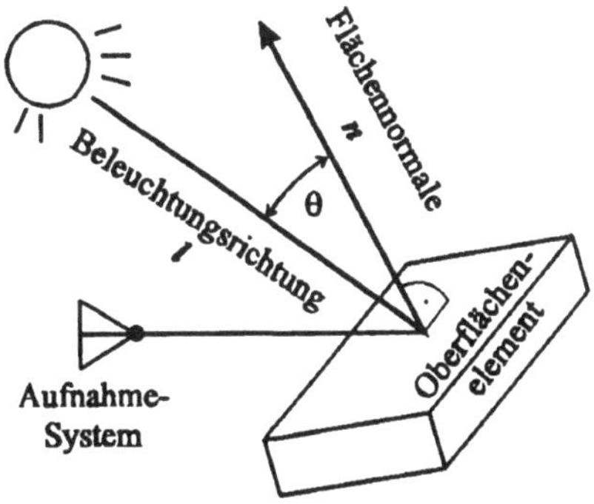

Figur 2.2-14: Beleuchtung eines differentiellen Flächenelements

$$E_B = k_O \cdot \rho \cdot \frac{I_L}{r_L^2} \cdot \cos(\theta) = k_L \cdot (\boldsymbol{n} \cdot \boldsymbol{l}) \qquad (2.2\text{-}16)$$

E_B Bestrahlungsstärke in der Bildebene ($\hat{=}$ Grauwertinformation)
k_O Konstante des Objektives
ρ Refexionsvermögen der Oberfläche
I_L Strahlstärke der Lichtquelle
r_L Entfernung der Lichtquelle
θ Winkel zwischen Flächennormale und Beleuchtungsrichtung
k_L $k_O \cdot \rho \cdot I_L / r_L^2$; Beleuchtungskonstante
$\boldsymbol{n}, \boldsymbol{l}$ Flächennormale und Beleuchtungsrichtung

Unter der Annahme, daß sich Reflexionsvermögen, Beleuchtungsrichtung und Strahlstärke der Lichtquelle auch über größere Distanzen kaum ändern, können sie für ein Oberflächenelement als konstant angesetzt werden (d**l** = 0), womit folgende Ableitungen gelten:

$$\begin{aligned} dE_B &= d(k_L \cdot (\boldsymbol{n} \cdot \boldsymbol{l})) = k_L \cdot (d\boldsymbol{n} \cdot \boldsymbol{l}) + k_L \cdot (\boldsymbol{n} \cdot d\boldsymbol{l}) = k_L \cdot (d\boldsymbol{n} \cdot \boldsymbol{l}) \\ d^2E_B &= d(k_L \cdot (d\boldsymbol{n} \cdot \boldsymbol{l})) = k_L \cdot (d^2\boldsymbol{n} \cdot \boldsymbol{l}) + k_L \cdot (d\boldsymbol{n} \cdot d\boldsymbol{l}) = k_L \cdot (d^2\boldsymbol{n} \cdot \boldsymbol{l}) \end{aligned} \qquad (2.2\text{-}17)$$

Von der Objektoberfläche wird vereinfacht angenommen, daß sie durch die Richtung der Flächennormalen und den Hauptkrümmungsradius ausreichend beschreibbar ist. Die Unbekannten im (Objekt)-System sind somit:

- die Richtung der Flächennormale (2 Unbekannte: Azimut und Zenitdistanz)
- die Beleuchtungsrichtung (2 Unbekannte: Azimut und Zenitdistanz)
- der Hauptkrümmungsradius (1 Unbekannte)
- die Beleuchtungskonstante (1 Unbekannte)

Diese 6 Unbekannten sind aus den Grauwerten (oder E_B) und deren 1. und 2. Ableitungen zu bestimmen, also aus E, $\partial E/\partial x$, $\partial E/\partial y$, $\partial^2 E/\partial x^2$, $\partial^2 E/\partial y^2$, $\partial^2 E/(\partial x \partial y)$. Weitere Details (wie Analyse der Mehrdeutigkeiten, Einschränkungen, Einführung von Zusatzbedingungen, Erweiterung des Modelles wie etwa Annahme mehrerer Lichtquellen und nicht Lambertscher Oberflächen) entnehme man der Literatur. Daß *Shape-from-Shading* im allgemeinen keine eindeutige Lösung liefern kann, veranschaulicht ein Beispiel: ein geschummertes Geländemodell erscheint je nach Betrachtungsrichtung ortho- oder pseudoskopisch.

2.3 Oberflächenbestimmung mit strukturiertem Licht

Der Begriff "strukturiertes Licht" wird im allgemeinen als Synonym für **Projektion von Mustern auf eine Objektoberfläche** verwendet. Eine derartige Musterprojektion hat den Sinn, Textur auf einer texturarmen oder texturlosen Oberfläche zu erzeugen, so daß eine Oberflächenbestimmung möglich wird. Einige Verfahren der Musterprojektion erleichtern zusätzlich noch die Zuordnung homologer Bildstellen. Dieser zuletzt angeführte Vorteil kommt besonders bei extremen nahphotogrammetrischen Anwendungen zum Tragen, wo große Parallaxen- und Bildmaßstabsunterschiede, verdeckte Bereiche und starke Schattenbildung die Bildzuordnung erschweren. Die Größe der Objekte wird durch die Möglichkeiten des Projektors und des Umfeldes eingeschränkt (Lichtstärke, Umgebungslicht). Da es im allgemeinen nicht möglich ist, mehr als einen Musterprojektor gleichzeitig einzusetzen, wird der auswertbare Bereich auf dem Objekt durch die "Einsicht"möglichkeit des Musterprojektor eingeschränkt. Rundumaufnahmen von Gegenständen bedürfen mehrerer unabhängiger Aufnahmenanordnungen. Die **Aufnahmeplanung** hat daher nicht nur die Möglichkeiten (z.B. Tiefenschärfe) und Sichtbereiche der Kameras zu berücksichtigen, sondern in besonderem Maße auch jene des Projektors.

Die **Verfahren mit Musterprojektion** sind grundsätzlich einzuteilen in:

- Projektionen von mehr oder weniger zufälligen Mustern oder regelmäßigen Mustern (Texturerzeugung),
- Erzeugung von Moirémustern (Erzeugung von sichtbaren Höhenlinien),
- Lichtschnittverfahren,
- Verfahren mit binär kodiertem Licht,
- Phasenverschiebungsverfahren.

Neben diesen Verfahren sind noch eine Reihe Mischformen in Verwendung, die die Vorteile der einzelnen Verfahren miteinander verknüpfen. Doch darauf soll nicht weiter eingegangen werden. Im folgenden werden die hier angeführten Verfahren nur in einer der möglichen Varianten vorgestellt. Bei einigen Verfahren wird angenommen, daß der Aufbau des Aufnahmesystems aus einer kalibrierten Kamera und einem kalibrierten Projektor besteht, der eine zweite kalibrierte Kamera ersetzt. Diese spezielle Anordnung ist in der industriellen Vermessung gebräuchlich. Das Prinzip der vorgestellten Verfahren bleibt aber gleich, auch wenn mit zwei (oder mehr) kalibrieten Kameras und einem nicht kalibrierten Projektor gearbeitet wird.

2.3.1 Projektion von zufälligen und regelmäßigen Mustern

Diese Verfahren dienen lediglich dazu, Textur auf der Objektoberfläche zu erzeugen. Eine zusätzliche Hilfestellung zur Erleichterung der Bildzuordnung ist nicht enthalten. Grundsätzlich erfüllen zufällige und regelmäßige Muster den gleichen Zweck.

2.3.1.1 Zufallsmuster

Vorteil der Zufallsmuster ist die bessere Überprüfung auf die Richtigkeit einer gefundenen Bildzuordnung. Wegen der Zufälligkeit der Muster, ist es äußerst **unwahrscheinlich, daß idente oder auch nahezu idente Musterstellen sich innerhalb des Projektionsbereiches wiederholen**. Ist also eine Bildzuordnung gefunden, so erhält man anhand der Zuordnungsparameter eine recht zuverlässige Aussage über die Qualität der gefundenen Zuordnung. Die Schranken können sehr hoch angesetzt werden (z.B. große Korrelationskoeffizienten), ohne Gefahr zu laufen, viele falsche Punkte zu akzeptieren. Nachteil der Verfahren mit Zufallsmustern ist oft die Notwendigkeit, einen relativ aufwendigen Bildzuordnungsalgorithmus anwenden zu müssen (etwa LSM).

Als **Beispiel** für ein derartiges Verfahren sei das InduSURF-System[1] angeführt. Obwohl es sich hier nicht um echte Zufallsmuster handelt, muß dieses Verfahren dennoch hier eingeordnet werden. Den Aufbau eines InduSURF-Musters zeigt die Figur 2.3-1. Man sieht deutlich, daß die Zufälligkeit nicht bis auf die Pixelstruktur fortgesetzt ist. Es werden binäre **Mikrostrukturen** erzeugt, deren Form Zufallscharakter hat. Dazwischen eingebettet sind sogenannte **Makrostrukturen** (also vergrößerte Mikrostrukturen). Der Sinn dieser Makrostrukturen liegt in deren Überführbarkeit in höhere (d.h. schlechter auflösende) Ebenen der Bildpyramiden). Die Mikrostrukturen alleine laufen Gefahr, bei **Pyramidenbildung** verlorenzugehen oder zumindest ihre eindeutige Form so zu verändern, daß die Zuordnung nicht mehr überprüfbar und überhaupt nicht mehr möglich wird.

Die **Meßanordnung** des InduSURF-Systems entspricht einem **photogrammetrischen Standardfall**. Zwei Kameras nehmen des auszuwertende Objekt auf. In deren Mitte wird ein lichtstarker Musterprojektor positioniert. Die Auswertung selbst erfolgt prinzipiell in der gleichen Weise, wie ein natürlich texturiertes Objekt ausgewertet werden könnte. Durch die

---

[1] Literatur: Krzystek P., Petran F., 1995: Automatic reconstruction of concept models by using digital photogrammetric measurement system. IAPRS, Vol.30/5W1, pp.176-185. Kludas T., 1995: Three dimensional surface reconstruction with the ZEISS photogrammetric industrial measurement system InduSURF Digital. IAPRS, Vol.30/5W1, pp.285-291.

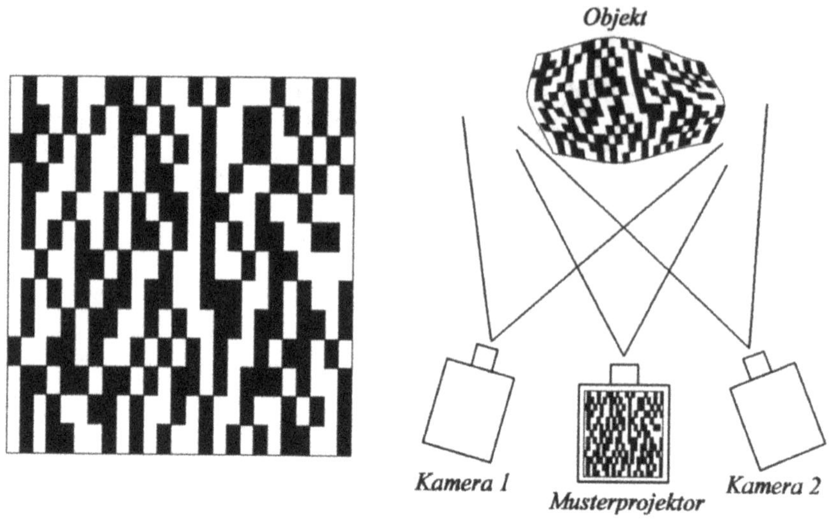

Figur 2.3-1: "Zufallsmuster" und Aufnahmeanordnung im InduSURF-System

dichte Musterstruktur sollte aber garantiert sein, daß an jeder Stelle des Objektes Textur genug vorhanden ist, um eine große Punktdichte zu erreichen und damit die Objektoberfläche punktweise ausreichend genau erfassen zu können. Obwohl eine visuelle Auswertung in einem konventionellen Auswertegerät im Prinzip ebenfalls möglich wäre, ist schon alleine wegen der großen Menge zu messender Punkte eine automatisierte Auswertung die geeignetere Methode.

2.3.1.2 Regelmäßige Muster

Regelmäßige Muster können den eigentlichen **Zuordnungsprozeß entscheidend beschleunigen** und/oder wertvolle Zusatzinformation liefern, da die Musterelemente bekannt und gleichartig sind. Der **Nachteil** der **Gleichartigkeit**, der normalerweise eine eindeutige Zuordnung homologer Punkte erschwert, kann durch geeignete Aufnahmeanordnungen kompensiert werden, die es ermöglichen, ohne Bildpyramiden zu einer raschen und eindeutigen Zuordnung zu gelangen. Beliebte derartige Muster sind Punkt- oder Linienraster.

Im Falle des **Punktrasters** besteht das Musterdia aus einem schwarzen Hintergrund mit einem engmaschigen regelmäßigen Raster aus kleinen Kreispunkten. Diese regelmäßige Musterung verhindert die Kontrolle der Richtigkeit alleine aufgrund der Beurteilung der Fehlermaße des Zuordnungsverfahrens, da ja die verschiedenen Musterpunkte identisch sind und theoretisch jeder Punkt mit jedem anderen Punkt in der gleichen Qualtität zugeordnet werden könnte. Nur durch die Anwendung **zusätzlicher Kriterien, die sich aus der Aufnahmeanordnung ergeben**, kann eine Kontrolle der Richtigkeit erfolgen. Der große Vorteil ist, daß Punkte durch sehr einfache und daher sehr schnelle Verfahren mit hoher Genauigkeit zugeordnet werden können (z.B. **ungewichtete Schwerpunktsberechnung**, wobei der Schwerpunkt jener Pixel im Bearbeitungsfenster gerechnet wird, die eine angegebene Helligkeitsschranke überschreiten (empfindlich auf Schrankenwahl, wenn keine scharfe Punktegrenze vorhanden ist); **gewichtete Schwerpunktsbildung** (arbeitet ähnlich wie ungewichtete, mit dem Unterschied, daß die Grauwerte der betroffenen Bildelement als Gewichte für die Mittelung eingeführt werden. Diese Methode ist wenig empfindlich auf Schrankenwahl, aber empfindlich auf ungleichmäßige Helligkeitsverteilung innerhalb des Punktes)). Außerdem läßt sich diese Methode ideal bei stellenweise stark reflektierenden Oberflächen einsetzen.

Das folgende **Beispiel** (Figur 2.3-2) zeigt eine Aufnahmeanordnung und eine Vorgangsweise, die für Projektion und Auswertung regelmäßiger Punktmuster geeignet ist. Um schnell und zuverlässig auf die richtige Punktzuordnung zu gelangen, setzt man **mehr als zwei Kameras** ein und verwendet die **Kernstrahlbedingung** zur Eliminierung falscher Zuordnungen. Die Vorgangsweise könnte folgendermaßen aussehen:

- **Aufsuchen der Punkte im ersten Bild**. Binarisieren des Bildes, das ja vor allem aus dunklem Hintergrund mit hellen Punkten besteht, kann Suchprozesse beschleunigen.
- Für jeden einzelnen Punkt erfolgt die Auswahl der möglichen Zuordnungskanditaten im **zweiten Bild unter Zuhilfenahme der Kernstrahlenbedingung** (d.h. nur Punkte, die auf dem Kernstrahl liegen, sind mögliche Partner). Die Wahrscheinlichkeit, daß mehr als ein Punkt in Frage kommt, ist wegen der hohen Punktdichte sehr groß.
- Eine Einschränkung erfolgt durch das **Vorwissen** um die **Ausdehnung des aufgenommenen Objektes** (d.h. die räumliche Lage der gefundenden Kanditaten darf sich nur innerhalb eines sinnvollen Objektbereiches bewegen).
- Kann auch aufgrund dieses Kriteriums keine eindeutige Lösung gefunden werden, muß man das Bild einer **dritten Kamera** (Figur 2.3-2) zu Hilfe nehmen. Auch hier wird zuerst die Kernstrahlbedingung angewandt und zwar von zwei Richtungen her: erstens gibt es einen Kernstrahl, der die Beziehung zur ersten Kamera herstellt, und dann einen, der die Beziehung zur zweiten Kamera herstellt.
- **Nur jener Punkt, der alle drei Kernstrahlbedingungen erfüllt, ist zu akzeptieren**.

Die Verwendung der dritten Kamera bringt aber, unabhängig von der Entscheidungshilfe, auf jeden Fall den Vorteil einer zusätzlichen (redundanten) Messung, die die Genauigkeit

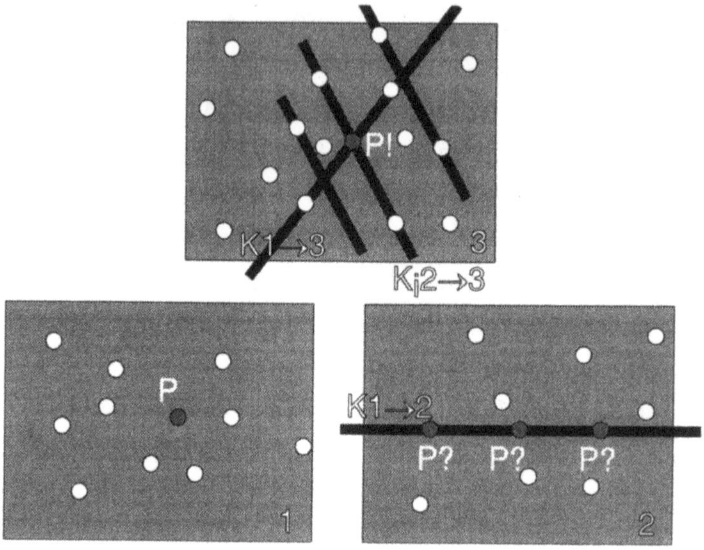

Figur 2.3-2: Aufnahmeanordnung und Auswertevorgang für Punktmuster

der Auswertung erhöhen kann. In einigen Fällen, bei sehr großen Punktdichten und bei großer Tiefenausdehnung des Objektes, kann es noch immer vorkommen, daß keine eindeutige Entscheidung getroffen werden kann. In diesem Fall muß man noch eine **vierte Kamera** zu Hilfe nehmen[1].

Verwendet man als Projektionsmuster ein **regelmäßiges Linienraster**, so ist es möglich, anhand der Analyse der perspektiven Verzerrung der Rasterelemente auf die **Flächennormale der Objektoberfläche** zu schließen[2]. Die Idee dahinter ist verwandt mit dem Ansatz, aus den Ergebnissen für die Transformationsparameter des LSMs Information über die Flächennormale zu erhalten: Die Form des LSM-Referenzbildes ist bekannt und i.a. ein Quadrat (gebildet aus der Matrix von n x n Bildelementen) in der Bildebene (vergleichbar mit der Form einer Rastermasche im Musterdia). Nach dem LSM erhält man Transformationselemente, die dieses Quadrat in ein allgemeines Viereck im Suchbild umwandeln (vergleichbar den im Bild gemessenen Eckpunkten einer projizierter Mustermasche). Der Aufbau des Musterprojektionssystems besteht also aus einem Projektor, der das quadratische Raster auf das Objekt projiziert und einer Kamera, die das projizierte Muster aufnimmt. Die Auswertung erfolgt durch Messen der Eckpunke der Maschen. Aus dem Wissen, daß es sich

---

[1] Dold J., Maas H.-G., 1994: An application of epipolar line intersection in a hybrid close range photogrammetric system. IAPRS, Vol.30/5, Melbourne, pp.65-70.

[2] Shrikhande N., Stockman G., 1989: Surface orientation from a projected grid. IEEE PAMI, Vol.11/6, pp.650-655.

um projizierte Quadrate handelt und aus der bekannten Aufnahmeanordnung, errechnet man die Flächennormalen, mit Hilfe deren man, ähnlich wie beim *Shape-from-Shading*, die Oberflächenform rekonstruieren kann.

2.3.2 Moirétechniken[1]

Verfahren, die Schattenmoirémuster erzeugen, zählen zu jenen Verfahren, die schon sehr früh zur Auswertung von Objektoberflächen verwendet wurden. Sehr oft war weniger eine quantative Auswertung, d.h. die Erzeugung eines Oberflächenmodelles, das Ziel, sondern eine **qualitative Beurteilung der Oberflächenform**. Da höhenlinienartige Strukturen sichtbar werden, entsteht für den Betrachter sofort ein interpretierbarer dreidimensionaler Eindruck. Die Moirémethoden haben besonders für **medizinische Anwendungen** Verbreitung gefunden und dort wiederum in der Untersuchung von Verkrümmungen der Wirbelsäule (Skolioseerkennung[2]). Symmetrieunterschiede sind ohne zusätzliche quantitative Auswertung unmittelbar und sehr deutlich zu erkennen.

In der Folge soll nicht die Analyse der Moirébilder sondern nur die **Oberflächenbestimmung mittels Moirémethoden** angesprochen werden. Obwohl es eine Reihe verschiedenster Anordnungsmöglichkeiten gibt, wie Moirés erzeugt werden, wird hier nur eine Methode besprochen, die stellvertretend das Prinzip des Verfahrens erklärt. Die Anordnung besteht aus zwei Lichtprojektoren und einem Liniengitter, durch welches das Objekt beleuchtet wird (siehe Figur 2.3-3). Die Gitterlinien erzeugen pro Projektor ein Bündel von Schattenebenen. Die Schattenbündel schneiden einander und erzeugen flächige Schattenzonen. Wird ein Objekt in diesen Schattenbereich gestellt, so verschneiden sich die Schattenzonen mit der Objektoberfläche, wodurch die charakteristischen Moirélinien sichtbar werden.

Es muß darauf hingewiesen werden, daß **die sichtbaren Linien zwar wie Höhenlinien aussehen aber nicht notwendigerweise Höhenlinien** (d.h. Linien gleichen Abstandes vom Gitter) **sind**. Die entstehenden Schattenflächen sind im allgemeinen Fall nicht-parallele Zylinderflächen. Nur für den Fall, daß die beiden Lichtquellen von der Gitterebene gleich weit entfernt angeordnet sind, werden die Zylinderflächen zu parallelen Ebenen. Dadurch wird

---

1 Literatur: Karara H.(Ed.), 1989: Non-Topographic Photogrammetry, 2nd Edition. ASPRS Science and Engineering Series.

2 Steinnocher K., Jansa J., Kausel W., 1990: Recognition of scoliosis by automated evaluation of digital moiré-images. In Neugebauer/Windischbauer (Ed.): Surface topography and body deformity V. Gustav Fischer Verlag, pp.115-116.

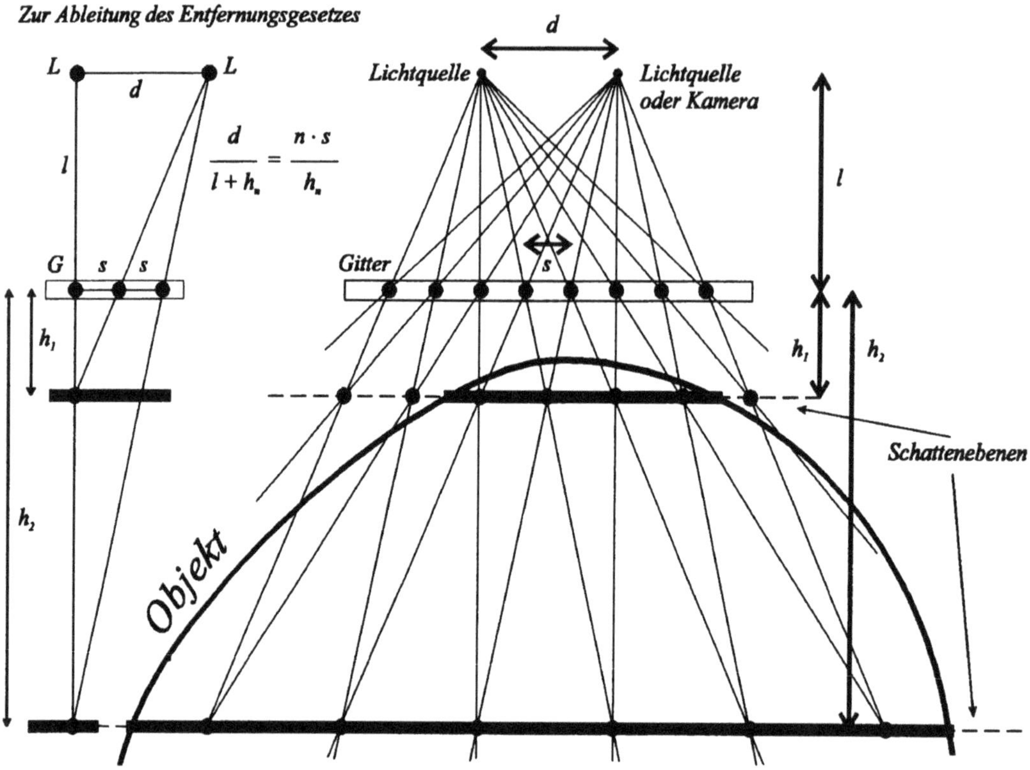

Abb. 2.3-3: Aufnahmeanordnung für Moiréauswertung

die Auswertung erheblich vereinfacht. Trotzdem ist noch zu beachten, daß es sich nicht um äquidistante Ebenen handelt! Die Entfernungen der Moirelinien von der Gitterebene können mit folgender Formel errechnet werden:

$$h_n = n \cdot \frac{s \cdot l}{d - n \cdot s} \approx n \cdot \frac{s \cdot l}{d} = n \cdot k \qquad (2.3\text{-}18)$$

n ... 0,1,2,... für Schattenebenen
d ... Abstand der beiden Projektionszentren (normal zu den Gitterlinien gemessen)
l ... Abstand der Projektionszentren von der Gitterebene
s ... Gitterintervall
k ... $= s \cdot l / d$ (Konfigurationskonstante und Äquidistanzintervall)

Die Anzahl n der Schattenebenen ist, wie man leicht erkennen kann, begrenzt und ergibt sich aus dem Nenner mit $n = [\, d / s \,]$. Die Näherungsformel gilt für $d \gg s$ und kleines n, was oft zutrifft. Man beachte, daß dann Moiré-Ebenen als näherungsweise äquidistant angenommen werden.

Auch zeigt die Formel, daß sich die Lage ($\triangleq h_n$) der Moiréflächen nicht ändert, wenn man das Gitter in der Ebene normal zu den Gitterlinien bewegt, lediglich die Verschnittbereiche der Schatten verschieben sich entlang der Schattenflächen. Dieser Umstand wird zusammen mit einer Verlängerung der Belichtungszeiten der Kamera z.B. ausgenutzt, um homogenere Schattenlinien auf der Objektoberfläche zu erzeugen.

Für die Aufnahmeanordung zur quantitativen Auswertung kann **einer der Lichtprojektoren auch durch eine (kalibrierte) Kamera ersetzt werden**. Das Moirébild entsteht dann dadurch, daß die Kamera die Linienschatten durch das Gitter aufnimmt. Die Auswertung der Objektoberfläche erfolgt durch **Linienverfolgung der Moiréschatten und gleichzeitiger Zählung des Höhenniveaus** beim Wechsel von einer Linie auf deren Nachbarlinie. Probleme entstehen in sehr flachen Bereichen, in welchen die Moirélinie stark verbreitert und wo sich Schwierigkeiten bei der Linienverfolgung ergeben, dann an Sprungstellen, wo die Linien unterbrochen werden und versetzt sich fortsetzen und schließlich auch in sehr steilen Bereichen, in denen benachbarte Linien nicht mehr eindeutig voneinander trennbar sind oder sich sogar Verflechtungseffekte mit der Pixelstruktur des Bildes ergeben. Verflechtungseffekte (*Aliasing*) sind deutlich erkennbare, aber nicht der Realität entsprechende Strukturen, die die Auswertung der tatsächlichen Strukturen stören oder überhaupt verhindern. Beim Inkrementieren des Höhenniveaus ist zu bedenken, daß die "Bergauf"- und "Bergab"-Richtung alleine aus dem Bildinhalt nicht erkennbar ist und es daher im allgemeinen einer operateurgesteuerten Initialisierung bedarf. Dennoch bleibt das sogenannte Tal-Hügel-Problem. Bei lokalen Maxima und Minima ist nicht zu erkennen, ob es sich um einen "Krater" oder um einen "Hügel" handelt. Es gibt aber Verfahren mit asymmetrischen Moirégittern, die eine Entscheidungshilfe ermöglichen, auf die hier aber nicht näher eingegangen wird.

Nach Verfolgung der Linien bleibt letztlich noch die Eichung, d.h. die **Zuordnung der absoluten Höhe**, also des Abstandes von der Gitterebene. Kann dieser Abstand für eine der Linien gefunden werden, so errechnet sich die Abstandsdifferenz zu den anderen Linien aufgrund der Niveaukennzahl und des Moiréerzeugungsgesetzes (mit den Parametern der Aufnahmeanordnung). Die räumlichen Koordinaten erhält man dann aus den digitalisierten Moirélinien im Bild durch Verschneiden des Kamerabündels mit den Moiréebenen. Man beachte, daß das daraus erhaltene Oberflächenmodell alle jene Nachteile besitzt, die von der Digitalisierung von Höhenschichtenlinien bekannt sind. Die **Oberflächeninformation ist entlang von Linien sehr genau bekannt, während Bereiche dazwischen überhaupt nicht erfaßt werden**.

2.3.3 Lichtschnittverfahren

Als Lichtschnittverfahren werden alle jene Methoden bezeichnet, bei denen die Schnittlinie einer Lichtebene mit dem Objekt von einer Kamera aufgenommen wird. Die Aufnahmeanordnung kann durch einen Linienprojektor und mehreren Kameras in gewohnter photogrammetrischer Positionierung erfolgen. **Vielfach üblich sind jedoch die Kombination eines kalibrierten Lichtprojektor mit einer kalibrierten Kamera**. Der kalibrierte Projektor ersetzt damit die zweite Kamera, die für eine Stereoaufnahme notwendig wäre.

Die Auswertung ist sehr einfach. Ein **einziges Lichtprofil** wird auf den Gegenstand projiziert. Die aufgenommene Linie wird im Bild verfolgt, wobei man für jeden Punkt dessen Bildkoordinaten (x",y") im Kamerasystem erhält. Die entsprechenden Bildkoordinaten im Projektorsystem werden über die Kernstrahlbedingungen gewonnen. Die y'-Koordinate erhält man aus dem Schnitt des Kernstrahles mit der bekannten x'-Koordinaten-linie in der Bildebene des kalibrieten Projektors (Figur 2.3-4, links). (Man beachte, daß die Lösung unkontrolliert ist. Orientierungsfehler können z. B. nicht erkannt werden.) Nachdem ein Profil ausgewertet ist, wird die Linie im Projektor um einen bekannten Betrag verschoben und die nächste Aufnahme und Auswertung kann erfolgen. Auf diese Weise wird das gesamte Objekt profilweise abgetastet.

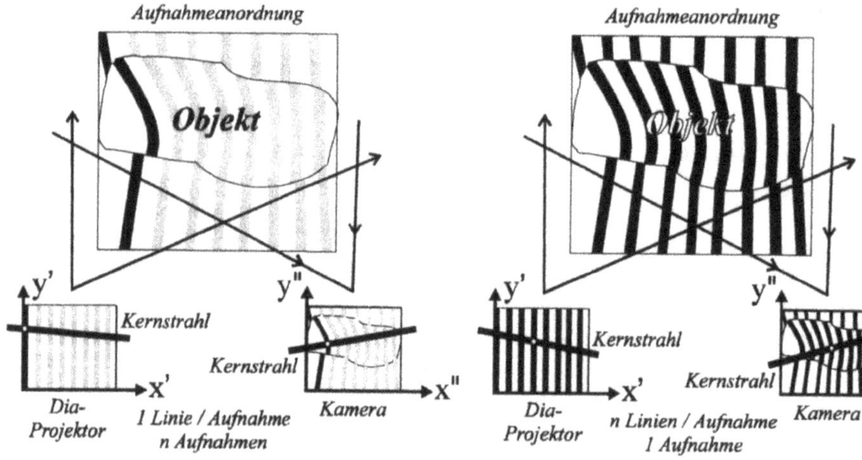

Figur 2.3-4: Prinzip des Lichtschnittverfahrens

Man kann bereits erkennen, daß dieses Verfahren sehr viele Aufnahmen benötigt, um eine Objektfläche einigermaßen dicht zu bestimmen. **Schnelle Bildfolgen der Kamera und ebenso schnelle Linienverschiebung im Projektor** sind unbedingt erforderlich. Daher werden solche Verfahren üblicherweise zusammen mit Videokameras eingesetzt, die eine Bildfolge von 25 Bildern pro Sekunde (oder 30 Bilder pro Sekunde in US-Systemen) erlauben. Auch werden spezielle Projektoren notwendig, die entweder über mechanisch verschiebbare Dias oder über LCD-Dias verfügen. Zusätzlich müssen diese Kameras und Projektoren synchronisierbar sein, um die maximale Geschwindigkeit ausnutzen zu können. Dennoch ist zu bedenken, daß die Bilder abgespeichert werden müssen, und zwar in digitaler Form, um die höchste Genauigkeit zu erhalten. Um das Speicherproblem zu umgehen, wird daher oft die Auswertung sofort während des Aufnahmevorganges durchgeführt, und die Aufnahme des Folgeprofiles erst gestartet, sobald die Auswertung des Profiles abgeschlossen ist. Zur Abschätzung der Dauer eines Aufnahmevorganges sei eine konventionelle Videokamera angenommen, die eine digitale Bildgröße von etwa 750 x 500 Pixel erlaubt. Es ist daher wenig sinnvoll, mehr als 750 Profile aufzunehmen, selbst wenn der Projektor dies erlaubte. Bei einer Aufnahmefrequenz von 25 Hz ergibt sich eine reine Aufnahmedauer von 30 sec, bei gleichzeitiger 3D-Auswertung entsprechend länger. Schon daraus läßt sich erkennen, daß dieses Verfahren nur für stabile und ruhige Objekte in Frage kommen kann. Für lebende Körper (z.B. im medizinischen Anwendungsbereich) ist dieses Verfahren schlecht geeignet[1].

Das Lichtschnittverfahren kann auf die **Aufnahme eines einzelnen Bildes** beschränkt werden, wenn anstelle einer Folge von Einzellinien ein **Dia mit parallelen Linien** projiziert wird (Figur 2.3-4, rechts). Diese Vorgangsweise ist gut geeignet zur Aufnahme von nahezu ebenen und stetigen Oberflächen ohne Verdeckungsbereiche, da sonst die Linienverfolgung und die Linienzählung große Probleme verursachen kann (Linien können zur Gänze verschwinden oder Linien können unterbrochen werden und versetzt fortgesetzt sein). Eine gewisse Lösung dieses Zuordnungsproblems erhält man mit farbigen Linienmustern, wobei sich benachbarte Linien in den Farben deutlich unterscheiden und in größeren Abständen eine andere eindeutige Referenzfarbe verwendet wird. Abgesehen von der Notwendigkeit der Verwendung von Farbkameras muß man auch die Farbe des Objektes bedenken, die sich wie ein subtraktives Filter verhält (z.B. eine grüne Linie auf roter, blauer oder magenta-farbiger Objektoberfläche wird gänzlich ausgelöscht, während sie auf weißer, gelber oder cyan-farbiger Objektoberfläche unverfälscht sichtbar bleibt; siehe Abschnitt A 3.2-2).

2.3.4 Binär kodiertes Licht

Das Verfahren mit binär kodiertem Licht ermöglicht eine elegante Methode der Bildsegmentierung, das selbst bei sehr stark strukturierten Oberflächen, großen Maßstabsunterschieden

---

[1] Oberflächenvermessung mittels Lichtschnittprofil ist auch bei Tunnel- oder Höhlenvermessung gebräuchlich. Der Linienprojektor wird durch einen rotierenden Lichtstrahl ersetzt, der ein Profil der Wand des Tunnels markiert. Nach Aufnahme eines Profiles wird der Projektor entlang der Tunnelachse weiter bewegt und die nächste Aufnahme durchgeführt. Auf diese Weise wird die Tunnelwand profilweise abgetastet.

und Schattenwirkung zuverlässig arbeitet. Auch hier soll in der Folge nur die **Aufnahmeanordnung mit einer kalibrierten Kamera und mit einem kalibrierten Projektor**, der die zweite Kamera geometrisch ersetzt, besprochen werden. Werden mehrere Kameras eingesetzt, kann auch mit einem unkalibrierten Projektor gearbeitet werden.

Das Prinzip beruht auf der Projektion einer Serie von **weiß-schwarz Linienmustern** mit gleicher Breite des schwarzen und des weißen Balkens, wobei sich die **Frequenz des Musters von einer Projektion zu nächsten genau verdoppelt**. Das allererste Dia besteht nur aus einem Balkenpaar, einem schwarzen und einem weißen Balken. Das nächste Dia enthält bereits zwei Balkenpaare mit einem Paar im vorher schwarzen und einem im vorher weißen Teil, usw. Die Anzahl der verwendeten Dias ist prinzipiell beliebig, sie wird sinnvollerweise durch die Auflösung des Aufnahmesystems und den Möglichkeiten des Rechensystems begrenzt. Üblicherweise wird eine Folge von 7 oder 8 Dias verwendet.

Denkt man sich jedes einzelne Dia als Binärbild (da ja nur zwei Intensitätswerte vorkommen, nämlich Schwarz (=0) und Weiß (=1)), so kann dieses auch als Bitebene eines Grauwertbildes angesehen werden. Das Dia mit der niedrigsten Frequenz wird als Bitebene der höchsten Signifikanz (*most significant bits*), jenes mit der höchsten Frequenz als Bitebene der niedrigsten Signifikanz (*least significant bits*) interpretiert. **Werden *n* Dias auf diese Weise zusammengesetzt, so erhält man ein Grauwertstreifenbild mit einer Tiefe von *n***, also mit der Tiefe 8 (≙ 1 Byte) im Falle von 8 Dias. Projizierte man ein derartiges Grauwertstreifenbild als Dia auf ein Objekt, so erschiene dort (im Idealfall) ein Grauwertstreifenmuster, das wie das oben erwähnte Lichtschnittverfahren ausgewertet werden könnte, und zwar eindeutig, da ja ein bestimmter Grauwert genau einem bestimmten Streifen (≙ x') im Dia zugeordnet werden könnte (Figur 2.3-5). Daher kann dieses Verfahren auch als eine elegante Variante des Lichtschnittverfahrens angesehen werden.

Die **Erzeugung des Grauwertbildes** erfolgt tatsächlich aber nicht in der Diaebene sondern **im aufgenommenen Bild**. Da jedes einzelne Bild vorerst keineswegs ein Binärbild darstellt, bedarf es noch einiger Vorverarbeitungsschritte. Die Bilder müssen binarisiert werden. Die einfachste Art wäre, eine Schranke irgendwo bei einem mittleren Grauwert einzuführen und alle darunter liegenden Grauwerte als 0 (≙ schwarz) und alle darüber liegenden als 1 (≙ weiß) zu klassifizieren. Da es einerseits auf der Objektoberfläche Helligkeitsunterschiede geben kann und andererseits durch die Oberflächenform Helligkeitsunterschiede entstehen, ist eine derartige Schrankenbildung gefährlich. Man nimmt daher **zwei zusätzliche Bilder vom Objekt** auf: das eine zeigt das Objekt vollkommen unbeleuchtet, das andere unter voller Beleuchtung. Man weiß damit, wie die einzelen Objektbereiche im Schatten und im Licht aussehen sollten. Durch Berechnen der Differenzen des Streifenbildes s und des unbeleuchteten Referenzbildes u einerseits $(s\text{-}u)$ und des beleuchteten Referenzbildes b andererseits $(s\text{-}b)$ eliminiert man die Effekte wegen Helligkeitsunterschiede auf der Objektoberfläche und gewinnt gleichzeitig eine Spreizung der gesamten Dynamikskala um

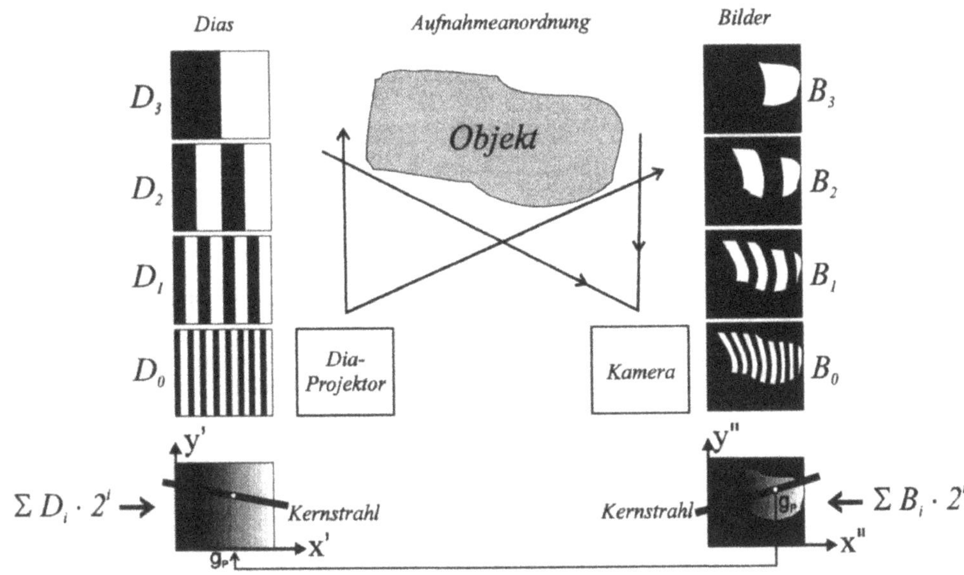

Figur 2.3-5: Prinzip des binär kodierten Lichts

den Faktor zwei (siehe Figur 2.3-6). Eine Schrankenbildung ist dann vollkommen unproblematisch. Setzt man die derart binarisierten Einzelbilder in der vorhin besprochenen Weise zu einem Grauwertbild zusammen, erhält man jenes Grauwertstreifenbild, das eine problemlose und eindeutige Rekonstruktion der Objektoberfläche erlaubt.

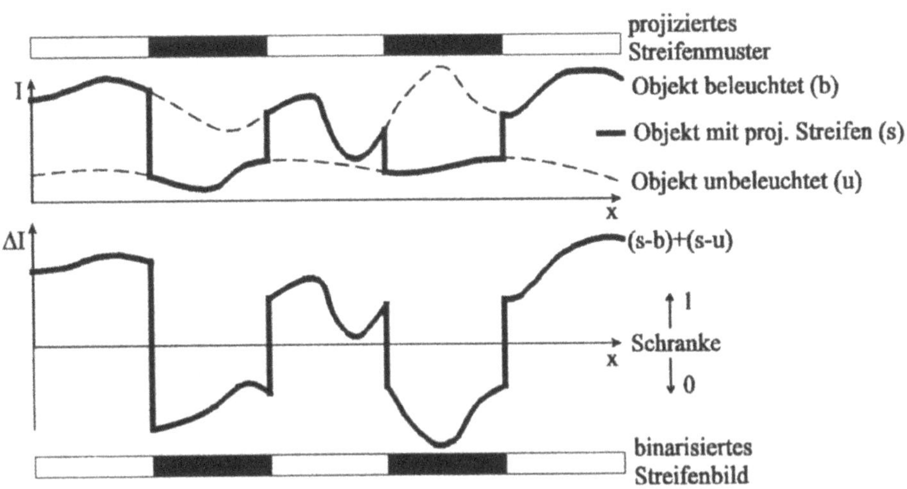

Figur 2.3-6: Prinzip des Binarisieren der Aufnahmen

Will man ein **8-bit tiefes Grauwertbild** erzeugen, was der internen Speicherungsstruktur der gängigen Computer entgegenkommt, so benötigt man also **eine Folge von 8 Aufnahmen**, plus zwei Zusatzaufnahmen für die "Grauwertkalibrierung". Es fehlt noch die Überlegung, ob mit 8 Bildern die gewünschte Genauigkeit erreicht werden kann, da dadurch ja auch die

Streifenanzahl und somit auch die Streifenbreite des höchstfrequenten Dias festgelegt ist. Wieder soll angenommen werden, daß als Aufnahmegerät eine handelsübliche Videokamera mit etwa 750 x 500 Pixels verwendet werden soll. 8 Aufnahmen ermöglichen 256 Streifen, was bedeutet, daß pro Streifenbreite etwa 3 Pixels im Querformat zu Verfügung stehen. Das ist vielleicht nicht die Genauigkeit, die man sich erhofft, man muß aber bedenken, daß eine höhere Genauigkeit kaum möglich ist, da bereits die Grenzen der Auflösung des Aufnahmesystems tangiert werden. Um eine Streifenbreite eindeutig auflösen zu können, muß mehr als ein Pixel garantiert im Streifen liegen (siehe Abtasttheorem). Im oben beschriebenen Fall ist das garantiert. Bei Bedarf einer feineren Linienbreite könnte man weitere Bit-Ebenen einführen oder aber statt dessen ein höherfrequentes Muster zu Lasten des niedrigstfrequenten hinzufügen. Im letzteren Fall wäre dann keine eindeutige Zuordnung mehr möglich. Wird nur ein Muster auf dieses Weise hinzugefügt, gibt es zwei mögliche Lösungen usw. Normalweise liegen die möglichen Lösungen soweit voneinander entfernt, daß die richtige Entscheidung leicht getroffen werden kann.

2.3.5 Phasenverschiebungsverfahren

Das Phasenverschiebungsverfahren dient ebenfalls dem Zweck der eindeutigen Zuordnung eines im Bild gemessenen Punktes zu einem Streifen (d.h. einer x_D-Koordinate) im Projektordia und kann damit auch als Variante des Lichtschnittverfahrens angesehen werden. Mehr als bei den vorhin angeführten Verfahren spielt die radiometrische Meßgenauigkeit eine wichtige Rolle für die Genauigkeit der Streifenzuordnung. Dennoch ist das Verfahren erstaunlich unempfindlich und es bedarf wider Erwarten keiner teuren Geräteausstattung. Handelsübliche Videokameras sind ausreichend. **Videokameras** deshalb, da wiederum die Aufnahme einer Bildfolge notwendig ist, wie wir später sehen werden. Auch bedarf es eines speziellen Projektors, der kalibrierbar ist und eine **schnelle Diafolge** erlaubt.

Aus den verschiedenen Varianten des Phasenverschiebungsverfahrens sei nur eines hier näher erklärt. Das Muster des Dias ist ein sinus-moduliertes Grauwertband mit den Grauwerten $g_x=f(\sin\varphi)$, mit $\varphi=2\pi x_D/x_{max}$. Die Funktion f() ist eine lineare Abbildung der Sinus-Funktion auf die Grauwertskala des Dias (also normalerweise des Wertebereiches [-1,+1] auf [0,255]). **Die Aufgabe der Auswertung besteht darin, im aufgenommenen Bild an jeder Bildposition (x_B,y_B) aus dem jeweiligen Grauwert den dazugehörenden Phasenwinkel φ und damit die Dia-Koordinate x_D zu erhalten**. Gelingt dies, so erhält man, da sich die Wellenlänge des Sinus über die gesamte Diabreite (x_{max}) erstreckt, eine eindeutige Lösung für x_D. y_D kann man dann wieder über die Kernstrahlbedingungen aus

(x_B,y_B) erhalten. Wie leicht zu erkennen ist, reicht eine Einzelaufnahme nicht aus, da erstens der Funktionswert des Sinus über eine 2π-Periode nicht eindeutig ist und zweitens die Reflexionseigenschaften der Objektoberfläche keine eindeutige Grauwertbestimmung zulassen. Die Lösung liegt in der Aufnahme einer Bildfolge, wobei **von Bild zu Bild das Sinus-Dia jeweils um einen bekannten Wert Δ** gegenüber der ursprünglichen Lage in x-Richtung verschoben wird (Figur 2.3-7).

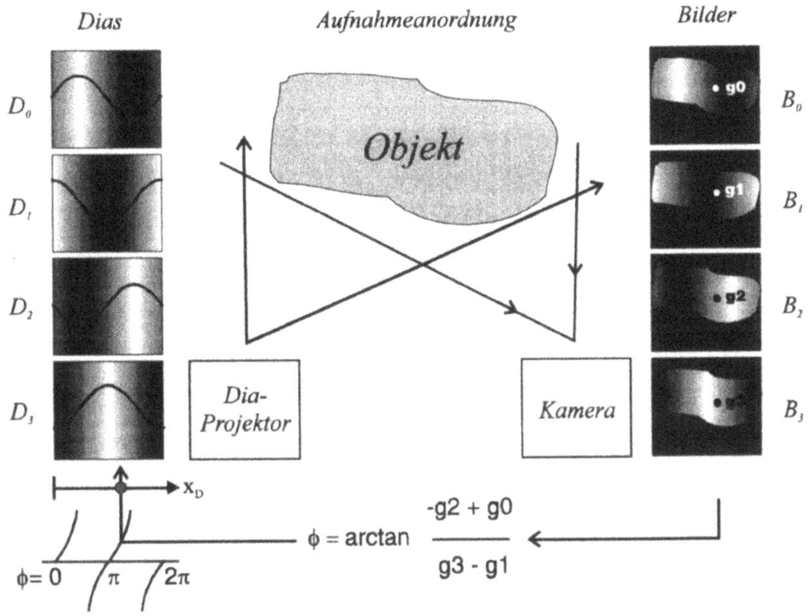

Figur 2.3-7: Prinzip des Phasenverschiebungsverfahrens

Nimmt man an, daß zwischen der Intensität *I* einer Stelle im Dia und dem (nach Projektion und Aufnahme) an der entsprechenden Stelle im Bild gemessenen Grauwert *g* ein lineares Abbildungsgesetz besteht, so gilt:

$$g(x_B,y_B) = a_0(x_B,y_B) + a_1(x_B,y_B) \cdot I(x_D) \qquad \text{oder kurz:} \quad g = a_0 + a_1 \cdot I \tag{2.3-19}$$

Die Intensität *I* ist bekannt und ist proportional $\sin\varphi$ im ersten Bild und $\sin(\varphi-\Delta)$ in den Folgebildern (wobei Δ vorzugsweise als ein ganzzahliges Vielfaches eines vorgegebenen $\Delta\varphi$ gewählt wird). Für jedes projizierte Dia läßt sich eine Gleichung aufstellen in der Form:

$$g_i = a_0 + a_1 \cdot \sin(\varphi - \Delta_i) \quad \text{oder} \quad g_i = a_0 + a_1 \cdot \sin(\varphi - i \cdot \Delta\varphi) \qquad i = 0,1,\ldots,n \tag{2.3-20}$$

In dieser Gleichung ist $\Delta\varphi$ über die bekannte Dia(=Phasen)verschiebung gegeben, *i* ist die Nummer des Dias und daher ebenfalls bekannt. g_i wird in den Bildern gemessen. Unbekannt sind a_0 und a_1 (die nicht weiter interessieren) und der gesuchte Phasenwinkel φ, aus welchem sich die Bildkoordinate x_D errechnen läßt. Um das Gleichungssystem lösen zu können, benötigt man also mindestens drei Phasenlagen. Besonders einfach wird die Lösung, wenn man **vier Phasenlagen** verwendet, wobei $\Delta\varphi$ mit $\pi/2$ angenommen wird. Wie leicht abzuleiten ist, erhält man φ aus:

$$\varphi = \arctan\left(\frac{-g_2 + g_0}{g_3 - g_1}\right), \quad \text{und daraus:} \quad x_D = x_{max} \cdot \frac{\varphi}{2\pi} \qquad (2.3\text{-}21)$$

Die realistisch erreichbaren **Genauigkeiten** für x_D liegen bei etwa 1/200 einer vollen Sinus-Wellenlänge x_{max}, das bedarf, wie man durch Fehlerrechnung aus der Formel (2.3-21) leicht ableiten kann, einer Meßgenauigkeit von etwa ± 2 bis ± 3 Grauwerten (vorausgesetzt, die Phasenverschiebung $\Delta\varphi$ erfolgte fehlerfrei). Nimmt man eine gebräuchliche Videokamera, die eine Zeilenlänge von etwa 750 Pixels erlaubt, so ergibt sich (unter der Annahme, daß die gesamte Projektionsbreite formatfüllend erfaßt wird) eine Genauigkeit der x-Koordinate von etwa 750/200, also ca. 3 Pixels. Diese Genauigkeit kann man erhöhen, indem man auf Kosten der Eindeutigkeit zwei oder mehr Wellenlängen über die Gesamtbreite zuläßt. Die Zuverlässigkeit kann man erhöhen und den Einfluß eines $\Delta\varphi$-Fehlers verringern, indem man ein kleineres $\Delta\varphi$ und eine größere Anzahl von Phasenverschiebungen wählt. Man erhält dann ein stark überbestimmtes Gleichungssystem, das durch Ausgleichung zu lösen ist.

Eine Variante, die mit nur einem **einzigen Dia** auskommt, verwendet die **Grundfarben Rot, Grün und Blau**, wobei jede Farbe in einer anderen Phasenlage dargestellt ist. Aus den Mischfarben lassen sich die Intensitäten der Einzelfarben ableiten, womit man die mindestens notwendige Anzahl von drei Gleichungen zur Lösung der Phasenlage erhält. Auch hier gilt wieder, wie schon beim Lichtschnittverfahren erwähnt, daß die spektrale Reflexionscharakteristik der Objektoberfläche die Auswertung stark stören kann oder überhaupt unmöglich werden läßt.

Literatur zu Abschnitt C 2.3: Breuckmann B., 1993: Bildverarbeitung und optische Meßtechnik in der industriellen Praxis. Franzis-Verlag, München. Maas H.-G., 1992: Robust automatic surface reconstruction with structured light. IAPRS, Vol 29/B5, Washington, pp.709-713. Riechmann W., 1995: Fast object recording by means of structured light and photogrammetric techniques. IAPRS, Vol 30/5W1, Zurich, pp.195-200. Stahs Th., Wahl Fr., 1990: Oberflächenvermessung mit einem 3D Robotersensor. ZPF 58/6, pp.190-202.

D PHOTOGRAMMETRISCHE ERFASSUNG UND VISUALISIERUNG DYNAMISCHER PHÄNOMENE

Zunächst wird die Erfassung dynamischer Phänomene behandelt. Anschließend, d.h. im Kapitel 2., wird die Visualisierung dynamischer Phänomene und die dynamische Visualisierung statischer Objekte besprochen.

1. PHOTOGRAMMETRISCHE ERFASSUNG DYNAMISCHER PHÄNOMENE

1.1 Einleitung

Die bisherigen Ausführungen befaßten sich mit der Auswertung von Bildern statischer Objekte. Ein ganz anderes Einsatzgebiet photogrammetrischer Aufnahmen bildet deren Verwendung für die Analyse dynamischer Vorgänge mittels Bildfolgen, wobei eine schnelle Bildfolge nicht das entscheidende Kriterium ist. Wir haben in den früheren Abschnitten Verfahren kennengelernt, die eine Folge von Bildern (z.B. Lichtschnittverfahren, Phasenverschiebungsverfahren) verwenden. Dennoch war das Ziel jener Verfahren ebenfalls die Auswertung statischer Objekte; die Bildfolge diente nur dazu, eine Art Bildsegmentierung herbeizuführen, um so die 3D-Rekonstruktion zu unterstützen. In diesem Abschnitt sollen dagegen die Beobachtung und Analyse dynamischer Prozesse näher betrachtet werden. Es wird erwartet, daß sich das Objekt relativ zur Kamera bewegt (d.h. feste Kamera und bewegtes Objekt, bewegte Kamera und festes Objekt oder bewegte Kamera und bewegtes Objekt). Die Hauptanwendungsbereiche sind unter anderem:

- Bewegungsanalyse - *motion analysis* (im medizinischen Anwendungsbereich, Analyse von Fließbewegungen und Wellenformen, Verkehrsüberwachung)
- Arbeitsplatzüberwachung - *workspace monitoring* (Ergonomieuntersuchung, Warnung vor Gefährdungszonen)
- Bewegungserkennung - *motion detection* (Warnsysteme)
- Hinderniserkennung - *obstacle detection* (Robotik)
- Zielverfolgung - *target tracking* (militärischer Anwendungsbereich, Robotik)

Ohne auf spezielle Anwendungsgebiete einzugehen, sollen die folgenden Abschnitte grundlegenden Überlegungen zur Auswertung dynamischer Prozesse gewidmet sein.

1.2 Analyse einer Folge aus zwei Einzelbildern

Vorerst werden anhand von zwei hintereinander aufgenommenen Einzelbildern einige Möglichkeiten und Probleme aufgezeigt, welche sich bei der Analyse von Bildfolgen ergeben. Relative Bewegungen zwischen Kamera und Objekt bewirken, daß sich die Bildinhalte zeitlich hintereinander aufgenommener Bilder geometrisch unterscheiden. In diesen Unterschieden liegt jene Information, die zu interpretieren ist, und von der man erhofft, daß sie eine Aussage über die Bewegung und/oder über die Gestalt des Objektes liefern kann. Bildunterschiede sind in der Photogrammetrie unter dem Namen "Parallaxen" bekannt. In Zusammenhang mit der Aufnahme bewegter Objekte spricht man von Zeitparallaxen. Zeitparallaxen können die perspektiven Parallaxen überlagern und so zu einer fehlerhaften geometrischen Auswertung führen. Sie können aber auch gezielt ausgewertet werden, um Objektbewegungen zu messen. Ein typisches Beispiel ist die Analyse von Gletscherbewegungen aus Zeitserien[1].

Es scheint zweckmäßig, sich vorab folgende Fragen zu stellen:

- Wie wirken sich durch Bewegung verursachte Veränderungen eines Objektes auf Differenzen der Inhalte zweier zeitlich hintereinander aufgenommener Bilder aus?
- Welche Schlüsse lassen die Differenzen zweier zeitlich hintereinander aufgenommener Bilder auf die Bewegung eines Objektes zu?

Zur Demonstration sei ein Gedankenexperiment angestellt: Man stelle sich eine Kugel mit gleichmäßig reflektierender Oberfläche (texturlos, mit Lambertscher Strahlungscharakteristik) vor, die von einem fest montierten, gleichmäßig leuchtenden Scheinwerfer angestrahlt wird und von einer ebenso fest montierten Kamera aufgenommen wird. Nach der ersten Aufnahme wird die Kugel verdreht und das zweite Bild aufgenommen. Aufgrund der gleichmäßigen Oberfläche werden die beiden Bilder ident aussehen; es besteht daher keine Möglichkeit, aus den beiden Bildern auf Objektveränderungen schließen zu können, obwohl sich das Objekt bewegt hat. Das zweite Gedankenexperiment läuft darauf hinaus, die Kugel und Kamera ruhig zu belassen und die Lampe in eine andere Position zu bringen, bevor das zweite Bild aufgenommen wird. Wegen der verschiedenen Beleuchtungsrichtungen werden sich die beiden Bilder jetzt deutlich unterscheiden und ein Auswertealgorithmus könnte auf eine Bewegung schließen, die aber tatsächlich nicht stattgefunden hatte.

---

[1] Finsterwalder R.: Geschwindigkeitsmessungen an Gletschern mittels Photogrammetrie. Zeitschrift für Gletscherkunde XIX, 1931.

Diese kurze Demonstration zeigt, daß die Auswertung von Bildfolgen, die sich nicht nur auf die geometrischen, sondern auch auf die radiometrischen Unterschiede in den Bildern stützt, vor der Schwierigkeit der eindeutigen Interpretation steht. Tatsächlich gibt es keine allgemein gültigen Merkmale in Bildunterschieden, die eine eindeutige Auswertung ermöglichen. Man ist immer gezwungen, Modelle aufzustellen und Annahmen zu treffen, die für den jeweiligen Zweck am geeignetsten scheinen.

Ein wichtiger Begriff, der bei der Auswertung von Bildfolgen auftaucht, ist der "**optische Fluß**" (*optical flow*). Dabei geht man von der Vorstellung aus, daß sich der Inhalt eines Bildes wie ein flüssiges Medium verhält. In aufeinanderfolgenden Bildern wird jeweils ein bestimmter Zustand der Fließbewegung (als Projektion der Objektbewegung in die Bildebene) festgehalten. Zu jedem beliebigen Punkt des ersten Bildes sollte ein homologer Punkt des zweiten Bildes zu finden sein. Aus dem Vergleich der homologen Punktfelder erhält man ein Feld von Differenzvektoren, die die optische Fließbewegung beschreiben. Die Länge der Vektoren, bezogen auf das Aufnahmeintervall, liefert die Fließgeschwindigkeit, also wie schnell sich ein Objektpunkt, projiziert in die Bildebene, bewegt

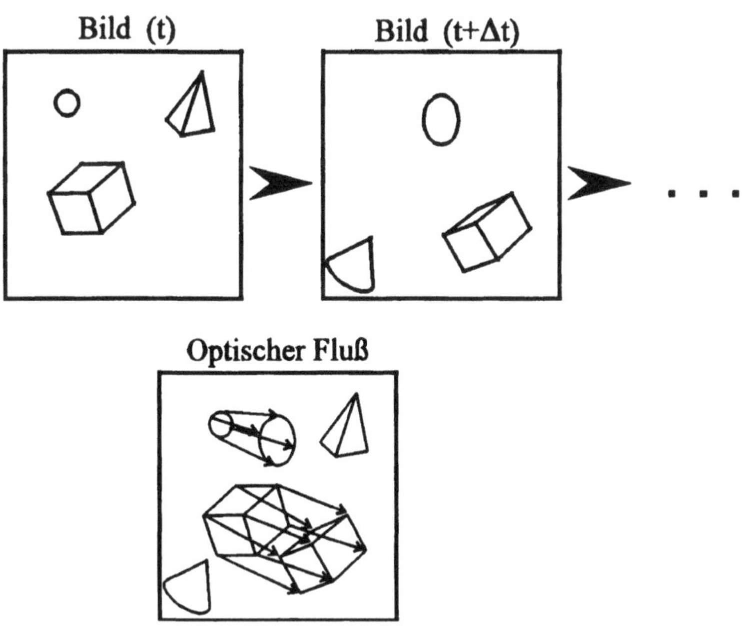

Figur 1.1-1: Prinzip des "optischen Flusses"

hat. Diese Fließgeschwindigkeit ist eine Funktion der Objektbewegung und der Lage des Objektes in bezug zur Kamera. Die Aufgabe der Auswertung ist es, aus dem Vektorbild die Veränderung des Objektes bzw. des Aufnahmesystems und eventuell die Gestalt des Objektes zu rekonstruieren. Figur 1.1-1 zeigt das Prinzip des optischen Flusses, wobei aus einer Folge von zwei Bildern die Vektoren der Veränderung abgeleitet wurden. Man beachte, daß die angegebene Lösung nur eine der Möglichkeiten umfaßt. Im Falle des Quaders wäre auch eine andere Zuordnung der Eckpunkte vorstellbar. Die Zuordunung wird umso unsicherer, je größer das Zeitintervall zwischen den Aufnahmen ist. Im Falle des Kreises (oder der Kugel) können nur die Verschiebungsvektoren der Kanten abgeleitet werden, während die tatsächliche Bewegung (z.B. auch eine Rotation oder Deformation) wegen des Fehlens eindeutiger Referenzpunkte unidentifizierbar bleibt.

Im folgenden sollen Anworten auf zwei Fragen gegeben werden:

- Wie erhält man schnell Information, ob zwischen zwei Aufnahmezeitpunkten eine Veränderung des Objektes stattgefunden hat?
- Wie bestimmt man den optischen Fluß?

Gehen wir vom speziellen Fall aus, daß sich die Beleuchtungsverhältnisse nicht verändern, daß die Kamera fest bleibt und daß sich ein Objekt vor einem unveränderten Hintergrund bewegt. Die Ermittlung der Differenz der Bildinhalte bietet dann eine einfache Möglichkeit, Veränderungen zu erkennen. Jene Bildstellen, bei denen das Differenzbild Null ergibt, waren entweder tatsächlich keiner Veränderung unterworfen, stammen von intensitätsmäßig homogenen Bereichen oder haben sich in Richtung der Abbildungsstrahlen bewegt. Diese Bereiche bedürfen keiner weiteren Behandlung; sie werden als unverändert klassifiziert. Für alle übrigen Bereiche muß eine nähere Untersuchung der Veränderungen erfolgen. **Die Bestimmung der Veränderung des bewegten Bildinhaltes läuft auf ein *Matching*problem hinaus, das auf vergleichbare Weise wie für eine dreidimensionale Objektrekonstruktion gelöst werden kann.** Im Falle der Bewegung eines **starren Objektes** handelt es sich im Prinzip tatsächlich um dieselbe Aufgabe. Die relative Bewegung des Objektes zur Kamera kann auch als Veränderung des Aufnahmestandortes angesehen werden. Ist die innere Orientierung der Kamera bekannt und unverändert, so handelt es sich um die Bestimmung der relativen Orientierung. Aus den orientierten Bildern lassen sich die Objektpositionen in bezug auf die (unveränderte) Kameraposition ableiten. Zusätzlich kann die Form des bewegten Objektes festgestellt werden. In beiden Fällen erhält man relative Größen, denn der **Maßstabsfaktor** kann erst **über eine bekannte Strecke im Objekt oder durch den Einsatz einer weiteren, synchron arbeitenden Kamera** bestimmt werden. Die Veränderungsanalyse wäre damit auf eine Folge zweier unabhängiger räumlicher Auswertungen zurückführbar. Eine Verknüpfung aller Aufnahmen wird möglich, wenn man die Bilder, unabhängig von welcher Kamera sie gemacht wurden, in einem Bündelausgleich behandelt, so als stammten sie von unterschiedlichen Kamerastandpunkten. Als Ergebnis erhält man zwar wieder für jedes einzelne Bild äußere Orientierungen. Ist die Basis zwischen den beiden Kameras bekannt, so erhält man das Ergebnis auch im richtigen Maßstab.

Die Ableitung des optischen Flusses mit Hilfe von *Matching*verfahren liefert punktbezogene Veränderungen, da *Matching*verfahren nur arbeiten, wenn es genügend Textur oder markante Punkte im Bild gibt. In vielen Fällen erhält man nur ein sehr locker besetztes Feld von Vektoren des optischen Flusses.

Eine andere beliebte Vorgangsweise (die sogenannte **gradienten-basierte Technik**) baut auf der radiometrischen Veränderung auf, unter der Annahme, daß sich die Beleuchtungs- und Reflexionsverhältnisse nicht verändert haben, daß also die Intensitätswerte $I(x,y)$ identer Objektstellen in der Bildfolge gleich bleiben. Die Veränderung der Grauwerte läßt dann auf die Richtung und Größe der Veränderung, d.h. auf die differentielle optische Fließgeschwindigkeit schließen[1]. Unter Annahme konstant bleibender Intensität homologer Punkte gilt:

$$I(x,y,t) = I(x+dx,y+dy,t+dt)$$

Nach Linearisierung erhält man:

$$I(x,y,t) = I(x,y,t) + \frac{\partial I}{\partial x}dx + \frac{\partial I}{\partial y}dy + \frac{\partial I}{\partial t}dt + \ldots \qquad \textbf{und somit:}$$

$$\frac{\partial I}{\partial x}\cdot\frac{dx}{dt} + \frac{\partial I}{\partial y}\cdot\frac{dy}{dt} + \frac{\partial I}{\partial t} = I_x\cdot u + I_y\cdot v + I_t = 0$$

Diese Gleichung wird ***brightness change constraint equation*** *("BCCE")* genannt. Figur 1.1-2 erklärt die Ableitung der *"BCCE"* anhand des eindimensionalen Falles, wobei eine "Intensitätsrampe" (links zum Zeitpunkt t, rechts zum Zeitpunkt t+dt) mit der Geschwindigkeit u in Richtung x bewegt wird.

Die "*BCCE*" liefert im zweidimensionalen Fall nur die Bedingung, die die Geschwindigkeitskomponenten (u,v) des optischen Flusses für jeden Punkt erfüllen müssen, nicht aber deren Größe. Durch zwei unabhängige Bedingungsgleichungen könnten die Unbekannten (u,v) errechnet werden. Das System ist also nur lösbar, wenn man für die Ableitung das Verhalten in einer Bildumgebung einbezieht. Sinnvollerweise verwendet man mehr als zwei Gleichungen und findet die Lösung durch Ausgleichung. Daraus erkennt man auch, daß man nicht das Fließverhalten eines wohldefinierten Bildpunktes erhält, sondern das mittlere Fließverhalten eines Bereiches.

---

1 Z.B.: Kearney J., Thompson W., Boley D., 1987: Optical flow estimation: an error analysis of gradient-based methods with local optimization. IEEE PAMI, Vol.9/2, pp.229-244.

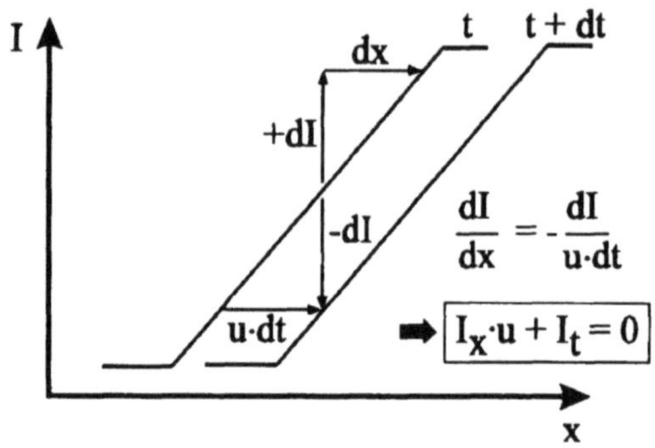

Figur 1.1-2:Ableitung der BCCE des optischen Flusses am Beispiel des eindimensionalen Falles

Aus der Analyse aller ermittelten zweidimensionalen Geschwindigkeitsvektoren eines Bildes muß dann erst auf die dreidimensionale Objektbewegung geschlossen werden. Dieses Verfahren der Analyse der Grauwertgradienten versagt, wie leicht zu erkennen ist, in homogenen Bildbereichen, aber auch bei starker Texturierung des Objektes und bei Unstetigkeitsstellen der Bewegung, etwa bei großen, abrupten Tiefenunterschieden oder entlang von Begrenzungslinien eines bewegten Objektes gegenüber einem unbewegten Hintergrund.

Generell gilt, daß die Errechnung von räumlichen Veränderungen aus den Eigenschaften des optischen Flusses schwierig und im allgemeinen nicht eindeutig ist. Man stelle sich einen gleichmäßig bewegten Gegenstand mit großer Tiefenausdehnung vor. Entfernte Objektdetails verursachen kleine Veränderungen, nahe Objektdetails dagegen große. Obwohl also der optische Fluß beträchtliche Unterschiede aufweisen kann, müßte die zu errechnende Bewegung dennoch über den gesamten Bildbereich konstant sein. Probleme verursachen auch die "Löcher" im optischen Fluß, die durch Interpolationsmodelle überbrückt werden müssen. Es besteht aber die große Gefahr, daß die ermittelte Objektbewegung in hohem Maße durch das gewählte Interpolationsmodell beeinflußt wird, daß man erhält, was man erhalten will und nicht was tatsächlich geschehen ist. Die Ableitung der räumlichen Bewegung starrer Objekte ist in vielen Fällen erfolgreich, soferne Vorwissen eingebracht werden kann, während die Bewegung nicht-starrer Objekte nur für den zweidimensionalen Fall mit vernünftigem Aufwand und vor allem mit der nötigen Zuverlässigkeit ausführbar zu sein scheint.

Es sei darauf hingewiesen, daß mit der Analyse von Bildfolgen nicht immer eine quantitative Lösung gesucht wird, sondern sehr oft, besonders bei Echtzeitanwendungen, nur eine qualitative Aussage gefragt ist (also eine Antwort auf die Fragen: Bewegt sich das Objekt zum Beobachter oder weg vom Beobachter? Bewegt es sich langsam oder schnell? Kann es demnächst zu einer Kollision kommen? Wird eine Kurskorrektur notwendig werden? Und nicht: In welcher Raumrichtung bewegt sich das Objekt mit welcher Geschwindigkeit? Wann kommt es zu einer Kollision? Wie groß ist die Kurskorrektur?).

1.3 Motographie mit photographischen Kameras

Die Auswertung dynamischer Vorgänge mit Hilfe photographischer Mittel bedarf nicht notwendigerweise Bildfolgen und des Einsatzes "schneller" Kameras. Die sogenannte **Motographie** (zu übersetzen mit "Bewegungsaufzeichnung") verwendet seit geraumer Zeit auch konventionelle photographische Kameras, wobei oft nur ein einziges Bild aufgenommen und ausgewertet wird. Der Trick liegt in der Langzeitbelichtung, wodurch eine kontinuierliche Bildfolge simuliert wird[1]. Die zu beobachtenden Teile werden mit Leuchtmarken versehen, die sich in der Photographie (bei eventuell abgeblendeter Optik) als Spuren abbilden. Die Leuchtmarken können dabei als aktive oder passive Strahler ausgebildet sein. Bei aktiven Strahlern handelt es sich um Lämpchen, bei passiven um retroreflektierende Marken, die aus Richtung der Kamera durch einen Scheinwerfer beleuchtet werden. (Anmerkung: in der Astronomie arbeitet man mit gleichem Verfahren, etwa bei der photographischen Beobachtung von Satellitenspuren).

Die Analyse von Bewegungen läuft in den meisten Fällen nicht nur auf die alleinige Festlegung der Spur des bewegten Objektes hinaus, sondern auf die Erfassung des gesamten Bewegungsablaufes, also der räumlichen Lage der Spur und des Geschwindigkeitsverlaufes.

Bei der Auswertung einer Bewegung mit Hilfe von Langzeitbelichtungen und Leuchtmarken können sich (je nach gewünschtem Zweck) folgende Aufgaben ergeben:

a. Feststellen der räumlichen Lage der Spuren
b. eindeutige Unterscheidung der Spuren
c. Feststellung des Geschwindigkeitsverlaufes und/oder der zeitlichen Zuordnung von Punkten auf verschiedenen Kurven

1 Wir werden später über die Frequenz der Bildfolge als limitierenden Faktor für die Analyse der Frequenz der Objektbewegung sprechen. In der Langzeitbelichtungsmotographie ist die Frequenz der Bildfolge unendlich, auch wenn tatsächlich nur ein einziges Bild verwendet wird!

ad a: **Räumliche Lage der Spuren:**

Auf den ersten Blick scheint die Feststellung der räumlichen Lage durch den Einsatz von mindestens zwei Kameras gelöst zu sein. Bei genauerer Betrachtung erkennt man aber, daß es nicht trivial ist, aus einer (kontinuierlichen) Spur, die in mehreren Bildern zu erkennen ist, deren räumliche Lage abzuleiten. Die übliche Vorgangsweise wäre, homologe Punkte entlang der Spur zu messen, deren Koordinaten im räumlichen Referenzsystem zu bestimmen und dann bei Bedarf die räumliche Kurve davon abzuleiten. **Die kontinuierliche Beobachtung einer Leuchtspur liefert aber keinerlei Anhaltspunkte entlang der Spur**, so daß das Auffinden homologer Punkte unmöglich ist. Eine Möglichkeit der Punktmarkierung bietet eine Unterbrechung der Leuchtspur durch wiederholtes Aus- und Einschalten der Lichtquelle. Damit erhält man im Bild eine strichlierte Linie, deren Strichintervalle als homologe Punkte gemessen werden können, falls es gelingt, die richtige Zuordnung der Strichintervalle in den Photographien zu finden. Lange Intervalle erleichtern das Erkennen homologer Punkte, führen aber zu einer schlechten Erfassung des Kurvenverlaufes.

Als anderer Lösungsweg bietet sich die bereits früher erwähnte Rekonstruktion der Spur als räumliche Kurve durch Vorwärtsschnitt von Bildkurven an[1]. Voraussetzung ist, daß die Bildkurven nach Messen von frei wählbaren Kurvenpunkten durch ein parametrisches Kurvenmodell (z.B. Splinefunktionen) mit ausreichender Genauigkeit dargestellt werden können. Diese Vorgangsweise bietet den Vorteil, daß das Aufsuchen homologer Punkte zur Gänze entfällt.

ad b: **Eindeutige Unterscheidung der Kurven:**

Üblicherweise werden bei motographischen Untersuchungen (z.B. von Bewegungen eines Arbeiters an einer Maschine) nicht nur ein Einzelpunkt verfolgt. Sind aber mehrere Punkte zu beobachten, dann überschneiden sich die Lichtspuren häufig und es wird äußerst schwierig die Spuren auseinanderzuhalten. Abhilfe bietet die Verwendung von **farbigen Lichtquellen**. Man muß aber bedenken, daß einerseits die Farbauswahl für eine eindeutige Zuordnung begrenzt ist und daß es andererseits durch Überlagerung zu additiven Farbmischungen kommt, die falsche Farben vortäuschen können.

---

1 Forkert G., 1994: Die Lösung photogrammetrischer Orientierungs- und Rekonstruktionsaufgaben mittels allgemeiner kurvenförmiger Elemente. Geowissenschaftliche Mitteilungen der TU Wien, Heft 41.

ad c: **Feststellen des Geschwindigkeitsverlaufes:**

Wenn nicht nur die räumliche Lage, sondern auch der genaue Ablauf einer Bewegung interessiert, so muß aus der beobachteten Spur der Verlauf der Geschwindigkeit ableitbar sein. **Auch hier liefert die Unterbrechung der Spur die Lösung**. Das Unterbrechungsintervall muß aber in diesem Fall genau bekannt sein. Die Geschwindigkeitsauswertung erfolgt durch Zuordnung des Zeitintervalls zum ausgewerteten räumlichen Distanzintervall. Das Ergebnis ist pro beobachteter Kurve ein **Weg-Zeitdiagramm** bzw. bei Bedarf durch Differentiation ein **Weg-Geschwindigkeitsdiagramm** oder daraus wiederum ein **Weg-Beschleunigungsdiagramm**.

Gerade bei medizinischen und ergonomischen Untersuchungen interessiert oft nicht sehr der räumliche und zeitliche Kurvenverlauf der Einzelkurven, sondern deren Beziehung zueinander (z.B.: der Beugungswinkel des Kniegelenkes, oder das Verhalten der Kopfbewegung im Vergleich zur Armbewegung bei bestimmten Tätigkeiten). Hat man für jede der Einzelkurven das räumliche Weg-Zeitdiagramm, so kann man diese Beziehungen daraus leicht ableiten. Wichtig ist lediglich die richtige Zeitzuordnung der Kurven zueinander.

Der Nachteil von Langzeitbelichtungen, vor allem bei Beobachtung schneller Bewegungen, liegt in der **oft starken Überlagerung der Einzelkurven bei längeren Beobachtungszeiträumen**. Um zu zuverlässigen Auswertungen zu gelangen, müssen daher die Aufnahmezeiten sehr kurz gehalten werden, was wiederum bedeutet, daß der Vorteil der Langzeitbelichtung, nämlich unterbrechungsfreie Bewegungsanalysen über einen größeren Zeitraum zu ermöglichen, nicht voll zum Tragen kommt. Man darf diesen Nachteil aber nicht überbewerten, da moderne photographische Kameras extrem kurze **Bildwechselzeiten** erlauben, wodurch man ohne wesentliche Verluste eine lange Beobachtungsperiode in mehrere kurze zerlegen kann. Gegen andere negative Effekte, wie etwa die Verdeckung der Leuchtspur durch Objektteile, kann nur der gleichzeitige Einsatz mehrerer Kameras helfen.

Ein interessantes Beispiel einer motographischen Aufzeichnung zeigt das Bild 1.3-1[1] (links). Für die Untersuchung einer Tragflächenschwingung, deren Hauptkomponente in vertikaler Richtung verläuft, wurde eine **horizontal bewegte Kamera** eingesetzt. Damit war es möglich, die sich sonst überlagernden Schwingungsspuren aufzulösen. Gleichzeitig wurde durch ein Blinksignal (siehe punktierte Linie parallel zum unteren Bildrand) der Zeittakt registriert, sodaß die Kamerabewegung rekonstruiert werden kann. Bild 1.3-1 (rechts) zeigt

[1] Peipe J., 1994: Zur Bewegungsmessung mit Leuchtspurverfahren. In: Schriftenreihe des Studienganges Vermessungswesen, Universität der Bundeswehr München, Heft 46, pp. 185-190.

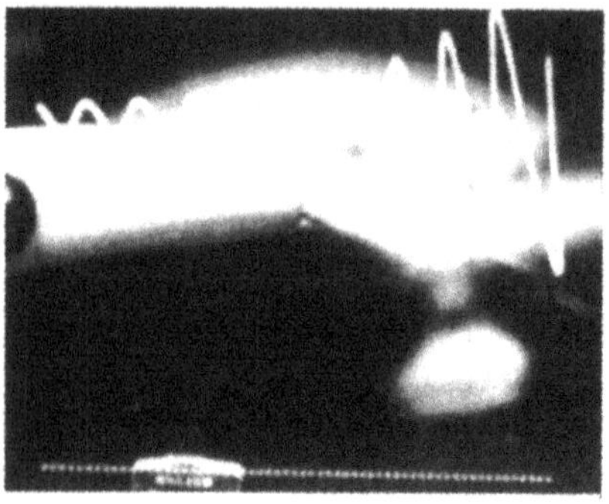 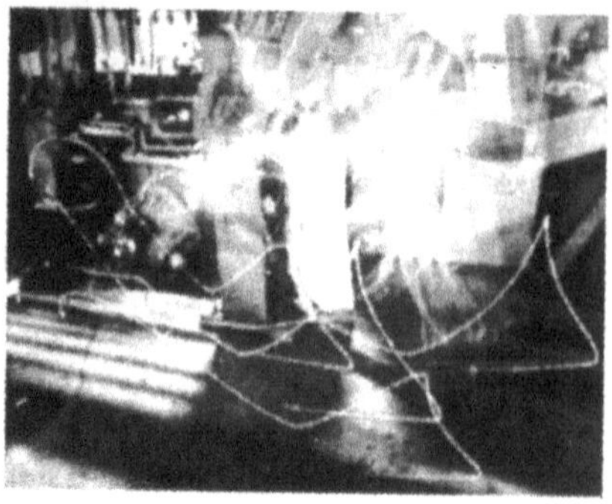

Bild 1.3-1: Motographisches Bild einer Schwingung und eines Roboterarms

die Bewegungsaufzeichnung eines Roboterarms, auf welchem 5 Leuchtmarken starr zueinander angebracht wurden. Durch die Bewegung enstehen 5 Spuren, welche die Auswertung der räumlichen Lage des Arms ermöglichen. Zur eindeutigen homologen Zuordnung der Punkte entlang der Leuchtkurve wurden **in regelmäßigen Zeitabständen gleichzeitig hellere Lichtimpulse** ausgesandt, die entlang der Kurve punktförmige Lichtknoten erzeugen.

1.4 Langzeitbeobachtungen von Punktsignalen mit Videokameras

Für Langzeitbewegungsanalysen eignen sich Videokameras, durch welche pro Einzelbild die Situation zu einem bestimmten Zeitpunkt festgehalten wird. Setzt man Leuchtmarken ein, so kann man die vorhin beschriebene, photographiebasierte Motographie ersetzen. Die Messung von Leuchtspuren wird abgelöst durch die Verfolgung der Signale von einem Bild zum nächsten. Das Problem der sich überlagernden Spuren ist damit entschärft, zeitweise Verdeckungen oder Berührungen der Bilder der Signale erschweren jedoch oft die eindeutige Verfolgung. Durch den Einsatz mehrerer Kameras und der Ausnutzung der Kernstrahlbedingungen (vergl. C 2.3.1.2) kann man aber gute und zuverlässige Ergebnisse selbst bei sehr komplexen Bewegungen und zahlreichen Einzelpunkten (z.B. bei der Partikelverfolgung in Flüssigkeiten[1]) erhalten.

---

[1] Maas H.-G., 1990: Digital photogrammetry for determination of tracer particle coordinates in trubulent flow research. IAPRS, Vol.28-5/1, pp.391-398.

Folgende Probleme müssen noch näher behandelt werden:

a. die exakte Zeitsynchronisation aller beteiligten Kameras,
b. die Berücksichtigung der Bewegungsunschärfe,
c. die Speicherung bzw. Verarbeitung der anfallenden Datenmenge.

ad a: Was die **Synchronisation** betrifft, so ist das Problem für den Standardfall durch die Synchronisationssignale des Videosystems gelöst.

ad b: Die Berücksichtigung der **Bewegungsunschärfe** ist bei Videoaufnahmen nicht nur auf die von der Photogrammetrie her bekannte Unschärfe beschränkt (Abschnitt A 3.3.1). Das Standardvideoverfahren arbeitet mit einer Frequenz von 50 Halbbildern pro Sekunde (sog. *"interlaced"* Verfahren). Die volle Bildinformation wird also nur 25 mal pro Sekunde geliefert[1] (siehe auch A 7.2.2). Die Halbbildtechnik ist historisch bedingt. Setzt man Videokameras in der digitalen Bildverarbeitung ein, so muß das analoge Videosignal digitalisiert werden. Diese Digitalisierer (die sogenannten *Frame Grabber*) setzen zwei aufeinander folgende Halbbilder wieder zu einem Vollbild zusammen, sodaß der Benutzer des digitalisierten Bildes sich nicht um die Halbbilderfassung zu kümmern braucht. Nimmt man Bewegungsabläufe auf, so muß einem bewußt werden, daß der Standardaufnahmeprozeß ein dynamisches Verfahren ist, bei dem das Objekt innerhalb 1/25 zweimal von links oben nach rechts unten abgetastet wird. Jede Bewegung bewirkt also Verzerrungen im Bild, wobei bei schnellen Bewegungen jene Veränderungen, die in der 1/50 s zwischen zwei Halbbildern erfolgte, besonders deutlich zu erkennen ist.

Der Bildinhalt zweier aufeinanderfolgender Zeilen wird verschoben abgebildet (siehe Bild 1.4-1, rechts). Das Standardvideoverfahren spielt auch heute noch trotz fortgeschrittener technischer Möglichkeiten eine wichtige Rolle, da es wegen der großen Verbreitung und des Einsatzes in den verschiedensten Bereichen der Überwachung eine extrem preisgünstige Möglichkeit ist, schnelle Aufnahmesequenzen zu erhalten. Allerdings gibt es bereits Verbesserungen insofern, als die Halbbilder nicht mehr wirklich dynamisch entstehen müssen. Durch den Einsatz von CCD-Kameras bietet sich die Möglichkeit, die gesamte Bildfläche auf einmal zu belichten und nur beim Auslesen aus der Kamera das Standard-Halbbild-

---

[1] Nach dem US-System (NTSC) arbeitende Kameras haben eine Aufnahmefrequenz von 60 Halbbilder bzw. 30 Vollbilder pro Sekunde. Unter einem Halbbild versteht man ein Bild, das aus nur ungeraden oder nur geraden Zeilen besteht. Ein Halbbild deckt also ebenfalls den vollen Bildbereich, jedoch nur mit halber vertikale Auflösung.

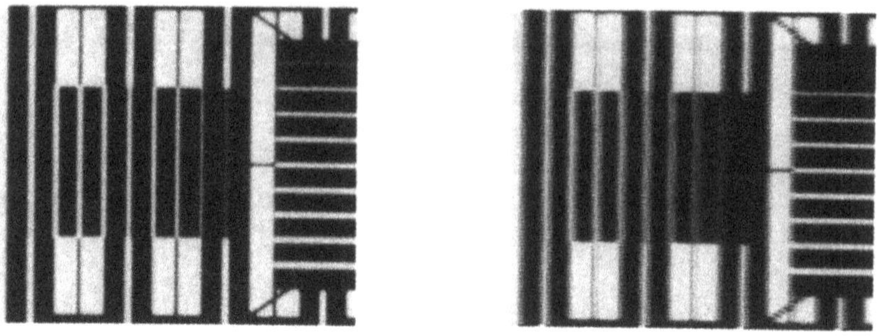

Bild 1.4-1: *Videobild eines unbewegten Objektes (links) und eines nach rechts bewegten Objektes (rechts), aufgenommen im "interlaced" Verfahren als zwei Halbilder in je 1/50 s*

Videosignal zu simulieren[1]. Auch die Wahl der Belichtungszeit, d.h. der Integrationszeit in der Sensorebene, ist wählbar bis hinunter in den 1/1000s-Bereich. Was nach wie vor gilt, ist die schnellste Bildfolgezeit von 25 Vollbildern pro Sekunde. Für spezielle Zwecke gibt es auch schnelle Kameras, die auf Kosten der Auflösung mit deutlich höherer Bildwiederholfrequenz arbeiten (z.B. 500 Bilder/s à 128x128 Pixel). Auch digitale Kameras kommen vermehrt zum Einsatz, die keines *Frame Grabbers* mehr bedürfen.

ad c: Durch die moderne Kameratechnik nicht gelöst sind die Probleme der geeigneten **Abspeicherung der anfallenden Daten**. Bei der herkömmlichen Videotechnik erlaubt die analoge Aufzeichnung auf Videobändern zwar eine enorme Speicherungsdichte; man muß aber bedenken, daß ein Analogsignal aufgenommen wird, das auf Fehlereinflüsse anfällig ist. Das einwandfrei unverfälschte Lesen eines Bandes ist selbst bei professionellen Spezialbandgeräten keineswegs garantiert, wie einige Untersuchungen zeigten[2]. Das sicherste Verfahren bietet die sofortige digitale Speicherung der aufgenommenen Daten.

---

1 Ist es nicht möglich, die Halbbilderfassung zu umgehen, so erscheint es sinnvoll, die Halbbilder als zwei unabhängige Bilder einer Sequenz zu betrachten, auch wenn die vertikale Auflösung dadurch halbiert wird.

2 Shortis M., Snow W., 1993: The influence of storage media on the accuracy and repeatability of photogrammetric measurements using CCD-cameras. SPIE Proceedings Series Vol.2067, pp.80-92. Höflinger W., 1993: Untersuchung von S-VHS Bildaufnahmesystemen für den Einsatz in der digitalen Nahbereichsphotogrammetrie. Diplomarbeit, Institut für Geodäsie und Photogrammetrie, ETH Zürich.

Zur Reduktion der Datenmenge bieten sich Algorithmen an, die zeitlich parallel zu der Datenerfassung die **Datenmenge komprimieren** können. Extrem hohe Kompressionsraten werden erhalten, wenn es nicht notwendig ist, Halbtonbilder abzuspeichern. Viele *Frame Grabber* sind bereits in der Lage Echtzeitvorverarbeitungen durchzuführen. Wie eine derartige einfache Vorverarbeitung aussehen könnte, soll das folgende Beispiel zeigen:

Nehmen wir an, es soll ein Bewegungsablauf verfolgt werden, wobei die interessierenden Objektdetails durch retroreflektierende Marken signalisiert sind. Um die notwendige Information verlustfrei aufzeichnen zu können, bedürfte es also nur eines binären Bildes: dem Hintergrund und den Marken. Blendet man bei der Aufnahme so ab, daß die unerwünschte Umgebung des Versuchsfeldes im Bild stark abgedunkelt wird und die leuchtenden Reflektormarken dagegen maximal belichtet werden, so kann das erfaßte Originalbild durch eine einfache Schwellwertoperation, gesteuert über *Look-up*-Tabellen, binarisiert werden. Während des Auslesens des Bildes auf den Massenspeicher kann zeilenweise eine *Run-Length*-Kodierung (siehe Abschnitt FE 6.11.2.3) erfolgen, die eine sehr effiziente Kompression erlaubt. Auf diese Weise kann ein Standardvideobild je nach Anzahl der enthaltenen Signale von etwa ½ Mbyte auf wenige kbytes reduziert werden. Selbst längere Bildfolgen finden so im zentralen Speicherbereich eines Rechners Platz. Eine noch viel höhere Kompression erreicht man, wenn nach einem Echtzeit-Signalmatching (z.B. durch Schwerpunktsberechnung) nur mehr die Pixel-Koordinaten der Signalmittelpunkte abgespeichert zu werden brauchen.

1.5 Das Raum-Zeit-System[1]

Das Raum-Zeit-System (*spatio-temporal system*) ist ein dreidimensionales Koordinatensystem (x,y,t), wobei (x,y) die Bildkoordinaten darstellen und t auf der Zeitachse aufgetragen wird. In einem derartigen System können alle Bilder einer Bildfolge abgespeichert werden; sie bilden einen Quader, den Raum-Zeit-Körper (siehe Figur 1.5-1). Ein Schnitt durch den Körper normal auf die t-Achse schneidet genau ein Bild der Bildsequenz aus. Schnitte durch den Körper parallel zur t-Achse (=normal auf die x,y-Ebene) erzeugen ein Bild, dessen

[1] Aus der zahlreichen Literatur sei stellvertretend angegeben: Jähne B., 1993: Spatio-temporal image processing -Theory and applications. Lecture Notes in Computer Science Nr.751, Springer Verlag.

Koordinaten t und $\bar{x}(x,y)$ sind. Alle Bilddetails, die sich im Verlaufe der Aufnahmeperiode nicht veränderten, werden innerhalb des Raum-Zeit-Körpers als t-Säulen abgebildet. Demnach ergeben Schnitte parallel zur t-Achse, unabhängig von deren Positionierung, Bilder mit parallelen, "vertikalen" Linienstrukturen. Je größer die Änderungen im Objektraum sind, desto mehr weicht der Bildinhalt von der "vertikalen" Linienstruktur ab.

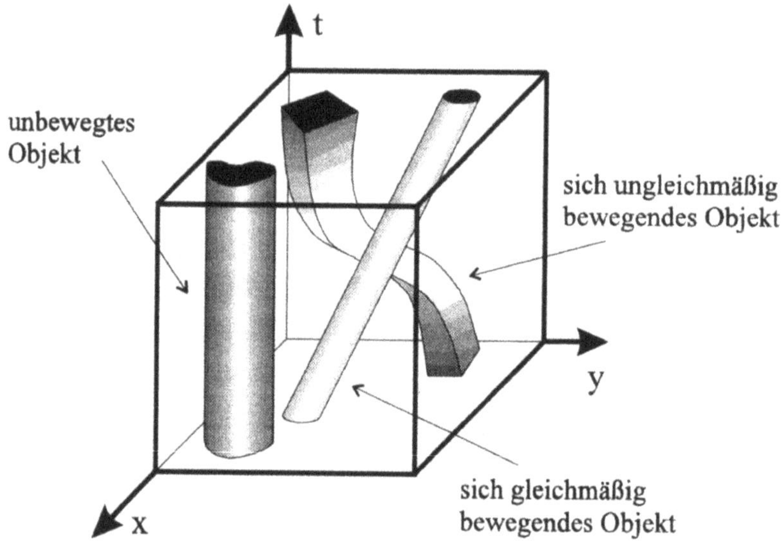

Figur 1.5-1: Das Raum-Zeit-System

Durch Verfolgung eines Details in t-Richtung läßt sich sofort der Geschwindigkeitsverlauf ableiten, falls es sich um die Beobachtung eines zweidimensionalen Prozesses, der parallel zur Bildebene verläuft, handelt. Der Tangens der Abweichung der verfolgten Raumkurve von der "Vertikalen" liefert die Geschwindigkeit (Weg pro Zeiteinheit). Für die Beobachtung dreidimensionaler Bewegungen gilt diese Regel selbstverständlich nicht.

Raum-Zeit-Körper, die von mehreren (stationären) Kameras mit bekannter Orientierung aufgenommen wurden, können miteinander über **homologe Kernstrahlschnitte** verglichen werden. Kernstrahlschnitte sind "Vertikal"-Schnitte, dessen Schnittrichtung durch die Kernstrahlen festgelegt wird (siehe Figur 1.5-2). Kernstrahlschnitte aus einem Körper mit Bildern eines stationären Objektes, können in $\bar{x}$-Richtung zueinander korreliert werden (eindimensionale Korrelation), in t-Richtung sind sie beliebig verschiebbar. Nehmen wir an, es hätte während der Aufnahmesequenz eine sehr turbulente Veränderung des Objektes stattgefunden, so zeigen die Kernstrahlschnitte eine unregelmäßige aber ähnliche Struktur: sie ist in $\bar{x}$-Richtung durch die perspekiven Verzerrungen beeinflußt, in t-Richtung ergibt sich bei gleicher Aufnahmegeschwindigkeit der beteiligten Kameras eine konstante, vom jeweiligen Startzeitpunkt der Aufnahme abhängige Verschiebung. In diesem Fall wäre also

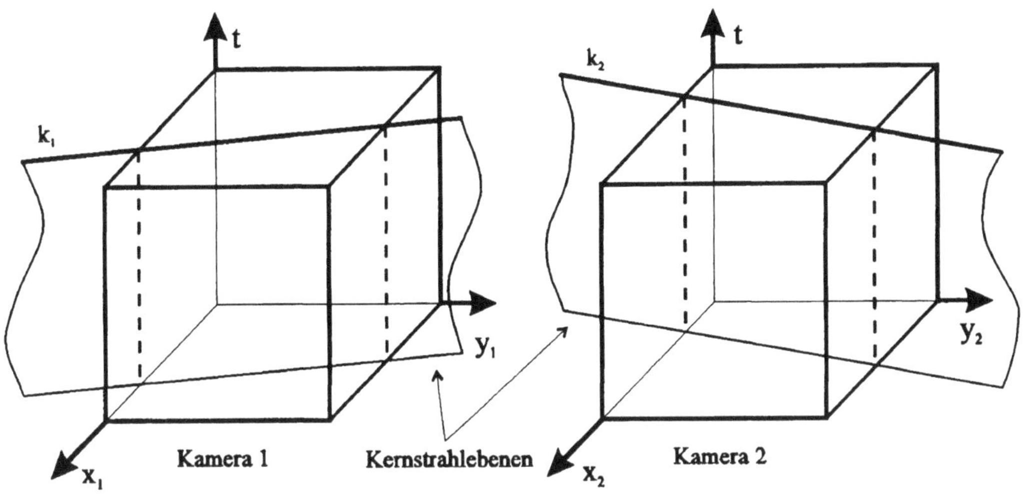

Figur 1.5-2: Kernstrahlebenen im Raum-Zeit-System

die Korrelation zweidimensional durchführbar, wobei Rotationsparameter nicht berücksichtigt werden müssen. Allerdings kann das Erscheinungbild sehr ungewohnt sein, je nachdem, ob und vor allem wie sich die Objekte bewegten. Figur 1.5-3 zeigt einige solche

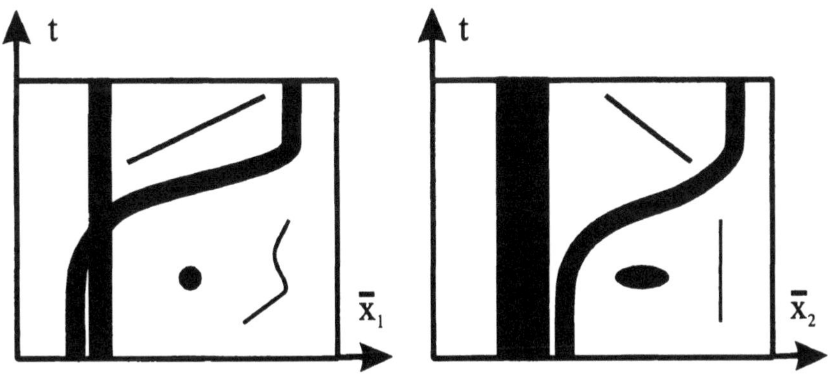

Figur 1.5-3: Abbildungen in Kernstrahlebenen

Effekte. Bewegte Objekte tauchen auf und verschwinden in t-Richtung, wobei sie je nach Größe des Objektes meistens nur für sehr kurze Zeit im Bild erscheinen. Linienhaft bilden sich nur stationäre, flächige oder sich zufällig in der Kernstrahlebene bewegende Objekte ab. Wenn die Kameras zeitmäßig nicht oder nur ungenau zueinander synchronisiert waren, lassen sich durch *Matching* aus den Bildfolgen die Bilder identer Aufnahmezeit ermitteln. Das gilt auch dann bis zu einem gewissen Grad, wenn die Geschwindigkeiten der Bildfolgen unterschiedlich waren. Das *Matching* in t-Richtung gibt an, wie die Raum-Zeit-Körper zueinander verschoben (und eventuell maßstäblich angepaßt) werden müssen. Anstelle des *Matching* in der Kernstrahlebene kann auch dreidimensionales *Matching* mit Raum-Zeit-Voxel durchgeführt werden.

Daraus ergibt sich die Schlußfolgerung:

- je ungleichmäßiger (zeitlich und örtlich) die Veränderungen des Objektes während einer Aufnahmesequenz waren, desto weniger genau muß die zeitliche Synchronisation der Aufnahmekameras sein und demnach
- je weniger oder je gleichmäßiger Änderungen des Objektes zu erwarten sind, desto genauer muß die Aufnahmesynchronisation der beteiligten Kameras gewährleistet sein.

An dieser Stelle ist auch die Frage nach der **notwendigen Bildfolgezeit** zu klären. Ähnlich wie in der Bildebene gilt auch für die zeitliche Abfolge das Abtasttheorem; man braucht nur anstelle des Begriffes "Ortsfrequenz" den Begriff "(Zeit-)Frequenz" einzusetzen. Und damit gilt: die Frequenz der Bildfolgezeit (Anzahl der Bilder / s) muß mindestens doppelt so hoch sein als die zu beobachtende Frequenz der zeitlichen Veränderung des Objektes. Am einfachsten läßt sich diese Regel anhand der Beobachtung einer Schwingung, z.B. einer Wellenbewegung auf einer Wasseroberfläche, erklären. Soll eine Wellenbewegung mit einer Bildfolge erfaßt werden, die alle zwei Sekunden den höchsten Punkt erreicht, so muß die Bildfolgezeit kleiner eine Sekunde sein. (Tatsächlich stellen Beobachtungen von Wellenbewegungen für die Analyse der Wellenentstehung sehr hohe Ansprüche an die zeitliche und räumliche Auflösung des Aufnahmesystems, da meist nicht die langwelligen Anteile interessieren, sondern Kleinformen. Handelsübliche Videokameras reichen im allgemeinen nicht mehr aus[1].)

1.6 Zusammenfassende Bemerkungen

In den vorigen Abschnitten wurden nur einige wenige Möglichkeiten und Probleme angesprochen, die in Zusammenhang von Bildfolgenauswertung zu erwähnen wären. Die Bearbeitung von Bildfolgen ist ein eigener Wissensbereich geworden mit Anwendungen nicht nur in der wissenschaftlichen Untersuchung dynamischer Vorgänge, sondern vermehrt im großen, rapide wachsenden Bereich der Robotik. Zahllose Literatur (vor allem auf dem

---

1 In Fällen, in denen es möglich ist, die Kamera in Richtung der Objektbewegung nachzuführen, kann man schnelle Prozesse mit "langsamen" Kameras aufnehmen. Die Objektbewegung wird damit auf die Bewegungsdifferenz reduziert, entsprechend reduziert sich scheinbar auch die Frequenz des dynamischen Prozesses (vgl. Doppler-Effekt!).

Gebiet der sogenannten *Vision Sciences (Machine Vision, Robot Vision, Computer Vision)*) unterstreicht die Bedeutung dieser Richtung.

Zum Abschluß einige wichtige Aussagen:

- Bildfolgen dienen der Analyse **dynamischer Prozesse**.
- Die Gesamtheit der Parallaxen zwischen zwei Bildern einer Bildfolge wird als **"optischer Fluß"** bezeichnet. Die Fließgeschwindigkeit erhält man über das bekannte Bildfolgeintervall.
- **Objektbewegung**, als relative Bewegung zwischen Kamera und Objekt, **kann optischen Fluß bewirken**.
- **Objektbewegung wird nicht notwendigerweise als optischer Fluß erkennbar** (homogene Bereiche, Bewegung in Richtung des Sehstrahles!)
- Erkennbarer **optischer Fluß deutet nicht notwendigerweise auf Objektbewegung** hin (Veränderung der Beleuchtungsverhältnisse!)
- Dynamische Prozesse grauwertmäßig **homogener Bereiche können nicht analysiert** werden.
- Dreidimensionale Bewegungsanalyse oder Objekterkennung, hergeleitet aus dem optischen Fluß der Aufnahmen einer einzelnen Kameraposition, ist nicht eindeutig und daher **nur eine Schätzung**.
- Die Ermittlung des optischen Flusses aus einer Folge von Einzelbildern erfolgt durch **Vergleich der Bildinhalte**.
- Der Bildvergleich kann entweder durch flächen- oder merkmalsbasiertes ***Matching*** (siehe 3D-Auswertung) oder durch Ableitung aus den **Grauwertgradienten** erfolgen.
- Bildfolgen können in einem **dreidimensionalen Raum-Zeit-System** angeordnet werden.
- Bildstellen ohne optischen Fluß bilden sich als **t-Säulen im Raum-Zeit-System** ab.
- Objektstellen mit konstanter Geschwindigkeit und geradliniger, räumlicher Fortbewegungsrichtung bilden sich als geneigte **Gerade im Raum-Zeit-System** ab.
- Raum-Zeit-Systeme mehrerer Kameras können mit Hilfe von **Voxel-Matching** zu einer dreidimensionalen Bewegungsanalyse verwendet werden.
- Die **Frequenz der Bildfolge** bestimmt die auswertbare Frequenz von dynamischen Prozessen (siehe Abtasttheorem!).

2. VISUALISIERUNG DYNAMISCHER PHÄNOMENE UND DYNAMISCHE VISUALISIERUNG STATISCHER OBJEKTE

Das Zeitalter des Filmes wurde mit dem Slogan "Als die Bilder laufen lernten" eingeleitet. In diesem Lehrbuch der Photogrammetrie geht es nicht um die Filmaufnahme- und Filmwiedergabetechnik für eine Visualisierung. Es geht hier vielmehr um eine Visualisierung, die aus einer rechnerisch erzeugten Folge von digitalen Bildern aufgebaut ist. Dabei sind drei Fälle zu unterscheiden:

- Statisches Objekt mit zeitlich veränderlicher äußerer Orientierung,
- zeitlich veränderliches Objekt mit statischer äußerer Orientierung und
- zeitlich veränderliches Objekt und zeitlich veränderliche äußere Orientierung.

Wenn bei einer solchen Visualisierung eine "erstarrte" Situation "belebt" wird, spricht man auch von **Animation**.

Das **statische Objekt** für eine solche Visualisierung ist in unserem Fall das Ergebnis einer photogrammetrischen Rekonstruktion der Oberfläche. Die rekonstruierte Oberfläche kann zum Beispiel in der Form von im dreidimensionalen Raum angeordneten Teilflächen bestehen (Abschnitt C 1.7.1.2). In diesem Fall wird die Visualisierung vorwiegend aus einem **Vektormodell** der gemeinsamen Kanten der benachbarten Teilflächen aufgebaut. Die Rekonstruktion der Oberfläche kann aber auch aus den **Texeln** eines dreidimensionalen Photomodelles (Abschnitt C 1.7.3) bestehen, eine Oberflächenbeschreibung, die speziell photogrammetrisch ist und die im folgenden im Mittelpunkt des Interesses steht.

Das zeitlich veränderliche Objekt, also ein **dynamisches Objekt**, ist das Ergebnis einer photogrammetrischen Oberflächenrekonstruktion aus Bildsequenzen (Abschnitt D 1.). Man kennt also die Oberflächenform zu ganz bestimmten Zeitpunkten. Die Oberfläche zum jeweiligen Zeitpunkt kann wieder aus einem Vektormodell oder aus einem dreidimensionalen Photomodell bestehen. (Auf ein dynamisches Objekt, das nur aus isolierten Punkten - z. B. sich bewegende Partikel in einer Flüssigkeit - besteht, wird in der Folge nicht eingegangen).

Im Kapitel 2.1 wird die Visualisierung eines zeitlich veränderlichen Objektes mit statischer äußerer Orientierung besprochen, im Kapitel 2.2 die Visualisierung eines statischen Objektes mit zeitlich veränderlicher äußerer Orientierung. Auf den allgemeinsten Fall, nämlich auf die Visualisierung eines veränderlichen Objektes mit veränderlicher äußerer Orientierung wird nicht getrennt eingegangen; er ergibt sich durch Zusammenfügen der beiden zuerst genannten Fälle.

2.1 Visualisierung eines dynamischen Phänomens

Für die befriedigende Visualisierung eines dynamischen Phänomens benötigt man eine so enge Folge von (Einzel-)Bildern, daß der Betrachter dieser **Bildfolge den Eindruck einer fließenden (kontinuierlichen) Bewegung** erhält. Im Prinzip hängt demnach die (Zeit-)Frequenz der Bildfolge von der Geschwindigkeit der Bewegung des dynamischen Phänomens ab. (Man kann dafür Überlegungen mit Hilfe des Abtasttheorems (Abschnitt A 7.2.1) anstellen). In der Praxis ist häufig die Frequenz der Bildfolge durch das für die Visualisierung verwendete Medium vorgegeben, zum Beispiel 25 Bilder in der Sekunde für das europäische Fernsehen (siehe auch Abschnitt A 7.2.2).

Wir gehen davon aus, daß die Dynamik des Objektes aus einer Folge von Photos mit bestimmten Intervallen rekonstruiert wurde. Die **Intervalle dieser Aufnahmesequenzen und die Intervalle der Visualisierungssequenzen** stimmen in der Regel nicht überein. Das Zusammenführen dieser beiden unterschiedlichen Intervalle zeigt die Figur 2.1-1: Auf der Abszisse sind die Zeitpunkte t_{ai} der Aufnahmesequenzen eingezeichnet, zu denen die jeweiligen XYZ-Koordinaten die Objektoberfläche ermittelt wurden. Damit können durch Interpolation kontinuierliche Funktionen (z.B. Spline-Funktionen, Band 3) für die zeitliche Veränderung der X-, Y- und Z-Koordinate angegeben werden. Für jeden Zeitpunkt t_{vi} der Visualisierung liefert dann die Interpolationsfunktion die Koordinaten X, Y und Z aller Punkte des dynamischen Objektes (die in der Regel vorhandene Zeitversetzung zwischen Aufnahme und Visualisierung wird mittels einer Zeitverschiebung behoben). Mit Hilfe der Interpolationsfunktion und den vorgegebenen Elementen der inneren und äußeren Orientierung wird anschließend für das jeweilige Einzelbild die Perspektivansicht mit den im Abschnitt C 1.7.4 angedeuteten Methoden ermittelt.

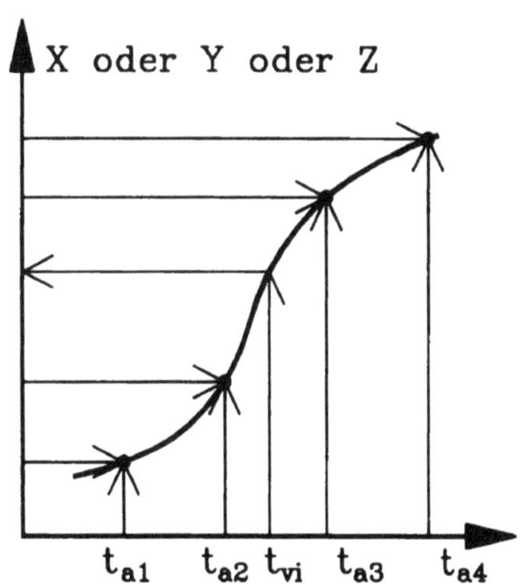

Figur 2.1-1: XYZ-Koordinaten in Abhängigkeit von den Aufnahmezeitpunkten und Wiedergabezeitpunkten

Der Rechenbedarf und der Speicherplatz für eine solche Visualisierung mit einer engen Bildfolge ist sehr hoch. Eine Echtzeit-Lösung (*real time solution*), die von der rekonstruierten Folge der Objektoberflächen ausgeht und die zentralperspektivische Bildfolge während der Visualisierung ableitet, ist für Bilder mit größerem Inhalt nicht möglich. Deshalb wird häufig die **Folge der zentralperspektivischen Bilder vorweg ermittelt** und auf einem Massenspeicher abgelegt. Während der Visualisierung ist dann nur diese Bildfolge dem Visualisierungsgerät zu übergeben.

Eine andere Möglichkeit zur Einsparung von Rechen- und Speicherkapazität besteht darin, **nur wenige Schlüsselbilder** (*key frames*) **mit großen Zeitintervallen** streng zu berechnen und dazwischen die enge Bildfolge - nur im zweidimensionalen Bildraum - zu interpolieren. Diese Technik ist aber nur dann verwendbar, wenn sich zwischen den Schlüsselbildern die Verdeckungen der Objektteile nicht verändern. Diese Voraussetzung liegt praktisch nur bei Visualisierung ohne Verdeckungen vor.

2.2 Dynamische Visualisierung eines statischen Objektes

Das statische Objekt soll als dreidimensionales digitales Photomodell vorliegen. Das statische Objekt besteht häufig aus einem ganzen Ensemble von Objekten, z.B. einem digitalen Stadtmodell. In einem solchen Ensemble möchte der Betrachter "herumgehen". Man muß ihm also eine enge Folge zentralperspektivischer Bilder präsentieren, wobei sich die **Elemente der äußeren Orientierung von Bild zu Bild geringfügig ändern**.

Wie man zur Folge der Elemente der äußeren Orientierung kommt, soll an dem Beispiel "Herumlaufen um eine Kapelle" erklärt werden. Man gibt sich an einigen wichtigen Positionen (*key positions*) die sechs Elemente der äußeren Orientierung vor. In der Figur 2.2-1 sind sieben Schlüsselpositionen mit ihren Elementen der äußeren Orientierung angedeutet; in der Nähe des Eingangs (Position 4) soll die Betrachtungsentfernung etwas reduziert werden.

Für ein jedes Element der äußeren Orientierung ist anschließend eine Zeitfunktion vorzugeben, wie in der Figur 2.2-2 angedeutet. Es wurden die Zeitintervalle zwischen den einzelnen Schlüsselpositionen konstant gewählt, das bedeutet, daß der Betrachter vor dem Eingang der Kapelle langsamer geht, sozusagen als Ausgleich für die geringere Betrachtungsentfernung.

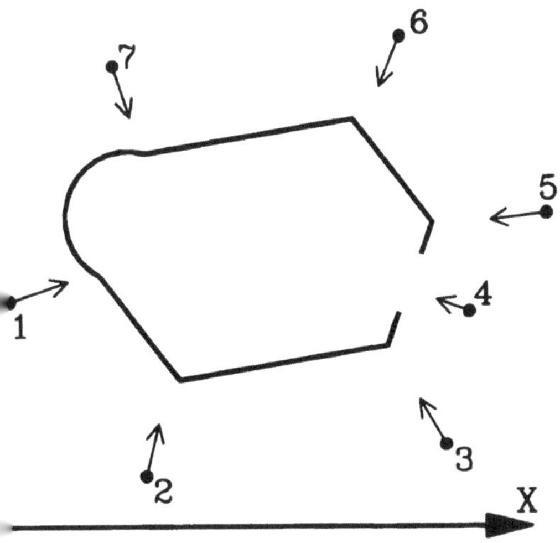

Figur 2.2-1: Schlüsselpositionen für die dynamische Visualisierung einer Kapelle

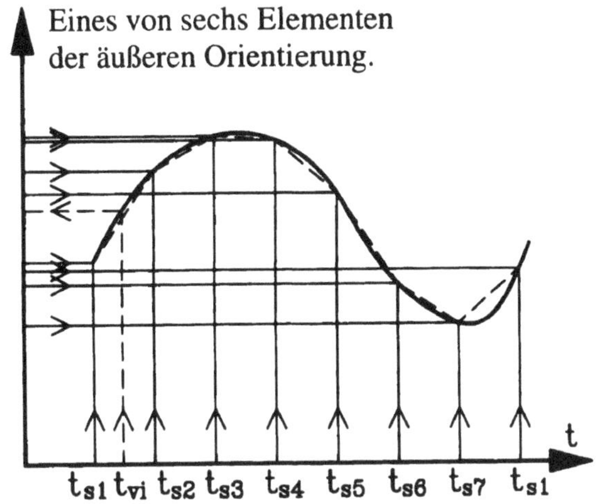

Figur 2.2-2: Elemente der äußeren Orientierung in Abhängigkeit von den Visualisierungszeitpunkten

Zwischen den Schlüsselpositionen - in der Figur 2.2-2 sind es acht Schlüsselpositionen, wobei die erste und letzte Schlüsselposition identisch sind - wird eine Interpolation höherer Ordnung (z.B. mit einer Spline-Funktion, Band 3) vorgenommen. Damit können für die Zeitpunkte t_{vi} der Visualisierungs-Bildfolge die sechs Elemente der äußeren Orientierung - wie in der Figur 2.2-2 angedeutet - ermittelt werden. Die Fortsetzung, das heißt die Erzeugung der Bildfolge für die Visualisierung, geschieht in der gleichen Weise wie sie im Abschnitt 2.1 skizziert wurde.

An dieser Stelle soll noch erwähnt werden, daß für die **Führung der virtuellen Kamera im 3D-Objektraum** inzwischen sehr elegante Systeme existieren. Sie gehen von einer berechenbaren Folge von Stereobildern aus. Auf den tatsächlichen Kopf des Betrachters wird eine Stereobetrachtung (*head mounted display*) montiert. Durch die **Bewegung des Kopfes** bekommt man Impulse, aus denen die **Blickrichtungen** für die einzelnen Bilder der Visualisierungsbildfolge abgeleitet werden können. Die Folge der **3D-Betrachtungspositionen** zu den einzelnen Bildern ergeben sich aus einer **Steuerung mit einer Hand**. Diese Technologie führt uns in die Phantasiewelt der "*virtual reality*". Die photogrammetrische 3D-Animation unterscheidet sich von dieser künstlichen Welt dadurch, daß für die Textur der Objekte die natürlichen Photonen genutzt werden.

Literatur zum Abschnitt D2: Graz, U.: Computergraphik und Animation. te-wi-Verlag, München, 1995. Dorffner, L.: Digitaler Behaimglobus. Cartographica Helvetica, 1996 (im Druck).

E KALIBRIERUNG DER PHOTOGRAMMETRISCHEN SYSTEME

Die Kalibrierung einer Kamera kann - grob formuliert - als Umkehrung der photogrammetrischen Punktbestimmung angesehen werden: Bei der photogrammetrischen Punktbestimmung kennt man in der Regel die innere Orientierung und man sucht die Koordinaten der Objektpunkte; bei der Kalibrierung kennt man die Koordinaten der Objektpunkte oder "geometrische Gestalten" im Objektraum und man sucht die Elemente der inneren Orientierung.

Zuerst (Abschnitt 1.) wird Konzeptionelles zur Kalibrierung gesagt. Anschließend (Abschnitt 2.) besprechen wir die verschiedenen Kalibrierungsverfahren. Im Detail wird dann auf die Kalibrierung einzelner Kameratypen eingegangen.

1. KONZEPTIONELLES ZUR KALIBRIERUNG

Bei der Kalibrierung einer Kamera geht es darum,

- die drei Koordinaten x_0, y_0 und c des Projektionszentrums O im Kamera-Koordinatensystem, das zum Beispiel durch die Rahmenmarken festgelegt ist,
- die radiale Verzeichnung (z.B. die Koeffizienten g_{13} und g_{14} der Gleichungen B (5.2-9) und B (5.2-10) sowie - eventuell auch - die
- tangentiale bzw. asymmetrische Verzeichnung (z.B. die Koeffizienten g_{15} und g_{16} der Gleichungen B (5.2-11) und B (5.2-12)

zu bestimmen.

1.1 Kalibrierung mit einem räumlichen Strahlenbündel

Eine Aufnahme liefert ein räumliches Strahlenbündel, das zum Strahlenbündel im Objektraum kongruent sein soll. Umgekehrt, wenn man ein räumliches Strahlenbündel im Objektraum kennt, kann man die Elemente der inneren Orientierung daraus ableiten. Dabei ist darauf zu achten, daß das Zentrum dieses (Objektraum-)Strahlenbündels mit dem objektseitigen Projektionszentrum zusammenfällt (Figur A 3.1-3). Die **Kalibrierung mit einem Goniometer**, die im Abschnitt A 3.1 ausführlich besprochen wurde, ist eine solche Kalibrierungstechnik. Die Stellung des Bildes in bezug zum (Objektraum-)Strahlenbündel, d. h. die drei Winkel der äußeren Orientierung, werden dabei durch Beobachtung mit einem Kollimator gewonnen. Diese Methode kann nur im **Labor** durchgeführt werden.

Ein solches räumliches Strahlenbündel für eine Kalibrierung bieten auch die **Fixsterne**. Die räumlichen Richtungen sind aus dem Fundamentalkatalog mit einer Genauigkeit von < 1" bekannt. Um den Bezug zur jeweiligen Aufnahme herstellen zu können, sollte man eine genaue Zeitmessung und eine genaue Horizontierung der Kamera vornehmen und sollte man die geographischen Koordinaten des Aufnahmeortes kennen. Liegen diese günstigen Voraussetzungen nicht vor, ist die Stellung des Bildes in bezug zum räumlichen (Objektraum-)Strahlenbündel als Unbekannte in die Ausgleichung einzuführen. Die Kalibrierung mit Fixsternen kommt nur für Kameras mit einer Scharfeinstellung auf Unendlich bzw. auf nahezu Unendlich in Frage. Die atmosphärische Refraktion stellt ein gewisses Problem dar.[1] Die **Stellarkalibrierung** ist in der Photogrammetrie wenig verbreitet.

1.2 Testfeldkalibrierung mit koordinatenmäßig bekannten Punkten

Anstelle eines räumlichen Strahlenbündels im Objektraum wird für Kalibrierungen häufig ein Testfeld mit räumlich angeordneten Punkten, deren Koordinaten vorher bestimmt worden sind, benutzt. In diesem Fall werden **die Elemente der inneren und äußeren Orientierung einer Aufnahme mittels eines Bündelausgleichs** ermittelt.

Dabei kann es allerdings zu folgendem **Problem** kommen: Hat das Testfeld nur eine geringe Tiefenausdehnung oder ist der Öffnungswinkel der Kamera sehr schmal, so sind die Elemente der inneren und äußeren Orientierung sehr stark miteinander korreliert; sie können im Rechenprozeß nicht zuverlässig genug voneinander getrennt werden; im Extremfall können sogar Singularitäten bei der Lösung des Normalgleichungssystems auftreten. Abhilfe: Ermittlung der - oder zumindest einiger - Elemente der äußeren Orientierung, zum Beispiel des objektseitigen Projektionszentrums im Koordinatensystem des Testfeldes.

Meßkameras für die **Luftbildphotogrammetrie** werden - da die Höhenunterschiede im Testfeld in bezug auf die Flughöhe in der Regel zu gering sind - in der Regel mit Goniometermessungen vollständig kalibriert; partielle Kalibrierungen von Luftbildmeßkameras mit Testfeldern spielen aber eine gewisse Rolle. Bei der Etablierung von Testfeldern für die **terrestrische Photogrammetrie** ist darauf zu achten, daß in alle drei Koordinatenrichtungen die Punkte stark differieren. Außerdem ist darauf zu achten, daß das Testfeld formatfüllend aufgenommen wird. Testfeldkalibrierungen sind in der terrestrischen Photogrammetrie weit verbreitet.

---

[1] Fritz, L., Schmid, H.: ASP Fall Convention, pp. 285-307, Florida, 1973.

1.3 Testfeldkalibrierung mit Gestaltbedingungen im Objektraum

Anstelle der cartesischen Koordinaten der räumlich angeordneten Punkte können auch andere Informationen im Objektraum für die Kalibrierung herangezogen werden. So bieten sich zum Beispiel **Orthogonalitäts- und Ebenenbedingungen** an. Sie können entweder in einer hybriden Bündelblockausgleichung oder - ohne Kenntnis von Näherungswerten - mit dem alternativen Ansatz des Abschnittes B 4.7.2 verwertet werden.

Eine andere, verhältnismäßig weit verbreitete Methode benutzt eine **Schar von Lotlinien** (*plumb-lines*). Auf diesen Schnurloten werden viele Punkte, die auf parallelen vertikalen Linien liegen, ausgewählt und deren Bildkoordinaten - in digitalen Bildern automatisch - gemessen. Relevante Information für die Kalibrierung erhält man nur senkrecht zu den parallelen Lotlinien. Um in mehreren Richtungen relevante Information zu bekommen, werden mehrere Aufnahmen gemacht und dazwischen jeweils eine Drehung der Kamera vorgenommen. Details findet man in der Literatur.[1]

1.4 Testfeldkalibrierung ohne koordinatenmäßig bekannte Punkte

Die Punkte eines solchen Testfeldes müssen nicht unbedingt räumlich angeordnet sein; ihre Objektkoordinaten müssen nicht bekannt sein. Eine solche Kalibrierung setzt mehrere Aufnahmen bei gleicher Fokussierung voraus. Die "Räumlichkeit" des Testfeldes wird durch unterschiedliche Aufnahmedispositionen ins Spiel gebracht. Jeder Objektpunkt muß in mindestens drei Aufnahmen abgebildet sein.

Für die Ermittlung der Elemente der inneren Orientierung können **spezielle Algorithmen**[2] oder die Bündelblockausgleichung herangezogen werden. Das auftretende Datumsproblem beim Bündelblockausgleich löst man am zweckmäßigsten mit der freien Netzausgleichung (Abschnitt B 4.6.3).

Die Testfeldkalibrierung ohne koordinatenmäßig bekannte Punkte bzw. mit nur wenig koordinatenmäßig bekannten (Paß-)Punkten entspricht einer Bündelblockausgleichung mit unbekannter innerer Orientierung (Abschnitt B 3.5.8). Im Rahmen einer Bündelblock-

---

[1] Freyer, J., Brown, D.: PE&RS 52, pp. 51-58, 1986.

[2] Z.B. Kölbl, O.: BuL 40, S. 31-37, 1972.

ausgleichung kann nämlich - wenn genügend Paß- und Verknüpfungspunkte in einer guten Anordnung zur Verfügung stehen - eine Kalibrierung erfolgen.

2. KALIBRIERUNGSVERFAHREN

2.1 Laborkalibrierung

Die Hersteller photogrammetrischer Meßkameras führen die Kalibrierung in ihren Labors nach der im Abschnitt E 1.1 angedeuteten und im Abschnitt A 3.1 ausführlich beschriebenen Methode mit einem Gonimeter durch. Um die Qualität der photogrammetrischen Auswertungen zu sichern, ist diese **Kalibrierung** in gewissen zeitlichen Abständen zu **wiederholen** (Abschnitt B 7.1.1). Hinweise auf eine Neukalibrierung bekommt man in der Regel im Rahmen einer photogrammetrischen Punktbestimmung, wenn eine Bündelblockausgleichung mit "stochastischen" Elementen der inneren Orientierung (Abschnitt B 3.5.8) große Korrekturen gegenüber den Werten des Kalibrierungsprotokolles ergibt.

Bei **Luftbildkameras** erfolgt die Neukalibrierung immer im Labor des Kameraherstellers. Bei **terrestrischen Meßkameras** kann der Anwender die in gewissen Abständen zu wiederholende Kalibrierung in "seinem" Labor, einem Testfeld, selbst vornehmen. Bild 2.1-1 zeigt das Testfeld des I.P.F.

Die **Sollkoordinaten** dieses Testfeldes wurden aus Theodolitmessungen abgeleitet. Die Genauigkeit beträgt ca. ± 1 mm. Grundsätzlich verbessern sich diese Koordinaten von Kalibrierung zu Kalibrierung; die Koordinaten der Objektpunkte gehen nämlich als verbesserungsbedürftige Beobachtungen mit ihrer zum jeweiligen Zeitpunkt bekannten Genauigkeit in den Bündelausgleich ein und erhalten dadurch kleine Verbesserungen.

Um die Korrelationen zwischen den aus Theodolitmessungen abgeleiteten Testfeldkoordinaten auszuschalten, werden - bei hochwertigen Kalibrierungen - **anstelle der "Sollkoordinaten" die ursprünglichen Theodolitbeobachtungen** im hybriden Ausgleich verwendet (Abschnitt B 3.5.3).

Bei den Kalibrierungen mit dem Testfeld des I.P.F. sind die Koordinaten des **Aufnahmeortes unbekannt**, weshalb sehr kurze Aufnahmezeiten möglich sind. Man macht vier gewälzte Aufnahmen etwa vom gleichen (unbekannten) Standpunkt aus, um einerseits die Redundanz für die Ausgleichung zu erhöhen und um andererseits genügend Punkte - auch in den Randbereichen des Bildformates - zur Bestimmung der Verzeichnung, in der Regel nur der Radialverzeichnung, zu bekommen.

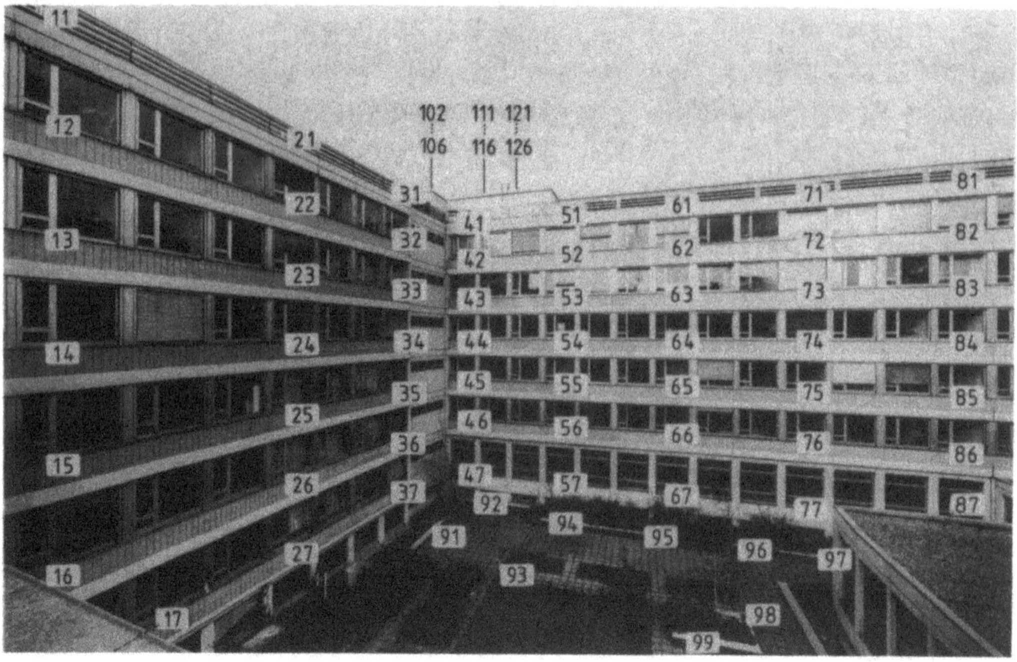

Bild 2.1-1: Testfeld des Institutes für Photogrammetrie und Fernerkundung (I.P.F.) (siehe dazu auch Bild B 2.2-2)

Teilmeßkameras (Abschnitt E 3.4) und **stabile Amateurkameras** werden häufig im "Labor des Anwenders", einem Testfeld, kalibriert. Dadurch entstehen aus Teilmeßkameras und Amateurmeßkameras eigentlich Meßkameras.

2.2 Projektbegleitende Kalibrierung

Wenn man mit **instabilen Kameras** Photogrammetrie betreibt, sind **Kalibrierung und Aufnahme zeitlich zusammenzulegen** oder zeitlich nur geringfügig gegeneinander versetzt vorzunehmen. Man spricht dann von einer projektbegleitenden Kalibrierung (*on-the-job calibration*). Die projektbegleitende Kalibrierung wird beim Einsatz von Amateurkameras - vor allem im extremen Nahbereich - benutzt. Für solche Aufnahmen wird nämlich die geeignete Fokussierung, für die sehr oft noch keine Kalibrierung vorliegt, erst am aufnehmenden Objekt gewählt.

Idealerweise wird das aufzunehmende Objekt in einem Paßpunktrahmen (Beispiel Bild B 9.6-7) gestellt, auf dem viele Punkte, deren drei Koordinaten bekannt sind, signalisiert sind. Das **Testfeld** (Abschnitte E 1.2 und E 1.3) kommt sozusagen **entweder zum aufzunehmenden Objekt oder das Objekt zum Testfeld**. Auch wenn nicht alle signalisierten Punkte auf dem Paßpunktrahmen koordinatenmäßig bekannt sind, tragen solche signalisierten

(Neu-)Punkte zur Kalibrierung etwas bei; Voraussetzung ist, daß die Aufnahmen von unterschiedlichen Standpunkten und Richtungen aus gemacht werden (Abschnitt E 1.4). Zwischen den einzelnen Aufnahmen darf sich allerdings die gegenseitige Positionierung von Objekt und Paßpunktrahmen nicht verändern.

Falls diese ideale Konstellation nicht verwirklicht werden kann - zum Beispiel wenn der Paßpunktrahmen wichtige Objektdetails verdeckt -, so können die **Kalibrierungsaufnahmen von den eigentlichen Objektaufnahmen auch getrennt** werden. Zwischen diesen beiden Serien von Aufnahmen darf die Fokussierung natürlich nicht verändert werden.

2.3 Selbstkalibrierung

Bei der Selbstkalibrierung verschmilzt die Kalibrierung mit der photogrammetrischen Punktbestimmung bzw. mit der photogrammetrischen Orientierung. Insofern ist die **Selbstkalibrierung eine projektbegleitende Kalibrierung**. Bei der Selbstkalibrierung werden im Bündelblockausgleich - wie im Abschnitt E 1.4 bereits erörtert - auch die Elemente der inneren Orientierung ermittelt bzw. verbessert. Dabei kann mit entsprechender Gewichtswahl für die zusätzlichen Beobachtungsgleichungen unterschieden werden, ob die Elemente der inneren Orientierung völlig unbekannt sind oder ob sie mit einer begrenzten Genauigkeit bekannt sind und deshalb verbessert werden sollen (Abschnitt B 3.5.8).

Bei der Selbstkalibrierung - vor allem mit **Luftbildmeßkameras - berücksichtigen** die zusätzlichen Parameter der Bündelausgleichung nicht nur die Restverzeichnung sondern auch andere **systematische Fehler des gesamten Aufnahmesystems**. Gegenüber der Laborkalibrierung hat diese projektbegleitende Selbstkalibrierung den großen Vorteil, daß die Kalibrierung und die Luftaufnahmen für das Projekt unter den gleichen äußeren Bedingungen (Temperatur, Luftdruck etc.) erfolgen.

3. KALIBRIERUNG VERSCHIEDENER KAMERATYPEN

3.1 Meßkameras für die Aerophotogrammetrie

Meßkameras für die Aerophotogrammetrie werden vom Kamerahersteller im Labor mit einem Goniometer (Abschnitt A 3.1) kalibriert. Hinweise für die von Zeit zu Zeit zu wiederholende Laborkalibrierung bekommt man aus den Parametern der Selbstkalibrierung (Abschnitte E 2.3 und B 7.1.1).

Ein **Kalibrierungsprotokoll** für eine Luftbildkamera enthält unter anderem folgende Angaben (siehe auch Abschnitt A 3.1):

- Bildkoordinaten - bezogen auf den Bildmittelpunkt M - des Autokollimationshauptpunktes H_A, des **Symmetriehauptpunktes** H_S und der Rahmenmarken.

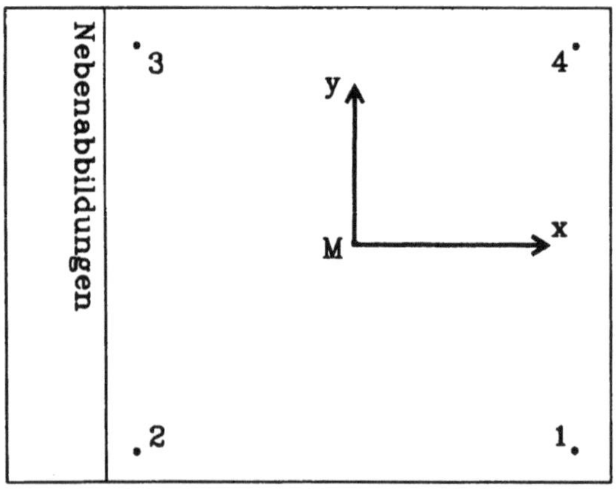

Blickrichtung vom Projektionszentrum auf die Bildebene

	x [mm]	y [mm]
H_A	0.023	-0.008
H_S	0.012	-0.005
1	105.995	-105.996
2	-106.000	-106.000
3	-106.005	106.005
4	106.001	106.002

Diese Koordinaten haben etwa eine Standardabweichung von $\pm 5\ \mu m$.

- **Kamerakonstante** c; auch ihre Genauigkeit beträgt etwa $\pm 5\ \mu m$.
- Werte der radialen Komponente der **Objektivverzeichnung** in den vier Halbdiagonalen und der daraus berechnete Mittelwert:

Radius [mm]	Halbdiagonale				Mittelwert [µm]
	1	2	3	4	
20	1.5	1.3	2.3	1.7	1.7
40	3.0	3.0	5.2	4.0	3.8
60	0.9	0.9	3.1	2.4	1.8
80	-1.3	-1.0	1.6	0.4	-0.1
100	0.1	-0.3	1.2	-0.1	0.2
120	0.1	-1.0	0.6	0.0	-0.1
140	-0.6	-1.9	-1.6	-2.9	-1.7

Die Streuungen um die Mittelwerte sind ein Maß für die Genauigkeit der Bestimmung der Objektivverzeichnung. Bei einer verfeinerten Bildkoordinatenbereinigung könnte man nicht die Mittelwerte (Abschnitt A 4.3.5) sondern die Werte für die vier Halbdiagonalen verwenden.[1] Ein Nachweis über eine nennenswerte Genauigkeitssteigerung bei Verwendung der vier Halbdiagonalen ist allerdings bisher nicht geglückt.

- Angabe der Entfernung für die beste Tiefenschärfe (Abschnitt A 3.3.1); sie beträgt in der Regel zwischen 900 und 1000 m.
- Geometrisches **Auflösungsvermögen**, das in der Regel mit photographierten Testtafeln abgeleitet wird. Dabei beträgt der (absolute) Kontrast auf der Testtafel z.B. 100:1, das entspricht einem Dichteunterschied von $\Delta D = 2$ (Abschnitt A 3.3.4). Weiterhin ist die Angabe der Blende (häufig 4), des Filters, des Filmes und des Entwicklers erforderlich. Es wird sowohl das radiale als auch das tangentiale Auflösungsvermögen für verschiedene Bildwinkel ermittelt, aus dem ein flächengewogenes, mittleres Auflösungsvermögen (*Area Weighted Average Resolution*: AWAR) gebildet wird. Die Figuren A 3.3-7 und A 3.3-8 zeigen ein Beispiel. Luftbildkameras haben heutzutage ein AWAR zwischen 50 und 100 lp/mm (siehe auch Tab. A 3.2-20).

3.2 Meßkameras für die terrestrische Photogrammetrie

Sie werden zunächst vom Kamerahersteller im Labor mit einem Goniometer kalibriert. In verhältnismäßig großen Zeitabständen ist eine solche Kalibrierung zu wiederholen. Dazwischen werden die Kalibrierungen mit einem hochwertigen Testfeld durchgeführt.

Bei **Stereomeßkameras** kommt noch eine Überprüfung der Normalfallbedingungen hinzu. Dafür eignet sich ein Testfeld mit koordinatenmäßig bekannten Punkten. Die Ist-Werte erhält man aus einer Bündelblockausgleichung mit unabhängigen Bildern.

Sowohl terrestrische Einzelmeßkameras als auch Stereomeßkameras werden heutzutage nur noch auf individuelle Bestellung angefertigt.

3.3 Amateurkameras

Amateurkameras sind definitionsgemäß (zunächst) nicht kalibriert. Wegen der **Instabilität einer Amateurkamera** - man denke zum Beispiel an die unterschiedliche Form und Lage des Filmes von Aufnahme zu Aufnahme - ist für Amateuraufnahmen eine **projektbegleitende Selbstkalibrierung** die adäquate Methode. Dabei sind manchmal für jede Aufnahme

---

[1] Z.B. Kraus, K., Stark, E.: BuL 41, S. 49-56, 1973.

eigene Elemente der inneren Orientierung anzusetzen, was bekanntlich sehr viel Information im Objektraum voraussetzt.

Sofern man verhältnismäßig **stabile Amateurkameras** für photogrammetrische Aufnahmen einsetzt (ein beachtlicher Trend in der gegenwärtigen Photogrammetrie), führt man unabhängig vom jeweiligen Projekt in gewissen Zeitabständen **Kalibrierungen mit einem Testfeld** durch. Dadurch wird die Amateurkamera zu einer terrestrischen Meßkamera. Um das bei der Amateurkamera vorteilhafte Umfokussieren beibehalten zu können, ist die Amateurkamera für verschiedene Entfernungseinstellungen, die man mit einem Indexstrich am drehbaren Teil der Objektivfassung festhält, zu kalibrieren. Sind beim individuellen Projekt Fokussierungen erforderlich, die zwischen den kalibrierten Einstellungen liegen, so sind Interpolationen für die Elemente der inneren Orientierung notwendig.[1]

Beispiel: Die **Amateurkamera Mamyia**, Nr. 108033, Format 57 x 68 mm^2 wurde im Februar 1994 für die Entfernungseinstellung auf Unendlich mit dem Testfeld des I.P.F. (Bild E 2.1-1) kalibriert. Die Figur 3.3-1 zeigt die unterschiedlichen Rahmenmarken; die Tabelle 3.3-2 enthält die gemessenen (Soll-)Koordinaten.

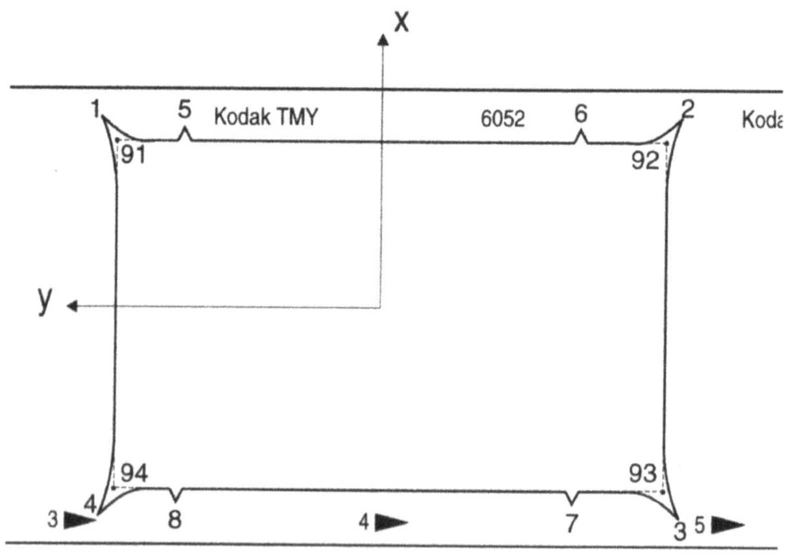

Figur 3.3-1: Rahmenmarken der adaptierten Mamyia

[1] Bei Fryer, J.: Non-Topographic Photogrammetry (Ed.: Karara), pp. 59-69, ASPRS, 1989, ist zum Beispiel zu finden, wie die radialen Verzeichnungskoeffizienten für beliebige Fokussierungen aus den Koeffizienten für zwei kalibrierte Fokussierungen berechnet werden können.

	x [mm]	y [mm]	Rahmenmarken
1	28.500	34.148	Bildecken
2	28.350	-33.944	(nur ungenau
3	-28.519	-34.020	anmeßbar)
4	-28.365	34.262	
5	28.156	23.360	nachträglich einge-
6	28.091	-23.486	fräste Kerben
7	-28.368	-26.463	
8	-28.101	24.079	
91	28.106	34.169	Schnittpunkte der
92	27.945	-34.082	Bildränder (Fig. A
93	-28.131	-34.037	3.6-1)
94	-27.968	34.262	

Tab. 3.3-2: Unterschiedliche Rahmenmarken der adaptierten Mamyia

Ergebnis der Bündelblockausgleichung mit vier Bildern, die etwa vom gleichen Standpunkt aufgenommen und die dazwischen jeweils um etwa 90° verkantet wurden:

$x_0 = -0.047 \pm 0.004$ mm $y_0 = 0.028 \pm 0.003$ mm $c = 49.414 \pm 0.006$ mm

Einige Werte des radialen Verzeichnungspolynoms:

Radius [mm]	Verzeichnung [mm]	Radius [mm]	Verzeichnung [mm]	Radius [mm]	Verzeichnung [mm]
0	0.000	14	0.231	28	0.051
2	0.045	16	0.233	30	0.001
4	0.090	18	0.225	32	-0.046
6	0.132	20	0.207	34	-0.087
8	0.168	22	0.179	36	-0.116
10	0.197	24	0.142	38	-0.128
12	0.219	26	0.099	40	-0.114

Beim 90mm-Objektiv, mit dem diese Kamera ebenfalls kalibriert wurde, blieb übrigens die Verzeichnung bis zu einem Radius von 34 mm unter 0.080 mm; bis zum Radius von 40 mm stieg sie anschließend auf 0.185 mm an.

Beispiel für eine **Kleinbildkamera** mit dem Format von 24 x 36 mm^2: Es handelt sich um eine Nikon FM2 mit einem 55mm- und einem 105mm-Objektiv mit der Bezeichnung Micro Nikkor. Es wurde jeweils auf Unendlich fokussiert. Bei diesem Beispiel sind die unterschiedlichen Genauigkeiten - abhängig vom Bildwinkel des jeweiligen Objektives - interessant:

55mm-Objektiv:	x_0 = 0.105±0.003 mm	y_0 = -0.121±0.004 mm	c = 54.933±0.012 mm
107mm-Objektiv:	x_0 = -0.174±0.026 mm	y_0 = 0.005±0.034 mm	c = 105.246±0.055 mm

Die **radiale Verzeichnung** bleibt beim 55mm-Objektiv bis zu einem Radius von 22 mm unter 8 μm; bis zum Bildrand steigt sie aber rasch auf 50 μm an. Beim 105mm-Objektiv tritt die maximale Verzeichnung von 31 μm bei einem Radius von 11 mm auf. In diese Kamera wurde eine Glasplatte mit einem **Réseau** eingebaut, dessen Kreuze einen Abstand von etwa 4 mm aufweisen. Die Sollkoordinaten des Réseaus wurden im Rahmen der Kalibrierung gemessen. Das Réseau macht aus der Amateurkamera eine Teilmeßkamera. Auf Teilmeßkameras wird im folgenden Abschnitt näher eingegangen.

AUFGABE 3.3-1: Man gebe Erklärungen für die unterschiedlichen Genauigkeiten in Abhängigkeit vom Objektiv bei der Kalibrierung der Nikon FM2 an. Außerdem sind die unterschiedlichen Genauigkeiten für die Koordinaten x_0 und y_0 des Bildhauptpunktes zu erklären (Hinweis: die x-Achse verläuft parallel zur längeren Bildseite).

3.4 Teilmeßkameras

Eine Zwischenstellung zwischen Meßkameras und Amateurkameras nehmen **Teilmeßkameras** ein. Aus photogrammetrischer Sicht sind es stabile Amateurkameras - meistens mit einem mittelgroßen Bildformat (**Mittelformatkameras**) -, die vor dem Film auf einer Glasplatte ein **Réseau** besitzen. Das Réseau wird auf jedes Bild belichtet. Von den Punkten des Réseaus sind Sollkoordinaten bekannt, die vor dem Einbau der Glasplatte in die Kamera mit einem genauen Komparator ermittelt werden. Die Istkoordinaten werden in den einzelnen Bildern, die mit der Kamera aufgenommen werden, gemessen. Eine Transformation auf die Sollkoordinaten **eliminiert Verzug und Unebenheit des Filmes** weitgehend. Man bekommt durch diese Transformation sozusagen ein Bild in jener Ebene der stabilen Glasplatte, in der das Réseau angebracht ist.

Die Transformation kann maschenweise mit bilinearer Transformation (Abschnitt C 1.1.2) erfolgen. Besser ist ein Ansatz mit einer einzigen Interpolationsfunktion, die gleichzeitig alle Réseaupunkte beachtet und die eine Filterung der unregelmäßigen Fehleranteile erlaubt (die Figuren B 9.5-1/2/3 zeigen die Wirkungsweise eines solchen Ansatzes, der im Detail in der Veröffentlichung[1] und im Band 3 beschrieben wird).

Wegen der mechanischen Stabilisierung jenes Teiles der inneren Orientierung, der den Film betrifft, ist bei Teilmeßkameras eine Testfeldkalibrierung unabhängig vom jeweiligen Projekt wesentlich sinnvoller als bei Amateurkameras. Falls für verschiedene Fokussiereinstellungen,

---

[1] Z.B. Kraus, K.: Ph.Eng. 38, pp. 487-493, 1972.

die durch Markierung reproduzierbar sein müssen, mittels Testfeldkalibrierungen die Objektivverzeichnung und die anderen Elemente der inneren Orientierung bestimmt werden, wird aus der Teilmeßkamera eine Meßkamera mit beachtlicher Qualität. Eine **Verbesserung der Kalibrierung** - insbesondere in Form einer projektbegleitenden Selbstkalibrierung - ist aber trotzdem empfehlenswert. Mit Teilmeßkameras und den universellen Selbstkalibrierungsverfahren im Rahmen einer Bündelblockausgleichung erreicht man - bezogen auf das 6 x 6 cm^2 große Bild - Genauigkeiten, die denen von Meßkameras nicht viel nachstehen.[1] (Hinsichtlich der Wirtschaftlichkeit sind die Aussagen des Abschnittes B 9.2.2 zu beachten.)

3.5 Digitale Kameras

Wir wollen uns hier auf Kameras konzentrieren, die ein einziges zweidimensionales statisches Feld von CCD-Sensoren (*Charge Coupled Device*) besitzen. Mit dieser Technologie bekommt man gegenwärtig digitale Bilder mit etwa 3000 x 3000 Bildelementen. Obwohl diese leistungsfähigen CCD-Kameras gerne mit *Professional Digital Cameras* bezeichnet werden, erfüllen sie keineswegs die photogrammetrie-spezifischen Anforderungen. Aus der Sicht der Photogrammetrie sind es **digitale Amateurkameras**.

Wegen der großen mechanischen Instabilität dieser Kameras ist die Kalibrierung in kurzen Zeitabständen mit einem Testfeld zu wiederholen. Zusätzlich ist nach Möglichkeit eine projektbegleitende Kalibrierung vorzunehmen. Im folgenden erläutern wir eine Testfeldkalibrierung für die Kodak DCS 460, eine in der terrestrischen Photogrammetrie bereits verhältnismäßig weit verbreitete Kamera.

Bei der ***Kodak Professional DCS 460 Digital Camera*** ist in der Bildebene einer Nikon N90 ein CCD-Feld mit 2036 x 3060 Bildelementen angebracht. Das CCD-Feld hat eine Ausdehnung von 18.4 mm x 27.6 mm; die Pixelausdehnung beträgt also 9 μm. Der Vergleich mit dem gängigen Kleinbildformat von 24 mm x 36 mm besagt, daß die DCS 460 die Öffnungswinkel der verschiedenen Nikon-Objektive mit dem Faktor 0.77 reduziert.

Die Empfindlichkeit der Sensoren entspricht einer Filmempfindlichkeit von 100 ASA bzw. 21 DIN (Abschnitt A 3.2.5). Bei der Schwarzweiß-Variante (DCS 460m) zeichnen alle 2036 x 3060 Detektoren die panchromatische Strahlung auf; bei der Farbversion (DCS 460c) zeichnen 50% der Detektoren die grüne Objektstrahlung, 25% der Detektoren die blaue Objektstrahlung und 25% der Detektoren die rote Objektstrahlung auf. Daraus werden durch Interpolation drei vollständige digitale Bilder mit 2036 x 3060 Pixeln in den drei additiven Grundfarben aufbereitet.

---

[1] Wester-Ebbinghaus, W.: BuL 51, 118-128, 1983, und Ph.Rec. 76, pp. 603-608, 1990.

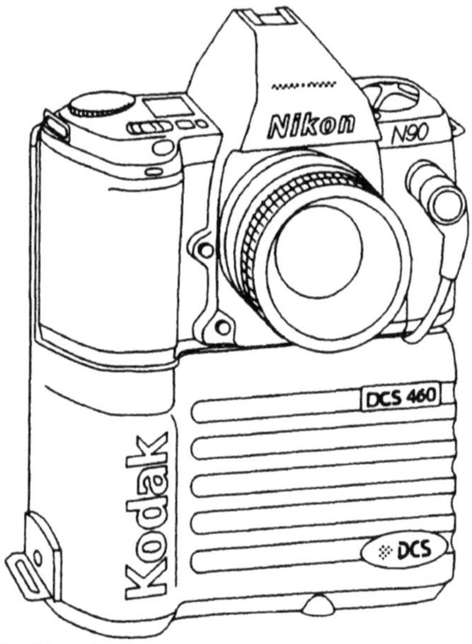

Figur 3.5-1: Kodak Professional DCS 460 Digital Camera

Die DCS 460 kann in verschiedenen Modi betrieben werden. Beim wichtigsten Modus wird die Kamera unabhängig vom Computer eingesetzt. Die zunächst analogen Bildsignale werden in der Kamera digitalisiert und in ein *dynamic random access memory* (DRAM) gebracht. Da das DRAM 16 MByte groß ist, gibt es dort Platz für zwei Bilder. Für eine längerfristige Speicherung der Bilder in der Kamera gibt es auswechselbare sogenannte PCMCIA-Karten (Personal Computer Memory Card International Association) mit jeweils 170 MByte. Mit einer solchen PCMCIA-Karte können 26 Bilder *off-line* in den Computer übertragen werden. Die Bildfolgezeit, also die Zeit von der Belichtung bis zum Abspeichern auf der PCMCIA-Karte, beträgt 8 Sekunden.

Eine DCS 460c wurde mit einem dreidimensionalen Testfeld im Meßkeller des I.P.F. kalibriert. Das Testfeld besteht aus 45 räumlich gut verteilten signalisierten Punkten, deren Koordinaten bekannt sind. Die Signale werden gegenwärtig unterschiedlich gestaltet, sodaß der jeweilige Punkt im digitalen Bild nicht nur automatisch angemessen sondern in Zukunft auch automatisch erkannt werden kann.

Da bei der DCS 460c des I.P.F. eine beachtliche chromatische Aberration vorhanden ist, war es interessant, die einzelnen Farbebenen unabhängig voneinander zu kalibrieren. Das Testfeld wurde von zwei ca. 4 m vom Mittelpunkt des Testfeldes entfernten Standpunkten mit einem Konvergenzwinkel von ca. 60 gon in jeweils vier Lagen aufgenommen. Für die Kalibrierung jeder Farbebene standen also acht Bilder zur Verfügung.

Ergebnis der Kalibrierung:

	blau	grün	rot
x_0	1586.2 ±0.3	1586.2 ±0.3	1586.2 ±0.3 Pixel
y_0	1007.6 ±0.3	1007.7 ±0.3	1007.7 ±0.3 Pixel
c	3087.7 ±0.4	3087.9 ±0.4	3089.4 ±0.4 Pixel

Lediglich bei der Kamerakonstante tritt im roten Bild eine signifikante Abweichung auf. Die zusätzlichen Parameter im mathematischen Ansatz haben keine nennenswerten Maßstabsunterschiede in beiden Koordinatenrichtungen und keine nennenswerte Scherung gezeigt. Das Polynom der radialen Verzeichnung, das bei einem Radius von 1500 Pixeln einen Nulldurchgang besitzt, erreicht im Maximum etwa 10 Pixel, das entspricht nahezu 0.1 mm.

Obwohl diese Kalibrierungsergebnisse - abgesehen von der großen Objektivverzeichnung - vielversprechend sind, ist doch eine große Warnung auszusprechen. Die geringe Stabilität der Kamera hatte nämlich zur Folge, daß bei einer Wiederholung der Kalibrierung bereits wenige Tage später um nahezu 10 Pixel andere Elemente der inneren Orientierung herauskamen; insbesondere ist die Lage des Bildhauptpunktes sehr labil.

Literatur: Kersten, T.P., Maas, H.-G.: Digital High Resolution Still Video Camera Versus Film-Based Camera in Photogrammetric Industrial Metrology. IAPRS Vol. 30 (1), pp. 114-121, 1994. Peipe, J.: Photogrammetric Investigation of a 3000 x 2000 Pixel High Resolution Still Video Camera. IAPRS Vol. 30 Part 5W1, pp. 36-39, 1995.

4. KALIBRIERUNG VON PHOTOSCANNERN

Wenn die Aufnahmen mit photographischen Kameras erfolgen und die Auswertung mit digitaler Bildverarbeitung fortgesetzt werden soll, sind die Photographien zuerst zu digitalisieren. (Abschnitt A 7.2.1). Für diesen Zwischenschritt sind ebenfalls geometrische und radiometrische Eichungen erforderlich. Neben der Kalibrierung der Mechanik sind bei einem Scanner besonders die Eigenschaften der Detektoren zu überwachen.

4.1 Kalibrierung der Mechanik

Photoscanner, die nach dem **Réseauprinzip** (Figur A 7.2-2) arbeiten, werden **projektbegleitend kalibriert**. Von den Marken des Réseaus kennt man nämlich Sollkoordinaten. Nach automatisierter Anmessung dieser Marken in den digitalen Bildern erfolgt - zum Beispiel mit einer bilinearen Transformation oder einer einzigen Interpolationsfunktion (entsprechend Abschnitt E 3.4) - die Korrektur des Bildinhaltes auf das Réseau. Diese Bildkorrektur geschieht über ein *Resampling*.

Bei Photoscannern, die das **gesamte Bildformat ohne Einbeziehung von "geometrischen Ankerpunkten"** abtasten, ist in gewissen Zeitabständen eine Kalibrierung der Mechanik erforderlich. Die folgenden Bemerkungen beziehen sich auf den *PhotoScan* PS1 der Firmen Zeiss/Intergraph (Abschnitt A 7.2.1).

Für die Kalibrierung der Mechanik tastet man eine Glasplatte, in die ein Gitter eingebracht ist, ab. Die **Sollkoordinaten** dieser Gitterkreuze müssen mit einer Genauigkeit von mindestens $\pm 2\ \mu m$ bekannt sein. Nach der automatisierten Anmessung der Gitterpunkte kann eine überbestimmte 3-, 4-, 6- oder 8-Parameter-Transformation erfolgen. Diese Transformationsparameter und die Restklaffungen an den Gitterpunkten geben Aufschluß über den geometrischen Zustand des Scanners. Werden gewisse Toleranzen überschritten, ist die Mechanik des Gerätes neu zu justieren. Sofern diese Toleranzen eingehalten werden, werden diese Transformationsparameter ins Kalibrierungsfile übernommen; sie stehen dann für die geometrische Korrektur der einzelnen digitalisierten Bilder zur Verfügung. Falls das zu digitalisierende Bild mit Rahmenmarken ausgestattet ist, deren Sollkoordinaten ebenfalls bekannt sind, kann die von der Gitterplatte stammende geometrische Korrektur und die Einpassung auf die Sollkoordinaten der Rahmenmarken zu einem einzigen Rechenschritt zusammengefaßt werden.

Mit dem Bild der abgetasteten Gitterplatte können noch weitere Funktionsparameter des Abtasters überprüft werden. Steht zum Beispiel die **Detektorzeile** (beim PS1 besteht sie aus 2048 Detektoren) **nicht senkrecht zur Abtastrichtung**, treten an den Streifenrändern Versetzungen der Gitterlinien auf. Die Hälfte einer solchen Versetzung ist mit einer Justierung der Verkantung der Detektorzeile zu eliminieren.

4.2 Kalibrierung der Detektoren und Überprüfung ihrer Eigenschaften

Wir beginnen mit dem geometrischen Auflösungsvermögen, das zu dem übergeordneten Konzept der Kontrastübertragung gehört (Abschnitte A 3.3.4 und FE 3.2.1.2). Anschließend wenden wir uns den radiometrischen und spektralen Eigenschaften der Detektoren zu.

4.2.1 Geometrisches Auflösungsvermögen und Kontrastübertragung

Das **geometrische Auflösungsvermögen** wird von der Größe der Detektorfläche entscheidend geprägt. Um sehr kleine Bilddetails in den digitalisierten Bildern noch erkennen zu können, sollte die Detektorfläche möglichst klein sein. Die Größe der Detektorfläche darf nicht mit dem Digitalisierungsintervall verwechselt werden. Die Firmen geben in der Regel nur das Digitalisierungsintervall (als Pixelgröße) an, das sich nicht nennenswert von der in die Ebene der Bildvorlage projizierten Detektorfläche unterscheiden sollte. Für den Anwender ist - losgelöst von einer etwaigen größeren Diskrepanz zwischen Digitalisierungsintervall und dieser projizierten Detektorfläche - das Auflösungsvermögen für die am Gerät einstellbaren unterschiedlichen Digitalisierungsintervalle von Interesse.

Um dieses Auflösungsvermögen experimentell festzustellen, werden Testfiguren (z.B. Figur A 3.3-7) abgetastet; anschließend wird überprüft, inwieweit die Muster noch aufgelöst werden. Das im günstigsten Fall erreichbare Auflösungsvermögen (AV) bei einem bestimmten Digitalisierungsintervall beträgt (Gleichung A(7.2-2)): AV = 0.7/(2 · Digitalisierungsintervall). Bei einer Digitalisierung am PS1 mit einem Intervall von 7.5 μm konnten in den digitalisierten Bildern gerade noch die Balken, die eine Breite von 10 μm aufweisen, unterschieden werden.[1] Dieses Ergebnis entspricht der Vorhersage: AV = 0.7/(2 · 0.0075) = 47 lp/mm ≙ 11 μm Balkenbreite.

Dieses Ergebnis wurde bei sehr hohem Kontrast erzielt. Das **geometrische Auflösungsvermögen sinkt bekanntlich mit abnehmendem Kontrast** (Abschnitt A 3.3.4). Diese Abnahme läßt sich ebenfalls empirisch überprüfen: Nach Veränderung des Kontrastes der zu digitalisierenden Testfigur, was durch Reduktion des Durchlichtes erreicht werden kann, wird die eben beschriebene Prozedur wiederholt.

Das geometrische Auflösungsvermögen gibt nur Aufschluß über die Grenzsituation. Für den Anwender ist aber auch von Interesse, inwieweit der Kontrast in Abhängigkeit von der Balkenbreite in den Testfiguren gemindert wird. Diese Abhängigkeit beschreibt die **Kontrastübertragungsfunktion** (Abschnitte A 3.3.4 und FE 3.2.1.2). Man kann sie empirisch ermitteln, indem man mit einem Densitometer den Kontrast der Vorlage mißt und diesen Kontrast in Beziehung zu den Kontrasten - für die verschieden breiten Balken - des digitalisierten Bildes setzt. Damit erhält man die Kontrastübertragungsfunktion für ein gewisses Digitalisierungsintervall und für einen bestimmten Kontrast der Vorlage. Um eine vollständige Beschreibung der diesbezüglichen Scannereigenschaften zu bekommen, ist die **Kontrastübertragungsfunktion für verschiedene Digitalisierungsintervalle und für unterschiedliche Kontraste** der Vorlage zu ermitteln.

[1] Die Ergebnisse der empirischen Untersuchungen im Abschnitt 4.2 entstammen der Diplomarbeit A. Fellhofer: Radiometrische und geometrische Untersuchungen des *PhotoScan* PS1, I.P.F. der TU Wien, 1995.

4.2.2 Radiometrische Eigenschaften

Die wichtigste Forderung bei einem Scanner, der mehrere Detektoren - in der Zeile oder in der Fläche - benutzt, ist, daß jeder dieser Detektoren für eine gegebene geschwärzte Fläche den gleichen Grauwert liefert. Wegen **Empfindlichkeits- und Grundspannungsunterschieden zwischen den einzelnen Detektoren** ist aus diesem Grund - bereits in Abständen von mehreren Betriebsstunden - eine diesbezügliche Angleichung erforderlich. Diese Angleichung beginnt zum Beispiel mit dem Scannen eines hellen und eines dunklen Teststreifens mit bekannter Dichte. Der Soll-Ist-Vergleich liefert anschließend für jeden Detektor einen Maßstabsfaktor (*gain*) und eine Nullpunktsverschiebung (*offset*).

Der auf diese Weise kalibrierte Scanner ist noch weiteren Untersuchungen zu unterwerfen, um seine radiometrischen Eigenschaften offenzulegen. Eine charakteristische Größe ist das **Rauschen**. Man bekommt das Rauschen, indem man homogene Testflächen digitalisiert, Mittelwerte ermittelt und gegenüber diesen Mittelwerten die Standardabweichungen berechnet. Die so erhaltenen Standardabweichungen sind allerdings nicht vollständig den Unzulänglichkeiten der Detektoren zuzuschreiben, denn in der photographischen Vorlage ist bereits ein gewisses Rauschen (*granularity*, Abschnitt A 3.3.3) enthalten.

Für den PS1 ergaben sich folgende Werte für das Rauschen:

Dichte der Vorlage	Standardabweichung					
	der Grauwerte			der Dichte		
	Pixelgröße			Pixelgröße		
	7.5 µm	15 µm	30 µm	7.5 µm	15 µm	30 µm
0.01	±1.5	±1.4	±1.0	±0.009	±0.008	±0.005
0.63	±4.2	±3.7	±2.9	±0.024	±0.020	±0.016
1.21	±5.2	±5.2	±4.4	±0.030	±0.029	±0.024

Tab. 4.2-1: Rauschen des PhotoScan PS1 ausgedrückt als Standardabweichung der Grauwerte bzw. der Dichte in Abhängigkeit von der Dichte der Vorlage und von der Größe des Abtastintervalls

Die Tabelle 4.2-1 zeigt, daß mit Vergrößerung der Pixel das Rauschen deutlich abnimmt. Beim PS1 entstehen die größeren Pixel durch Zusammenfassung von jeweils 4 bzw. 16 kleineren Pixel, die von einer Abtastung mit einem Intervall von 7.5 µm stammen. **Durch diese Aggregation steigt die radiometrische Qualität** - auf Kosten der geometrischen Auflösung. (Im Abschnitt FE 3.2.1.5 ist dazu eine Theorie zu finden.) Die zweite wichtige Aussage, die die Tabelle 4.2-1 erlaubt, ist die **Verschlechterung der radiometrischen Qualität mit der Zunahme der Dichte** der Vorlage. Dies führt dazu, daß sehr dichte Bereiche nicht mehr radiometrisch differenziert werden. Der **Dynamikbereich** kann beim

PS1 zwischen einer Dichte von 0 und 1.2 angegeben werden, wenn man ein Rauschen von etwa ±0.03 bei der Dichte akzeptiert; beim Tolerieren eines größeren Rauschens erweitert sich der Dynamikbereich bis zu einer Dichte von etwa 1.8. **Filmnegative**, die manchmal noch dunklere Bereich aufweisen, sind deshalb vor dem Scannen photographisch **auf Filmpositive umzukopieren**.

Neben dem Rauschen sind die Mittelwerte für die einzelnen Stufen eines (geeichten) Graukeiles von großem Interesse. Der Vergleich dieser Mittelwerte mit den Sollwerten liefert eine ***Look-up*-Tabelle zur Verbesserung der digitalisierten Grauwerte**. Bei einer Digitalisierung eines Graukeiles, mit dem sogenannten *Transmissivity*-Modus, der die Transparenz der Vorlage mißt und anzeigt, sollte ein linearer Zusammenhang zwischen den digitalisierten Grauwerten und der Transparenz herauskommen. Bei einer Digitalisierung eines Graukeiles mit dem sogenannten *Density*-Modus, der auch die Transparenz der Vorlage mißt, aber die Dichte anzeigt, sollte ein logarithmischer Zusammenhang zwischen den digitalisierten Grauwerten und der Transparenz herauskommen (siehe auch Abschnitt A 3.2.4). Signifikante Abweichungen von der jeweiligen idealen Funktion sind in die bereits erwähnten *Look-up*-Tabellen einzutragen, sodaß bei Abtastung realer Vorlagen diese Korrekturen automatisch angebracht werden können.

4.2.3 Spektrale Eigenschaften

Die photographische Farbwiedergabe auf einem Film ist sehr komplex. Diese Farben hängen nämlich von der spektralen Empfindlichkeit der einzelnen Schichten des Farbfilmes (Figur A 3.2-16), der Wirkungsweise der Farbkuppler und der spektralen Empfindlichkeit etwa verwendeter Filter (Figur A 3.2-2) ab. Das Abtasten von farbigen Vorlagen bringt noch eine weitere unsichere Komponente hinzu. **Farbige Vorlagen** werden in der Regel in drei aufeinanderfolgenden Durchgängen - unter Verwendung eines Blau-, Grün- und Rotfilters - digitalisiert.

Die spektrale Qualität eines Scanners wird auch **Farbqualität** genannt. Sie bringt zum Ausdruck, inwieweit die Farben in der Vorlage durch die Digitalisierung unverändert bleiben. Die gewünschte Farbtreue wird mit **Farbtafeln** überprüft. Von den einzelnen Flächenelementen einer Farbtafel kennt man die jeweiligen Anteile der drei Grundfarben. Das Digitalisieren mit den Filtern Blau, Grün und Rot muß für die einzelnen Farbflächen die (Farb-)Sollwerte ergeben. Etwaige Abweichungen sind in entsprechende *Look-up*-Tabellen aufzunehmen. Die Farbkalibrierung gleicht weitgehend der im Abschnitt 4.2.2 erläuterten Kalibrierung mit einem Graukeil.

Literatur zum Abschnitt 4.: Baltsavias, E., Bill, R.; Kölbl, O., Bach, U.; Seywald, R., Leberl, F.: Alle Veröffentlichungen in IAPR 30, Como, Italien, 1994.

Vervollständigung der Literaturhinweise

AVN: Allgemeine Vermessungs-Nachrichten, Wichmann Verlag, Karlsruhe.

BuL: Bildmessung und Luftbildwesen, Wichmann Verlag, Karlsruhe.

Can. Surv.: The Canadian Surveyor, The Canadian Institute of Surveying, Ottawa.

CISM: The Canadian Institute of Surveying and Mapping, Ottawa.

DGK: Deutsche Geodätische Kommission bei der Bayerischen Akademie der Wissenschaften, Verlag Bayerische Akademie der Wissenschaften, München.

Geow. Mitt. der TU Wien: Geowissenschaftliche Mitteilungen der Studienrichtung Vermessungswesen der TU Wien.

GIS: Geo-Informations-Systeme, Wichmann Verlag, Karlsruhe.

IAPRS oder IAPR oder IAP: International Archives of Photogrammetry (and Remote Sensing) of ISPRS (ISP).

IEEE PAMI oder IEEE TPAMI: IEEE Transections on Pattern Analysis and Machine Intelligence (IEEE ≙ The Institute of Electrical and Electronic Engineers).

ISPRS-J: ISPRS Journal of Photogrammetry and Remote Sensing, Elsevier Science Publishers, Amsterdam.

ITC-J: ITC Journal, Enschede, The Netherlands.

Mitt. der TU Graz: Mitteilungen der Geodätischen Institute der TU Graz.

Na.Ka.Verm.: Nachrichten aus dem Karten- und Vermessungswesen, Institut für Angewandte Geodäsie, Frankfurt a.M.

OEEPE Publ.: European Organisation for Experimental Photogrammetric Research, Institut für Angewandte Geodäsie, Frankfurt a.M.

ÖZ: Österreichische Zeitschrift für Vermessungswesen und Photogrammetrie, Wien.

Ph.Eng. oder PE&RS: Photogrammetric Engineering and Remote Sensing, Journal of the American Society of Photogrammetry.

Ph.Rec.: The Photogrammetric Record, The Photogrammetric Society, London.

Phia: Photogrammetria, Elsevier Scientific Publishing Company, Amsterdam.

SPIE Proceedings: Proceedings Series of the International Society for Optical Engineering, Bellingham, USA.

VGI: Österreichische Zeitschrift für Vermessung und Geoinformation, Wien.

Wiss. Arb. Geod. u. Photogr. TH Hannover: Wissenschaftliche Arbeiten der Fachrichtung Vermessungswesen der Universität Hannover.

ZfV: Zeitschrift für Vermessungswesen, Konrad Wittwer Verlag, Stuttgart.

ZPF: Zeitschrift für Photogrammetrie und Fernerkundung, Herbert Wichmann Verlag, Karlsruhe.

SACHREGISTER

- A -

- B -

- C -

- D -

- E -

- F -

- I -

- K -

- L -

- M -

- N -

- O -

- P -

www.ingramcontent.com/pod-product-compliance
Lightning Source LLC
LaVergne TN
LVHW072050011026
849162LV00021B/1857